ТЕОРЕТИЧЕСКАЯ ФИЗИКА ТОМ I
Л. Д. ЛАНДАУ
Е. М. ЛИФШИЦ
МЕХАНИКА

理论物理学教程 第一卷

力 学 (第五版)

Л. Д. 朗道 Е. М. 栗弗席兹 著 李俊峰 鞠国兴 译校

高等教育出版社

ISBN: 978-7-04-020849-8

ТЕОРЕТИЧЕСКАЯ ФИЗИКА ТОМ II
Л. Д. ЛАНДАУ
Е. М. ЛИФШИЦ
ТЕОРИЯ ПОЛЯ

理论物理学教程 第二卷

场 论 (第八版)

Л. Д. 朗道 Е. М. 栗弗席兹 著 鲁欣 任朗 袁炳南 译 邹振隆 校

高等教育出版社

ISBN: 978-7-04-035173-6

ТЕОРЕТИЧЕСКАЯ ФИЗИКА ТОМ III
Л. Д. ЛАНДАУ
Е. М. ЛИФШИЦ
КВАНТОВАЯ МЕХАНИКА
(НЕРЕЛЯТИВИСТСКАЯ ТЕОРИЯ)

理论物理学教程 第三卷

量子力学 (非相对论理论) (第六版)

Л. Д. 朗道 Е. М. 栗弗席兹 著 严肃 译 喀兴林 校

高等教育出版社

ISBN: 978-7-04-024306-2

ТЕОРЕТИЧЕСКАЯ ФИЗИКА ТОМ IV
В. Б. БЕРЕСТЕЦКИЙ
Е. М. ЛИФШИЦ
Л. П. ПИТАЕВСКИЙ
КВАНТОВАЯ
ЭЛЕКТРОДИНАМИКА

理论物理学教程 第四卷

量子电动力学 (第四版)

В. Б. 别列斯捷茨基 Е. М. 栗弗席兹 Л. П. 皮塔耶夫斯基 著

高等教育出版社

ТЕОРЕТИЧЕСКАЯ ФИЗИКА ТОМ V
Л. Д. ЛАНДАУ
Е. М. ЛИФШИЦ
СТАТИСТИЧЕСКАЯ
ФИЗИКА Часть I

理论物理学教程 第五卷

统计物理学 I (第五版)

Л. Д. 朗道 Е. М. 栗弗席兹 著 束仁贵 束莼 译 郑伟谋 校

高等教育出版社

ISBN: 978-7-04-030572-2

ТЕОРЕТИЧЕСКАЯ ФИЗИКА ТОМ VI
Л. Д. ЛАНДАУ
Е. М. ЛИФШИЦ
ГИДРОДИНАМИКА

理论物理学教程 第六卷

流体动力学 (第五版)

Л. Д. 朗道 Е. М. 栗弗席兹 著 李植 译 陈国谦 校

高等教育出版社

ISBN: 978-7-04-034659-6

ТЕОРЕТИЧЕСКАЯ ФИЗИКА ТОМ VII
Л. Д. ЛАНДАУ
Е. М. ЛИФШИЦ
ТЕОРИЯ УПРУГОСТИ

理论物理学教程 第七卷

弹性理论 (第五版)

Л. Д. 朗道 Е. М. 栗弗席兹 著 武际可 刘寄星 译

高等教育出版社

ISBN: 978-7-04-031953-8

ТЕОРЕТИЧЕСКАЯ ФИЗИКА ТОМ VIII
Л. Д. ЛАНДАУ
Е. М. ЛИФШИЦ
ЭЛЕКТРОДИНАМИКА
СПЛОШНЫХ СРЕД

理论物理学教程 第八卷

连续介质电动力学 (第四版)

Л. Д. 朗道 Е. М. 栗弗席兹 著

U0332778

ТЕОРЕТИЧЕСКАЯ ФИЗИКА ТОМ IX
Л. Д. ЛАНДАУ
Е. М. ЛИФШИЦ
Л. П. ПИТАЕВСКИЙ
СТАТИСТИЧЕСКАЯ
ФИЗИКА Часть 2
ТЕОРИЯ КОНДЕНСИРОВАННОГО СОСТОЯНИЯ

理论物理学教程 第九卷

统计物理学 II (第四版)

王瑞琦 译

高等教育出版社

ISBN: 978-7-04-024160-0

ТЕОРЕТИЧЕСКАЯ ФИЗИКА ТОМ X
Л. Д. ЛАНДАУ
Л. П. ПИТАЕВСКИЙ
ФИЗИЧЕСКАЯ
КИНЕТИКА

理论物理学教程 第十卷

物理动理学 (第二版)

Е. М. 栗弗席兹 Л. П. 皮塔耶夫斯基 著 徐锡申 徐仁新 黄有� 译

高等教育出版社

ISBN: 978-7-04-023069-7

2003年诺贝尔物理学奖获得者
В. Л. ГИНЗБУРГ 著作选读
ТЕОРЕТИЧЕСКАЯ
ФИЗИКА И АСТРОФИЗИКА

金兹堡

理论物理学和
理论天体物理学

В. Л. 金兹堡 著

高等教育出版社

1979年诺贝尔物理学奖获得者
STEVEN WEINBERG 著作选读
GRAVITATION AND
COSMOLOGY
PRINCIPLES AND APPLICATIONS OF
THE GENERAL THEORY OF RELATIVITY

温伯格

引力论和宇宙论
广义相对论的原理和应用

S. 温伯格 著

高等教育出版社

有ISBN号的截至本书出版时已出版

1965年诺贝尔物理学奖获得者
RICHARD P. FEYNMAN 著作选译 第一辑

QUANTUM
ELECTRODYNAMICS

量子电动力学讲义

R.P.费曼 著 张邦固 译 朱重远 校

1965年诺贝尔物理学奖获得者
RICHARD P. FEYNMAN 著作选译 第二辑

QUANTUM MECHANICS
AND PATH INTEGRALS

量子力学与路径积分

R.P.费曼 A.R.希布斯 著

1965年诺贝尔物理学奖获得者
RICHARD P. FEYNMAN 著作选译 第三辑

STATISTICAL MECHANICS
A SET OF LECTURES

费曼统计力学讲义

R.P.费曼 著

ISBN: 978-7-04-036960-1

1991年诺贝尔物理学奖获得者
P. G. DE GENNES 著作选译 第一辑

SUPERCONDUCTIVITY
OF METALS AND ALLOYS

金属与合金的超导电性

P. G.德热纳 著 邵惠民 译

1991年诺贝尔物理学奖获得者
P. G. DE GENNES 著作选译 第二辑

THE PHYSICS OF
LIQUID CRYSTALS

液晶物理学（第二版）

P. G.德热纳 J.普罗斯特 著

1991年诺贝尔物理学奖获得者
P. G. DE GENNES 著作选译 第三辑

SCALING CONCEPTS
IN POLYMER PHYSICS

高分子物理学中的
标度概念

P. G.德热纳 著 吴大诚 刘杰 朱谦旭 等译

ISBN: 978-7-04-036886-4   ISBN: 978-7-04-038291-4

1991年诺贝尔物理学奖获得者
P. G. DE GENNES 著作选译 第四辑

CAPILLARITY AND
WETTING PHENOMENA
DROPS, BUBBLES, PEARLS, WAVES

毛细和润湿现象
——液滴、气泡、液珠和表面波

P. G.德热纳 F.布罗夏尔-维亚尔 D.凯雷 著

1991年诺贝尔物理学奖获得者
P. G. DE GENNES 著作选译 第五辑

SOFT INTERFACES
THE 1994 DIRAC MEMORIAL LECTURE

软界面
——1994年狄拉克纪念讲演录

P. G.德热纳 著 吴大诚 陈蕾 译

CAMBRIDGE

1991年诺贝尔物理学奖获得者
P. G. DE GENNES 著作选译 第六辑

INTRODUCTION TO
POLYMER DYNAMICS

高分子动力学导引

P. G.德热纳 著 吴大诚 文婉元 译

ISBN: 978-7-04-038693-6   ISBN: 978-7-04-038562-5

1945年诺贝尔物理学奖获得者
WOLFGANG PAULI 著作选译

PAULI LECTURES ON PHYSICS
VOLUME 1, 2, 3

泡利物理学讲义
（第1, 2, 3卷）

W.泡利 著

1945年诺贝尔物理学奖获得者
WOLFGANG PAULI 著作选译

PAULI LECTURES ON PHYSICS
VOLUME 4, 5, 6

泡利物理学讲义
（第4, 5, 6卷）

W.泡利 著

1945年诺贝尔物理学奖获得者
WOLFGANG PAULI 著作选译

RELATIVITÄTSTHEORIE

相 对 论

W.泡利 著

ISBN: 978-7-04-040409-8

有ISBN号的截至本书出版时已出版

1997年诺贝尔物理学奖获得者
C. COHEN-TANNOUDJI 著作选译 第一辑

MÉCANIQUE QUANTIQUE
TOME I

量子力学（第一卷）

C. Cohen-Tannoudji B. Diu F. Laloë 著

1997年诺贝尔物理学奖获得者
C. COHEN-TANNOUDJI 著作选译 第二辑

MÉCANIQUE QUANTIQUE
TOME II

量子力学（第二卷）

C. Cohen-Tannoudji B. Diu F. Laloë 著

1983年诺贝尔物理学奖获得者
S. CHANDRASEKHAR 著作选译

THE MATHEMATICAL THEORY
OF BLACK HOLES

黑洞的数学理论

S. 钱德拉塞卡 著

ISBN: 978-7-04-039670-6

1932年诺贝尔物理学奖获得者
WERNER HEISENBERG 著作选译

DIE PHYSIKALISCHEN PRINZIPIEN
DER QUANTENTHEORIE

量子论的物理原理

W. 海森伯 著

1933年诺贝尔物理学奖获得者
ERWIN SCHRÖDINGER 著作选译

STATISTICAL
THERMODYNAMICS

统计热力学

E. 薛定谔 著 徐锡申 译 陈焕然 校

1938年诺贝尔物理学奖获得者
ENRICO FERMI 著作选译

QUANTUM MECHANICS

量子力学

E. 费米 著

ISBN: 978-7-04-039141-1

1933年诺贝尔物理学奖获得者
P. A. M. DIRAC 著作选译

GENERAL THEORY OF
RELATIVITY

广义相对论

P. A. M. 狄拉克 著

1933年诺贝尔物理学奖获得者
P. A. M. DIRAC 著作选译

LECTURES ON
QUANTUM MECHANICS

狄拉克量子力学演讲集

P. A. M. 狄拉克 著

1957年诺贝尔物理学奖获得者
TSUNG-DAO LEE 著作选译

MATHEMATICAL METHODS
OF PHYSICS

物理学中的数学方法

李政道 著

1949年诺贝尔物理学奖获得者
YUKAWA HIDEKI 岩波讲座

现代物理学基础3

量子力学 I

汤川秀树 主编

1965年诺贝尔物理学奖获得者
SIN-ITIRO TOMONAGA 著作选译

量子力学中的数学方法
——散射问题

朝永振一郎 宫园宗弘 杉田茂 等著

1958年诺贝尔物理学奖获得者
И. Е. TAMM 著作选译

ОСНОВЫ ТЕОРИИ
ЭЛЕКТРИЧЕСТВА

电学原理（第十一版）

И. Е. 塔姆 著

有ISBN号的截至本书出版时已出版

弹性理论 （第三版）

ISBN: 978-7-04-037077-5

朗道《力学》解读

ISBN: 978-7-04-039945-5

表面，界面和膜的统计热力学

ISBN: 978-7-04-034347-2

磁 学

ISBN: 978-7-04-035653-3

经济物理学

ISBN: 978-7-04-037555-8

现代统计力学导论

ISBN: 978-7-04-036608-2

范德瓦尔斯力

本系列图书微信、微博

 微信号：ldjjhwx

 @朗道集结号

有ISBN号的截至本书出版时已出版

ТЕОРЕТИЧЕСКАЯ ФИЗИКА ТОМ I

Л. Д. ЛАНДАУ
Е. М. ЛИФШИЦ

МЕХАНИКА

《理论物理学教程》解读丛书

LANGDAO LIXUE JIEDU

朗道《力学》解读

鞠国兴 编著

高等教育出版社·北京

图书在版编目（CIP）数据

朗道《力学》解读 / 鞠国兴编著 . –– 北京：高等
教育出版社，2014.7（2022.2 重印）
ISBN 978–7–04–039945–5

Ⅰ. ①朗… Ⅱ. ①鞠… Ⅲ. ①力学 – 高等学校 – 教学
参考资料 Ⅳ. ① O3

中国版本图书馆 CIP 数据核字（2014）第 103740 号

策划编辑	王　超	责任编辑	王　超	封面设计	王　洋	版式设计	余　杨
责任校对	刘丽娴	责任印制	赵义民				

出版发行	高等教育出版社	咨询电话	400-810-0598
社　　址	北京市西城区德外大街4号	网　　址	http://www.hep.edu.cn
邮政编码	100120		http://www.hep.com.cn
印　　刷	北京中科印刷有限公司	网上订购	http://www.landraco.com
开　　本	787mm×1092mm 1/16		http://www.landraco.com.cn
印　　张	25	版　　次	2014 年 7 月第 1 版
字　　数	400 千字	印　　次	2022 年 2 月第 5 次印刷
购书热线	010-58581118	定　　价	69.00元

前　言

　　朗道和栗弗席兹的《理论物理学教程》是国际公认的一套著名的物理学经典教材，以其内容广博、讲解精炼、方法独特等优点著称。《教程》对物理学各学科的基本原理、基础理论和应用等方面进行了认真、细致地梳理，精心选材和组织材料，试图将从事理论物理所必需的物理学基础知识纳入一个统一的框架，其中特别包含了作者在相关领域的许多重要研究成果。《教程》从出版至今赢得了广泛的好评，成为物理学工作者案头常备的参考书，在物理学以及相关领域也是经常引用的重要参考文献。该《教程》自出版以来先后多次修订，同时也已出版或正在出版包括英文、中文等多种文字的译本，已经并仍将惠及众多的物理学工作者或相关领域的学者。

　　也正因为上述特点，要系统地学习《教程》，准确理解《教程》中所涉及的诸多物理原理，深刻领会其物理实质，掌握处理问题的方法、技巧，充分欣赏作者的意图，读者非具备扎实的专业基础知识、广博的知识面、足够的耐心和毅力不可。

　　经典力学是学习近代物理的重要基础，它为近代物理提供了重要的理论背景，处理问题的基本框架、方法和工具。《力学》作为《教程》的第一卷，无疑是为学习后面其它各卷作引导的。但是，通常认为《力学》是面向研究生的经典力学教材，需要具备一定的力学和理论力学方面的基础。特别是，《力学》以分析力学内容为主，以变分原理作为出发点，通过空间的各向同性和均匀性作为基本假设，由此导出基本的动力学方程。起点高，内容精炼，在很小的篇幅中浓缩了力学的基本原理和许多具体应用 (除了混沌等非线性内容外)。遗憾的是，国内研究生阶段不再开设经典力学方面的课程，因此谈起《力学》常常是将其作为本科生理论力学课程的参考书，本科生研读《力学》时遇到的困难不言而喻。

　　作者最早接触《力学》一书是在二十多年前，当时是出于讲授理论力学课程的需要, 针对教学中的特定问题阅读了其中的相关章节。近年来, 为了强化学生的专业基础, 特别是为针对学生学习理论课程时不太愿意花较多的时间重复理论推导过程这种比较普遍的倾向, 对教学环节作了一些调整。教学中, 除了选读常规教学参考书之外, 我们特别将研读经典名著作为课程教学的一个基本组成部分, 选定《力学》作为理论力学课程的必读著作。要求学生以小组为单位, 重复著作中的每一个细节, 并将过程 (包括存在的疑问) 等整理成文作为课外作业的一部分。在此背景下, 为有效地掌握学生的情况和考察实际完成的效果, 作者开始从头至尾按部就班地系统研读《力学》。根据对《力学》的理解, 所参阅的文献以及学生提出的问题等, 作者以问题解答的形式编写了一个电子文稿, 在课程结束后散发给学生, 这个文稿就是本书的雏形。后来应高等教育出版社的约请, 参与了《力学》中文本的译校工作。为保证译文的准确性, 在以前工作的基础之上, 作者不仅多次反复阅读原著, 而且又广泛调研和研读了相关的文献, 由此对《力学》内容的精练性, 选材的独特性, 处理方法的广泛适用性等有了更为深刻的认识和理解, 充分享受到经典名著的独特魅力。往往一个小节, 看上去是处理一个特定的力学问题, 但是其蕴含的思想方法可以适用于多个问题, 可以推广到量子理论等其它物理学学科, 有些结果甚至在不同问题中有较广的适用性。为了与读者分享这种学习、思考的结果, 也为了在一定程度上弥补前面提到因为起点高, 技巧性强等对初学者造成的研读费力, 进度缓慢, 演算过程难以重复等方面的欠缺, 作者不揣冒昧尝试搭建这样的桥梁。在原有稿件的基础之上, 作者对内容作了大幅度的扩充, 编写了这本参考书。

本书按原书章节编排, 每节中一般分为内容提要, 内容补充和习题解答三个部分。内容提要部分扼要概括所讨论的问题的基本要点, 内容补充部分包括过程推导, 补充说明, 内容扩展和引申等, 习题解答将给出原例题中的详细求解过程, 同时也补充了一些习题以说明相关概念、方法等。需要说明的是, 出于完整性的考虑, 有些习题的求解过程部分重复了原书的内容, 而对于不需要作补充的习题一概省略。书中内容充分吸收了文献中的一些成果, 在相关地方列出参考文献, 当然也包括本书作者的一些学习心得和体会。凡原书公式和图形标号前均附加字母 o (original), 以示区别。考虑到矢量力学方法相比于分析力学方法有相对较好的直观性, 在个别地方增加了这种处理方法。另外, 也注意到了力学与量子力学之间的一些关联性, 但对此不作具体讨论仅列出有关文献供参考。

感谢卢德馨教授, 从他关于研究型教学的研究和实施, 相关的著作以及与他多次的讨论, 作者受益匪浅。感谢我的妻子张志洁多年来对我的工作的理解和大力支持。对刘寄星教授、金国钧教授多年来的帮助和鼓励也表示衷心的感谢。感谢高等教育出版社自然科学学术著作分社编辑王超先生的大力帮助 (该书的写作最早也是由他提议的)。

　　解读经典著作对作者而言是一件诚惶诚恐的事情, 限于作者的水平, 错误和不当之处在所难免, 欢迎同行专家和读者批评指正, 并期望在再版时予以改正。作者邮箱: jugx@nju.edu.cn

鞠国兴　谨识

2013 年 9 月于南京大学物理学院

版本说明

20 世纪 30 年代，在哈尔科夫 (Khar'kov) 工作期间，朗道 (L. D. Landau, 1908—1968) 就计划编写一套教材，为理论物理工作者提供必备的基础知识。30 年代后期，朗道开始实施这项计划，这就是著名的《理论物理学教程》。经过朗道以及栗弗席兹 (E. M. Lifshitz, 1915—1985)，皮塔耶夫斯基 (L. P. Pitaevskii, 1933—) 等朗道学派的物理学家的通力合作，历时 40 余年，直到 1979 年第十卷《物理动理学》的出版才标志着整个教程的全部完成。此后，教程的体系没有变化，仅对部分内容作了修订，这就是我们现今广泛使用的版本。

《理论物理学教程》第一卷是《力学》，主要介绍力学的基础，首次成稿于 1938 年，当时是与皮亚季戈尔斯基 (L. Pyatigorsky, 1909—1993) 合著的，于 1940 年由国立技术和理论文献出版社出版。该版全书共六章计 63 节，另外包含序言以及一个关于张量代数的附录，篇幅与后来的各个版本大致相当。1937 年，朗道与皮亚季戈尔斯基因为所谓"技术物理所反革命事件"而失和[①]，整个教程的写作也因此事件以及其他相关原因受到影响。此后，朗道改与栗弗席兹合作进行教程的写作。1957 年，由国立物理数学书籍出版社出版《力学》新版第一版。与 1940 年的版本相比，新版在内容和体系方面均作了大幅度的调整，即使保留下来的章节也做了大量修改甚至完全重写，全书改为七章 50 节，不再包括序言和附录。1965 年出版第二版，与第一版相比内容体系均没有变化。1973 年出版第三版，皮塔耶夫斯基参与了修订工作，全书变为七章 52 节，与第二版相比主要是将第 50 节扩展为三节。1985 年栗弗席兹去世后，于 1988 年以及 2004 年分别出版了第四和第五版，这些版本经由皮塔耶夫斯基修订，但基本上是第三版的重印，仅是修订了印刷错误以及少量的文字。第五版另外将 1940 版本朗道所写序言

[①] 参见刘寄星先生为《统计物理学 I》(第五版) 中译本 2012 年第二次印刷本所写版本说明以及 I. Hargittai, Struct Chem, 19(2008)373–376。

附于书后。

《理论物理学教程》的完整英译工作于 1951 年由美国物理学家 M. Hamermesh (1915—2003) 启动, 后来由天体物理学家和翻译家 J. B. Skyes (1929—1993) 等接任并完成。但是, 1938 年 Clarendon 出版公司出版了《统计物理》的初版, 由 D. Shoenberg 翻译, 是教程中最早的英译本[①]。《力学》英文第一版于 1960 年出版, 由 J. B. Skyes 和物理学家 J. S. Bell (1928—1990) 翻译, 后者是量子力学中 Bell 不等式的提出者。英文版中增加了朗道小传。1969 年第二版, 1976 年第三版, 分别据俄文相应版本翻译。书前附有栗弗席兹为朗道文集俄文版所写的朗道小传, 介绍了他的家庭情况, 学习和研究经历以及对物理学的重要贡献。

《力学》中译本第一版是由莫斯科大学物理系四年级中国留学生根据 1958 年俄文第一版进行翻译的, 于 1959 年由当时的高等教育出版社出版。其后该书各版一直没有中译本, 直到 2006 年高等教育出版社重新启动《理论物理学教程》的引进翻译工作。2007 年根据俄文第五版翻译出版了《力学》新的译本, 2010 年对该中译本进行修订重新印刷发行。

[①] 1958 年第一版英译本由 E. Peierls 和 R. F. Peierls 夫妇翻译, 1969 年英译第二版, 1980 年的英译第三版均由 J. B. Sykes 和 M. J. Kearsley 翻译。

目　录

第一章

运动方程

本章所讨论的系统是仅受到理想完整约束且所有主动力均为有势力 (或保守力) 的系统. 在这种情况下, 可以从哈密顿原理[①](或最小作用量原理) 导出系统的运动微分方程, 即拉格朗日方程[②].

哈密顿原理表示的是, 对实际运动作用量 $S = \int L dt$ 取极值. 对于理想完整保守系统, 作用量 S 中的拉格朗日函数 L 是系统的特性函数, 即由它原则上可以完全确定系统的运动情况. 对自由粒子系统, L 的表示形式可以利用时间空间的性质 (即时间是均匀的, 空间是均匀和各向同性的) 得到, 然后再推广到有相互作用的问题. 有非保守力和非完整约束的系统相关的动力学方程等在第六章倒数第 2 节 (即 §38) 中讨论.

§1 广义坐标

§1.1 内容提要

对于力学系统, 设有 N 个质点, 通常用径矢 $r_a(a = 1, 2, \cdots, N)$ 指定其中各个质点的位置, 即系统的位形, 这总计有 $3N$ 个坐标. 但是实际系统会受到各种约束的限制, $3N$ 个坐标并不都是独立的.

能唯一地确定系统位置 (即位形) 所需独立变量的数目称为系统的自由度 (设为 s), 相应的变量称为广义坐标, 记为 $q_1, q_2, \cdots, q_s$, 其导数 $\dot{q}_i(i = 1, 2, \cdots, s)$ 和 $\ddot{q}_i(i = 1, 2, \cdots, s)$ 分别称为广义速度和广义加速度. 广义坐标不一定是笛卡儿坐标. 广义坐标与笛卡儿坐标之间的关系称为坐标变换关

---

① William Rowan Hamilton, 1805—1865, 爱尔兰数学家、物理学家及天文学家.
② Joseph-Louis Lagrange, 1736—1813, 法国籍意大利裔数学家和天文学家.

系

$$r_a = r_a(q_1, q_2, \cdots, q_s, t), \quad (a = 1, 2, \cdots, N). \tag{1.1}$$

系统的力学状态由广义坐标和相应的广义速度给定, 即它们原则上可以确定系统在任意时刻的位形以及位形的变化.

§1.2　内容补充

1. 约束和分类

要理解广义坐标以及相关的问题, 需要对约束以及分类有一个基本的了解.

在分析力学中处理问题时, 首要的是先明确系统, 这是所有讨论的基本出发点. 系统中各质点 (离散系统) 或质元 (连续分布的系统) 的位置的集合称为系统的位形. 约束是对系统的位形以及位形的变化的一种限制.

按照是否同时限制位形和位形的变化可将约束分为完整约束 (也称为几何约束) 和非完整约束两类. 前者仅对位形有限制, 也就是约束相应的数学关系 (称为约束方程) 一般具有下列形式

$$f_j(r_1, r_2, \cdots, r_N, t) = 0, \quad (j = 1, 2, \cdots, l), \tag{1.2}$$

其中 l 为这类约束的个数. 非完整约束对位形以及位形的变化均有限制, 约束方程通常具有下列形式

$$f_j(r_1, r_2, \cdots, r_N, \dot{r}_1, \dot{r}_2, \cdots, \dot{r}_N, t) = 0, \quad (j = 1, 2, \cdots, l'). \tag{1.3}$$

依据约束方程中是否显含时间, 又可将约束分为定常约束和非定常约束两类. 前者是显含时间的, 后者则否. 方程 (1.2) 和 (1.3) 表示的均是非定常约束.

根据约束是否可以解除又将约束分为单侧约束和双侧约束. 单侧约束是可解除的约束, 约束方程通常表示为不等式. 在实际问题中, 约束解除与否取决于约束力的变化情况. 约束方程可以表示为等式的约束称为双侧约束.

在讨论动力学问题时, 往往需要根据系统所受各约束力的虚功之代数和是否等于零将约束分为理想约束和非理想约束. 设各质点的虚位移分别为 δr_a, 受到的约束力为 F_a', 如果有

$$\sum_{a=1}^{N} F_a' \cdot \delta r_a = 0, \tag{1.4}$$

则称约束是理想的. 注意, 这里所说的不是单个约束力的虚功, 而是系统所有约束力的虚功之和. 与广义坐标等概念一样, 约束是否是理想的针对的也是整个系统, 而不是系统中的某一部分. 也就是说, "第 i 个约束是理想约束" 之类的表述通常是没有意义的.

理想约束一般而言是一种近似, 在具体问题中, 光滑接触、刚性杆、铰链、不可伸长等类型的约束均是理想约束.

2. 广义坐标

要说明的是, 广义坐标是针对整个系统的. 也就是说, "系统中某一部分的广义坐标是什么" 之类的表述一般是没有意义的. 后面讨论中引入的与广义坐标相关的广义力、广义动量、势能等等概念也同样是针对整个系统的.

广义坐标的选取, 通常并没有一定的原则, 只要是相互独立并能唯一地确定系统的位形 (或状态) 的一组数目最少的参量就可. 对于同一系统, 可以有多组广义坐标, 其中每一组均可以同等地用来描述系统的运动情况. 实际上, 广义坐标的选取包含一定的经验技巧. 对于有限大小的物体, 将其方位角作为系统的广义坐标的一部分是一个好的选择. 如果系统具有一定的对称性, 选取与对称变换 (或操作) 相关联的参量为广义坐标可为运动的求解带来便利, 因为后面可以看到这样的广义坐标将不会出现在系统的拉格朗日函数中 (这样的广义坐标称为可遗坐标或循环坐标), 由此将有对应的运动积分存在. 例如, 如果系统关于某轴具有转动不变性, 则可选绕轴的转动操作相应的转动角度为广义坐标 (参见 §9 习题 3).

在选定广义坐标后, 完整约束方程自动隐含在坐标变换关系中, 因此除了求相应的约束力外通常不必再考虑该类约束了. 另外, 要注意约束方程与坐标变换关系一般而言是不相同的.

例 长为 l 的匀质刚性杆置于半径为 $R(l > 2R)$ 的固定半球壳内侧 (见图 1.1) 而处于平衡状态. 为求平衡位置, 以杆为系统, 它有一个自由度. 如果取杆的质心 C 的纵坐标 y 为广义坐标, 则它不能唯一指定系统的位形, 因为图中两种位形有相同的 y.

在该问题中, 通常可取杆与水平方向的夹角 θ 为广义坐标. 于此, 有如下坐标变换关系. 对于 A 点, 有

$$x_A = 2R - (2R\cos\theta)\cos\theta = 2R\sin^2\theta,$$
$$y_A = (2R\cos\theta)\sin\theta = R\sin(2\theta). \tag{1}$$

由这两个关系消去 θ, 得到

$$(x_A - R)^2 + y_A^2 = R^2.$$

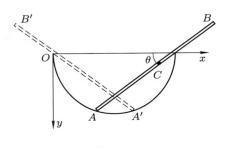

图 1.1

这就是 A 点的约束方程, 它是完整的约束.

对 B 点, 有

$$
\begin{aligned}
x_B &= 2R + (l - 2R\cos\theta)\cos\theta = l\cos\theta + 2R\sin^2\theta, \\
y_B &= -(l - 2R\cos\theta)\sin\theta = -l\sin\theta + R\sin(2\theta).
\end{aligned}
\tag{2}
$$

由式 (1) 和 (2) 消去 θ, 得到

$$
(x_A - x_B)^2 + (y_A - y_B)^2 = l^2.
$$

这是杆为刚性杆的约束方程, 它也是完整的约束.

3. 坐标变换关系 (1.1) 的时间依赖性

坐标变换关系 (1.1) 是否显含时间, 是与约束的类型以及广义坐标的选取密切相关的. 一般而言, 对于非定常约束, 坐标变换关系总是显含时间的. 但是, 对于定常约束, 可以选取广义坐标使得它不显含时间. 也就是说, 在定常约束下, 显含时间与否取决于如何选取广义坐标. 在《力学》后面的讨论中, 往往认为坐标变换关系是不显含时间的, 也就是所涉及的约束是定常约束. 注意, §5 习题 3 考虑的是非定常约束的情况.

例 如图 1.2 所示, 弹簧一端固定于支架上, 支架以速度 v_0 沿固定的水平轴 Ox 运动, 质量为 m 的质点与弹簧相连, 弹簧的劲度系数为 k, 自然长度为 l_0.

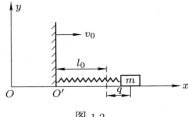

图 1.2

解:取弹簧和质点为系统, 它有一个自由度. 约束条件为

$$y = 0.$$

这是定常完整约束. 取质点相对于支架且弹簧处于原长时端点所在位置的坐标 q 为广义坐标, 则坐标变换方程为

$$x = v_0 t + l_0 + q,$$

其中 l_0 为弹簧的原长. 变换方程中含有时间 t.

但是, 如果选任一时刻质点相对于 O 的坐标 x 为广义坐标, 则坐标变换关系是 $x = x$, 它不显含时间.

§2 最小作用量原理

§2.1 内容提要

力学系统的运动规律是由使哈密顿作用量

$$S = \int_{t_1}^{t_2} L(q, \dot{q}, t) \mathrm{d}t, \tag{o2.1}$$

这个泛函取极值时, 即变分问题 $\delta S = 0$ 中广义坐标所满足的微分方程所描述的, 其中 L 是系统的拉格朗日函数. 这个原理称为最小作用量原理, 通常称为哈密顿原理.

在固定边界条件下, 即 $\delta q_i(t_1) = \delta q_i(t_2) = 0$ 时, 哈密顿原理给出拉格朗日方程

$$\frac{\mathrm{d}}{\mathrm{d}t}\left(\frac{\partial L}{\partial \dot{q}_i}\right) - \frac{\partial L}{\partial q_i} = 0, (i = 1, 2, \cdots s). \tag{o2.6}$$

这是关于 q_i 的二阶微分方程, 即系统的运动微分方程.

拉格朗日函数具有性质: (1) 如果系统可以分为几个相互独立的部分, 则系统的拉格朗日函数等于各部分的拉格朗日函数之和. (2) 拉格朗日函数不具有唯一性. (i) 拉格朗日函数乘以一个任意常数不会改变运动微分方程; (ii) 两个拉格朗日函数 $L'(q, \dot{q}, t)$ 和 $L(q, \dot{q}, t)$, 如果它们相差某个坐标和时间的函数 $f(q, t)$ 对时间的全导数:

$$L'(q, \dot{q}, t) = L(q, \dot{q}, t) + \frac{\mathrm{d}}{\mathrm{d}t} f(q, t), \tag{o2.8}$$

它们将给出完全相同的动力学微分方程, 即拉格朗日函数仅可以确定到相差任意一个关于时间和坐标的函数的全导数项.

§2.2 内容补充

1. 哈密顿原理与参考系

哈密顿原理是变分法中的一个基本原理, 是用于求泛函的极值的, 本身并不涉及参考系的问题. 但是物理问题的描述, 运动规律的讨论均离不开参考系. 参考系是研究物理问题的基本出发点. 在矢量力学中, 牛顿第一定律本质上就表示了特殊类型参考系即惯性参考系的存在性, 构成了牛顿力学的基础.

将哈密顿原理与物理联系起来, 这也就要求考虑参考系的问题. 具体来说就是, 相对于什么样的参考系找出系统的拉格朗日函数. 在 §3 及其后面各节的讨论中, 我们可以看到, 通过所谓简单性原则 (即使力学规律的表述形式上尽可能简单), 假定时空具有均匀性和各向同性的性质就可以求出拉格朗日函数, 其中明确了惯性参考系的基本地位, 它仍然是分析力学研究问题的出发点. 基于此, 由哈密顿原理导出的拉格朗日方程就等同于牛顿第二定律这个动力学方程.

2. 关系 $\delta\dot{q} = \dfrac{\mathrm{d}}{\mathrm{d}t}\delta q$ 成立的条件

关系式 $\delta\dot{q} = \dfrac{\mathrm{d}}{\mathrm{d}t}\delta q$ 表明变分和对时间的微分这两种运算是可以交换次序的, 但这是有条件的, 仅对等时变分是成立的.

所谓等时变分, 是指这种变化在物理学中来看不是运动引起的, 也就是不是历经时间的变化, 因此是一种假想的变化.

以一个自由度的情况为例. 如图 1.3 所示, 设 $\bar{q}(t)$ 是与 $q(t)$ 无限相邻的函数, 即 $\bar{q}(t) - q(t) = \delta q(t)$ 是小量, 则 $\bar{q}(t)$ 称为 $q(t)$ 的等时变分. 图中 A, A', B, B' 各点的坐标可以按如下方式得到.

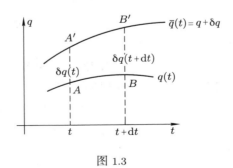

图 1.3

从 A 点到 B 点函数 $q(t)$ 没有改变, 自变量则从 t 变为 $t+\mathrm{d}t$, 因此如 A 点的坐标为: (t, q), 则 B 点的坐标是: $(t + \mathrm{d}t, q(t + \mathrm{d}t) = q + \mathrm{d}q)$. 这里坐标的

变化与时间变化有关, 相应于微分.

A′ 点和 A 点是在二条不同的函数曲线上, 但它们的 t 坐标相同, 于是从 A 点到 A′ 点是由于函数 q 变为 q̄ 所引起的, 自变量没有改变, 这相应于变分. 因此 A′ 点的坐标应为 $(t, \overline{q}(t)) = (t, q(t) + \delta q(t))$.

B′ 点的坐标既可以从 B 点变更过去, 也可以从 A′ 点变更过去. 前者是变分, 后者是微分. 从 B 点变更时, B′ 点的纵坐标应为

$$\overline{q}(t + \mathrm{d}t) = q(t + \mathrm{d}t) + \delta q(t + \mathrm{d}t) = q(t) + \mathrm{d}q(t) + \delta(q(t) + \mathrm{d}q(t)).$$

从 A′ 点变更时, B′ 点的纵坐标应为

$$\overline{q}(t + \mathrm{d}t) = \overline{q}(t) + \mathrm{d}\overline{q}(t) = q(t) + \delta q(t) + \mathrm{d}(q(t) + \delta q(t)).$$

这两种表示式应相等, 因此得

$$\delta(\mathrm{d}q) = \mathrm{d}(\delta q).$$

这表明变分和微分的运算可以交换次序.

由上述关系可证明 δ 和 $\dfrac{\mathrm{d}}{\mathrm{d}t}$ 也是可以交换次序的:

$$\delta\left(\frac{\mathrm{d}q}{\mathrm{d}t}\right) = \frac{\delta(\mathrm{d}q)\mathrm{d}t - \delta(\mathrm{d}t)\mathrm{d}q}{(\mathrm{d}t)^2} = \frac{\mathrm{d}(\delta q)}{\mathrm{d}t},$$

即

$$\delta\dot{q} = \frac{\mathrm{d}}{\mathrm{d}t}\delta q.$$

如果当时间从 t 变到 $t' = t + \Delta t$ 时, 坐标 q 作如下的变化

$$q(t) \to q'(t') = q(t) + \Delta q(t). \tag{2.1}$$

当 Δt 与 Δq 为一无穷小量时, 式 (2.1) 称为无穷小变换, 而 Δq(t) 称为 q 的全变分 (即非等时变分). 这里用 Δ 与等时变分 δ (δt = 0) 相区分. 下面证明 $\dfrac{\mathrm{d}}{\mathrm{d}t}\Delta q \neq \Delta\dfrac{\mathrm{d}q}{\mathrm{d}t}$.

考虑到

$$\Delta q(t) = q'(t') - q(t) = q'(t + \Delta t) - q(t) = q'(t) + \frac{\mathrm{d}q'(t)}{\mathrm{d}t}\Delta t - q(t)$$

$$= (q'(t) - q(t)) + \frac{\mathrm{d}q(t)}{\mathrm{d}t}\Delta t = \delta q(t) + \frac{\mathrm{d}q(t)}{\mathrm{d}t}\Delta t,$$

这里的 δ 是等时变分. 在上式中实际上仅保留到 Δt, Δq 的一阶小量项, 所

以可用 $\dfrac{\mathrm{d}q(t)}{\mathrm{d}t}\Delta t$ 代替 $\dfrac{\mathrm{d}q'(t)}{\mathrm{d}t}\Delta t$. 同样有

$$\Delta \dot{q}(t) = \delta \dot{q}(t) + \frac{\mathrm{d}\dot{q}(t)}{\mathrm{d}t}\Delta t = \delta \dot{q}(t) + \frac{\mathrm{d}(\dot{q}(t)\Delta t)}{\mathrm{d}t} - \dot{q}(t)\frac{\mathrm{d}}{\mathrm{d}t}(\Delta t)$$

$$= \frac{\mathrm{d}}{\mathrm{d}t}\left(\delta q(t) + \Delta t \frac{\mathrm{d}}{\mathrm{d}t}q(t)\right) - \dot{q}(t)\frac{\mathrm{d}}{\mathrm{d}t}(\Delta t) = \frac{\mathrm{d}}{\mathrm{d}t}(\Delta q(t)) - \dot{q}(t)\frac{\mathrm{d}}{\mathrm{d}t}(\Delta t).$$

上式右边多出一项 $-\dot{q}(t)\dfrac{\mathrm{d}}{\mathrm{d}t}(\Delta t)$, 表明全变分 Δ 和微分 $\dfrac{\mathrm{d}}{\mathrm{d}t}$ 是不能交换次序的.

3. 拉格朗日函数的不唯一性与规范变换

在《力学》中, 拉格朗日函数的不唯一性是通过考虑 (o2.8) 联系的两个拉格朗日函数相应的哈密顿作用量仅相差边界项来证明的. 然而也可以直接计算两个拉格朗日函数有相同的运动微分方程, 这只要注意到下列结论即可.

因为 $f(q,t)$ 对时间的全微商可写为

$$\frac{\mathrm{d}}{\mathrm{d}t}f(q,t) = \sum_{j=1}^{s}\frac{\partial f(q,t)}{\partial q_j}\dot{q}_j + \frac{\partial f(q,t)}{\partial t},$$

则有

$$\frac{\partial}{\partial \dot{q}_i}\left[\frac{\mathrm{d}}{\mathrm{d}t}f(q,t)\right] = \frac{\partial f(q,t)}{\partial q_i},$$

$$\frac{\mathrm{d}}{\mathrm{d}t}\left(\frac{\partial}{\partial \dot{q}_i}\left[\frac{\mathrm{d}}{\mathrm{d}t}f(q,t)\right]\right) = \sum_{j=1}^{s}\frac{\partial^2 f(q,t)}{\partial q_j \partial q_i}\dot{q}_j + \frac{\partial^2 f(q,t)}{\partial t \partial q_i},$$

$$\frac{\partial}{\partial q_i}\left[\frac{\mathrm{d}}{\mathrm{d}t}f(q,t)\right] = \sum_{j=1}^{s}\frac{\partial^2 f(q,t)}{\partial q_i \partial q_j}\dot{q}_j + \frac{\partial^2 f(q,t)}{\partial q_i \partial t}.$$

所以,

$$\frac{\mathrm{d}}{\mathrm{d}t}\left(\frac{\partial}{\partial \dot{q}_i}\left[\frac{\mathrm{d}}{\mathrm{d}t}f(q,t)\right]\right) - \frac{\partial}{\partial q_i}\left[\frac{\mathrm{d}}{\mathrm{d}t}f(q,t)\right] = 0,$$

即全微商项对动力学方程的贡献为零.

通常也将 (o2.8) 这种关系称为规范变换. 一个代表性的实例是处于均匀电磁场中的带电粒子的运动, 其拉格朗日函数可以表示为

$$L = \frac{1}{2}mv^2 - (e\varphi - e\boldsymbol{A}\cdot\boldsymbol{v}), \tag{2.2}$$

其中 e 是粒子的电量, φ 为标势, $\boldsymbol{A}$ 为矢势. 如果对矢势和标势分别作如下变换

$$\boldsymbol{A} \to \boldsymbol{A}' = \boldsymbol{A} + \nabla\psi, \quad \varphi \to \varphi' = \varphi - \frac{\partial\psi}{\partial t}, \tag{2.3}$$

其中 ψ 是坐标和时间的可微标量函数, 易证在该变换下电场强度 $\boldsymbol{E} = -\nabla\varphi - \dfrac{\partial \boldsymbol{A}}{\partial t}$ 和磁感应强度 $\boldsymbol{B} = \nabla \times \boldsymbol{A}$ 保持不变, 即不改变带电粒子所受的力. 上述变换称为规范变换. 如果定义变换以后的拉格朗日函数为

$$L' = \frac{1}{2}mv^2 - (e\varphi' - e\boldsymbol{v}\cdot\boldsymbol{A}'), \qquad (2.4)$$

则将变换 (2.3) 代入上式可得

$$L' = L + e\left[\frac{\partial \psi}{\partial t} + \boldsymbol{v}\cdot\nabla\psi\right] = L + \frac{\mathrm{d}}{\mathrm{d}t}(e\psi).$$

可见 L 和 L' 之间相差一个标量函数 $e\psi$ 的时间全微商, 该标量函数仅是坐标和时间的函数. 根据前面的讨论知道, 变换前后的拉格朗日函数对应相同的运动方程. 在规范变换下系统的运动方程不发生变化, 这种性质通常称为系统具有规范不变性.

另外, 作一点相关的说明. 在经典电磁理论中, 电场强度 $\boldsymbol{E}$ 和磁感应强度 $\boldsymbol{B}$ 是基本物理量, 而电势 φ 和矢势 $\boldsymbol{A}$ 是辅助量, 不是具有直接观测意义的物理量. 但是, 在拉格朗日描述或后面将讨论的哈密顿描述中, φ 和 $\boldsymbol{A}$ 确是基本量, 尽管它们不是唯一确定的. 在量子理论中, φ 和 $\boldsymbol{A}$ 不仅是基本物理量, 更有可观测的物理效应①.

§3 伽利略相对性原理

§3.1 内容提要

惯性参考系是这样一种参考系, 相对于它 (i) 空间是均匀的和各向同性的, (ii) 时间是均匀的, (iii) 运动规律具有最简单的形式.

在惯性参考系中, 自由运动的质点其拉格朗日函数只能是速度 $\boldsymbol{v}$ 大小 $v = |\boldsymbol{v}|$ 的函数, 即

$$L = L(v^2). \qquad (\text{o}3.1)$$

由此据拉格朗日方程可以导出自由运动的特征.

伽利略变换②建立相对于两个不同惯性参考系 K 和 K' 描述质点同一运动的坐标和时间之间的关系. 设 K' 相对于 K 以匀速度 $\boldsymbol{V}$ 运动, 则伽利略变换关系为

$$\boldsymbol{r} = \boldsymbol{r}' + \boldsymbol{V}t, \qquad (\text{o}3.3)$$

① 参见文献 Y. Aharonov and D. Bohm, Significance of electromagnetic potentials in the quantum theory, Phys. Rev., **115**(1959)485; R. G. Chambers, Shift of an electron interference pattern by enclosed magnetic flux, Phys. Rev. Lett., **5**(1960)3.

② Galileo Galilei, 1564—1642, 意大利物理学家、数学家、天文学家.

$$t = t', \tag{o3.4}$$

其中不带撇和带撇的量分别表示相对于参考系 K 和 K'.

伽利略相对性原理是指, 在伽利略变换下运动方程是不变的, 即在任意惯性参考系中力学规律是相同的.

§3.2   内容补充

1. 惯性参考系

在《力学》中, 惯性参考系是按照时空的性质和物理规律相对于它具有形式简单性定义的, 这完全不同于一般教材中的定义. 通常教材中将不受到其它力作用的自由质点相对于其作匀速直线运动的参考系定义为惯性参考系, 即据自由运动的特征定义惯性参考系. 或者按另外一种说法是, 牛顿第一定律成立的参考系称为惯性参考系. 按时空性质和按自由运动的特征这两种方式定义惯性参考系在一定程度上是等价的, 在力学范围内它们能导出完全相同的结论. 但是, 前一种定义更反映物理本质. 例如, 从时空性质的角度可以看到动量守恒比牛顿第三定律更基本 (见 §7). 后面的讨论 (见第二章) 也可以看到, 运动积分 (或守恒量) 是与时空的这些性质密切相关的. 这种据时空性质确定运动积分的方法在力学之外的物理学其它领域仍然是有效的, 事实上构成了现代物理学的重要基础. 从牛顿定律导出的守恒律局限于与力有关的问题, 也即仅在力学领域中成立, 难以推广到没有力概念或力概念仅起辅助作用的那些问题或学科领域 (如量子力学).

2. 洛伦兹变换[①]

伽利略变换体现的是绝对时空观, (i) 时间和空间完全分离; (ii) 时间是绝对的, 即在不同的惯性参考系中时间是完全相同的. 时间的同时性也是绝对的, 即在一个惯性参考系中同时发生的事件在另一个参考系中来看也是同时发生的; (iii) 长度是绝对的, 与参考系无关.

在相对论中, 时间和空间是相互联系的, 时间和长度不再具有绝对性, 同时性也只有相对的意义. 时间和空间是与运动相关的. 运动规律仅相对于洛伦兹[②]变换具有不变性. 设 K' 相对于 K 以匀速度 V 沿 K 的 x 方向

---

① 有关相对论的详细讨论参见 Л. Д. 朗道, E. M. 栗弗席兹, 场论 (第八版). 鲁欣, 任朗, 袁炳南译. 北京: 高等教育出版社, 2012. 这里的讨论仅是为了与非相对论的时空观、伽利略变换等作对比, 以此了解两种时空观的联系和区别.

② Hendrik Antoon Lorentz, 1853—1928, 荷兰物理学家, 1902 年因对 Zeeman 效应的理论解释荣获 Nobel 物理学奖.

运动, 洛伦兹变换为

$$\begin{cases} x' = \dfrac{x - Vt}{\sqrt{1 - V^2/c^2}} = \gamma(x - \beta ct), \\[3mm] y' = y, \\[1mm] z' = z, \\[1mm] t' = \dfrac{t - Vx/c^2}{\sqrt{1 - V^2/c^2}} = \gamma(t - \beta x/c), \end{cases} \tag{3.1}$$

其中 c 是光速,

$$\gamma = \frac{1}{\sqrt{1 - \beta^2}}, \quad \beta = \frac{V}{c}.$$

当 $V \ll c$ 时, 洛伦兹变换退化为伽利略变换 (o3.3) 和 (o3.4).

如果引入四维矢量 $x_\mu = (x, y, z, \mathrm{i}ct)$, 即 $x_1 = x, x_2 = y, x_3 = z, x_4 = \mathrm{i}ct$, 则 (3.1) 可改写为

$$\begin{pmatrix} x'_1 \\ x'_2 \\ x'_3 \\ x'_4 \end{pmatrix} = \begin{pmatrix} \gamma & 0 & 0 & \mathrm{i}\gamma\beta \\ 0 & 1 & 0 & 0 \\ 0 & 0 & 1 & 0 \\ -\mathrm{i}\gamma\beta & 0 & 0 & \gamma \end{pmatrix} \begin{pmatrix} x_1 \\ x_2 \\ x_3 \\ x_4 \end{pmatrix}. \tag{3.2}$$

上式也可以写为更紧凑的形式

$$x'_\mu = \sum_{\nu=1}^{4} a_{\mu\nu} x_\nu, \tag{3.3}$$

其中 $a_{\mu\nu}$ 是式 (3.2) 右边第一个矩阵的矩阵元.

将式 (3.1) 中的 V 变为 $-V$, 同时将带撇和不带撇的量互换, 可以得到从 K 到 K' 变换的逆变换, 也即从 K' 到 K 的洛伦兹变换为

$$\begin{cases} x = \dfrac{x' + Vt'}{\sqrt{1 - V^2/c^2}} = \gamma(x' + \beta ct'), \\[3mm] y = y', \\[1mm] z = z', \\[1mm] t = \dfrac{t' + Vx'/c^2}{\sqrt{1 - V^2/c^2}} = \gamma(t' + \beta x'/c). \end{cases} \tag{3.4}$$

引入固有时 $\mathrm{d}\tau$, 它是洛伦兹不变量,

$$
\begin{aligned}
\mathrm{d}\tau &= \frac{1}{c}\sqrt{(c\,\mathrm{d}t)^2 - (\mathrm{d}x)^2 - (\mathrm{d}y)^2 - (\mathrm{d}z)^2} \\
&= \mathrm{d}t\sqrt{1 - \frac{1}{c^2}\left[\left(\frac{\mathrm{d}x}{\mathrm{d}t}\right)^2 + \left(\frac{\mathrm{d}y}{\mathrm{d}t}\right)^2 + \left(\frac{\mathrm{d}z}{\mathrm{d}t}\right)^2\right]} \\
&= \mathrm{d}t\sqrt{1 - \frac{v^2}{c^2}} = \frac{1}{\gamma_v}\mathrm{d}t,
\end{aligned}
\tag{3.5}
$$

其中

$$
v_x = \frac{\mathrm{d}x}{\mathrm{d}t}, \quad v_y = \frac{\mathrm{d}y}{\mathrm{d}t}, \quad v_z = \frac{\mathrm{d}z}{\mathrm{d}t}, \quad \gamma_v = \frac{1}{\sqrt{1 - \dfrac{v^2}{c^2}}},
$$

$v = \sqrt{v_x^2 + v_y^2 + v_z^2}$ 是质点相对于 K 系的速度. 注意, 这里的 γ_v 与洛伦兹变换中的 γ 含义不同, 不是两个有相对运动的参考系之间的变换因子, 而是相对于特定参考系 K 以速度 v 运动时的一个变换因子. 四维速度定义为

$$
u = (u_x, u_y, u_z, u_t) = \left(\frac{\mathrm{d}x}{\mathrm{d}\tau}, \frac{\mathrm{d}y}{\mathrm{d}\tau}, \frac{\mathrm{d}z}{\mathrm{d}\tau}, \frac{\mathrm{d}w}{\mathrm{d}\tau}\right) = \gamma_v(v_x, v_y, v_z, v_t),
\tag{3.6}
$$

其中 $w = \mathrm{i}ct$, $v_t = \dfrac{\mathrm{d}w}{\mathrm{d}t} = \mathrm{i}c$. 四维速度具有与式 (3.2) 相同形式的变换关系. 相应地, 速度变换关系为

$$
v_x' = \frac{\mathrm{d}x'}{\mathrm{d}t'} = \frac{v_x - V}{1 - \dfrac{Vv_x}{c^2}},
$$

$$
v_y' = \frac{\mathrm{d}y'}{\mathrm{d}t'} = \frac{v_y\sqrt{1 - \dfrac{V^2}{c^2}}}{1 - \dfrac{Vv_x}{c^2}},
\tag{3.7}
$$

$$
v_z' = \frac{\mathrm{d}z'}{\mathrm{d}t'} = \frac{v_z\sqrt{1 - \dfrac{V^2}{c^2}}}{1 - \dfrac{Vv_x}{c^2}}.
$$

也即所谓的速度合成定理.

§4 自由质点的拉格朗日函数

§4.1 内容提要

根据伽利略相对性原理以及拉格朗日函数可以确定到相差一个坐标和时间函数的全微分的特性, 自由质点系统的拉格朗日函数具有下列形式

$$L = \sum_a \frac{1}{2} m_a v_a^2. \tag{o4.2}$$

在此基础之上, 可以引进质量的概念. 对于质点系统, 根据拉格朗日函数的乘以任一常数不改变运动方程的性质可以确定系统中不同质点之间的质量之比是有确定物理意义的量, 而最小作用量原理又要求质量是非负的.

§4.2 内容补充

• 相对论性自由粒子的拉格朗日函数

需要说明的是, 这里关于如何得到相对论中自由粒子的拉格朗日函数的讨论主要关注的是《力学》中所采用的方法.

考虑到固有时 $\mathrm{d}\tau$ 与 $\mathrm{d}t$ 的关系为 (见式 (3.5))

$$\mathrm{d}\tau = \mathrm{d}t\sqrt{1 - \frac{v^2}{c^2}} = \frac{1}{\gamma}\mathrm{d}t, \tag{4.1}$$

则哈密顿原理原可以表示为

$$S = \int_{t_1}^{t_2} L\,\mathrm{d}t = \int_{\tau_1}^{\tau_2} \gamma L\,\mathrm{d}\tau. \tag{4.2}$$

如果要求在所有惯性参考系中运动方程有相同的形式, 则 γL 应是洛伦兹不变量. 该不变量必由四维矢量 x_μ 和四维速度 u_ν 构造出来. 但是, 时空的均匀性要求在平移变换 $x_\mu \to x_\mu + a_\mu$ (这里 a_μ 是常值矢量) 下, 作用量是不变的, 则 γL 只能是 u_μ 的函数. γL 是标量, 而由 u_μ 只能构造一个不变的标量 $\sum_\mu u_\mu u_\mu = -c^2$, 因此 γL 只能是一个常数 a, 即

$$L = a\sqrt{1 - v^2/c^2}. \tag{4.3}$$

常数 a 由非相对论近似下在相差一个可加常数的条件下 L 可变为非相对论的动能这个要求来确定. 在非相对论近似下, $v/c \ll 1$, 则有

$$L = a\sqrt{1 - v^2/c^2} \approx a\left(1 - \frac{v^2}{2c^2}\right) = a - \frac{av^2}{2c^2},$$

其中第一项是常数, 第二项应该等同于 $\frac{1}{2}mv^2$, 由此可得 $a = -mc^2$, 故相对论性自由粒子的拉格朗日函数为

$$L = -mc^2\sqrt{1 - v^2/c^2}. \tag{4.4}$$

§5 质点系的拉格朗日函数

§5.1 内容提要

对于封闭质点系统, 没有系统之外的其它物体对它的作用, 仅有系统中各质点之间有相互作用, 且所有相互作用可以用系统的势能 $U(\boldsymbol{r}_1, \boldsymbol{r}_2, \cdots)$ 表示, 系统的拉格朗日函数为

$$L = \sum_a \frac{1}{2}m_a v_a^2 - U(\boldsymbol{r}_1, \boldsymbol{r}_2, \cdots). \tag{o5.1}$$

相应的动力学方程为

$$m_a \frac{\mathrm{d}\boldsymbol{v}_a}{\mathrm{d}t} = -\frac{\partial U}{\partial \boldsymbol{r}_a}. \tag{o5.3}$$

此即牛顿第二定律的具体表示.

用广义坐标和广义速度表示时, 拉格朗日函数的形式为

$$L = \sum_{i,k} \frac{1}{2}a_{ik}(q)\dot{q}_i\dot{q}_k - U(q). \tag{o5.5}$$

对于非封闭系统, 系统与外界有相互作用或者说系统在外场中运动. 如果外界的运动完全已知, 则系统的拉格朗日函数仍具有式 (o5.5) 的形式, 但是其中的 U 将可能显含时间, 即具有形式 $U(q,t)$.

§5.2 内容补充

1. 相互作用的传递与伽利略相对性原理

设相互作用在参考系 K' 中以有限速度 $\boldsymbol{v}_0$ 传递, 而 K' 系相对于 K 系以速度 $\boldsymbol{V}$ 运动. 假设 $\boldsymbol{v}_0, \boldsymbol{V}$ 同向, 则根据伽利略相对性原理, 在 K 系中, 相互作用以速度 $(\boldsymbol{v}_0 + \boldsymbol{V})$ 传递.

令 d 为 A, B 两质点在 $\boldsymbol{v}_0$ 方向上的距离. 如果改变 B 的状态而引起相互作用 $\boldsymbol{F}$, 取时间间隔为 t_0, 则当 $v_0 t_0 < d < (v_0 + V)t_0$ 时, 根据相互作用传递速度的有限性和牛顿时空观, 在 K' 参考系中, 对质点 A 将有 $\ddot{x}'_a = 0$, 而在 K 参考系中, 则有 $\ddot{x}_a = \dfrac{\boldsymbol{F}}{m_a}$, 即两参考系中运动规律不相同. 所以, 如果运动规律在伽利略变换下具有不变性, 则要求相互作用的传递速度是无限

大的. 因为电磁相互作用的传递速度 (即光速) 是有限的, 伽利略变换与电磁学的规律是不相容的, 即电磁学规律在伽利略变换下不具有不变性. 这种内在矛盾是提出狭义相对论的重要动力之一.

2. 公式 (o5.5) 中系数 a_{ik} 的具体形式

在将笛卡儿坐标用广义坐标表示时, 需要使用坐标变换关系. 设对 x_a, 有

$$x_a = f_a(q_1, q_2, \cdots, q_s),$$

则有

$$\dot{x}_a = \sum_k \frac{\partial f_a}{\partial q_k} \dot{q}_k.$$

如果相应地有 $y_a = g_a(q_1, q_2, \cdots, q_s)$, $z_a = h_a(q_1, q_2, \cdots, q_s)$, 则有

$$\dot{y}_a = \sum_k \frac{\partial g_a}{\partial q_k} \dot{q}_k, \quad \dot{z}_a = \sum_k \frac{\partial h_a}{\partial q_k} \dot{q}_k.$$

将这些关系代入原来用笛卡儿坐标表示的动能, 即

$$T = \frac{1}{2} \sum_a m_a (\dot{x}_a^2 + \dot{y}_a^2 + \dot{z}_a^2)$$

中即可得到拉格朗日函数 (o5.5) 的系数 a_{ik} 的表示式为

$$a_{ik} = \sum_{a=1}^N m_a \left(\frac{\partial f_a}{\partial q_i} \frac{\partial f_a}{\partial q_k} + \frac{\partial g_a}{\partial q_i} \frac{\partial g_a}{\partial q_k} + \frac{\partial h_a}{\partial q_i} \frac{\partial h_a}{\partial q_k} \right).$$

系数 a_{ik} 通常是广义坐标的函数.

需要说明的是, 这里的坐标变换关系中均不显含时间, 实际上要求约束方程中不显含时间, 即约束是定常的. 对坐标变换关系中显含时间情况下动能用广义坐标表示时的形式可参见后面 §6 中的相关讨论.

§5.3 习题解答

试求下面在均匀重力场 (重力加速度为 g) 中各系统的拉格朗日函数.

习题 1 平面双摆

解: 取两个小球及连线为整个系统, 系统的自由度为 2. 建立如图 o1 所示的直角坐标系, 坐标原点取在悬挂点. 取绳 l_1 和 l_2 分别与竖直方向的夹角 φ_1 和 φ_2 为广义坐标. 取悬挂点所在水平面为重力势能零势面. 对质点 m_1, 动能和势能分别为

$$T_1 = \frac{1}{2} m_1 l_1^2 \dot{\varphi}_1^2, \quad U_1 = -m_1 g l_1 \cos \varphi_1.$$

为了求出第二个质点的动能, 我们用角 φ_1 和 φ_2 表示第二个质点的笛卡儿坐标 x_2, y_2, 也即有坐标变换关系为

$$x_2 = l_1 \sin \varphi_1 + l_2 \sin \varphi_2, \quad y_2 = l_1 \cos \varphi_1 + l_2 \cos \varphi_2.$$

相应地有

$$\dot{x}_2 = l_1 \dot\varphi_1 \cos \varphi_1 + l_2 \dot\varphi_2 \cos \varphi_2, \quad \dot{y}_2 = -l_1 \dot\varphi_1 \sin \varphi_1 - l_2 \dot\varphi_2 \sin \varphi_2.$$

于是, 动能和势能分别为

$$T_2 = \frac{1}{2} m_2(\dot{x}_2^2 + \dot{y}_2^2) = \frac{1}{2} m_2 \left[l_1^2 \dot\varphi_1^2 + l_2^2 \dot\varphi_2^2 + 2 l_1 l_2 \dot\varphi_1 \dot\varphi_2 \cos(\varphi_1 - \varphi_2) \right],$$

$$U_2 = -m_2 g y_2 = -m_2 g(l_1 \cos \varphi_1 + l_2 \cos \varphi_2).$$

系统的动能

$$T = T_1 + T_2 = \frac{1}{2}(m_1 + m_2) l_1^2 \dot\varphi_1^2 + \frac{1}{2} m_2 \left[l_2^2 \dot\varphi_2^2 + 2 l_1 l_2 \dot\varphi_1 \dot\varphi_2 \cos(\varphi_1 - \varphi_2) \right].$$

系统的势能

$$U = U_1 + U_2 = -(m_1 + m_2) g l_1 \cos \varphi_1 - m_2 g l_2 \cos \varphi_2.$$

由 $L = T - U$, 最后得系统的拉格朗日函数为

$$L = \frac{1}{2}(m_1 + m_2) l_1^2 \dot\varphi_1^2 + \frac{1}{2} m_2 \left[l_2^2 \dot\varphi_2^2 + 2 l_1 l_2 \dot\varphi_1 \dot\varphi_2 \cos(\varphi_1 - \varphi_2) \right] +$$
$$(m_1 + m_2) g l_1 \cos \varphi_1 + m_2 g l_2 \cos \varphi_2.$$

对 φ_1, 有

$$\frac{\partial L}{\partial \dot\varphi_1} = (m_1 + m_2) l_1^2 \dot\varphi_1 + m_2 l_1 l_2 \dot\varphi_2 \cos(\varphi_1 - \varphi_2),$$

$$\frac{\partial L}{\partial \varphi_1} = -m_2 l_1 l_2 \dot\varphi_1 \dot\varphi_2 \sin(\varphi_1 - \varphi_2) - (m_1 + m_2) g l_1 \sin \varphi_1.$$

代入 φ_1 相应的拉格朗日方程 $\dfrac{\mathrm{d}}{\mathrm{d}t}\left(\dfrac{\partial L}{\partial \dot\varphi_1}\right) - \dfrac{\partial L}{\partial \varphi_1} = 0$, 可得

$$(m_1 + m_2) l_1^2 \ddot\varphi_1 + m_2 l_1 l_2 \ddot\varphi_2 \cos(\varphi_1 - \varphi_2) +$$
$$m_2 l_1 l_2 \dot\varphi_2^2 \sin(\varphi_1 - \varphi_2) + (m_1 + m_2) g l_1 \sin \varphi_1 = 0.$$

对 φ_2, 则有

$$\frac{\partial L}{\partial \dot\varphi_2} = m_2 l_2^2 \dot\varphi_2 + m_2 l_1 l_2 \dot\varphi_1 \cos(\varphi_1 - \varphi_2),$$

$$\frac{\partial L}{\partial \varphi_2} = m_2 l_1 l_2 \dot\varphi_1 \dot\varphi_2 \sin(\varphi_1 - \varphi_2) - m_2 g l_2 \sin\varphi_2.$$

代入 φ_2 相应的拉格朗日方程 $\dfrac{\mathrm{d}}{\mathrm{d}t}\left(\dfrac{\partial L}{\partial \dot\varphi_2}\right) - \dfrac{\partial L}{\partial \varphi_2} = 0$, 可得

$$m_2 l_2^2 \ddot\varphi_2 + m_2 l_1 l_2 \ddot\varphi_1 \cos(\varphi_1 - \varphi_2) - m_2 l_1 l_2 \dot\varphi_1^2 \sin(\varphi_1 - \varphi_2) + m_2 g l_2 \sin\varphi_2 = 0.$$

注: 关于该题在 φ_1, φ_2 均为小量, 即 $\varphi_1 \ll 1$, $\varphi_2 \ll 1$ 情况下的求解, 参见 §23 习题 2.

习题 2 质量为 m_2 的平面摆, 其悬挂点 (质量为 m_1) 可以沿着位于 m_2 运动平面内的水平直线运动 (图 o2).

解: 取两个质点及其连线为整个系统, 系统的自由度为 2. 建立如图 o2 所示坐标系. 取 m_1 所在水平面为重力势能零势面.

设质点 m_1 的坐标为 x, 摆线与竖直方向夹角为 φ, 将它们取为广义坐标, 则有坐标变换关系

$$x_2 = x + l \sin\varphi, \quad y_2 = l \cos\varphi.$$

对于悬挂点 m_1, 其动能和势能分别为

$$T_1 = \frac{1}{2} m_1 \dot{x}^2, \quad U_1 = 0.$$

对于摆 m_2, 动能为

$$T_2 = \frac{1}{2} m_2 (\dot{x}_2^2 + \dot{y}_2^2) = \frac{1}{2} m_2 (\dot{x}^2 + l^2 \dot\varphi^2 + 2 l \dot{x} \dot\varphi \cos\varphi),$$

势能为

$$U_2 = -m_2 g y_2 = -m_2 g l \cos\varphi.$$

系统的动能为

$$T = T_1 + T_2 = \frac{1}{2}(m_1 + m_2)\dot{x}^2 + \frac{1}{2} m_2 (l^2 \dot\varphi^2 + 2 l \dot{x} \dot\varphi \cos\varphi).$$

系统的势能为

$$U = U_1 + U_2 = -m_2 g y_2 = -m_2 g l \cos\varphi.$$

由 $L = T - U$, 可得系统的拉格朗日函数为

$$L = \frac{1}{2}(m_1 + m_2)\dot{x}^2 + \frac{1}{2} m_2 (l^2 \dot\varphi^2 + 2 l \dot{x} \dot\varphi \cos\varphi) + m_2 g l \cos\varphi.$$

对 x, 有

$$\frac{\partial L}{\partial \dot{x}} = (m_1 + m_2)\dot{x} + m_2 l \dot\varphi \cos\varphi,$$

$$\frac{\partial L}{\partial x} = 0.$$

代入 x 相应的拉格朗日方程 $\dfrac{\mathrm{d}}{\mathrm{d}t}\left(\dfrac{\partial L}{\partial \dot{x}}\right) - \dfrac{\partial L}{\partial x} = 0$, 可得

$$(m_1 + m_2)\ddot{x} + m_2 l\ddot{\varphi}\cos\varphi - m_2 l\dot{\varphi}^2\sin\varphi = 0. \tag{1}$$

对 φ, 有

$$\frac{\partial L}{\partial \dot{\varphi}} = m_2 l^2\dot{\varphi} + m_2 l\dot{x}\cos\varphi,$$

$$\frac{\partial L}{\partial \varphi} = -m_2 l\dot{x}\dot{\varphi}\sin\varphi - m_2 gl\sin\varphi.$$

代入 φ 相应的拉格朗日方程 $\dfrac{\mathrm{d}}{\mathrm{d}t}\left(\dfrac{\partial L}{\partial \dot{\varphi}}\right) - \dfrac{\partial L}{\partial \varphi} = 0$, 可得

$$m_2 l^2\ddot{\varphi} + m_2 l\ddot{x}\cos\varphi + m_2 gl\sin\varphi = 0. \tag{2}$$

如果 φ 可以视为小量, 即可以作近似 $\sin\varphi \approx \varphi$, $\cos\varphi \approx 1$, 同时式 (1) 和式 (2) 中仅保留到 $\varphi, \dot{\varphi}$ 的一阶项, 则式 (1) 和式 (2) 分别变为

$$(m_1 + m_2)\ddot{x} + m_2 l\ddot{\varphi} = 0, \tag{3}$$

$$m_2 l^2\ddot{\varphi} + m_2 l\ddot{x} + m_2 gl\varphi = 0. \tag{4}$$

对式 (3) 作一次积分, 可得

$$(m_1 + m_2)\dot{x} + m_2 l\dot{\varphi} = c_1,$$

其中 c_1 为积分常数. 对上式再作一次积分, 可得

$$(m_1 + m_2)x + m_2 l\varphi = c_1 t + c_2, \tag{5}$$

其中 c_2 也是积分常数.

由式 (3) 和式 (4) 消去 x, 可得

$$\frac{m_1 l}{m_1 + m_2}\ddot{\varphi} + g\varphi = 0,$$

即

$$\ddot{\varphi} + \omega^2\varphi = 0, \tag{6}$$

其中

$$\omega = \sqrt{\frac{(m_1 + m_2)g}{m_1 l}}.$$

方程 (6) 的解为

$$\varphi = A\cos(\omega t + \alpha), \tag{7}$$

其中 A, α 均为积分常数.

将式 (7) 代入式 (5), 可得

$$x = \frac{1}{m_1 + m_2}(c_1 t + c_2) - \frac{m_2 l}{m_1 + m_2} A\cos(\omega t + \alpha). \tag{8}$$

注: 该题的有关求解可参见 §14 习题 3. 在 $\varphi \ll 1$ 情况下的求解可参见 §21 习题 5.

习题 3 设有一平面摆, 其悬挂点:

a. 沿着竖直圆以定常圆频率 γ 运动 (图 o3),

b. 按规律 $a\cos\gamma t$ 在摆的运动平面内水平振动,

c. 按规律 $a\cos\gamma t$ 竖直振动.

解: 以摆为系统, 其自由度为 1. 取摆线与竖直方向夹角 φ 为广义坐标, 建立如图 o3 所示坐标系. 取 $y = 0$ 水平面为重力势能零势面.

a. 用广义坐标表示的质点 m 的坐标, 即坐标变换关系为

$$x = a\cos\gamma t + l\sin\varphi, \quad y = -a\sin\gamma t + l\cos\varphi.$$

相应有

$$\dot{x} = -a\gamma\sin\gamma t + l\dot{\varphi}\cos\varphi, \quad \dot{y} = -a\gamma\cos\gamma t - l\dot{\varphi}\sin\varphi.$$

系统的动能

$$T = \frac{1}{2}m(\dot{x}^2 + \dot{y}^2) = \frac{1}{2}m(a^2\gamma^2 + l^2\dot{\varphi}^2) + mla\gamma\dot{\varphi}\sin(\varphi - \gamma t).$$

系统的势能

$$U = -mgy = -mg(-a\sin\gamma t + l\cos\varphi).$$

由 $L = T - U$, 系统的拉格朗日函数为

$$L = \frac{1}{2}m(a^2\gamma^2 + l^2\dot{\varphi}^2) + mla\gamma\dot{\varphi}\sin(\varphi - \gamma t) + mg(-a\sin\gamma t + l\cos\varphi).$$

这里由拉格朗日函数的不唯一性可以将上述 L 中的某些项略去而不改变系统的动力学微分方程.

(i) $\frac{1}{2}ma^2\gamma^2$ 是常数, 可以略去.

(ii) $-mga\sin\gamma t$ 可视为 $\frac{mga}{\gamma}\cos\gamma t$ 对时间的全导数, 可以略去.

(iii) $\sin(\varphi - \gamma t)\dot{\varphi} = -\dfrac{\mathrm{d}}{\mathrm{d}t}\cos(\varphi - \gamma t) + \gamma \sin(\varphi - \gamma t)$, 其中 $-\dfrac{\mathrm{d}}{\mathrm{d}t}\cos(\varphi - \gamma t)$ 是关于时间的全导数, 可以略去, 所以 $\dot{\varphi}\sin(\varphi - \gamma t)$ 可用 $\gamma \sin(\varphi - \gamma t)$ 代替.

经过上述处理并整理, 得到系统的拉格朗日函数为

$$L = \frac{1}{2}ml^2\dot{\varphi}^2 + mla\gamma^2 \sin(\varphi - \gamma t) + mgl\cos\varphi.$$

由 L 的表示式, 可得

$$\frac{\partial L}{\partial \dot{\varphi}} = ml^2\dot{\varphi},$$

$$\frac{\partial L}{\partial \varphi} = mla\gamma^2 \cos(\varphi - \gamma t) - mgl\sin\varphi.$$

代入 φ 相应的拉格朗日方程 $\dfrac{\mathrm{d}}{\mathrm{d}t}\left(\dfrac{\partial L}{\partial \dot{\varphi}}\right) - \dfrac{\partial L}{\partial \varphi} = 0$, 可得系统的动力学微分方程为

$$ml^2\ddot{\varphi} - mla\gamma^2 \cos(\varphi - \gamma t) + mgl\sin\varphi = 0.$$

b. 用广义坐标表示的质点 m 的坐标为

$$x = a\cos\gamma t + l\sin\varphi, \quad y = l\cos\varphi.$$

相应地对时间的导数为

$$\dot{x} = -a\gamma\sin\gamma t + l\dot{\varphi}\cos\varphi, \quad \dot{y} = -l\dot{\varphi}\sin\varphi.$$

系统的动能为

$$T = \frac{1}{2}m(\dot{x}^2 + \dot{y}^2) = \frac{1}{2}m(a^2\gamma^2 \sin^2\gamma t + l^2\dot{\varphi}^2 - 2la\gamma\dot{\varphi}\sin\gamma t\cos\varphi).$$

系统的势能为

$$U = -mgy = -mgl\cos\varphi.$$

由 $L = T - U$, 得拉格朗日函数为

$$L = \frac{1}{2}m(a^2\gamma^2 \sin^2\gamma t + l^2\dot{\varphi}^2) - mla\gamma\dot{\varphi}\sin\gamma t\cos\varphi + mgl\cos\varphi.$$

这里由拉格朗日函数的不唯一性, 可以去掉某些项.

(i) $\dfrac{1}{2}ma^2\gamma^2 \sin^2\gamma t = \dfrac{1}{4}ma^2\gamma^2 - \dfrac{1}{8}ma^2\gamma^2 \dfrac{\mathrm{d}}{\mathrm{d}t}[\sin(2\gamma t)]$, 其中第一部分是常数, 第二部分是对时间的全导数, 故均可以略去.

(ii) $\dot{\varphi}\sin\gamma t\cos\varphi = \dfrac{\mathrm{d}}{\mathrm{d}t}(\sin\gamma t\sin\varphi) - \gamma\cos\gamma t\sin\varphi$, 而 $\dfrac{\mathrm{d}}{\mathrm{d}t}(\sin\gamma t\sin\varphi)$ 是关于时间的全导数, 可以略去, 所以 $\dot{\varphi}\sin\gamma t\cos\varphi \sim -\gamma\cos\gamma t\sin\varphi$.

略去对时间的全导数项和常数项后, 系统的拉格朗日函数为

$$L = \frac{1}{2}ml^2\dot{\varphi}^2 + mla\gamma^2\cos\gamma t\sin\varphi + mgl\cos\varphi.$$

由 L 的表示式, 可得

$$\frac{\partial L}{\partial \dot{\varphi}} = ml^2\dot{\varphi},$$

$$\frac{\partial L}{\partial \varphi} = mla\gamma^2\cos\gamma t\cos\varphi - mgl\sin\varphi.$$

代入 φ 相应的拉格朗日方程 $\dfrac{\mathrm{d}}{\mathrm{d}t}\left(\dfrac{\partial L}{\partial \dot{\varphi}}\right) - \dfrac{\partial L}{\partial \varphi} = 0$, 可得系统的动力学微分方程为

$$ml^2\ddot{\varphi} - mla\gamma^2\cos\gamma t\cos\varphi + mgl\sin\varphi = 0.$$

注: 该题在特定条件下的求解参见 §30 习题 2.

c. 用广义坐标表示的质点坐标为

$$x = l\sin\varphi, \quad y = a\cos\gamma t + l\cos\varphi.$$

系统的动能为

$$T = \frac{1}{2}m(\dot{x}^2 + \dot{y}^2) = \frac{1}{2}m(a^2\gamma^2\sin^2\gamma t + l^2\dot{\varphi}^2 + 2la\gamma\dot{\varphi}\sin\gamma t\sin\varphi).$$

系统的势能为

$$U = -mgy = -mg(a\cos\gamma t + l\cos\varphi).$$

由 $L = T - U$, 得系统的拉格朗日函数为

$$L = \frac{1}{2}m(a^2\gamma^2\sin^2\gamma t + l^2\dot{\varphi}^2) + mla\gamma\dot{\varphi}\sin\gamma t\sin\varphi + mgla(\cos\gamma t + l\cos\varphi).$$

类似于 b 中的处理过程, $\dfrac{1}{2}ma^2\gamma^2\sin^2\gamma t$ 项可略去, 而 $mgla\cos\gamma t = \dfrac{mgla}{\gamma}\dfrac{\mathrm{d}}{\mathrm{d}t}$ $(\sin\gamma t)$ 也可略去. 又因为 $\dot{\varphi}\sin\gamma t\sin\varphi = -\dfrac{\mathrm{d}}{\mathrm{d}t}(\sin\gamma t\cos\varphi) + \gamma\cos\gamma t\cos\varphi$, 则 $\dot{\varphi}\sin\gamma t\sin\varphi$ 可用 $\gamma\cos\gamma t\cos\varphi$ 代替. 在略去常数项和对时间的全导数项后, 系统的拉格朗日函数为

$$L = \frac{1}{2}ml^2\dot{\varphi}^2 + mla\gamma^2\cos\gamma t\cos\varphi + mgl\cos\varphi.$$

由 L 的表示式, 可得

$$\frac{\partial L}{\partial \dot{\varphi}} = ml^2\dot{\varphi},$$

$$\frac{\partial L}{\partial \varphi} = -mla\gamma^2 \cos\gamma t \sin\varphi - mgl\sin\varphi.$$

代入 φ 相应的拉格朗日方程 $\dfrac{\mathrm{d}}{\mathrm{d}t}\left(\dfrac{\partial L}{\partial \dot{\varphi}}\right) - \dfrac{\partial L}{\partial \varphi} = 0$, 可得系统的动力学微分方程为

$$ml^2\ddot{\varphi} + mla\gamma^2 \cos\gamma t \sin\varphi + mgl\sin\varphi = 0.$$

注: 该题的求解参见 §27 习题 3 以及 §30 习题 1.

习题 4　在图 o4 所示的力学系统中, 质点 m_2 沿着竖直轴运动, 整个系统以常角速度 Ω 绕该轴转动.

解: 取所有质点以及连线为系统, 系统的自由度为 1. 设线段 a 与竖直方向夹角为 θ. 取 θ 为广义坐标, A 点所在水平面为重力势能零势面. 以 A 为原点建立直角坐标系, 以竖直向上为 y 轴正方向.

设系统绕竖直轴转动的角度为 φ, 则有 $\dot{\varphi} = \Omega$. 每个质点 m_1 的微小位移可以分为两部分, 即绕竖直转轴转动的位移 $a\sin\theta\,\mathrm{d}\varphi$ 和绕与竖直转轴垂直的水平轴的转动位移 $a\,\mathrm{d}\theta$. 这两个位移的方向相互垂直, 于是有位移的大小为

$$\mathrm{d}l_1^2 = a^2\mathrm{d}\theta^2 + a^2\sin^2\theta\,\mathrm{d}\varphi^2.$$

相应地, 速度大小为

$$v_1^2 = \left(\frac{\mathrm{d}l_1}{\mathrm{d}t}\right)^2 = a^2\dot{\theta}^2 + a^2\dot{\varphi}^2\sin^2\theta = a^2\dot{\theta}^2 + a^2\Omega^2\sin^2\theta.$$

质点 m_2 到 A 点的距离为 $2a\cos\theta$, 因此有

$$\mathrm{d}l_2 = -2a\sin\theta\mathrm{d}\theta, \quad v_2 = \frac{\mathrm{d}l_2}{\mathrm{d}t} = -2a\dot{\theta}\sin\theta.$$

系统的动能为

$$T = 2\left(\frac{1}{2}m_1 v_1^2\right) + \frac{1}{2}m_2 v_2^2 = m_1(a^2\dot{\theta}^2 + a^2\Omega^2\sin^2\theta) + 2m_2 a^2\dot{\theta}^2\sin^2\theta.$$

以上是通过几何位形确定各质点的动能和广义坐标以及广义位移之间的关系的, 下面用常规的坐标变换方法求动能的表示式.

左边的 m_1 坐标为

$$x_{11} = -a\sin\theta, \quad y_{11} = -a\cos\theta.$$

右边的 m_1 坐标为

$$x_{12} = a\sin\theta, \quad y_{12} = -a\cos\theta.$$

m_1 的动能和势能分别为

$$T_1 = \frac{1}{2}m_1(\dot{x}_{11}^2 + \dot{y}_{11}^2 + \dot{x}_{12}^2 + \dot{y}_{12}^2) + 2 \times \frac{1}{2}m_1(a\Omega\sin\theta)^2$$
$$= m_1 a^2(\dot{\theta}^2 + \Omega^2\sin^2\theta),$$

$$U_1 = m_1 g y_{11} + m_1 g y_{12} = -2m_1 ga\cos\theta.$$

m_2 的坐标为

$$x_2 = 0, \quad y_2 = -2a\cos\theta.$$

它的动能和势能分别为

$$T_2 = \frac{1}{2}m_2\dot{y}_2^2 = 2m_2 a^2\dot{\theta}^2\sin^2\theta,$$

$$U_2 = m_2 g y_2 = -2m_2 ga\cos\theta.$$

系统的动能为

$$T = T_1 + T_2 = (m_1 + 2m_2\sin^2\theta)a^2\dot{\theta}^2 + m_1 a^2\Omega^2\sin^2\theta.$$

系统的势能为

$$U = U_1 + U_2 = -2(m_1 + m_2)ga\cos\theta.$$

系统的拉格朗日函数为

$$L = T - U = (m_1 + 2m_2\sin^2\theta)a^2\dot{\theta}^2 + m_1 a^2\Omega^2\sin^2\theta + 2ga(m_1 + m_2)\cos\theta.$$

根据 L 的表示式, 可得

$$\frac{\partial L}{\partial \dot{\theta}} = 2(m_1 + 2m_2\sin^2\theta)a^2\dot{\theta},$$

$$\frac{\partial L}{\partial \theta} = 4m_2 a^2\dot{\theta}^2\sin\theta\cos\theta + 2m_1 a^2\Omega^2\sin\theta\cos\theta - 2ga(m_1 + m_2)\sin\theta.$$

代入 θ 相应的拉格朗日方程 $\dfrac{\mathrm{d}}{\mathrm{d}t}\left(\dfrac{\partial L}{\partial \dot{\theta}}\right) - \dfrac{\partial L}{\partial \theta} = 0$, 可得系统的动力学微分方程为

$$(m_1 + 2m_2\sin^2\theta)a^2\ddot{\theta} + (2m_2\dot{\theta}^2 - m_1\Omega^2)a^2\sin\theta\cos\theta + ga(m_1 + m_2)\sin\theta = 0.$$

第二章

守恒定律

本章从时间和空间的均匀性和各向同性导出了系统通常的动量、角动量和机械能三个守恒定律 (或称运动积分). 这里针对的主要是封闭系统或处于均匀外场中的系统, 涉及三个相互关联的方面: 变换, 不变性 (拉格朗日函数以及拉格朗日方程在变换下的不变性) 和守恒量. 具体而言, 动量守恒与空间的均匀性以及在平移变换下的不变性相联系, 角动量守恒与空间的各向同性以及在转动变换下的不变性相联系, 而机械能守恒与时间的均匀性, 即在时间平移下的不变性联系. 牛顿第三定律、动量和角动量沿某方向的分量守恒作为上述三个运动积分的推论.

§6 能量

§6.1 内容提要

在运动过程中, 变量 q_i, $\dot{q}_i(i = 1, 2, \cdots, s)$ 的某些函数如果不随时间变化, 则称其为运动积分. 对于 s 个自由度的封闭力学系统, 独立的运动积分的个数最多为 $2s - 1$. 运动积分的值完全由初始条件确定.

因为时间具有均匀性, 对于封闭系统, 它的拉格朗日函数在时间平移变换下不变, 即拉格朗日函数不显含时间 t, 则系统的能量 E 是运动积分, 其定义为

$$E = \sum_i \dot{q}_i \frac{\partial L}{\partial \dot{q}_i} - L. \tag{o6.1}$$

对于完整有势系统, $L = T(q, \dot{q}) - U(q)$. 在 $T(q, \dot{q})$ 是广义速度 $\dot{q}_i$ 的二次齐次

函数时, 能量 E 的具体形式为

$$E = T(q, \dot{q}) + U(q) = \sum_a \frac{1}{2} m_a v_a^2 + U(\boldsymbol{r}_1, \boldsymbol{r}_2, \cdots). \tag{o6.3}$$

在该情况下, E 实际表示系统的机械能.

§6.2 内容补充

1. 运动积分

在文中谈到, 对于 s 个自由度的系统, 独立的运动积分数为 $2s-1$ 个. 但是又提到, "并不是所有的运动积分在力学中有相同的重要性". 在哈密顿力学中, 又有所谓的刘维尔[1]定理 (见第七章 §42 内容补充 3), 它表明只要有 s 个相互独立并相互对合的运动积分, 则系统就是可积的. 那么这些说法之间的关系如何?

先考虑 $2s-1$ 个运动积分与系统运动的关系问题. $2s-1$ 个运动积分可以表示为

$$C_\alpha = C_\alpha(q_1, \cdots, q_s, \dot{q}_1, \cdots, \dot{q}_s, t), \quad \alpha = 1, 2, \cdots, (2s-1).$$

如果在广义坐标 q_i 和广义速度 $\dot{q}_i$ 张成的空间 (即所谓相空间, 是 $2s$ 维的) 中来看运动积分, 则其中每一个均表示该空间的 $2s-1$ 维子空间. 因为轨迹 $q_i(t)$, $\dot{q}_i(i = 1, \cdots, s)$ 必须同时位于这 $2s-1$ 个的 $2s-1$ 维子空间上, 也即轨迹位于这些子空间的交集上. 该交集在时刻 t 是 $2s$ 维相空间中的一条线. 但是, 如果 C_α 是显含时间的, 则交集并不是相空间中的一条固定的线. 也就是说, 在这种情况下轨迹实际上并不真正局限于相空间的子空间上. 这样的运动积分就如文中所言没有多大的重要性.

然而, 如果 C_α 中的某一个或多个运动积分, 或者它们的组合不显含时间, 即同时具有 $\dfrac{dC}{dt} = 0$ 以及 $\dfrac{\partial C}{\partial t} = 0$ 的性质, 这样的运动积分将对运动给出某些限制, 有助于确定系统的运动性质. 这种运动积分常称为整体运动积分. 整体运动积分通常与系统的时空性质、力场的性质密切相关. 前者包含通常的动量、角动量以及能量等运动积分, 后者如平方反比有心力场中的所谓的 Runge-Lenz[2]矢量 (参见 §15 以及 §52). 刘维尔定理中所涉及的运动积分是整体运动积分, 它的数目如果大于系统的自由度 s, 则系统存在除时空相关对称性之外的其它对称性, 可以参见 §52 的有关讨论.

---

[1] Joseph Liouville, 1809—1882, 法国数学家.

[2] Carl David Tolmé Runge, 1856—1927, 德国数学家, 物理学家; Wilhelm Lenz, 1888—1957, 德国物理学家.

例题 对于一维简谐振子, 其拉格朗日函数为

$$L = \frac{1}{2}m\dot{x}^2 - \frac{1}{2}m\omega_0^2 x^2,$$

相应的运动方程为

$$m\ddot{x} + m\omega_0^2 x = 0.$$

在初始条件为 $x(t=0) = x_0, \dot{x}(t=0) = \dot{x}_0$ 时, 运动方程的解为

$$x(t) = x_0 \cos(\omega_0 t) + \frac{\dot{x}_0}{\omega_0}\sin(\omega_0 t),$$

$$\dot{x}(t) = \dot{x}_0 \cos(\omega_0 t) - \omega_0 x_0 \sin(\omega_0 t).$$

由上述解可得

$$C_1 = x_0 = x\cos(\omega_0 t) - \frac{\dot{x}}{\omega_0}\sin(\omega_0 t),$$

$$C_2 = \dot{x}_0 = \dot{x}\cos(\omega_0 t) + \omega_0 x \sin(\omega_0 t).$$

可以验证,

$$\frac{\mathrm{d}C_1}{\mathrm{d}t} = \frac{\mathrm{d}C_2}{\mathrm{d}t} = 0.$$

但是, 这两个运动积分对相空间中的运动没有任何限制. 然而, 它们的组合

$$C(x, \dot{x}) = (C_1)^2 + \left(\frac{C_2}{\omega_0}\right)^2 = x^2 + \left(\frac{\dot{x}}{\omega_0}\right)^2 = \frac{2E}{m\omega_0^2},$$

是整体运动积分, 其中 E 是谐振子的机械能. 这个整体运动积分将使系统的运动局限于相空间中的椭圆上, 这是相空间的一个子空间. C 与 E 有关系并不奇怪. 因为 L 不显含时间 t, 则 E 本身就是运动积分. E 和 C 均不显含时间, 如果它们是相互独立的, 则这两个运动积分将会使得运动局限在相空间中的一个确定点, 即没有运动, 这显然与实际情况相矛盾. 因此, 一个自由度系统, 如果 L 不显含时间, 则能量 E 是唯一的非平凡运动积分.

2. 动能表示式与齐次函数

设坐标变换式不显含时间, $\boldsymbol{r}_a = \boldsymbol{r}_a(q)$, 即 $\dfrac{\partial \boldsymbol{r}_a}{\partial t} = 0$, 则

$$\dot{\boldsymbol{r}}_a = \sum_{i=1}^{s} \frac{\partial \boldsymbol{r}_a}{\partial q_i}\dot{q}_i,$$

于是

$$T = \sum_{a=1}^{N}\frac{1}{2}m_a \dot{\boldsymbol{r}}_a \cdot \dot{\boldsymbol{r}}_a = \sum_{a=1}^{N}\frac{1}{2}m_a \left(\sum_{i=1}^{s}\dot{q}_i \frac{\partial \boldsymbol{r}_a}{\partial q_i}\right)\cdot\left(\sum_{j=1}^{s}\dot{q}_j \frac{\partial \boldsymbol{r}_a}{\partial q_j}\right)$$

$$= \sum_{i=1}^{s}\sum_{j=1}^{s}\sum_{a=1}^{N}\frac{1}{2}m_a \frac{\partial \boldsymbol{r}_a}{\partial q_i}\cdot\frac{\partial \boldsymbol{r}_a}{\partial q_j}\dot{q}_i\dot{q}_j = \frac{1}{2}\sum_{i,j=1}^{s}a_{ij}\dot{q}_i\dot{q}_j,$$

式中的 $a_{ij} = \sum\limits_{a=1}^{N} m_a \dfrac{\partial \boldsymbol{r}_a}{\partial q_i} \cdot \dfrac{\partial \boldsymbol{r}_a}{\partial q_j}$ 就是式 (o5.5) 动能项的系数, 在 §5 中是通过笛卡儿坐标与广义坐标之间的关系表示的. 可以看出 T 是广义速度的二次齐次多项式.

一般地, 所谓 m 次齐次多项式是指该多项式的各项中的各变量的幂次之和是相等的, 均为 m. 对于变量 $x_1, x_2, \cdots, x_n$ 的 m 次齐次多项式 $f(x_1, x_2, \cdots, x_n)$, 它具有这样的性质:

$$f(\lambda x_1, \lambda x_2, ..., \lambda x_n) = \lambda^m f(x_1, x_2, ..., x_n), \qquad (6.1)$$

这里 λ 为任意常数.

3. 欧拉齐次函数定理

对于 m 次齐次函数 f, 有欧拉定理为:

$$\sum_{i=1}^{n} \frac{\partial f}{\partial x_i} x_i = mf.$$

证明: 利用齐次函数的性质 (6.1), 两边同时对 λ 求导, 有

$$\sum_{i=1}^{n} \frac{\partial f}{\partial (\lambda x_i)} \frac{\partial (\lambda x_i)}{\partial \lambda} = \sum_{i=1}^{n} \frac{\partial f}{\partial (\lambda x_i)} x_i = m\lambda^{m-1} f.$$

在上式中再令 $\lambda=1$, 可得

$$\sum_{i=1}^{n} \frac{\partial f}{\partial x_i} x_i = mf,$$

齐次函数的欧拉定理得证.

4. 齐次函数与能量表示式 (o6.2)

因为势能 $U = U(q)$ 与广义速度无关, 即 $\dfrac{\partial U}{\partial \dot{q}_i} = 0$, 于是有

$$\frac{\partial L}{\partial \dot{q}_i} = \frac{\partial (T - U)}{\partial \dot{q}_i} = \frac{\partial T}{\partial \dot{q}_i} - \frac{\partial U}{\partial \dot{q}_i} = \frac{\partial T}{\partial \dot{q}_i}.$$

再考虑到 T 是广义速度的二次齐次函数, 则根据欧拉齐次函数定理可得结果

$$\sum_i \dot{q}_i \frac{\partial L}{\partial \dot{q}_i} = \sum_i \dot{q}_i \frac{\partial T}{\partial \dot{q}_i} = 2T.$$

也可以不用欧拉定理而直接验证. 验证方法如下:

$$\frac{\partial T}{\partial \dot{q}_j} = \sum_{a=1}^{N} \sum_{i=1}^{s} \frac{1}{2} m_a \frac{\partial \boldsymbol{r}_a}{\partial q_j} \cdot \frac{\partial \boldsymbol{r}_a}{\partial q_i} \dot{q}_i + \sum_{a=1}^{N} \sum_{k=1}^{s} \frac{1}{2} m_a \frac{\partial \boldsymbol{r}_a}{\partial q_j} \cdot \frac{\partial \boldsymbol{r}_a}{\partial q_k} \dot{q}_k$$

$$= \sum_{a=1}^{N} \sum_{i=1}^{s} m_a \frac{\partial \boldsymbol{r}_a}{\partial q_j} \cdot \frac{\partial \boldsymbol{r}_a}{\partial q_i} \dot{q}_i,$$

于是

$$\sum_{j=1}^{s} \frac{\partial T}{\partial \dot{q}_j} \dot{q}_j = \sum_{a=1}^{N} \sum_{i=1}^{s} \sum_{j=1}^{s} m_a \frac{\partial \boldsymbol{r}_a}{\partial q_i} \cdot \frac{\partial \boldsymbol{r}_a}{\partial q_j} \dot{q}_i \dot{q}_j = 2T.$$

将这样的结果代入 (o6.1) 即可得 (o6.2), 也即在动能是广义速度的二次齐次函数的情况下, 系统的能量就是系统的机械能.

5. 能量 E 的一般表示式

如果系统受到的是定常约束, 则可以使坐标变换式不显含时间 t. 但是如果约束不是定常的, 或者即使是定常的, 但没有刻意地选定广义坐标, 则坐标变换式是含时的. 当坐标变换式显含时间时, 即 $\boldsymbol{r}_a = \boldsymbol{r}_a(q,t)$, 则该情况下 E 的表示式将不是 (o6.3). 此时, 有

$$\dot{\boldsymbol{r}}_a = \sum_{i=1}^{s} \frac{\partial \boldsymbol{r}_a}{\partial q_i} \dot{q}_i + \frac{\partial \boldsymbol{r}_a}{\partial t},$$

于是

$$T = \sum_{a=1}^{N} \frac{1}{2} m_a \dot{\boldsymbol{r}}_a \cdot \dot{\boldsymbol{r}}_a = \sum_{a=1}^{N} \frac{1}{2} m_a \left(\sum_{i=1}^{s} \dot{q}_i \frac{\partial \boldsymbol{r}_a}{\partial q_i} + \frac{\partial \boldsymbol{r}_a}{\partial t} \right) \cdot \left(\sum_{j=1}^{s} \dot{q}_j \frac{\partial \boldsymbol{r}_a}{\partial q_j} + \frac{\partial \boldsymbol{r}_a}{\partial t} \right)$$

$$= \sum_{a=1}^{N} \sum_{i=1}^{s} \sum_{j=1}^{s} \frac{1}{2} m_a \frac{\partial \boldsymbol{r}_a}{\partial q_i} \cdot \frac{\partial \boldsymbol{r}_a}{\partial q_j} \dot{q}_i \dot{q}_j + \sum_{a=1}^{N} \sum_{i=1}^{s} m_a \frac{\partial \boldsymbol{r}_a}{\partial q_i} \cdot \frac{\partial \boldsymbol{r}_a}{\partial t} \dot{q}_i + \sum_{a=1}^{N} \frac{1}{2} m_a \frac{\partial \boldsymbol{r}_a}{\partial t} \cdot \frac{\partial \boldsymbol{r}_a}{\partial t}$$

$$= T^{(2)} + T^{(1)} + T^{(0)},$$

其中

$$T^{(2)} = \sum_{a=1}^{N} \sum_{i=1}^{s} \sum_{j=1}^{s} \frac{1}{2} m_a \frac{\partial \boldsymbol{r}_a}{\partial q_i} \cdot \frac{\partial \boldsymbol{r}_a}{\partial q_j} \dot{q}_i \dot{q}_j = \frac{1}{2} \sum_{i,j=1}^{s} a_{ij} \dot{q}_i \dot{q}_j,$$

$$T^{(1)} = \sum_{a=1}^{N} \sum_{i=1}^{s} m_a \frac{\partial \boldsymbol{r}_a}{\partial q_i} \cdot \frac{\partial \boldsymbol{r}_a}{\partial t} \dot{q}_i,$$

$$T^{(0)} = \sum_{a=1}^{N} \frac{1}{2} m_a \frac{\partial \boldsymbol{r}_a}{\partial t} \cdot \frac{\partial \boldsymbol{r}_a}{\partial t},$$

分别是广义速度的二次齐次式, 一次齐次式和零次齐次式. 式中的 $a_{ij} = \sum_{a=1}^{N} m_a \frac{\partial \boldsymbol{r}_a}{\partial q_i} \cdot \frac{\partial \boldsymbol{r}_a}{\partial q_j}$ 就是式 (o5.5) 中动能项的系数. 根据欧拉齐次函数定理, 有

$$\sum_i \dot{q}_i \frac{\partial L}{\partial \dot{q}_i} = 2T^{(2)} + T^{(1)},$$

于是, 有

$$E = \sum_i \dot{q}_i \frac{\partial L}{\partial \dot{q}_i} - L = 2T^{(2)} + T^{(1)} - (T^{(2)} + T^{(1)} + T^{(0)} - U) = T^{(2)} - T^{(0)} + U.$$

这样的 E 具有能量的量纲, 但不是系统的机械能, 常常将其称为广义能量.

§6.3 补充习题

习题 1 §5 习题 1.

解: 系统的动能为

$$T = \frac{1}{2}(m_1 + m_2)l_1^2\dot{\varphi}_1^2 + \frac{1}{2}m_2\left[l_2^2\dot{\varphi}_2^2 + 2l_1l_2\dot{\varphi}_1\dot{\varphi}_2\cos(\varphi_1 - \varphi_2)\right],$$

它是广义速度 $\dot{\varphi}_1$ 和 $\dot{\varphi}_2$ 的二次齐次式. 系统的拉格朗日函数为

$$L = \frac{1}{2}(m_1 + m_2)l_1^2\dot{\varphi}_1^2 + \frac{1}{2}m_2\left[l_2^2\dot{\varphi}_2^2 + 2l_1l_2\dot{\varphi}_1\dot{\varphi}_2\cos(\varphi_1 - \varphi_2)\right] +$$
$$(m_1 + m_2)gl_1\cos\varphi_1 + m_2gl_2\cos\varphi_2.$$

它不显含时间, 于是有能量守恒, 即

$$E = T + U = \frac{1}{2}(m_1 + m_2)l_1^2\dot{\varphi}_1^2 + \frac{1}{2}m_2\left[l_2^2\dot{\varphi}_2^2 + 2l_1l_2\dot{\varphi}_1\dot{\varphi}_2\cos(\varphi_1 - \varphi_2)\right] -$$
$$(m_1 + m_2)gl_1\cos\varphi_1 - m_2gl_2\cos\varphi_2,$$

也即系统的机械能守恒.

习题 2 §5 习题 2.

解: 系统的动能

$$T = \frac{1}{2}(m_1 + m_2)\dot{x}^2 + \frac{1}{2}m_2(l^2\dot{\varphi}^2 + 2l\dot{x}\dot{\varphi}\cos\varphi),$$

是广义速度的二次齐次式. 系统的拉格朗日函数为

$$L = \frac{1}{2}(m_1 + m_2)\dot{x}^2 + \frac{1}{2}m_2(l^2\dot{\varphi}^2 + 2l\dot{x}\dot{\varphi}\cos\varphi) + m_2gl\cos\varphi.$$

它是不显含时间的, 故有能量守恒, 即

$$E = T + U = \frac{1}{2}(m_1 + m_2)\dot{x}^2 + \frac{1}{2}m_2(l^2\dot{\varphi}^2 + 2l\dot{x}\dot{\varphi}\cos\varphi) - m_2gl\cos\varphi,$$

即系统的机械能守恒.

讨论: 如果 m_1 沿水平直线作速度 v_0 的匀速直线运动, 即 $\dot{x} = v_0$, 则系统的动能为

$$T = \frac{1}{2}(m_1 + m_2)v_0^2 + \frac{1}{2}m_2(l^2\dot{\varphi}^2 + 2lv_0\dot{\varphi}\cos\varphi).$$

此时, 动能包含广义速度的二次、一次和零次齐次项, 即有

$$T^{(2)} = \frac{1}{2}m_2 l^2 \dot{\varphi}^2,$$

$$T^{(1)} = m_2 l v_0 \dot{\varphi} \cos\varphi,$$

$$T^{(0)} = \frac{1}{2}(m_1 + m_2)v_0^2.$$

对应的拉格朗日函数仍然是不显含时间的, 故有广义能量守恒

$$E = T^{(2)} - T^{(0)} + U = \frac{1}{2}m_2 l^2 \dot{\varphi}^2 - \frac{1}{2}(m_1 + m_2)v_0^2 - m_2 gl \cos\varphi.$$

此时 E 不是系统的机械能, 机械能是不守恒的. 在这种情况下, m_1 匀速运动是一种完整约束, 相应地有约束力, 即有外力作用, 该力也将对系统作功, 由此系统的机械能不守恒.

习题 3　§5 习题 3.

解: $a.$ 系统的动能为

$$T = \frac{1}{2}m(a^2\gamma^2 + l^2\dot{\varphi}^2) + mla\gamma\dot{\varphi}\sin(\varphi - \gamma t).$$

动能包含广义速度的二次, 一次和零次齐次项, 即有

$$T^{(2)} = \frac{1}{2}ml^2\dot{\varphi}^2,$$

$$T^{(1)} = mla\gamma\dot{\varphi}\sin(\varphi - \gamma t),$$

$$T^{(0)} = \frac{1}{2}ma^2\gamma^2.$$

略去对时间的全导数项和常数项后, 系统的拉格朗日函数为

$$L = \frac{1}{2}ml^2\dot{\varphi}^2 + mla\gamma^2\sin(\varphi - \gamma t) + mgl\cos\varphi.$$

它是显含时间的, 因此系统的能量 E 不是运动积分. 利用上式给出的 L, 能量 E 的表示式为

$$E = \dot{\varphi}\frac{\partial L}{\partial \dot{\varphi}} - L = \frac{1}{2}ml^2\dot{\varphi}^2 - mla\gamma^2\sin(\varphi - \gamma t) - mgl\cos\varphi.$$

$b.$ 系统的动能为

$$T = \frac{1}{2}m(a^2\gamma^2\sin^2\gamma t + l^2\dot{\varphi}^2 - 2la\gamma\dot{\varphi}\sin\gamma t\cos\varphi).$$

动能也包含广义速度的二次, 一次和零次齐次项, 即有

$$T^{(2)} = \frac{1}{2}ml^2\dot{\varphi}^2,$$

$$T^{(1)} = -mla\gamma\dot{\varphi}\sin\gamma t\cos\varphi,$$

$$T^{(0)} = \frac{1}{2}ma^2\gamma^2\sin^2\gamma t.$$

略去对时间的全导数项和常数项后, 系统的拉格朗日函数为

$$L = \frac{1}{2}ml^2\dot{\varphi}^2 + mla\gamma^2\cos\gamma t\sin\varphi + mgl\cos\varphi.$$

它是显含时间的, 因此系统的能量 E 不是运动积分. 利用上式给出的 L, 能量 E 的表示式为

$$E = \dot{\varphi}\frac{\partial L}{\partial\dot{\varphi}} - L = \frac{1}{2}ml^2\dot{\varphi}^2 - mla\gamma^2\cos\gamma t\sin\varphi - mgl\cos\varphi.$$

$c.$ 系统的动能为

$$T = \frac{1}{2}m(a^2\gamma^2\sin^2\gamma t + l^2\dot{\varphi}^2 + 2la\gamma\dot{\varphi}\sin\gamma t\sin\varphi).$$

动能包含广义速度的二次, 一次和零次齐次项, 即有

$$T^{(2)} = \frac{1}{2}ml^2\dot{\varphi}^2,$$

$$T^{(1)} = mla\gamma\dot{\varphi}\sin\gamma t\sin\varphi,$$

$$T^{(0)} = \frac{1}{2}ma^2\gamma^2\sin^2\gamma t.$$

略去对时间的全导数项和常数项后, 系统的拉格朗日函数为

$$L = \frac{1}{2}ml^2\dot{\varphi}^2 + mla\gamma^2\cos\gamma t\cos\varphi + mgl\cos\varphi.$$

它是显含时间的, 因此系统的能量 E 不是运动积分. 利用上式给出的 L, 能量 E 的表示式为

$$E = \dot{\varphi}\frac{\partial L}{\partial\dot{\varphi}} - L = \frac{1}{2}ml^2\dot{\varphi}^2 - mla\gamma^2\cos\gamma t\cos\varphi - mgl\cos\varphi.$$

说明: 在上述三种情况中, 质点的坐标 x, y 与广义坐标之间的关系即坐标变换关系是与时间有关的, 因此用广义坐标和广义速度表示的系统的动能也就显含时间.

习题 4 §5 习题 4.

解: 系统的动能

$$T = (m_1 + 2m_2 \sin^2 \theta)a^2 \dot{\theta}^2 + m_1 a^2 \Omega^2 \sin^2 \theta.$$

它包含广义速度的二次和零次齐次项, 即

$$T^{(2)} = (m_1 + 2m_2 \sin^2 \theta)a^2 \dot{\theta}^2, \quad T^{(0)} = m_1 a^2 \Omega^2 \sin^2 \theta.$$

系统的势能

$$U = -2(m_1 + m_2)ga \cos \theta.$$

系统的拉格朗日函数为

$$L = (m_1 + 2m_2 \sin^2 \theta)a^2 \dot{\theta}^2 + m_1 a^2 \Omega^2 \sin^2 \theta + 2ga(m_1 + m_2) \cos \theta.$$

它是不显含时间的, 故有能量守恒, 即

$$E = \frac{\partial L}{\partial \dot{\theta}} \dot{\theta} - L = T^{(2)} - T^{(0)} + U$$

$$= (m_1 + 2m_2 \sin^2 \theta)a^2 \dot{\theta}^2 - m_1 a^2 \Omega^2 \sin^2 \theta - 2ga(m_1 + m_2) \cos \theta,$$

也即系统的广义能量守恒, 但机械能 $T+U$ 是不守恒的. 实际上, 系统绕竖直轴以 Ω 转动是外力作用的结果, 该外力对系统作功.

§7　动量

§7.1　内容提要

对于封闭的力学系统, 如果系统具有平移不变性 (这是与空间的均匀性相关的), 即系统的拉格朗日函数相对于平移变换具有不变性, 则系统的动量是守恒的, 即它是运动积分.

系统的动量定义为

$$\boldsymbol{P} = \sum_a \frac{\partial L}{\partial \boldsymbol{v}_a}. \tag{o7.2}$$

当拉格朗日函数具有 (o5.1) 的形式, 则系统的动量为

$$\boldsymbol{P} = \sum_a m_a \boldsymbol{v}_a. \tag{o7.3}$$

用广义坐标描述系统时, 定义广义动量为

$$p_i = \frac{\partial L}{\partial \dot{q}_i}. \tag{o7.5}$$

广义动量包含了通常的动量和角动量等. 广义力定义为

$$F_i = \frac{\partial L}{\partial q_i}. \tag{o7.6}$$

广义力包含了通常的力和力矩等.

§7.2　内容补充

1. 广义力

通常力学教材中的广义力的表示式为

$$Q_i = \sum_a \boldsymbol{F}_a \cdot \frac{\partial \boldsymbol{r}_a}{\partial q_i}. \tag{7.1}$$

该表示式来源于将作用于系统的力的虚功用广义坐标表示的形式, 即

$$\delta W = \sum_a \boldsymbol{F}_a \cdot \delta \boldsymbol{r}_a = \sum_a \boldsymbol{F}_a \cdot \sum_i \frac{\partial \boldsymbol{r}_a}{\partial q_i} \delta q_i = \sum_i Q_i \, \delta q_i,$$

其中第二个等号利用了坐标变换关系 $\boldsymbol{r}_a = \boldsymbol{r}_a(q, t)$. 这里的 Q_i 是不同于文中的所谓广义力 F_i 的.

如果所有 $\boldsymbol{F}_a$ 均为有势力, 即 $\boldsymbol{F}_a = -\nabla_a U$, 则有

$$Q_i = \sum_a \boldsymbol{F}_a \cdot \frac{\partial \boldsymbol{r}_a}{\partial q_i} = \sum_a (-\nabla_a U) \cdot \frac{\partial \boldsymbol{r}_a}{\partial q_i} = -\frac{\partial U}{\partial q_i}.$$

因为 $L = T - U$, 而 T 通常也与 q 有关, 则

$$F_i = \frac{\partial L}{\partial q_i} = \frac{\partial T}{\partial q_i} - \frac{\partial U}{\partial q_i} = \frac{\partial T}{\partial q_i} + Q_i \neq Q_i.$$

有的书中将这里的 F_i 称为拉格朗日力, 而 $\dfrac{\partial T}{\partial q_i}$ 称为赝力 (pseudoforce), 它形式上包含通常所说的惯性力.

2. 广义动量的不唯一性

在 §2 中我们知道, 相差广义坐标 q 和时间 t 的某一函数 $f(q, t)$ 对时间的全微分的两个拉格朗日函数有相同的动力学微分方程, 即如果

$$L'(q, \dot{q}, t) = L(q, \dot{q}, t) + \frac{\mathrm{d}}{\mathrm{d}t} f(q, t),$$

则由 L 和 L' 通过拉格朗日方程可得到相同的微分方程. 而根据广义动量的定义 (o7.5), 则相应于 L' 有

$$p_i' = \frac{\partial L'}{\partial \dot{q}_i} = p_i + \frac{\partial}{\partial \dot{q}_i} \left(\frac{\mathrm{d}}{\mathrm{d}t} f(q, t) \right) = p_i + \frac{\partial}{\partial \dot{q}_i} \left(\sum_{j=1}^{s} \frac{\partial f}{\partial q_j} \dot{q}_j + \frac{\partial f}{\partial t} \right) = p_i + \frac{\partial f}{\partial q_i},$$

即系统的广义动量也是不唯一的.

3. 动量定理

当系统的拉格朗日函数为 (o5.1) 时, 如果用径矢 r_a 的笛卡儿分量坐标作为广义坐标, 则 (o5.1) 中动能项的系数 m_a 与 r_a 无关, 此时有

$$P_a = \frac{\partial L}{\partial v_a} = m_a v_a,$$

它是第 a 个质点的动量, 而

$$\frac{\partial L}{\partial r_a} = -\frac{\partial U}{\partial r_a} = F_a,$$

是作用在第 a 个质点上的力 F_a. 于是, 由拉格朗日方程可得

$$\frac{\mathrm{d}}{\mathrm{d}t} P_a = F_a. \tag{7.2}$$

这就是通常所说的动量定理.

但是, 需要强调指出的是, 当系统受到约束时, 径矢的分量并不是完全独立的, 也即它们并不一定可以选为广义坐标. 在这种一般的情况下, (o5.1) 中动能项的系数 m_a 通常与广义坐标有关, $\frac{\partial L}{\partial r_a}$ 是前述的拉格朗日力.

§7.3 习题解答

习题 1 质量为 m 的质点以速度 v_1 从一个势能为常数 U_1 的半空间运动到另一个势能为常数 U_2 的半空间, 求质点运动方向的改变.

解: 根据力与势函数的关系 $F = -\nabla U$ 可知, 质点仅在穿越分界面时才受到垂直于分界面方向的作用力, 因为在该方向上有势函数的变化, 而在平行于分界面方向上不受力. 于是, 根据动量定理质点在穿越分界面前后其平行于分界面方向的动量分量是守恒的, 即有

$$v_1 \sin \theta_1 = v_2 \sin \theta_2, \tag{1}$$

其中 θ_1, θ_2 分别为 v_1 和 v_2 与分界面的法线方向之间的夹角 (参见图 2.1). 又根据机械能守恒定律, 有

$$\frac{1}{2} m v_1^2 + U_1 = \frac{1}{2} m v_2^2 + U_2, \tag{2}$$

这给出 v_1 和 v_2 之间的关系,

$$\frac{v_2}{v_1} = \sqrt{1 + \frac{2}{m v_1^2} (U_1 - U_2)}. \tag{3}$$

由 (1) 和 (3) 可得

$$\frac{\sin\theta_1}{\sin\theta_2} = \sqrt{1 + \frac{2}{mv_1^2}(U_1 - U_2)}.$$

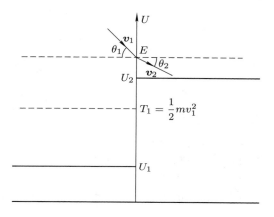

图 2.1

注意, 要保证结果有物理意义, 则要求有

$$1 + \frac{2}{mv_1^2}(U_1 - U_2) \geqslant 0,$$

即质点的机械能应满足条件

$$E = \frac{1}{2}mv_1^2 + U_1 \geqslant U_2,$$

也即仅当 E 大于 U_2 时, 质点才能运动到势能为 U_2 的半空间中 (参见图 2.1). 这是经典力学中运动的特点. 在量子力学中, 即使 $E < U_2$, 质点也有可能运动到势能为 U_2 的半空间中, 这就是所谓的隧道效应.

习题 2 [补充] §5 习题 2.

解: 系统的拉格朗日函数为

$$L = \frac{1}{2}(m_1 + m_2)\dot{x}^2 + \frac{1}{2}m_2(l^2\dot{\varphi}^2 + 2l\dot{x}\dot{\varphi}\cos\varphi) + m_2gl\cos\varphi,$$

则相应于 x 的广义动量为

$$p_x = \frac{\partial L}{\partial \dot{x}} = (m_1 + m_2)\dot{x} + m_2l\dot{\varphi}\cos\varphi.$$

它即是系统沿水平方向的动量分量, 是质点 m_1 的动量 $m_1\dot{x}$ 与杆的质心动量的 x 分量 $m_2\dot{x} + m_2l\dot{\varphi}\cos\varphi$ 之和. 相应于 φ 的广义动量为

$$p_\varphi = \frac{\partial L}{\partial \dot{\varphi}} = m_2(l^2\dot{\varphi} + l\dot{x}\cos\varphi).$$

它是系统相对于 m_1 所在点的角动量, 其中 $m_2 l^2 \dot{\varphi}$ 为 m_2 相对于 m_1 转动的角动量, $m_2 l \dot{x} \cos \varphi$ 为 m_2 随 m_1 沿 x 方向平动而相对于 m_1 的角动量.

所谓的广义力为

$$F_x = \frac{\partial L}{\partial x} = 0,$$

$$F_\varphi = \frac{\partial L}{\partial \varphi} = -m_2 l \dot{x} \dot{\varphi} \sin \varphi - m_2 g l \sin \varphi.$$

F_φ 中的第二项 $-m_2 g l \sin \varphi$ 是 m_2 所受重力相对于 m_1 的力矩, 即为 $Q_\varphi = -\frac{\partial U}{\partial \varphi}$, 这里 $U = -m_2 g l \cos \varphi$ 为 m_2 的重力势能, 也是系统的势能. 第一项 $-m_2 l \dot{x} \dot{\varphi} \sin \varphi$ 形式上是科里奥利[1]惯性力的力矩. 科里奥利惯性力为 $2m(\boldsymbol{v} \times \boldsymbol{\Omega})$ (参见 §39), 将 $\dot{x}$ 与 $\boldsymbol{v}$ 对应, $\dot{\varphi}$ 与 $\boldsymbol{\Omega}$ 对应, 则在该情况下 $\boldsymbol{v} \times \boldsymbol{\Omega}$ 的方向将过 m_2 竖直向下, 于是该力相对于 m_1 的力矩就具有 $-m_2 l \dot{x} \dot{\varphi} \sin \varphi$ 这样的形式. 当然, 这里没有非惯性参考系, 更没有以角速度 $\boldsymbol{\Omega}$ 转动的非惯性参考系, $\dot{x}$ 也不是相对于非惯性系的速度, 因此不会出现所谓的科里奥利惯性力, 无非就是形式上的相似性而已.

习题 3 [补充] §5 习题 3.

a. 按照定义求出的系统的拉格朗日函数为

$$L' = \frac{1}{2} m(a^2 \gamma^2 + l^2 \dot{\varphi}^2) + mla\gamma\dot{\varphi}\sin(\varphi - \gamma t) + mg(-a\sin\gamma t + l\cos\varphi).$$

在忽略常数项 $\frac{1}{2}ma^2\gamma^2$ 以及可以表示为函数 f, 即

$$f(\varphi, t) = \frac{mga}{\gamma}\cos\gamma t - mla\gamma\cos(\varphi - \gamma t),$$

对时间的全微分项后, 系统的拉格朗日函数为

$$L = \frac{1}{2}ml^2\dot{\varphi}^2 + mla\gamma^2\sin(\varphi - \gamma t) + mgl\cos\varphi.$$

L 和 L' 相应的与广义坐标 φ 对应的广义动量分别为

$$p_\varphi = \frac{\partial L}{\partial \dot{\varphi}} = ml^2\dot{\varphi},$$

和

$$p'_\varphi = \frac{\partial L'}{\partial \dot{\varphi}} = ml^2\dot{\varphi} + mla\gamma\sin(\varphi - \gamma t) = p_\varphi + \frac{\partial f}{\partial \varphi}.$$

b. 按照定义求出的系统的拉格朗日函数为

$$L' = \frac{1}{2}m(a^2\gamma^2\sin^2\gamma t + l^2\dot{\varphi}^2) - mla\gamma\dot{\varphi}\sin\gamma t\cos\varphi + mgl\cos\varphi.$$

---

[1] Gustave Coriolis, 1792—1843, 法国数学家, 机械工程师.

同样, 在忽略常数项 $\frac{1}{4}ma^2\gamma^2$ 以及可以表示为函数 f, 即

$$f(\varphi, t) = -\frac{1}{8}ma^2\gamma\sin(2\gamma t) - mla\gamma\sin\gamma t\sin\varphi,$$

对时间的全微分项后, 系统的拉格朗日函数为

$$L = \frac{1}{2}ml^2\dot{\varphi}^2 + mla\gamma^2\cos\gamma t\sin\varphi + mgl\cos\varphi.$$

L 和 L' 相应的与广义坐标 φ 对应的广义动量分别为

$$p_\varphi = \frac{\partial L}{\partial\dot{\varphi}} = ml^2\dot{\varphi},$$

和

$$p'_\varphi = \frac{\partial L'}{\partial\dot{\varphi}} = ml^2\dot{\varphi} - mla\gamma\sin\gamma t\cos\varphi = p_\varphi + \frac{\partial f}{\partial\varphi}.$$

§8 质心

§8.1 内容概要

如果系统的总动量相对于某参考系总是等于零, 这样的参考系称为质心参考系 (简称质心系). 质心参考系相对于惯性参考系的速度为

$$\boldsymbol{V} = \frac{\boldsymbol{P}}{\sum m_a} = \frac{\sum m_a\boldsymbol{v}_a}{\sum m_a}, \tag{o8.2}$$

其中 $\boldsymbol{v}_a$ 为系统中各质点相对于同一惯性参考系的速度. 速度 $\boldsymbol{V}$ 也是系统整体运动的速度. 径矢为 $\boldsymbol{R}$ 的点,

$$\boldsymbol{R} = \frac{\sum m_a\boldsymbol{r}_a}{\sum m_a}, \tag{o8.3}$$

如果其对时间的导数等于 $\boldsymbol{V}$, 即 $\boldsymbol{V} = \dot{\boldsymbol{R}}$, 这个点称为系统的质心.

质心系中力学系统的能量称为内能 E_{int}, 它包括系统内质点的相对运动动能和相互作用势能. 以速度 $\boldsymbol{V}$ 作整体运动的系统的能量可以写成

$$E = \frac{1}{2}\mu V^2 + E_{\text{int}}, \tag{o8.4}$$

其中 $\mu = \sum_a m_a$ 为系统的总质量.

§8.2   内容补充

1. 公式 (o8.4) 与柯尼希定理

公式 (o8.4) 包含了通常教材中所说的柯尼希[①]定理. 柯尼希定理表示系统的动能等于质心的动能 $\mu V^2/2$ (即系统整体运动的动能) 与相对于质心运动的动能 $T' = \frac{1}{2}\sum_a mv_a'^2$ 之和, 即

$$T = \frac{1}{2}\mu V^2 + \frac{1}{2}\sum_a mv_a'^2, \tag{8.1}$$

其中 $\boldsymbol{V} = \dot{\boldsymbol{R}}$ 为系统质心的速度, $\boldsymbol{v}_a'$ 为系统中各质点相对于质心系的速度. 这一结论从证明公式 (o8.4) 的过程中可以看出.《力学》在 §32 中讨论刚体动能的计算时又给出了柯尼希定理在刚体问题中的具体表示形式 (见公式 (o32.1) 和 (o32.3)). 注意到刚体是特殊的质点系统, 有这样的结果是自然的. 柯尼希定理的重要性在于, 可以将系统的整体运动的动能与其它运动的动能分离开来, 由此也表明质心系的特殊性. 对于角动量也有类似的特点, 即可分为整体运动的角动量和相对于质心的角动量 (见公式 (o9.6)).

将 $\frac{1}{2}\sum_a mv_a'^2$ 与系统内质点的相互作用势能 U 合起来就是《力学》中所谓的内能, 即 $E_{\text{int}} = \frac{1}{2}\sum_a mv_a'^2 + U$. 但是, 要注意的是, 这里实际上假定系统的相互作用势能与参考系无关, 也就是说一般它仅与质点之间的相对位置 $\boldsymbol{r}_a - \boldsymbol{r}_b$ 有关 (也可以依赖于时间 t), 即 $U = U(\boldsymbol{r}_a - \boldsymbol{r}_b, t)$.

如果系统是孤立的, 则 (o8.4) 给出的 E 就是这个系统的能量.

另外要注意的是, 这里的内能概念与热力学中的内能概念是有所不同的. 在力学中通常不涉及与热能有关的能量, 而在热力学中热能等也是内能的一部分.

2. 质心参考系

引入质心后, 我们看到系统的整体运动可以等效为质心的运动.

在通常教材中, 质心参考系定义为相对于惯性参考系以质心速度平动的参考系. 由此相对于质心参考系, 系统的总动量等于零. 这与《力学》中的定义方式不同, 这里是将系统的总动量等于零作为质心参考系的基本特征的, 强调了该参考系是与特定的动力学行为相联系的, 因而具有一定的特殊性. 然而, 这两种定义方式是完全等价的.

---

① Johann Samuel König, 1712—1757, 德国数学家.

质心参考系的特殊性表现在多个方面: (i) 描述系统力学性质的一些物理量 (如角动量, 动能等) 均可以分解为与质心有关的部分和相对于质心参考系的部分 (参见式 (8.1) 和 §9 中的式 (o9.6)), 即与质心有关的部分可以与其它部分完全分离. 这样, 在质心参考系中, 与系统整体运动情况有关的部分完全不出现, 仅有涉及相对运动的部分. 通常将与相对运动有关的性质称为内禀性质, 如内禀角动量 (或自旋)、内能等, 因为这是与参考系无关的, 是系统固有的. 在热力学统计物理中, 往往主要关注这样的相对运动; (ii) 因为质心相对于惯性参考系可以有加速度, 质心参考系一般而言并不是惯性参考系. 然而, 相对于质心系, 角动量定理和功能原理等具有与惯性参考系中完全相同的形式, 其中不出现与惯性力有关的部分. 具体计算可以看出这一点. 在质心参考系中, 每个质点均受到惯性力 $-m_a\ddot{\boldsymbol{R}}$ 的作用, 其对质心的力矩为

$$\sum_a \boldsymbol{r}'_a \times \left(-m_a\ddot{\boldsymbol{R}}\right) = -\left(\sum_a m_a \boldsymbol{r}'_a\right) \times \ddot{\boldsymbol{R}} = 0,$$

其中 $\boldsymbol{r}'_a$ 为各质点相对于质心的径矢, 则 $\sum_a m_a \boldsymbol{r}'_a / \sum_a m_a$ 为质心相对于质心的径矢, 当然等于零. 惯性力 $-m_a\ddot{\boldsymbol{R}}$ 对系统所作元功之代数和为

$$\mathrm{d}W = \sum_a \left(-m_a\ddot{\boldsymbol{R}}\right) \cdot \mathrm{d}\boldsymbol{r}'_a = -\ddot{\boldsymbol{R}} \cdot \mathrm{d}\left(\sum_a m_a \boldsymbol{r}'_a\right) = 0.$$

上述这两个性质是相对于其它任何参考系所不具有的性质. (iii) 由于相对于质心参考系系统的总动量总等于零, 这对于在该参考系中处理碰撞、散射等问题将带来非常大的方便, 参阅第四章的相关部分.

§8.3 习题解答

习题 1 求相对两个不同惯性参考系的作用量之间的变换关系.

解: 根据公式 (o8.4), 系统的能量为

$$E = \frac{1}{2}\mu V^2 + E_{\text{int}} = T + U. \tag{1}$$

而相对于不同的惯性参考系, 系统的内能 E_{int} 以及 U (它是系统的相互作用势能, 是 E_{int} 的一部分) 不变, 则将上式代入公式 (o8.5), 可得

$$T = T' + \boldsymbol{V} \cdot \boldsymbol{P}' + \frac{1}{2}\mu V^2. \tag{2}$$

因为拉格朗日函数等于动能 T 和势能 U 之差

$$L = T - U, \tag{3}$$

则利用关系 (2) 以及势能 U 不随参考系而变的性质, 有关系

$$L = L' + \boldsymbol{V} \cdot \boldsymbol{P}' + \frac{1}{2}\mu V^2. \tag{4}$$

考虑哈密顿作用量 S 的定义 $S = \int_{t_1}^{t_2} L \mathrm{d}t$ (见式 (o2.1)) 以及式 (4) 中 $\boldsymbol{V} \cdot \boldsymbol{P}' = \mu \boldsymbol{V} \cdot \boldsymbol{V}'$, 则将式 (4) 两边对时间积分可得

$$S = S' + \mu \boldsymbol{V} \cdot \boldsymbol{R}' + \frac{1}{2}\mu V^2 t, \tag{5}$$

其中 $\boldsymbol{R}'$ 是在参考系 K' 中系统的质心的径矢.

习题 2 [补充] 长为 l, 质量为 m 的匀质杆绕其上端在竖直平面内转动, 求杆的动能.

解法 1: 积分法 取定离悬挂点 ξ 处长度为 $\mathrm{d}\xi$ 的微元 (见图 2.2), 其速度为 $\xi\dot{\theta}$, 质量为 $\mathrm{d}m = \dfrac{m}{l}\mathrm{d}\xi$, 则动能为

$$\mathrm{d}T = \frac{1}{2}\mathrm{d}m\left(\xi\dot{\theta}\right)^2 = \frac{1}{2}\frac{m}{l}\dot{\theta}^2\xi^2\,\mathrm{d}\xi.$$

杆的动能为

$$T = \int \mathrm{d}T = \int_0^l \frac{1}{2}\frac{m}{l}\dot{\theta}^2\xi^2\,\mathrm{d}\xi = \frac{1}{6}ml^2\dot{\theta}^2.$$

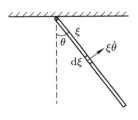

图 2.2

解法 2: 利用公式 (8.1) 杆的质心绕悬挂点作半径为 $l/2$ 的圆周运动, 其速度为

$$V = \frac{l}{2}\dot{\theta}.$$

质心的动能为

$$T_c = \frac{1}{2}mV^2 = \frac{1}{8}ml^2\dot{\theta}^2.$$

杆相对于其质心的运动是转动, 相应的动能为

$$T' = \int_{-l/2}^{l/2} \frac{1}{2}\frac{m}{l}\dot{\theta}^2\xi^2\,\mathrm{d}\xi = \frac{1}{24}ml^2\dot{\theta}^2.$$

由 (8.1) 式知杆的动能为

$$T = T_c + T' = \frac{1}{6}ml^2\dot{\theta}^2.$$

与解法 1 的结果相同.

更多的例子参见 §32 的习题部分.

§9 角动量

§9.1 内容概要

对于封闭的力学系统, 如果它具有与空间的各向同性相关的转动不变性, 即系统的拉格朗日函数相对于转动变换是不变的, 则系统的角动量是守恒量, 即它是运动积分.

系统的角动量定义为

$$\boldsymbol{M} = \sum_a \boldsymbol{r}_a \times \boldsymbol{p}_a. \tag{o9.3}$$

角动量的值与坐标原点的选取有关, 如果原点 O' 相对于原点 O 的位矢为 $\boldsymbol{a}$, 则相对于两个原点的角动量之间有关系

$$\boldsymbol{M} = \boldsymbol{M}' + \boldsymbol{a} \times \boldsymbol{P}. \tag{o9.4}$$

特别是, 如果 O' 位于系统的质心, 则 $\boldsymbol{a} = \boldsymbol{R}$,

$$\boldsymbol{M} = \boldsymbol{M}' + \boldsymbol{R} \times \boldsymbol{P}, \tag{o9.6}$$

其中 $\boldsymbol{M}'$ 是系统相对于质心的角动量, 称为 "内禀角动量", $\boldsymbol{R} \times \boldsymbol{P}$ 则为将系统的质量集中于质心并以系统的整体速度 $\boldsymbol{V}$ 运动时相对于 O 点的角动量, 也称为 "轨道角动量".

§9.2 内容补充

1. 动量和角动量守恒律的统一处理

对于 §6 和本节中讨论的变换与守恒量之间的关系可以统一考虑. 设 $L = L(q, \dot{q}, t)$, 则当径矢和速度有变化时, 有

$$\delta L = \sum_i \left(\frac{\partial L}{\partial q_i}\delta q_i + \frac{\partial L}{\partial \dot{q}_i}\delta \dot{q}_i \right) = \sum_i \left(\frac{\mathrm{d}}{\mathrm{d}t}\frac{\partial L}{\partial \dot{q}_i}\delta q_i + \frac{\partial L}{\partial \dot{q}_i}\delta \dot{q}_i \right)$$

$$= \frac{\mathrm{d}}{\mathrm{d}t}\left(\sum_i \frac{\partial L}{\partial \dot{q}_i}\delta q_i \right),$$

其中第二个等式利用了拉格朗日方程 (o2.6), 第三个等式考虑到了等时变分和微分可交换次序, 即 $\delta \dot{q}_i = \dfrac{\mathrm{d}}{\mathrm{d}t}\delta q_i$. 又设坐标变换关系为

$$\boldsymbol{r}_a = \boldsymbol{r}_a(q_1, q_2, \cdots, q_s, t),$$

则有关系

$$\delta \boldsymbol{r}_a = \sum_i \frac{\partial \boldsymbol{r}_a}{\partial q_i}\delta q_i, \quad \frac{\partial \boldsymbol{r}_a}{\partial q_i} = \frac{\partial \dot{\boldsymbol{r}}_a}{\partial \dot{q}_i}. \tag{9.1}$$

如果设系统的势能 U 是与广义速度无关的, 即 $U = U(q, t)$, 则因 $L = T - U$, 有

$$\frac{\partial L}{\partial \dot{q}_i} = \frac{\partial T}{\partial \dot{q}_i} = \frac{\partial}{\partial \dot{q}_i}\left(\sum_a \frac{1}{2}m_a \dot{\boldsymbol{r}}_a \cdot \dot{\boldsymbol{r}}_a\right) = \sum_a m_a \frac{\partial \dot{\boldsymbol{r}}_a}{\partial \dot{q}_i} \cdot \dot{\boldsymbol{r}}_a$$

$$= \sum_a m_a \frac{\partial \boldsymbol{r}_a}{\partial q_i} \cdot \dot{\boldsymbol{r}}_a,$$

其中利用了关系 (9.1), 由此, 有

$$\delta L = \frac{\mathrm{d}}{\mathrm{d}t}\left(\sum_i \frac{\partial L}{\partial \dot{q}_i}\delta q_i\right) = \frac{\mathrm{d}}{\mathrm{d}t}\left(\sum_i \sum_a m_a \frac{\partial \boldsymbol{r}_a}{\partial q_i} \cdot \dot{\boldsymbol{r}}_a \delta q_i\right)$$

$$= \frac{\mathrm{d}}{\mathrm{d}t}\left(\sum_a m_a \dot{\boldsymbol{r}}_a \cdot \delta \boldsymbol{r}_a\right).$$

如果变换使得拉格朗日函数不变, 即 $\delta L = 0$, 则由上式可得到相应于该变换的运动积分.

(i) 当作平移变换时, 有 $\delta \boldsymbol{r}_a = \boldsymbol{\varepsilon}$, 其中 $\boldsymbol{\varepsilon}$ 为任意的无限小常矢量, 则有

$$\frac{\mathrm{d}}{\mathrm{d}t}\left(\sum_a m_a \dot{\boldsymbol{r}}_a \cdot \delta \boldsymbol{r}_a\right) = \frac{\mathrm{d}}{\mathrm{d}t}\left(\sum_a m_a \dot{\boldsymbol{r}}_a\right) \cdot \boldsymbol{\varepsilon} = 0,$$

即

$$\frac{\mathrm{d}}{\mathrm{d}t}\left(\sum_a m_a \dot{\boldsymbol{r}}_a\right) = 0.$$

故有

$$\sum_a m_a \dot{\boldsymbol{r}}_a = \boldsymbol{P} = \text{const.} \tag{9.2}$$

此即系统的动量守恒.

(ii) 当作转动变换时, 有 $\delta r_a = \delta\varphi \times r_a$, 其中 $\delta\varphi$ 为任意的无限小角位移, 则有

$$\frac{\mathrm{d}}{\mathrm{d}t}\left(\sum_a m_a \dot{r}_a \cdot \delta r_a\right) = \frac{\mathrm{d}}{\mathrm{d}t}\left[\sum_a m_a \dot{r}_a \cdot (\delta\varphi \times r_a)\right] = \frac{\mathrm{d}}{\mathrm{d}t}\left[\sum_a m_a \delta\varphi \cdot (r_a \times \dot{r}_a)\right]$$

$$= \delta\varphi \cdot \frac{\mathrm{d}}{\mathrm{d}t}\left[\sum_a m_a(r_a \times \dot{r}_a)\right] = \delta\varphi \cdot \frac{\mathrm{d}}{\mathrm{d}t}M = 0,$$

即

$$\frac{\mathrm{d}}{\mathrm{d}t}M = 0.$$

于是, 有

$$\sum_a m_a(r_a \times \dot{r}_a) = M = \text{const.} \tag{9.3}$$

此即系统的角动量守恒.

2. Noether 定理[1]

对称性与守恒律之间的一般关系是所谓的 Noether[2] 定理, 该定理指出, 对于任何一种在时间坐标连续变换下系统的哈密顿作用量 (o2.1) 的不变性都存在相应的运动积分.

设拉格朗日函数 $L(q, \dot{q}, t)$ 描述一封闭系统. 设无限小变换为

$$t \to \bar{t} = t + \sum_{\alpha=1}^r \epsilon_\alpha \xi_\alpha(q(t), t),$$

$$q_i \to \bar{q}_i = q_i + \sum_{\alpha=1}^r \epsilon_\alpha \eta_{i\alpha}(q(t), t), \tag{9.4}$$

其中 $\epsilon_\alpha(\alpha = 1, 2, \cdots, r)$ 是无限小的实参数, $\xi_\alpha(q, t), \eta_{i\alpha}(q, t)$ 是 q, t 的连续函数. 当 $\epsilon_\alpha = 0$ 时, $\bar{t} = t, \bar{q}_i = q_i$, 此时变换为恒等变换. 如果系统在变换 (9.4) 下, 哈密顿作用量 (o2.1), 即

$$S = \int_{t_1}^{t_2} L(q(t), \dot{q}(t), t)\mathrm{d}t$$

不变, 即有

$$\overline{S} = \int_{\bar{t}_1}^{\bar{t}_2} \overline{L}(\bar{q}(\bar{t}), \dot{\bar{q}}(\bar{t}), \bar{t})\mathrm{d}\bar{t} = \int_{t_1}^{t_2} L(q(t), \dot{q}(t), t)\mathrm{d}t = S, \tag{9.5}$$

---

[1] N. A. Doughty, Lagrangian interaction, Addison-Wesley publishing company, Inc., 1990; John R. Ray, Noether's theory in classical mechanics, Am. J. Phys., **40**(1972), 493–494.

[2] Amalie Emmy Noether, 1882—1935, 德国数学家.

则存在对应的运动积分. 注意, 上式中 $\dot{\bar{q}}_i = \mathrm{d}\bar{q}_i/\mathrm{d}\bar{t}$. 下面我们具体地导出相关的运动积分的表示式.

注意到方程 (9.5) 的左边可以改写为

$$\int_{\bar{t}_1}^{\bar{t}_2} \overline{L}(\bar{q}(\bar{t}), \dot{\bar{q}}(\bar{t}), \bar{t})\mathrm{d}\bar{t} = \int_{t_1}^{t_2} \overline{L}(\bar{q}(\bar{t}), \dot{\bar{q}}(\bar{t}), \bar{t})\frac{\mathrm{d}\bar{t}}{\mathrm{d}t}\,\mathrm{d}t,$$

则方程 (9.5) 表明变换后的拉格朗日函数 $\overline{L}$ 和变换前的拉格朗日函数 L 之间有下列关系

$$\overline{L}(\bar{q}(\bar{t}), \dot{\bar{q}}(\bar{t}), \bar{t})\frac{\mathrm{d}\bar{t}}{\mathrm{d}t} = L(q(t), \dot{q}(t), t). \tag{9.6}$$

这里需要说明的是, 变换前后哈密顿作用量的不变性并没有指定 $\overline{L}(\bar{q}(\bar{t}),$ $\dot{\bar{q}}(\bar{t}), \bar{t})$ 的形式, 即它现在还是不确定的. 当要求变换前后有相同形式的拉格朗日方程, 可以按下列两种方式指定 $\overline{L}$ 的形式. (i) 如果

$$\overline{L}(q, \dot{q}, t) = L(q, \dot{q}, t), \tag{9.7}$$

则称 L 在变换 (9.4) 下具有形式不变性; (ii) 如果

$$\overline{L}(q, \dot{q}, t) = L(q, \dot{q}, t) + \frac{\mathrm{d}}{\mathrm{d}t}\Lambda(q, t), \tag{9.8}$$

则称 L 在变换 (9.4) 下具有形式协变性 (或称为准不变性). 方程 (9.8) 是 (9.7) 的推广, 其中的 $\Lambda(q, t)$ 是 q, t 的连续可微函数. 注意, 方程 (9.8) 和 (9.7) 等号左右两边函数的变量相同就可, 即将它们换为 $\bar{q}(\bar{t}), \dot{\bar{q}}(\bar{t}), \bar{t}$ 也应成立. 具有性质 (9.7) 或 (9.8) 的变换 (9.4) 称为系统的对称变换, 相应地称系统在该变换下是对称的.

将式 (9.8) 代入式 (9.6), 有

$$\left(L(\bar{q}(\bar{t}), \dot{\bar{q}}(\bar{t}), \bar{t}) + \frac{\mathrm{d}}{\mathrm{d}\bar{t}}\Lambda(\bar{q}(\bar{t}), \bar{t})\right)\frac{\mathrm{d}\bar{t}}{\mathrm{d}t} = L(q(t), \dot{q}(t), t). \tag{9.9}$$

由式 (9.4), 可知

$$\frac{\mathrm{d}\bar{t}}{\mathrm{d}t} = 1 + \sum_{\alpha=1}^{r} \epsilon_\alpha \frac{\mathrm{d}\xi_\alpha(q(t), t)}{\mathrm{d}t},$$

$$\dot{\bar{q}}_i = \frac{\mathrm{d}\bar{q}_i}{\mathrm{d}\bar{t}} = \frac{\mathrm{d}\bar{q}_i}{\mathrm{d}t}\frac{\mathrm{d}t}{\mathrm{d}\bar{t}} = \left(\dot{q}_i + \sum_{\alpha=1}^{r} \epsilon_\alpha \frac{\mathrm{d}\eta_{i\alpha}(q(t), t)}{\mathrm{d}t}\right) \bigg/ \left(1 + \sum_{\alpha=1}^{r} \epsilon_\alpha \frac{\mathrm{d}\xi_\alpha(q(t), t)}{\mathrm{d}t}\right)$$

$$= \left(\dot{q}_i + \sum_{\alpha=1}^{r} \epsilon_\alpha \frac{\mathrm{d}\eta_{i\alpha}(q(t), t)}{\mathrm{d}t}\right)\left(1 - \sum_{\alpha=1}^{r} \epsilon_\alpha \frac{\mathrm{d}\xi_\alpha(q(t), t)}{\mathrm{d}t}\right)$$

$$= \dot{q}_i + \sum_{\alpha=1}^{r} \epsilon_\alpha \left(\frac{\mathrm{d}\eta_{i\alpha}(q(t), t)}{\mathrm{d}t} - \dot{q}_i\frac{\mathrm{d}\xi_\alpha(q(t), t)}{\mathrm{d}t}\right),$$

其中均保留到 ϵ 的一阶项, 则有

$$L(\overline{q}(\overline{t}), \dot{\overline{q}}(\overline{t}), \overline{t}) = L(q(t), \dot{q}(t), t) + \frac{\partial L}{\partial t}(\overline{t} - t) + \sum_{i=1}^{s} \left[\frac{\partial L}{\partial q_i}(\overline{q}_i - q_i) + \frac{\partial L}{\partial \dot{q}_i}(\dot{\overline{q}}_i - \dot{q}_i) \right]$$

$$= L(q(t), \dot{q}(t), t) + \frac{\partial L}{\partial t} \sum_{\alpha=1}^{r} \epsilon_\alpha \xi_\alpha(q(t), t) + \sum_{i=1}^{s} \sum_{\alpha=1}^{r} \epsilon_\alpha \times$$

$$\left[\eta_{i\alpha}(q(t), t) \frac{\partial L}{\partial q_i} + \left(\frac{\mathrm{d}\eta_{i\alpha}(q(t), t)}{\mathrm{d}t} - \dot{q}_i \frac{\mathrm{d}\xi_\alpha(q(t), t)}{\mathrm{d}t} \right) \frac{\partial L}{\partial \dot{q}_i} \right],$$

$$\Lambda(\overline{q}(\overline{t}), \overline{t}) = \Lambda(q(t), t) + \frac{\partial \Lambda}{\partial t}(\overline{t} - t) + \sum_{i=1}^{s} \frac{\partial \Lambda}{\partial q_i}(\overline{q}_i - q_i)$$

$$= \Lambda(q(t), t) + \sum_{\alpha=1}^{r} \epsilon_\alpha \left[\frac{\partial \Lambda}{\partial t} \xi_\alpha(q(t), t) + \sum_{i=1}^{s} \frac{\partial \Lambda}{\partial q_i} \eta_{i\alpha}(q(t), t) \right]$$

$$= \Lambda(q(t), t) + \sum_{\alpha=1}^{r} \epsilon_\alpha \Pi_\alpha(q(t), t),$$

其中

$$\Pi_\alpha(q(t), t) = \frac{\partial \Lambda}{\partial t} \xi_\alpha(q(t), t) + \sum_{i=1}^{s} \frac{\partial \Lambda}{\partial q_i} \eta_{i\alpha}(q(t), t), \tag{9.10}$$

它是 q, t 的函数. 注意到 $L(\overline{q}(\overline{t}), \dot{\overline{q}}(\overline{t}), \overline{t}) - L(q(t), \dot{q}(t), t)$ 在变换 (9.4) 下是一阶小量, 则 $\frac{\mathrm{d}}{\mathrm{d}t}\Lambda(\overline{q}(\overline{t}), \overline{t})$ 也应该是同阶小量, 因此在 (9.9) 中应该用 $\Delta\Lambda(\overline{q}(\overline{t}), \overline{t})$ 代替 $\Lambda(\overline{q}(\overline{t}), \overline{t})$, 且 $\Delta\Lambda(\overline{q}(\overline{t}), \overline{t}) = \sum_{\alpha=1}^{r} \epsilon_\alpha \Pi_\alpha(q(t), t)$. 将上列各式代入式 (9.9) 中保留到 ϵ_α 的一阶项并经整理可得

$$\xi_\alpha(q(t), t) \frac{\partial L}{\partial t} + \sum_{i=1}^{s} \left[\eta_{i\alpha}(q(t), t) \frac{\partial L}{\partial q_i} + \left(\frac{\mathrm{d}\eta_{i\alpha}(q(t), t)}{\mathrm{d}t} - \dot{q}_i \frac{\mathrm{d}\xi_\alpha(q(t), t)}{\mathrm{d}t} \right) \frac{\partial L}{\partial \dot{q}_i} \right] +$$

$$L \frac{\mathrm{d}\xi_\alpha(q(t), t)}{\mathrm{d}t} = -\frac{\mathrm{d}}{\mathrm{d}t} \Pi_\alpha(q(t), t). \tag{9.11}$$

方程 (9.11) 可用来判断变换 (9.4) 是否为对称变换. 对于给定的 L 和变换, 计算上式的左边, 如果其可以表示为某一函数对时间的全微分, 则变换是对称变换, 同时 $\Pi_\alpha(q(t), t)$ 的表示式也就确定. 注意到

$$\frac{\mathrm{d}}{\mathrm{d}t} L(q(t), \dot{q}(t), t) = \frac{\partial L}{\partial t} + \sum_{i=1}^{s} \left(\frac{\partial L}{\partial q_i} \dot{q}_i + \frac{\partial L}{\partial \dot{q}_i} \ddot{q}_i \right),$$

可将 (9.11) 改写为

$$\frac{\mathrm{d}}{\mathrm{d}t}\left[\sum_{i=1}^{s}(\eta_{i\alpha}-\dot{q}_i\xi_\alpha)\frac{\partial L}{\partial \dot{q}_i}+L\xi_\alpha+\Pi_\alpha\right]+\sum_{i=1}^{s}\left(\frac{\partial L}{\partial q_i}-\frac{\mathrm{d}}{\mathrm{d}t}\frac{\partial L}{\partial \dot{q}_i}\right)(\eta_{i\alpha}-\dot{q}_i\xi_\alpha)=0.$$
$$(9.12)$$

于是, 当系统的运动满足拉格朗日方程 (o2.6) 时, 则由上式知存在运动积分

$$I_\alpha(q,t)=\sum_{i=1}^{s}(\eta_{i\alpha}-\dot{q}_i\xi_\alpha)\frac{\partial L}{\partial \dot{q}_i}+L\xi_\alpha+\Pi_\alpha$$
$$=\sum_{i=1}^{s}\eta_{i\alpha}p_i-E\xi_\alpha+\Pi_\alpha,\quad(\alpha=1,2,\cdots,r)$$
$$(9.13)$$

其中第二个等号利用了广义动量的定义以及广义能量函数的定义 (o6.1).

考虑几个特殊情况. (i) 当拉格朗日函数不显含时间 t 时, $L=L(q,\dot{q})$, 如果仅作时间平移变换, 拉格朗日函数在此变换下将不变, 则有 $\Lambda=0$. 取 $\xi_\alpha=1,\eta_{i\alpha}=0$, 由 (9.13) 知, 运动积分为 $I=-E$, 即有广义能量积分, 与 §6 中的讨论一致. (ii) 如果仅有空间变换, 即 $\xi_\alpha=0$, 又假定在该变换下拉格朗日函数具有形式不变性, 即 $\Lambda=0$, 则由 (9.13) 知, 运动积分为 $I=\sum\limits_{i=1}^{s}\eta_{i\alpha}p_i$. 取某一 i 值相应的 $\eta_{i\alpha}=1$, 而其它的 $\eta_{j\alpha}=0(j\neq i)$, 则 $I=p_i$, 即广义动量是运动积分, 这包括了 §7 中的动量守恒和本节的角动量守恒.

§9.3 习题解答

习题 1 用柱坐标 r,φ,z 表示质点角动量的笛卡儿坐标分量以及角动量的大小.

解: 令质点的笛卡儿坐标为 (x,y,z), 则其速度为 $(\dot{x},\dot{y},\dot{z})$. 所以

$$\boldsymbol{M}=\boldsymbol{r}\times\boldsymbol{p}=m\boldsymbol{r}\times\boldsymbol{v}=(m(y\dot{z}-z\dot{y}),m(z\dot{x}-x\dot{z}),m(x\dot{y}-y\dot{x})).$$

因为笛卡儿坐标与柱坐标之间有关系

$$x=r\cos\varphi,\quad y=r\sin\varphi,\quad z=z,$$

则有

$$\dot{x}=\dot{r}\cos\varphi-r\dot{\varphi}\sin\varphi,\quad \dot{y}=\dot{r}\sin\varphi+r\dot{\varphi}\cos\varphi,$$

所以

$$M_x=m(y\dot{z}-z\dot{y})=m\left[\dot{z}r\sin\varphi-z(\dot{r}\sin\varphi+r\dot{\varphi}\cos\varphi)\right]$$
$$=m\sin\varphi(r\dot{z}-\dot{r}z)-mrz\dot{\varphi}\cos\varphi.$$

同理,

$$M_y = m(z\dot{x} - x\dot{z}) = m\left[z(\dot{r}\cos\varphi - r\dot{\varphi}\sin\varphi) - \dot{z}r\cos\varphi\right]$$
$$= m\cos\varphi(z\dot{r} - r\dot{z}) - mrz\dot{\varphi}\sin\varphi,$$

$$M_z = m(x\dot{y} - y\dot{x}) = m\left[r\cos\varphi(\dot{r}\sin\varphi + r\dot{\varphi}\cos\varphi) - r\sin\varphi(\dot{r}\cos\varphi - r\dot{\varphi}\sin\varphi)\right]$$
$$= mr^2\dot{\varphi}.$$

M_z 的表示式可以比较容易地理解: $\dot{\varphi}$ 可以视为质点绕 z 轴转动的角速度, 则 $r\dot{\varphi}$ 为质点相对于 z 轴的转动速度, 于是据角动量的定义就可以得到质点相对于 z 轴的角动量为 $M_z = r(mr\dot{\varphi}) = mr^2\dot{\varphi}$.

角动量 $\boldsymbol{M}$ 的大小为

$$|\boldsymbol{M}| = \sqrt{M_x^2 + M_y^2 + M_z^2} = m\sqrt{r^2\dot{\varphi}^2(r^2 + z^2) + (r\dot{z} - z\dot{r})^2}.$$

习题 2 用球坐标 r, θ, φ 表示质点角动量的笛卡儿坐标分量以及角动量的大小.

解: 因为笛卡儿坐标与球坐标之间有关系

$$x = r\sin\theta\cos\varphi, \quad y = r\sin\theta\sin\varphi, \quad z = r\cos\theta,$$

则有

$$\dot{x} = \dot{r}\sin\theta\cos\varphi + r\dot{\theta}\cos\theta\cos\varphi - r\dot{\varphi}\sin\theta\sin\varphi,$$
$$\dot{y} = \dot{r}\sin\theta\sin\varphi + r\dot{\theta}\cos\theta\sin\varphi + r\dot{\varphi}\sin\theta\cos\varphi,$$
$$\dot{z} = \dot{r}\cos\theta - r\dot{\theta}\sin\theta.$$

类似于习题 1, 可得

$$M_x = m(y\dot{z} - z\dot{y}) = m\left[r\sin\theta\sin\varphi\left(\dot{r}\cos\theta - r\dot{\theta}\sin\theta\right) - r\cos\theta\left(\dot{r}\sin\theta\sin\varphi + r\dot{\varphi}\sin\theta\cos\varphi + r\dot{\theta}\cos\theta\sin\varphi\right)\right].$$

整理可得

$$M_x = -mr^2\left(\dot{\varphi}\cos\theta\sin\theta\cos\varphi + \dot{\theta}\sin\varphi\right).$$

同理, 有

$$M_y = m(z\dot{x} - x\dot{z}) = mr^2\left(\dot{\theta}\cos\varphi - \dot{\varphi}\sin\theta\cos\theta\sin\varphi\right),$$

$$M_z = m(x\dot{y} - y\dot{x}) = mr^2\dot{\varphi}\sin^2\theta.$$

M_z 的表示式也可以比较容易地得到理解:$\dot\varphi$ 可以视为质点绕 z 轴转动的角速度,但质点与 z 轴之间的距离为 $r\sin\theta$,则质点相对于 z 轴的转动速度为 $\dot\varphi r\sin\theta$. 由角动量的定义可知,质点相对于 z 轴的角动量为 $M_z = (r\sin\theta)(mr\dot\varphi\sin\theta) = mr^2\dot\varphi\sin^2\theta$.

角动量 $\boldsymbol{M}$ 的大小为

$$|\boldsymbol{M}| = \sqrt{M_x^2 + M_y^2 + M_z^2} = mr^2\sqrt{\dot\theta^2 + \dot\varphi^2\sin^2\theta}.$$

习题 3 在下列场中运动时动量 $\boldsymbol{P}$ 和角动量 $\boldsymbol{M}$ 的哪些分量守恒? a. 无限大均匀平面场; b. 无限长均匀圆柱场; c. 无限长均匀棱柱场; d. 两个点场; e. 无限大均匀半平面场; f. 均匀圆锥场; g. 均匀圆环场; h. 无限长均匀圆柱形螺旋线场.

解: 有外场且场有转动对称性时,角动量在且仅在外场的对称轴上的投影 (即沿对称轴的分量) 是守恒的. 在 a, b, f, g 等情况下外场有转动对称轴 (设为 z 轴),所以有 M_z 守恒,而 $\boldsymbol{M}$ 的其余各个分量均不守恒. a 中场的转动对称轴是垂直于场所在平面的任意轴,b, f 中分别为圆柱和圆锥的对称轴,g 中则是通过圆环中心垂直于圆环面的轴. 在 d 中,如果设两个点位于 z 轴上,此时 z 轴为外场的转动对称轴,则有 M_z 守恒. 注意,c 中的棱柱场有对称轴,但该轴不是绕其连续转动的对称轴.

从矢量力学的动量定理 $\boldsymbol{F} = \mathrm{d}\boldsymbol{p}/\mathrm{d}t$ 来看,仅当质点在某一方向上不受力或所受外力的矢量和在该方向的分量为零时,动量的这一分量才是守恒的. 而在拉格朗日力学中,如果沿某一方向平移时系统具有平移不变性,则相应的动量分量是守恒的,由此对各种情况分别有下列结论.

a: 在 xy 平面内的 x 和 y 方向势场均匀,因而沿这些方向系统具有平移不变性,P_x, P_y 守恒. 或者根据关系 $\boldsymbol{F} = -\nabla U = \left(-\dfrac{\partial}{\partial x}U, -\dfrac{\partial}{\partial y}U, -\dfrac{\partial}{\partial z}U\right)$,在 x, y 方向,因为 U 没有变化,则有 $F_x = F_y = 0$,据动量定理知相应的动量分量 P_x, P_y 是守恒量. 注意,沿 z 方向在越过 xy 平面时有势场的变化,即有 $\dfrac{\partial}{\partial z}U \neq 0$,沿该方向系统受力,相应的动量分量 P_z 不守恒.

b: 沿圆柱体的对称轴 (z 轴) 方向势场和系统具有平移不变性,P_z 守恒. 或者,因为在 z 方向势场均匀,有 $\dfrac{\partial}{\partial z}U = 0$,即 $F_z = 0$,故有 P_z 守恒.

c: 设棱边平行于 z 轴,则沿 z 轴方向势场和系统具有平移不变性,P_z 守恒. 或者,因为沿 z 方向势场均匀,$\dfrac{\partial}{\partial z}U = 0$,$F_z = 0$,因而 P_z 是守恒量.

e: 设无限大半平面是 xy 平面上以 y 轴为界的左或右半平面,则沿 y 轴方向势场和系统具有平移不变性,P_y 守恒. 或者,因为沿 y 方向势场均匀,

$\dfrac{\partial}{\partial y}U = 0$, 即 $F_y = 0$, 故 P_y 是守恒量. 但在 x 方向, 在越过 y 轴时有势场的变化, 即 $\dfrac{\partial}{\partial x}U \neq 0$, 沿该方向系统受力, 相应的动量分量不守恒.

对于 h 中的外场, 使质点沿螺旋线场的对称轴 (z 轴) 转过 $\delta\varphi$, 再沿 z 轴平移 $\dfrac{h}{2\pi}\delta\varphi$ (h 为螺距) 后, 势场不变, 相应地系统的拉格朗日函数不变, 即

$$\delta L = \frac{\partial L}{\partial z}\delta z + \frac{\partial L}{\partial \varphi}\delta\varphi = \left(\dot{P}_z \frac{h}{2\pi} + \dot{M}_z\right)\delta\varphi$$

$$= \frac{\mathrm{d}}{\mathrm{d}t}\left(P_z \frac{h}{2\pi} + M_z\right)\delta\varphi = 0,$$

其中最后一个等号是不变性的要求. 由于 $\delta\varphi$ 是任意的, 所以有守恒量

$$P_z \frac{h}{2\pi} + M_z = \text{const.}$$

习题 4 [补充] §8 习题 2, 求杆相对于悬挂点的角动量.

解法 1: 积分法 取定离悬挂点 ξ 处长度为 $\mathrm{d}\xi$ 的微元 (见图 2.2), 其质量为 $\mathrm{d}m = \dfrac{m}{l}\mathrm{d}\xi$. 微元的速度为 $\xi\dot{\theta}$, 方向垂直于杆指向 θ 增大的方向. 微元的径矢沿杆指向右下方, 径矢方向与速度方向垂直, 于是微元相对于悬挂点的角动量的大小为

$$\mathrm{d}M = \mathrm{d}m\xi(\xi\dot{\theta}) = \frac{m}{l}\dot{\theta}\xi^2\,\mathrm{d}\xi,$$

方向垂直于杆的摆动平面指向外. 杆相对于悬挂点的角动量为

$$M = \int \mathrm{d}M = \int_0^l \frac{m}{l}\dot{\theta}\xi^2\,\mathrm{d}\xi = \frac{1}{3}ml^2\dot{\theta}.$$

方向也是垂直于杆的摆动平面指向外.

解法 2: 利用公式 (o9.6) 杆的质心绕悬挂点作半径为 $l/2$ 的圆周运动, 其速度为

$$V = \frac{l}{2}\dot{\theta}.$$

质心相对于悬挂点的角动量的大小为

$$M_c = m\frac{l}{2}V = \frac{1}{4}ml^2\dot{\theta}.$$

杆相对于其质心的运动是转动, 相应的相对于质心的角动量的大小为

$$M' = \int_{-l/2}^{l/2} \frac{m}{l}\dot{\theta}\xi^2\,\mathrm{d}\xi = \frac{1}{12}ml^2\dot{\theta}.$$

M_c 和 M' 的方向相同, 均垂直于杆的摆动平面指向外. 由 (o9.6) 式知杆相对于悬挂点的角动量大小为

$$M = M_c + M' = \frac{1}{3}ml^2\dot{\theta}.$$

与解法 1 的结果相同.

§10　力学相似性

§10.1　内容概要

如果势函数是坐标的 k 次齐次函数, 即对坐标作变换 $\boldsymbol{r}_a \to \alpha\boldsymbol{r}_a$ 时, 有

$$U(\alpha\boldsymbol{r}_1, \alpha\boldsymbol{r}_2, ..., \alpha\boldsymbol{r}_n) = \alpha^k U(\boldsymbol{r}_1, \boldsymbol{r}_2, ..., \boldsymbol{r}_n). \tag{o10.1}$$

如果对时间再作变换, $t \to \beta t$, 则在满足条件 $\beta = \alpha^{1-k/2}$ 时, 变换后的拉格朗日函数 L' 与变换前的拉格朗日函数 L 之间有关系:[①] $L' = \alpha^k L$. L' 和 L 有相同的运动方程, 变换前后的运动轨迹几何上相似. 通过这种几何相似性, 可以比较容易得到系统的一些基本性质.

　　如果力学系统在有限空间中运动, 势能是坐标的齐次函数, 则动能和势能的时间平均值之间存在关系, 称为位力定理,

$$2\overline{T} = \sum_\alpha \overline{\boldsymbol{r}_\alpha \cdot \frac{\partial U}{\partial \boldsymbol{r}_\alpha}}, \tag{o10.5}$$

其中对时间的平均定义为

$$\overline{f} = \lim_{\tau \to \infty} \frac{1}{\tau} \int_0^\tau f(t)\mathrm{d}t.$$

如果势能是所有径矢 $\boldsymbol{r}_a$ 的 k 次齐次函数, 等式 (o10.5) 变为

$$2\overline{T} = k\overline{U}. \tag{o10.6}$$

§10.2　内容补充

　　● 公式 (o10.2) 和 (o10.3)

因为 $t' = \beta t$, $l' = \alpha l$, 则有

$$\frac{t'}{t} = \beta = \alpha^{1-k/2} = \left(\frac{l'}{l}\right)^{1-k/2}.$$

---

① 坐标和时间等的这些变换常称为标度变换.

类似地, 因为 $v' = \dfrac{\alpha}{\beta}v$, 则有

$$\frac{v'}{v} = \frac{\alpha}{\beta} = \alpha^{k/2} = \left(\frac{l'}{l}\right)^{k/2}.$$

又 $E' = \left(\dfrac{\alpha}{\beta}\right)^2 E$, 则有

$$\frac{E'}{E} = \left(\frac{\alpha}{\beta}\right)^2 = \alpha^k = \left(\frac{l'}{l}\right)^k.$$

对角动量 M, 有

$$M' = \frac{\alpha^2}{\beta} M,$$

由此,

$$\frac{M'}{M} = \frac{\alpha^2}{\beta} = \alpha^{1+k/2} = \left(\frac{l'}{l}\right)^{1+k/2}.$$

§10.3 习题解答

习题 1 质量不同势能相同的质点沿着相同轨道运动, 它们的运动时间满足什么关系?

解: 轨道相同, 表明对坐标的变换为 $\boldsymbol{r} \to \boldsymbol{r}' = \alpha\boldsymbol{r} = \boldsymbol{r}$, 即 $\alpha = 1$. 于是有 $U \to U' = \alpha^k U = U$. 因为有不同的质量, 即可作变换 $m \to m' = \gamma m$. 再对时间作变换 $t \to t' = \beta t$, 则有 $T \to T' = \dfrac{\gamma\alpha^2}{\beta^2}T = \dfrac{\gamma}{\beta^2}T$. 为使运动方程保持不变, 则应有 $L \to L' = \lambda L$, 其中 λ 是常数, 所以应有

$$\lambda = \frac{\gamma}{\beta^2} = \alpha^k = 1,$$

即

$$\beta = \sqrt{\gamma}.$$

因此

$$\frac{t'}{t} = \beta = \sqrt{\gamma} = \sqrt{\frac{m'}{m}}.$$

习题 2 质点有相同的质量但势能相差一个常数因子, 试求沿着相同轨道运动的时间之比.

解: 与习题 1 一样, 轨道相同, 则对坐标的变换为 $\boldsymbol{r} \to \boldsymbol{r}' = \boldsymbol{r}$, 即 $\alpha = 1$. 但按题意, $U \to U' = \gamma U$. 注意, 这里势能的变换不是由坐标变换引起的. 再

作变换 $t \to t' = \beta t$, 则有 $T \to T' = \dfrac{\alpha^2}{\beta^2}T = \dfrac{1}{\beta^2}T$. 为保证变换不改变运动方程, 则应有

$$\frac{1}{\beta^2} = \gamma.$$

于是

$$\frac{t'}{t} = \beta = \sqrt{\frac{1}{\gamma}} = \sqrt{\frac{U}{U'}}.$$

第三章

运动方程的积分

本章的内容主要是关于有心力场中质点运动问题的求解. 有两类运动, 即有界运动和无界运动. 这是从质点的运动是否局限于空间的有限范围内的角度所作的分类.

在有心力场中质点的运动方程原则上是可以进行积分求解的. 因为质点运动过程中对力心的角动量守恒, 于是质点的运动限制在与角动量矢量相垂直的平面内. 而对于平面内的运动, 又由于对力心的角动量守恒, 问题约化为对径向运动这个等效的一维问题的求解. 而一维问题的运动方程通常是可以通过积分求出相应的解的.

两体问题是一类重要的问题, 它可以分解为质心的运动与两者之间的相对运动两个部分, 而后者等效为具有约化质量的质点在有心力场中的运动.

有心力问题的重要应用是所谓开普勒问题, 即求在平方反比力作用下质点运动的轨道方程, 这是圆锥曲线方程, 有抛物线、双曲线和椭圆三种类型的轨道. 轨道的类型从物理角度来看是由力的类型 (是吸引力还是排斥力) 以及机械能的取值 (这与初始条件有关) 等决定的.

§11   一维运动

§11.1   内容提要

这里的所谓一维运动, 是指自由度为 1 的系统的运动. 该运动的求解可以通过能量守恒定律得到简化,

$$\frac{1}{2}m\dot{x}^2 + U(x) = E,$$

这里 x 表示广义坐标, m 不一定是质量. 运动方程的解为

$$t = \sqrt{\frac{m}{2}} \int \frac{\mathrm{d}x}{\sqrt{E - U(x)}} + \text{const.} \tag{o11.3}$$

运动的转折点是满足条件

$$E = U(x), \tag{o11.4}$$

的点, 此时速度为 0. 如果运动限制在两个转折点之间, 运动是有界的, 否则是无界的.

有界运动通常是周期运动, 周期为

$$T(E) = \sqrt{2m} \int_{x_1(E)}^{x_2(E)} \frac{\mathrm{d}x}{\sqrt{E - U(x)}}, \tag{o11.5}$$

$x_1(E)$ 和 $x_2(E)$ 是转折点.

§11.2 内容补充

• 转折点与运动特征

转折点将质点的运动分为不同的区域, 相应地可以是有界运动, 也可以是无界运动. 在经典力学中, 对允许质点运动的区域总有 $E \geqslant U(x)$, 即质点的机械能 E 大于势能 U. 如果 $E < U(x)$, 则质点将不能进入该势场区域中, 这一点在 §7 习题 1 的讨论中已有所说明. 在量子理论中, 对微观粒子的能量 E 和 $U(x)$ 之间的关系没有限制. 当 $E < U(x)$ 时, 有所谓隧道效应, 即粒子可以有一定的概率进入该势场区域. 这个性质是与微观粒子具有波粒二象性密切相关的.

对于转折点, 如果不是严格的一维问题, 则所谓的速度为零仅是与坐标 x 相应的那个方向的速度分量为零, 在其它方向上速度分量不一定为零. 在后面 §14 和 §15 讨论的问题中, 转折点是径向速度分量为零的那些点, 但横向速度分量不为零, 因此, 质点的运动轨道是平面中的一条曲线.

§11.3 习题解答

习题 1 试求平面单摆 (质量为 m, 摆长为 l, 在重力场中运动) 振动周期和振幅之间的函数关系.

解: 系统有一个自由度, 取摆线与竖直方向的夹角 φ 为广义坐标. 质点沿切向运动, 则有 $v = l\dot{\varphi}$, 于是动能为

$$T = \frac{1}{2}mv^2 = \frac{1}{2}ml^2\dot{\varphi}^2.$$

取悬挂点所在水平面为重力势能零势面, 则

$$U = -mgl\cos\varphi.$$

因为动能和势能的表示式均不显含时间, 于是有能量积分, 即机械能守恒

$$E = \frac{1}{2}ml^2\dot\varphi^2 - mgl\cos\varphi.$$

当 φ 达到最大值 φ_0 时, $\dot\varphi_0 = 0$, 该位置相应于质点运动的转折点, 则有

$$E = -mgl\cos\varphi_0.$$

由周期公式

$$T(E) = \sqrt{2m}\int_{x_1(E)}^{x_2(E)} \frac{\mathrm{d}x}{\sqrt{E - U(x)}},$$

这里 x 为 $l\varphi$, 且 $x_1 = -l\varphi_0$, $x_2 = l\varphi_0$, 则得到

$$T = 4\sqrt{\frac{l}{2g}}\int_0^{\varphi_0} \frac{\mathrm{d}\varphi}{\sqrt{(\cos\varphi - \cos\varphi_0)}} = 2\sqrt{\frac{l}{g}}\int_0^{\varphi_0} \frac{\mathrm{d}\varphi}{\sqrt{\sin^2\frac{1}{2}\varphi_0 - \sin^2\frac{1}{2}\varphi}}.$$

下面的讨论见《力学》.

习题 2 试求质量为 m 的质点振动周期对能量的依赖关系, 其中质点所处力场的势能为: a. $U = A|x|^n$; b. $U = -U_0/\cosh^2\alpha x$, $-U_0 < E < 0$; c. $U = U_0\tan^2\alpha x$.

解: a. 转折点由方程 $U(x) = A|x|^n = E$ 确定, 由此可解得转折点为

$$x = \pm(E/A)^{1/n},$$

故有

$$T(E) = \sqrt{2m}\int_{x_1(E)}^{x_2(E)} \frac{\mathrm{d}x}{\sqrt{E - U(x)}} = \sqrt{2m}\int_{-(E/A)^{1/n}}^{(E/A)^{1/n}} \frac{\mathrm{d}x}{\sqrt{E - A|x|^n}}.$$

由于函数 $f(x) = \dfrac{1}{\sqrt{E - A|x|^n}}$ 是 x 的偶函数, 所以

$$T(E) = 2\sqrt{2m}\int_0^{(E/A)^{1/n}} \frac{\mathrm{d}x}{\sqrt{E - A|x|^n}}.$$

令 $y = \left(\dfrac{A}{E}\right)^{1/n} x$, 则上式可改写为

$$T = \frac{2\sqrt{2m}E^{1/n-1/2}}{A^{1/n}}\int_0^1 \frac{\mathrm{d}y}{\sqrt{1-y^n}}.$$

再令 $u = y^n$, 则上式中的积分可以改写为

$$\int_0^1 \frac{\mathrm{d}y}{\sqrt{1-y^n}} = \int_0^1 \frac{\mathrm{d}u}{nu^{1-1/n}\sqrt{1-u}}.$$

由 B 函数的定义式

$$B(m,n) = \int_0^1 x^{m-1}(1-x)^{n-1}\mathrm{d}x, \quad (m > 0, n > 0),$$

则有

$$\int_0^1 \frac{\mathrm{d}y}{\sqrt{1-y^n}} = \frac{1}{n}B(1/n, 1/2).$$

再利用 B 函数与 Γ 函数的关系 $B(m,n) = \dfrac{\Gamma(m)\Gamma(n)}{\Gamma(m+n)}$, 其中 Γ 函数定义为

$$\Gamma(\alpha) = \int_0^\infty x^{\alpha-1}e^{-x}\mathrm{d}x,$$

且 $\Gamma(1/2) = \sqrt{\pi}$, 则有

$$\int_0^1 \frac{\mathrm{d}y}{\sqrt{1-y^n}} = \frac{1}{n}\frac{\Gamma(1/n)\Gamma(1/2)}{\Gamma(1/n+1/2)} = \frac{\sqrt{\pi}}{n}\frac{\Gamma(1/n)}{\Gamma(1/n+1/2)}.$$

将上式代入前面 T 的表示式中, 可得

$$T = \frac{2\sqrt{2\pi m}}{nA^{1/n}}\frac{\Gamma(1/n)}{\Gamma(1/n+1/2)}E^{1/n-1/2}.$$

注意到本问题中的势能是 n 次齐次函数, 上述 T 与 E 的关系与 (o10.2) 和 (o10.3) 给出的结果一致.

b. 令 $U(x) = -U_0/\cosh^2\alpha x = E$, 可以解得转折点为

$$x = \pm\frac{\operatorname{arccosh}\left(\sqrt{-\dfrac{U_0}{E}}\right)}{\alpha},$$

则有周期为

$$T = \sqrt{2m}\int_{x_1(E)}^{x_2(E)} \frac{\mathrm{d}x}{\sqrt{E-U(x)}} = \sqrt{2m}\int_{-\frac{1}{\alpha}\operatorname{arccosh}\sqrt{-U_0/E}}^{\frac{1}{\alpha}\operatorname{arccosh}\sqrt{-U_0/E}} \frac{\mathrm{d}x}{\sqrt{E+U_0/\cosh^2\alpha x}}.$$

因为被积函数是 x 的偶函数, 则

$$T = \frac{2\sqrt{2m}}{\alpha}\int_0^{\operatorname{arccosh}\left(\sqrt{-U_0/E}\right)} \frac{\mathrm{d}y}{\sqrt{E+U_0/\cosh^2 y}}$$

$$= \frac{2\sqrt{2m}}{\alpha}\int_0^{\operatorname{arccosh}\left(\sqrt{-U_0/E}\right)} \frac{\cosh y\,\mathrm{d}y}{\sqrt{E\cosh^2 y+U_0}}.$$

令 $\sinh y = \xi$，则得

$$\int_0^{\operatorname{arccosh}\left(\sqrt{-U_0/E}\right)} \frac{\cosh y \, dy}{\sqrt{E(1+\sinh^2 y)+U_0}}$$

$$= \int_0^{\sqrt{-U_0/E-1}} \frac{d\xi}{\sqrt{E\xi^2+E+U_0}}.$$

考虑到 $-U_0 < E < 0$，上述积分中的被积函数形式为 $\dfrac{dx}{\sqrt{a^2-x^2}} = d\arcsin\dfrac{x}{a}$，即

$$\int_0^{\sqrt{-U_0/E-1}} \frac{d\xi}{\sqrt{E\xi^2+E+U_0}}$$

$$= \int_0^{\sqrt{-U_0/E-1}} \frac{d\xi}{\sqrt{|E|}\sqrt{(U_0-|E|)/|E|-\xi^2}}$$

$$= \frac{1}{\sqrt{|E|}} \arcsin \frac{\xi}{\sqrt{(U_0-|E|)/|E|}}\bigg|_0^{\sqrt{-U_0/E-1}}$$

$$= \frac{\pi}{2\sqrt{|E|}}.$$

将此结果代回前面的表示式可得

$$T = \frac{\pi}{\alpha}\sqrt{\frac{2m}{|E|}}.$$

说明： 文献中常将该问题中的势函数称为修正的 Pöschl-Teller 势，该势函数相关的量子力学中薛定谔方程的求解可参考有关文献[①].

c. 令 $U(x) = U_0 \tan^2 \alpha x = E$，可以解得转折点为

$$x = \pm \frac{\arctan\left(\sqrt{\dfrac{E}{U_0}}\right)}{\alpha},$$

所以

$$T = \sqrt{2m} \int_{-\frac{1}{\alpha}\arctan\sqrt{\frac{E}{U_0}}}^{\frac{1}{\alpha}\arctan\sqrt{\frac{E}{U_0}}} \frac{dx}{\sqrt{E-U_0\tan^2\alpha x}}$$

---

① 例如，Л. Д.朗道，Е. М. 栗弗席兹. 量子力学 (非相对论理论) (第六版). 严肃译，喀兴林校. 北京: 高等教育出版社, 2008: §23, 习题 5, pp67-68; 或者 S. Flügge, Practical Quantum Mechanics, Springer-Verlag, 1974, 北京: 科学出版社, 2009, Problem 39, pp94-100.

$$= 2\sqrt{2m} \int_0^{\frac{1}{\alpha} \arctan \sqrt{\frac{E}{U_0}}} \frac{\mathrm{d}x}{\sqrt{E - U_0 \tan^2 \alpha x}}.$$

令 $y = \sin \alpha x$, 则有

$$\mathrm{d}y = \alpha \cos \alpha x \mathrm{d}x,$$

且

$$\frac{\mathrm{d}x}{\sqrt{E - U_0 \tan^2 \alpha x}} = \frac{\mathrm{d} \sin \alpha x}{\alpha \cos \alpha x \sqrt{E - U_0 \tan^2 \alpha x}} = \frac{\mathrm{d}y}{\alpha \sqrt{E(1 - y^2) - U_0 y^2}}$$

$$= \frac{\mathrm{d}y}{\alpha \sqrt{E - (E + U_0)y^2}} = \frac{1}{\alpha \sqrt{E + U_0}} \mathrm{d} \arcsin \frac{y}{\sqrt{E/(E + U_0)}}.$$

于是有

$$T = 2\sqrt{2m} \frac{1}{\alpha \sqrt{E + U_0}} \arcsin \frac{\sin \alpha x}{\sqrt{E/(E + U_0)}} \Bigg|_0^{\frac{1}{\alpha} \arctan \sqrt{\frac{E}{U_0}}}$$

$$= 2\sqrt{2m} \frac{1}{\alpha \sqrt{E + U_0}} \frac{\pi}{2} = \frac{\pi \sqrt{2m}}{\alpha \sqrt{E + U_0}}.$$

说明: 文献中将该问题中的势函数称为对称 Pöschl-Teller 势. 考虑到 $\tan^2(\alpha x) = 1/\cos^2(\alpha x) - 1$, 相关的量子力学薛定谔方程的求解可以归结为一般 Pöschl-Teller 势的特殊情况, 可参考有关文献[①].

§12　根据振动周期确定势能

§12.1　内容提要

对于作有界运动的质点, 设 x_1, x_2 是运动的转折点, 且在所考虑的区间中势函数 U 仅有一个极小值点 (设其位于 $x = 0$ 处), 则由质点的运动周期 $T(E)$ 可以确定势能 $U(x)$, 它是下列方程的解

$$x_2(U) - x_1(U) = \frac{1}{\pi \sqrt{2m}} \int_0^U \frac{T(E)\mathrm{d}E}{\sqrt{U - E}}. \tag{o12.1}$$

注意, 该方程不能唯一地确定势能. 当 U 关于 U 轴对称, 也即它是 x 的偶函数, $x_2(U) = -x_1(U)$ 时, 势能可唯一确定. 此时

$$x(U) = \frac{1}{2} [x_2(U) - x_1(U)],$$

① 例如, 前引 S. Flügge 的著作, 或者 M. M. Nieto and L. M. Simmons, Jr., Coherent states for general potentials II. Confining one-dimensional examples, Phys. Rev. **D 20**(1979)1332; F. Gori and L de la Torre, Diophantine equation for the $\tan^2$ well, Eur. J. Phys. **24**(2003) 1-5.

$x(U)$ 的单值表示式为

$$x(U) = \frac{1}{2\pi\sqrt{2m}} \int_0^U \frac{T(E)\mathrm{d}E}{\sqrt{U-E}}. \tag{o12.2}$$

这种通过运动的性质 (这里是运动周期) 确定势函数的问题常称为反散射 (inverse scattering) 问题, $T(E)$ 等称为散射数据[1]. 反散射问题在物理学、数学等领域中有非常重要的作用. 从物理的角度看, 它可以建立理论与实验之间的联系, 通过实验测量所谓的散射数据 (如运动时间、反射率、透射率等) 可以确定物体的形状, 系统的内部结构, 相互作用等方面的信息, 进而研究可能的物理机制[2].

§12.2 内容补充

1. 求积分 $\displaystyle\int_U^\alpha \frac{\mathrm{d}E}{\sqrt{(\alpha-E)(E-U)}}$

作积分变量代换, 令

$$\sqrt{\frac{\alpha-E}{E-U}} = \xi,$$

这里 $\xi > 0$, 则有

$$E = \frac{\alpha + U\xi^2}{1+\xi^2}, \quad \mathrm{d}E = \frac{2\xi(U-\alpha)}{(1+\xi^2)^2}\mathrm{d}\xi.$$

于是, 有

$$\int_U^\alpha \frac{\mathrm{d}E}{\sqrt{(\alpha-E)(E-U)}} = \int_{+\infty}^0 \frac{-2}{1+\xi^2}\mathrm{d}\xi = -2\arctan\xi\Big|_\infty^0$$

$$= -2\left[\arctan(0) - \arctan(+\infty)\right] = \pi,$$

即

$$\int_U^\alpha \frac{\mathrm{d}E}{\sqrt{(\alpha-E)(E-U)}} = \pi.$$

---

[1]《力学》中讨论的另一类逆问题参见 §18 习题 7.

[2] 物理学中的逆问题及其求解的初步介绍参见, J. B. Keller, Inverse problems, Am. Math. Monthly, **83**(2) (1976), pp. 107–118; A. H. Carter, A class of inverse problems in physics, Am. J. Phys., **68**(8) (2000), pp698–703.

或者, 将被积函数的分母中的表示式整理为二次多项式再进行积分, 即

$$
\int_U^\alpha \frac{\mathrm{d}E}{\sqrt{(\alpha - E)(E - U)}} = \int_U^\alpha \frac{\mathrm{d}E}{\sqrt{\left[\frac{1}{2}(\alpha - U)\right]^2 - \left[E - \frac{1}{2}(\alpha + U)\right]^2}}
$$

$$
= \arcsin \frac{2E - (\alpha + U)}{\alpha - U}\Bigg|_{E=U}^{E=\alpha} = \arcsin(1) - \arcsin(-1)
$$

$$
= \pi.
$$

2. 势垒情况下的反散射问题[①]

《力学》中本节内容是针对势阱的, 但其基本思想也可以用于势垒问题.

设势垒局限于区间 $[0, L]$ 中, 粒子从势垒的左边入射, 则向前运动越过势垒和向后散射的时间分别为

$$
T(E) = \sqrt{\frac{m}{2}} \int_0^L \frac{\mathrm{d}x}{\sqrt{E - U(x)}}, \ (E > U_0), \tag{12.1}
$$

$$
R(E) = \sqrt{\frac{m}{2}} \int_0^{x_1(E)} \frac{\mathrm{d}x}{\sqrt{E - U(x)}}, \ (E \leqslant U_0), \tag{12.2}
$$

其中 U_0 是势垒的最大值, $x_1(E)$ 是左转折点. 注意, 在经典力学中仅当 $E > U_0$ 时, 粒子才能越过势垒; 也仅当 $E \leqslant U_0$ 时, 势垒才反射粒子. $R(E)$ 表示从原点 $x = 0$ 运动到转折点 $x_1(E)$ 的时间.

在这种情况下, 可以求出具有唯一性的势函数是所谓的正则势函数 (canonical potential) $\widetilde{U}(x)$, (i) 它定义在与 $U(x)$ 相同的区间 $[0, L]$ 上; (ii) 它是单调递增的, 即对于 $x < x_0$, 有 $\widetilde{U}(x) \leqslant \widetilde{U}(x_0)$; (iii) 它能给出与 $U(x)$ 相同的周期 $T(E)$, 即

$$
T(E) = \sqrt{\frac{m}{2}} \int_0^L \frac{\mathrm{d}x}{\sqrt{E - \widetilde{U}(x)}}. \tag{12.3}
$$

为讨论方便起见, 假定 $U(x)$ 非负, 即 $U(x) \geqslant 0$.

令 $x(\widetilde{U})$ 表示势函数 $U(x)$ 的值小于 $\widetilde{U}(x)$ 的总距离, 则有

$$
x(\widetilde{U}) = \int_0^L \theta(\widetilde{U} - U(x))\mathrm{d}x, \tag{12.4}
$$

① John C. Lazenby and David J. Griffiths, Classical inverse scattering in one dimension, Am. J. Phys., **48**(6)(1980)432-436.

其中 $\theta(z)$ 是阶梯函数, 可以证明这里的 $\widetilde{U}$ 就是所要求的正则势函数. (i) 根据阶梯函数的定义可知, 当 $\widetilde{U} < 0$ 时, 有 $x(\widetilde{U}) = 0$; 而当 $\widetilde{U} > U_0$ 时, 有 $x(\widetilde{U}) = L$. 故 $\widetilde{U}$ 定义在 $[0, L]$ 上. (ii) 由阶梯函数的性质可得, $x(\widetilde{U})$ 具有性质

$$\frac{\mathrm{d}x}{\mathrm{d}\widetilde{U}} = \int_0^L \delta(\widetilde{U} - U(x))\mathrm{d}x,$$

其中 $\delta(x)$ 是 Dirac δ 函数. 由此,

$$
\begin{aligned}
T(E) &= \sqrt{\frac{m}{2}} \int_0^L \frac{\mathrm{d}x}{\sqrt{E - \widetilde{U}(x)}} = \sqrt{\frac{m}{2}} \int_0^{U_0} \frac{1}{\sqrt{E - \widetilde{U}(x)}} \frac{\mathrm{d}x}{\mathrm{d}\widetilde{U}}\mathrm{d}\widetilde{U} \\
&= \sqrt{\frac{m}{2}} \int_0^{U_0} \int_0^L \frac{1}{\sqrt{E - \widetilde{U}(x)}} \delta(\widetilde{U} - U(x))\mathrm{d}x\,\mathrm{d}\widetilde{U} \\
&= \sqrt{\frac{m}{2}} \int_0^L \left[\int_0^{U_0} \frac{\mathrm{d}\widetilde{U}}{\sqrt{E - \widetilde{U}(x)}} \delta(\widetilde{U} - U(x))\right]\mathrm{d}x = \sqrt{\frac{m}{2}} \int_0^L \frac{\mathrm{d}x}{\sqrt{E - U(x)}},
\end{aligned}
$$

即正则势函数 $\widetilde{U}(x)$ 与势函数 $U(x)$ 导致相同的周期. 注意, 因为 $\widetilde{U}(x)$ 是单调递增的, 所以在上面的证明中可以将积分变量由 x 换为 $\widetilde{U}(x)$.

现在讨论由式 (12.2) 和 (12.3) 求出相应的 $\widetilde{U}(x)$ 的问题. 首先将式 (12.2) 改写为下列形式

$$R(E) = \sqrt{\frac{m}{2}} \int_0^E \frac{1}{\sqrt{E - \widetilde{U}(x)}} \frac{\mathrm{d}x}{\mathrm{d}\widetilde{U}(x)}\mathrm{d}\widetilde{U}(x), \tag{12.5}$$

这是因为对于 $\widetilde{U}(x) > U_0$, 有 $\dfrac{\mathrm{d}x}{\mathrm{d}\widetilde{U}(x)} = 0$, 因此上式右边的积分实际是对 $E < U_0$ 的范围的, 此时存在转折点 $x_1(E)$ 满足条件 $E = \widetilde{U}(x_1)$.

用 $\dfrac{1}{\sqrt{\alpha - E}}$ 乘以式 (12.5) 的两边并对 E 从 0 到 α 积分, 有

$$\int_0^\alpha \frac{1}{\sqrt{\alpha - E}} R(E)\,\mathrm{d}E = \sqrt{\frac{m}{2}} \int_0^\alpha \frac{1}{\sqrt{\alpha - E}}\mathrm{d}E \int_0^E \frac{1}{\sqrt{E - \widetilde{U}(x)}} \frac{\mathrm{d}x}{\mathrm{d}\widetilde{U}(x)}\mathrm{d}\widetilde{U}(x).$$

交换上式右边积分的次序, 有

$$
\begin{aligned}
\int_0^\alpha \frac{1}{\sqrt{\alpha - E}} R(E)\,\mathrm{d}E &= \sqrt{\frac{m}{2}} \int_0^\alpha \frac{\mathrm{d}x}{\mathrm{d}\widetilde{U}(x)}\mathrm{d}\widetilde{U}(x) \int_{\widetilde{U}}^\alpha \frac{1}{\sqrt{(\alpha - E)(E - \widetilde{U}(x))}}\mathrm{d}E \\
&= \pi\sqrt{\frac{m}{2}} \int_0^\alpha \frac{\mathrm{d}x}{\mathrm{d}\widetilde{U}(x)}\mathrm{d}\widetilde{U}(x) = \pi\sqrt{\frac{m}{2}} \left[x(\alpha) - x(0)\right].
\end{aligned}
$$

由对正则势函数的约定, $x(0) = 0$. 再令 $\alpha = \widetilde{U}$, 则由上式可得相应于式 (12.2) 而确定的正则势函数满足关系

$$x(\widetilde{U}) = \frac{1}{\pi}\sqrt{\frac{2}{m}}\int_0^{\widetilde{U}}\frac{R(E)\mathrm{d}E}{\sqrt{\widetilde{U}-E}}. \tag{12.6}$$

同样, 式 (12.3) 可以改写为

$$T(E) = \sqrt{\frac{m}{2}}\int_0^{U_0}\frac{\mathrm{d}x}{\sqrt{E-\widetilde{U}(x)}}\frac{\mathrm{d}x}{\mathrm{d}\widetilde{U}(x)}\mathrm{d}\widetilde{U}(x). \tag{12.7}$$

如果 $T(E)$ 是合适的解析函数, 可以将 $T(E)$ 解析延拓到 $E < U_0$ 的区域,

$$T(E) = \sqrt{\frac{m}{2}}\left[\int_0^E + \int_E^{U_0}\right]\frac{\mathrm{d}x}{\sqrt{E-\widetilde{U}(x)}}\frac{\mathrm{d}x}{\mathrm{d}\widetilde{U}(x)}\mathrm{d}\widetilde{U}(x)$$

$$= R(E) - \mathrm{i}I(E), \tag{12.8}$$

其中

$$I(E) = \sqrt{\frac{m}{2}}\int_E^{U_0}\frac{\mathrm{d}x}{\sqrt{\widetilde{U}(x)-E}}\frac{\mathrm{d}x}{\mathrm{d}\widetilde{U}(x)}\mathrm{d}\widetilde{U}(x). \tag{12.9}$$

于是, 在区间 $0 < E < U_0$ 中有

$$R(E) = \mathrm{Re}[T(E)], \tag{12.10}$$

即 $R(E)$ 为 $T(E)$ 的实部, 故此可以利用 $T(E)$ 构造正则势函数.

　　例题　设 $R(E) = aE^n$, 其中 a, n 均为常数, 求 $\widetilde{U}$.

　　解:　按照方程 (12.6), 有

$$x(\widetilde{U}) = \frac{a}{\pi}\sqrt{\frac{2}{m}}\int_0^{\widetilde{U}}\frac{E^n\,\mathrm{d}E}{\sqrt{\widetilde{U}-E}}$$

$$= \frac{a}{\pi}\sqrt{\frac{2}{m}}\widetilde{U}^{n+1/2}\int_0^1\frac{u^n}{\sqrt{1-u}}\mathrm{d}u = \frac{a}{\pi}\sqrt{\frac{2}{m}}\widetilde{U}^{n+1/2}B\left(n+1, \frac{1}{2}\right),$$

其中第二个等号作了变量代换 $u = E/\widetilde{U}$. 如果 n 是非负整数, 则有

$$B\left(n+1, \frac{1}{2}\right) = \frac{\Gamma(n+1)\Gamma\left(\dfrac{1}{2}\right)}{\Gamma\left(n+1+\dfrac{1}{2}\right)} = \frac{n!\sqrt{\pi}}{(2n+1)!\sqrt{\pi}/(2^{2n+1}n!)} = \frac{(n!)^2 2^{2n+1}}{(2n+1)!}.$$

正则势函数为

$$\widetilde{U}(x) = \frac{1}{4}\left[\frac{\pi}{a}\sqrt{\frac{m}{2}}(2n+1)!\frac{x}{(n!)^2}\right]^{2/(2n+1)}.$$

对于 $n=0$ 的特殊情况, 有

$$\widetilde{U}(x) = \frac{m\pi^2}{8a^2}x^2.$$

该结果等同于简谐振子的周期与能量无关.

量子理论中的相关讨论可参见有关文献[1].

§13 约化质量

§13.1 内容提要

由相互作用的两个质点组成的系统的运动问题, 称为二体问题.

将二体问题等效为系统的质心运动和两质点的相对运动两个部分. 相对运动部分又等价于质量为 $m = \dfrac{m_1 m_2}{m_1 + m_2}$ 的质点在外场 $U(\boldsymbol{r})$ 中的运动这样的单体问题, 并且这是有心力问题, 相应的拉格朗日函数为

$$L = \frac{1}{2}m\dot{\boldsymbol{r}}^2 - U(\boldsymbol{r}), \tag{o13.3}$$

这里的 m 称为约化质量, $\boldsymbol{r}$ 是两质点的相对位矢 $\boldsymbol{r} = \boldsymbol{r}_1 - \boldsymbol{r}_2$.

§13.2 习题解答

习题 质点系由一个质量为 M 的质点和 n 个质量为 m 的质点组成. 试消去质心运动并将该质点系的运动化为 n 体问题[2].

解: 设 $\boldsymbol{R}$ 是质点 M 相对于质点系的质心的径矢, $\boldsymbol{R}_a$ $(a = 1, 2, \cdots, n)$ 分别是 n 个质点相对于质心的径矢. 将质心系的坐标原点选在质心处, 则据质心的定义, 在质心系中有

$$M\boldsymbol{R} + m\sum_{a=1}^{n}\boldsymbol{R}_a = 0. \tag{1}$$

---

① 例如, J. B. Keller, Determination of a potential from its energy levels and undetectability of quantization at high energy, Am. J. Phys., **30**(1962)22; M. W. Cole and R. H. Good, Jr, Determination of the shape of a potential barrier from the tunneling transmission coefficient, Phys. Rev., **A18**(1978)1085; S. C. Gandhi and J. Efthimiou, Inversion of Gamow's formula and inverse scattering, Am. J. Phys., **74**(2006)638.

② 注意, 本章除了该题中的 M 表示质量外, 其余各处的 M 均表示角动量的大小.

需要说明的是, 式 (1) 要求其中的径矢必定是相对于质心的. 这一点也可以按如下方式看出. 假设 $\boldsymbol{R}'$, $\boldsymbol{R}'_a(a = 1, 2, \cdots, n)$ 分别是质点 M 以及 n 个质点 m 相对于某任意点 O' 的径矢, $\boldsymbol{R}_{\text{cm}}$ 是系统的质心相对于同一点 O' 的径矢, 如 $\boldsymbol{R}, \boldsymbol{R}_a$ 是前面所说的各质点相对于质心的径矢, 则有关系

$$\boldsymbol{R}' = \boldsymbol{R}_{\text{cm}} + \boldsymbol{R}, \quad \boldsymbol{R}'_a = \boldsymbol{R}_{\text{cm}} + \boldsymbol{R}_a. \tag{2}$$

利用式 (2) 并据质心定义, 有

$$
\begin{aligned}
\boldsymbol{R}_{\text{cm}} &= \frac{M\boldsymbol{R}' + \displaystyle\sum_{a=1}^{n} m\boldsymbol{R}'_a}{M + nm} = \frac{1}{\mu}\left[M\left(\boldsymbol{R}_{\text{cm}} + \boldsymbol{R}\right) + m\sum_{a=1}^{n}\left(\boldsymbol{R}_{\text{cm}} + \boldsymbol{R}_a\right) \right] \\
&= \frac{1}{\mu}\left[\mu\boldsymbol{R}_{\text{cm}} + \left(M\boldsymbol{R} + m\sum_{a=1}^{n}\boldsymbol{R}_a \right) \right] = \boldsymbol{R}_{\text{cm}} + \frac{1}{\mu}\left(M\boldsymbol{R} + m\sum_{a=1}^{n}\boldsymbol{R}_a \right),
\end{aligned}
$$

其中 $\mu = M + nm$, 由上式立即可得到式 (1).

又设 n 个质点相对于质点 M 的位矢分别为 r_a $(a = 1, 2, \cdots, n)$, 则有

$$\boldsymbol{r}_a = \boldsymbol{R}_a - \boldsymbol{R}. \tag{3}$$

将式 (3) 代入式 (1) 消去 $\boldsymbol{R}_a$, 有

$$\boldsymbol{R} = -\frac{m}{\mu}\sum_{a=1}^{n}\boldsymbol{r}_a. \tag{4}$$

对式 (3) 和 (4) 分别求时间的导数可得

$$\dot{\boldsymbol{R}} = -\frac{m}{\mu}\sum_{a=1}^{n}\dot{\boldsymbol{r}}_a, \quad \dot{\boldsymbol{R}}_a = \dot{\boldsymbol{r}}_a + \dot{\boldsymbol{R}}. \tag{5}$$

利用式 (5), 质点系的动能的表示式可以写为

$$
\begin{aligned}
T &= \frac{M\dot{\boldsymbol{R}}^2}{2} + \frac{m}{2}\sum_a \dot{\boldsymbol{R}}_a^2 = \frac{M}{2}\frac{m^2}{\mu^2}\left(\sum_a \dot{\boldsymbol{r}}_a \right)^2 + \frac{m}{2}\sum_a \left(\dot{\boldsymbol{r}}_a + \dot{\boldsymbol{R}} \right)^2 \\
&= \frac{M}{2}\frac{m^2}{\mu^2}\left(\sum_a \dot{\boldsymbol{r}}_a \right)^2 + \frac{m}{2}\sum_a \dot{\boldsymbol{r}}_a^2 + \frac{m}{2}n\dot{\boldsymbol{R}}^2 + 2 \cdot \frac{m}{2}\sum_a \dot{\boldsymbol{r}}_a \cdot \dot{\boldsymbol{R}} \\
&= \frac{M}{2}\frac{m^2}{\mu^2}\left(\sum_a \dot{\boldsymbol{r}}_a \right)^2 + \frac{m}{2}\sum_a \dot{\boldsymbol{r}}_a^2 + \frac{nm}{2}\left(-\frac{m}{\mu}\sum_a \dot{\boldsymbol{r}}_a \right)^2 - \mu\left(-\frac{m}{\mu}\sum_a \dot{\boldsymbol{r}}_a \right)^2 \\
&= \frac{m}{2}\sum_a \dot{\boldsymbol{r}}_a^2 - \frac{(M+nm)m^2}{2\mu^2}\left(\sum_a \dot{\boldsymbol{r}}_a \right)^2 = \frac{m}{2}\sum_a \dot{\boldsymbol{r}}_a^2 - \frac{m^2}{2\mu}\left(\sum_a \dot{\boldsymbol{r}}_a \right)^2.
\end{aligned}
\tag{6}
$$

将式 (6) 代入拉格朗日函数 $L = \dfrac{M\dot{\boldsymbol{R}}^2}{2} + \dfrac{m}{2}\displaystyle\sum_a \dot{\boldsymbol{R}}_a^2 - U$, 可得

$$L = T - U = \frac{m}{2}\sum_a \boldsymbol{v}_a^2 - \frac{m^2}{2\mu}\left(\sum_a \boldsymbol{v}_a\right)^2 - U, \tag{7}$$

其中 $\boldsymbol{v}_a = \dot{\boldsymbol{r}}_a$.

如果 U 仅与相对位矢 $\boldsymbol{r}_a$ 有关, 即 $U = U(\boldsymbol{r}_a)$, 则式 (7) 表示质点系的运动完全由 $\boldsymbol{r}_a$ 以及 $\dot{\boldsymbol{r}}_a$ 确定, 即等效为一个 n 体问题. 通常而言, $n(n > 2)$ 体问题是难以解析求解其运动情况的, 一个可解的特殊 n 体问题是微振动问题, 这是线性近似的结果, 参见 §23.

§14 有心力场内的运动

§14.1 内容提要

如果作用在质点上的力的方向总是沿着质点的径矢, 这样的力称为有心力. 如果该力的大小仅与质点到固定点的距离有关[①], 则有

$$\boldsymbol{F} = -\frac{\partial U(r)}{\partial \boldsymbol{r}} = -\frac{\mathrm{d}U}{\mathrm{d}r}\frac{\boldsymbol{r}}{r}.$$

在有心力场中, 质点的运动位于一固定平面内, 该平面垂直于角动量 $\boldsymbol{M}$. 采用平面极坐标, 有拉格朗日函数

$$L = \frac{m}{2}(\dot{r}^2 + r^2\dot{\varphi}^2) - U(r). \tag{o14.1}$$

φ 是循环坐标, 且 L 不显含时间, 有两个运动积分, 即角动量守恒和机械能守恒

$$p_\varphi = M = mr^2\dot{\varphi} = \mathrm{const}, \tag{o14.2}$$

$$E = \frac{1}{2}m(\dot{r}^2 + r^2\dot{\varphi}^2) + U(r) = \frac{1}{2}m\dot{r}^2 + \frac{1}{2}\frac{M^2}{mr^2} + U(r). \tag{o14.3}$$

坐标 r 与时间 t 的关系为

$$t = \int \frac{\mathrm{d}r}{\sqrt{\dfrac{2}{m}[E - U(r)] - \dfrac{M^2}{m^2r^2}}} + \mathrm{const}. \tag{o14.6}$$

运动的轨道方程为

$$\varphi = \int \frac{(M/r^2)\mathrm{d}r}{\sqrt{2m[E - U(r)] - M^2/r^2}} + \mathrm{const} = \int \frac{(M/r^2)\mathrm{d}r}{\sqrt{2m[E - U_{\mathrm{eff}}]}} + \mathrm{const}, \tag{o14.7}$$

---

① 即力是各向同性的, 此时力是保守力. 注意, 有心力并不一定是保守力.

其中

$$U_{\text{eff}} = U(r) + \frac{M^2}{2mr^2}, \qquad (\text{o}14.8)$$

称为有效势能, 而 $M^2/(2mr^2)$ 称为离心势能.

$\dot{r} = 0$ 或者满足条件 $U_{\text{eff}} = E$ 的点是运动轨道的转折点, 即所谓的转折点方程为

$$U(r) + \frac{M^2}{2mr^2} = E. \qquad (\text{o}14.9)$$

根据转折点以及质点的运动范围, 可以分为有界运动和无界运动. 有界运动通常有两个转折点.

对于 $r_{\min} < r < r_{\max}$ (这里 $r_{\min}$, $r_{\max}$ 是两个转折点与力心的距离) 的有界运动, 轨道可以是封闭的或开口的. 轨道封闭的条件为

$$\Delta\varphi = 2 \int_{r_{\min}}^{r_{\max}} \frac{(M/r^2)\mathrm{d}r}{\sqrt{2m(E - U(r)) - \dfrac{M^2}{r^2}}}, \qquad (\text{o}14.10)$$

等于 2π 的有理数倍, 即 $\Delta\varphi = \dfrac{2\pi p}{q}$, 其中 p 和 q 是整数[1]. 仅对势能与 $\dfrac{1}{r}$ 或者 r^2 成正比的两种有心力场, 其中有界运动的轨道是封闭的. 这通常称为 Bertrand 定理[2].

质点可以坠落至场中心, 即 r 可能趋于零的条件是[3]

$$[r^2 U(r)]_{r\to 0} < -\frac{M^2}{2m}. \qquad (\text{o}14.11)$$

§14.2　内容补充

1. 有心力与保守力

有心力一般可以表示为

$$\boldsymbol{F} = F\frac{\boldsymbol{r}}{r}, \qquad (14.1)$$

其中 $r = |\boldsymbol{r}|$ 为质点径矢的大小或质点到力心的距离. $F > 0$ 表示力的方向背离力心, 也即与径矢方向一致, 这是排斥力; $F < 0$ 时, 力的方向指向力心, 这是吸引力.

---

[1] 注意, 这里用 p 和 q 代替《力学》中的 m 和 n, 因为 m 在本章中主要表示质量. 也不要将这里以及本节下文中的 p 与动量和 §15 中的 p 相混淆.

[2] Joseph Louis Francois Bertrand, 1822—1900, 法国数学家.

[3] 量子力学中相关问题的讨论参见, Л. Д. 朗道, Е. М. 栗弗席兹. 量子力学 (非相对论理论) (第六版). 严肃译, 喀兴林校. 北京: 高等教育出版社, 2008: §18 和 §35.

如果 F 仅与径矢的大小 r 有关, 即 $F = F(r)$, 则当处于力场 $\boldsymbol{F}$ 中的质点从 $\boldsymbol{r}_1$ 运动到 $\boldsymbol{r}_2$ 时, 力 $\boldsymbol{F}$ 所作的功为

$$A = \int_{\boldsymbol{r}_1}^{\boldsymbol{r}_2} \boldsymbol{F} \cdot \mathrm{d}\boldsymbol{r} = \int_{\boldsymbol{r}_1}^{\boldsymbol{r}_2} F(r)\frac{\boldsymbol{r}}{r} \cdot \mathrm{d}\boldsymbol{r}.$$

注意到 $\boldsymbol{r} \cdot \boldsymbol{r} = r^2$, 则有 $\boldsymbol{r} \cdot \mathrm{d}\boldsymbol{r} = r\,\mathrm{d}r$, 由此有

$$A = \int_{r_1}^{r_2} F(r)\,\mathrm{d}r,$$

即功仅与始末位置有关, 因此 $F = F(r)$ 的有心力是保守力.

也可以通过证明 $\nabla \times \boldsymbol{F} = 0$ 是否满足来证明 $\boldsymbol{F}$ 是保守力. 为简单起见, 采用直角坐标系, 则有 $\boldsymbol{r} = x\boldsymbol{e}_x + y\boldsymbol{e}_y + z\boldsymbol{e}_z$, $r = \sqrt{x^2 + y^2 + z^2}$, 而

$$\nabla \times \boldsymbol{F} = \begin{vmatrix} \boldsymbol{e}_x & \boldsymbol{e}_y & \boldsymbol{e}_z \\ \dfrac{\partial}{\partial x} & \dfrac{\partial}{\partial y} & \dfrac{\partial}{\partial z} \\ F_x & F_y & F_z \end{vmatrix}$$

$$= \left(\frac{\partial}{\partial y}F_z - \frac{\partial}{\partial z}F_y\right)\boldsymbol{e}_x + \left(\frac{\partial}{\partial z}F_x - \frac{\partial}{\partial x}F_z\right)\boldsymbol{e}_y + \left(\frac{\partial}{\partial x}F_y - \frac{\partial}{\partial y}F_x\right)\boldsymbol{e}_z.$$

对于有心力式 (14.1),

$$F_x = F\frac{x}{r}, \quad F_y = F\frac{y}{r}, \quad F_z = F\frac{z}{r}.$$

又如果 $F = F(r)$, 则有

$$\frac{\partial}{\partial y}F_z = \left(\frac{\partial F(r)}{\partial y}\right)\frac{z}{r} + F(r)\frac{\partial}{\partial y}\left(\frac{z}{r}\right) = \frac{\mathrm{d}F(r)}{\mathrm{d}r}\frac{\partial r}{\partial y}\frac{z}{r} + F(r)\left(-\frac{yz}{r^3}\right)$$

$$= \frac{\mathrm{d}F(r)}{\mathrm{d}r}\frac{yz}{r^2} - F(r)\frac{yz}{r^3},$$

$$\frac{\partial}{\partial z}F_y = \left(\frac{\partial F(r)}{\partial z}\right)\frac{y}{r} + F(r)\frac{\partial}{\partial z}\left(\frac{y}{r}\right) = \frac{\mathrm{d}F(r)}{\mathrm{d}r}\frac{\partial r}{\partial z}\frac{y}{r} + F(r)\left(-\frac{yz}{r^3}\right)$$

$$= \frac{\mathrm{d}F(r)}{\mathrm{d}r}\frac{yz}{r^2} - F(r)\frac{yz}{r^3},$$

可见, 有

$$\frac{\partial}{\partial y}F_z - \frac{\partial}{\partial z}F_y = 0.$$

类似地计算, 有

$$\frac{\partial}{\partial z}F_x - \frac{\partial}{\partial x}F_z = 0, \quad \frac{\partial}{\partial x}F_y - \frac{\partial}{\partial y}F_x = 0,$$

故有

$$\nabla \times \boldsymbol{F} = 0.$$

这表明, 存在 $U(r)$ 使得

$$\boldsymbol{F} = -\nabla U(r) = -\frac{\partial U(r)}{\partial \boldsymbol{r}}.$$

注意, 上式中第二个等号是第一个等号的另一种写法.

2. 矢量力学方法与角动量守恒

用矢量力学的方法证明角动量守恒. 在有心力场中, 取力心为原点, 力的方向沿径矢方向, 即 $\boldsymbol{F} = F(r)\boldsymbol{e}_\rho$, 这里 $\boldsymbol{e}_\rho = \boldsymbol{r}/r$ 是径矢方向的单位矢量. 于是有对力心的力矩为 $\boldsymbol{r} \times \boldsymbol{F} = F(r)\boldsymbol{r} \times \boldsymbol{e}_\rho = 0$. 根据角动量定理有, $\dfrac{\mathrm{d}\boldsymbol{M}}{\mathrm{d}t} = 0$, 故有 $\boldsymbol{M} =$ 常矢量.

对于单个质点, 因为 $\boldsymbol{M} = \boldsymbol{r} \times \boldsymbol{p}$, 则有

$$\boldsymbol{r} \cdot \boldsymbol{M} = \boldsymbol{r} \cdot (\boldsymbol{r} \times \boldsymbol{p}) = \boldsymbol{p} \cdot (\boldsymbol{r} \times \boldsymbol{r}) = 0,$$

即 $\boldsymbol{r}$ 与 $\boldsymbol{M}$ 垂直. 而 $\boldsymbol{M}$ 是常矢量, 则质点位于垂直于 $\boldsymbol{M}$ 的固定平面内运动. 在该平面内选取平面极坐标系, 极点位于力心, 则有下列表示式

$$\boldsymbol{r} = r\boldsymbol{e}_\rho, \quad \dot{\boldsymbol{r}} = \dot{r}\boldsymbol{e}_\rho + r\dot{\varphi}\boldsymbol{e}_\varphi,$$
$$\ddot{\boldsymbol{r}} = \left(\ddot{r} - r\dot{\varphi}^2\right)\boldsymbol{e}_\rho + (2\dot{r}\dot{\varphi} + r\ddot{\varphi})\boldsymbol{e}_\varphi.$$

$\boldsymbol{F} = m\boldsymbol{a}$ 的径向和横向分量式分别为

$$\begin{cases} F(r) = m\left(\ddot{r} - r\dot{\varphi}^2\right), \\ 0 = m\left(2\dot{r}\dot{\varphi} + r\ddot{\varphi}\right). \end{cases}$$

对力心的角动量的表示式为

$$\boldsymbol{M} = \boldsymbol{r} \times \boldsymbol{p} = \boldsymbol{r} \times m\dot{\boldsymbol{r}} = r\boldsymbol{e}_\rho \times m\left(\dot{r}\boldsymbol{e}_\rho + r\dot{\varphi}\boldsymbol{e}_\varphi\right) = mr^2\dot{\varphi}\boldsymbol{e}_z,$$

即角动量 $\boldsymbol{M}$ 退化为垂直于质点运动平面的一个分量. $\boldsymbol{M}$ 对时间的导数为

$$\frac{\mathrm{d}\boldsymbol{M}}{\mathrm{d}t} = m\frac{\mathrm{d}\left(r^2\dot{\varphi}\right)}{\mathrm{d}t}\boldsymbol{e}_z = mr\left(2\dot{r}\dot{\varphi} + r\ddot{\varphi}\right)\boldsymbol{e}_z = 0,$$

其中最后一个等号利用了前面的动力学方程的横向分量式. 可见在现在的情况下, 角动量守恒表现为式 (o14.2) 的特殊形式, 它可以用来进一步简化质点运动的求解.

3. 平面极坐标系, 拉格朗日函数与角动量守恒

在平面极坐标系中, 有

$$\boldsymbol{r} = r\boldsymbol{e}_\rho, \quad \dot{\boldsymbol{r}} = \boldsymbol{v} = \dot{r}\boldsymbol{e}_\rho + r\dot{\varphi}\boldsymbol{e}_\varphi,$$

则动能的表示式为

$$T = \frac{1}{2}m\boldsymbol{v}^2 = \frac{1}{2}m(\dot{r}\boldsymbol{e}_\rho + r\dot{\varphi}\boldsymbol{e}_\varphi)^2 = \frac{1}{2}m(\dot{r}^2 + r^2\dot{\varphi}^2).$$

于是, 拉格朗日函数为

$$L = T - U = \frac{m}{2}(\dot{r}^2 + r^2\dot{\varphi}^2) - U(r).$$

由 L 可得相应于广义坐标 φ 的广义动量为

$$p_\varphi = \frac{\partial L}{\partial \dot{\varphi}} = \frac{\partial}{\partial \dot{\varphi}}\left[\frac{m}{2}\left(\dot{r}^2 + r^2\dot{\varphi}^2\right) - U(r)\right] = mr^2\dot{\varphi}.$$

因为 φ 是循环坐标, 所以 p_φ 是运动积分, 也即角动量是守恒的.

注意, 因为 $F = F(r)$ 的有心力场是空间各向同性的, 在这种场中的质点系具有空间转动不变性, 因此角动量守恒是该转动不变性的结果. 当在质点运动平面内研究其运动时, 质点系则仅具有相对于绕通过力心垂直于运动平面的轴的转动不变性, 坐标 φ 是描述该转动的参量, 其循环性是与这种转动不变性相关联的, 而 φ 对应的广义动量即相对于转轴的角动量分量的守恒则是绕轴转动不变性的结果.

4. Bertrand 定理[①]

首先要说明的是, 对于任何有心吸引力, 给定角动量 M 和机械能 E, 总是存在对应半径 r 的圆轨道 $(r^2 = \dfrac{M^2}{2m(E - U(r))})$[②]. 但是, 这样的圆轨道通常并不是稳定的, 当受到小的扰动后, 轨道将不再是封闭的, 运动变为非周期的. Bertrand 定理给出的结果的特殊性在于, 对势能与 $\dfrac{1}{r}$ (万有引力或

[①] Bertrand 的文章是用法文写的, 于 1873 年发表. 但是因为其重要性, 2007 年 F. C. Santos, V. Soares, A. C. Tort 等将其译为英文, 见 http://arxiv.org/abs/0704.2396.

[②] 当有心吸引力 (即 $F(r) < 0$ 是质点作圆轨道运动的向心力时, 有 $m\dfrac{v^2}{r} = -F(r)$. 考虑到角动量守恒, 即 $mr^2\dot{\varphi} = mrv = M$, 故有 $\dfrac{M^2}{mr^3} = -F(r)$. 该关系也等同于圆轨道对应于有效势能的极值点, $\dfrac{\mathrm{d}U_{\text{eff}}}{\mathrm{d}r} = 0$. 如果要求圆轨道是稳定的, 则极值点应是极小值点, 即要求 $\dfrac{\mathrm{d}^2 U_{\text{eff}}}{\mathrm{d}r^2} > 0$.

Coulomb 力) 或者 r^2 (Hook 力) 成正比的两种有心力场, 有界运动的轨道不仅是封闭的, 而且即使受到小的扰动, 轨道仍然是封闭的, 即轨道是稳定的.

Bertrand 定理的证明通常采用微扰展开的方法逐阶进行, 可参见相关文献[1]. 这里采用 Bertrand 原始的证明方法, 尽管严密性有点欠缺[2].

令 $u = \dfrac{1}{r}$, 则在要求轨道封闭时, 式 (o14.10) 可以改写为

$$\Delta\varphi = 2\pi\frac{p}{q} = 2\int_\alpha^\beta \frac{M\,\mathrm{d}u}{\sqrt{2m(E - U(u)) - M^2 u^2}}, \tag{14.2}$$

其中

$$\alpha = \frac{1}{r_{\max}}, \quad \beta = \frac{1}{r_{\min}}.$$

因为 α, β 是用 u 作为变量时轨道的转折点, 即它们应该满足关系

$$2m(E - U(\alpha)) - M^2\alpha^2 = 0, \quad 2m(E - U(\beta)) - M^2\beta^2 = 0,$$

由此, E, M 可用 α, β 表示为

$$E = \frac{\beta^2 U(\alpha) - \alpha^2 U(\beta)}{\beta^2 - \alpha^2},$$

$$M^2 = \frac{2m[U(\alpha) - U(\beta)]}{\beta^2 - \alpha^2}.$$

将上面的关系代入式 (14.2), 有

$$\pi\frac{p}{q} = \int_\alpha^\beta \frac{\sqrt{U(\alpha) - U(\beta)}\,\mathrm{d}u}{\sqrt{\beta^2 U(\alpha) - \alpha^2 U(\beta) - (\beta^2 - \alpha^2)U(u) - u^2[U(\alpha) - U(\beta)]}}. \tag{14.3}$$

假定轨道对圆轨道有小的偏离, 令 $\beta - \alpha = \delta$, $u - \alpha = \xi$, 则 δ 和 ξ 是小量. 注意, 如果不作这里的假设, δ 和 ξ 均不能视为小量. 对式 (14.3) 中相关的量作 Taylor 展开,

$$U(\beta) = U(\alpha + \delta) = U(\alpha) + U'(\alpha)\delta + \frac{1}{2}U''(\alpha)\delta^2 + \frac{1}{3!}U^{(3)}(\alpha)\delta^3 + \cdots,$$

$$U(u) = U(\alpha + \xi) = U(\alpha) + U'(\alpha)\xi + \frac{1}{2}U''(\alpha)\xi^2 + \frac{1}{3!}U^{(3)}(\alpha)\xi^3 + \cdots,$$

---

[1] 例如, Herbert Goldstein, Classical Mechanics, 2nd ed., Mass.: Addison-Wesley Pub. Co., 1980; Y. Tikochinsky, A simplified proof of Bertrand's theorem, Am. J. Phys., **56** (12) (1988)1073; Y. Zarmi, The Bertrand theorem revisited, Am. J. Phys., **70**(4) (2002)446–449.

[2] 参见前面所引 Bertrand 文章的英译文, 或者 D. F. Greenberg, Accidental degeneracy, Am. J. Phys., **34** (1966) 1101–1109.

分子中可以仅保留到 δ 的一阶项, 但是分母中的第一个不等于零的项是 δ, ξ 的三阶项,

$$\beta^2 U(\alpha) - \alpha^2 U(\beta) - (\beta^2 - \alpha^2)U(u) - u^2[U(\alpha) - U(\beta)] \approx (\alpha + \delta)^2 U(\alpha) -$$

$$\alpha^2 \left[U(\alpha) + U'(\alpha)\delta + \frac{1}{2}U''(\alpha)\delta^2 + \frac{1}{3!}U^{(3)}(\alpha)\delta^3 \right] -$$

$$(2\alpha\delta + \delta^2) \left[U(\alpha) + U'(\alpha)\xi + \frac{1}{2}U''(\alpha)\xi^2 + \frac{1}{3!}U^{(3)}(\alpha)\xi^3 \right] +$$

$$(\alpha + \xi)^2 \left[U'(\alpha)\delta + \frac{1}{2}U''(\alpha)\delta^2 + \frac{1}{3!}U^{(3)}(\alpha)\delta^3 \right]$$

$$\approx (\alpha + \delta)^2 U(\alpha) - \alpha^2 \left[U(\alpha) + U'(\alpha)\delta + \frac{1}{2}U''(\alpha)\delta^2 + \frac{1}{3!}U^{(3)}(\alpha)\delta^3 \right] -$$

$$2\alpha\delta \left[U(\alpha) + U'(\alpha)\xi + \frac{1}{2}U''(\alpha)\xi^2 \right] - \delta^2 \left[U(\alpha) + U'(\alpha)\xi \right] +$$

$$\alpha^2 \left[U'(\alpha)\delta + \frac{1}{2}U''(\alpha)\delta^2 + \frac{1}{3!}U^{(3)}(\alpha)\delta^3 \right] +$$

$$2\alpha\xi \left[U'(\alpha)\delta + \frac{1}{2}U''(\alpha)\delta^2 \right] + \xi^2 U'(\alpha)\delta$$

$$= -\delta(\delta\xi - \xi^2) \left[U'(\alpha) - \alpha U''(\alpha) \right].$$

故有

$$\pi\frac{p}{q} = \int_0^\delta \sqrt{\frac{U'(\alpha)}{U'(\alpha) - \alpha U''(\alpha)}} \frac{\mathrm{d}\xi}{\sqrt{\delta\xi - \xi^2}}$$

$$= \sqrt{\frac{U'(\alpha)}{U'(\alpha) - \alpha U''(\alpha)}} \int_0^\delta \frac{\mathrm{d}\xi}{\sqrt{\left(\frac{\delta}{2}\right)^2 - \left(\xi - \frac{\delta}{2}\right)^2}}$$

$$= \sqrt{\frac{U'(\alpha)}{U'(\alpha) - \alpha U''(\alpha)}} \arcsin\left(\frac{2\xi}{\delta} - 1\right)\Bigg|_0^\delta = \pi\sqrt{\frac{U'(\alpha)}{U'(\alpha) - \alpha U''(\alpha)}},$$

即

$$\left(\frac{p}{q}\right)^2 \alpha U''(\alpha) - \left[\left(\frac{p}{q}\right)^2 - 1\right] U'(\alpha) = 0. \tag{14.4}$$

这是关于 $U(\alpha)$ 的微分方程. 令 $n = \frac{q}{p}$, 上述方程可以改写为

$$\frac{\mathrm{d}U'(\alpha)}{U'(\alpha)} + (n^2 - 1)\frac{\mathrm{d}\alpha}{\alpha} = 0.$$

积分可得

$$\ln U'(\alpha) + (n^2 - 1)\ln\alpha = \ln A_1,$$

即

$$U'(\alpha) = A_1 \alpha^{1-n^2}, \tag{14.5}$$

其中 A_1 为积分常数. 对式 (14.5) 再积分一次并略去一个无关紧要的积分常数, 可得式 (14.4) 的解为

$$U(\alpha) = A\alpha^{2-n^2}, \tag{14.6}$$

其中 $A = A_1/(2-n^2)$. 因为 α 可以任意取值 (从前面 E, M 与 α, β 的关系来看, 这相应于不同的 E, M 值), 于是上面给出的 $U(\alpha)$ 即是势能函数的表示式, 也即有

$$U(r) = Ar^{n^2-2}. \tag{14.7}$$

注意, 从前面的讨论过程来看, 势能函数具有形式 (14.6) 仅是作周期运动的必要条件, 而不是充分条件.

将式 (14.6) 再代入式 (14.3), 有

$$\frac{\pi}{n} = \int_\alpha^\beta \frac{\sqrt{\beta^{2-n^2} - \alpha^{2-n^2}}\, \mathrm{d}u}{\sqrt{\dfrac{\alpha^2}{\beta^{n^2-2}} - \dfrac{\beta^2}{\alpha^{n^2-2}} + \dfrac{\beta^2-\alpha^2}{u^{n^2-2}} - u^2\left[\dfrac{1}{\beta^{n^2-2}} - \dfrac{1}{\alpha^{n^2-2}}\right]}}. \tag{14.8}$$

上式右边的积分结果应该不依赖于 α, β, 也即与 α, β 的选取无关, 因此可以任意选取方便的 α, β 计算积分.

(i) 如果 $n^2 - 2 < 0$, 可选 $\alpha = 0, \beta = 1$, 则式 (14.8) 右边的积分变为

$$\int_0^1 \frac{\mathrm{d}u}{\sqrt{u^{2-n^2} - u^2}} = \int_0^1 \frac{u^{n^2/2-1}\, \mathrm{d}u}{\sqrt{1-u^{n^2}}} = \frac{2}{n^2} \int_0^1 \frac{\mathrm{d}\eta}{\sqrt{1-\eta^2}} = \frac{2}{n^2} \arcsin\eta \Big|_0^1 = \frac{\pi}{n^2},$$

其中作了变量代换 $\eta = u^{n^2/2}$. 于是, 有 $\dfrac{\pi}{n} = \dfrac{\pi}{n^2}$, 即 $n = 1$.

(ii) 如果 $n^2 - 2 > 0$, 可选 $\alpha = 1, \beta = 0$, 式 (14.8) 右边的积分变为

$$\int_1^0 \frac{\mathrm{d}u}{\sqrt{1-u^2}} = -\arcsin u \Big|_0^1 = -\frac{\pi}{2},$$

故有 $\dfrac{\pi}{n} = -\dfrac{\pi}{2}$, 即 $n = -2$.

综合这两种情况, 可得势能函数的形式为

$$U(r) = \frac{k}{r}, \quad U(r) = \frac{kr^2}{2}.$$

此即要证明的结论.

5. 谐振子势与反比势之间的对偶性①

所谓对偶 (duality) 在这里意指两者之间可以通过变换建立联系. 因为有这种对偶性, 在两种势场中运动的质点具有一些共同的特性, 例如有界运动的轨道是封闭的, 存在 Runge-Lenz 矢量这个特别的运动积分 (见 §15 以及相关的讨论).

考虑平面简谐振子, 用平面极坐标 (r, θ) 描述振子的位置, 也可以用复数表示为 $w(t) = re^{i\theta}$. 注意, 在用复数形式表示时, 有

$$\dot{w} = \frac{\mathrm{d}w}{\mathrm{d}t} = \dot{r}e^{i\theta} + ir\dot{\theta}e^{i\theta} = (\dot{r} + ir\dot{\theta})e^{i\theta}, \tag{14.9}$$

可见因子 $e^{i\theta}$ 前的系数中的实部就是径向速度分量, 虚部是横向速度分量. 另一方面, 有

$$\ddot{w} = \frac{\mathrm{d}^2w}{\mathrm{d}t^2} = \ddot{r}e^{i\theta} + 2i\dot{r}\dot{\theta}e^{i\theta} + ir\ddot{\theta}e^{i\theta} - r\dot{\theta}^2e^{i\theta} = \left[(\ddot{r} - r\dot{\theta}^2) + i(2\dot{r}\dot{\theta} + r\ddot{\theta})\right]e^{i\theta}. \tag{14.10}$$

同样可见因子 $e^{i\theta}$ 前的系数中的实部是径向加速度分量, 而虚部则是横向加速度分量.

对于在万有引力作用下的质点, 其运动也是平面运动, 也采用平面极坐标系, 位置用 (ρ, φ) 表示, 时间变量用 τ 表示. 同样可用复数 $z(\tau) = \rho e^{i\varphi}$ 表示. 现在考虑两种情况之间的变换, 设

$$z(\tau) = w^2(t) = (r^2, 2\theta), \tag{14.11}$$

即有

$$\rho = r^2, \quad \varphi = 2\theta. \tag{14.12}$$

但是时间参数 t 和 τ 之间的关系需要用另外的方式确定.

我们知道, 在有心力作用下, 关于力心的角动量是守恒的, 即有

$$r^2\dot{\theta} = \mathrm{const}, \tag{14.13}$$

也即有掠面速度 $\dot{f} = \frac{1}{2}r^2\dot{\theta}$ 是守恒的. 令 f_1 和 f_2 分别为 $w(t)$ 和 $z(\tau)$ 扫过的面积, 则有

$$\frac{\dot{f}_1}{\dot{f}_2} = \frac{\frac{1}{2}r^2\dfrac{\mathrm{d}\theta}{\mathrm{d}t}}{\frac{1}{2}\rho^2\dfrac{\mathrm{d}\varphi}{\mathrm{d}\tau}} = \frac{1}{2}\frac{\mathrm{d}\tau}{\mathrm{d}t}\frac{1}{r^2} = \frac{1}{2}C, \tag{14.14}$$

---

① Rachel W. Hall, Krešimir Josić, Planetary motion and the duality of force laws, SIAM Review, **42**(1) (2000)115–124.

其中利用了式 (14.12), C 为常数. 由上式可以给出 t 和 τ 之间的关系

$$\frac{\mathrm{d}\tau}{\mathrm{d}t} = Cr^2 = C|w(t)|^2. \tag{14.15}$$

为简单起见, 在下面令 $C = 1$.

对于受到 Hooke[①] 力 (即与位移成正比的力) 的振子, 其动力学方程为

$$m\frac{\mathrm{d}^2 w}{\mathrm{d}t^2} = -kw(t), \tag{14.16}$$

这里 k 是弹性系数. 按照式 (14.10), 上式是等价于下列两个方程的

$$m(\ddot{r} - r\dot{\theta}^2) = -kr, \quad m(2\dot{r}\dot{\theta} + r\ddot{\theta}) = \frac{m}{r}\frac{\mathrm{d}}{\mathrm{d}t}(r^2\dot{\theta}) = 0. \tag{14.17}$$

对于受到万有引力的质点, 其动力学方程为

$$\frac{\mathrm{d}^2 z(\tau)}{\mathrm{d}\tau^2} = -\alpha\frac{z}{|z|^3}, \tag{14.18}$$

其中 $\alpha = GM$, G 为万有引力常数.

现在可以证明在作前述的变换 $z = w^2$ 和式 (14.15) 后, 可以由式 (14.16) 导出式 (14.18). 过程如下

$$\begin{aligned}
\frac{\mathrm{d}^2 z(\tau)}{\mathrm{d}\tau^2} &= \frac{\mathrm{d}t}{\mathrm{d}\tau}\frac{\mathrm{d}}{\mathrm{d}t}\left(\frac{\mathrm{d}w^2(t)}{\mathrm{d}t}\frac{\mathrm{d}t}{\mathrm{d}\tau}\right) = \frac{1}{|w|^2}\frac{\mathrm{d}}{\mathrm{d}t}\left(\frac{2w}{|w|^2}\frac{\mathrm{d}w}{\mathrm{d}t}\right) \\
&= \frac{2}{|w|^2}\left[-\frac{1}{(w^*)^2}\frac{\mathrm{d}w^*}{\mathrm{d}t}\frac{\mathrm{d}w}{\mathrm{d}t} + \frac{1}{w^*}\frac{\mathrm{d}^2 w}{\mathrm{d}t^2}\right] \\
&= -\frac{2}{mw(w^*)^3}\left[m\left|\frac{\mathrm{d}w}{\mathrm{d}t}\right|^2 + k|w|^2\right].
\end{aligned}$$

注意到式 (14.9) 可知上式最后一项方括号中的部分是谐振子的机械能的两倍, 记为 $2E_w$, 这是守恒的即为常数, 于是有

$$\frac{\mathrm{d}^2 z(\tau)}{\mathrm{d}\tau^2} = -\frac{4E_w}{mw(w^*)^3} = -\frac{4E_w z(\tau)}{m|z(\tau)|^3}. \tag{14.19}$$

于是, 如令 $\alpha = 4E_w/m$, 则上式就是万有引力作用下质点的运动微分方程 (14.18).

注意, 这种对偶性在量子力学中也存在, 参见相关文献[②].

---

① Robert Hooke, 1635—1703, 英国自然哲学家.

② 例如, C. Quigg and J. L. Rosner, Quantum mechanics with applications to quarkonium, Phys. Rep., **56** (1979) 167–235.

§14.3 习题解答

习题 1 试求解球面摆的运动方程. 球面摆是指质量为 m 的质点沿着半径为 l 的球面在重力场中运动.

解: 设球坐标系的原点位于摆的悬挂点, 竖直向下方向为 z 轴的正方向. 系统有两个自由度, 采用球坐标 θ, φ 作为广义坐标, 则有坐标变换关系

$$x = l\sin\theta\cos\varphi, \quad y = l\sin\theta\sin\varphi, \quad z = l\cos\theta,$$

以及

$$
\begin{aligned}
\dot{x} &= l\dot{\theta}\cos\theta\cos\varphi - l\dot{\varphi}\sin\theta\sin\varphi, \\
\dot{y} &= l\dot{\theta}\cos\theta\sin\varphi + l\dot{\varphi}\sin\theta\cos\varphi, \\
\dot{z} &= -l\dot{\theta}\sin\theta.
\end{aligned}
$$

摆的动能为

$$T = \frac{1}{2}m(\dot{x}^2 + \dot{y}^2 + \dot{z}^2) = \frac{1}{2}ml^2(\dot{\theta}^2 + \dot{\varphi}^2\sin^2\theta).$$

以悬挂点所在水平面为重力势能零势面, 摆的势能为

$$U = -mgz = -mgl\cos\theta.$$

于是摆的拉格朗日函数为

$$L = T - U = \frac{1}{2}ml^2(\dot{\theta}^2 + \dot{\varphi}^2\sin^2\theta) + mgl\cos\theta.$$

φ 是循环坐标, 因此广义动量 p_φ, 也就是角动量的 z 分量 M_z 是守恒的, 即

$$p_\varphi = \frac{\partial L}{\partial \dot{\varphi}} = ml^2\dot{\varphi}\sin^2\theta = M_z = \text{const.} \tag{1}$$

又拉格朗日函数不显含时间 t, 有能量积分, 即机械能守恒

$$
\begin{aligned}
E = T + U &= \frac{1}{2}ml^2(\dot{\theta}^2 + \dot{\varphi}^2\sin^2\theta) - mgl\cos\theta \\
&= \frac{1}{2}ml^2\dot{\theta}^2 + \frac{M_z^2}{2ml^2\sin^2\theta} - mgl\cos\theta,
\end{aligned}
\tag{2}
$$

其中第三个等号利用方程 (1) 消去了 $\dot{\varphi}$. 方程 (2) 可以视为等效的一维问题的能量方程, 于是可引入有效势能

$$U_{\text{eff}}(\theta) = \frac{M_z^2}{2ml^2\sin^2\theta} - mgl\cos\theta.$$

由此, 方程 (2) 可改写为

$$E = \frac{1}{2} m l^2 \dot\theta^2 + U_{\text{eff}}(\theta).$$

解出 $\dot\theta$, 有

$$\dot\theta = \sqrt{\frac{2}{ml^2}[E - U_{\text{eff}}(\theta)]},$$

即

$$\mathrm{d}\theta = \sqrt{\frac{2}{ml^2}[E - U_{\text{eff}}(\theta)]}\mathrm{d}t.$$

故时间的表示式为

$$t = \int \frac{\mathrm{d}\theta}{\sqrt{\dfrac{2}{ml^2}[E - U_{\text{eff}}(\theta)]}}. \tag{3}$$

由此式原则上可以解出 $\theta = \theta(t)$.

由方程 (1) 可得

$$\mathrm{d}\varphi = \frac{M_z}{ml^2 \sin^2 \theta}\mathrm{d}t.$$

再利用前面的关系将上式中的 $\mathrm{d}t$ 改为用 $\mathrm{d}\theta$ 表示的形式, 则可得角度 φ 的表示式为

$$\varphi = \frac{M_z}{l\sqrt{2m}} \int \frac{\mathrm{d}\theta}{\sin^2 \theta \sqrt{(E - U_{\text{eff}}(\theta))}}. \tag{4}$$

由方程 (4) 可以得到 φ 与 θ 之间的关系, 再利用方程 (3) 给出的结果可以求出 $\varphi = \varphi(t)$.

下面具体讨论运动的一些性质. 由拉格朗日函数以及关于 θ 的拉格朗日方程 $\dfrac{\mathrm{d}}{\mathrm{d}t}\dfrac{\partial L}{\partial \dot\theta} - \dfrac{\partial L}{\partial \theta} = 0$ 可得运动微分方程为

$$l\ddot\theta - l\dot\varphi^2 \sin \theta \cos \theta + g \sin \theta = 0.$$

将方程 (1) 代入上式, 消去 $\dot\varphi$, 可得

$$l\ddot\theta - \frac{M_z^2}{m^2 l^3 \sin^3 \theta} \cos \theta + g \sin \theta = 0. \tag{5}$$

考虑在某一 θ_0 附近的运动, 设 θ_0 是满足下列方程的解

$$\frac{M_z^2}{m^2 l^3 \sin^3 \theta_0} \cos \theta_0 - g \sin \theta_0 = 0. \tag{6}$$

该 θ_0 是有效势能的极小值点, 即 $\dfrac{\mathrm{d}}{\mathrm{d}\theta} U_{\text{eff}}\bigg|_{\theta=\theta_0} = 0$. 令 $\theta = \theta_0 + \xi$, 其中 ξ 为小

量. 将其代入方程 (5), 并仅保留到 ξ 的一阶项, 即作近似

$$\sin\theta = \sin(\theta_0 + \xi) \approx \sin\theta_0 + \xi\cos\theta_0,$$

$$\frac{\cos\theta}{\sin^3\theta} = \frac{\cos(\theta_0 + \xi)}{\sin^3(\theta_0 + \xi)} \approx \frac{\cos\theta_0 - \xi\sin\theta_0}{(\sin\theta_0 + \xi\cos\theta_0)^3} \approx \frac{\cos\theta_0 - \xi\sin\theta_0}{\sin^3\theta_0}\left(1 - 3\xi\frac{\cos\theta_0}{\sin\theta_0}\right)$$

$$\approx \frac{1}{\sin^3\theta_0}\left[\cos\theta_0 - \xi\left(\sin\theta_0 + \frac{3\cos^2\theta_0}{\sin\theta_0}\right)\right],$$

再利用方程 (6), 则有

$$l\ddot{\xi} + \frac{g}{\cos\theta_0}(1 + 3\cos^2\theta_0)\xi = 0.$$

可见在 θ_0 附近摆作频率为

$$\omega^2 = \frac{g}{l\cos\theta_0}(1 + 3\cos^2\theta_0) \tag{7}$$

的周期运动, 它是稳定的运动,

$$\xi = \xi_0\cos\omega t,$$

这里取初位相等于零.

再考虑 φ 的运动规律. 利用角动量守恒的表示式 (1), 有

$$\dot{\varphi} = \frac{M_z}{ml^2\sin^2(\theta_0 + \xi)} \approx \frac{M_z}{ml^2\sin^2\theta_0}\left(1 - \frac{2\cos\theta_0}{\sin\theta_0}\xi\right).$$

如果 $t = 0$ 时, $\varphi = 0$, 则对上式积分可得

$$\varphi = \frac{M_z}{ml^2\sin^2\theta_0}\left[t - \frac{2\cos\theta_0}{\sin\theta_0}\frac{\xi_0\sin\omega t}{\omega}\right].$$

故 φ 随时间稳步增加的同时伴随有频率为 ω 的小振动.

现在解析地确定摆的运动是有界的. 为此, 令 $u = \cos\theta$, 则能量守恒方程 (2) 可以改写为

$$\dot{u}^2 = \frac{2E}{ml^2}(1 - u^2) - \frac{M_z^2}{m^2l^4} + \frac{2g}{l}u(1 - u^2) = \frac{2g}{l}f(u), \tag{8}$$

其中

$$f(u) = u(1 - u^2) + \frac{E}{mgl}(1 - u^2) - \frac{M_z^2}{2m^2l^3g}, \tag{9}$$

它是关于 u 的三次多项式. 可见, 从形式上 $f(u)$ 有性质

$$\lim_{u\to-\infty} f(u) = +\infty, \qquad \lim_{u\to\infty} f(u) = -\infty,$$

以及

$$f(\pm 1) = -\frac{M_z^2}{2m^2 l^3 g}.$$

故 $f(u)$ 在 $u = -u_3 < -1$ 处有一个实根. 但是, 实际上必有 $|u| \leqslant 1$, 故这个实根是无意义的. 因为在 θ 变化的过程中 $f(u)$ 必须为正, 则在 $[-1,1]$ 范围内, $f(u) = 0$ 必有两个根, 分别记为 u_1, u_2 且设 $u_1 < u_2$, 即

$$-1 < u_1 < u_2 < 1,$$

这样, $f(u)$ 可以表示为

$$f(u) = (u - u_1)(u_2 - u)(u + u_3). \tag{10}$$

u_1 和 u_2 就是由方程 $E = U_{\mathrm{eff}}$ 确定的两个 θ. 根据物理要求, u_1 和 u_2 是运动的转折点, 即在两者之间的运动是周期运动, 运动周期 T 为

$$\frac{T}{2} = \int_{t(u_1)}^{t(u_2)} \mathrm{d}t = \sqrt{\frac{l}{2g}} \int_{u_1}^{u_2} \frac{\mathrm{d}u}{\sqrt{f(u)}} = \sqrt{\frac{l}{2g}} \int_{u_1}^{u_2} \frac{\mathrm{d}u}{\sqrt{(u - u_1)(u_2 - u)(u + u_3)}}.$$

这等同于方程 (3) 在取定上下限分别为 $\theta_1(u_1 = \cos\theta_1)$ 和 $\theta_2(u_2 = \cos\theta_2)$ 时的结果. 再作代换

$$u = u_1 + (u_2 - u_1)\sin^2\delta, \quad \kappa^2 = \frac{u_2 - u_1}{u_2 + u_3},$$

则有

$$\frac{T}{2} = \sqrt{\frac{2l}{g(u_2 + u_3)}} \int_0^{\pi/2} \frac{\mathrm{d}\delta}{\sqrt{1 - \kappa^2\cos^2\delta}} = \sqrt{\frac{2l}{g(u_2 + u_3)}} K(\kappa),$$

其中 $K(\kappa)$ 是第一类椭圆函数.

在 $u_1 \approx u_2$ 时, 解析结果可以退化到前面的近似结果. $u_1 \approx u_2$ 表示振动的振幅很小. 令 $u_1 \approx u_2 = u_0 = \cos\theta_0$, 则有 $\kappa = 0$, 而 $K(0) = \dfrac{\pi}{2}$. 从 $f(u)$ 两种表示形式 (9) 和 (10), 比较 u 的一次项的系数可得关系

$$u_3(u_1 + u_2) - u_1 u_2 = 1,$$

即

$$2u_0 u_3 - u_0^2 = 1,$$

由此可得

$$u_3 = \frac{1 + u_0^2}{2u_0}.$$

将其代入周期的表示式中, 有

$$T = 2\pi \sqrt{\frac{u_0}{1+3u_0^2}\frac{l}{g}} = 2\pi \sqrt{\frac{\cos\theta_0}{1+3\cos\theta_0^2}\frac{l}{g}}.$$

这与用前面式 (7) 给出的 ω 计算的周期是相同的.

再比较 $f(u)$ 的两种表示式中 u 的零次项 u^0 和二次项 u^2 的系数可得关系

$$u_1 + u_2 - u_3 = -\frac{E}{mgl},$$

$$-u_1 u_2 u_3 = \frac{E}{mgl} - \frac{M_z^2}{2m^2 gl^3}.$$

将这两个方程相加并令 $u_1 = u_2 = u_0$, 则有

$$2u_0 - u_3 - u_0^2 u_3 = -\frac{M_z^2}{2m^2 gl^3},$$

再代入前面得到的 u_3 的表示式并整理可得

$$(1 - u_0^2)^2 = \frac{M_z^2}{m^2 gl^3} u_0.$$

这就是前面 θ_0 满足的条件 (6).

习题 2 在重力场中质点沿着圆锥表面运动, 圆锥顶角为 2α, 竖直放置, 顶点向下, 试求解该质点的运动方程.

解: 设球坐标原点位于圆锥顶点, 极轴竖直向上. 取 r 和 φ 为广义坐标, 则有坐标变换关系

$$x = r\sin\alpha\cos\varphi, \quad y = r\sin\alpha\sin\varphi, \quad z = r\cos\alpha,$$

以及

$$\dot{x} = \dot{r}\sin\alpha\cos\varphi - r\dot{\varphi}\sin\alpha\sin\varphi,$$
$$\dot{y} = \dot{r}\sin\alpha\sin\varphi + r\dot{\varphi}\sin\alpha\cos\varphi,$$
$$\dot{z} = \dot{r}\cos\alpha.$$

质点的动能为

$$T = \frac{1}{2}m(\dot{x}^2 + \dot{y}^2 + \dot{z}^2) = \frac{1}{2}m(\dot{r}^2 + r^2\dot{\varphi}^2\sin^2\alpha),$$

质点的势能为

$$U = mgz = mgr\cos\alpha.$$

拉格朗日函数是

$$L = T - U = \frac{1}{2}m(\dot{r}^2 + r^2\dot{\varphi}^2\sin^2\alpha) - mgr\cos\alpha. \tag{1}$$

可见坐标 φ 是循环坐标, 故相应于 φ 的广义动量 p_φ 也即对 z 轴的角动量分量 M_z 是守恒量,

$$p_\varphi = M_z = \frac{\partial L}{\partial\dot{\varphi}} = mr^2\dot{\varphi}\sin^2\alpha = \text{const.} \tag{2}$$

拉格朗日函数不显含时间 t, 故有能量积分, 也即系统的机械能守恒

$$\begin{aligned} E &= T + U = \frac{m}{2}(\dot{r}^2 + r^2\dot{\varphi}^2\sin^2\alpha) + mgr\cos\alpha \\ &= \frac{1}{2}m\dot{r}^2 + \frac{M_z^2}{2mr^2\sin^2\alpha} + mg\cos\alpha, \end{aligned} \tag{3}$$

其中第三个等号利用了式 (2). 类似于习题 1, 可以引入有效势能

$$U_{\text{eff}}(r) = \frac{M_z^2}{2mr^2\sin^2\alpha} + mgr\cos\alpha, \tag{4}$$

则能量关系式 (3) 可以改写为

$$E = \frac{1}{2}m\dot{r}^2 + U_{\text{eff}}(r).$$

由上式可得

$$\dot{r} = \sqrt{\frac{2}{m}[E - U_{\text{eff}}(r)]}, \quad \mathrm{d}r = \sqrt{\frac{2}{m}[E - U_{\text{eff}}(r)]}\mathrm{d}t.$$

对上式积分, 有

$$t = \int \frac{\mathrm{d}r}{\sqrt{\dfrac{2}{m}[E - U_{\text{eff}}(r)]}}.$$

这将给出 $r = r(t)$.

角动量守恒式 (2) 给出关系

$$\mathrm{d}\varphi = \frac{M_z}{mr^2\sin^2\alpha}\mathrm{d}t = \frac{M_z}{mr^2\sin^2\alpha}\frac{\mathrm{d}r}{\sqrt{\dfrac{2}{m}[E - U_{\text{eff}}(r)]}},$$

其中第二个等号代入了能量守恒给出的关系式 (3). 于是

$$\varphi = \frac{M_z}{\sin^2\alpha\sqrt{2m}} \int \frac{\mathrm{d}r}{r^2\sqrt{[E - U_{\text{eff}}(r)]}}.$$

该式将给出 φ 与 r 的关系, 由此利用前面的结果可得 $\varphi = \varphi(t)$.

当 $M_z \neq 0$ 时, 条件 $E = U_{\text{eff}}(r)$ 是关于 r 的三次方程, 即

$$2m^2gr^3\sin^2\alpha\cos\alpha - 2mEr^2\sin^2\alpha + M_z^2 = 0,$$

它有两个正根. 这两个根确定了锥面上的两个水平圆, 相应于竖直方向上运动的转折点, 于是质点运动的轨道处于这两个圆之间.

完全类似于习题 1, 可以对质点的运动性质进行详细地讨论. 例如, 考虑有效势能 $U_{\text{eff}}(r)$ 的极小值点 r_0 附近的运动. 由 $\left.\dfrac{\mathrm{d}}{\mathrm{d}r}U_{\text{eff}}\right|_{r=r_0} = 0$ 可得

$$-\frac{M_z^2}{mr_0^3\sin^2\alpha} + mg\cos\alpha = 0, \tag{5}$$

即

$$r_0 = \left(\frac{M_z^2}{m^2g\sin^2\alpha\cos\alpha}\right)^{1/3}. \tag{6}$$

在该条件下, 质点在 φ 方向作半径 $r_0\sin\alpha$ 的圆周运动. 由上式以及 $M_z = mr_0^2\dot{\varphi}_0\sin^2\alpha$ 可得该圆周运动的角速度为

$$\dot{\varphi}_0^2 = \frac{g\cos\alpha}{r_0\sin^2\alpha}. \tag{7}$$

由拉格朗日函数 (1) 以及关于 r 的拉格朗日方程 $\dfrac{\mathrm{d}}{\mathrm{d}t}\dfrac{\partial L}{\partial \dot{r}} - \dfrac{\partial L}{\partial r} = 0$ 可得运动微分方程为

$$\ddot{r} - r\dot{\varphi}^2\sin^2\alpha + g\cos\alpha = 0.$$

用式 (2) 代入上式消去 $\dot{\varphi}$, 有

$$\ddot{r} - \frac{M_z^2}{m^2r^3\sin^2\alpha} + g\cos\alpha = 0. \tag{8}$$

令 $r = r_0 + \rho$, 其中 ρ 是小量, 代入上式并仅保留到 ρ 的一阶项, 同时利用式 (5), 则可得

$$\ddot{\rho} + \frac{3M_z^2}{m^2r_0^4\sin^2\alpha}\rho = 0.$$

这是沿 r 方向在 r_0 附近的频率为

$$\omega^2 = \frac{3M_z^2}{m^2r_0^4\sin^2\alpha} = \frac{3g\cos\alpha}{r_0}, \tag{9}$$

的简谐振动. 由式 (7) 和式 (9) 可得径向和 φ 方向运动的频率之比为

$$\frac{\omega^2}{\dot{\varphi}_0^2} = 3\sin^2\alpha.$$

一般情况下, 该比值不是有理分数的平方, 故质点运动的轨道不封闭, 虽然运动是有界的. 对于本问题, 封闭的条件将对圆锥顶角的取值施加限制. 例如, 如果令比值等于 1, 则有 $\sin \alpha = \dfrac{\sqrt{3}}{3}$.

关于本问题中质点运动情况的系统讨论可参见有关文献[①].

习题 3　试求解质量为 m_2 的平面摆的运动方程, 摆的悬挂点质量为 m_1, 可以沿着 m_2 运动的平面内的水平线运动 (见图 o2).

解: 设悬挂点水平坐标为 x, 摆线与竖方向的夹角为 φ. §5 习题 2 已给出系统的动能为

$$T = \frac{1}{2}(m_1 + m_2)\dot{x}^2 + \frac{1}{2}m_2\left(l^2\dot{\varphi}^2 + 2l\dot{x}\dot{\varphi}\cos\varphi\right).$$

系统的势能为

$$U = m_2 g y_2 = -m_2 g l \cos\varphi.$$

系统的拉格朗日函数为

$$L = T - U = \frac{1}{2}(m_1 + m_2)\dot{x}^2 + \frac{1}{2}m_2\left(l^2\dot{\varphi}^2 + 2l\dot{x}\dot{\varphi}\cos\varphi\right) + m_2 g l \cos\varphi.$$

可见 $\dfrac{\partial L}{\partial x} = 0$, 即 x 是循环坐标. 因此, 广义动量 P_x 也就是系统的总动量的水平分量守恒

$$P_x = \frac{\partial L}{\partial \dot{x}} = (m_1 + m_2)\dot{x} + m_2 l\dot{\varphi}\cos\varphi = \text{const}. \tag{1}$$

设初始时 $\dot{x} = \dot{\varphi} = 0$, 即将体系整体看作静止的, 则有 const $= 0$. 由此可得

$$\dot{x} = -\frac{m_2 l\dot{\varphi}\cos\varphi}{m_1 + m_2}. \tag{2}$$

利用初始条件, 对式 (1) 积分一次给出关系式

$$(m_1 + m_2)x + m_2 l\sin\varphi = \text{const}. \tag{3}$$

这表示系统的质心在水平方向上是静止的.

---

① 例如, R. López-Ruiz and A. F. Pacheco, Sliding on the inside of a conical surface, Eur. J. Phys., **23**(2002) 579-589. 该问题的一个推广可参见 I. Campos, J. L. Fernández-Chapou, A. L. Salas-Brito, and C A Vargas, A sphere rolling on the inside surface of a cone, Eur. J. Phys., **27**(2006) 567-576.

拉格朗日函数不显含时间 t, 有能量积分即系统的机械能是守恒的. 利用式 (2), 能量可以表示为

$$
\begin{aligned}
E = T + U &= \frac{1}{2}\left(m_1 + m_2\right)^2 \left(-\frac{m_2 l\dot{\varphi}\cos\varphi}{m_1 + m_2}\right)^2 + \\
&\quad \frac{1}{2}m_2\left[l^2\dot{\varphi}^2 + 2l\dot{\varphi}\cos\varphi\left(-\frac{m_2 l\dot{\varphi}\cos\varphi}{m_1 + m_2}\right)\right] - m_2 gl\cos\varphi \\
&= \frac{1}{2}m_2 l^2\dot{\varphi}^2\frac{m_1 + m_2\sin^2\varphi}{m_1 + m_2} - m_2 gl\cos\varphi.
\end{aligned}
$$

由此可得

$$
\dot{\varphi} = \frac{1}{l}\sqrt{\frac{2(m_1 + m_2)}{m_2}}\sqrt{\frac{E + m_2 gl\cos\varphi}{m_1 + m_2\sin^2\varphi}}.
$$

对上式积分, 有

$$
t = l\sqrt{\frac{m_2}{2(m_1 + m_2)}}\int\sqrt{\frac{m_1 + m_2\sin^2\varphi}{E + m_2 gl\cos\varphi}}\,\mathrm{d}\varphi.
$$

该式将给出关系 $\varphi = \varphi(t)$.

利用式 (3), 用 φ 表示 m_2 的坐标 $x_2 = x + l\sin\varphi$, $y_2 = l\cos\varphi$, 有

$$
x_2 = x + l\sin\varphi = \frac{c - m_2 l\sin\varphi}{m_1 + m_2} + l\sin\varphi = \frac{c + m_1 l\sin\varphi}{m_1 + m_2},
$$

$$
y_2 = l\cos\varphi,
$$

其中 c 就是式 (3) 中的 const. 上两式消去 φ, 有

$$
\frac{\left[x_2 - c/(m_1 + m_2)\right]^2}{\left[m_1 l/(m_1 + m_2)\right]^2} + \frac{y_2^2}{l^2} = 1.
$$

此即质点的轨道方程, 这是水平半轴为 $\dfrac{lm_1}{(m_1 + m_2)}$, 竖直半轴为 l 的椭圆的一部分, 椭圆中心位于 $(c/(m_1 + m_2), 0)$. 当 $m_1 \to \infty$ 时, 有

$$
x_2^2 + y_2^2 = l^2,
$$

即质点 m_2 的轨道是圆弧的一部分, 这是我们熟知的单摆运动.

§15　开普勒问题

§15.1　内容提要

平方反比力场中质点的轨道问题称为开普勒[1]问题.

1. 对于平方反比引力场, 有

$$U = -\frac{\alpha}{r},\tag{o15.1}$$

其中 $\alpha > 0$, 相应的轨道方程是圆锥曲线方程, 即

$$r = \frac{p}{1 + e\cos\varphi},\tag{o15.5}$$

这里选取极轴通过轨道的近心点, 其中参数

$$p = \frac{M^2}{m\alpha}, \qquad e = \sqrt{1 + \frac{2EM^2}{m\alpha^2}}.\tag{o15.4}$$

p 和 e 分别称为半正焦弦和偏心率.

(i) 当 $E < 0$, 即 $e < 1$ 时, 轨道为椭圆, 运动有界. 椭圆的半长轴和半短轴分别为:

$$a = \frac{p}{1 - e^2} = \frac{\alpha}{2|E|}, \qquad b = \frac{p}{\sqrt{1 - e^2}} = \frac{M}{\sqrt{2m|E|}}.\tag{o15.6}$$

运动周期 T 与轨道参数和其它参数的关系为

$$T = 2\pi a^{\frac{3}{2}}\sqrt{\frac{m}{\alpha}} = \pi\alpha\sqrt{\frac{m}{2|E|^3}}.\tag{o15.8}$$

(ii) 当 $E > 0$ 时, 偏心率 $e > 1$, 轨道是绕过场中心 (内焦点) 的双曲线, 这是无界运动. 近心点到场中心的距离为

$$r_{\min} = \frac{p}{1 + e} = a(e - 1),\tag{o15.9}$$

其中

$$a = \frac{p}{e^2 - 1} = \frac{\alpha}{2E}$$

是双曲线的 "半轴".

(iii) 当 $E = 0$, 即 $e = 1$ 时, 轨道是抛物线, 运动也是无界的. 近心点到中心的距离为

$$r_{\min} = \frac{p}{2}.$$

---

[1] Johannes Kepler, 1571—1630, 德国数学家, 天文学家.

当质点自无穷远处从静止开始运动, 就是这种情况.

利用轨道方程, 可以求出 r 以及相应的笛卡儿坐标 x, y 与时间 t 的参数方程 (o15.10), (o15.11) 和 (o15.12).

2. 对于平方反比斥力场,

$$U = \frac{\alpha}{r}, \quad (\alpha > 0) \tag{o15.13}$$

运动总是无界的, 轨道是双曲线

$$r = \frac{p}{-1 + e \cos \varphi}, \tag{o15.14}$$

其中 p 和 e 由公式 (o15.4) 确定. 近心点距离为

$$r_{\min} = \frac{p}{e - 1} = a(e + 1). \tag{o15.15}$$

3. Runge-Lenz 矢量

对于有心力场

$$U = \frac{\alpha}{r}, \quad (\alpha \text{ 的符号任意})$$

中运动的质点, 存在一个特有的运动积分, 通常称为 Runge-Lenz 矢量,

$$\boldsymbol{v} \times \boldsymbol{M} + \frac{\alpha \boldsymbol{r}}{r} = \text{const}, \tag{o15.17}$$

其方向沿着半长轴从焦点指向近心点, 大小等于 αe.

§15.2 内容补充

1. 有效势能与其极小值 (公式 (o15.3))

力场 (o15.1) 相应的有效势能为

$$U_{\text{eff}} = -\frac{\alpha}{r} + \frac{M^2}{2mr^2}. \tag{o15.2}$$

对 U_{eff} 求 r 的导数得

$$\frac{\mathrm{d}}{\mathrm{d}r} \left(U_{\text{eff}} \right) = \left(U_{\text{eff}} \right)' = \frac{\alpha}{r^2} - \frac{M^2}{mr^3}.$$

令 $\left(U_{\text{eff}} \right)' = 0$, 得到它的极值点位于 $r = \dfrac{M^2}{m\alpha}$ 处. 当 $r = \dfrac{M^2}{m\alpha}$ 时, U_{eff} 的值为 $-\dfrac{m\alpha^2}{2M^2}$. 而在极值点处, 有

$$\frac{\mathrm{d}^2}{\mathrm{d}r^2} \left(U_{\text{eff}} \right) \bigg|_{r = \frac{M^2}{m\alpha}} = \left(\frac{-2\alpha}{r^3} + \frac{3M^2}{mr^4} \right) \bigg|_{r = \frac{M^2}{m\alpha}} = \frac{m^3 \alpha^4}{M^6} > 0,$$

即在该点有效势能取极小值

$$(U_{\text{eff}})_{\min} = -\frac{m\alpha^2}{2M^2}.$$

2. 势函数 (o15.1) 与轨道方程 (o15.5)

将势函数 $U = -\alpha/r$ 代入式 (o14.7), 有

$$\varphi = \int \frac{(M/r^2)\mathrm{d}r}{\sqrt{2m(E-U) - \dfrac{M^2}{r^2}}} + \text{const} = \int \frac{(M/r^2)\mathrm{d}r}{\sqrt{2m\left(E+\dfrac{\alpha}{r}\right) - \dfrac{M^2}{r^2}}} + \text{const}$$

$$= \int \frac{(M/r^2)\mathrm{d}r}{\sqrt{2mE + m^2\alpha^2/M^2}\sqrt{1 - \dfrac{(M/r - m\alpha/M)^2}{2mE + m^2\alpha^2/M^2}}} + \text{const}.$$

作变量代换, 令

$$x = \frac{M/r - m\alpha/M}{\sqrt{2mE + m^2\alpha^2/M^2}},$$

则有

$$\mathrm{d}x = -\frac{(M/r^2)\mathrm{d}r}{\sqrt{2mE + m^2\alpha^2/M^2}}.$$

将 $\mathrm{d}x$ 和 x 代入前面的表示式中进行积分可得

$$\varphi = -\int \frac{\mathrm{d}x}{\sqrt{1-x^2}} + \text{const} = \arccos x + \text{const}$$

$$= \arccos \frac{M/r - m\alpha/M}{\sqrt{2mE + m^2\alpha^2/M^2}} + \text{const}.$$

将此式改写就可得到方程 (o15.5).

3. Binet 公式与轨道方程

平方反比力作用下的质点的轨道方程还可以通过所谓的 Binet[1] 公式比较简单的求出.

由拉格朗日函数 (o14.1), 相应于 r 的拉格朗日方程为

$$m\left(\ddot{r} - r\dot{\varphi}^2\right) = -\frac{\mathrm{d}U(r)}{\mathrm{d}r}. \tag{15.1}$$

这实际上是沿径向的动力学微分方程. 作变量代换

$$u = \frac{1}{r},$$

---

[1] Jacques Philippe Marie Binet, 1786—1856, 法国数学家, 物理学家和天文学家.

将 r 视为 φ 的函数, 再考虑到角动量守恒定律 (o14.2), 则有

$$\dot{r} = \frac{\mathrm{d}r}{\mathrm{d}u}\frac{\mathrm{d}u}{\mathrm{d}\varphi}\frac{\mathrm{d}\varphi}{\mathrm{d}t} = -r^2\frac{\mathrm{d}u}{\mathrm{d}\varphi}\frac{\mathrm{d}\varphi}{\mathrm{d}t} = -\frac{M}{m}\frac{\mathrm{d}u}{\mathrm{d}\varphi},$$

$$\ddot{r} = \frac{\mathrm{d}}{\mathrm{d}t}\dot{r} = \frac{\mathrm{d}}{\mathrm{d}\varphi}\left(-\frac{M}{m}\frac{\mathrm{d}u}{\mathrm{d}\varphi}\right)\frac{\mathrm{d}\varphi}{\mathrm{d}t} = -\frac{M}{m}\frac{\mathrm{d}^2u}{\mathrm{d}\varphi^2}\left(\frac{M}{mr^2}\right) = -\frac{M^2}{m^2}u^2\frac{\mathrm{d}^2u}{\mathrm{d}\varphi^2}.$$

将它们代入方程 (15.1) 可将其改写为

$$\frac{\mathrm{d}^2u(\varphi)}{\mathrm{d}\varphi^2} + u = -\frac{m}{M^2}\frac{\mathrm{d}U(u)}{\mathrm{d}u}. \tag{15.2}$$

该方程称为 Binet 公式.

当 $U = \dfrac{\alpha}{r} = \alpha u$ 时, 由 Binet 公式 (15.2) 可得方程

$$\frac{\mathrm{d}^2u(\varphi)}{\mathrm{d}\varphi^2} + u = -\frac{m\alpha}{M^2}. \tag{15.3}$$

该方程的齐次方程 $\dfrac{\mathrm{d}^2u(\varphi)}{\mathrm{d}\varphi^2} + u = 0$ 有解

$$u(\varphi) = A\cos(\varphi + \varphi_0),$$

其中 A 和 φ_0 为积分常数. 可以选取极轴使得 $\varphi_0 = 0$. 方程 (15.3) 的非齐次项是常数, 故其特解为

$$u = -\frac{m\alpha}{M^2}.$$

于是, 根据常微分方程的理论可知方程 (15.3) 的通解为

$$u(\varphi) = A\cos\varphi - \frac{m\alpha}{M^2}, \tag{15.4}$$

即有

$$r = \frac{1}{A\cos\varphi - \dfrac{m\alpha}{M^2}} = \frac{M^2/(m|\alpha|)}{-\mathrm{sign}\,(\alpha) + \dfrac{AM^2}{m|\alpha|}\cos\varphi} = \frac{p}{-\mathrm{sign}\,(\alpha) + e\cos\varphi}, \tag{15.5}$$

其中 $\mathrm{sign}\,(\alpha)$ 是符号函数

$$\mathrm{sign}\,(\alpha) = \begin{cases} 1, & (\alpha > 0) \\ -1, & (\alpha < 0) \end{cases}$$

而 p 与式 (o15.4) 中的相同.

为了说明式 (15.5) 中的 $e = \dfrac{AM^2}{m|\alpha|}$ 也与式 (o15.4) 给出的 e 相同, 需要将积分常数 A 用角动量 M 和机械能 E 表示出来. 仅考虑引力情况, 即有 $\alpha < 0$. 因为 $\varphi = 0$ 时, 由式 (15.5) 可得 $r = r_{\min} = \dfrac{p}{1+e}$, 这对应于转折点, 此时, $\dot{r} = 0$, 则由机械能守恒定律, 得

$$
\begin{aligned}
E &= \frac{1}{2}m(\dot{r}^2 + r^2\dot{\varphi}^2) + \frac{\alpha}{r} = \frac{1}{2}mr_{\min}^2\left(\frac{M}{mr_{\min}^2}\right)^2 - \frac{|\alpha|}{r_{\min}} \\
&= \frac{M^2}{2mr_{\min}^2} - \frac{|\alpha|}{r_{\min}} = \frac{M^2(1+e)^2}{2mp^2} - \frac{|\alpha|(1+e)}{p} \\
&= \frac{m|\alpha|^2(e^2-1)}{2M^2},
\end{aligned}
$$

由此可得

$$
e = \sqrt{1 + \frac{2EM^2}{m|\alpha|^2}}. \tag{15.6}
$$

这确实与式 (o15.4) 给出的 e 相同. 对于斥力场的情况可类似地讨论.

用 Binet 公式求轨道方程, 省去了求复杂积分的过程, 但是积分常数与 M 和 E 的关系需要用另外的方式确定, 而在积分法求解中这个关系可以直接得出. 两种方法各有利弊.

4. 椭圆轨道的几何参数 (方程 (o15.6))

轨道方程为

$$
r = \frac{p}{1 + e\cos\varphi}
$$

对于椭圆轨道的近心点和远心点分别有 $\cos\varphi = 1$ 和 $\cos\varphi = -1$, 即有

$$
r_{\min} = \frac{p}{1+e}, \quad r_{\max} = \frac{p}{1-e}.
$$

故对椭圆轨道, 有半长轴为

$$
a = \frac{r_{\min} + r_{\max}}{2} = \frac{p}{1-e^2} = \frac{\alpha}{2|E|},
$$

其中第三个等号利用了参数的定义 (o15.4) 以及 $E < 0$ 的特点. 又据半长轴和半短轴之间的关系, 有

$$
b = a\sqrt{1-e^2} = \frac{M}{\sqrt{2m|E|}}.
$$

a, b 的上述关系是将几何参数与初始条件建立了联系, 因为 E 和 M 的值由初始条件确定.

5. 椭圆轨道的运动周期 (公式 (o15.8))

对椭圆轨道, 由式 (o15.6) 知半长轴和半短轴分别为

$$a = \frac{\alpha}{2\,|E|}, \quad b = \frac{M}{\sqrt{2m\,|E|}},$$

则椭圆轨道的面积为

$$f = \pi ab = \frac{M\alpha}{2\sqrt{2m\,|E|^3}}\pi.$$

将此式代入由掠面速度表示的角动量守恒定律 (o14.3) 对一个周期 T 的积分式 $TM = 2mf$ 中, 可得运动周期 T 为

$$T = \frac{2mf}{M} = \pi \frac{m\alpha}{\sqrt{2m\,|E|^3}} = \pi\alpha\sqrt{\frac{m}{2\,|E|^3}}.$$

这就是常说的开普勒第三定律.

6. 双曲线轨道的参数方程 (公式 (o15.12))

对双曲线轨道, $E > 0$, 相应的几何参数为

$$a = \frac{p}{e^2 - 1} = \frac{\alpha}{2E}, \quad b = \frac{p}{\sqrt{e^2 - 1}} = \frac{M}{\sqrt{2mE}}.$$

将势函数 (o15.1) 代入式 (o14.6), 再利用上述参数以及关系 $a^2 + b^2 = a^2 e^2$, 有

$$t = \sqrt{\frac{m}{2E}} \int \frac{r\mathrm{d}r}{\sqrt{r^2 + (\alpha/E)r - (M^2/2mE)}} = \sqrt{\frac{ma}{\alpha}} \int \frac{r\mathrm{d}r}{\sqrt{(r+a)^2 - a^2 e^2}}.$$

作变量代换 $r = a(e\cosh\xi - 1)$, 则有

$$\mathrm{d}r = ae\sinh\xi\mathrm{d}\xi, \quad (r+a)^2 - a^2 e^2 = a^2 e^2(\cosh^2\xi - 1) = a^2 e^2 \sinh^2\xi,$$

于是

$$t = \sqrt{\frac{ma^3}{\alpha}} \int (e\cosh\xi - 1)\mathrm{d}\xi = \sqrt{\frac{ma^3}{\alpha}}(e\sinh\xi - \xi) + \mathrm{const}.$$

选取时间起点使 $\mathrm{const} = 0$, 则上式为式 (o15.12) 的第二式.

因为 $x = r\cos\varphi$, 利用轨道方程 $p/r = 1 + e\cos\varphi$ 以及各参数之间的关系, 有

$$ex = er\cos\varphi = p - r = a(e^2 - 1) - a(e\cosh\xi - 1) = ae(e - \cosh\xi),$$

即

$$x = a(e - \cosh\xi).$$

利用关系 $x^2 + y^2 = r^2$, 有

$$y = \sqrt{r^2 - x^2} = \sqrt{a^2(e\cosh\xi - 1)^2 - a^2(e - \cosh\xi)^2} = a\sqrt{(e^2 - 1)}\sinh\xi.$$

综合上述结果, 有双曲线轨道相应的参数方程为 (o15.12).

7. 相斥场与轨道参数方程 (公式 (o15.16))

对相斥场, $U = \alpha/r$, 将其代入式 (o14.6), 有

$$t = \sqrt{\frac{m}{2}} \int \frac{\mathrm{d}r}{\sqrt{E - \alpha/r - M^2/2mr^2}} = \sqrt{\frac{m}{2E}} \int \frac{r\,\mathrm{d}r}{\sqrt{r^2 - (\alpha/E)r - (M^2/2mE)}}.$$

又由参数之间的关系

$$a = \frac{p}{e^2 - 1} = \frac{\alpha}{2E}, \quad b = \frac{M}{\sqrt{2mE}}, \quad b = a\sqrt{e^2 - 1},$$

有

$$t = \sqrt{\frac{ma}{\alpha}} \int \frac{r\mathrm{d}r}{\sqrt{(r - a)^2 - a^2e^2}}.$$

作变量代换 $r = a(e\cosh\xi + 1)$, 有

$$\mathrm{d}r = ae\sinh\xi\mathrm{d}\xi, \qquad (r - a)^2 - a^2e^2 = a^2e^2\sinh^2\xi.$$

于是

$$t = \sqrt{\frac{ma^3}{\alpha}} \int (e\cosh\xi + 1)\mathrm{d}\xi = \sqrt{\frac{ma^3}{\alpha}}(e\sinh\xi + \xi) + \text{const}.$$

选取时间起点使 $\text{const} = 0$, 则上式就是式 (o15.16) 中的第二式.

因为 $x = r\cos\varphi$, 利用轨道方程 $p/r = -1 + e\cos\varphi$ 以及参数之间的关系 (o15.15), 可得

$$ex = er\cos\varphi = p + r = a(e^2 - 1) + a(e\cosh\xi + 1) = ae(\cosh\xi + e),$$

即

$$x = a(\cosh\xi + e).$$

由关系 $x^2 + y^2 = r^2$, 可得

$$y = \sqrt{r^2 - x^2} = \sqrt{a^2(e\cosh\xi + 1)^2 - a^2(\cosh\xi + e)^2} = a\sqrt{e^2 - 1}\sinh\xi.$$

综合上述结果, 可得相斥场下轨道方程的参数方程为 (o15.16).

8. 转折点与轨道类型

对于有心力场

$$U = \frac{\alpha}{r}, \quad (\alpha \text{ 的符号任意})$$

中运动的质点, 转折点满足的方程 (o14.9) 为

$$\frac{\alpha}{r} + \frac{M^2}{2mr^2} = E. \tag{15.7}$$

下面分几种情况讨论式 (15.7) 的解.

(A) $\alpha < 0$, 即 $\alpha = -|\alpha|$, 引力场

(i) 如果 $E = 0$, 则方程 (15.7) 仅有一个解

$$r = -\frac{M^2}{2m\alpha} = \frac{M^2}{2m|\alpha|},$$

即仅有一个转折点. 轨道无界, 这对应于抛物线轨道.

(ii) 如果 $E \neq 0$, 则方程 (15.7) 变为

$$2mEr^2 + 2m|\alpha|r - M^2 = 0,$$

即有

$$r = \frac{-m|\alpha| \pm \sqrt{m^2|\alpha|^2 + 2mEM^2}}{2mE} = \frac{|\alpha|}{2E}\left[-1 \pm \sqrt{1 + \frac{2EM^2}{m|\alpha|^2}}\right].$$

对于物理上有意义的解应有 $r \geqslant 0$.

(a) 如果 $E > 0$, 则仅有一个转折点, 相应的 r 为

$$r = \frac{|\alpha|}{2E}\left[-1 + \sqrt{1 + \frac{2EM^2}{m|\alpha|^2}}\right].$$

该 r 值即近心点与力心的距离, 与式 (o15.9) 相同. 此时轨道是无界的, 实际上是双曲线的一支, 力心位于该分支的内侧.

(b) 如果 $E < 0$, 则有两个转折点. 令 $E = -|E|$, 相应的 r 分别为

$$r_{\max} = \frac{|\alpha|}{2|E|}\left[1 + \sqrt{1 - \frac{2|E|M^2}{m|\alpha|^2}}\right], \quad r_{\min} = \frac{|\alpha|}{2|E|}\left[1 - \sqrt{1 - \frac{2|E|M^2}{m|\alpha|^2}}\right].$$

它们分别与式 (o15.7) 的两个距离相同. 该情况下, 质点的运动位于 $r_{\min} < r < r_{\max}$ 区间中, 轨道是有界的, 实际上是椭圆.

(B) $\alpha > 0$, 即相斥力场

在该情况下, 方程 (15.7) 变为

$$2mEr^2 - 2m\alpha r - M^2 = 0.$$

要保证上述方程有实的且非负的解 r, 必有 $E \neq 0$. 于是, 有

$$r = \frac{\alpha}{2E}\left[1 \pm \sqrt{1 + \frac{2EM^2}{m\alpha^2}}\right].$$

当 $E < 0$ 时, 均有 $r < 0$, 不符合物理要求. 因此, 仅有的可能是 $E > 0$, 此时有一个转折点

$$r = \frac{\alpha}{2E}\left[1 + \sqrt{1 + \frac{2EM^2}{m\alpha^2}}\right].$$

该 r 为近心点与力心的距离, 与式 (o15.15) 相同. 该情况下, 轨道是无界的, 实际上是双曲线的一支, 力心位于其外侧.

要说明的, 通过转折点方程原则上只能确定轨道是有界还是无界, 但不能确定轨道是否封闭.

9. 质点沿轨道运动的时间与一个运动特点①

力学教材中一般仅讨论质点作椭圆轨道运动的周期, 而不涉及在其上任意两点间运动时间的计算问题. 实际上, 利用掠面速度公式可以简便地求出这样的运动时间.

设太阳位于椭圆的左焦点 (见图 3.1), 行星沿顺时针方向在椭圆轨道上运动, 椭圆方程为

$$\frac{x^2}{a^2} + \frac{y^2}{b^2} = 1. \tag{15.8}$$

在导出运动时间的表示式时可以仅考虑 $y > 0$ 的情况.

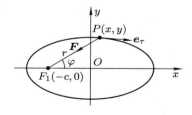

图 3.1　椭圆轨道

由掠面速度公式 (o14.3)

$$\dot{f} = \frac{1}{2}h, \tag{15.9}$$

---

① 鞠国兴. 行星绕日运动时间的简便计算方法. 大学物理, 2009, **28**(3): 13–14.

其中 $h = \dfrac{M}{m}$ 为常数, 可得行星从轨道上的 $A(x_1, y_1)$ 运动到 $B(x_2, y_2)$ 的时间 t 为

$$t = \frac{2}{h}\triangle f, \tag{15.10}$$

其中 $\triangle f$ 为径矢扫过的面积. 为求 $\triangle f$, 采用平面极坐标系, 设相应于 A 和 B 的极角分别为 φ_1 和 φ_2 (这里设 $\varphi_1 > \varphi_2$), 则有

$$\triangle f = \int_{\varphi_1}^{\varphi_2} \mathrm{d}\varphi \int_0^{r(\varphi)} r \, \mathrm{d}r = \int_{\varphi_1}^{\varphi_2} \frac{1}{2} r^2(\varphi)\mathrm{d}\varphi. \tag{15.11}$$

将极坐标系下的轨道方程 $r = r(\varphi)$ 代入上式就可求出 t. 在上述约定下, 轨道方程 (15.8) 可改写为

$$r = \frac{(a^2 - c^2)/a}{1 - \dfrac{c}{a}\cos\varphi}, \tag{15.12}$$

其中所用到的直角坐标和极坐标之间的关系为

$$x + c = r\cos\varphi, \quad y = r\sin\varphi. \tag{15.13}$$

将式 (15.12) 代入式 (15.11) 和 (15.10), 再利用积分公式

$$\int \frac{\mathrm{d}\varphi}{(a - c\cos\varphi)^2} = \frac{1}{a^2 - c^2}\left[\frac{c\sin\varphi}{a - c\cos\varphi} + \frac{2a}{\sqrt{a^2 - c^2}}\arctan\left(\sqrt{\frac{a + c}{a - c}}\tan\frac{\varphi}{2}\right)\right], \tag{15.14}$$

可得时间的表示式为

$$t = \frac{a^2 - c^2}{h}\left[\frac{c\sin\varphi}{a - c\cos\varphi} + \frac{2a}{\sqrt{a^2 - c^2}}\arctan\left(\sqrt{\frac{a + c}{a - c}}\tan\frac{\varphi}{2}\right)\right]\Bigg|_{\varphi_1}^{\varphi_2}. \tag{15.15}$$

可见, 只要给出 φ_1, φ_2 由上式就可以求出在特定椭圆轨道上任意两点之间运动的时间. 对于 $\varphi_1 = \pi$, $\varphi_2 = 0$ 的特殊情况, 可得 $t = -\pi a\sqrt{a^2 - c^2}/h = -\pi ab/h = -\pi abm/M$, 即半个周期, 这与式 (o15.8) 给出的结果是一致的. 这里负号的出现是由于极角是以逆时针方向为增大的方向而引起的.

下面从力的角度分析在 $-a < x < a, y > 0$ 以及 $-a < x < a, y < 0$ 的范围内, 力沿轨道切向的分量是不改变符号的, 即行星在这些区间中或者加速运动或者减速运动而不会二者兼而有之. 设轨道切向的正方向 e_τ 指向运动方向 (见图 3.1). 由方程 (15.8) 可得椭圆上任意一点的斜率为

$$k = \frac{\mathrm{d}y}{\mathrm{d}x} = \mp\frac{bx}{a\sqrt{a^2 - x^2}}, \tag{15.16}$$

其中右边的符号中上面的 "−" 对应于 $y > 0$, 下面的 "+" 对应于 $y < 0$. 下文中采用与此相同的约定. 由上式并根据几何关系可得轨道切向单位矢量的表示式为

$$\boldsymbol{e}_\tau = \frac{1}{\sqrt{a^4 - c^2 x^2}}\left[\pm a\sqrt{a^2 - x^2}\boldsymbol{e}_x - bx\boldsymbol{e}_y\right], \tag{15.17}$$

其中 $\boldsymbol{e}_x, \boldsymbol{e}_y$ 分别为沿 x, y 轴正方向的单位矢量. 太阳对行星的万有引力的表示式为

$$\boldsymbol{F} = -\frac{\alpha}{r^3}\boldsymbol{r} = -\frac{\alpha}{\sqrt{[(x+c)^2 + y^2]^3}}[(x+c)\boldsymbol{e}_x + y\boldsymbol{e}_y]. \tag{15.18}$$

引力沿切向的分量为

$$F_\tau = \boldsymbol{F}\cdot\boldsymbol{e}_\tau = -\frac{\alpha}{\sqrt{[(x+c)^2 + y^2]^3}\sqrt{a^4 - c^2 x^2}}[\pm(x+c)a\sqrt{a^2 - x^2} - bxy]$$

$$= \mp\frac{\alpha a^2 c}{(cx + a^2)^2}\sqrt{\frac{a^2 - x^2}{a^4 - c^2 x^2}}. \tag{15.19}$$

可见在 $y > 0$ 的区域中, 引力的切向分量的方向与运动方向相反, 而在 $y < 0$ 的区域则相同, 因此前者是减速运动而后者是加速运动.

10. 平方反比力场 Runge-Lenz 矢量的导出, 轨道方程

《力学》中是先给出 Runge-Lenz 矢量, 再证明它是运动积分的. 实际上用矢量分析的方法可以导出该运动积分, 同时利用它不必求解相关的微分方程就可以方便地求出轨道方程.

对于有心力场, 因为角动量是守恒的, 即 $\dfrac{\mathrm{d}\boldsymbol{M}}{\mathrm{d}t} = 0$, 则求 $\boldsymbol{v}\times\boldsymbol{M}$ 对时间的导数, 有

$$\frac{\mathrm{d}}{\mathrm{d}t}(\boldsymbol{v}\times\boldsymbol{M}) = \frac{\mathrm{d}\boldsymbol{v}}{\mathrm{d}t}\times\boldsymbol{M} + \boldsymbol{v}\times\frac{\mathrm{d}\boldsymbol{M}}{\mathrm{d}t} = \frac{1}{m}\boldsymbol{F}\times\boldsymbol{M}$$

$$= \frac{1}{m}F(r)\frac{\boldsymbol{r}}{r}\times(\boldsymbol{r}\times m\boldsymbol{v}) = \frac{F(r)}{r}[\boldsymbol{r}(\boldsymbol{r}\cdot\boldsymbol{v}) - \boldsymbol{v}(\boldsymbol{r}\cdot\boldsymbol{r})]$$

$$= \frac{F(r)}{r}\left[\boldsymbol{r}\frac{1}{2}\frac{\mathrm{d}}{\mathrm{d}t}(\boldsymbol{r}\cdot\boldsymbol{r}) - \frac{\mathrm{d}\boldsymbol{r}}{\mathrm{d}t}(\boldsymbol{r}\cdot\boldsymbol{r})\right] = \frac{F(r)}{r}\left[\boldsymbol{r}\left(r\frac{\mathrm{d}r}{\mathrm{d}t}\right) - \frac{\mathrm{d}\boldsymbol{r}}{\mathrm{d}t}r^2\right]$$

$$= F(r)r^2\left[\frac{\boldsymbol{r}}{r^2}\frac{\mathrm{d}r}{\mathrm{d}t} - \frac{1}{r}\frac{\mathrm{d}\boldsymbol{r}}{\mathrm{d}t}\right] = -F(r)r^2\frac{\mathrm{d}}{\mathrm{d}t}\left(\frac{\boldsymbol{r}}{r}\right).$$

当考虑平方反比力场时, 有 $F(r) = \dfrac{\alpha}{r^2}$, 则上式右端的 $F(r)r^2 = \alpha$ 为常数, 因此右端是时间的全微分, 即有

$$\frac{\mathrm{d}}{\mathrm{d}t}(\boldsymbol{v}\times\boldsymbol{M}) = -\alpha\frac{\mathrm{d}}{\mathrm{d}t}\left(\frac{\boldsymbol{r}}{r}\right),$$

也即

$$\frac{\mathrm{d}}{\mathrm{d}t}\left(\boldsymbol{v}\times\boldsymbol{M}+\frac{\alpha\boldsymbol{r}}{r}\right)=0,\tag{15.20}$$

于是有下列矢量即 Runge-Lenz 矢量为运动积分

$$\boldsymbol{B}=\boldsymbol{v}\times\boldsymbol{M}+\frac{\alpha\boldsymbol{r}}{r}=\text{const.}\tag{15.21}$$

上面的推导过程可以表明这样的运动积分是平方反比力场所独有的.

下面利用 Runge-Lenz 矢量求质点的轨道方程. 因为角动量 $\boldsymbol{M}$ 与轨道平面垂直, 即 $\boldsymbol{M}\cdot\boldsymbol{r}=0$, 则有

$$\boldsymbol{B}\cdot\boldsymbol{M}=\left(\boldsymbol{v}\times\boldsymbol{M}+\frac{\alpha\boldsymbol{r}}{r}\right)\cdot\boldsymbol{M}=(\boldsymbol{v}\times\boldsymbol{M})\cdot\boldsymbol{M}=0,$$

即 $\boldsymbol{B}$ 与 $\boldsymbol{M}$ 也是相互垂直的, 于是 Runge-Lenz 矢量 $\boldsymbol{B}$ 位于轨道平面内. 利用式 (15.21), 则角动量的大小可以表示为

$$\begin{aligned}M^2=\boldsymbol{M}\cdot\boldsymbol{M}&=\boldsymbol{M}\cdot(\boldsymbol{r}\times\boldsymbol{p})=\boldsymbol{r}\cdot(\boldsymbol{p}\times\boldsymbol{M})=m\boldsymbol{r}\cdot\left(\boldsymbol{B}-\frac{\alpha\boldsymbol{r}}{r}\right)\\&=mrB\cos\varphi-m\alpha r=mrB\cos\varphi-\text{sign}\,(\alpha)m|\alpha|r,\end{aligned}\tag{15.22}$$

其中 φ 是 Runge-Lenz 矢量 $\boldsymbol{B}$ 与位矢 $\boldsymbol{r}$ 之间的夹角, 也即是以 $\boldsymbol{B}$ 的正方向作为角坐标的初始位置的. 由上式解出 r, 有

$$r=\frac{M^2/m|\alpha|}{-\text{sign}\,(\alpha)+\dfrac{B}{|\alpha|}\cos\varphi}=\frac{p}{-\text{sign}\,(\alpha)+e\cos\varphi},\tag{15.23}$$

其中 $p=M^2/m|\alpha|$. 偏心率 e 与 M 和 E 的关系很容易求出来,

$$e=\frac{B}{|\alpha|}=\frac{1}{|\alpha|}\left|(\boldsymbol{v}\times\boldsymbol{M})+\frac{\alpha\boldsymbol{r}}{r}\right|=\frac{1}{|\alpha|}\sqrt{|\boldsymbol{v}\times\boldsymbol{M}|^2+\alpha^2+2\alpha\frac{\boldsymbol{r}}{r}\cdot(\boldsymbol{v}\times\boldsymbol{M})}.$$

因 $\boldsymbol{v}$ 垂直于 $\boldsymbol{M}$, 则 $|\boldsymbol{v}\times\boldsymbol{M}|^2=v^2M^2$. 又因 $\boldsymbol{r}\cdot(\boldsymbol{v}\times\boldsymbol{M})=\boldsymbol{M}\cdot(\boldsymbol{r}\times\boldsymbol{v})=\frac{1}{m}\boldsymbol{M}\cdot\boldsymbol{M}=\frac{M^2}{m}$, 上式可改写为

$$e=\frac{1}{|\alpha|}\sqrt{v^2M^2+\alpha^2+\frac{2\alpha}{mr}M^2}=\sqrt{1+\frac{2M^2}{m|\alpha|^2}\left(\frac{1}{2}mv^2+\frac{\alpha}{r}\right)}=\sqrt{1+\frac{2M^2E}{m|\alpha|^2}},$$

其中 E 是系统的机械能. 这与前面得到的结果是相同的.

上面的讨论还表明, 对于吸引力, 即 $\alpha<0$ 的情况, Runge-Lenz 矢量是沿着近心点与力心的连线方向, 且指向近心点的. 因为 φ 是相对于 $\boldsymbol{B}$ 量度的, 而 $\varphi=0$ 时, (15.23) 表示 r 将取极小值 $r_{\min}=\dfrac{p}{1+e}$, 即为近心点. 因为

B 保持方向和大小不变, 则近心点的位置在空间是固定不变的.

需要说明的是, 对于平方反比这个有心力场, 存在三个运动积分: 角动量、机械能和 Runge-Lenz 矢量, 它们分别对在该力场中运动的质点的轨道作出相应的限制. 角动量守恒表明质点在垂直于 M 的固定平面内作平面运动, 机械能守恒确定平面轨道运动的偏心率, 而 Runge-Lenz 矢量表明轨道是封闭的 (仅对 $\alpha < 0$, 即吸引力情况).

11. 重力场中的 Runge-Lenz 型运动积分①

重力是万有引力的特殊表现, 通常将重力场视为平行力场, 此时参考点选在地心不会带来任何方便之处. 我们往往习惯地将参考点取在地面上的某处 (记为 O), 该处竖直向上的方向取为坐标轴 Oz 的正方向. 因为重力场具有绕 z 轴的旋转对称性, 我们采用柱坐标系. 极坐标平面位于水平面内, 极点为参考点 O. 设 e_ρ, e_φ, e_z 分别为极坐标平面内径向、横向和 Oz 轴正方向的单位矢量, 则重力可以表示为 $F = -mge_z$, 质点的位矢为 $r = \rho e_\rho + z e_z$. 质点的速度为

$$v = v_\rho e_\rho + v_\varphi e_\varphi + v_z e_z = \dot\rho e_\rho + \rho\dot\varphi e_\varphi + \dot z e_z.$$

类似于对平方反比力场中 Runge-Lenz 矢量的导出, 我们考虑 $v \times M$ 的时间变化率. 但是, 这里要注意到 $\mathrm{d}M/\mathrm{d}t = L = r \times F \neq 0$, $\dfrac{\mathrm{d}e_z}{\mathrm{d}t} = 0$, 有

$$\begin{aligned}
\frac{\mathrm{d}}{\mathrm{d}t}(v \times M) &= \frac{\mathrm{d}v}{\mathrm{d}t} \times M + v \times \frac{\mathrm{d}M}{\mathrm{d}t} = m\frac{\mathrm{d}v}{\mathrm{d}t} \times (r \times v) + v \times L \\
&= F \times (r \times v) + v \times (r \times F) \\
&= -mge_z \times (r \times v) - mgv \times (r \times e_z) \\
&= -mge_z \times (r \times v) - mg\frac{\mathrm{d}}{\mathrm{d}t}[r \times (r \times e_z)] + mgr \times (v \times e_z).
\end{aligned}$$
$$(15.24)$$

可见, 上式右边不能写为某一函数对时间的全微分. 因此, 一般而言不存在类似于 Runge-Lenz 矢量的守恒量.

将柱坐标系中质点的位矢和速度的表示式代入式 (15.24), 将其右边改写为分量形式, 则有

$$\frac{\mathrm{d}}{\mathrm{d}t}(v \times M) = -mg[(\dot z\rho - 2z\dot\rho)e_\rho - 2z\rho\dot\varphi e_\varphi] - mg\frac{\mathrm{d}}{\mathrm{d}t}\left(z\rho e_\rho - \frac{1}{2}\rho^2 e_z\right),$$

右边有一部分可以写为时间的全微分, 而不能写为时间全微分的部分是位

---

① 鞠国兴. 重力场, 运动积分与可积性. 大学物理, 2011, **30**(3): 1–4.

于水平面内的分量. 如果仅考虑沿 z 方向的分量, 则有

$$\frac{\mathrm{d}}{\mathrm{d}t}[(\boldsymbol{v} \times \boldsymbol{M}) \cdot \boldsymbol{e}_z] = mg\frac{\mathrm{d}}{\mathrm{d}t}\left(\frac{1}{2}\rho^2\right),$$

即

$$\frac{\mathrm{d}}{\mathrm{d}t}\left[(\boldsymbol{v} \times \boldsymbol{M}) \cdot \boldsymbol{e}_z - \frac{1}{2}mg\rho^2\right] = 0. \tag{15.25}$$

这表明对于在重力场中运动的质点, 除了机械能以及角动量的 z 分量这两个运动积分外, 还存在一个新的运动积分

$$\begin{aligned}
B &= (\boldsymbol{v} \times \boldsymbol{M}) \cdot \boldsymbol{e}_z - \frac{1}{2}mg\rho^2 \\
&= \frac{1}{m}\left[p_\rho(zp_\rho - \rho p_z) + \frac{zp_\varphi^2}{\rho^2}\right] - \frac{1}{2}mg\rho^2 \\
&= \frac{1}{m}\left[z(p_x^2 + p_y^2) - (xp_x + yp_y)p_z\right] - \frac{1}{2}mg(x^2 + y^2),
\end{aligned} \tag{15.26}$$

其中第二和第三行分别写出了柱坐标系和直角坐标系中的形式. 上述运动积分 (15.26) 是 Runge-Lenz 矢量在重力场中的对应量, 故称之为 Runge-Lenz 型运动积分.

§15.3 习题解答

习题 1 质点在场 $U = -\alpha/r$ 内沿着抛物线运动, 能量 $E = 0$, 试求质点坐标对时间的依赖关系.

解: 本题要求抛物线轨道相应的参数方程. 由式 (o14.6) 代入 $E = 0$, 得

$$t = \int \frac{r\mathrm{d}r}{\sqrt{\dfrac{2\alpha}{m}r - \dfrac{M^2}{m^2}}}.$$

作变量代换 $r = \frac{1}{2}p(1 + \eta^2), p = \dfrac{M^2}{m\alpha}$, 则有 $\mathrm{d}r = p\eta\,\mathrm{d}\eta$, 于是上式可变为

$$t = \frac{1}{2}\sqrt{\frac{mp^3}{\alpha}}\int(1 + \eta^2)\mathrm{d}\eta = \sqrt{\frac{mp^3}{\alpha}}\frac{1}{2}\eta\left(1 + \frac{1}{3}\eta^2\right).$$

其实也可以直接利用积分公式 $\displaystyle\int \frac{x\mathrm{d}x}{\sqrt{ax - b}} = \frac{2}{3a}\left(\frac{2b}{a} + x\right)\sqrt{ax - b}$ 进行求解, 这样就可以得到

$$t = \frac{m}{3\alpha}\left(\frac{M^2}{m\alpha} + r\right)\sqrt{\frac{2\alpha}{m}r - \frac{M^2}{m^2}}.$$

作前述的变量变换可得与前面相同的结果.

因为 $x = r\cos\varphi$, 利用轨道方程 $p/r = 1 + \cos\varphi$, 则有

$$x = r\cos\varphi = p - r = p - \frac{1}{2}p(1 + \eta^2) = \frac{1}{2}p(1 - \eta^2).$$

利用关系 $x^2 + y^2 = r^2$, 有

$$y = \sqrt{r^2 - x^2} = \sqrt{\left[\frac{1}{2}p(1 + \eta^2)\right]^2 - \left[\frac{1}{2}p(1 - \eta^2)\right]^2} = p\eta.$$

注意, 因为 r 的取值范围是 $[0, \infty)$, 则有 $-\infty < \eta < \infty$.

习题 2 质点在有心力场 $U = -\alpha/r^2$ $(\alpha > 0)$ 内运动, 试积分求解运动方程.

解: 将势函数代入式 (o14.6), 得

$$
\begin{aligned}
t &= \int \frac{\mathrm{d}r}{\sqrt{\frac{2}{m}\left(E - U - \frac{M^2}{2mr^2}\right)}} = \sqrt{\frac{m}{2}} \int \frac{\mathrm{d}r}{\sqrt{E + \frac{\alpha}{r^2} - \frac{M^2}{2mr^2}}} \\
&= \sqrt{\frac{m}{2}} \int \frac{r\,\mathrm{d}r}{\sqrt{Er^2 + \left(\alpha - \frac{M^2}{2m}\right)}} = \sqrt{\frac{m}{2}}\frac{1}{E}\sqrt{Er^2 + \alpha - \frac{M^2}{2m}}.
\end{aligned}
\tag{1}
$$

这给出了 r 与时间 t 的关系 $r = r(t)$,

$$r = \sqrt{\frac{2E}{m}t^2 - \frac{\alpha}{E} + \frac{M^2}{2mE}}.$$

为求 φ 与时间 t 的关系 $\varphi = \varphi(t)$, 先求 $r = r(\varphi)$. 由式 (o14.7), 适当选取 φ 的起始线可以使得其中的 $\mathrm{const} = 0$, 则有

$$\varphi = \int \frac{M\mathrm{d}r/r^2}{\sqrt{2m\left(E + \frac{\alpha}{r^2} - \frac{M^2}{2mr^2}\right)}} = \int \frac{-M\mathrm{d}u}{\sqrt{2m\left[E + \left(\alpha - \frac{M^2}{2m}\right)u^2\right]}}. \tag{2}$$

积分的结果取决于参数的不同取值, 可以分为几种情况.

a) 当 $E > 0$, $\frac{M^2}{2m} - \alpha = \beta > 0$ 时, 则式 (2) 变为

$$\varphi = -\frac{M}{\sqrt{2m\beta}} \int \frac{\mathrm{d}u}{\sqrt{\frac{E}{\beta} - u^2}} = \frac{M}{\sqrt{2m\beta}} \arccos \frac{u}{\sqrt{E/\beta}},$$

即

$$\frac{1}{r} = u = \sqrt{\frac{E}{\beta}} \cos\left(\frac{\sqrt{2m\beta}}{M}\varphi\right) = \sqrt{\frac{2mE}{M^2 - 2m\alpha}} \cos\left(\varphi\sqrt{1 - \frac{2m\alpha}{M^2}}\right).$$

当 $\varphi = 0$ 时, r 有极小值

$$r_{\min} = \sqrt{\frac{M^2 - 2m\alpha}{2mE}}, \tag{3}$$

即 $\varphi = 0$ 所在位置是近心点与力心的连线. 因为 $r > 0$, 则 φ 的取值受到限制. 当 $\cos\left(\varphi\sqrt{1 - \frac{2m\alpha}{M^2}}\right) = 0$, 即 $\varphi = \pm\dfrac{\pi}{2\sqrt{1 - \dfrac{2m\alpha}{M^2}}}$ 时, $r \to \infty$, 故 φ 的取值范围为

$$-\frac{\pi}{2\sqrt{1 - \dfrac{2m\alpha}{M^2}}} < \varphi < \frac{\pi}{2\sqrt{1 - \dfrac{2m\alpha}{M^2}}}.$$

这种情况下的典型轨道是螺旋线, 常称为 Cotes[1] 螺旋线.

b) 当 $E > 0$, $\alpha - \dfrac{M^2}{2m} = \beta > 0$ 时, 则有

$$\varphi = -\frac{M}{\sqrt{2m\beta}} \int \frac{\mathrm{d}u}{\sqrt{\dfrac{E}{\beta} + u^2}} = \frac{-M}{\sqrt{2m\beta}} \operatorname{arcsinh} \frac{u}{\sqrt{E/\beta}},$$

即

$$\frac{1}{r} = -\sqrt{\frac{E}{\beta}} \sinh\left(\frac{\sqrt{2m\beta}}{M}\varphi\right) = -\sqrt{\frac{2mE}{2m\alpha - M^2}} \sinh\left(\varphi\sqrt{\frac{2m\alpha}{M^2} - 1}\right).$$

同样 φ 的取值也受到限制以保证 $r > 0$, 这里 $\varphi < 0$ 即可.

c) 当 $E < 0$, $\alpha - \dfrac{M^2}{2m} = \beta > 0$ 时, 则有

$$\varphi = -\frac{M}{\sqrt{2m\beta}} \int \frac{\mathrm{d}u}{\sqrt{u^2 - \dfrac{|E|}{\beta}}} = \frac{-M}{\sqrt{2m\beta}} \operatorname{arccosh} \frac{u}{\sqrt{|E|/\beta}},$$

即有

$$\frac{1}{r} = \sqrt{\frac{2m|E|}{2m\alpha - M^2}} \cosh\left(\varphi\sqrt{\frac{2m\alpha}{M^2} - 1}\right).$$

---

[1] Roger Cotes, 1682—1716, 英国数学家.

当 $\varphi = 0$ 时, r 有极大值

$$r_{\max} = \sqrt{\frac{2m\alpha - M^2}{2m|E|}},$$

即 $\varphi = 0$ 所在位置是远心点与力心的连线.

需要说明的是: (i) $E < 0$, $\dfrac{M^2}{2m} - \alpha = \beta > 0$ 这种情况需要排除, 因为这将导致复的 φ. (ii) 在 b) 和 c) 两种情况下, 当 $|\varphi| \to \infty$ 时, 均有 $r \to 0$, 即质点可以 "坠落" 到力心. (iii) 本问题用 Binet 公式可以比较方便的求解, 参见本节习题 3.

本问题中质点的运动特征也可以通过有效势能进行分析. 有效势能为

$$U_{\mathrm{eff}} = -\frac{\alpha}{r^2} + \frac{M^2}{2mr^2} = -\left(\alpha - \frac{M^2}{2m}\right)\frac{1}{r^2}.$$

当 $\alpha - \dfrac{M^2}{2m} = \beta > 0$ 时, 有效势能为负, 表现为吸引力. 因此, 质点将向力心运动并最终 "坠落" 到力心. 当 $\alpha - \dfrac{M^2}{2m} < 0$ 时, 有效势能为正, 表现为相斥力, 此时有一个转折点, 可由 $E = U_{\mathrm{eff}} = -\left(\alpha - \dfrac{M^2}{2m}\right)\dfrac{1}{r^2_{\min}}$ 确定, 即有

$$r_{\min} = \sqrt{\frac{\dfrac{M^2}{2m} - \alpha}{E}} = \sqrt{\frac{M^2 - 2m\alpha}{2mE}}.$$

这与式 (3) 一致, 而且显然要求 $E > 0$.

习题 3 在势能 $U = -\alpha/r$ 上增加一个小的修正 δU, 有限运动的轨道不再封闭, 并且每运动一圈轨道的近心点都有很小的角度改变量 $\delta\varphi$. 在下面的情况下求 $\delta\varphi$: a) $\delta U = \beta/r^2$, b) $\delta U = \gamma/r^3$.

解: 根据公式 (o14.10), 当 r 从 $r_{\min}$ 变到 $r_{\max}$ 再变到 $r_{\min}$ 时, 角变量 φ 的变化量 $\Delta\varphi$, 也即相邻近心点对力心的夹角为

$$\begin{aligned}
\Delta\varphi &= 2\int_{r_{\min}}^{r_{\max}} \frac{(M/r^2)\mathrm{d}r}{\sqrt{2m[E - U(r)] - M^2/r^2}} \\
&= -2\frac{\partial}{\partial M}\int_{r_{\min}}^{r_{\max}} \sqrt{2m[E - U(r)] - \frac{M^2}{r^2}}\,\mathrm{d}r.
\end{aligned} \tag{1}$$

将 $U = -\alpha/r + \delta U$ 代入上式, 注意到 δU 为小量, 可以对上式中的被积函数

作 Taylor 展开, 保留到 δU 的一阶项, 有

$$\sqrt{2m[E - U(r)] - \frac{M^2}{r^2}} = \sqrt{2m\left(E + \frac{\alpha}{r} - \delta U\right) - \frac{M^2}{r^2}}$$

$$\approx \sqrt{2m\left(E + \frac{\alpha}{r}\right) - \frac{M^2}{r^2}} - \frac{m\delta U}{\sqrt{2m\left(E + \frac{\alpha}{r}\right) - \frac{M^2}{r^2}}}.$$

由此式 (1) 变为

$$\Delta\varphi = -2\frac{\partial}{\partial M}\int_{r_{\min}}^{r_{\max}}\sqrt{2m\left(E + \frac{\alpha}{r}\right) - \frac{M^2}{r^2}}\mathrm{d}r +$$

$$\frac{\partial}{\partial M}\int_{r_{\min}}^{r_{\max}}\frac{2m\delta U\,\mathrm{d}r}{\sqrt{2m\left(E + \frac{\alpha}{r}\right) - \frac{M^2}{r^2}}},$$

其中第一项相应于在势能为 $-\alpha/r$ 的场中质点运动轨道的相邻近心点对力心的夹角, 它等于 2π. 上式中的第二项是势场修正引起的角变量的变化, 记为 $\delta\varphi$, 即

$$\delta\varphi = \frac{\partial}{\partial M}\int_{r_{\min}}^{r_{\max}}\frac{2m\delta U\,\mathrm{d}r}{\sqrt{2m\left(E + \frac{\alpha}{r}\right) - \frac{M^2}{r^2}}}. \tag{2}$$

利用力场未受修正时 r 与 φ 之间的关系 (参见式 (o14.7))

$$\mathrm{d}r = \frac{r^2}{M}\sqrt{2m\left(E - U - \frac{M^2}{2mr^2}\right)}\mathrm{d}\varphi = \frac{r^2}{M}\sqrt{2m\left(E + \frac{\alpha}{r} - \frac{M^2}{2mr^2}\right)}\mathrm{d}\varphi,$$

则式 (2) 可以改写为

$$\delta\varphi = \frac{\partial}{\partial M}\left(\frac{2m}{M}\int_0^\pi r^2\delta U\mathrm{d}\varphi\right). \tag{3}$$

a) 当 $\delta U = \beta/r^2$ 时, 则有

$$\int_0^\pi r^2\delta U\,\mathrm{d}\varphi = \beta\int_0^\pi \mathrm{d}\varphi = \pi\beta,$$

于是由式 (3) 可得

$$\delta\varphi = \frac{\partial}{\partial M}\left(\frac{2m}{M}\pi\beta\right) = -\frac{2m}{M^2}\pi\beta = -\frac{2\pi\beta}{p\alpha}. \tag{4}$$

对于这种情况, 势能实际上为

$$U = -\frac{\alpha}{r} + \frac{\beta}{r^2}.$$

质点在该力场中的运动是可以解析求解的. 为此我们采用 Binet 公式 (15.2) 求解. 用 $u = \dfrac{1}{r}$ 表示时, 有

$$U = -\alpha u + \beta u^2. \tag{5}$$

将式 (5) 代入式 (15.2), 有

$$\frac{\mathrm{d}^2 u}{\mathrm{d}\varphi^2} + u = -\frac{m}{M^2}(-\alpha + 2\beta u),$$

即

$$\frac{\mathrm{d}^2 u}{\mathrm{d}\varphi^2} + \left(1 + \frac{2m\beta}{M^2}\right) u = \frac{m\alpha}{M^2}.$$

这个方程的解为齐次方程的通解和非齐次方程的特解之和, 即

$$u = A\cos\left(\sqrt{1 + \frac{2m\beta}{M^2}}\,\varphi\right) + \frac{m\alpha}{M^2 + 2m\beta},$$

其中 A 为积分常数, 这里选取合适的初始条件使得初位相为零. 由上式, 可得

$$r = \frac{1}{A\cos\left(\sqrt{1 + \dfrac{2m\beta}{M^2}}\,\varphi\right) + \dfrac{m\alpha}{M^2 + 2m\beta}} = \frac{p'}{1 + e'\cos\left(\sqrt{1 + \dfrac{2m\beta}{M^2}}\,\varphi\right)}, \tag{6}$$

其中

$$p' = \frac{M^2 + 2m\beta}{m\alpha}, \quad e' = \frac{A(M^2 + 2m\beta)}{m\alpha}.$$

由式 (6) 可见, 轨道是有界的. 但是, 当 φ 从 0 变到 2π 时, r 从其极小值 $r_{\min} = \dfrac{p'}{1 + e'}$ 变到 $r|_{\varphi=2\pi} \neq r|_{\varphi=0} = r_{\min}$, 不回到初始的位置, 即轨道不封闭.

从式 (6) 可知, 相邻两个近心点 (或远心点) 之间的夹角 $\Delta\varphi$ 满足关系 $\sqrt{1 + \dfrac{2m\beta}{M^2}}\,\Delta\varphi = 2\pi$, 即

$$\Delta\varphi = \frac{2\pi}{\sqrt{1 + \dfrac{2m\beta}{M^2}}}.$$

当对力场没有修正, 即 $\beta = 0$ 时, 这个夹角应为 2π. 可见因为力势的变化导致近心角的改变为

$$\delta\varphi = \Delta\varphi - 2\pi = 2\pi\left[\frac{1}{\sqrt{1 + \dfrac{2m\beta}{M^2}}} - 1\right] \approx -\frac{2\pi m\beta}{M^2},$$

其中最后一个等号是假定 β 为小量的结果, 这与式 (4) 是相同的.

b) 当 $\delta U = \gamma/r^3$ 时, 有

$$\int_0^\pi r^2 \delta U \mathrm{d}\varphi = \gamma \int_0^\pi \frac{1}{r} \mathrm{d}\varphi = \frac{\gamma}{p} \int_0^\pi (1 + e\cos\varphi)\mathrm{d}\varphi$$
$$= \frac{\gamma}{p}\pi = \frac{\gamma\pi m\alpha}{M^2},$$

其中利用了 (o15.4) 和 (o15.5) 两式, 将其代入式 (3) 可得

$$\delta\varphi = \frac{\partial}{\partial M}\left(\frac{2m^2\alpha}{M^3}\pi\gamma\right) = -\frac{6m^2\alpha\gamma\pi}{M^4} = -\frac{6\gamma\pi}{p^2\alpha}.$$

在该情况下, 势能为

$$U = -\frac{\alpha}{r} + \frac{\gamma}{r^3},$$

相应地, 有心力为

$$F = -\frac{\mathrm{d}U}{\mathrm{d}r} = -\frac{\alpha}{r^2} + \frac{3\gamma}{r^4},$$

其中第二项可以视为广义相对论对万有引力 (第一项) 的修正, 由此可以解释水星近日点的进动问题. 在经典力学中该力场相关轨道的求解以及运动性质的讨论可参考有关文献[①].

[①] 例如, S. T. Thornton, J. B. Marion, Classical dynamics of particles and systems, 5th ed., Brooks Cole, 2004, §8.9, pp312–316.

第四章

质点碰撞

采用几何描述和解析计算相结合的方法讨论了质点的分裂, 弹性碰撞, 散射等类型的两体问题的求解, 它们的物理性质等. 讨论了如何刻画质点束的散射以及简化处理小角度散射问题, 特别是得到了反映散射特性的相关量 (如散射角、微分截面、碰撞参数) 之间的关系. 对平方反比作用力场, 具体给出了散射截面的卢瑟福公式. 讨论中充分利用质心参考系处理问题所带来的简单性, 建立了相对于质心参考系和实验室参考系的两种描述中各对应量之间的关系.

§16 质点分裂

§16.1 内容提要

1. 单个质点的分裂

初始时静止的一个质点 (有内能 E_{int}), 分裂为质量分别为 m_1 和 m_2, 内能分别为 $E_{1\text{int}}$ 和 $E_{2\text{int}}$ 的两个质点, 它们的运动情况可以用分裂能 ε 表示. ε 定义为

$$\varepsilon = E_{\text{int}} - E_{1\text{int}} - E_{2\text{int}}. \tag{o16.1}$$

两个质点的速度分别为 $v_{10} = p_0/m_1$ 和 $v_{20} = p_0/m_2$, 其中 p_0 是分裂后两个质点的动量的大小. 据能量守恒定律可得

$$\varepsilon = \frac{p_0^2}{2m}, \tag{o16.2}$$

其中 $m = \dfrac{m_1 m_2}{m_1 + m_2}$ 是约化质量.

如果初始时, 质点相对于实验室参考系以速度 V (它也是该情况下质心的速度) 运动, 设 v 和 v_0 分别是分裂后其中一个质点相对实验室参考系和质心参考系的速度, θ 是 v 相对于 V 方向的角度, 则有关系

$$v^2 + V^2 - 2vV\cos\theta = v_0^2. \tag{o16.3}$$

(i) 如果 $V < v_0$, θ 可取任意值; (ii) 当 $V > v_0$ 时, θ 有一个极大值 $\theta_{\max}$,

$$\sin\theta_{\max} = \frac{v_0}{V}. \tag{o16.4}$$

如果 θ_0 是 v_0 相对于 V 方向的夹角, 即质心系中质点飞出方向与 V 之间的夹角, 则 θ 和 θ_0 之间有关系

$$\tan\theta = \frac{v_0\sin\theta_0}{v_0\cos\theta_0 + V}. \tag{o16.5}$$

2. 多个质点的分裂

对于初始时有多个质点, 且其中每个均分裂为两个质点的情况, 通常考虑分裂后各质点按方向、能量的分布. 对相同类型的分裂, 在质心系中, 进入 θ_0 附近单位立体角中的质点数正比于

$$\frac{1}{2}\sin\theta_0\,\mathrm{d}\theta_0. \tag{o16.7}$$

这称为按角度 θ_0 的分布. 在实验室参考系中, 质点按动能的分布为

$$\frac{\mathrm{d}T}{2mv_0V}, \tag{o16.8}$$

其中 $T = \frac{1}{2}mv^2$ 是分裂后的一种质点 (即 $m = m_1$ 或 m_2) 的动能. 这里的动能有取值范围 $T \in [T_{\min}, T_{\max}]$, 其中

$$T_{\min} = \frac{m}{2}(v_0 - V)^2, \quad T_{\max} = \frac{m}{2}(v_0 + V)^2.$$

当质点可以分裂为两个以上的多个质点时, 在满足动量守恒和能量守恒的前提下, 仅有每个质点的动能有上限

$$(T_{10})_{\max} = \frac{M - m_1}{M}\varepsilon, \tag{o16.9}$$

其中 M 是未分裂的原始质点的质量, m_1 是分裂后其中一个质点的质量, ε 为分裂能.

§16.2 内容补充

1. 角度 θ 的取值范围

《力学》采用几何的方法讨论了 θ 的取值范围与 V 和 v_0 两者之间的相对大小有关, 同样也可以用解析的方法进行分析.

由公式 (o16.3) 解出 v, 有

$$v = V\cos\theta \pm \sqrt{v_0^2 - V^2\sin^2\theta}. \tag{16.1}$$

要使得 v 为实数, 则应有 $v_0^2 - V^2\sin^2\theta \geqslant 0$, 即

$$|\sin\theta| \leqslant \frac{v_0}{V}. \tag{16.2}$$

考虑到 θ 最多在 0 到 π 的范围变化, 可以去掉上式中的绝对值符号. (i) 当 $v_0 > V$ 时, 无论 θ 取何值上述条件 (16.2) 总能满足. (ii) 当 $v_0 < V$ 时, θ 的最大取值有限制, 其最大值 $\theta_{\max}$ 为上述条件 (16.2) 取等号的情况, 即

$$\sin\theta_{\max} = \frac{v_0}{V}.$$

由此可看出 $\theta_{\max} < \dfrac{\pi}{2}$. 这些结果与几何方法所得相同.

应该说明的是, 式 (16.1) 中的 v 是速度的大小, 则还应有条件 $v \geqslant 0$. (i) 当 $v_0 > V$ 时, 总有 $\sqrt{v_0^2 - V^2\sin^2\theta} > V|\cos\theta|$ 成立, 则式 (16.1) 中根号前应取正号. (ii) 当 $v_0 < V$ 时, 考虑到 $\theta \leqslant \theta_{\max} < \dfrac{\pi}{2}$, 则有 $\cos\theta > 0$. 当 $\theta = \theta_{\max}$ 时, 式 (16.1) 中根号部分取极小值 0, 此时有 $v = \sqrt{V^2 - v_0^2}$. 当 $\theta = 0$ 时, 式 (16.1) 中根号部分取极大值 v_0, 此时有 $v = V \pm v_0 > 0$. 故在 $v_0 < V$ 时, 式 (16.1) 中根号前正负号均可. 也就是说, 对于同一个 v_0 值, 有两个 v 与此对应. 这与该情况下 θ 与 θ_0 之间不是一一对应的关系是一致的.

2. 公式 (o16.6) 以及相关说明

将 (o16.5) 式改写为

$$(v_0\cos\theta_0 + V)\tan\theta = v_0\sin\theta_0.$$

上式等号两边同时平方并将 $\sin^2\theta_0$ 换为 $1 - \cos^2\theta_0$, 整理可得

$$v_0^2\cos^2\theta_0 + 2v_0 V\sin^2\theta\cos\theta_0 + V^2\sin^2\theta - v_0^2\cos^2\theta = 0.$$

这是关于 $\cos\theta_0$ 的一元二次方程, 由此可解得

$$\cos\theta_0 = -\frac{V}{v_0}\sin^2\theta \pm \cos\theta\sqrt{1 - \frac{V^2}{v_0^2}\sin^2\theta}. \tag{o16.6}$$

式 (o16.3) 与式 (o16.5) 建立了实验室系中与质心系中速度之间的关系. 已知任一参考系中的速度大小和方向后, 便可由此方程组解出另一参考系中速度大小和方向 (两个未知量, 两个方程, 恰好可以求解). 由式 (o16.5) 解出式 (o16.6) 则表明 θ 与 θ_0 之间的关系可能不是一一对应的, 与 V 和 v_0 之间的相对大小有关.

关于 (o16.6) 根号前的符号也可以根据特殊情况予以确定.

(i) 当 $V < v_0$ 时, 由条件 "$\theta = 0$ 时 $\theta_0 = 0$" 以及 "$\theta = \pi$ 时 $\theta_0 = \pi$" 可知 (o16.6) 根号前面应取加号. 这两个条件均可由图 o14(a) 看出. 在图 o14(a) 中, 当 v_0 与 V 方向相同时 ($\theta_0 = 0$), v 也必然沿此方向, 即 $\theta = 0$; 当 v_0 与 V 方向相反时 ($\theta_0 = \pi$), v 也必然与 V 方向相反, 即 $\theta_0 = \pi$.

(ii) 当 $V > v_0$ 时, $\theta = 0$ 可对应于 $\theta_0 = 0$ 或 $\theta_0 = \pi$, 即在 v_0 与 V 方向相同 (即 $\theta_0 = 0$) 或相反 (即 $\theta_0 = \pi$) 的特殊情况下, v 均与 V 方向相同, 即 $\theta = 0$, 这可由图 o14(b) 可看出. $\theta_0 = 0$ 时, 根号前应取正号; $\theta_0 = \pi$ 时, 根号前取负号.

§16.3 习题解答

习题 1 试求质点分裂后两个质点飞出角 θ_1 和 θ_2 之间的关系 (在实验室参考系中).

解: 在质心系中, 分裂后的两个质点沿相反的方向运动. 如设质点 1 的速度 v_{10} 与质心速度 V 两者方向之间的夹角为 $\theta_{10} = \theta_0$, 则质点 2 的速度 v_{20} 与 V 两者方向之间的夹角为 $\theta_{20} = \pi - \theta_{10} = \pi - \theta_0$. 设在实验室参考系中 θ_{10} 和 θ_{20} 对应的角度分别为 θ_1 和 θ_2, 则据式 (o16.5) 可得

$$V + v_{10} \cos\theta_0 = v_{10} \sin\theta_0 \cot\theta_1,$$

$$V - v_{20} \cos\theta_0 = v_{20} \sin\theta_0 \cot\theta_2.$$

由上两式分别消去 $\cos\theta_0$ 和 $\sin\theta_0$ 可得

$$\sin\theta_0 = \frac{V(v_{10} + v_{20})}{v_{10}v_{20}(\cot\theta_1 + \cot\theta_2)} = \frac{V}{v_{10}}\left(\frac{v_{10}}{v_{20}} + 1\right)\frac{\sin\theta_1 \sin\theta_2}{\sin(\theta_1 + \theta_2)},$$

$$\cos\theta_0 = \frac{V}{v_{10}}\frac{\frac{v_{10}}{v_{20}}\cot\theta_1 - \cot\theta_2}{\cot\theta_1 + \cot\theta_2} = \frac{V}{v_{10}}\frac{\frac{v_{10}}{v_{20}}\cos\theta_1 \sin\theta_2 - \cos\theta_2 \sin\theta_1}{\sin(\theta_1 + \theta_2)},$$

则有

$$1 = \cos^2\theta_0 + \sin^2\theta_0$$

$$= \left(\frac{V}{v_{10}}\right)^2 \frac{1}{\sin^2(\theta_1 + \theta_2)}$$

$$\left[\left(\frac{v_{10}}{v_{20}}\right)^2 \sin^2\theta_2 + \sin^2\theta_1 - 2\frac{v_{10}}{v_{20}}\sin\theta_1\sin\theta_2\cos(\theta_1 + \theta_2)\right].$$

注意到在质心系中 $m_1 v_{10} = m_2 v_{20}$, 则上式可改写为

$$\left(\frac{v_{10}}{V}\right)^2 \sin^2(\theta_1 + \theta_2) = \left(\frac{m_2}{m_1}\right)^2 \sin^2\theta_2 + \sin^2\theta_1 - 2\frac{m_2}{m_1}\sin\theta_1\sin\theta_2\cos(\theta_1 + \theta_2). \quad (1)$$

因为 $p_0 = m_1 v_{10}$, 将其代入 (o16.2), 有

$$\varepsilon = \frac{(m_1 v_{10})^2}{2m} = \frac{(m_1 + m_2)m_1}{2m_2}v_{10}^2.$$

由此可得

$$v_{10}^2 = \frac{2m_2\varepsilon}{(m_1 + m_2)m_1}. \quad (2)$$

将式 (2) 代入前面的式 (1) 中并作整理即可得结果,

$$\frac{m_2}{m_1}\sin^2\theta_2 + \frac{m_1}{m_2}\sin^2\theta_1 - 2\sin\theta_1\sin\theta_2\cos(\theta_1 + \theta_2) = \frac{2\varepsilon}{(m_1 + m_2)V^2}\sin^2(\theta_1 + \theta_2).$$

注意, 按照 §8 关于内能的定义, 它是与参考系无关的, 因此分裂能 (o16.1) 也是与参考系无关的.

习题 2 (略)

习题 3 试求在实验室参考系中两个分裂后的质点飞出方向之间夹角 θ 的取值范围.

解: 设在实验室参考系中分裂后的两质点的速度方向与质心速度方向之间的夹角分别为 θ_1 和 θ_2, 在质心系中分别为 $\theta_{10} = \theta_0$ 和 $\theta_{20} = \pi - \theta_0$. 根据式 (o16.5), 有

$$\tan\theta_1 = \frac{v_{10}\sin\theta_0}{v_{10}\cos\theta_0 + V}, \qquad \tan\theta_2 = \frac{v_{20}\sin\theta_0}{V - v_{20}\cos\theta_0}.$$

题中要求的 θ 是 θ_1 和 θ_2 的和, 则有

$$\tan\theta = \tan(\theta_1 + \theta_2) = \frac{\tan\theta_1 + \tan\theta_2}{1 - \tan\theta_1\tan\theta_2} = \frac{(v_{10} + v_{20})V\sin\theta_0}{V^2 + (v_{10} - v_{20})V\cos\theta_0 - v_{10}v_{20}}.$$

上式两边对 θ_0 求导数并令结果等于零, 有

$$\frac{\mathrm{d}\tan\theta}{\mathrm{d}\theta_0} = \frac{(v_{10}+v_{20})V}{\left[V^2 + (v_{10}-v_{20})V\cos\theta_0 - v_{10}v_{20}\right]^2}\left[(V^2 - v_{10}v_{20})\cos\theta_0 + (v_{10}-v_{20})V\right]$$
$$= 0,$$

即在 $\tan\theta$ 取极值时相应的 θ_0 满足条件

$$\cos\theta_0 = -\frac{(v_{10}-v_{20})V}{V^2 - v_{10}v_{20}}.$$

为了确定起见, 下面假设 $v_{20} > v_{10}$.

(i) 当 $V > v_{20}$ 时, $\cos\theta_0 > 0$, 即 θ_0 可在 0 到 $\pi/2$ 之间取值. 于是

$$\sin\theta_0 = \sqrt{1-\cos^2\theta_0} = \frac{\sqrt{(V^2-v_{10}^2)(V^2-v_{20}^2)}}{V^2-v_{10}v_{20}}.$$

相应地, 此时有

$$\tan\theta = \frac{(v_{10}+v_{20})V}{\sqrt{(V^2-v_{10}^2)(V^2-v_{20}^2)}} > 0,$$

即 θ 取值应在 $[0,\pi/2]$ 范围内. 因为 $\theta_0 = 0$ 时, $\theta = 0$, 则上式确定了 θ 取值的上限 θ_m, 即

$$\tan\theta_m = \frac{(v_{10}+v_{20})V}{\sqrt{(V^2-v_{10}^2)(V^2-v_{20}^2)}}.$$

简单的计算表明 θ_m 满足的关系也可以改写为

$$\sin\theta_m = \frac{V(v_{10}+v_{20})}{V^2 + v_{10}v_{20}}.$$

(ii) 当 $V < v_{10}$ 时, $\cos\theta_0 < 0$, 即 θ_0 可在 $\pi/2$ 到 π 之间取值. 于是

$$\sin\theta_0 = \sqrt{1-\cos^2\theta_0} = \frac{\sqrt{(v_{10}^2-V^2)(v_{20}^2-V^2)}}{v_{10}v_{20}-V^2}.$$

该情况下有

$$\tan\theta = -\frac{(v_{10}+v_{20})V}{\sqrt{(v_{10}^2-V^2)(v_{20}^2-V^2)}} < 0,$$

即 θ 取值应在 $[\pi/2,\pi]$ 范围内. 因为 $\theta_0 = \pi$ 时, $\theta = \pi$, 则上式确定了 θ 取值的下限 $\pi - \theta_m$, 即

$$\tan(\pi-\theta_m) = -\frac{(v_{10}+v_{20})V}{\sqrt{(v_{10}^2-V^2)(v_{20}^2-V^2)}},$$

θ_m 满足前面相同的关系.

(iii) 如果 $v_{10} < V < v_{20}$, 则 $\cos\theta_0$ 可正可负, 即该情况下 θ_0 可在 0 到 π 之间取值. 而当 $\theta_0 = 0$ 时, $\theta = 0$; 当 $\theta_0 = \pi$ 时, $\theta = \pi$. 故 θ 的取值范围为 $0 < \theta < \pi$.

§17 质点弹性碰撞

§17.1 内容提要

如果两个质点碰撞不改变它们的内部状态, 则称为弹性碰撞.

设质量为 m_1 和 m_2 的两个质点, 分别以速度 v_1 和 v_2 运动并发生碰撞, 则碰撞后各质点相对于实验室参考系的速度分别为

$$v'_1 = \frac{m_2}{m_1 + m_2} v\boldsymbol{n}_0 + \frac{m_1\boldsymbol{v}_1 + m_2\boldsymbol{v}_2}{m_1 + m_2}, \quad v'_2 = -\frac{m_1}{m_1 + m_2} v\boldsymbol{n}_0 + \frac{m_1\boldsymbol{v}_1 + m_2\boldsymbol{v}_2}{m_1 + m_2}, \tag{o17.2}$$

其中 $\boldsymbol{v} = \boldsymbol{v}_1 - \boldsymbol{v}_2$, $\boldsymbol{n}_0$ 为碰撞后质点 m_1 的速度方向的单位矢量.

特例: (i) $\boldsymbol{v}_2 = 0$, 即 m_2 碰撞前是静止的. 设 θ_1 和 θ_2 分别是碰撞后两质点偏离 $\boldsymbol{v}_1$ 的方向的角度, 而 χ 为 $\boldsymbol{n}_0$ 与 $\boldsymbol{v}_1$ 之间的夹角, 也即第一个质点在质心参考系中的偏转角, 则有下列关系

$$\tan\theta_1 = \frac{m_2 \sin\chi}{m_1 + m_2 \cos\chi}, \quad \theta_2 = \frac{\pi - \chi}{2}. \tag{o17.4}$$

用 χ 表示的碰撞后两个质点的速度的大小分别为

$$v'_1 = \frac{\sqrt{m_1^2 + m_2^2 + 2m_1 m_2 \cos\chi}}{m_1 + m_2} v, \quad v'_2 = \frac{2m_1 v}{m_1 + m_2} \sin\frac{\chi}{2}. \tag{o17.5}$$

(a) 当 $m_1 < m_2$ 时, θ_1 可任意取值; (b) 如果 $m_1 > m_2$, 则偏转角不能超过某个最大值 $\theta_{1\max}$,

$$\sin\theta_{1\max} = \frac{m_2}{m_1}. \tag{o17.8}$$

(c) 如果 $m_1 = m_2$, 式 (o17.4) 和 (o17.5) 分别变为

$$\theta_1 = \frac{\chi}{2}, \quad \theta_2 = \frac{\pi - \chi}{2}, \tag{o17.9}$$

以及

$$v'_1 = v \cos\frac{\chi}{2}, \quad v'_2 = v \sin\frac{\chi}{2}. \tag{o17.10}$$

(ii) $\boldsymbol{v}_2 = 0$ 且碰撞后两质点沿一直线同向或反向运动, 即正碰情况, 此时有

$$v'_1 = \frac{m_1 - m_2}{m_1 + m_2}\boldsymbol{v}, \quad v'_2 = \frac{2m_1}{m_1 + m_2}\boldsymbol{v}. \tag{o17.6}$$

§17.2 内容补充

1. 弹性碰撞的定义

《力学》中是通过内部状态是否改变来定义碰撞是否为弹性碰撞的,这不同于通常教材中的定义.

通常教材中将碰撞过程分为两个阶段: 压缩阶段和恢复阶段. 如果在碰撞结束后, 即在恢复阶段的末尾, 两个质点的变形状态能完全恢复到碰撞之前的情况, 则称为完全弹性碰撞. 而如果仅是部分恢复, 则称为非弹性碰撞. 如果完全没有恢复, 称为完全非弹性碰撞. 这种定义一方面表明碰撞涉及物体之间的接触, 另一方面强调了至少两个重要的特点: (i) 碰撞是一个有持续时间的过程; (ii) 关注的主要是宏观的表现 (形变), 而不考虑内部结构、状态的变化以及这些变化对形变、运动的影响等涉及微观物理机理的问题. 因此, 通常的定义有其局限性: (i) 它排除了没有相互接触但有相互作用并改变物体各自状态的这类问题, 这常另称为散射. 实际上更一般地说, 碰撞是散射的一种特殊情况; (ii) 主要针对的是宏观物体, 一般不适用于微观物体.

相比而言,《力学》中的定义没有上述这些局限性, 它没有要求物体是否接触, 没有限定物体是宏观的还是微观的, 特别是内部状态这一表述可以有广泛的含义, 对于不同类型的物体可以有不同的描述. 相应地, 内部状态的变化也就不仅包括由形变引起的, 也可以是其它物体对所考虑物体或者同一物体内部不同部分之间的相互作用引起的. 不过,《力学》中的定义没有明确提到碰撞的过程性或持续性, 这个特点隐含在具体问题的处理之中.

然而, 不论哪种定义方式, 从物理学规律的角度来看, 弹性碰撞过程中, 系统的动量和能量 (在力学问题中则是机械能) 均是守恒的.

2. 公式 (o17.4)

因为 $v_2=0$, 则有 $\boldsymbol{v} = \boldsymbol{v}_1 - \boldsymbol{v}_2 = \boldsymbol{v}_1$, 于是

$$|OB| = \frac{m_2 p_1}{m_2 + m_1} = \frac{m_2 m_1 v_1}{m_1 + m_2} = \frac{m_1 m_2}{m_1 + m_2} v = mv.$$

由图 o16 可以得到关系

$$|AC| \sin \theta_1 = |OC| \sin \chi, \tag{17.1}$$

$$|AC| \cos \theta_1 - |OC| \cos \chi = |AO|. \tag{17.2}$$

将式 (17.2) 改写为

$$|AC| \cos \theta_1 = |OC| \cos \chi + |AO|. \tag{17.3}$$

考虑到 $\boldsymbol{p}_2 = 0$, 则有

$$|AO| = \frac{m_1 p_1}{m_1 + m_2}, \quad |OC| = |OB| = \frac{m_2 p_1}{m_1 + m_2}.$$

用式 (17.1) 除以式 (17.3) 并利用上述关系即可得

$$\tan\theta_1 = \frac{|OC|\sin\chi}{|OC|\cos\chi + |AO|} = \frac{m_2 \sin\chi}{m_1 + m_2 \cos\chi}.$$

此即式 (o17.4).

3. 公式 (o17.5) 以及相关说明

由图 o16 可知, 在三角形 AOC 中, 根据余弦定理, 有

$$p_1'^2 = |AC|^2 = |AO|^2 + |OC|^2 - 2|AO||OC|\cos(\pi - \chi).$$

考虑到 $\boldsymbol{p}_2 = 0$, 则有

$$|AO| = \frac{m_1 p_1}{m_1 + m_2} = \frac{m_1^2 v_1}{m_1 + m_2}, \quad |OC| = mv = \frac{m_1 m_2}{m_1 + m_2}v.$$

而 $p_1' = m_1 v_1'$, $\boldsymbol{v} = \boldsymbol{v}_1 - \boldsymbol{v}_2 = \boldsymbol{v}_1$. 将它们代入前面的表示式, 经整理即得 (o17.5) 的第一式

$$v_1' = \frac{\sqrt{m_1^2 + m_2^2 + 2m_1 m_2 \cos\chi}}{m_1 + m_2}v.$$

类似地, 在图 o16 的三角形 BOC 中有关系

$$p_2'^2 = |BC|^2 = |OB|^2 + |OC|^2 - 2|OB||OC|\cos\chi.$$

但是 $|OB| = \dfrac{m_2 p_1}{m_1 + m_2} = \dfrac{m_1 m_2 v}{m_1 + m_2} = |OC|$, $p_2' = m_2 v_2'$, 代入上式并注意到 $\cos\chi = 1 - 2\sin^2\dfrac{\chi}{2}$, 则可得 (o17.5) 的第二式

$$v_2' = \frac{|OB|}{m_2}\sqrt{2(1 - \cos\chi)} = \frac{2m_1 v}{m_1 + m_2}\sin\frac{\chi}{2}.$$

现在考虑 $\theta_1 + \theta_2$ 的取值范围. 由 (o17.4), 有

$$\tan\theta_1 = \frac{m_2 \sin\chi}{m_1 + m_2 \cos\chi}, \quad \tan\theta_2 = \tan\left(\frac{\pi}{2} - \frac{\chi}{2}\right) = \cot\frac{\chi}{2},$$

则有

$$\tan(\theta_1 + \theta_2) = \frac{\tan\theta_1 + \tan\theta_2}{1 - \tan\theta_1 \tan\theta_2} = \frac{m_1 + m_2}{m_1 - m_2}\cot\frac{\chi}{2}.$$

但是 $0 \leqslant \chi \leqslant \pi$, 则有 $\cot(\chi/2) \geqslant 0$. 当 $m_1 < m_2$ 时, $\tan(\theta_1 + \theta_2) < 0$, 则

$\theta_1 + \theta_2 > \dfrac{\pi}{2}$; 当 $m_1 > m_2$ 时, $\tan(\theta_1 + \theta_2) > 0$, 则有 $\theta_1 + \theta_2 < \dfrac{\pi}{2}$.

4. 公式 (o17.8) 以及相关说明

《力学》中是通过几何的方法得到公式 (o17.8) 的, 也可以用分析的方法导出. 将 (o17.4) 改写为

$$\tan\theta_1 = \frac{\sin\chi}{\dfrac{m_1}{m_2} + \cos\chi}. \tag{17.4}$$

因为 $0 \leqslant \chi \leqslant \pi$, 则有 $\sin\chi \geqslant 0$.

(i) 如果 $m_1 > m_2$, 则当 χ 在 $[0,\pi]$ 范围内变化时, 由 (17.4) 可以看出总有 $\tan\theta_1 \geqslant 0$, 即有 $0 \leqslant \theta_1 \leqslant \dfrac{\pi}{2}$. 于是, 对 θ_1 存在限制, 即有极大值 $\theta_{1\,\max}$. 令

$$\frac{\mathrm{d}\tan\theta_1}{\mathrm{d}\chi} = \frac{\dfrac{m_1}{m_2}\cos\chi + 1}{\left(\dfrac{m_1}{m_2} + \cos\chi\right)^2} = 0,$$

由此得 $\tan\theta_1$ 的极大值点为满足下列条件的点

$$\cos\chi = -\frac{m_2}{m_1}.$$

将其代入 $\tan\theta_1$ 的表示式 (17.4), 有

$$(\tan\theta_1)_{\max} = \tan\theta_{1\,\max} = \left.\frac{\sqrt{1-\cos^2\chi}}{\dfrac{m_1}{m_2}+\cos\chi}\right|_{\cos\chi=-\frac{m_2}{m_1}} = \frac{m_2}{\sqrt{m_1^2-m_2^2}},$$

相应有

$$\sin\theta_{1\,\max} = \frac{\tan\theta_{1\,\max}}{\sqrt{1+\tan^2\theta_{1\,\max}}} = \frac{m_2}{m_1}.$$

这就是式 (o17.8).

(ii) 如果 $m_1 < m_2$, 则当 χ 在 $[0,\pi]$ 范围内变化时, $\dfrac{m_1}{m_2} + \cos\chi$ 的值将从正变为负. 在 χ 从 0 变到 $\arccos\left(-\dfrac{m_1}{m_2}\right)$ 时, 由 (17.4) 可见 $\tan\theta_1$ 从 0 增加到 $+\infty$, 即 θ_1 从 0 变到 $\dfrac{\pi}{2}$. 当 χ 从 $\arccos\left(-\dfrac{m_1}{m_2}\right)$ 再增加变到 π 时, $\tan\theta_1$ 将从 $-\infty$ 连续变化到 0, 相应地 θ_1 从 $\dfrac{\pi}{2}$ 变到 π. 综合起来, 在这种情况下 θ_1 的取值在 $[0,\pi]$ 范围内没有限制.

§17.3 习题解答

习题 运动质点 m_1 和静止质点 m_2 发生碰撞, 试用实验室参考系中的偏角表示两个质点碰撞后速度.

解: 由图 o16, 在三角形 AOC 中据余弦定理有

$$|OC|^2 = |AO|^2 + {p_1'}^2 - 2|AO|p_1'\cos\theta_1. \tag{1}$$

因为质点 m_2 静止, 即 $\boldsymbol{v}_2 = 0$, 则有 $\boldsymbol{v} = \boldsymbol{v}_1 - \boldsymbol{v}_2 = \boldsymbol{v}_1$, 即 $v = v_1$. 另外, 前面的讨论表明

$$|OC| = mv = \frac{m_1 m_2}{m_1 + m_2} v, \quad p_1' = m_1 v_1',$$

$$\overrightarrow{AO} = \frac{m_1}{m_1 + m_2}(\boldsymbol{p}_1 + \boldsymbol{p}_2) = \frac{m}{m_2}\boldsymbol{p}_1 = \frac{mm_1}{m_2}\boldsymbol{v}_1.$$

将这些关系代入到式 (1), 有

$$\frac{m_1^2 m_2^2}{(m_1 + m_2)^2} v^2 = \frac{m^2}{m_2^2} m_1^2 v^2 + m_1^2 {v_1'}^2 - \frac{2m}{m_2} m_1^2 v v_1' \cos\theta_1,$$

即

$${v_1'}^2 - 2\frac{m}{m_2} v v_1' \cos\theta_1 + \frac{m_1 - m_2}{m_1 + m_2} v^2 = 0,$$

也即

$$\left(\frac{v_1'}{v}\right)^2 - 2\frac{m}{m_2}\frac{v_1'}{v}\cos\theta_1 + \frac{m_1 - m_2}{m_1 + m_2} = 0.$$

解此方程, 得

$$\frac{v_1'}{v} = \frac{1}{2}\left(\frac{2m}{m_2}\cos\theta_1 \pm \sqrt{\frac{4m^2}{m_2^2}\cos^2\theta_1 - \frac{4(m_1 - m_2)}{m_1 + m_2}}\right),$$

即

$$\frac{v_1'}{v} = \frac{m_1}{m_1 + m_2}\cos\theta_1 \pm \frac{1}{m_1 + m_2}\sqrt{m_2^2 - m_1^2\sin^2\theta_1}. \tag{2}$$

这是碰后质点 m_1 相对于实验室参考系的速度用实验室参考系中的偏转角 θ_1 表示的形式.

当 $m_1 > m_2$ 时, 由图 o16(b) 可见, 同一 θ_1 可以有两个 v_1' 与其对应, 即式 (2) 中根号前的两个符号均可. 该情况下的特例是 $\theta_1 = 0$ 时, 有 $\chi = 0$ (即 $v_1' = v$) 或 $\chi = \pi$ (即 $v_1' = (m_1 - m_2)v/(m_1 + m_2)$).

当 $m_2 > m_1$ 时, 由图 o16(a) 可见 θ_1 与 v_1' 之间有一一对应关系, 式 (2) 中根号前只能取正号. 或者, 由 $m_2 > m_1$ 可知 $m_2^2 - m_1^2\sin^2\theta_1 > m_1^2\cos^2\theta_1$.

但是, $v_1' > 0$, 则也可以由此看出该情况下式 (2) 中根号前只能取正号. 当 $\theta_1 = 0$ 时, 有 $\chi = 0$, 即 $v_1' = v$. 取正号与特例的结果是自洽的.

由 (o17.5) 并利用 (o17.4) 第二式, 有

$$v_2' = \frac{2m_1 v}{m_1 + m_2} \sin\frac{\chi}{2} = \frac{2m_1 v}{m_1 + m_2} \sin\left(\frac{\pi}{2} - \theta_2\right) = \frac{2m_1 v}{m_1 + m_2} \cos\theta_2. \tag{3}$$

这是碰后质点 m_2 相对于实验室参考系的速度用实验室参考系中的偏转角 θ_2 表示的形式.

§18 质点散射

§18.1 内容提要

质点在中心场中运动时, 其运动方向发生变化, 称为散射. 可以用质点在中心附近产生的偏转角 χ (也称为散射角) 描述, 其表示式为

$$\chi = |\pi - 2\varphi_0|, \tag{o18.1}$$

其中 φ_0 是质点轨道的近心点到力心连线与质点初始速度方向 (或散射后的速度方向) 之间的夹角

$$\varphi_0 = \int_{r_{\min}}^{\infty} \frac{(M/r^2)\mathrm{d}r}{\sqrt{2m[E - U(r)] - M^2/r^2}} = \int_{r_{\min}}^{\infty} \frac{(\rho/r^2)\mathrm{d}r}{\sqrt{1 - \rho^2/r^2 - 2U/(mv_\infty^2)}}, \tag{o18.2, o18.4}$$

这里 $r_{\min}$ 是近心点到力心的距离, v_∞ 是质点在无穷远处的初始速度, ρ 为瞄准距离 (也称为碰撞参数).

对于有相同速度 v_∞ 的多个全同质点束的散射, 通常用有效散射截面 (或称微分散射截面) $\mathrm{d}\sigma$ 这个参量描述散射过程, 它定义为单位时间内偏转角在 χ 和 $\chi + \mathrm{d}\chi$ 之间的散射质点数 $\mathrm{d}N$ 与单位时间内通过质点束横截面单位面积的质点数 n (也称为入射强度) 之比

$$\mathrm{d}\sigma = \frac{\mathrm{d}N}{n}. \tag{o18.5}$$

假定 χ 与 ρ 之间有一一对应的关系, 且力场中心固定, 有效散射截面 $\mathrm{d}\sigma$ 与偏转角 χ 的关系为

$$\mathrm{d}\sigma = \frac{\rho(\chi)}{\sin\chi} \left|\frac{\mathrm{d}\rho}{\mathrm{d}\chi}\right| \mathrm{d}o, \tag{o18.8}$$

其中 $\mathrm{d}o$ 是对顶角分别为 χ 和 $\chi + \mathrm{d}\chi$ 的两圆锥体之间的立体角元 $\mathrm{d}o = 2\pi \sin\chi\,\mathrm{d}\chi$.

§18.2 内容补充

1. 散射问题的简化

在质点束散射的处理过程中, 为了简化讨论和方便计算, 我们实际上作了一些基本假设:

(a) 入射的质点束是由完全相同的单一质点组成的;

(b) 靶中质点较少, 并且充分分散开, 而质点之间的相互作用势是足够短程的, 使得一次散射过程是一个很好的近似, 即散射一次的质点不再被散射. 这个近似保证 χ 与 ρ 之间有一一对应关系;

(c) 入射质点束是准直的, 即入射质点的速度方向是相互平行的;

(d) 入射质点束是单色的, 即入射质点都具有相同的能量, 也就是有相同的速度;

(e) 入射质点束的密度 (或入射强度) 是均匀的.

(f) 靶是如此之重, 它所受入射质点的作用而引起的反弹微乎其微, 可以忽略, 即可以将靶视为是固定不动的.

(g) 假设靶与被散射质点之间的相互作用是有心力, 且力场为

$$U(\boldsymbol{r}) = U(|\boldsymbol{r}|) = U(r),$$

它仅与质点和靶之间的距离有关, 与方位无关.

由于上述几点假定, 导致散射角关于通过靶的质心并与入射质点的速度方向平行的轴是对称分布的.

(h) 对于与靶相距足够远的质点, 相互作用是如此之弱, 可以认为远在散射之前 (即 $t \to -\infty$ 时) 和远在散射之后 (即 $t \to -\infty$ 时), 质点的运动是自由运动, 这是一个很好的近似.

(i) 靶没有内部自由度, 被散射质点的能量不会发生转移. 因此, 按照前面关于弹性碰撞的讨论可知这样的散射是一个弹性碰撞过程, 即在该过程中质点的机械能守恒

$$E(t \to -\infty) = E(t \to \infty).$$

考虑到假设 (f) 和 (h), 在散射之前和之后被散射质点的机械能就等于动能, 于是机械能守恒给出

$$v_i = v_f,$$

即质点散射过程中的初始速度和末速度的大小不变.

此外, 需要说明的是, 对于有心力, 在散射过程中被散射质点相对于力心的角动量守恒, 质点的运动轨道位于一个固定平面内 (即所谓的散射面).

2. 实验室参考系与散射截面

公式 (o18.8) 是用质心参考系中散射角表示的有效散射截面, 通常称为质心参考系中的有效截面. 当在实验室参考系中考虑时, 质点 m_1 的散射角 θ_1 与 χ 的关系由 (o17.4) 给出. 设质点 m_1 的用实验室参考系中的散射角 θ_1 表示的散射截面为 $\mathrm{d}\sigma_1(\theta_1)$, 通常称其为实验室参考系中的有效截面. 由于 θ_1 与 χ 不同, 用这两个角度表示的散射截面 $\mathrm{d}\sigma_1(\theta_1)$ 和 $\mathrm{d}\sigma(\chi)$ 之间的关系不是仅仅将 (o17.4) 代入 (o18.8) 即可. 然而, 因为散射到给定立体角元中的质点数与参考系无关, 则应有

$$n\,\mathrm{d}\sigma_1(\theta_1)|\mathrm{d}o'(\theta_1)| = n\,\mathrm{d}\sigma(\chi)|\mathrm{d}o(\chi)|,$$

即用 θ_1 表示时, 相应的有效散射截面为

$$\mathrm{d}\sigma_1(\theta_1) = \mathrm{d}\sigma(\chi)\left|\frac{\mathrm{d}o(\chi)}{\mathrm{d}o'(\theta_1)}\right| = \mathrm{d}\sigma(\chi)\frac{\sin\chi}{\sin\theta_1}\left|\frac{\mathrm{d}\chi}{\mathrm{d}\theta_1}\right| = \mathrm{d}\sigma(\chi)\left|\frac{\mathrm{d}(\cos\chi)}{\mathrm{d}(\cos\theta_1)}\right|. \quad (18.1)$$

由 (o17.4) 可得

$$\cos\theta_1 = \frac{1}{\sqrt{1+\tan^2\theta_1}} = \frac{m_1 + m_2\cos\chi}{\sqrt{m_1^2 + 2m_1m_2\cos\chi + m_2^2}}.$$

将上式代入 (18.1), 得

$$\mathrm{d}\sigma_1(\theta_1) = \mathrm{d}\sigma(\chi)\frac{(m_1^2 + 2m_1m_2\cos\chi + m_2^2)^{3/2}}{m_2^2(m_2 + m_1\cos\chi)}. \quad (18.2)$$

类似地, 可以得到质点 m_2 的用实验室参考系中的散射角 θ_2 表示的散射截面 $\mathrm{d}\sigma_2$ 的公式为

$$\mathrm{d}\sigma_2(\theta_2) = \mathrm{d}\sigma(\chi)\frac{\sin\chi}{\sin\theta_2}\left|\frac{\mathrm{d}\chi}{\mathrm{d}\theta_2}\right| = 4\sin\frac{\chi}{2}\mathrm{d}\sigma(\chi) = 4\cos\theta_2\,\mathrm{d}\sigma(\pi - 2\theta_2), \quad (18.3)$$

其中利用了 (o17.4) 的第二式.

一般而言, 用实验室参考系中的散射角 θ_1 表示的被散射质点的有效散射截面的表达式是比较复杂的, 由此为简化计算往往讨论一些特殊的情况, 如靶远重于被散射质点即 $m_2 \gg m_1$ (靶可视为固定), 或者靶和被散射质点的质量几乎相同即 $m_1 \approx m_2$ (参见 §19 的讨论).

要注意的是, 在《力学》中, 散射截面 $\mathrm{d}\sigma_1(\theta_1)$ 的表示式是直接将关系 (o17.4) 代入 (o18.8) 中给出的 (也参见 §19 的讨论以及 (o19.4)–(o19.6) 等三式), 与这里给出的 (18.1) 相差一个因子 $\left|\frac{\mathrm{d}(\cos\chi)}{\mathrm{d}(\cos\theta_1)}\right|$. 然而上面的讨论是合理的. 事实上, 同一立体角元在不同的参考系中其相应的表示式 $\mathrm{d}o$ 的值就是不同的, 如《力学》中的简单代换理由不充分. 为了保持一致性, 我们仅指出该问题, 对本节以及其后的讨论和习题的求解均保留原处理方式.

§18.3　习题解答

习题 1–3 (略)

习题 4 试求"坠落"至场 $U = -\alpha/r^2$ 中心的质点的有效截面.

解: 用瞄准距离表示时, 质点对力心的角动量为 (即式 (o18.3) 的第二式)

$$M = \rho m v_{\infty},$$

则有效势能为

$$U_{\text{eff}} = \frac{M^2}{2mr^2} + U = \frac{m\rho^2 v_{\infty}^2}{2r^2} - \frac{\alpha}{r^2} = \frac{1}{2r^2}(-2\alpha + m\rho^2 v_{\infty}^2).$$

由前面 §14 的讨论可知, 仅当 $r \to 0$, $U_{\text{eff}} \to -\infty$ 时质点才有可能坠落至场的中心. 这就要求 $-2\alpha + m\rho^2 v_{\infty}^2 < 0$, 即 $2\alpha > m\rho^2 v_{\infty}^2$. 于是, 存在 ρ 的极大值 $\rho_{\max}$ 为

$$\rho_{\max} = \sqrt{\frac{2\alpha}{mv_{\infty}^2}}.$$

有效截面为

$$\sigma = \pi\rho_{\max}^2 = \frac{2\pi\alpha}{mv_{\infty}^2}.$$

习题 5 同上题, 但 $U = -\alpha/r^n (n > 2, \alpha > 0)$.

解: 有效势能为

$$U_{\text{eff}} = \frac{m\rho^2 v_{\infty}^2}{2r^2} - \frac{\alpha}{r^n}. \tag{1}$$

因为 $n > 2$, 则当 $r \to \infty$ 时, $U_{\text{eff}} \to 0$; 当 $r \to 0$ 时, $U_{\text{eff}} \to -\infty$. 由式 (1) 可得

$$U_{\text{eff}}' = \frac{\mathrm{d}U_{\text{eff}}}{\mathrm{d}r} = -\frac{m\rho^2 v_{\infty}^2}{r^3} + \frac{n\alpha}{r^{n+1}} = -\frac{m\rho^2 v_{\infty}^2}{r^{n+1}}\left(r^{n-2} - \frac{n\alpha}{m\rho^2 v_{\infty}^2}\right). \tag{2}$$

令 $U_{\text{eff}}' = 0$, 即 U_{eff} 取极值时, 可得

$$r = \left(\frac{n\alpha}{m\rho^2 v_{\infty}^2}\right)^{\frac{1}{n-2}}. \tag{3}$$

由式 (2) 可见, 在 $r > \left(\dfrac{n\alpha}{m\rho^2 v_{\infty}^2}\right)^{\frac{1}{n-2}}$ 的区间中, $U_{\text{eff}}' < 0$, 即 U_{eff} 随 r 增加而递减; 在 $0 < r < \left(\dfrac{n\alpha}{m\rho^2 v_{\infty}^2}\right)^{\frac{1}{n-2}}$ 的区间中, $U_{\text{eff}}' > 0$, 即 U_{eff} 随 r 增加而增加. 于是在式 (3) 给出的 r 值处, 有效势能有极大值. 这些结果与图 o20 给出的

有效势能的曲线是一致的. 将式 (3) 代入到式 (1) 中可得有效势能的极大值为

$$(U_{\text{eff}})_{\max} = U_0 = \frac{(n-2)\alpha}{2}\left(\frac{m\rho^2 v_\infty^2}{n\alpha}\right)^{\frac{n}{n-2}}. \tag{4}$$

质点能坠落至场中心的条件是 $U_0 < E$. 由 $U_0 = E$ 可确定最大的瞄准距离 $\rho_{\max}$ 为

$$\rho_{\max} = \sqrt{\frac{n\alpha}{mv_\infty^2}}\left(\frac{2E}{(n-2)\alpha}\right)^{\frac{n-2}{2n}}.$$

但是 $E = \frac{1}{2}mv_\infty^2$, 则有

$$\sigma = \pi\rho_{\max}^2 = \pi n(n-2)^{\frac{2-n}{n}}\left(\frac{\alpha}{mv_\infty^2}\right)^{2/n}.$$

习题 6 质点 (质量为 m_1) 落向球体 (质量为 m_2, 半径为 R) 表面, 它们之间的引力符合牛顿定律, 试求有效截面.

解法 1: 设 $m_2 \gg m_1$, 则球体可以视为不动. 设质点以瞄准距离 $\rho_{\max}$ 和速度 v_∞ 向球运动. 质点能达到球表面的临界条件是 $r_{\min} = R$ (即近心点与力心的距离), 设此时质点速度为 v. 据对球心的角动量守恒, 有

$$m_1 v_\infty \rho_{\max} = m_1 v R. \tag{1}$$

又由机械能守恒并考虑到质点与球体之间的相互作用势能为 $-\alpha/r$ (这里 $\alpha = \gamma m_1 m_2$, γ 为万有引力常数), 则有

$$\frac{1}{2}m_1 v^2 - \frac{\alpha}{R} = \frac{1}{2}m_1 v_\infty^2. \tag{2}$$

由式 (1) 和 (2) 可知

$$\frac{m_1 v_\infty^2 \rho_{\max}^2}{2R^2} - \frac{\alpha}{R} = \frac{1}{2}m_1 v_\infty^2. \tag{3}$$

由此可解得

$$\rho_{\max}^2 = \left(\frac{1}{2}m_1 v_\infty^2 + \frac{\alpha}{R}\right)\frac{2R^2}{m_1 v_\infty^2} = R^2\left(1 + \frac{2\gamma m_2}{Rv_\infty^2}\right).$$

于是, 有效截面为

$$\sigma = \pi\rho_{\max}^2 = \pi R^2\left(1 + \frac{2\gamma m_2}{Rv_\infty^2}\right). \tag{4}$$

解法 2: 与解法 1 作相同的假设. 有效势能为

$$U_{\text{eff}} = \frac{M^2}{2m_1 r^2} - \frac{\alpha}{r} = \frac{m_1\rho^2 v_\infty^2}{2r^2} - \frac{\alpha}{r}.$$

注意, 不同于习题 5 的有效势能, 这里的 U_{eff} 不是势垒, 即它不存在极大值. 相反, 它是势阱, 有极小值 (参见图 o10). 该问题考虑的实际上是 §15 讨论的开普勒问题中轨道为抛物线或双曲线的情况. $\rho_{\max}$ 可由近心点条件 $r_{\min} = R$ 相应的转折点方程 $E = U_{\text{eff}}(R)$ 确定, 即

$$\frac{m_1 \rho_{\max}^2 v_\infty^2}{2R^2} - \frac{\alpha}{R} = E = \frac{1}{2} m_1 v_\infty^2.$$

这与前面的式 (3) 相同.

习题 7 给定能量 E 时, 已知有效截面与散射角的函数关系, 试求散射场的形式 $U(r)$. 假设 $U(r)$ 是 r 的单调递减函数 (排斥场), 并且 $U(0) > E$, $U(\infty) = 0$.

解: 由题意, 已知 $\sigma = \sigma(\chi)$. 根据公式 (o18.6) 对散射角 χ (相应于此角的瞄准距离为 ρ) 求 $\mathrm{d}\sigma$ 的积分将给出瞄准距离的平方, 即

$$\int_\chi^\pi \frac{\mathrm{d}\sigma}{\mathrm{d}\chi} \mathrm{d}\chi = \pi \rho^2. \tag{1}$$

公式 (1) 表示在入射方向上半径为 ρ 的圆环内的质点均将散射到散射角大于 χ 的空间区域中, 它给出 ρ 与 χ 的关系. 而 χ 通过 (o18.2) 与 $U(r)$ 相联系, 据此可以反解出 $U(r)$.

设质点以瞄准距离 ρ 和速度 v_∞ 进入力场中. 考虑到 $U(\infty) = 0$, 有质点相对于力心的角动量以及能量分别为

$$M = m v_\infty \rho, \quad E = \frac{1}{2} m v_\infty^2 = \frac{M^2}{2m\rho^2}.$$

于是有

$$\frac{2mE}{M^2} = \frac{1}{\rho^2}.$$

引入记号

$$s = \frac{1}{r}, \quad x = \frac{1}{\rho^2}, \quad w = \sqrt{1 - \frac{U}{E}}, \tag{2}$$

这时公式 (o18.1), (o18.2) 可写成

$$\frac{\pi - \chi(x)}{2} = \int_0^{s_0} \frac{\mathrm{d}s}{\sqrt{xw^2 - s^2}}, \tag{3}$$

其中 s_0 是方程 $xw^2(s_0) - s_0^2 = 0$ 的根, 即 $r_{\min}$ 满足的方程.

将方程 (3) 两边都除以 $\sqrt{\alpha - x}$ 并对 x 从零到 α 积分, 有

$$\int_0^\alpha \frac{\pi - \chi(x)}{2} \frac{\mathrm{d}x}{\sqrt{\alpha - x}} = \int_0^\alpha \mathrm{d}x \int_0^{s_0(x)} \frac{\mathrm{d}s}{\sqrt{(xw^2 - s^2)(\alpha - x)}}. \tag{4}$$

先计算式 (4) 的右边. 交换积分次序, 有

$$
\int_0^{s_0(\alpha)} \mathrm{d}s \int_{x(s_0)}^{\alpha} \frac{\mathrm{d}x}{\sqrt{(xw^2 - s^2)(\alpha - x)}}
$$

$$
= \int_0^{s_0(\alpha)} \mathrm{d}s \int_{x(s_0)}^{\alpha} \frac{\mathrm{d}x}{\sqrt{\left[-w^2 \left(\left[x - \frac{1}{2}(\alpha + s^2/w^2) \right]^2 - \frac{1}{4}(\alpha + s^2/w^2)^2 + s^2\alpha/w^2 \right) \right]}}
$$

$$
= \int_0^{s_0(\alpha)} \mathrm{d}s \int_{x(s_0)}^{\alpha} \frac{\mathrm{d}x}{w\sqrt{\left[\frac{1}{2}(\alpha - s^2/w^2) \right]^2 - \left[x - \frac{1}{2}(\alpha + s^2/w^2) \right]^2}}.
$$

利用积分公式 $\displaystyle\int \frac{1}{\sqrt{a^2 - x^2}}\mathrm{d}x = \arcsin \frac{x}{a}$ 求出上式中对 x 的积分, 得到

$$
\int_0^{\alpha} \mathrm{d}x \int_0^{s_0(x)} \frac{\mathrm{d}s}{\sqrt{(xw^2 - s^2)(\alpha - x)}}
$$

$$
= \int_0^{s_0(\alpha)} \frac{\mathrm{d}s}{w} \arcsin \frac{2}{(\alpha - s^2/w^2)} \left[x - \frac{1}{2}(\alpha + s^2/w^2) \right] \Bigg|_{x(s_0)}^{\alpha}
$$

$$
= \pi \int_0^{s_0(\alpha)} \frac{\mathrm{d}s}{w}.
$$

再对式 (4) 左边分部积分, 有

$$
\int_0^{\alpha} \frac{\pi - \chi(x)}{2} \left(-2\mathrm{d}\sqrt{\alpha - x} \right) = -\int_0^{\alpha} (\pi - \chi(x))\mathrm{d}\sqrt{\alpha - x}
$$

$$
= -\sqrt{\alpha - x}\,[\pi - \chi(x)]\Big|_0^{\alpha} - \int_0^{\alpha} \sqrt{\alpha - x}\frac{\mathrm{d}\chi(x)}{\mathrm{d}x}\mathrm{d}x
$$

$$
= \pi\sqrt{\alpha} - \int_0^{\alpha} \sqrt{\alpha - x}\frac{\mathrm{d}\chi}{\mathrm{d}x}\mathrm{d}x.
$$

将上述结果综合起来, 则式 (4) 变为

$$
\pi\sqrt{\alpha} - \int_0^{\alpha} \sqrt{(\alpha - x)}\frac{\mathrm{d}\chi}{\mathrm{d}x}\mathrm{d}x = \pi \int_0^{s_0(\alpha)} \frac{\mathrm{d}s}{w}.
$$

将上式对 α 求微分, 有

$$
\frac{\pi}{2\sqrt{\alpha}}\mathrm{d}\alpha - \sqrt{\alpha - x}\frac{\mathrm{d}\chi}{\mathrm{d}x}\Big|_{x=\alpha}\mathrm{d}\alpha - \left[\int_0^{\alpha} \frac{1}{2\sqrt{\alpha - x}}\frac{\mathrm{d}\chi}{\mathrm{d}x}\mathrm{d}x \right]\mathrm{d}\alpha = \pi\frac{1}{w}\frac{\mathrm{d}s_0(\alpha)}{\mathrm{d}\alpha}\mathrm{d}\alpha,
$$

即

$$
\frac{\pi}{2\sqrt{\alpha}}\mathrm{d}\alpha - \left[\int_0^{\alpha} \frac{1}{2\sqrt{\alpha - x}}\frac{\mathrm{d}\chi}{\mathrm{d}x}\mathrm{d}x \right]\mathrm{d}\alpha = \pi\frac{\mathrm{d}s}{w},
$$

其中已将 $s_0(\alpha)$ 简写为 s. 再作变量代换, 将 α 换成 s^2/w^2, 则有

$$\pi\mathrm{d}\left(\frac{s}{w}\right) - \frac{1}{2}\mathrm{d}\left(\frac{s^2}{w^2}\right) \int_0^{s^2/\omega^2} \frac{\chi'(x)\mathrm{d}x}{\sqrt{s^2/w^2 - x}} = \frac{\pi}{w}\mathrm{d}s,$$

即

$$-\pi\frac{1}{w}\mathrm{d}w = \mathrm{d}\left(\frac{s}{w}\right) \int_0^{s^2/\omega^2} \frac{\chi'(x)\mathrm{d}x}{\sqrt{s^2/w^2 - x}},$$

或

$$-\pi\mathrm{d}(\ln w) = \mathrm{d}\left(\frac{s}{w}\right) \int_0^{s^2/w^2} \frac{\chi'(x)\mathrm{d}x}{\sqrt{s^2/w^2 - x}}. \tag{5}$$

考虑到当 $s = 0$ (即 $r \to \infty$) 时应当有 $w = 1$ (因为此时 $U = 0$), 对式 (5) 两边再积分, 有

$$-\pi \int_1^w \frac{\mathrm{d}(\ln w)}{\mathrm{d}w}\mathrm{d}w = \int_0^{s/w} \mathrm{d}\left(\frac{s}{w}\right) \int_0^{s^2/w^2} \frac{\chi'(x)\mathrm{d}x}{\sqrt{s^2/w^2 - x}}.$$

在上式右边改变对 $\mathrm{d}x$ 和对 $\mathrm{d}\left(\dfrac{s}{w}\right)$ 积分的顺序, 有

$$-\pi \ln w = \int_0^{s^2/w^2} \chi'(x)\mathrm{d}x \int_{\sqrt{x}}^{s/w} \frac{1}{\sqrt{s^2/w^2 - x}}\mathrm{d}\left(\frac{s}{w}\right)$$

$$= \int_0^{s^2/w^2} \chi'(x)\mathrm{d}x \left[\mathrm{arccosh}\left(\frac{s}{\sqrt{x}w}\right)\right].$$

将变量换回 r 和 ρ, 可得

$$-\pi \ln w = \int_\infty^{wr} \mathrm{arccosh}\left(\frac{\rho}{rw}\right) \frac{\mathrm{d}\chi}{\mathrm{d}\rho}\mathrm{d}\rho,$$

即

$$w = \exp\left(\frac{1}{\pi} \int_{wr}^\infty \mathrm{arccosh}\left(\frac{\rho}{wr}\right) \frac{\mathrm{d}\chi}{\mathrm{d}\rho}\mathrm{d}\rho\right)$$

$$= \exp\left(\left.\frac{1}{\pi} \chi(\rho)\mathrm{arccosh}\left(\frac{\rho}{wr}\right)\right|_{\rho=wr}^{\rho=\infty} - \frac{1}{\pi} \int_{rw}^\infty \frac{\chi(\rho)\mathrm{d}\rho}{\sqrt{\rho^2 - r^2w^2}}\right) \tag{6}$$

$$= \exp\left(-\frac{1}{\pi} \int_{rw}^\infty \frac{\chi(\rho)\mathrm{d}\rho}{\sqrt{\rho^2 - r^2w^2}}\right),$$

其中注意到 $\rho \to \infty$ 时, $\chi(\rho) \to 0$, 则第二个等号中分部积分出的部分等于零. 上式是关于 w 的方程, 原则上可由此求出 w 的表示式, 再由 $w = \sqrt{1 - \dfrac{U}{E}}$ 可得 $U = (1 - w^2)E$, 即确定相互作用 $U(r)$ 的形式.

作为一个具体实例, 设能量 E 给定时有效截面与散射角的关系为

$$d\sigma = \frac{\pi^2\alpha}{E}\frac{\pi-\chi}{\chi^2(2\pi-\chi)^2\sin\chi}do = \frac{2\pi^3\alpha}{E}\frac{\pi-\chi}{\chi^2(2\pi-\chi)^2}d\chi. \tag{7}$$

将式 (7) 代入式 (1), 有

$$\rho^2 = \int_\chi^\pi \frac{2\pi^2\alpha}{E}\frac{\pi-\chi}{\chi^2(2\pi-\chi)^2}d\chi.$$

作代换 $\xi = \pi - \chi$, 则上式变为

$$\rho^2 = \frac{2\pi^2\alpha}{E}\int_0^{\pi-\chi}\frac{\xi}{(\pi^2-\xi^2)^2}d\xi = \frac{\pi^2\alpha}{E}\frac{1}{\pi^2-\xi^2}\bigg|_{\xi=0}^{\xi=\pi-\chi}$$

$$= \frac{\pi^2\alpha}{E}\left[\frac{1}{\pi^2-(\pi-\chi)^2}-\frac{1}{\pi^2}\right] = \frac{\alpha}{E}\frac{(\pi-\chi)^2}{\chi(2\pi-\chi)}.$$

由上式可解得关系

$$\chi = \pi\left[1-\frac{\rho}{\sqrt{\rho^2+\dfrac{\alpha}{E}}}\right]. \tag{8}$$

将式 (8) 代入式 (6) 中的积分式 (记为 $I_1(w)$), 有

$$I_1(w) = \frac{1}{\pi}\int_{rw}^\infty \frac{\chi(\rho)d\rho}{\sqrt{\rho^2-r^2w^2}} = \int_{rw}^\infty \frac{\rho\,d\rho}{\sqrt{\rho^2-r^2w^2}}\left[\frac{1}{\rho}-\frac{1}{\sqrt{\rho^2+\dfrac{\alpha}{E}}}\right].$$

直接求积分可能会出现伪发散的问题. 为此, 作代换

$$\frac{1}{\rho}-\frac{1}{\sqrt{\rho^2+\dfrac{\alpha}{E}}} = \int_0^{\sqrt{\alpha/E}}\frac{ydy}{(\rho^2+y^2)^{3/2}},$$

再交换积分的次序, 即有

$$\begin{aligned}I_1(w) &= \int_{rw}^\infty \frac{\rho\,d\rho}{\sqrt{\rho^2-r^2w^2}}\int_0^{\sqrt{\alpha/E}}\frac{ydy}{(\rho^2+y^2)^{3/2}}\\ &= \int_0^{\sqrt{\alpha/E}}ydy\int_{rw}^\infty \frac{\rho\,d\rho}{\sqrt{\rho^2-r^2w^2}}\frac{1}{(\rho^2+y^2)^{3/2}} = \int_0^{\sqrt{\alpha/E}}ydyI_2(w,y),\end{aligned} \tag{9}$$

其中

$$I_2(w,y) = \int_{rw}^\infty \frac{\rho\,d\rho}{\sqrt{\rho^2-r^2w^2}}\frac{1}{(\rho^2+y^2)^{3/2}}.$$

作变量代换

$$\rho = rw\cosh\eta,$$

则有

$$I_2(w, y) = rw\int_0^\infty \frac{\cosh\eta\,\mathrm{d}\eta}{\left[(rw)^2\cosh^2\eta + y^2\right]^{3/2}}$$

$$= rw\int_0^\infty \frac{\cosh\eta\,\mathrm{d}\eta}{\left[(rw)^2 + y^2 + (rw)^2\sinh^2\eta\right]^{3/2}}.$$

再作代换

$$u = \frac{(rw)\sinh\eta}{\sqrt{(rw)^2 + y^2}},$$

则 $I_2(w, y)$ 可变为

$$\begin{aligned} I_2(w, y) &= \frac{1}{(rw)^2 + y^2}\int_0^\infty \frac{\mathrm{d}u}{(u^2+1)^{3/2}} = \frac{1}{(rw)^2 + y^2}\left.\frac{u}{\sqrt{u^2+1}}\right|_0^\infty \\ &= \frac{1}{(rw)^2 + y^2}. \end{aligned} \tag{10}$$

将式 (10) 的结果代入式 (9), 有

$$I_1(w) = \int_0^{\sqrt{\alpha/E}} \frac{y\mathrm{d}y}{(rw)^2 + y^2} = \frac{1}{2}\ln\left[(rw)^2 + y^2\right]\Big|_0^{\sqrt{\alpha/E}} = \frac{1}{2}\ln\left[1 + \frac{\alpha}{E(rw)^2}\right].$$

将上式代回式 (6), 有

$$w = \left[1 + \frac{\alpha}{E(rw)^2}\right]^{-1/2},$$

由此可解得

$$w^2 = 1 - \frac{\alpha}{Er^2}.$$

于是, 有势能为

$$U(r) = (1 - w^2)E = \frac{\alpha}{r^2}.$$

说明: 该题讨论的是所谓逆碰撞 (inverse collision) 问题, 求解方法是 Firsov[1] 于 1953 年提出的, 可参见有关文献[2]. 后面的实例是 §19 习题 1 的 逆问题.

[1] Oleg Borisovich Firsov, 1915—1998, 前苏联理论物理学家.
[2] O. B. Firsov, Zh. Eksp. Teor. Fiz (Sov. Phys. JETP), **24**(1953)279; Firsov 方法的基本思想概要以及相关应用也可参见 G. H. Lane and E. Everhart, Ion-atom potential energy functions obtained from kev scattering data, Phys. Rev., **120**(1960)2064.

§19 卢瑟福公式

§19.1 内容提要

对于平方反比作用有心力场 $\boldsymbol{F} = \dfrac{\alpha}{r^2}\boldsymbol{e}_r$, 有

$$U(r) = \frac{\alpha}{r}.$$

在该力场中, 瞄准距离 ρ 与散射角 χ 之间的关系为

$$\rho^2 = \frac{\alpha^2}{m^2 v_\infty^4}\cot^2\frac{\chi}{2}. \tag{o19.1}$$

质心参考系中的有效散射截面为

$$\mathrm{d}\sigma = \pi\left(\frac{\alpha}{mv_\infty^2}\right)^2\frac{\cos\left(\dfrac{\chi}{2}\right)}{\sin^3\left(\dfrac{\chi}{2}\right)}\mathrm{d}\chi = \left(\frac{\alpha}{2mv_\infty^2}\right)^2\frac{\mathrm{d}o}{\sin^4\left(\dfrac{\chi}{2}\right)}. \tag{o19.2, o19.3}$$

这称为卢瑟福公式.

在散射过程中, 被散射质点 m_1 损失的能量为

$$\varepsilon = \frac{2m^2}{m_2}v_\infty^2\sin^2\frac{\chi}{2}.$$

有效散射截面与损失能量 ε 的关系为

$$\mathrm{d}\sigma = 2\pi\frac{\alpha^2}{m_2 v_\infty^2}\frac{\mathrm{d}\varepsilon}{\varepsilon^2}. \tag{o19.8}$$

§19.2 内容补充

1. 式 (o19.1) 的两种导出方法

《力学》中在得到 (o19.1) 时利用了动力学方程并采用积分的方法. 实际上还可以有其它的方法, 并且它们更能体现平方反比作用力的特殊性.

方法 1: 矢量力学方法

可直接用动量定理和角动量守恒定律求散射角与 E, ρ 的关系.

由动量定理,

$$\int \boldsymbol{F}\mathrm{d}t = m\triangle\boldsymbol{v}, \tag{19.1}$$

将质点从入射 (散射前) 到出射 (散射后) 作为过程, 则 $\triangle\boldsymbol{v}$ 是出射速度 $\boldsymbol{v}_f$ 与入射速度 $\boldsymbol{v}_i$ 之差. 在 §18.2 中, 我们已经说明在散射过程中, 入射和出射

时质点的速度大小相等, 即 $v_i = v_f = v_\infty$. 因此, 两者之间的夹角即是散射角 χ, 于是有

$$|\triangle \boldsymbol{v}| = |\boldsymbol{v}_f - \boldsymbol{v}_i| = 2v_\infty \sin \frac{\chi}{2},$$

而其方向沿轨道的对称轴 OA 方向 (见图 o18). 这样, 我们仅需动量定理 (19.1) 沿对称轴方向的分量形式

$$\int_{-\varphi_0}^{\varphi_0} F \cos \varphi \mathrm{d}t = 2mv_\infty \sin \frac{\chi}{2}. \tag{19.2}$$

利用关于力场中心的角动量守恒定律, 得

$$mv_\infty \rho = mr^2 \dot{\varphi},$$

则有

$$\dot{\varphi} = \frac{v_\infty \rho}{r^2}.$$

利用上式, 有

$$F \cos \varphi \mathrm{d}t = F \cos \varphi \frac{\mathrm{d}t}{\mathrm{d}\varphi} \mathrm{d}\varphi = F \cos \varphi \frac{\mathrm{d}\varphi}{\dot{\varphi}} = \frac{\alpha}{r^2} \cos \varphi \frac{r^2}{v_\infty \rho} \mathrm{d}\varphi = \frac{\alpha}{v_\infty \rho} \cos \varphi \mathrm{d}\varphi.$$

注意, 上式中最后一个等号是平方反比力的直接结果, 否则将与 r 有关. 这表明平方反比力问题的特殊性. 将上式代入前面的表示式 (19.2), 得

$$\int_{-\varphi_0}^{\varphi_0} \frac{\alpha}{v_\infty \rho} \cos \varphi \mathrm{d}\varphi = 2mv_\infty \sin \frac{\chi}{2},$$

即

$$\sin \varphi_0 = \frac{mv_\infty^2 \rho}{\alpha} \sin \frac{\chi}{2},$$

亦即

$$\cot \frac{\chi}{2} = \frac{mv_\infty^2 \rho}{\alpha} = \frac{2E\rho}{\alpha},$$

其中利用了 φ_0 与散射角 χ 的关系 $\chi = \pi - 2\varphi_0$ (参见图 o18). 上式就是公式 (o19.1).

方法 2: Runge-Lenz 方法[①]

在 §15 中, 我们知道, 对于处于平方反比作用力场的质点运动问题, 除了通常的角动量守恒和机械能守恒外, 还有所谓的 Runge-Lenz 矢量 (o15.17), 即

$$\boldsymbol{v} \times \boldsymbol{M} + \frac{\alpha \boldsymbol{r}}{r} = \text{const.} \tag{o15.17}$$

[①] L. Basano, A. Bianchi. Rutherford's scattering formula via the Runge-Lenz vector. Am. J. Phys., **48**(5)(1980): 400.

考虑初始的入射点和最终的出射点为散射过程中的两个特定点, 相应的量分别用角标 i 和 f 标记, 则因为 Runge-Lenz 矢量是不变的, 有

$$\boldsymbol{v}_i \times \boldsymbol{M}_i + \frac{\alpha \boldsymbol{r}_i}{r_i} = \boldsymbol{v}_f \times \boldsymbol{M}_f + \frac{\alpha \boldsymbol{r}_f}{r_f}. \tag{19.3}$$

但是, 角动量守恒给出 $\boldsymbol{M}_i = \boldsymbol{M}_f = \boldsymbol{r}_i \times m\boldsymbol{v}_i = mv_\infty \rho \boldsymbol{k}$, 这里 $\boldsymbol{k}$ 是垂直于 $\boldsymbol{v}_i$ 和 $\boldsymbol{r}_i$ 确定的平面的法向单位矢量. 而 $\dfrac{\boldsymbol{r}_i}{r_i}$ 为与入射方向相反的单位矢量, $\dfrac{\boldsymbol{r}_f}{r_f}$ 为出射方向的单位矢量, 即

$$\boldsymbol{v}_i = -v_\infty \frac{\boldsymbol{r}_i}{r_i}, \quad \boldsymbol{v}_f = v_\infty \frac{\boldsymbol{r}_f}{r_f}.$$

于是有关系

$$\frac{\boldsymbol{r}_i}{r_i} \cdot \boldsymbol{v}_i = -v_\infty, \quad \left(-\frac{\boldsymbol{r}_i}{r_i}\right) \cdot \frac{\boldsymbol{r}_f}{r_f} = \cos \chi,$$

$$\boldsymbol{v}_i \cdot \frac{\boldsymbol{r}_f}{r_f} = v_\infty \cos \chi, \quad \boldsymbol{v}_i \cdot \boldsymbol{v}_f = v_\infty^2 \cos \chi,$$

$$\boldsymbol{v}_i \times \boldsymbol{v}_f = -v_\infty^2 \sin \chi \boldsymbol{k},$$

其中 χ 为散射角. 利用上述关系, 将 (19.3) 向入射方向投影, 即可用 $\boldsymbol{v}_i$ 点乘该式, 则有

$$\boldsymbol{v}_i \cdot \left(\boldsymbol{v}_i \times \boldsymbol{M}_i + \frac{\alpha \boldsymbol{r}_i}{r_i}\right) = \boldsymbol{v}_i \cdot \left(\boldsymbol{v}_f \times \boldsymbol{M}_f + \frac{\alpha \boldsymbol{r}_f}{r_f}\right),$$

即

$$-\alpha v_\infty = \boldsymbol{v}_i \cdot (\boldsymbol{v}_f \times \boldsymbol{M}_f) + \alpha v_\infty \cos \chi. \tag{19.4}$$

但是

$$\boldsymbol{v}_i \cdot (\boldsymbol{v}_f \times \boldsymbol{M}_f) = \boldsymbol{M}_f \cdot (\boldsymbol{v}_i \times \boldsymbol{v}_f) = mv_\infty \rho \boldsymbol{k} \cdot (-v_\infty^2 \sin \chi \boldsymbol{k}) = -m\rho v_\infty^3 \sin \chi,$$

代入上式, 有

$$-\alpha v_\infty = -m\rho v_\infty^3 \sin \chi + \alpha v_\infty \cos \chi.$$

利用三角关系 $1 + \cos \chi = 2 \cos^2 \dfrac{\chi}{2}$ 整理上式, 即得

$$\tan \frac{\chi}{2} = \frac{\alpha}{m\rho v_\infty^2}.$$

这也就是公式 (o19.1).

2. 式 (o19.2, o19.3) 的一点注记

由散射截面的卢瑟福公式 (o19.2, o19.3) 可见, 当 $\chi \to 0$ 时, $d\sigma \to \infty$. 其中的原因在于: (i) 平方反比作用力是长程力, 它的作用范围延伸到无穷远. 也就是, 即使瞄准距离非常大, 入射质点仍将被散射; (ii) 在导出卢瑟福公式时, 我们采用了一次性散射的假设. 实际中存在多次散射的可能性, 考虑这种修正的方法可参见有关文献[①].

§19.3　习题解答

习题 1 试求在场 $U = \alpha/r^2 (\alpha > 0)$ 中散射的有效截面.

解: 将 $U = \dfrac{\alpha}{r^2}$ 代入式 (o18.4) 并利用关系 $M = m\rho v_\infty$, $E = \dfrac{1}{2}mv_\infty^2$, 有

$$\varphi_0 = \int_{r_{\min}}^{\infty} \frac{\rho dr/r^2}{\sqrt{1 - \dfrac{\rho^2}{r^2} - \dfrac{2\alpha}{mv_\infty^2 r^2}}}.$$

令 $u = \dfrac{1}{r}$, 则有

$$\varphi_0 = -\int_{u_{\max}}^{0} \frac{\rho du}{\sqrt{1 - \left(\rho^2 + \dfrac{2\alpha}{mv_\infty^2}\right)u^2}} = \frac{\rho}{\sqrt{\rho^2 + \dfrac{2\alpha}{mv_\infty^2}}} \arcsin \sqrt{\rho^2 + \dfrac{2\alpha}{mv_\infty^2}} u_{\max}.$$

注意到 $u_{\max}$ 是 $1 - \left(\rho^2 + \dfrac{2\alpha}{mv_\infty^2}\right)u^2 = 0$ 的最大根, 即

$$u_{\max} = \frac{1}{\sqrt{\rho^2 + \dfrac{2\alpha}{mv_\infty^2}}},$$

代入前面的表示式可得

$$\varphi_0 = \frac{\pi}{2\sqrt{1 + 2\alpha/(m\rho^2 v_\infty^2)}}.$$

因为散射角 χ 与 φ_0 之间有关系 $\chi = \pi - 2\varphi_0$, 所以有

$$\chi = \pi \left[1 - \frac{1}{\sqrt{1 + 2\alpha/(m\rho^2 v_\infty^2)}}\right].$$

[①] 例如,O. E. Kruse, A look at the small-angle end of the Rutherford scattering formula, Am. J. Phys., **43**(4)(1975)328.

由上式可解得用散射角表示的瞄准距离为

$$\rho^2 = \frac{2\alpha (\pi - \chi)^2}{mv_\infty^2 \chi (2\pi - \chi)}.$$

上式两边对 χ 求导数, 有

$$\rho \frac{\mathrm{d}\rho}{\mathrm{d}\chi} = -\frac{2\pi^2\alpha}{mv_\infty^2} \frac{\pi - \chi}{\chi^2 (2\pi - \chi)^2}.$$

再将这个结果代入公式 (o18.8), 可求出散射截面为

$$\mathrm{d}\sigma = \frac{2\pi^2\alpha}{mv_\infty^2} \frac{\pi - \chi}{\chi^2 (2\pi - \chi)^2} \frac{\mathrm{d}o}{\sin \chi}.$$

习题 2 试求被半径为 a 深度为 U_0 的球形势阱 (即当 $r > a$ 时 $U = 0$, 当 $r < a$ 时 $U = -U_0$ 的势场) 散射的有效截面.

解: 由于在 $r > a$ 的区域内, 有

$$F = -\frac{\mathrm{d}}{\mathrm{d}r} U = 0,$$

在 $r < a$ 的区域内

$$F = -\frac{\mathrm{d}}{\mathrm{d}r} U = \frac{\mathrm{d}}{\mathrm{d}r} U_0 = 0.$$

只有在穿越 $r = a$ 处时势能有变化, 有 $F \neq 0$. 因此在 $r > a$ 和 $0 < r < a$ 区域内散射质点将做匀速直线运动, 在 $r = a$ 处质点受到沿势能梯度方向的作用力, 它是有心力, 力的方向指向球心. 该力使得质点运动的轨迹发生 "折射" (见图 o21).

根据在有心力场中运动的质点其对力心的角动量守恒, 机械能也守恒, 即有

$$\rho v_\infty = vd, \tag{1}$$

和

$$\frac{1}{2}mv_\infty^2 = \frac{1}{2}mv^2 - U_0 = E, \tag{2}$$

其中 d 是势阱内质点与力心的距离. 由图 o21 可知

$$\sin \alpha = \frac{\rho}{a}, \quad \sin \beta = \frac{d}{a}.$$

于是, 由式 (1) 和 (2) 可得

$$\frac{\sin \alpha}{\sin \beta} = n = \frac{\rho}{d} = \frac{v}{v_\infty} = \sqrt{\frac{\frac{1}{2}mv^2}{\frac{1}{2}mv_\infty^2}} = \sqrt{\frac{E + U_0}{E}} = \sqrt{1 + \frac{2U_0}{mv_\infty^2}}. \tag{3}$$

由图 o21, 通过几何关系可知

$$\chi = 2(\alpha - \beta),$$

即

$$\beta = \alpha - \frac{1}{2}\chi. \tag{4}$$

将式 (4) 代入前面的表示式 (3), 有

$$\frac{\sin\beta}{\sin\alpha} = \frac{\sin\left(\alpha - \frac{1}{2}\chi\right)}{\sin\alpha} = \frac{\cos\frac{1}{2}\chi\sin\alpha - \sin\frac{1}{2}\chi\cos\alpha}{\sin\alpha}$$

$$= \cos\frac{1}{2}\chi - \sin\frac{1}{2}\chi\cot\alpha = \frac{1}{n}.$$

由上式可以得到

$$\cot\alpha = \frac{\cos\frac{1}{2}\chi - \frac{1}{n}}{\sin\frac{1}{2}\chi},$$

以及

$$\sin\alpha = \frac{1}{\sqrt{1 + \cot^2\alpha}} = \frac{1}{\sqrt{1 + \left[\left(\cos\frac{1}{2}\chi - \frac{1}{n}\right)\big/\sin\frac{1}{2}\chi\right]^2}} = \frac{\sin\frac{1}{2}\chi}{\sqrt{1 + \frac{1}{n^2} - \frac{2}{n}\cos\frac{\chi}{2}}}.$$

由关系 $a\sin\alpha = \rho$, 利用上式可得瞄准距离与散射角的关系为

$$\rho^2 = a^2\sin^2\alpha = a^2\frac{\sin^2\frac{1}{2}\chi}{1 + \frac{1}{n^2} - \frac{2}{n}\cos\frac{\chi}{2}} = n^2 a^2\frac{\sin^2\frac{1}{2}\chi}{1 + n^2 - 2n\cos\frac{\chi}{2}}. \tag{5}$$

上式两边取微分, 得

$$\rho\,\mathrm{d}\rho = \frac{n^2 a^2}{2}\frac{\sin\frac{\chi}{2}\left(n - \cos\frac{\chi}{2}\right)\left(n\cos\frac{\chi}{2} - 1\right)}{\left(1 + n^2 - 2n\cos\frac{\chi}{2}\right)^2}\mathrm{d}\chi.$$

将这个结果代入公式 (o18.8), 可得有效截面为

$$\mathrm{d}\sigma = \frac{n^2 a^2}{4\cos\frac{\chi}{2}}\frac{\left(n - \cos\frac{\chi}{2}\right)\left(n\cos\frac{\chi}{2} - 1\right)}{\left(1 + n^2 - 2n\cos\frac{\chi}{2}\right)^2}\mathrm{d}o. \tag{6}$$

由式 (5) 可以看出, 当 $\rho = a$ 时, 散射角 χ 达到最大值 $\chi_{\max}$. 通过几何关系或者式 (5) 可得

$$\cos\left(\frac{\chi_{\max}}{2}\right) = \frac{1}{n}. \tag{7}$$

注意到 $\mathrm{d}o = 2\pi \sin\chi \,\mathrm{d}\chi$, 对式 (6) 从 $\chi = 0$ 到 $\chi_{\max}$ 积分可得总有效截面

$$\sigma_T = \int_0^{\chi_{\max}} \frac{n^2 a^2}{4\cos\frac{\chi}{2}} \frac{\left(n - \cos\frac{\chi}{2}\right)\left(n\cos\frac{\chi}{2} - 1\right)}{\left(1 + n^2 - 2n\cos\frac{\chi}{2}\right)^2} 2\pi\sin\chi\,\mathrm{d}\chi$$

$$= \pi n^2 a^2 \int_0^{\chi_{\max}} \frac{\left(n - \cos\frac{\chi}{2}\right)\left(n\cos\frac{\chi}{2} - 1\right)\sin\frac{\chi}{2}}{\left(1 + n^2 - 2n\cos\frac{\chi}{2}\right)^2}\,\mathrm{d}\chi.$$

令 $x = \cos\frac{\chi}{2}$ 并注意到式 (7), 上式可改写为

$$\sigma_T = -2\pi n^2 a^2 \int_1^{1/n} \frac{(n-x)(nx-1)}{(1+n^2-2nx)^2}\,\mathrm{d}x. \tag{8}$$

再令 $\xi = 1 + n^2 - 2nx$, 则有

$$\int_1^{1/n} \frac{(n-x)(nx-1)}{(1+n^2-2nx)^2}\,\mathrm{d}x = \frac{1}{2(2n)^2}\int_{(n-1)^2}^{n^2-1}\left[1 - \frac{(n^2-1)^2}{\xi^2}\right]\mathrm{d}\xi = -\frac{1}{2n^2}.$$

将上式代入式 (8), 可得

$$\sigma_T = -2\pi n^2 a^2\left(-\frac{1}{2n^2}\right) = \pi a^2.$$

这是势能不为零区域的最大散射截面, 也是半径为 a 的球在垂直于质点入射方向上的最大横截面的面积.

§20 小角度散射

§20.1 内容提要

瞄准距离 ρ 很大时, 场 U 很弱, 则偏转角很小, 这样的散射称为小角度散射. 直接在实验室参考系中进行分析, 在作适当的近似后, 可得散射角为

$$\theta_1 = -\frac{2\rho}{m_1 v_\infty^2}\int_\rho^\infty \frac{\mathrm{d}U}{\mathrm{d}r}\frac{\mathrm{d}r}{\sqrt{r^2-\rho^2}}, \tag{o20.3}$$

其中 $r = \sqrt{x^2 + \rho^2}$, x 是沿被散射质点初始运动方向的坐标. 这里是在实验室参考系中用矢量力学的方法求散射角的, 用质心参考系推导公式 (o20.3) 的过程见本节习题 1.

实验室参考系中小角度散射的有效散射截面为[①]

$$d\sigma = \left| \frac{d\rho}{d\theta_1} \right| \frac{\rho(\theta_1)}{\theta_1} do_1. \tag{o20.4}$$

§20.2　内容补充

1. 小角度散射与实验室参考系

因为场 U 很弱, 则散射和被散射质点的运动状态变化很小, 可以近似将散射质点 (即靶) 视为固定不动的, 这样可以直接在实验室参考系中计算被散射质点的散射情况.

2. 公式 (o20.3) 和 (o20.4)

考虑到小角度散射时, 可以近似将散射质点 (即靶) 视为固定不动, 则被散射质点的散射角 θ_1 就近似等同于 χ, 此时 (o18.2, o18.4) 中的 m 可以换为 m_1. 注意, 在本节习题 1 的求解中, 散射质点是运动的, 相应地所作近似与此处有所不同. 类似于本节习题 1 中的处理, 考虑到偏转角较小, 有 $r_{\min} \approx \rho$, 同时因 U 较小, 可以将 (o18.2, o18.4) 展开为 U 的幂函数, 故有

$$
\begin{aligned}
\varphi_0 &= \int_{r_{\min}}^{\infty} \frac{(\rho/r^2)dr}{\sqrt{1 - \rho^2/r^2 - 2U/(m_1 v_\infty^2)}} \\
&= -\lim_{R \to \infty} \frac{\partial}{\partial \rho} \int_{r_{\min}}^{R} \sqrt{1 - \frac{\rho^2}{r^2} - \frac{2U}{m_1 v_\infty^2}} \, dr \\
&\approx \frac{\pi}{2} + \frac{\rho}{m_1 v_\infty^2} \int_{\rho}^{\infty} \frac{dU}{dr} \frac{dr}{\sqrt{r^2 - \rho^2}}.
\end{aligned}
$$

根据上面所述近似, $\theta_1 \approx \chi$, 于是有

$$\theta_1 \approx \pi - 2\varphi_0 = -\frac{2\rho}{m_1 v_\infty^2} \int_{\rho}^{\infty} \frac{dU}{dr} \frac{dr}{\sqrt{r^2 - \rho^2}}.$$

这就是式 (o20.3).

因为散射质点视为固定不动, 可将 (o18.8) 中的 χ 用 θ_1 代替. 又因为 θ_1 是小量, 其中的 $\sin\theta_1$ 可用 θ_1 代替. 作这些近似后, 就可以由式 (o18.8) 得到实验室参考系中的有效散射截面公式 (o20.4).

§20.3　习题解答

习题 1　试从公式 (o18.4) 推导公式 (o20.3).

[①] 注意, 在现在的情况下, 因为 $\chi \approx \theta_1$, 则 §18.2 内容补充 2 中所提到的因子 $\dfrac{d(\cos\chi)}{d(\cos\theta_1)} = 1$.

解: 为了避免下面推导中出现伪发散积分, 将公式 (o18.4) 写成下列形式

$$\varphi_0 = -\frac{\partial}{\partial \rho} \int_{r_{\min}}^R \sqrt{1 - \frac{\rho^2}{r^2} - \frac{2U}{mv_\infty^2}}\,dr, \tag{1}$$

这里将很大的有限量 R 作为积分上限, 在计算出结果以后再令 $R \to \infty$.

因为 U 很小, 我们将根号 $\sqrt{1 - \frac{\rho^2}{r^2} - \frac{2U}{mv_\infty^2}}$ 按照 U 的幂次展开. 利用公式

$$\sqrt{1-x} = 1 - \frac{1}{2}x - \frac{1}{2\cdot 4}x^2 + \cdots, \quad (|x| \leqslant 1),$$

有

$$\sqrt{1 - \frac{\rho^2}{r^2} - \frac{2U}{mv_\infty^2}} = \sqrt{1 - \frac{\rho^2}{r^2}}\sqrt{1 - \frac{2U}{mv_\infty^2(1 - \rho^2/r^2)}}$$

$$= \sqrt{1 - \frac{\rho^2}{r^2}}\left(1 - \frac{U(r)}{mv_\infty^2(1 - \rho^2/r^2)} + \cdots\right).$$

将上述展开式代入式 (1), 则有

$$\varphi_0 = -\frac{\partial}{\partial \rho} \int_{r_{\min}}^R \sqrt{1 - \frac{\rho^2}{r^2}}\left(1 - \frac{U(r)}{mv_\infty^2(1 - \rho^2/r^2)} + \cdots\right)dr$$

$$= \int_{r_{\min}}^R \frac{\rho\,dr}{r^2\sqrt{1 - \rho^2/r^2}} + \frac{\partial}{\partial \rho} \int_{r_{\min}}^R \frac{U(r)dr}{mv_\infty^2\sqrt{1 - \rho^2/r^2}} + \cdots. \tag{2}$$

在上式中用 ρ 近似代替 $r_{\min}$ 并仅保留到 U 的一阶项, 则有

$$\varphi_0 \approx \int_\rho^R \frac{\rho\,dr}{r^2\sqrt{1 - \rho^2/r^2}} + \frac{\partial}{\partial \rho} \int_\rho^\infty \frac{U(r)dr}{mv_\infty^2\sqrt{1 - \rho^2/r^2}}. \tag{3}$$

取极限 $R \to \infty$ 后, 对上式中的第一项作变量代换 $\xi = \frac{\rho}{r}$, 则有

$$\int_\rho^\infty \frac{\rho\,dr}{r^2\sqrt{1 - \rho^2/r^2}} = -\int_1^0 \frac{d\xi}{\sqrt{1-\xi^2}} = -\arcsin\xi\Big|_1^0 = \frac{\pi}{2}.$$

对式 (3) 中的第二个积分进行分部积分, 有

$$\int_\rho^\infty \frac{U(r)dr}{mv_\infty^2\sqrt{1 - \rho^2/r^2}} = \frac{U(r)}{mv_\infty^2}\sqrt{r^2 - \rho^2}\Big|_\rho^\infty - \int_\rho^\infty \frac{\sqrt{r^2 - \rho^2}}{mv_\infty^2}\frac{dU(r)}{dr}dr.$$

考虑到 $U(\infty) = 0$, 则上式第一项等于零. 将这些结果代入式 (3), 可得

$$\varphi_0 = \frac{\pi}{2} - \frac{\partial}{\partial \rho} \int_\rho^\infty \frac{\sqrt{r^2 - \rho^2}}{mv_\infty^2}\frac{dU(r)}{dr}dr.$$

由此可得散射角的下列表达式

$$\chi = \pi - 2\varphi_0 = 2\frac{\partial}{\partial\rho}\int_\rho^\infty \frac{\sqrt{r^2-\rho^2}}{mv_\infty^2}\frac{\mathrm{d}U}{\mathrm{d}r}\mathrm{d}r = -\frac{2\rho}{mv_\infty^2}\int_\rho^\infty \frac{\mathrm{d}U}{\mathrm{d}r}\frac{\mathrm{d}r}{\sqrt{r^2-\rho^2}}. \qquad (4)$$

再利用式 (o17.4), 小角度 θ_1 和 χ 之间应满足关系,

$$\theta_1 = \frac{m_2\chi}{m_1+m_2} = \frac{m}{m_1}\chi.$$

将式 (4) 代入上式, 有

$$\theta_1 = -\frac{2\rho}{m_1 v_\infty^2}\int_\rho^\infty \frac{\mathrm{d}U}{\mathrm{d}r}\frac{\mathrm{d}r}{\sqrt{r^2-\rho^2}}.$$

这就是 (o20.3).

说明: 关于积分中出现所谓伪发散的问题, 直接对 (o18.4) 进行前面类似方式的处理可以看出这一点. 据 (o18.4), 有

$$\begin{aligned}
\varphi_0 &= \int_{r_{\min}}^\infty \frac{(\rho/r^2)\mathrm{d}r}{\sqrt{1-\rho^2/r^2-2U/(mv_\infty^2)}}\\
&= \int_{r_{\min}}^\infty \frac{(\rho/r^2)\mathrm{d}r}{\sqrt{1-\rho^2/r^2}\sqrt{1-2U/(mv_\infty^2(1-\rho^2/r^2))}}\\
&= \int_{r_{\min}}^\infty \frac{(\rho/r^2)\mathrm{d}r}{\sqrt{1-\rho^2/r^2}}\left[1+\frac{U}{mv_\infty^2(1-\rho^2/r^2)}+\cdots\right]\\
&\approx \int_\rho^\infty \frac{(\rho/r^2)\mathrm{d}r}{\sqrt{1-\rho^2/r^2}} + \int_\rho^\infty \frac{(\rho/r^2)U\,\mathrm{d}r}{mv_\infty^2(1-\rho^2/r^2)^{3/2}}\\
&= \frac{\pi}{2} + \frac{\rho}{mv_\infty^2}\int_\rho^\infty \frac{rU\,\mathrm{d}r}{(r^2-\rho^2)^{3/2}}.
\end{aligned}$$

对上式中等号右边第二项中的积分进行分部积分, 有

$$\int_\rho^\infty \frac{rU\,\mathrm{d}r}{(r^2-\rho^2)^{3/2}} = -\left.\frac{U}{\sqrt{r^2-\rho^2}}\right|_\rho^\infty + \int_\rho^\infty \frac{1}{\sqrt{r^2-\rho^2}}\frac{\mathrm{d}U}{\mathrm{d}r}\mathrm{d}r.$$

上式中的第二项与 (o20.3) 中的积分对应, 而第一项是有所谓发散行为的项, 问题出在积分下限的值发散. 发散源于近似 $r_{\min} \approx \rho$. 按照上面的处理方法, 第一项的贡献等于零.

习题 2 试求在场 $U = \dfrac{\alpha}{r^n}(n>0)$ 内小角度散射的有效截面.

解: 将势能表示式代入 (o20.3), 有

$$\theta_1 = \frac{2\rho\alpha n}{m_1 v_\infty^2}\int_\rho^\infty \frac{\mathrm{d}r}{r^{n+1}\sqrt{r^2-\rho^2}}.$$

作变量代换 $\rho^2/r^2 = u$, 则有

$$\theta_1 = \frac{\alpha n}{m_1 v_\infty^2 \rho^n} \int_0^1 u^{(n-1)/2} (1-u)^{-1/2} \mathrm{d}u.$$

由 B 函数的定义式

$$B(m,n) = \int_0^1 x^{m-1}(1-x)^{n-1}\mathrm{d}x, \quad (m > 0, n > 0),$$

则有

$$\theta_1 = \frac{\alpha n}{m_1 v_\infty^2 \rho^n} B((n+1)/2, 1/2).$$

再利用 B 函数与 Γ 函数的关系 $B(m,n) = \dfrac{\Gamma(m)\Gamma(n)}{\Gamma(m+n)}$, 其中 Γ 函数定义为

$$\Gamma(\alpha) = \int_0^\infty x^{\alpha-1}\mathrm{e}^{-x}\mathrm{d}x,$$

且 $\Gamma(1/2) = \sqrt{\pi}$, $\Gamma(n/2+1) = (n/2)\Gamma(n/2)$, 则有

$$\theta_1 = \frac{2\alpha\sqrt{\pi}}{m_1 v_\infty^2 \rho^n} \cdot \frac{\Gamma((n+1)/2)}{\Gamma(n/2)}.$$

由此用 θ_1 表示 ρ, 即

$$\rho = \left[\frac{2\alpha\sqrt{\pi}}{m_1 v_\infty^2 \theta_1} \frac{\Gamma((n+1)/2)}{\Gamma(n/2)} \right]^{1/n}.$$

再代入公式 (o20.4), 我们求得

$$\mathrm{d}\sigma = \frac{1}{n} \left[\frac{2\sqrt{\pi}\Gamma((n+1)/2)}{\Gamma(n/2)} \frac{\alpha}{m_1 v_\infty^2} \right]^{2/n} \theta_1^{-2(1+1/n)} \mathrm{d}o_1.$$

特例: (a) 当 $n = 1$, 即平方反比作用力的情况, 则有

$$\mathrm{d}\sigma = \left[\frac{2\sqrt{\pi}\Gamma(1)}{\Gamma(1/2)} \frac{\alpha}{m_1 v_\infty^2} \right]^2 \theta_1^{-4} \mathrm{d}o_1 = \left(\frac{2\alpha}{m_1 v_\infty^2} \right)^2 \theta_1^{-4} \mathrm{d}o_1.$$

这与在卢瑟福公式 (o19.2, o19.3) 中用 θ_1 代替 χ, 并且将 $\sin\theta_1$ 代以 θ_1 所得结果是相同的.

(b) 当 $n = 2$ 时, 即 §19 习题 1 讨论的情况, 此时有

$$\mathrm{d}\sigma = \frac{1}{2} \left[\frac{2\sqrt{\pi}\Gamma(3/2)}{\Gamma(1)} \frac{\alpha}{m_1 v_\infty^2} \right] \theta_1^{-3} \mathrm{d}o_1 = \frac{\pi\alpha}{2m_1 v_\infty^2} \theta_1^{-3} \mathrm{d}o_1.$$

这与由 §19 习题 1 的结果中用 θ_1 代替 χ, 并且将 $\sin\theta_1$, $\pi - \theta_1$, $2\pi - \theta_1$ 分别用 θ_1, π 和 2π 代替所得的结果是相同的.

第五章

微振动

本章将拉格朗日方法用于与微振动有关的各类系统, 讨论了单自由度系统的自由振动、阻尼振动、强迫振动以及与它们相关的参变共振, 非线性振动中的共振等类型问题的求解, 分析了它们各自的运动特征. 对多自由度系统, 主要讨论了简正振动的求解以及在分子振动问题中的应用. 振动方程的求解包含了常系数常微分方程的常规求解方法、代数方法 (用试探解将微分方程化为代数方程, 原问题变为本征问题)、逐阶近似法和平均法 (对有快变外场作用的系统) 等多种方法.

§21 一维自由振动

§21.1 内容提要

对于一个自由度的系统, 如果考虑其在稳定平衡位置 (即势能在该位置有极小值) 附近的运动, 则系统的拉格朗日函数为

$$L = \frac{1}{2}m\dot{x}^2 - \frac{1}{2}kx^2, \tag{o21.3}$$

其中 x 表示对平衡位置的偏离, $k = \left(\dfrac{\mathrm{d}^2 U}{\mathrm{d}x^2}\right)_0 > 0$. 注意, m 并不一定表示质量.

与 (o21.3) 相应的运动方程为

$$\ddot{x} + \omega^2 x = 0, \tag{o21.5}$$

其中

$$\omega = \sqrt{\frac{k}{m}}, \tag{o21.6}$$

是简谐振动的圆频率, 由系统本身的性质确定. 方程 (o21.5) 的通解为

$$x = a\cos(\omega t + \alpha),\tag{o21.8}$$

其中 a, α 为积分常数, 分别称为振动的振幅和初相位, 由初始条件确定.

微振动系统的能量为

$$E = \frac{m\dot{x}^2}{2} + \frac{kx^2}{2} = \frac{m}{2}(\dot{x}^2 + \omega^2 x^2) = \frac{1}{2}m\omega^2 a^2,\tag{o21.10}$$

它与振动的振幅平方成正比, 且在运动过程中是守恒的.

§21.2   习题解答

习题 1 试用坐标和速度的初始值 x_0 和 v_0 表示振动的振幅和初始相位.

解: 对于简谐振动, 其运动方程为

$$x = a\cos(\omega t + \alpha),$$

对其求时间的导数可得

$$v = \dot{x} = -a\omega\sin(\omega t + \alpha).$$

代入初始条件 $t = 0$ 时 $x = x_0, \dot{x} = v_0$, 有

$$x_0 = a\cos\alpha,$$

和

$$v_0 = -a\omega\sin\alpha.$$

由此可解得

$$\begin{cases} a = \sqrt{x_0^2 + \dfrac{v_0^2}{\omega^2}}, \\ \tan\alpha = -\dfrac{v_0}{\omega x_0}. \end{cases}$$

要注意的是, α 的值实际上应由 $\cos\alpha$ 和 $\sin\alpha$ 的值以及各自的正负号联合确定.

习题 2 试求由不同同位素原子组成的两个双原子分子的振动频率 ω 和 ω' 的比值, 设原子的质量分别等于 m_1, m_2 和 m_1', m_2'.

解: 设两个分子中的原子之间以相同的方式相互作用, 即势能函数 U 具有相同的形式. 于是势能函数对坐标的二阶导数相等, 即 $k = k'$. 这样,

在经典力学的处理中, 对于同位素原子组成的分子, 原子之间的相互作用可等效为弹性力, 即将双原子分子视为用弹性系数为 k 的轻弹簧联结两个原子构成的系统.

双原子分子是一个两体系统, 这里感兴趣的是它们之间的相对运动. 在上述条件下, 相对运动是微振动, 其振动为频率为

$$\omega = \sqrt{\frac{k}{m}},$$

其中 m 是系统的约化质量, 即 $m = \dfrac{m_1 m_2}{m_1 + m_2}$, 故有

$$\omega = \sqrt{\frac{k(m_1 + m_2)}{m_1 m_2}}.$$

该表示式对两个分子均适用, 只要用各自原子的质量代入即可, 由此可得

$$\frac{\omega'}{\omega} = \sqrt{\frac{m_1 m_2 (m_1' + m_2')}{m_1' m_2' (m_1 + m_2)}}.$$

习题 3 设质量为 m 的质点沿着直线运动, 弹簧一端连在质点上, 另一端固定于 A 点. A 点到直线的距离为 l, 弹簧长度为 l 时受力为 F, 试求质点的振动频率.

解: 当弹簧长度等于 l 时质点受到力 F 的作用, 表明当 $x = 0$ 时, 即质点处于平衡位置时弹簧有伸长或压缩. 但是考虑到在讨论微振动时要求平衡位置是稳定的, 则 $x = 0$ 的位置处弹簧是伸长的. 注意, 如果在 $x = 0$ 处弹簧是压缩的, 则存在另外的稳定平衡点 x_0, 这里不作讨论.

设在 $x = 0$ 处弹簧的伸长为 ξ_0, 即有

$$F = k\xi_0.$$

当质点位于 x 时弹簧的长度为 $\sqrt{l^2 + x^2}$, 伸长则为

$$\delta l = \sqrt{l^2 + x^2} - (l - \xi_0).$$

弹簧的弹性势能为

$$U = \frac{1}{2} k \left(\delta l \right)^2 = \frac{1}{2} k \left[\sqrt{l^2 + x^2} - (l - \xi_0) \right]^2.$$

当 $x \ll l$ 时, 精确到 x/l 的最低阶项, 有

$$\delta l = \sqrt{l^2 + x^2} - (l - \xi_0) = l\sqrt{1 + \left(\frac{x}{l}\right)^2} - (l - \xi_0)$$

$$\approx l \left[1 + \frac{1}{2} \left(\frac{x}{l} \right)^2 \right] - (l - \xi_0) = \frac{x^2}{2l} + \xi_0.$$

故有

$$U = \frac{1}{2}k(\delta l)^2 = \frac{1}{2}k\left(\frac{x^2}{2l} + \xi_0\right)^2 \approx \frac{1}{2}k\xi_0^2 + \frac{1}{2}k\xi_0\frac{x^2}{l} = \frac{1}{2}k\xi_0^2 + \frac{Fx^2}{2l},$$

其中 $\frac{1}{2}k\xi_0^2$ 为平衡位置的弹性势能, 它是常数, 可以不予考虑.

注意, 如果 $\xi_0 = 0$, 即在 $x = 0$ 处弹簧没有伸长和压缩, 则 $F = 0$. 此时按照上面相同的方法处理可知, 势能函数第一个不为零的项是正比于 x^4 的项, 相应的微振动将不是简谐振动.

又质点的动能为

$$T = \frac{1}{2}m\dot{x}^2.$$

故在微振动近似下系统的拉格朗日函数为

$$L = T - U = \frac{1}{2}m\dot{x}^2 - \frac{Fx^2}{2l}.$$

相应的运动微分方程为

$$m\ddot{x} + \frac{F}{l}x = 0.$$

由此可得微振动的频率为

$$\omega = \sqrt{\frac{F}{ml}}.$$

习题 4 同上题, 质量为 m 的质点沿着半径为 r 的圆运动.

解: 与上题相同的分析, 设在 $\varphi = 0$ 处弹簧的伸长为 ξ_0, 即有

$$F = k\xi_0.$$

当质点在圆上相对于平衡位置转过的角度为 φ, 则弹簧的伸长量为

$$\delta l = \sqrt{(l+r)^2 + r^2 - 2r(l+r)\cos\varphi} - (l - \xi_0)$$

$$\approx l\sqrt{1 + \frac{r(l+r)}{l}\varphi^2} - (l - \xi_0) \approx \frac{r(r+l)}{2l}\varphi^2 + \xi_0.$$

弹簧的弹性势能为

$$U = \frac{1}{2}k\left(\delta l\right)^2 \approx \frac{1}{2}k\xi_0^2 + \frac{1}{2}k\xi_0\frac{r(r+l)}{l}\varphi^2$$

$$= \frac{1}{2}k\xi_0^2 + \frac{Fr(r+l)}{2l}\varphi^2,$$

其中的 $\frac{1}{2}k\xi_0^2$ 是平衡位置的势能, 为常数, 可以忽略. 质点的动能为

$$T = \frac{1}{2}mr^2\dot{\varphi}^2.$$

系统的拉格朗日函数为

$$L = T - U = \frac{1}{2}mr^2\dot{\varphi}^2 - \frac{Fr(r+l)}{2l}\varphi^2.$$

相应的运动微分方程为

$$mr\ddot{\varphi} + \frac{F(r+l)}{l}\varphi = 0.$$

由此可得微振动的频率为

$$\omega = \sqrt{\frac{F(r+l)}{rlm}}.$$

习题 5 试求 §5 图 o2 所示单摆的振动频率, 悬挂点 (质量为 m_1) 可沿着水平方向自由运动.

解: 设质点 m_1 的坐标为 x, 绳与竖直方向夹角为 φ. 以 x 和 φ 为广义坐标, 则系统的动能为 (见 §5 习题 2)

$$T = \frac{1}{2}m_1\dot{x}^2 + \frac{1}{2}m_2(\dot{x}^2 + l^2\dot{\varphi}^2 + 2l\dot{x}\dot{\varphi}\cos\varphi) \approx \frac{1}{2}m_1\dot{x}^2 + \frac{1}{2}m_2(\dot{x} + l\dot{\varphi})^2.$$

系统的势能为

$$U = m_2gl(1 - \cos\varphi) \approx \frac{1}{2}m_2gl\varphi^2.$$

拉格朗日函数为

$$L = T - U = \frac{1}{2}m_1\dot{x}^2 + \frac{1}{2}m_2(\dot{x} + l\dot{\varphi})^2 - \frac{1}{2}m_2gl\varphi^2.$$

将 L 代入 x, φ 相应的拉格朗日方程, 可得运动微分方程为

$$\begin{cases} (m_1 + m_2)\ddot{x} + m_2l\ddot{\varphi} = 0, \\ \ddot{x} + l\ddot{\varphi} + g\varphi = 0. \end{cases}$$

消去 x, 得

$$\ddot{\varphi} + \frac{(m_1 + m_2)g}{m_1l}\varphi = 0.$$

这是微振动的方程, 故微振动频率为

$$\omega = \sqrt{\frac{g(m_1 + m_2)}{m_1l}}.$$

习题 6 设质点沿着某曲线 (在重力场中) 振动的频率不依赖于振幅, 试求该曲线的形状.

解: 以从平衡位置算起的弧长 s 为广义坐标, 则质点的动能为

$$T = \frac{1}{2}m\dot{s}^2,$$

其中 m 为质点的质量. 如果质点沿着曲线运动时势能具有形式 $U = \frac{1}{2}ks^2$, 这里 k 是常数, 不与振幅有关, 则前面的讨论表明在该情况下质点相应的运动将是振动频率为 $\omega = \sqrt{k/m}$ 的简谐振动, 该频率与振动的振幅无关, 也不会与 s 的初值有关. 这样的曲线就能满足题中的要求.

但是在重力场中, 势函数具有形式

$$U = mgy,$$

其中 y 是纵坐标. 这里同时假定 $y = 0$ 所在水平面是重力势能零势面. 联立上面势能的两个表示式, 有 $mgy = \frac{1}{2}ks^2$, 亦即

$$y = \frac{\omega^2}{2g}s^2.$$

因为 $\mathrm{d}s = \sqrt{\mathrm{d}x^2 + \mathrm{d}y^2}$, 利用上面得到的 y 与 s 的关系, 有

$$x = \int \sqrt{\left(\frac{\mathrm{d}s}{\mathrm{d}y}\right)^2 - 1}\,\mathrm{d}y = \int \sqrt{\frac{g}{2\omega^2 y} - 1}\,\mathrm{d}y.$$

对上式作代换

$$y = \frac{g}{4\omega^2}(1 - \cos\xi) = \frac{g}{2\omega^2}\sin^2\left(\frac{\xi}{2}\right),$$

则有

$$x = \int \sqrt{\frac{g}{2\omega^2 y} - 1}\,\mathrm{d}y = \int \frac{g}{2\omega^2}\cos^2\left(\frac{\xi}{2}\right)\mathrm{d}\xi = \frac{g}{4\omega^2}\int(1 + \cos\xi)\mathrm{d}\xi.$$

积分后可得

$$x = \frac{g}{4\omega^2}(\xi + \sin\xi),$$

其中略去了无关紧要的积分常数. 综合起来, 所要求的曲线的参数方程为

$$\begin{cases} x = \dfrac{g}{4\omega^2}(\xi + \sin\xi), \\ y = \dfrac{g}{4\omega^2}(1 - \cos\xi). \end{cases}$$

该参数方程表示摆线 (cycloid).

说明: 摆线有许多有趣的性质. 由于质点在摆线上的运动是简谐振动, 且振动频率与振幅无关, 则质点从摆线上任何位置运动到其底部的时间相同. 另外, 可以证明, 对于摆线上任意选定的两点, 在连结这两点的任意曲线中, 质点从位于上方的一点运动到下方另一点的时间以沿摆线的最短, 所以这种摆线也称为最速降线 (brachistochrone).

§22 强迫振动

§22.1 内容提要

在可变外力场作用下系统的振动称为强迫振动. 假设外力场足够弱, 单自由度系统的拉格朗日函数可以表示为

$$L = \frac{m\dot{x}^2}{2} - \frac{kx^2}{2} + xF(t), \tag{o22.1}$$

其中 $F(t)$ 为外力, 相应的运动方程为

$$\ddot{x} + \omega^2 x = \frac{1}{m}F(t), \tag{o22.2}$$

其中 ω 是自由振动频率 $\omega = \sqrt{k/m}$.

方程 (o22.2) 可以采用试探法求解. 对于周期性强迫力

$$F(t) = f\cos(\gamma t + \beta), \tag{o22.3}$$

方程 (o22.2) 的通解为

$$x = a\cos(\omega t + \alpha) + \frac{f}{m(\omega^2 - \gamma^2)}\cos(\gamma t + \beta), \tag{o22.4}$$

其中的积分常数 a 和 α 由初始条件确定.

(i) 如果 $\omega = \gamma$, 即共振情况, 解为

$$x = a\cos(\omega t + \alpha) + \frac{f}{2m\omega}t\sin(\omega t + \beta). \tag{o22.5}$$

在共振情况下, 振幅随时间线性增大.

(ii) 如果 $\gamma = \omega + \varepsilon$, ε 为小量, 即共振附近的情况, 此时振动的振幅以频率 ε 周期变化, 即出现所谓拍的现象.

对于任意形式的力 $F(t)$, 将方程 (o22.2) 改写为复数形式求解更方便. 方程 (o22.2) 可以改写为

$$\frac{\mathrm{d}\xi}{\mathrm{d}t} - \mathrm{i}\omega\xi = \frac{1}{m}F(t), \tag{o22.8}$$

其中复变量 ξ 定义为

$$\xi = \dot{x} + \mathrm{i}\omega x. \tag{o22.9}$$

方程 (o22.8) 的通解为

$$\xi = \mathrm{e}^{\mathrm{i}\omega t}\left[\int_0^t \frac{1}{m}F(t)\mathrm{e}^{-\mathrm{i}\omega t}\mathrm{d}t + \xi_0\right], \tag{o22.10}$$

其中积分常数 ξ_0 是 $t = 0$ 时 ξ 的值. 函数 $x(t)$ 由 (o22.10) 的虚部给出, 即

$$x(t) = \frac{1}{\omega}\mathrm{Im}\,\xi = \frac{1}{\omega}\mathrm{Im}\left\{\mathrm{e}^{\mathrm{i}\omega t}\left[\int_0^t \frac{1}{m}F(t)\mathrm{e}^{-\mathrm{i}\omega t}\mathrm{d}t + \xi_0\right]\right\}.$$

作强迫振动的系统的能量是不守恒的, 它将从外场源获得能量. 在时间 $t \to -\infty$ 到 $t \to \infty$ 范围内系统得到的能量为

$$E = \frac{1}{2m}\left|\int_{-\infty}^{+\infty} F(t)\mathrm{e}^{-\mathrm{i}\omega t}\mathrm{d}t\right|^2, \tag{o22.12}$$

即由力 $F(t)$ 的傅里叶 (Fourier)[1] 分量模的平方确定.

§22.2 内容补充

1. 公式 (o22.7)

考虑到 $A = a\mathrm{e}^{\mathrm{i}\alpha}$ 和 $B = b\mathrm{e}^{\mathrm{i}\beta}$, 其中 a, b, α, β 均为实数, 则有

$$\begin{aligned}
C &= \left|A + B\mathrm{e}^{\mathrm{i}\varepsilon t}\right| = \left|a\mathrm{e}^{\mathrm{i}\alpha} + b\mathrm{e}^{\mathrm{i}\beta}\mathrm{e}^{\mathrm{i}\varepsilon t}\right| = \sqrt{\left[a\mathrm{e}^{\mathrm{i}\alpha} + b\mathrm{e}^{\mathrm{i}(\beta+\varepsilon t)}\right]\left[a\mathrm{e}^{-\mathrm{i}\alpha} + b\mathrm{e}^{-\mathrm{i}(\beta+\varepsilon t)}\right]} \\
&= \sqrt{a^2 + b^2 + ab\left[\mathrm{e}^{i(\alpha-\beta-\varepsilon t)} + \mathrm{e}^{-\mathrm{i}(\alpha-\beta-\varepsilon t)}\right]} \\
&= \sqrt{a^2 + b^2 + 2ab\cos(\varepsilon t + \beta - \alpha)}.
\end{aligned}$$

当 $\varepsilon t + \beta - \alpha = 2n\pi$ (n 为整数) 时, C 取极大值 $a + b$; 当 $\varepsilon t + \beta - \alpha = (2n+1)\pi$ (n 为整数) 时, C 取极小值 $|a - b|$. 故 C 的变化范围为

$$|a - b| \leqslant C \leqslant a + b.$$

2. 能量的不守恒

在强迫力作用下, 系统的能量不守恒是显然的. 这里从另外一个角度再对此作出说明. 对方程 (o22.2) 两边同时乘以 $m\dot{x}$, 有

$$\begin{aligned}
F\dot{x} &= m\ddot{x}\dot{x} + m\omega^2 x\dot{x} = m\dot{x}\frac{\mathrm{d}\dot{x}}{\mathrm{d}t} + \frac{m\omega^2}{2}\frac{\mathrm{d}x^2}{\mathrm{d}t} = \frac{\mathrm{d}}{\mathrm{d}t}\left(\frac{1}{2}m\dot{x}^2 + \frac{1}{2}m\omega^2 x^2\right) \\
&= \frac{\mathrm{d}}{\mathrm{d}t}(T + V) = \frac{\mathrm{d}E}{\mathrm{d}t}.
\end{aligned}$$

---

[1] Jean Baptiste Joseph Fourier, 1768—1830, 法国数学家和物理学家.

可见, 只要 $F \neq 0$, 则运动过程中系统的机械能 E 是不守恒的.

在《力学》中, 力 F 是外势能 U_e 对 x 的偏导数, 即

$$F(t) = -\frac{\partial U_e}{\partial x}.$$

如果 U_e 不显含时间 t, 即 $\frac{\partial U_e}{\partial t} = 0$, 则有

$$F\dot{x} = -\frac{\partial U_e}{\partial x}\frac{\mathrm{d}x}{\mathrm{d}t} = -\frac{\mathrm{d}}{\mathrm{d}t}U_e,$$

相应地,

$$\frac{\mathrm{d}}{\mathrm{d}t}(E + U_e) = 0,$$

即 $E + U_e$ 是守恒量. 如果 U_e 显含时间 t, 则有

$$F\dot{x} = -\frac{\mathrm{d}}{\mathrm{d}t}U_e + \frac{\partial U_e}{\partial t},$$

因而有

$$\frac{\partial U_e}{\partial t} = \frac{\mathrm{d}}{\mathrm{d}t}(E + U_e).$$

此时, $E + U_e$ 不守恒.

§22.3 习题解答

习题 1 如果初始时刻 $t = 0$ 系统静止在平衡位置 ($x = \dot{x} = 0$), 试求系统在下列几种形式的外力 $F(t)$ 作用下的强迫振动: a) $F = \mathrm{const} = F_0$; b) $F = at$; c) $F = F_0 e^{-\alpha t}$; d) $F = F_0 e^{-\alpha t}\cos\beta t$.

解: 由公式 (o22.1), 系统的拉格朗日函数为

$$L = \frac{m\dot{x}^2}{2} - \frac{kx^2}{2} + xF(t),$$

则相应的运动方程为

$$\ddot{x} + \omega^2 x = \frac{1}{m}F(t). \tag{1}$$

a) 当 $F = F_0$ 时, 上述方程 (1) 的非齐次项是常数, 特解也为常数, 即特解为

$$x = \frac{F_0}{m\omega^2}.$$

于是方程 (1) 的通解为

$$x = a\cos(\omega t + \alpha) + \frac{F_0}{m\omega^2}, \tag{2}$$

其中 a, α 为积分常数. 由初始条件 $x = \dot{x} = 0$ 可得

$$0 = a\cos\alpha + \frac{F_0}{m\omega^2}, \quad 0 = -a\omega\sin\alpha.$$

因为 a 为振幅, 必为正数, 则由上两式可解得

$$a = \frac{F_0}{m\omega^2}, \quad \alpha = \pi.$$

代入到前面的表示式 (2) 中可得

$$x = \frac{F_0}{m\omega^2}(1 - \cos\omega t).$$

这是围绕平衡位置 $x = \frac{F_0}{m\omega^2}$ 的振动. 相对于 $F_0 = 0$ 时的平衡位置, 常力作用的结果使平衡位置产生了位移. 实际上, 如果令 $\xi = x - \frac{F_0}{m\omega^2}$, 则运动方程 (1) 变为

$$\ddot{\xi} + \omega^2\xi = 0.$$

由这也可以看出平衡位置为 $\xi = 0$, 即 $x = \frac{F_0}{m\omega^2}$.

b) 当 $F = at$ 时, 方程 (1) 的非齐次项是变量 t 的线性函数, 故特解具有形式

$$x = At,$$

其中 A 待定. 将上式代入方程 (1) 中, 可得

$$A = \frac{a}{m\omega^2}.$$

所以方程 (1) 的通解为

$$x = b\cos(\omega t + \alpha) + \frac{a}{m\omega^2}t, \tag{3}$$

其中 b, α 为积分常数. 由初始条件 $x = \dot{x} = 0$, 可得

$$0 = b\cos\alpha, \quad 0 = -b\omega\sin\alpha + \frac{a}{m\omega^2}.$$

考虑到 b 为振幅, 是正的, 则由上两式可解得

$$b = \frac{a}{m\omega^3}, \quad \alpha = \frac{\pi}{2}.$$

代入到前面的表示式 (3) 中, 可得

$$x = \frac{a}{m\omega^3}(\omega t - \sin\omega t).$$

c) 当 $F = F_0 \mathrm{e}^{-\alpha t}$ 时, 方程 (1) 的非齐次项是变量 t 的指数函数. 根据指数函数对变量求导的性质, 特解应具有形式

$$x = A\mathrm{e}^{-\alpha t}.$$

代入方程 (1) 中, 有

$$\alpha^2 A + \omega^2 A = \frac{F_0}{m},$$

即

$$A = \frac{F_0}{m(\alpha^2 + \omega^2)}.$$

于是方程 (1) 的通解为

$$x = B\cos\omega t + C\sin\omega t + \frac{F_0}{m(\alpha^2 + \omega^2)}\mathrm{e}^{-\alpha t},$$

其中 B, C 为积分常数. 由初始条件 $x = \dot{x} = 0$, 可得

$$0 = B + \frac{F_0}{m(\alpha^2 + \omega^2)}, \quad 0 = \omega C - \frac{\alpha F_0}{m(\alpha^2 + \omega^2)}.$$

由上两式可解得

$$B = -\frac{F_0}{m(\alpha^2 + \omega^2)}, \quad C = \frac{\alpha F_0}{m\omega(\alpha^2 + \omega^2)},$$

故有

$$x = \frac{F_0}{m(\omega^2 + \alpha^2)}\left(\mathrm{e}^{-\alpha t} - \cos\omega t + \frac{\alpha}{\omega}\sin\omega t\right).$$

d) 当 $F = F_0 \mathrm{e}^{-\alpha t}\cos\beta t$ 时, 为方便计算将其写为指数形式

$$F = F_0 \mathrm{e}^{(-\alpha + \mathrm{i}\beta)t}.$$

用这样的 F 求得结果后取其中的实部即可得到所需要求的解. 在上述力作用下, 方程的特解具有形式

$$x = A\mathrm{e}^{(-\alpha + \mathrm{i}\beta)t}.$$

代入方程 (1) 中, 有

$$(-\alpha + \mathrm{i}\beta)^2 A + \omega^2 A = \frac{F_0}{m},$$

即

$$A = \frac{F_0}{m\left[(-\alpha + \mathrm{i}\beta)^2 + \omega^2\right]} = \frac{F_0(\alpha^2 - \beta^2 + \omega^2 + 2\mathrm{i}\alpha\beta)}{m\left[(\alpha^2 - \beta^2 + \omega^2)^2 + 4\alpha^2\beta^2\right]}.$$

于是特解为

$$x = \frac{F_0(\alpha^2 - \beta^2 + \omega^2 + 2\mathrm{i}\alpha\beta)}{m\left[(\alpha^2 - \beta^2 + \omega^2)^2 + 4\alpha^2\beta^2\right]}\mathrm{e}^{(-\alpha+\mathrm{i}\beta)t}$$
$$= \frac{F_0}{m\left[(\alpha^2 - \beta^2 + \omega^2)^2 + 4\alpha^2\beta^2\right]}\mathrm{e}^{-\alpha t}\left\{\left[(\alpha^2 - \beta^2 + \omega^2)\cos\beta t - 2\alpha\beta\sin\beta t\right] + \mathrm{i}\left[(\alpha^2 - \beta^2 + \omega^2)\sin\beta t + 2\alpha\beta\cos\beta t\right]\right\}.$$

取特解的实部再加上其次方程的通解可得方程 (1) 的通解为

$$x = B\cos\omega t + C\sin\omega t +$$
$$\frac{F_0}{m\left[(\alpha^2 - \beta^2 + \omega^2)^2 + 4\alpha^2\beta^2\right]}\mathrm{e}^{-\alpha t}\left[(\alpha^2 - \beta^2 + \omega^2)\cos\beta t - 2\alpha\beta\sin\beta t\right],$$

其中 B, C 为积分常数. 由初始条件 $x = \dot{x} = 0$ 可得

$$0 = B + \frac{F_0(\alpha^2 - \beta^2 + \omega^2)}{m\left[(\alpha^2 - \beta^2 + \omega^2)^2 + 4\alpha^2\beta^2\right]},$$
$$0 = C\omega - \frac{\alpha F_0(\alpha^2 + \beta^2 + \omega^2)}{m\left[(\alpha^2 - \beta^2 + \omega^2)^2 + 4\alpha^2\beta^2\right]}.$$

由上两式可解得积分常数为

$$B = -\frac{F_0(\alpha^2 - \beta^2 + \omega^2)}{m\left[(\alpha^2 - \beta^2 + \omega^2)^2 + 4\alpha^2\beta^2\right]}, \quad C = \frac{\alpha F_0(\alpha^2 + \beta^2 + \omega^2)}{m\omega\left[(\alpha^2 - \beta^2 + \omega^2)^2 + 4\alpha^2\beta^2\right]}.$$

故有满足初始条件的通解为

$$x = \frac{F_0}{m[(\omega^2 + \alpha^2 - \beta^2)^2 + 4\alpha^2\beta^2]}\left\{-(\omega^2 + \alpha^2 - \beta^2)\cos\omega t + \frac{\alpha}{\omega}(\omega^2 + \alpha^2 + \beta^2)\sin\omega t + e^{-\alpha t}\left[(\omega^2 + \alpha^2 - \beta^2)\cos\beta t - 2\alpha\beta\sin\beta t\right]\right\}.$$

习题 2 设直到 $t = 0$ 时系统静止在平衡位置, 力 F 的变化规律为: 当 $t < 0$ 时 $F = 0$, 当 $0 < t < T$ 时 $F = F_0 t/T$, 当 $t > T$ 时 $F = F_0$. 试求在该力作用后系统振动的最后振幅.

解: 在时间间隔 $0 < t < T$ 内力的形式与习题 1b) 相同, 只要作代换 $a = \dfrac{F_0}{T}$. 于是满足初始条件 $x = \dot{x} = 0$ 的振动为

$$x_1 = \frac{F_0}{mT\omega^3}(\omega t - \sin\omega t).$$

当 $t > T$ 时力具有习题 1a) 的形式, 则有下面形式的解

$$x_2 = c_1\cos[\omega(t - T)] + c_2\sin[\omega(t - T)] + \frac{F_0}{m\omega^2},$$

其中 c_1, c_2 是积分常数. 由 x 和 $\dot{x}$ 在 $t = T$ 处连续的条件

$$x_1|_{t=T} = x_2|_{t=T}, \quad \dot{x}_1|_{t=T} = \dot{x}_2|_{t=T},$$

即

$$\frac{F_0}{mT\omega^3}(\omega T - \sin\omega T) = c_1 + \frac{F_0}{m\omega^2},$$

$$\frac{F_0}{mT\omega^2}(1 - \cos\omega T) = c_2\omega,$$

可解得

$$c_1 = -\frac{F_0}{mT\omega^3}\sin\omega T, \quad c_2 = \frac{F_0}{mT\omega^3}(1 - \cos\omega T).$$

注意到, 对于形式为 $x = c_1\cos\omega t + c_2\sin\omega t$ 的运动, 它是简谐振动. 如果令 $c_1 = a\cos\alpha, c_2 = -a\sin\alpha$, 则有 $x = a\cos(\omega t + \alpha)$, 即 a 为振幅, α 为初位相, 且

$$a = \sqrt{c_1^2 + c_2^2}, \quad \alpha = \arctan\left(-\frac{c_2}{c_1}\right).$$

可见, 对于现在的问题, 系统在 T 以后的运动也是简谐振动, 其振动振幅为

$$a = \sqrt{c_1^2 + c_2^2} = \frac{F_0}{mT\omega^3}\sqrt{\sin^2\omega T + (1 - \cos\omega T)^2}$$

$$= \frac{F_0}{mT\omega^3}\sqrt{2(1 - \cos\omega T)} = \frac{2F_0}{mT\omega^3}\sin\frac{\omega T}{2}.$$

在上面振幅 a 的表示式中, $\sin\dfrac{\omega T}{2}$ 是振荡因子, 变化不大. 而对振幅有大的影响的是振荡因子前面的系数 $\dfrac{2F_0}{mT\omega^3}$. 可见, T 越大振幅越小. 但是, T 越大表示力从零变到 F_0 的时间越长, 也即非常缓慢地加大力的作用.

习题 3 同习题 2, 力 F_0 是常数, 只在有限时间间隔 T 内作用.

方法一: 在时间间隔 $0 < t < T$ 内, 力的形式与习题 1a) 相同, 则满足初始条件 $x = \dot{x} = 0$ 的振动为

$$x_1 = \frac{F_0}{m\omega^2}(1 - \cos\omega t).$$

当 $t > T$ 时是自由振动, 则有下面形式的解

$$x_2 = c_1\cos[\omega(t - T)] + c_2\sin[\omega(t - T)].$$

由 x 和 $\dot{x}$ 在 $t = T$ 处连续的条件

$$x_1|_{t=T} = x_2|_{t=T}, \quad \dot{x}_1|_{t=T} = \dot{x}_2|_{t=T},$$

即

$$\frac{F_0}{m\omega^2}(1 - \cos\omega T) = c_1, \quad \frac{F_0}{m\omega}\sin\omega T = c_2\omega.$$

由此可解得

$$c_1 = \frac{F_0}{m\omega^2}(1 - \cos\omega T), \quad c_2 = \frac{F_0}{m\omega^2}\sin\omega T.$$

T 以后系统的运动是简谐振动, 其振幅为

$$a = \sqrt{c_1^2 + c_2^2} = \frac{2F_0}{m\omega^2}\sin\frac{\omega T}{2}.$$

方法二: 利用公式 (o22.10). 因为力仅在 $0 \to T$ 的时间范围内作用, 则有

$$\xi = \frac{F_0}{m}e^{\mathrm{i}\omega t}\int_0^T e^{-\mathrm{i}\omega t}\mathrm{d}t = \frac{F_0}{\mathrm{i}\omega m}(1 - e^{-\mathrm{i}\omega T})e^{\mathrm{i}\omega t}.$$

根据 (o22.9) 知, 上式的虚部为所要求的解与 ω 的积. 于是由关系 $|\xi|^2 = a^2\omega^2$, 这里 a 就是振动的振幅, 故有

$$a = \frac{1}{\omega}|\xi| = \frac{F_0}{m\omega^2}\sqrt{(1 - \cos\omega T)^2 + (\sin\omega T)^2} = \frac{2F_0}{m\omega^2}\sin\frac{\omega T}{2}.$$

习题 4 同习题 2, 但力在从零到 T 时间间隔内按规律 $F = F_0 t/T$ 作用.

解: 采用与习题 3 方法二相同的方法. 因为力仅在 $0 \to T$ 范围内作用, 则利用公式 (o22.10) 有

$$\xi = \frac{F_0}{Tm}e^{\mathrm{i}\omega t}\int_0^T te^{-\mathrm{i}\omega t}\mathrm{d}t = \frac{F_0}{Tm}e^{\mathrm{i}\omega t}\left[-\frac{1}{\mathrm{i}\omega}\left(Te^{-\mathrm{i}\omega T} - \int_0^T e^{-\mathrm{i}\omega t}\mathrm{d}t\right)\right]$$

$$= -\frac{F_0}{\mathrm{i}\omega Tm}e^{\mathrm{i}\omega t}\left[Te^{-\mathrm{i}\omega T} + \frac{1}{\mathrm{i}\omega}\left(e^{-\mathrm{i}\omega T} - 1\right)\right] = \frac{F_0}{\omega^2 Tm}e^{\mathrm{i}\omega t}\left[(\mathrm{i}\omega T + 1)e^{-\mathrm{i}\omega T} - 1\right]$$

$$= \frac{F_0}{\omega^2 Tm}e^{\mathrm{i}\omega t}\left[(\omega T\sin\omega T + \cos\omega T - 1) + \mathrm{i}(\omega T\cos\omega T - \sin\omega T)\right].$$

根据关系 $|\xi|^2 = a^2\omega^2$, 故有振幅为

$$a = \frac{|\xi|}{\omega} = \frac{F_0}{Tm\omega^3}\sqrt{\omega^2 T^2 - 2\omega T\sin\omega T + 2(1 - \cos\omega T)}.$$

习题 5 同习题 2, 但力在从零到 $T = 2\pi/\omega$ 时间间隔内按规律 $F = F_0\sin\omega t$ 作用.

解: 采用与习题 3 方法二相同的方法. 将 $F(t) = F_0\sin\omega t = \dfrac{F_0}{2\mathrm{i}}(e^{\mathrm{i}\omega t} - e^{-\mathrm{i}\omega t})$ 代入公式 (o22.10) 并积分, 有

$$\xi = \frac{F_0}{2\mathrm{i}m}e^{\mathrm{i}\omega t}\int_0^T e^{-\mathrm{i}\omega t}\left(e^{\mathrm{i}\omega t} - e^{-\mathrm{i}\omega t}\right)\mathrm{d}t = \frac{F_0}{2\mathrm{i}m}e^{\mathrm{i}\omega t}\int_0^T\left(1 - e^{-2\mathrm{i}\omega t}\right)\mathrm{d}t$$

$$= \frac{F_0}{2\mathrm{i}m}e^{\mathrm{i}\omega t}\left[T + \frac{1}{2\mathrm{i}\omega}\left(e^{-2\mathrm{i}\omega T} - 1\right)\right] = \frac{\pi F_0}{\mathrm{i}\omega m}e^{\mathrm{i}\omega t},$$

其中最后一个等号代入了 $T = 2\pi/\omega$. 于是, 振幅为

$$a = \frac{|\xi|}{\omega} = \frac{F_0\pi}{m\omega^2}.$$

§23 多自由度系统振动

§23.1 内容提要

对于自由度为 s 的系统, 如果考虑平衡位置附近的微振动, 用 x_i 表示对平衡位置的偏离, 且将系统的动能和势能分别保留到 x_i 和 $\dot{x}_i$ 的二次项, 则系统的拉格朗日函数为

$$L = \frac{1}{2}\sum_{i,k}(m_{ik}\dot{x}_i\dot{x}_k - k_{ik}x_ix_k), \tag{o23.4}$$

其中 $m_{ik} = m_{ki}, k_{ik} = k_{ki}$. 相应的拉格朗日方程为

$$\sum_k m_{ik}\ddot{x}_k + \sum_k k_{ik}x_k = 0. \tag{o23.5}$$

这是 $s(i = 1,2,3\cdots,s)$ 个常系数线性微分方程组. 可以用试探法求解 (o23.5), 设解的形式为 $x_k = A_k\mathrm{e}^{\mathrm{i}\omega t}$, 则求解 (o23.5) 变为求下列齐次线性代数方程组

$$\sum_k(-\omega^2 m_{ik} + k_{ik})A_k = 0. \tag{o23.7}$$

要得到方程组的非零解, ω 满足特征方程①

$$\left|k_{ik} - \omega^2 m_{ik}\right| = 0. \tag{o23.8}$$

特征方程的解 ω_α 称为系统的特征频率或本征频率. 将由特征方程求得的特征频率代入 (o23.7) 再求 A_k. 从代数角度看, 求解 (o23.7) 等同于本征问题 (见本节内容补充部分).

对于 ω_α 无重根的情况, 系统的通解为

$$x_k = \mathrm{Re}\left\{\sum_{\alpha=1}^s \Delta_{k\alpha}C_\alpha\mathrm{e}^{\mathrm{i}\omega_\alpha t}\right\} \equiv \sum_\alpha \Delta_{k\alpha}\Theta_\alpha, \tag{o23.9}$$

其中 $\Delta_{k\alpha}$ 是 (o23.8) 行列式的代数余子式, 并且 ω 用本征频率 ω_α 代替,

$$\Theta_\alpha = \mathrm{Re}\left\{C_\alpha\mathrm{e}^{\mathrm{i}\omega_\alpha t}\right\} = c_\alpha\cos(\omega_\alpha t + \varphi_\alpha). \tag{o23.10}$$

① 文献中也常称为久期方程 (secular equation).

Θ_α 称为简正坐标 (或者主坐标), 相应的简单周期振动称为系统的简正振动.

用简正坐标表示时, 系统的拉格朗日函数可以表示为对角的形式

$$L = \sum_\alpha \frac{m_\alpha}{2} (\dot{\Theta}_\alpha^2 - \omega_\alpha^2 \Theta_\alpha^2). \tag{o23.12}$$

求简正坐标有多种方法, 典型的是按本征问题处理, 即求本征频率以及相应的本征矢量 (其分量为 A_k).

§23.2 内容补充

1. 势能表示式 (o23.2) 以及相关条件

对于 (o23.2) 形式的势, 系统要满足下列要求: (i) 主动力全是保守力, 所以系统的势能仅与位置有关, 即 $U = U(\boldsymbol{r}_i)$; (ii) 约束是定常的, 坐标变换关系中可以不显含时间, 所以势能中仅含有广义坐标, 没有广义速度和时间, 即 $U = U(q_1, q_2, \cdots, q_s)$. 将势能 U 对广义坐标 q_i 在平衡位置附近进行 Taylor 展开

$$U = U_0 + \sum_i \left(\frac{\partial U}{\partial q_i} \right) \bigg|_{q_0} (q_i - q_{i0}) + \sum_{i,k} \frac{1}{2} \left(\frac{\partial^2 U}{\partial q_i \partial q_k} \right) \bigg|_{q_0} (q_i - q_{i0})(q_k - q_{k0}) + \cdots,$$

其中, 第二项 $(\partial U/\partial q_i)|_{q_0} = 0$, 因为平衡位置是势函数的极值点. 再取平衡点为势能零点, 即 $U_0 = 0$. 于是, 在保留到 $x_i = q_i - q_{i0}$ 的二次项时, 有

$$U = \frac{1}{2} \sum_{i,k} k_{ik} x_i x_k, \quad k_{ik} = \left(\frac{\partial^2 U}{\partial q_i \partial q_k} \right) \bigg|_{q_0}. \tag{23.1}$$

对于连续可导的势函数, 偏微分可以交换次序, 则有

$$k_{ik} = \left(\frac{\partial^2 U}{\partial q_i \partial q_k} \right) \bigg|_{q_0} = \left(\frac{\partial^2 U}{\partial q_k \partial q_i} \right) \bigg|_{q_0} = k_{ki},$$

即系数关于脚标是对称的.

平衡点是稳定的, 要求 (i) 势函数 (23.1) 中的系数 k_{ik} 构成的矩阵 (称为刚性系数矩阵), 即

$$\boldsymbol{U} = \begin{bmatrix} k_{11} & \cdots & k_{1s} \\ \vdots & & \vdots \\ k_{s1} & \cdots & k_{ss} \end{bmatrix}, \tag{23.2}$$

是正定的矩阵;(ii) 系数矩阵是实矩阵, 即 $\boldsymbol{U}^* = \boldsymbol{U}$; 而同时 (iii) 系数矩阵也是对称的, 即 $\boldsymbol{U}^T = \boldsymbol{U}$. (ii) 和 (iii) 表示矩阵 $\boldsymbol{U}$ 是 Hermite[①] 矩阵.

2. 简正坐标与本征问题

如果将 (o23.6) 的系数看成矩阵 $\boldsymbol{A}$ 的元素, 即

$$\boldsymbol{A} = \begin{pmatrix} A_1 \\ A_2 \\ \vdots \\ A_s \end{pmatrix},$$

而动能的系数矩阵 (称为惯性系数矩阵) 记为

$$\boldsymbol{M} = \begin{pmatrix} m_{11} & \cdots & m_{1s} \\ \vdots & & \vdots \\ m_{s1} & \cdots & m_{ss} \end{pmatrix}. \tag{23.3}$$

与 $\boldsymbol{U}$ 一样, $\boldsymbol{M}$ 也是实的, 对称的, 正定的矩阵. 利用这些矩阵, 方程 (o23.7) 可以表示为下列矩阵形式

$$\boldsymbol{U}\,\boldsymbol{A} = \omega^2 \boldsymbol{M}\,\boldsymbol{A}, \tag{23.4}$$

即

$$\boldsymbol{M}^{-1}\boldsymbol{U}\,\boldsymbol{A} = \omega^2 \boldsymbol{A}. \tag{23.4'}$$

于是, 求解 (o23.7) 等同于解 (23.4'). 但是方程 (23.4') 是本征值为 ω^2, 本征矢量为 $\boldsymbol{A}$ 的本征方程.

记本征频率 ω_α 相应的本征矢量为 $\boldsymbol{A}_\alpha$, 即

$$\boldsymbol{A}_\alpha = \begin{pmatrix} A_{1\alpha} \\ A_{2\alpha} \\ \vdots \\ A_{s\alpha} \end{pmatrix},$$

则可以证明本征矢量具有性质

$$\boldsymbol{A}_\alpha^T \boldsymbol{M}\,\boldsymbol{A}_\beta = m_\alpha \delta_{\alpha\beta}, \tag{23.5}$$

即不同本征频率相应的本征矢量是相互正交的. 利用这样的性质, 可以证明如果广义坐标 x_k 与坐标 Θ_α 之间通过关系 $x_k = \sum\limits_\alpha A_{k\alpha}\Theta_\alpha$ 相联系, 则坐

---

① Charles Hermite, 1822—1901, 法国数学家.

标 Θ_α 就是简正坐标 (见下文). 可见, 求出本征矢量就可以找到系统的简正坐标.

现在证明式 (23.5). 对于本征值 ω_α 和 ω_β, 由方程 (23.4), 有

$$U A_\alpha = \omega_\alpha^2 M A_\alpha, \quad U A_\beta = \omega_\beta^2 M A_\beta. \tag{23.6}$$

将上式中的第一式两边同时左乘 A_β^T, 第二式两边同时左乘 A_α^T, 则有

$$A_\beta^T U A_\alpha = \omega_\alpha^2 A_\beta^T M A_\alpha, \quad A_\alpha^T U A_\beta = \omega_\beta^2 A_\alpha^T M A_\beta. \tag{23.7}$$

对上式中第一式两边同时进行转置运算, 考虑到 $U = U^T$, $M = M^T$, 则有

$$A_\alpha^T U A_\beta = \omega_\alpha^2 A_\alpha^T M A_\beta. \tag{23.8}$$

将上式与式 (23.7) 中的第二式相减, 有

$$(\omega_\alpha^2 - \omega_\beta^2) A_\alpha^T M A_\beta = 0. \tag{23.9}$$

当 $\omega_\alpha \neq \omega_\beta$, 即本征频率不同时, 由上式可得

$$A_\alpha^T M A_\beta = 0, \tag{23.10}$$

即相应的本征矢量是正交的. 另一方面, 因为 M 是正定的, 则 $A_\alpha^T M A_\alpha$ 是非负的常数, 记

$$A_\alpha^T M A_\alpha = m_\alpha. \tag{23.11}$$

当 $m_\alpha = 1$ 时, 则称 A_α 是归一化的本征矢量. 将式 (23.10) 和 (23.11) 统一表示就得到 (23.5).

需要说明的是, 方程 (23.4) 中的各方程不是完全独立的, 即本征矢量是不能完全确定的, 因为特征方程表明方程 (23.4) 的系数矩阵 $U - \omega^2 M$ 的秩小于 s. 当矩阵 $U - \omega^2 M$ 的秩为 $s - 1$ 时, 有一个待定常数, 或者说只有 $A_1, \cdots, A_s$ 的比率是确定的, 此时可用归一化条件确定这个待定常数.

3. 简正坐标与拉格朗日函数 (o23.12)

设广义坐标与简正坐标的关系 $x_k = \sum_\alpha A_{k\alpha} \Theta_\alpha$, 其中 x_k 为广义坐标, Θ_α 为简正坐标, 则系统的动能为

$$\begin{aligned} T &= \sum_{k,s} \frac{1}{2} m_{ks} \dot{x}_k \dot{x}_s = \frac{1}{2} \sum_{k,s} m_{ks} \sum_\alpha A_{k\alpha} \dot{\Theta}_\alpha \sum_\beta A_{s\beta} \dot{\Theta}_\beta \\ &= \frac{1}{2} \sum_{\alpha,\beta} \sum_{k,s} m_{ks} A_{k\alpha} A_{s\beta} \dot{\Theta}_\alpha \dot{\Theta}_\beta = \frac{1}{2} \sum_{\alpha,\beta} A_\alpha^T M A_\beta \dot{\Theta}_\alpha \dot{\Theta}_\beta. \end{aligned}$$

但是 $\boldsymbol{A}_\alpha^T \boldsymbol{M} \boldsymbol{A}_\beta = m_\alpha \delta_{\alpha\beta}$, 代入上式便得到

$$T = \frac{1}{2} \sum_{\alpha,\beta} m_\alpha \delta_{\alpha\beta} \dot{\Theta}_\alpha \dot{\Theta}_\beta = \frac{1}{2} \sum_\alpha m_\alpha \dot{\Theta}_\alpha^2.$$

系统的势能为

$$U(x_1, x_2, \cdots x_n) = \frac{1}{2} \sum_{k,s} k_{ks} x_k x_s = \frac{1}{2} \sum_{k,s} k_{ks} \sum_\alpha A_{k\alpha} \Theta_\alpha \sum_\beta A_{s\beta} \Theta_\beta$$

$$= \frac{1}{2} \sum_{\alpha,\beta} \left(\sum_{k,s} k_{ks} A_{k\alpha} A_{s\beta} \right) \Theta_\alpha \Theta_\beta = \frac{1}{2} \sum_{\alpha,\beta} \boldsymbol{A}_\alpha^T \boldsymbol{U} \boldsymbol{A}_\beta \Theta_\alpha \Theta_\beta.$$

因为 $\boldsymbol{U} \boldsymbol{A}_\beta = \omega_\beta^2 \boldsymbol{M} \boldsymbol{A}_\beta$, 代入上式可得

$$U = \frac{1}{2} \sum_{\alpha,\beta} \omega_\beta^2 \boldsymbol{A}_\alpha^T \boldsymbol{M} \boldsymbol{A}_\beta \Theta_\alpha \Theta_\beta = \frac{1}{2} \sum_{\alpha,\beta} \omega_\beta^2 m_\alpha \delta_{\alpha\beta} \Theta_\alpha \Theta_\beta = \frac{1}{2} \sum_\alpha \omega_\alpha^2 m_\alpha \Theta_\alpha^2.$$

于是, 系统的拉格朗日函数为

$$L = T - U = \frac{1}{2} \sum_\alpha m_\alpha \dot{\Theta}_\alpha^2 - \frac{1}{2} \sum_\alpha \omega_\alpha^2 m_\alpha \Theta_\alpha^2 = \frac{1}{2} \sum_\alpha m_\alpha (\dot{\Theta}_\alpha^2 - \omega_\alpha^2 \Theta_\alpha^2).$$

此即式 (o23.12).

用简正坐标表示的动能和势能也称为对角化的形式, 因为它们的系数矩阵, 即惯性系数矩阵和刚性系数矩阵此时均是对角矩阵. 将拉格朗日函数化为对角形式的过程也称为对角化 (diagonalization). 本节中讨论的对角化是通过求解本征问题而实现的. 从多项式的角度来说, 用简正坐标表示时动能、势能以及拉格朗日函数的表示式是无交叉项的. 从运动微分方程来看, 每个方程中仅出现一个简正坐标, 不同简正坐标的方程之间是无耦合的 (uncoupled). 总而言之, 简正坐标相应的简正振动之间是相互独立的.

每一个简正坐标相应的运动表示系统的一种振动模式, 称为简正模 (normal mode) (简称为模), 是系统整体运动行为的一种表现. 各个模的激发取决于初始条件, 即对特定的初始条件系统仅出现一种简正模. 在量子理论中, 这些简正模相应的量子是所谓的准粒子或元激发. 代表性的例子是晶格振动简正模相应的声子.

本节讨论的多自由度振动系统是一类特殊的可积系统, 它可以约化为一系列单个自由度的问题, 每一个自由度与一个简正坐标相联系.

§23.3 习题解答

习题 1 设两个自由度系统的拉格朗日函数为

$$L = \frac{1}{2}(\dot{x}^2 + \dot{y}^2) - \frac{1}{2}\omega_0^2(x^2 + y^2) + \alpha xy,$$

(两个全同的本征频率为 ω_0 的一维系统以相互作用 $-\alpha xy$ 耦合起来), 试求系统的振动.

解: 由拉格朗日函数, 可得系统的运动方程为

$$\ddot{x} + \omega_0^2 x = \alpha y, \quad \ddot{y} + \omega_0^2 y = \alpha x. \tag{1}$$

设解的形式为

$$x = A_x \mathrm{e}^{\mathrm{i}\omega t}, \quad y = A_y \mathrm{e}^{\mathrm{i}\omega t},$$

将其代入运动方程 (1), 可得

$$\begin{cases} -\omega^2 A_x \mathrm{e}^{\mathrm{i}\omega t} + \omega_0^2 A_x \mathrm{e}^{\mathrm{i}\omega t} = \alpha A_y \mathrm{e}^{\mathrm{i}\omega t}, \\ -\omega^2 A_y \mathrm{e}^{\mathrm{i}\omega t} + \omega_0^2 A_y \mathrm{e}^{\mathrm{i}\omega t} = \alpha A_x \mathrm{e}^{\mathrm{i}\omega t}. \end{cases}$$

对上式化简即得

$$\begin{cases} A_x(\omega_0^2 - \omega^2) = \alpha A_y, \\ A_y(\omega_0^2 - \omega^2) = \alpha A_x. \end{cases}$$

上式可用矩阵形式表示为

$$\begin{pmatrix} \omega_0^2 - \omega^2 & -\alpha \\ -\alpha & \omega_0^2 - \omega^2 \end{pmatrix} \begin{pmatrix} A_x \\ A_y \end{pmatrix} = \begin{pmatrix} 0 \\ 0 \end{pmatrix}. \tag{2}$$

所以特征方程为

$$\begin{vmatrix} \omega_0^2 - \omega^2 & -\alpha \\ -\alpha & \omega_0^2 - \omega^2 \end{vmatrix} = 0,$$

即

$$(\omega_0^2 - \omega^2)^2 = \alpha^2.$$

由此可得

$$\omega_1^2 = \omega_0^2 - \alpha, \quad \omega_2^2 = \omega_0^2 + \alpha,$$

即本征频率为

$$\omega_1 = \sqrt{\omega_0^2 - \alpha} = \omega_0\sqrt{1 - \frac{\alpha}{\omega_0^2}}, \quad \omega_2 = \sqrt{\omega_0^2 + \alpha} = \omega_0\sqrt{1 + \frac{\alpha}{\omega_0^2}}. \tag{3}$$

当 $\alpha \ll \omega_0^2$, 即 $\dfrac{\alpha}{\omega_0^2}$ 是小量时, 对上面的两个表示式进行 Taylor 展开, 并仅保留到小量的一阶项, 得

$$\omega_1 = \omega_0 \left[1 - \frac{\alpha}{2\omega_0^2} + O\left(\frac{\alpha}{\omega_0^2}\right)^2 \right] \approx \omega_0 - \frac{\alpha}{2\omega_0},$$

$$\omega_2 = \omega_0 \left[1 + \frac{\alpha}{2\omega_0^2} + O\left(\frac{\alpha}{\omega_0^2}\right)^2 \right] \approx \omega_0 + \frac{\alpha}{2\omega_0}.$$

可见在 x 和 y 方向的运动是频率几乎相同的简谐振动, 它们的叠加将产生频率为 $\omega_2 - \omega_1 = \dfrac{\alpha}{\omega_0}$ 的拍.

下面求本征矢量. 将式 (3) 中的第一个频率 ω_1 代入式 (2), 有

$$\begin{pmatrix} \alpha & -\alpha \\ -\alpha & \alpha \end{pmatrix} \begin{pmatrix} A_x \\ A_y \end{pmatrix} = \begin{pmatrix} 0 \\ 0 \end{pmatrix}.$$

由此可得 $A_x = A_y$, 故有

$$\boldsymbol{A}_1 = A_x \begin{pmatrix} 1 \\ 1 \end{pmatrix}.$$

根据归一化条件 (23.11), 考虑到现在惯性系数矩阵为

$$\boldsymbol{M} = \begin{pmatrix} 1 & 0 \\ 0 & 1 \end{pmatrix},$$

则有

$$A_x^2 (1, 1) \begin{pmatrix} 1 & 0 \\ 0 & 1 \end{pmatrix} \begin{pmatrix} 1 \\ 1 \end{pmatrix} = 1,$$

故

$$A_x = \frac{\sqrt{2}}{2}.$$

于是, 与频率 ω_1 相应的归一化的本征矢量为

$$\boldsymbol{A}_1 = \frac{\sqrt{2}}{2} \begin{pmatrix} 1 \\ 1 \end{pmatrix}. \tag{4}$$

将式 (3) 中的频率 ω_2 代入式 (2), 有

$$\begin{pmatrix} -\alpha & -\alpha \\ -\alpha & -\alpha \end{pmatrix} \begin{pmatrix} A_x \\ A_y \end{pmatrix} = \begin{pmatrix} 0 \\ 0 \end{pmatrix}.$$

由此可得 $A_x = -A_y$, 相应地有

$$\boldsymbol{A}_2 = A_x \begin{pmatrix} 1 \\ -1 \end{pmatrix}.$$

据归一化条件 (23.11), 有

$$A_x^2 (1, -1) \begin{pmatrix} 1 & 0 \\ 0 & 1 \end{pmatrix} \begin{pmatrix} 1 \\ -1 \end{pmatrix} = 1,$$

故可得

$$A_x = \frac{\sqrt{2}}{2}.$$

频率 ω_2 相应的归一化的本征矢量为

$$\boldsymbol{A}_2 = \frac{\sqrt{2}}{2} \begin{pmatrix} 1 \\ -1 \end{pmatrix}. \tag{5}$$

由式 (4) 和 (5) 可知, x, y 与简正坐标 Q_1, Q_2 的关系分别为

$$x = \frac{\sqrt{2}}{2}(Q_1 + Q_2), \quad y = \frac{\sqrt{2}}{2}(Q_1 - Q_2). \tag{6}$$

将关系 (6) 代入题中的拉格朗日函数, 可得其用 Q_1, Q_2 表示的形式为

$$L = \frac{1}{2}(\dot{Q}_1^2 + \dot{Q}_2^2) - \frac{1}{2}(\omega_0^2 - \alpha)Q_1^2 - \frac{1}{2}(\omega_0^2 + \alpha)Q_2^2.$$

可见, L 关于 Q_1, Q_2 确实是对角化的, 即 Q_1, Q_2 是简正坐标.

习题 2 试求 §5 平面双摆的微振动.

解: 选取系统为 m_1 和 m_2, 它有两个自由度, 选取广义坐标为 φ_1 和 φ_2. 由 §5 图 o1, 有质点 m_1 和 m_2 的坐标分别为 $(l_1 \sin\varphi_1, l_1 \cos\varphi_1)$, $(l_1 \sin\varphi_1 + l_2 \sin\varphi_2, l_1 \cos\varphi_1 + l_2 \cos\varphi_2)$. 由此可得 m_1 的动能为

$$T_1 = \frac{1}{2} m_1 l_1^2 \dot{\varphi}_1^2.$$

m_2 的动能为

$$T_2 = \frac{1}{2} m_2 [l_1^2 \dot{\varphi}_1^2 + l_2^2 \dot{\varphi}_2^2 + 2 l_1 l_2 \dot{\varphi}_1 \dot{\varphi}_2 \cos(\varphi_1 - \varphi_2)].$$

由于假定 φ_1 和 φ_2 均为小量, 即 $\varphi_1 \ll 1$, $\varphi_2 \ll 1$, 在上式中可作近似 $\cos(\varphi_1 - \varphi_2) \approx 1$, 即保留到 $\dot{\varphi}_1, \dot{\varphi}_2$ 的二阶项, 于是有

$$T_2 = \frac{1}{2} m_2 (l_1^2 \dot{\varphi}_1^2 + l_2^2 \dot{\varphi}_2^2 + 2 l_1 l_2 \dot{\varphi}_1 \dot{\varphi}_2).$$

系统的动能为

$$T = T_1 + T_2 = \frac{1}{2}(m_1 + m_2)l_1^2\dot{\varphi}_1^2 + \frac{1}{2}m_2l_2^2\dot{\varphi}_2^2 + m_2l_1l_2\dot{\varphi}_1\dot{\varphi}_2.$$

T 的惯性系数矩阵 $\boldsymbol{M}$ 为,

$$\boldsymbol{M} = \begin{pmatrix} (m_1 + m_2)l_1^2 & m_2l_1l_2 \\ m_2l_1l_2 & m_2l_2^2 \end{pmatrix}. \tag{1}$$

系统的势能为

$$U = -m_1gl_1\cos\varphi_1 - m_2g(l_1\cos\varphi_1 + l_2\cos\varphi_2).$$

同样因为 φ_1 和 φ_2 均为小量, 作近似 $\cos\varphi_1 \approx 1 - \frac{1}{2}\varphi_1^2$, $\cos\varphi_2 \approx 1 - \frac{1}{2}\varphi_2^2$, 代入上式并经化简有

$$U = \frac{1}{2}(m_1 + m_2)gl_1\varphi_1^2 + \frac{1}{2}m_2gl_2\varphi_2^2 - (m_1gl_1 + m_2gl_1 + m_2gl_2).$$

U 的刚性系数矩阵 $\boldsymbol{U}$ 为

$$\boldsymbol{U} = \begin{pmatrix} (m_1 + m_2)gl_1 & 0 \\ 0 & m_2gl_2 \end{pmatrix}. \tag{2}$$

拉格朗日函数为

$$L = \frac{1}{2}(m_1 + m_2)l_1^2\dot{\varphi}_1^2 + \frac{1}{2}m_2l_2^2\dot{\varphi}_2^2 + m_2l_1l_2\dot{\varphi}_1\dot{\varphi}_2 - \frac{1}{2}(m_1 + m_2)gl_1\varphi_1^2 - \frac{1}{2}m_2gl_2\varphi_2^2,$$

其中略去了势能中对运动无影响的常数项. 将 L 代入拉格朗日方程

$$\frac{\mathrm{d}}{\mathrm{d}t}\left(\frac{\partial L}{\partial\dot{\varphi}_1}\right) - \frac{\partial L}{\partial\varphi_1} = 0,$$
$$\frac{\mathrm{d}}{\mathrm{d}t}\left(\frac{\partial L}{\partial\dot{\varphi}_2}\right) - \frac{\partial L}{\partial\varphi_2} = 0,$$

得系统的运动微分方程为

$$[(m_1 + m_2)l_1^2\ddot{\varphi}_1 + m_2l_1l_2\ddot{\varphi}_2] + (m_1 + m_2)gl_1\varphi_1 = 0,$$
$$(m_2l_2^2\ddot{\varphi}_2 + m_2l_1l_2\ddot{\varphi}_1) + m_2gl_2\varphi_2 = 0,$$

即

$$(m_1 + m_2)l_1\ddot{\varphi}_1 + m_2l_2\ddot{\varphi}_2 + (m_1 + m_2)g\varphi_1 = 0,$$
$$l_1\ddot{\varphi}_1 + l_2\ddot{\varphi}_2 + g\varphi_2 = 0. \tag{3}$$

设方程 (3) 的解为

$$\varphi_1 = A_1 \mathrm{e}^{\mathrm{i}\omega t}, \quad \varphi_2 = A_2 \mathrm{e}^{\mathrm{i}\omega t}.$$

将它们代入上面的式 (3), 可以得到

$$- (m_1 + m_2) l_1 \omega^2 A_1 \mathrm{e}^{\mathrm{i}\omega t} - m_2 l_2 \omega^2 A_2 \mathrm{e}^{\mathrm{i}\omega t} + (m_1 + m_2) g A_1 \mathrm{e}^{\mathrm{i}\omega t} = 0,$$

$$- l_1 \omega^2 A_1 \mathrm{e}^{\mathrm{i}\omega t} - l_2 \omega^2 A_2 \mathrm{e}^{\mathrm{i}\omega t} + g A_2 \mathrm{e}^{\mathrm{i}\omega t} = 0.$$

化简后

$$A_1 (m_1 + m_2)(g - l_1 \omega^2) - A_2 m_2 l_2 \omega^2 = 0,$$

$$- A_1 l_1 \omega^2 + A_2 (g - l_2 \omega^2) = 0.$$

特征方程为上述方程组的系数行列式等于零, 或者 $\det(\boldsymbol{U} - \omega^2 \boldsymbol{M}) = 0$, 即

$$\begin{vmatrix} (m_1 + m_2)(g - l_1 \omega^2) l_1 & -m_2 l_1 l_2 \omega^2 \\ -m_2 l_1 l_2 \omega^2 & m_2 l_2 (g - l_2 \omega^2) \end{vmatrix} = 0.$$

由此可解得本征频率为

$$\omega_{1,2}^2 = \frac{g}{2m_1 l_1 l_2} \times$$

$$\left\{ (m_1 + m_2)(l_1 + l_2) \pm \sqrt{(m_1 + m_2)[(m_1 + m_2)(l_1 + l_2)^2 - 4m_1 l_1 l_2]} \right\}.$$

习题 3 试求质点在有心力场 $U = kr^2/2$ 中的运动轨道 (称为空间振子).

解: 根据势函数可得相应的有心力为

$$F = -\frac{\mathrm{d}U}{\mathrm{d}r} = -kr.$$

对于有心力问题, 质点作平面运动, 取该平面为 xy, 则相应的质点运动微分方程为

$$m\ddot{x} = -kx, \quad m\ddot{y} = -ky.$$

或者, 对于平面运动, 取 x, y 为广义坐标, 则系统的动能为

$$T = \frac{1}{2} m(\dot{x}^2 + \dot{y}^2).$$

系统的拉格朗日函数为

$$L = T - U = \frac{1}{2} m(\dot{x}^2 + \dot{y}^2) - \frac{1}{2} k(x^2 + y^2).$$

代入相应的拉格朗日方程得运动微分方程为

$$m\ddot{x} = -kx, \quad m\ddot{y} = -ky.$$

它们均是频率为 $\omega = \sqrt{k/m}$ 的简谐振动方程, 运动方程的通解为

$$x = a\cos(\omega t + \alpha), \quad y = b\cos(\omega t + \beta),$$

其中 a, b, α, β 均为积分常数. 将上两式改写为

$$x = a\cos\varphi, \quad y = b\cos(\varphi + \delta) = b\cos\delta\cos\varphi - b\sin\delta\sin\varphi,$$

其中 $\varphi = \omega t + \alpha, \delta = \beta - \alpha,$ 由此可解得

$$\cos\varphi = \frac{x}{a}, \quad \sin\varphi = \frac{1}{\sin\delta}\left(\frac{\cos\delta}{a}x - \frac{1}{b}y\right).$$

于是有

$$1 = \cos^2\varphi + \sin^2\varphi = \frac{x^2}{a^2} + \frac{1}{\sin^2\delta}\left(\frac{\cos\delta}{a}x - \frac{1}{b}y\right)^2$$

$$= \frac{1}{\sin^2\delta}\left[\frac{x^2}{a^2} + \frac{y^2}{b^2} - \frac{2xy}{ab}\cos\delta\right],$$

即

$$\frac{x^2}{a^2} + \frac{y^2}{b^2} - \frac{2xy}{ab}\cos\delta = \sin^2\delta.$$

这就是质点运动的轨道方程, 它是中心在坐标原点的椭圆.

讨论: 对于有心力问题, 我们通常采用平面极坐标 (r, φ) 作为广义坐标, 但是在本问题中由此求解并不简单. 当用 (r, φ) 为广义坐标时, 系统的拉格朗日函数可以写为

$$L = \frac{1}{2}m(\dot{r}^2 + r^2\dot{\varphi}^2) - \frac{1}{2}kr^2.$$

φ 是可遗坐标, 则有广义动量积分

$$mr^2\dot{\varphi} = M, \tag{1}$$

其中 M 是积分常数, 实际上为系统相对于坐标原点的角动量. 又由关于 r 拉格朗日方程可得相应的运动微分方程为

$$m(\ddot{r} - r\dot{\varphi}^2) + kr = 0. \tag{2}$$

将式 (1) 代入式 (2) 并整理可得

$$\ddot{r} = -\frac{k}{m}r + \frac{M^2}{m^2r^3}. \tag{3}$$

利用 $\ddot{r} = \dot{r}\dfrac{\mathrm{d}\dot{r}}{\mathrm{d}r}$, 将式 (3) 化为

$$\dot{r}\,\mathrm{d}\dot{r} = -\frac{k}{m}r\,\mathrm{d}r + \frac{M^2}{m^2r^3}\,\mathrm{d}r. \tag{4}$$

对式 (4) 积分一次, 可得

$$\dot{r}^2 = -\frac{k}{m}r^2 - \frac{M^2}{m^2r^2} + c, \tag{5}$$

其中 c 是积分常数.

设 $r = r_0$ 时, $\dot{r} = 0$, 即 r_0 是质点运动的转折点, 质点的运动限制在 $r \leqslant r_0$ 的区域中, 则有

$$c = \frac{k}{m}r_0^2 + \frac{M^2}{m^2r_0^2}. \tag{6}$$

由式 (5) 可得

$$\dot{r} = \pm\sqrt{c - \frac{k}{m}r^2 - \frac{M^2}{m^2r^2}}.$$

令 $z = r^2$, 并考虑到式 (1), 上列方程可改写为

$$\frac{M\,\mathrm{d}z}{mz\sqrt{cz - \dfrac{k}{m}z^2 - \dfrac{M^2}{m^2}}} = \pm 2\,\mathrm{d}\varphi. \tag{7}$$

查积分表[①]

$$\int \frac{\mathrm{d}x}{x\sqrt{ax^2 + bx + c}} = \frac{1}{\sqrt{-c}}\arcsin\frac{bx + 2c}{x\sqrt{b^2 - 4ac}}, \quad (c < 0,\ b^2 > 4ac),$$

对方程 (7) 积分可得

$$\arcsin\frac{cz - \dfrac{2M^2}{m^2}}{z\sqrt{c^2 - \dfrac{4M^2k}{m^3}}} = \pm 2\varphi + \phi_0,$$

即

$$z = r^2 = \frac{2\dfrac{M^2}{m^2}}{c - \sqrt{c^2 - \dfrac{4kM^2}{m^3}}\sin(\pm 2\varphi + \phi_0)}, \tag{8}$$

其中 ϕ_0 是积分常数. 这是中心在坐标原点的椭圆方程的极坐标形式.

[①] I. S. Gradshteyn and I. M. Ryzhik. Table of integrals, series, and products, 7th ed. Academic Press, 2007, p97, 公式 2.266.

§24 分子振动

§24.1 内容提要

对于分子, 如果不考虑整体的平动和转动自由度, 仅关注振动问题, n 个原子组成的分子有 $3n-6$ 个振动自由度 (对线性分子则有 $3n-5$ 个振动自由度). 相应地, 各原子偏离其平衡位置的矢量 $\boldsymbol{u}_a$ 之间有附加限制条件

$$\sum_a m_a \boldsymbol{u}_a = 0, \tag{o24.1}$$

以及

$$\sum_a m_a \boldsymbol{r}_{a0} \times \boldsymbol{u}_a = 0, \tag{o24.2}$$

其中 $\boldsymbol{r}_{a0}$ 是第 a 个原子平衡位置的径矢. 条件 (o24.1) 消除分子整体平动自由度, 等价于在质心系中研究分子运动. 条件 (o24.2) 消除分子整体转动的自由度.

分子的简正振动可以根据其中各原子的运动特征进行分类. 例如, 对于平面分子, 即所有原子位于一平面内的分子, 可区分原子的面内简正振动和面外简正振动. 对线性分子, 可以区分纵向振动和横向振动.

§24.2 内容补充

• **公式 (o24.2)**

因为 $\boldsymbol{r}_a \times \boldsymbol{v}_a = (\boldsymbol{r}_{a0} + \boldsymbol{u}_a) \times (\dot{\boldsymbol{r}}_{a0} + \dot{\boldsymbol{u}}_a)$, 而 $\dot{\boldsymbol{r}}_{a0} = 0$, 则有

$$\boldsymbol{r}_a \times \boldsymbol{v}_a = \boldsymbol{r}_{a0} \times \dot{\boldsymbol{u}}_a + \boldsymbol{u}_a \times \dot{\boldsymbol{u}}_a.$$

上式中略去 $\boldsymbol{u}_a$ 的二阶小量, 即右边第二项, 则有

$$\boldsymbol{r}_a \times \boldsymbol{v}_a \approx \boldsymbol{r}_{a0} \times \dot{\boldsymbol{u}}_a = \frac{\mathrm{d}}{\mathrm{d}t}(\boldsymbol{r}_{a0} \times \dot{\boldsymbol{u}}_a).$$

故

$$\boldsymbol{M} = \sum m_a \boldsymbol{r}_a \times \boldsymbol{v}_a \approx \frac{\mathrm{d}}{\mathrm{d}t}\left(\sum m_a \boldsymbol{r}_{a0} \times \boldsymbol{u}_a\right).$$

可见在这种近似下, 角动量可以表示为某一函数 $\sum m_a \boldsymbol{r}_{a0} \times \boldsymbol{u}_a$ 对时间的全微分. 于是, 总角动量 $\boldsymbol{M}$ 等于零即表示 $\sum m_a \boldsymbol{r}_{a0} \times \boldsymbol{u}_a$ 是一常矢量, 令其等于零不影响对于振动的描述.

§24.3 习题解答

习题 1 求线性 3 原子对称分子 ABA (图 o28) 的振动频率. 假设分子势能仅依赖于距离 $A-B$, $B-A$ 以及角 ABA.

解: 分别考虑原子的纵向运动以及横向运动, 即认为两种运动是相互独立的.

设各原子纵向位移分别为 x_1, x_2, x_3, 有

$$\boldsymbol{u}_1 = (x_1, 0), \quad \boldsymbol{u}_2 = (x_2, 0), \quad \boldsymbol{u}_3 = (x_3, 0).$$

根据 (o24.1), 为消去平动, 即在质心系中研究运动, 纵向位移满足关系

$$m_A(x_1 + x_3) + m_B x_2 = 0. \tag{1}$$

将原子之间的相互作用等效为弹性力 (弹性系数为 k_1), 则分子纵向运动的拉格朗日函数为

$$L = \frac{1}{2} m_A(\dot{x}_1^2 + \dot{x}_3^2) + \frac{1}{2} m_B \dot{x}_2^2 - \frac{1}{2} k_1[(x_1 - x_2)^2 + (x_3 - x_2)^2].$$

纵向有两个振动自由度, x_1, x_2, x_3 不完全独立. 利用式 (1), 从上式中消去 x_2, 有

$$\begin{aligned}
L = &\frac{m_A}{2}(\dot{x}_1^2 + \dot{x}_3^2) + \frac{m_A^2}{2m_B}(\dot{x}_1 + \dot{x}_3)^2 - \\
&\frac{k_1}{2m_B^2}\left\{[(m_A + m_B)x_1 + m_A x_3]^2 + [m_A x_1 + (m_A + m_B)x_3]^2\right\}.
\end{aligned} \tag{2}$$

它是用独立坐标表示的形式, 但是含有交叉项 $\dot{x}_1\dot{x}_3$ 和 $x_1 x_3$.

引入新坐标

$$Q_a = x_1 + x_3, \quad Q_s = x_1 - x_3,$$

则有

$$x_1 = \frac{1}{2}(Q_a + Q_s), \quad x_3 = \frac{1}{2}(Q_a - Q_s), \quad x_2 = \frac{-m_A Q_a}{m_B}.$$

将上式代入前面的拉格朗日函数 (2) 中, 可得

$$L = \frac{m_A \mu}{4m_B}\dot{Q}_a^2 + \frac{m_A}{4}\dot{Q}_s^2 - \frac{k_1 \mu^2}{4m_B^2}Q_a^2 - \frac{k_1}{4}Q_s^2, \tag{3}$$

其中 $\mu = 2m_A + m_B$ 是分子的质量. 拉格朗日函数 L 关于新坐标 Q_s, Q_a 是完全对角化的, 即没有交叉项. 在相差因本征矢量的归一化而给出的归一化常数的意义上, 坐标 Q_a 和 Q_s 就是简正坐标.

将式 (3) 代入拉格朗日方程

$$\frac{\mathrm{d}}{\mathrm{d}t}\left(\frac{\partial L}{\partial \dot{Q}_a}\right) - \frac{\partial L}{\partial Q_a} = 0,$$

可得相应的运动方程为

$$\ddot{Q}_a + \frac{k_1\mu}{m_A m_B}Q_a = 0.$$

这表示振动频率为

$$\omega_a = \sqrt{\frac{k_1\mu}{m_A m_B}} \tag{4}$$

的简谐振动. 坐标 Q_a 的运动对应着相对分子中心的反对称振动 ($x_1 = x_3$), 即两个 A 原子相对于 B 原子同时向相同的方向运动. 在质心系中看, 三个原子均是运动的, 但 B 原子的运动方向与两个 A 原子的运动方向相反, 以保证分子的质心静止 (图 o28a).

再将式 (3) 代入拉格朗日方程

$$\frac{\mathrm{d}}{\mathrm{d}t}\left(\frac{\partial L}{\partial \dot{Q}_s}\right) - \frac{\partial L}{\partial Q_s} = 0,$$

可得运动方程为

$$\ddot{Q}_s + \frac{k_1}{m_A}Q_s = 0.$$

这是振动频率为

$$\omega_{s1} = \sqrt{\frac{k_1}{m_A}} \tag{5}$$

的简谐振动. 坐标 Q_s 的运动对应着对称振动 ($x_1 = -x_3$, 图 o28b), 即两个 A 原子相对于 B 原子分别向相反的方向运动. 对于该情况, 在质心系中看, B 原子是静止的.

对于原子的横向运动, 设各原子横向位移分别为 y_1, y_2, y_3, 则有

$$\boldsymbol{u}_1 = (0, y_1), \quad \boldsymbol{u}_2 = (0, y_2), \quad \boldsymbol{u}_3 = (0, y_3).$$

又以 B 原子的平衡位置为坐标原点, 则有

$$\boldsymbol{r}_{10} = (l, 0), \quad \boldsymbol{r}_{20} = (0, 0), \quad \boldsymbol{r}_{30} = (-l, 0).$$

根据 (o24.1), 消去平动的条件为

$$m_A(y_1 + y_3) + m_B y_2 = 0. \tag{6}$$

根据 (o24.2), 消去转动的条件为

$$m_A l y_1 - m_A l y_3 = 0,$$

即

$$y_1 = y_3. \tag{7}$$

该条件表示两个 A 原子沿横向在相同的方向上运动. 为保证分子的质心静止, B 原子运动的方向与两个原子 A 的运动方向相反, 即分子弯曲. 分子弯曲势能写成 $k_2 l^2 \delta^2 / 2$, 其中 δ 是角 ABA 偏离 π 的大小. 设 AB 和 BA 偏离纵向的角度分别为 δ_1, δ_3, 则有

$$\delta_1 \approx \tan \delta_1 = \frac{y_1 - y_2}{l}, \quad \delta_3 \approx \tan \delta_3 = \frac{y_3 - y_2}{l}.$$

于是 δ 可以用位移表示为

$$\delta = \delta_1 + \delta_3 \approx \frac{1}{l} \left[(y_1 - y_2) + (y_3 - y_2) \right]. \tag{8}$$

横向振动有一个自由度, 取 δ 为相应的广义坐标. 利用关系 (6), (7) 和 (8), 将所有位移 y_1, y_2, y_3 用 δ 表示, 则有变换关系

$$y_1 = y_3 = \frac{m_B}{2\mu} l \delta, \quad y_2 = -\frac{m_A}{\mu} l \delta.$$

将这些关系代入分子横向振动的拉格朗日函数

$$L = \frac{1}{2} m_A (\dot{y}_1^2 + \dot{y}_3^2) + \frac{1}{2} m_B \dot{y}_2^2 - \frac{1}{2} k_2 l^2 \delta^2,$$

可得

$$L = \frac{m_A m_B^2}{4\mu^2} l^2 \dot{\delta}^2 + \frac{m_A^2 m_B}{2\mu^2} l^2 \dot{\delta}^2 - \frac{1}{2} k_2 l^2 \delta^2 = \frac{m_A m_B}{4\mu} l^2 \dot{\delta}^2 - \frac{1}{2} k_2 l^2 \delta^2. \tag{9}$$

将此 L 代入拉格朗日方程

$$\frac{\mathrm{d}}{\mathrm{d}t} \left(\frac{\partial L}{\partial \dot{\delta}} \right) - \frac{\partial L}{\partial \delta} = 0,$$

得运动方程

$$\ddot{\delta} + \frac{2 k_2 \mu}{m_A m_B} \delta = 0.$$

这是频率为

$$\omega_{s2} = \sqrt{\frac{2 k_2 \mu}{m_A m_B}}$$

的简谐振动.

说明: 上面在求纵向振动时是直接给出简正坐标 Q_a, Q_s 与广义坐标 x_1, x_3 之间的关系的. 实际上, 可以按 §23 的方法先求出本征矢量再得出这种关系的.

另外, 考虑到通常的广义坐标与简正坐标之间的关系是线性变换关系, 将该变换关系代入拉格朗日函数中并要求无交叉项, 由此在相差一个归一化常数的意义上可以确定变换关系中的系数, 进而也可以得到简正坐标. 对于本题, 设变换关系为

$$Q_a = x_1 + ax_3, \quad Q_s = x_1 + bx_3, \tag{10}$$

这里 a, b 为待定常数, Q_a, Q_s 与前面的含义相同, 为简正坐标. 由关系 (10) 反解出 x_1, x_3, 即

$$x_1 = \frac{aQ_s - bQ_a}{a - b}, \quad x_3 = \frac{Q_a - Q_s}{a - b}.$$

将上式代入拉格朗日函数 (2) 并整理可得

$$
\begin{aligned}
L = &\frac{m_A}{2(a-b)^2}\left\{ \left[a^2 + 1 + \frac{m_A}{m_B}(a-1)^2\right]\dot{Q}_s^2 + \left[b^2 + 1 + \frac{m_A}{m_B}(1-b)^2\right]\dot{Q}_a^2 + \right.\\
&\left. 2\left[-(ab+1) + \frac{m_A}{m_B}(a-1)(1-b)\right]\dot{Q}_a\dot{Q}_s \right\} - \\
&\frac{k_1}{2m_B^2(a-b)^2}\left\{\left[2(a-1)^2 m_A(m_A + m_B) + (a^2+1)m_B^2\right]Q_s^2 + \right.\\
&\left[2(1-b)^2 m_A(m_A + m_B) + (b^2+1)m_B^2\right]Q_a^2 + \\
&\left. 2\left[2(a-1)(1-b)m_A(m_A + m_B) - (ab+1)m_B^2\right]Q_aQ_s \right\}.
\end{aligned}
$$

令上式中交叉项 Q_aQ_s 以及 $\dot{Q}_a\dot{Q}_s$ 前的系数等于零, 即

$$
\begin{cases}
-(ab+1) + \dfrac{m_A}{m_B}(a-1)(1-b) = 0, \\
2(a-1)(1-b)m_A(m_A + m_B) - (ab+1)m_B^2 = 0.
\end{cases}
$$

由此可得

$$
\begin{cases}
(ab+1) = 0, \\
(a-1)(1-b) = 0.
\end{cases}
$$

这有两组解:

$$a = 1, \quad b = -1,$$

以及

$$a = -1, \quad b = 1.$$

考虑到前面对符号 Q_a, Q_s 的约定, 取第一组解, 将其代入 (10) 所得结果与前面给出的关系是一致的.

习题 2 同上题, 但分子 ABA 的形状为三角形 (图 o29).

解: 设各原子的位移分别为 $(x_1, y_1), (x_2, y_2), (x_3, y_3)$, 即有

$$\boldsymbol{u}_1 = (x_1, y_1), \quad \boldsymbol{u}_2 = (x_2, y_2), \quad \boldsymbol{u}_3 = (x_3, y_3).$$

又以 B 原子的平衡位置为坐标原点, 则有

$$\boldsymbol{r}_{10} = (l\cos\alpha, l\sin\alpha), \quad \boldsymbol{r}_{20} = (0, 0), \quad \boldsymbol{r}_{30} = (-l\cos\alpha, l\sin\alpha).$$

根据式 (o24.1) 和 (o24.2), 原子位移 $\boldsymbol{u}_a (a = 1, 2, 3)$ 在 X 和 Y 方向的分量满足关系

$$m_A(x_1 + x_3) + m_B x_2 = 0,$$
$$m_A(y_1 + y_3) + m_B y_2 = 0,$$
$$(y_1 - y_3)\sin\alpha - (x_1 + x_3)\cos\alpha = 0.$$

利用矢量 $\boldsymbol{u}_1 - \boldsymbol{u}_2$ 和 $\boldsymbol{u}_3 - \boldsymbol{u}_2$ 在直线 AB 和 BA 方向上投影, 可得距离 AB 和 BA 的变化量 δl_1 和 δl_2 如下

$$\delta l_1 = (x_1 - x_2)\sin\alpha + (y_1 - y_2)\cos\alpha,$$
$$\delta l_2 = -(x_3 - x_2)\sin\alpha + (y_3 - y_2)\cos\alpha.$$

将这两个矢量向垂直于直线 AB 和 BA 方向上投影, 可得角 ABA 的改变量

$$\delta = \frac{1}{l}\left[(x_1 - x_2)\cos\alpha - (y_1 - y_2)\sin\alpha\right] + \frac{1}{l}\left[-(x_3 - x_2)\cos\alpha - (y_3 - y_2)\sin\alpha\right].$$

分子的拉格朗日函数为

$$\begin{aligned}
L &= \frac{1}{2}m_A(\dot{\boldsymbol{u}}_1^2 + \dot{\boldsymbol{u}}_3^2) + \frac{1}{2}m_B\dot{\boldsymbol{u}}_2^2 - \frac{1}{2}k_1(\delta l_1^2 + \delta l_2^2) - \frac{1}{2}k_2 l^2 \delta^2 \\
&= \frac{1}{2}m_A(\dot{x}_1^2 + \dot{y}_1^2 + \dot{x}_3^2 + \dot{y}_3^2) + \frac{1}{2}m_B(\dot{x}_2^2 + \dot{y}_2^2) - \frac{1}{2}k_1(\delta l_1^2 + \delta l_2^2) - \frac{1}{2}k_2 l^2 \delta^2,
\end{aligned}$$

其中势能部分有沿两原子连线方向的振动势能 (拉伸势能) 和垂直于该方向的振动势能 (即习题 1 中的弯曲势能) 两部分, 分别为上式中的第三项和第四项. 分子的面内振动自由度为 3. 引入新坐标

$$Q_a = x_1 + x_3, \quad q_{s1} = x_1 - x_3, \quad q_{s2} = y_1 + y_3.$$

这三个坐标可以作为系统的广义坐标. 将矢量 u_1, u_2, u_3 的分量用这些新坐标表示出来, 有

$$x_1 = \frac{1}{2}(Q_a + q_{s1}), \quad x_3 = \frac{1}{2}(Q_a - q_{s1}), \quad x_2 = -\frac{m_A}{m_B}Q_a,$$

$$y_1 = \frac{1}{2}(q_{s2} + Q_a \cot\alpha), \quad y_3 = \frac{1}{2}(q_{s2} - Q_a \cot\alpha), \quad y_2 = -\frac{m_A}{m_B}q_{s2}.$$

将它们代入前面的拉格朗日函数, 经计算后可得拉格朗日函数为

$$L = \frac{m_A}{4}\left(\frac{2m_A}{m_B} + \frac{1}{\sin^2\alpha}\right)\dot{Q}_a^2 + \frac{m_A}{4}\dot{q}_{s1}^2 + \frac{m_A\mu}{4m_B}\dot{q}_{s2}^2 -$$

$$Q_a^2\frac{k_1}{4}\left(\frac{2m_A}{m_B} + \frac{1}{\sin^2\alpha}\right)\left(1 + \frac{2m_A}{m_B}\sin^2\alpha\right) -$$

$$\frac{q_{s1}^2}{4}(k_1\sin^2\alpha + 2k_2\cos^2\alpha) - q_{s2}^2\frac{\mu^2}{4m_B^2}(k_1\cos^2\alpha + 2k_2\sin^2\alpha) +$$

$$q_{s1}q_{s2}\frac{\mu}{2m_B}(2k_2 - k_1)\sin\alpha\cos\alpha.$$

可见 Q_a 与 q_{s1} 和 q_{s2} 之间是没有耦合的, 即 Q_a 是简正坐标. 但是, q_{s1} 和 q_{s2} 之间是有耦合的, 即它们不是简正坐标.

由拉格朗日方程

$$\frac{\mathrm{d}}{\mathrm{d}t}\left(\frac{\partial L}{\partial \dot{Q}_a}\right) - \frac{\partial L}{\partial Q_a} = 0,$$

得运动方程为

$$\ddot{Q}_a + \frac{k_1}{m_A}\left(1 + \frac{2m_A}{m_B}\sin^2\alpha\right)Q_a = 0.$$

由此可见, 坐标 Q_a 对应于频率为

$$\omega_a^2 = \frac{k_1}{m_A}\left(1 + \frac{2m_A}{m_B}\sin^2\alpha\right)$$

的相对于 Y 轴的反对称振动 ($x_1 = x_3, y_1 = -y_3$, 图 o29a).

将 L 分别代入与 q_{s1}, q_{s2} 相应的拉格朗日方程, 有

$$m_A\ddot{q}_{s1} + q_{s1}(k_1\sin^2\alpha + 2k_2\cos^2\alpha) - q_{s2}\frac{\mu}{m_B}(2k_2 - k_1)\sin\alpha\cos\alpha = 0,$$

$$m_A\ddot{q}_{s2} + q_{s2}\frac{\mu}{m_B}(k_1\cos^2\alpha + 2k_2\sin^2\alpha) - q_{s1}(2k_2 - k_1)\sin\alpha\cos\alpha = 0.$$

令 $q_{sk} = A_k\mathrm{e}^{\mathrm{i}\omega t}(k = 1, 2)$, 代入上式可得

$$\left[m_A\omega^2 - (k_1\sin^2\alpha + 2k_2\cos^2\alpha)\right]A_1 + A_2\frac{\mu}{m_B}(2k_2 - k_1)\sin\alpha\cos\alpha = 0,$$

$$A_1(2k_2 - k_1)\sin\alpha\cos\alpha + A_2\left[m_A\omega^2 - \frac{\mu}{m_B}(k_1\cos^2\alpha + 2k_2\sin^2\alpha)\right] = 0.$$

于是特征方程为

$$\begin{vmatrix} m_A\omega^2 - (k_1\sin^2\alpha + 2k_2\cos^2\alpha) & \frac{\mu}{m_B}(2k_2 - k_1)\sin\alpha\cos\alpha \\ (2k_2 - k_1)\sin\alpha\cos\alpha & m_A\omega^2 - \frac{\mu}{m_B}(k_1\cos^2\alpha + 2k_2\sin^2\alpha) \end{vmatrix}$$

$$= \left[m_A\omega^2 - (k_1\sin^2\alpha + 2k_2\cos^2\alpha)\right]\left[m_A\omega^2 - \frac{\mu}{m_B}(k_1\cos^2\alpha + 2k_2\sin^2\alpha)\right] -$$

$$\frac{\mu}{m_B}(2k_2 - k_1)^2\sin^2\alpha\cos^2\alpha = 0,$$

即

$$\omega^4 - \omega^2\left[\frac{k_1}{m_A}\left(1 + \frac{2m_A}{m_B}\cos^2\alpha\right) + \frac{2k_2}{m_A}\left(1 + \frac{2m_A}{m_B}\sin^2\alpha\right)\right] + \frac{2\mu k_1 k_2}{m_B m_A^2} = 0.$$

坐标 q_{s1}, q_{s2} 对应于两个振动 (相对 Y 轴对称: $x_1 = -x_3, y_1 = y_3$, 图 o29b 和 o29c), 相应的振动频率 ω_{s1}, ω_{s2} 是上述特征方程的根. 当 $2\alpha = \pi$ 时, 这些频率与习题 1 中的相同.

习题 3 同习题 1, 但分子 ABC 是线性非对称的.

解: 设各原子位移分别为 $(x_1, y_1), (x_2, y_2), (x_3, y_3)$, 即有

$$\boldsymbol{u}_1 = (x_1, y_1), \quad \boldsymbol{u}_2 = (x_2, y_2), \quad \boldsymbol{u}_3 = (x_3, y_3).$$

又以 B 原子的平衡为坐标原点, 则有

$$\boldsymbol{r}_{10} = (l_1, 0), \quad \boldsymbol{r}_{20} = (0, 0), \quad \boldsymbol{r}_{30} = (-l_2, 0).$$

根据式 (o24.1) 和 (o24.2), 原子纵向位移 (x) 和横向位移 (y) 之间的关系为

$$m_A x_1 + m_B x_2 + m_C x_3 = 0,$$

$$m_A y_1 + m_B y_2 + m_C y_3 = 0,$$

$$m_A l_1 y_1 = m_C l_2 y_3.$$

拉伸和弯曲的总势能为

$$\frac{1}{2}k_1(\delta l_1)^2 + \frac{1}{2}k_1'(\delta l_2)^2 + \frac{1}{2}k_2 l^2\delta^2,$$

其中 $2l = l_1 + l_2$. 对于纵向振动

$$\delta l_1 = x_1 - x_2, \quad \delta l_2 = x_3 - x_2.$$

而弯曲引起的角 ABA 偏离 π 的大小 δ 为

$$\delta = \delta_1 + \delta_3 \approx \frac{1}{l_1}(y_1 - y_2) + \frac{1}{l_2}(y_3 - y_2).$$

于是, 类似习题 1, 分子的拉格朗日函数为

$$
\begin{aligned}
L ={} & \frac{m_A}{2}\dot{\boldsymbol{u}}_1^2 + \frac{m_B}{2}\dot{\boldsymbol{u}}_2^2 + \frac{m_C}{2}\dot{\boldsymbol{u}}_3^2 - \frac{k_1}{2}(\delta l_1)^2 - \frac{k_1'}{2}(\delta l_2)^2 - \frac{k_2 l^2}{2}\delta^2 \\
={} & \frac{m_A}{2}(\dot{x}_1^2 + \dot{y}_1^2) + \frac{m_B}{2}(\dot{x}_2^2 + \dot{y}_2^2) + \frac{m_C}{2}(\dot{x}_3^2 + \dot{y}_3^2) - \\
& \frac{k_1}{2}(x_1 - x_2)^2 - \frac{k_1'}{2}(x_3 - x_2)^2 - \frac{k_2 l^2}{2}\left[\frac{1}{l_1}(y_1 - y_2) + \frac{1}{l_2}(y_3 - y_2)\right]^2.
\end{aligned}
$$

这里仍然假定横向运动和纵向运动之间没有耦合.

横向振动自由度为 1, 选 δ 为描述该振动的广义坐标. 用 δ 表示位移 y_1, y_2, y_3, 有

$$y_1 = \xi\delta, \quad y_3 = \frac{m_A l_1}{m_C l_2}\xi\delta, \quad y_2 = \frac{-m_A}{m_B l_2}(l_1 + l_2)\xi\delta,$$

其中

$$\xi = \left[\frac{1}{l_1} + \frac{m_A l_1}{m_C l_2^2} + \frac{m_A}{m_B}\frac{(l_1 + l_2)^2}{l_1 l_2^2}\right]^{-1} = \frac{l_1 l_2^2}{m_A}\left[\frac{l_2^2}{m_A} + \frac{l_1^2}{m_C} + \frac{4l^2}{m_B}\right]^{-1}.$$

将拉格朗日函数中的横向部分用 δ 表示出来, 有

$$
\begin{aligned}
L_t ={} & \frac{m_A}{2}\dot{y}_1^2 + \frac{m_B}{2}\dot{y}_2^2 + \frac{m_C}{2}\dot{y}_3^2 - \frac{k_2 l^2}{2}\left[\frac{1}{l_1}(y_1 - y_2) + \frac{1}{l_2}(y_3 - y_2)\right]^2 \\
={} & \frac{m_A^2}{2l_2^2}\left[\frac{l_2^2}{m_A} + \frac{l_1^2}{m_C} + \frac{4l^2}{m_B}\right]\xi^2\dot{\delta}^2 - \frac{k_2 l^2}{2}\frac{m_A^2}{l_1^2 l_2^4}\left[\frac{l_2^2}{m_A} + \frac{l_1^2}{m_C} + \frac{4l^2}{m_B}\right]^2\xi^2\delta^2 \\
={} & \frac{1}{2}m_A l_1\xi\dot{\delta}^2 - \frac{1}{2}k_2 l^2\delta^2.
\end{aligned}
$$

代入相应的拉格朗日方程, 有

$$\ddot{\delta} + \omega_t^2\delta = 0,$$

其中横向振动频率 ω_t 为

$$\omega_t^2 = \frac{k_2 l^2}{l_1^2 l_2^2}\left(\frac{l_1^2}{m_C} + \frac{l_2^2}{m_A} + \frac{4l^2}{m_B}\right).$$

纵向振动有两个自由度, 选 x_1, x_3 为独立的坐标. 用前述关系消去 x_2, 则纵向振动的拉格朗日函数为

$$
\begin{aligned}
L_l = & \frac{m_A}{2}\dot{x}_1^2 + \frac{m_B}{2}\dot{x}_2^2 + \frac{m_C}{2}\dot{x}_3^2 - \frac{k_1}{2}(x_1 - x_2)^2 - \frac{k_1'}{2}(x_3 - x_2)^2 \\
= & \frac{1}{2}\left(\frac{1}{m_A} + \frac{1}{m_B}\right)m_A^2\dot{x}_1^2 + \frac{m_A m_C}{m_B}\dot{x}_1\dot{x}_3 + \frac{1}{2}\left(\frac{1}{m_C} + \frac{1}{m_B}\right)m_C^2\dot{x}_3^2 - \\
& \frac{1}{2}\left[k_1\left(\frac{1}{m_A} + \frac{1}{m_B}\right)^2 + \frac{k_1'}{m_B^2}\right]m_A^2 x_1^2 - \frac{1}{2}\left[k_1'\left(\frac{1}{m_C} + \frac{1}{m_B}\right)^2 + \frac{k_1}{m_B^2}\right]m_C^2 x_3^2 - \\
& x_1 x_3\left[k_1\left(\frac{1}{m_A} + \frac{1}{m_B}\right) + k_1'\left(\frac{1}{m_C} + \frac{1}{m_B}\right)\right]\frac{m_A m_C}{m_B}.
\end{aligned}
$$

将 L_l 代入相应的拉格朗日方程可得

$$
\left(\frac{1}{m_A} + \frac{1}{m_B}\right)m_A^2\ddot{x}_1 + \frac{m_A m_C}{m_B}\ddot{x}_3 + \left[k_1\left(\frac{1}{m_A} + \frac{1}{m_B}\right)^2 + \frac{k_1'}{m_B^2}\right]m_A^2 x_1 +
$$

$$
x_3\left[k_1\left(\frac{1}{m_A} + \frac{1}{m_B}\right) + k_1'\left(\frac{1}{m_C} + \frac{1}{m_B}\right)\right]\frac{m_A m_C}{m_B} = 0,
$$

$$
\frac{m_A m_C}{m_B}\ddot{x}_1 + \left(\frac{1}{m_C} + \frac{1}{m_B}\right)m_C^2\ddot{x}_3 + \left[k_1'\left(\frac{1}{m_C} + \frac{1}{m_B}\right)^2 + \frac{k_1}{m_B^2}\right]m_C^2 x_3 +
$$

$$
x_1\left[k_1\left(\frac{1}{m_A} + \frac{1}{m_B}\right) + k_1'\left(\frac{1}{m_C} + \frac{1}{m_B}\right)\right]\frac{m_A m_C}{m_B} = 0.
$$

设解为 $x_1 = A_1 \mathrm{e}^{\mathrm{i}\omega t}, x_3 = A_3 \mathrm{e}^{\mathrm{i}\omega t}$, 代入上列方程可得特征方程为

$$
\omega^4 - \omega^2\left[k_1\left(\frac{1}{m_A} + \frac{1}{m_B}\right) + k_1'\left(\frac{1}{m_B} + \frac{1}{m_C}\right)\right] + \frac{\mu k_1 k_1'}{m_A m_B m_C} = 0.
$$

于是两个纵向振动的频率 ω_{l1}, ω_{l2} 是满足上述特征方程的根.

§25 阻尼振动

§25.1 内容提要

在物体运动速度比较小时, 介质对它的摩擦力可近似认为与速度成正比, 即 $f_{\mathrm{fr}} = -\alpha\dot{x}$, 此时相应的运动方程为

$$
m\ddot{x} = -kx - \alpha\dot{x}, \tag{o25.1}
$$

或

$$
\ddot{x} + 2\lambda\dot{x} + \omega_0^2 x = 0, \tag{o25.3}
$$

其中 $\omega_0^2 = \dfrac{k}{m}$ 是系统自由振动的频率, $\lambda = \dfrac{\alpha}{2m}$ 称为阻尼系数或阻尼衰减率.

(i) 如果 $\lambda < \omega_0$, 运动是振幅按指数规律衰减的简谐振动,

$$x = a\mathrm{e}^{-\lambda t}\cos(\omega t + \alpha), \quad \omega = \sqrt{\omega_0^2 - \lambda^2}, \tag{o25.4}$$

其中 a 和 α 是实常数.

(ii) 如果 $\lambda > \omega_0$, 则运动方程 (o25.3) 的通解为

$$x = c_1 \exp\left\{-\left[\lambda - \sqrt{(\lambda^2 - \omega_0^2)}\right]t\right\} + c_2 \exp\left\{-\left[\lambda + \sqrt{(\lambda^2 - \omega_0^2)}\right]t\right\}. \tag{o25.6}$$

运动 $|x|$ 单调递减, $t \to \infty$ 时趋近于平衡位置. 这种类型的运动称为非周期阻尼运动.

(iii) 如果 $\lambda = \omega_0$, 运动方程的通解为

$$x = (c_1 + c_2 t)\mathrm{e}^{-\lambda t}. \tag{o25.7}$$

这是非周期阻尼的特殊情况.

文献中也常将以上 (i), (ii), (iii) 三种情况分别称为欠阻尼 (underdamped), 过阻尼 (overdamped) 以及临界阻尼 (critically damped) 振动.

对于多自由度系统, 广义摩擦力为

$$f_{i\mathrm{fr}} = -\frac{\partial F}{\partial \dot{x}_i}, \tag{o25.10}$$

其中

$$F = \frac{1}{2}\sum_{i,k} \alpha_{ik}\dot{x}_i\dot{x}_k, \tag{o25.11}$$

称为耗散函数, 它决定了系统中能量 E 耗散的速率

$$\frac{\mathrm{d}E}{\mathrm{d}t} = -2F. \tag{o25.13}$$

相应的微振动方程为

$$\sum_k m_{ik}\ddot{x}_k + \sum_k k_{ik}x_k = -\sum_k \alpha_{ik}\dot{x}_k. \tag{o25.14}$$

可以用试探法求解该微分方程组.

§25.2 内容补充

1. 小阻尼振动与频率变化

当 $\lambda \ll \omega_0$ 时, 有

$$\omega_0 - \omega = \omega_0 - \sqrt{\omega_0^2 - \lambda^2} = \omega_0 - \omega_0 \sqrt{1 - \frac{\lambda^2}{\omega_0^2}}$$

$$\approx \omega_0 - \omega_0 \left(1 - \frac{1}{2}\frac{\lambda^2}{\omega_0^2}\right) = \frac{1}{2}\frac{\lambda^2}{\omega_0},$$

可见, ω_0 与 ω 之间的差别是二阶小量.

2. 平均能量衰减公式 (o25.5)

由式 (o25.4), 有

$$\dot{x} = -a\lambda e^{-\lambda t}\cos(\omega t + \alpha) - a\omega e^{-\lambda t}\sin(\omega t + \alpha).$$

考虑到 $\lambda \ll \omega_0$, 则在一个周期内, $e^{-\lambda t}$ 可近似视为不变, 于是有下列平均值为

$$\overline{x^2} = \frac{1}{T}\int_0^T x^2 \mathrm{d}t = \frac{1}{T}a^2\int_0^T e^{-2\lambda t}\cos^2(\omega t + \alpha)\mathrm{d}t$$

$$\approx \frac{1}{T}a^2 e^{-2\lambda t}\int_0^T \cos^2(\omega t + \alpha)\mathrm{d}t$$

$$= \frac{1}{T}a^2 e^{-2\lambda t}\int_0^T \frac{1}{2}\left[1 + \cos 2(\omega t + \alpha)\right]\mathrm{d}t = \frac{1}{2}a^2 e^{-2\lambda t},$$

$$\overline{\dot{x}^2} = \frac{1}{T}\int_0^T \dot{x}^2 \mathrm{d}t \approx e^{-2\lambda t}\frac{1}{T}\int_0^T \left[a^2\omega^2\sin^2(\omega t + \alpha) + \lambda^2 a^2\cos^2(\omega t + \alpha) + \right.$$

$$\left. 2a^2\lambda\omega\sin(\omega t + \alpha)\cos(\omega t + \alpha)\right]\mathrm{d}t$$

$$= \frac{1}{2}e^{-2\lambda t}\left(a^2\omega^2 + \lambda^2 a^2\right) = \frac{1}{2}a^2\omega_0^2 e^{-2\lambda t}.$$

相应地, 振动能量的平均值为

$$\overline{E} = \frac{1}{2}m\overline{\dot{x}^2} + \frac{1}{2}k\overline{x^2} \approx e^{-2\lambda t}\left(\frac{1}{4}ma^2\omega_0^2 + \frac{1}{4}m\omega_0^2 a^2\right)$$

$$= \frac{1}{2}ma^2\omega_0^2 e^{-2\lambda t} = E_0 e^{-2\lambda t},$$

其中 $k = m\omega_0^2 \approx m\omega^2$, $E_0 = \frac{1}{2}m\omega_0^2 a^2$ 是自由振动的能量, 也是运动的初始能量.

3. 阻尼振动的拉格朗日函数

《力学》中是通过在运动方程中添加广义摩擦力项 f_{ifr} 或者引入耗散函数 F 并在拉格朗日方程右端添加 f_{ifr}, 即使用 (o25.12) 得到阻尼振动的动力学方程的. 实际上, 引入含时的拉格朗日函数, 例如对一个自由度的问题

$$L = \frac{1}{2} e^{\frac{\alpha}{m}t} \left(m\dot{x}^2 - kx^2 \right),$$

并使用通常的保守完整系统的拉格朗日方程 (o2.6) 也可得到与 (o25.1) 相同的运动方程. 对于多自由度情况, 与 (o23.4) 相应的阻尼振动的含时拉格朗日函数可以写为

$$L = \frac{1}{2} \sum_{i,k} e^{\frac{\alpha_{ik}}{m_{ik}}t} \left(m_{ik}\dot{x}_i\dot{x}_k - k_{ik}x_i x_k \right),$$

由此利用 (o2.6) 可得与 (o25.14) 相同的运动方程.

说明: 对于像本节讨论的阻尼振动这类耗散系统以及其它一些问题, 可能往往比较容易得到相关的动力学方程, 此时如何找到相应的拉格朗日函数或哈密顿函数将其纳入到分析力学处理的框架中, 这是一个重要的问题, 也是从经典力学向量子理论过渡的出发点. 从运动方程构造拉格朗日函数以及哈密顿函数有多种方法, 所得结果也不一定相同, 即可以有多个拉格朗日函数 (因而哈密顿函数) 对应于同一运动方程, 实际应用中采用哪种形式需要结合物理的分析. 这方面的讨论可参见有关文献[①].

§26 有摩擦的强迫振动

§26.1 内容提要

有摩擦的强迫振动的运动方程为

$$\ddot{x} + 2\lambda\dot{x} + \omega_0^2 x = \frac{F(t)}{m}. \tag{o26.1}$$

本节主要考虑频率为 γ 的周期性外力 $F(t) = f\cos\gamma t$ 作用下系统的特性. 在该情况下, 当 $\lambda < \omega_0$ 时, 方程 (o26.1) 的通解为

$$x = ae^{-\lambda t}\cos(\omega t + \alpha) + b\cos(\gamma t + \delta), \tag{o26.4}$$

---

① 例如,D. H. Kobe, G. Reali, and S. Sieniutycz. Lagrangians for dissipative systems. Am. J. Phys., **54**(11) (1986) 997; Y. S. Huang and C. L. Lin. A systematic method to determine the Lagrangian directly from the equations of motion. Am. J. Phys., **70**(7) (2002) 741. 量子理论中的有关讨论可参见 I. K. Edwards. Quantization of inequivalent classical Hamiltonians. Am. J. Phys., **47**(2)(1979)153.

其中 a, α 为积分常数, 强迫振动的振幅 b 以及 δ 的表示式分别为,

$$b = \frac{f}{m\sqrt{(\omega_0^2 - \gamma^2)^2 + 4\lambda^2\gamma^2}}, \quad \tan\delta = \frac{2\lambda\gamma}{\gamma^2 - \omega_0^2}. \tag{o26.3}$$

当系统的强迫振动处于稳定运动, 即 (o26.4) 的第一项完全衰减为零以后, 系统从外力源吸收的能量与因摩擦而耗散掉的能量相等. 系统单位时间内平均吸收的能量为

$$I(\gamma) = \lambda m b^2 \gamma^2. \tag{o26.8}$$

在接近共振的区域, $\gamma = \omega_0 + \varepsilon$, 这里 ε 是小量. 如果又假设 $\lambda \ll \omega_0$, 则有

$$b = \frac{f}{2m\omega_0\sqrt{\varepsilon^2 + \lambda^2}}, \quad \tan\delta = \frac{\lambda}{\varepsilon}. \tag{o26.7}$$

相应地, 系统单位时间内平均吸收的能量为

$$I(\varepsilon) = \frac{f^2}{4m}\frac{\lambda}{\varepsilon^2 + \lambda^2}. \tag{o26.9}$$

能量吸收与频率有关, 这称为色散. $I(\varepsilon)$ 与 ε 的关系曲线称为共振曲线. 阻尼系数减小, 共振曲线的峰值增大, 但共振曲线下面的面积不变, 该面积近似为

$$\int_{-\infty}^{\infty} I(\varepsilon)\mathrm{d}\varepsilon = \frac{\pi f^2}{4m}. \tag{o26.10}$$

§26.2　内容补充

1. 振幅 b 与位相 δ

将 (o26.2) 改写为下列形式,

$$B = \frac{f}{m(\omega_0^2 - \gamma^2 + 2\mathrm{i}\lambda\gamma)} = \frac{f}{m(\omega_0^2 - \gamma^2 + 2\mathrm{i}\lambda\gamma)(\omega_0^2 - \gamma^2 - 2\mathrm{i}\lambda\gamma)}(\omega_0^2 - \gamma^2 - 2\mathrm{i}\lambda\gamma)$$

$$= \frac{f}{m\sqrt{(\omega_0^2 - \gamma^2)^2 + 4\lambda^2\gamma^2}}\left(\frac{\omega_0^2 - \gamma^2}{\sqrt{(\omega_0^2 - \gamma^2)^2 + 4\lambda^2\gamma^2}} + \mathrm{i}\frac{-2\lambda\gamma}{\sqrt{(\omega_0^2 - \gamma^2)^2 + 4\lambda^2\gamma^2}}\right).$$

如令

$$B = b\mathrm{e}^{\mathrm{i}\delta} = b(\cos\delta + \mathrm{i}\sin\delta),$$

则有

$$b = \frac{f}{m\sqrt{(\omega_0^2 - \gamma^2)^2 + 4\lambda^2\gamma^2}},$$

$$\cos\delta = \frac{\omega_0^2 - \gamma^2}{\sqrt{(\omega_0^2 - \gamma^2)^2 + 4\lambda^2\gamma^2}}, \tag{26.1}$$

$$\sin\delta = \frac{-2\lambda\gamma}{\sqrt{(\omega_0^2 - \gamma^2)^2 + 4\lambda^2\gamma^2}}.$$

值得指出的是, 将确定 δ 的关系如 (o26.3) 那样用 $\tan\delta$ 的形式表出时失去了 δ 取值范围的信息. 同时, 因为 δ 实际上表示稳定振动的位相与强迫力的位相之差, 它必须是负的, 即稳定振动落后于强迫力, 这是因果性的要求. 但是, (o26.3) 那样的形式中也看不出这一点. 注意到 λ, γ 均为正的, (26.1) 表示 $\sin\delta < 0$, 即 δ 在第三、四象限内取值, 这与 δ 取负值是一致的. δ 的实际取值情况还要由 $\cos\delta$ 的值进一步确定.

考虑到 $\gamma = 0$ 时, $b = \dfrac{f}{m\omega_0^2} \equiv b_0$, 则有稳态运动振幅的频率响应关系, 即 b/b_0 与 γ/ω_0 之间的关系为

$$\frac{b}{b_0} = \frac{\omega_0^2}{\sqrt{(\omega_0^2 - \gamma^2)^2 + 4\lambda^2\gamma^2}} = \frac{1}{\sqrt{[1 - (\gamma/\omega_0)^2]^2 + 4(\lambda\gamma/\omega_0^2)^2}}.$$

由此式可见, 随着阻尼系数 λ 的减小, 当频率比 γ/ω_0 接近于 1 时, 振幅将不断增大. 极限情形是无阻尼时的共振, 此时共振振幅趋向无穷, 即当 $\lambda \to 0$, $\gamma/\omega_0 \to 1$ 时, 有 $b/b_0 \to \infty$.

现在据 (26.1) 的后两式讨论 δ 的特性.

(i) 当 $\gamma \to 0$, 即 γ 从小于 ω_0 一侧远离 ω_0 时, 有 $\cos\delta \to 1$, $\sin\delta \to 0$, 即有 δ 趋向于零. 结果表示, 受迫振动与强迫力在低频范围同相.

(ii) 当 $\gamma \to \infty$, 即 γ 从大于 ω_0 一侧远离 ω_0 时, 有 $\cos\delta \to -1$, $\sin\delta \to 0$, 即 δ 趋向于 $-\pi$. 这个结果表示, 受迫振动与强迫力在高频范围反相.

(iii) 当 $\gamma = \omega_0$ 时, $\cos\delta \to 0$, $\sin\delta \to -1$, 即 $\delta = -\dfrac{\pi}{2}$.

2. 振幅 b 的极大值

由 (o26.3) 可见, 对于给定的 f, 要求振幅 b 最大, 则要求其分母达到最小. 令 $g(\gamma) = \sqrt{(\omega_0^2 - \gamma^2)^2 + 4\lambda^2\gamma^2}$, 则有

$$\frac{\mathrm{d}}{\mathrm{d}\gamma}g(\gamma) = \frac{2\gamma[2\lambda^2 - (\omega_0^2 - \gamma^2)]}{\sqrt{(\omega_0^2 - \gamma^2)^2 + 4\lambda^2\gamma^2}}.$$

令 $\dfrac{\mathrm{d}}{\mathrm{d}\gamma}g(\gamma) = 0$, 得

$$2\lambda^2 - (\omega_0^2 - \gamma^2) = 0,$$

即

$$\gamma = \sqrt{\omega_0^2 - 2\lambda^2}. \tag{26.2}$$

于是, 当 $\lambda < \dfrac{\omega_0}{\sqrt{2}}$ 时, 振幅 b 在该 γ 值时达到最大值

$$b_{\max} = \frac{f}{2\lambda m \sqrt{\omega_0^2 - \lambda^2}}. \tag{26.3}$$

显见, $\lambda \to 0$ 时, $b_{\max} \to \infty$. 频率 (26.2) 也称为振幅共振频率. 当 $\lambda > \dfrac{\omega_0}{\sqrt{2}}$ 时, 振幅 b 无极值.

3. 方程 (o26.1) 的 Fourier 变换方法求解

根据微分方程理论, 非齐次线性常微分方程 (o26.1) 的通解等于其特解和相应的齐次方程的通解之和. 方程的特解还可以用 Fourier 变换的方法求出. 对 $F(t)$ 作 Fourier 变换,

$$F(t) = \frac{1}{2\pi} \int_{-\infty}^{\infty} \mathrm{d}\tilde{\omega}\, \mathrm{e}^{\mathrm{i}\tilde{\omega}t} f(\tilde{\omega}), \tag{26.4}$$

其中

$$f(\tilde{\omega}) = \int_{-\infty}^{\infty} \mathrm{d}t\, \mathrm{e}^{-\mathrm{i}\tilde{\omega}t} F(t). \tag{26.5}$$

同时, 令

$$x(t) = \frac{1}{2\pi} \int_{-\infty}^{\infty} \mathrm{d}\tilde{\omega}\, \mathrm{e}^{\mathrm{i}\tilde{\omega}t} X(\tilde{\omega}). \tag{26.6}$$

将式 (26.4) 和 (26.6) 代入 (o26.1), 有

$$\frac{1}{2\pi} \int_{-\infty}^{\infty} \mathrm{d}\tilde{\omega}\, \mathrm{e}^{\mathrm{i}\tilde{\omega}t} \left[(-\tilde{\omega}^2 + 2\mathrm{i}\lambda\tilde{\omega} + \omega_0^2) X(\tilde{\omega}) - \frac{1}{m} f(\tilde{\omega}) \right] = 0. \tag{26.7}$$

上式在任何时刻均应成立, 则方括号中的部分必须等于零, 即

$$(-\tilde{\omega}^2 + 2\mathrm{i}\lambda\tilde{\omega} + \omega_0^2) X(\tilde{\omega}) = \frac{1}{m} f(\tilde{\omega}). \tag{26.8}$$

由此可得

$$X(\tilde{\omega}) = \frac{1}{m} \frac{1}{(-\tilde{\omega}^2 + 2\mathrm{i}\lambda\tilde{\omega} + \omega_0^2)} f(\tilde{\omega}) = G(\tilde{\omega}) f(\tilde{\omega}), \tag{26.9}$$

其中

$$G(\tilde{\omega}) = \frac{1}{m} \frac{1}{(-\tilde{\omega}^2 + 2\mathrm{i}\lambda\tilde{\omega} + \omega_0^2)}, \tag{26.10}$$

称为 Green 函数[1], 它仅由系统的性质 (这里是振动的频率 ω_0) 确定, 而与外场 (这里是强迫力) 无关. 将式 (26.9) 代入式 (26.6) 即得方程 (o26.1) 的特解为

$$x(t) = \frac{1}{2\pi} \int_{-\infty}^{\infty} \mathrm{d}\tilde{\omega} \mathrm{e}^{\mathrm{i}\tilde{\omega}t} G(\tilde{\omega}) f(\tilde{\omega}) = \frac{1}{2m\pi} \int_{-\infty}^{\infty} \mathrm{d}\tilde{\omega} \mathrm{e}^{\mathrm{i}\tilde{\omega}t} \frac{1}{(-\tilde{\omega}^2 + 2\mathrm{i}\lambda\tilde{\omega} + \omega_0^2)} f(\tilde{\omega}).$$
(26.11)

将 Green 函数改写为

$$G(\tilde{\omega}) = \frac{1}{m} \frac{1}{(-\tilde{\omega}^2 + 2\mathrm{i}\lambda\tilde{\omega} + \omega_0^2)} = -\frac{1}{m} \frac{1}{\omega_1 - \omega_2} \left[\frac{1}{\tilde{\omega} - \omega_1} - \frac{1}{\tilde{\omega} - \omega_2} \right],$$
(26.12)

其中

$$\omega_1 = \mathrm{i}\lambda + \sqrt{\omega_0^2 - \lambda^2}, \quad \omega_2 = \mathrm{i}\lambda - \sqrt{\omega_0^2 - \lambda^2}.$$
(26.13)

根据卷积定理[2], 式 (26.11) 可以写为

$$x(t) = \int_{-\infty}^{\infty} \mathrm{d}t' g(t - t') F(t'),$$
(26.14)

其中

$$g(t) = \frac{1}{2\pi} \int_{-\infty}^{\infty} \mathrm{d}\tilde{\omega} G(\tilde{\omega}) \mathrm{e}^{\mathrm{i}\tilde{\omega}t} = -\frac{1}{2\pi} \int_{-\infty}^{\infty} \mathrm{d}\tilde{\omega} \mathrm{e}^{\mathrm{i}\tilde{\omega}t} \frac{1}{m} \frac{1}{\omega_1 - \omega_2} \left[\frac{1}{\tilde{\omega} - \omega_1} - \frac{1}{\tilde{\omega} - \omega_2} \right]$$

$$= -\frac{1}{m} \frac{\mathrm{i}}{\omega_1 - \omega_2} \theta(t) \left(\mathrm{e}^{\mathrm{i}\omega_1 t} - \mathrm{e}^{\mathrm{i}\omega_2 t} \right)$$

$$= \theta(t) \frac{\mathrm{e}^{-\lambda t}}{m} t \times \begin{cases} \dfrac{\sin(\omega t)}{\omega t}, & (\omega_0 > \lambda), \\ \dfrac{\sinh(\mu t)}{\mu t}, & (\omega_0 < \lambda), \\ 1, & (\omega_0 = \lambda), \end{cases}$$
(26.15)

这里 $\omega = \sqrt{\omega_0^2 - \lambda^2}$, $\mu = \sqrt{\lambda^2 - \omega_0^2}$, 而 $\theta(t)$ 是 Heaviside[3]阶梯函数, 即

$$\theta(t) = \begin{cases} 0, & t < 0, \\ 1, & t > 0. \end{cases}$$

注意, 当 $\omega_0 = \lambda$ 时, 有 $\omega_1 = \omega_2 = \mathrm{i}\lambda = \mathrm{i}\omega_0$, 则式 (26.15) 右边第三种情况下的结果是 $\omega_1 \to \omega_2$ 的极限值. 另外, 式 (26.15) 中出现 Heaviside 阶梯函数实际

[1] George Green, 1793—1841, 英国数学家.
[2] 参见: 梁昆淼. 数学物理方法 (第四版). 北京: 高等教育出版社, 2010, p80.
[3] Oliver Heaviside, 1850—1925, 英国电气工程师, 数学家和物理学家.

上表示了一种因果性, 即仅有早于所考虑时刻 t 的那些时刻 t' (也即所有 $t' < t$) 才对式 (26.14) 中的积分有贡献.

对于 $F(t) = f \cos \gamma t$ 且 $\lambda < \omega_0$ 的情况, 由式 (26.14) 和 (26.15) 可得特解为

$$x(t) = \int_{-\infty}^{\infty} dt' g(t - t') F(t') = \int_{-\infty}^{\infty} dt' \frac{f}{m\omega} \theta(t - t') e^{-\lambda(t - t')} \sin \omega(t - t') \cos \gamma t'$$

$$= \frac{f}{m\omega} \int_0^{\infty} e^{-\lambda \tau} \sin \omega \tau \cos \gamma(t - \tau) d\tau,$$

其中作了变量代换 $\tau = t - t'$ 并考虑到 Heaviside 阶梯函数的定义. 将上式中的三角函数写为指数形式并完成积分, 有

$$x(t) = \frac{f}{4im\omega} \left\{ e^{i\gamma t} \int_0^{\infty} d\tau \left(e^{-[\lambda - i(\omega - \gamma)]\tau} - e^{-[\lambda + i(\omega + \gamma)]\tau} \right) + \right.$$

$$\left. e^{-i\gamma t} \int_0^{\infty} d\tau \left(e^{-[\lambda - i(\omega + \gamma)]\tau} - e^{-[\lambda + i(\omega - \gamma)]\tau} \right) \right\}$$

$$= \frac{f}{4im\omega} \left\{ e^{i\gamma t} \left[\frac{1}{\lambda - i(\omega - \gamma)} - \frac{1}{\lambda + i(\omega + \gamma)} \right] + \right.$$

$$\left. e^{-i\gamma t} \left[\frac{1}{\lambda - i(\omega + \gamma)} - \frac{1}{\lambda + i(\omega - \gamma)} \right] \right\}$$

$$= \frac{f}{m} \frac{1}{(\omega_0^2 - \gamma^2)^2 + 4\lambda^2 \gamma^2} \left[(\omega_0^2 - \gamma^2) \cos \gamma t + 2\lambda \gamma \sin \gamma t \right] = b \cos(\gamma t + \delta),$$

其中 b 和 δ 由式 (26.1) 给出. 可见用 Fourier 变换得到的上述特解与 (o26.4) 相同.

§26.3 习题解答

习题 试求外力 $f = f_0 e^{\alpha t} \cos(\gamma t)$ 作用下有摩擦的强迫振动.

解: 将外力改写为复数形式

$$f = f_0 e^{\alpha t + i\gamma t},$$

此时有方程为

$$\ddot{x} + 2\lambda \dot{x} + \omega_0^2 x = \frac{f_0}{m} e^{\alpha t + i\gamma t}. \tag{1}$$

设上述方程的特解具有形式

$$x = B e^{\alpha t + i\gamma t},$$

则有

$$\dot{x} = (\alpha + i\gamma) B e^{\alpha t + i\gamma t}, \quad \ddot{x} = (\alpha + i\gamma)^2 B e^{\alpha t + i\gamma t}.$$

将它们代入前面的方程 (1), 得到

$$B[(\alpha + \mathrm{i}\gamma)^2 + 2\lambda(\alpha + \mathrm{i}\gamma) + \omega_0^2]\mathrm{e}^{\alpha t + \mathrm{i}\gamma t} = \frac{f_0}{m}\mathrm{e}^{\alpha t + \mathrm{i}\gamma t}.$$

于是有

$$B = \frac{f_0}{m[\omega_0^2 + \alpha^2 + 2\alpha\lambda - \gamma^2 + 2\mathrm{i}\gamma(\alpha + \lambda)]}.$$

可将 B 写成 $b\mathrm{e}^{\mathrm{i}\delta}$ 的形式

$$\begin{aligned}
B &= \frac{f_0}{m\sqrt{(\omega_0^2 + \alpha^2 + 2\alpha\lambda - \gamma^2)^2 + 4\gamma^2(\alpha + \lambda)^2}} \times \\
&\quad \left[\frac{\omega_0^2 + \alpha^2 + 2\alpha\lambda - \gamma^2}{\sqrt{(\omega_0^2 + \alpha^2 + 2\alpha\lambda - \gamma^2)^2 + 4\gamma^2(\alpha + \lambda)^2}} + \right. \\
&\quad \left. \mathrm{i}\frac{-2(\alpha + \lambda)\gamma}{\sqrt{(\omega_0^2 + \alpha^2 + 2\alpha\lambda - \gamma^2)^2 + 4\gamma^2(\alpha + \lambda)^2}} \right] \\
&= b\mathrm{e}^{\mathrm{i}\delta} = b(\cos\delta + \mathrm{i}\sin\delta),
\end{aligned} \tag{2}$$

其中

$$\begin{aligned}
b &= \frac{f_0}{m\sqrt{(\omega_0^2 + \alpha^2 - \gamma^2 + 2\alpha\lambda^2)^2 + 4\gamma^2(\alpha + \lambda)^2}}, \\
\tan\delta &= -\frac{2\gamma(\alpha + \lambda)}{\omega_0^2 + \alpha^2 - \gamma^2 + 2\alpha\lambda}.
\end{aligned} \tag{3}$$

故有

$$x = B\mathrm{e}^{\alpha t + \mathrm{i}\gamma t} = b\mathrm{e}^{\alpha t}\mathrm{e}^{\mathrm{i}(\gamma t + \delta)} = b\mathrm{e}^{\alpha t}\left[\cos(\gamma t + \delta) + \mathrm{i}\sin(\gamma t + \delta)\right].$$

取上式的实部可得振动的解为

$$x = b\mathrm{e}^{\alpha t}\cos(\gamma t + \delta). \tag{4}$$

当 $\alpha = 0$ 时, 上述 (2)–(4) 各式退回到文中讨论的结果 (o26.3) 和 (o26.4).

§27 参变共振

§27.1 内容提要

一类特殊的非封闭振动系统, 系统之外的作用可以归结为某些参数随时间的变化. 代表性的问题具有下列形式的动力学微分方程

$$\frac{\mathrm{d}^2 x}{\mathrm{d}t^2} + \omega^2(t)x = 0. \tag{o27.2}$$

如果 $\omega(t)$ 是周期为 T 的函数, 即有 $\omega(t+T) = \omega(t)$, 方程 (o27.2) 的两个独立解 $x_1(t), x_2(t)$ 具有形式

$$x_1(t) = \mu_1^{t/T} \Pi_1(t), \quad x_2(t) = \mu_2^{t/T} \Pi_2(t), \tag{o27.3}$$

其中 $\Pi_1(t)$ 和 $\Pi_2(t)$ 均是时间 t 的周期为 T 的函数, 且 μ_1, μ_2 是满足下列两种条件之一的常数: (i) $|\mu_1|^2 = |\mu_2|^2 = 1$, 即 μ_1 和 μ_2 的模都等于 1; (ii) μ_1, μ_2 均为实数, 且 $\mu_1 = 1/\mu_2 = \mu$, 但是 $|\mu| \neq 1$.

参变共振相应于第二类条件, 指的是随着时间的增加, 位移 x 指数式地快速偏离平衡位置 $x = 0$ 的现象[①]. 对于 $\omega(t)$ 为下列形式的周期函数的情况

$$\omega^2(t) = \omega_0^2(1 + h\cos\gamma t), \tag{o27.7}$$

其中常数 $h \ll 1$, 如果 $\omega(t)$ 接近 ω_0 的两倍, 即 $\gamma = 2\omega_0 + \varepsilon$ ($\varepsilon \ll \omega_0$), 参变共振最为强烈. 求解 (o27.7) 相应的参变问题就是解所谓的 Mathieu 方程[②]. 在保留到 h 和 ε 的一阶项的近似下, 可得参变共振的条件为

$$-\frac{h\omega_0}{2} < \varepsilon < \frac{h\omega_0}{2}. \tag{o27.11}$$

当系统存在微弱摩擦时, 可发生参变共振的区间变得更窄,

$$-\sqrt{\left(\frac{h\omega_0}{2}\right)^2 - 4\lambda^2} < \varepsilon < \sqrt{\left(\frac{h\omega_0}{2}\right)^2 - 4\lambda^2}, \tag{o27.12}$$

其中 λ 为阻尼系数, 此时存在共振发生的阈值 $h_k = 4\lambda/\omega_0$.

也存在 γ 接近于 $2\omega_0/n$ (n 为任意整数) 的参变共振, 阈值 h_k 正比于 $\lambda^{1/n}$, 但共振区间的宽度随 n 按 h^n 减小.

§27.2 内容补充

1. 方程 (o27.1) 的一点注记

方程 (o27.1) 可以视为下列一般二阶变系数微分方程的一种特殊情况,

$$\alpha(t)\ddot{x} + \beta(t)\dot{x} + \gamma(t)x = 0, \tag{27.1}$$

[①] 由于参数随时间周期性地变化, 系统也周期性地振动, 这种振动不是通过外力施加于系统引起的, 而是参数变化产生的, 故称为参变振动. 正如通常所说的共振之于受迫振动一样, 参变共振是参变振动中出现的一种现象, 即在参数变化的频率接近于某个常数频率时振动的振幅显著地增大.

[②] Émile Léonard Mathieu, 1835—1890, 法国数学家.

即相应于 $\beta(t) = \dot{\alpha}(t)$ 以及 $\gamma(t) = \text{const}$ 的情况. 对于方程 (27.1), 作变量代换也可以将其化为 (o27.2) 形式的方程. 注意,《力学》中是对时间 t 作的变换. 这里, 对变量 x 作变换

$$x(t) = y(t)\mathrm{e}^{-\frac{1}{2}\int \frac{\beta(t)}{\alpha(t)}\mathrm{d}t},\tag{27.2}$$

则有

$$\dot{x} = \dot{y}\mathrm{e}^{-\frac{1}{2}\int \frac{\beta(t)}{\alpha(t)}\mathrm{d}t} - \frac{1}{2}\frac{\beta(t)}{\alpha(t)}y\mathrm{e}^{-\frac{1}{2}\int \frac{\beta(t)}{\alpha(t)}\mathrm{d}t},$$

$$\ddot{x} = \ddot{y}\mathrm{e}^{-\frac{1}{2}\int \frac{\beta(t)}{\alpha(t)}\mathrm{d}t} - \frac{\beta(t)}{\alpha(t)}\dot{y}\mathrm{e}^{-\frac{1}{2}\int \frac{\beta(t)}{\alpha(t)}\mathrm{d}t}$$

$$- \frac{1}{2}\frac{\mathrm{d}}{\mathrm{d}t}\left[\frac{\beta(t)}{\alpha(t)}\right]y\mathrm{e}^{-\frac{1}{2}\int \frac{\beta(t)}{\alpha(t)}\mathrm{d}t} + \frac{1}{4}\frac{\beta^2(t)}{\alpha^2(t)}y\mathrm{e}^{-\frac{1}{2}\int \frac{\beta(t)}{\alpha(t)}\mathrm{d}t}.$$

将上述关系代入式 (27.1) 并进行整理可得

$$\ddot{y} + \omega^2(t)y = 0,\tag{27.3}$$

其中

$$\omega^2(t) = \frac{\gamma(t)}{\alpha(t)} - \frac{1}{4}\frac{\beta^2(t)}{\alpha^2(t)} - \frac{1}{2}\frac{\mathrm{d}}{\mathrm{d}t}\left[\frac{\beta(t)}{\alpha(t)}\right].\tag{27.4}$$

具体到式 (o27.1) 的情况, 即 $\beta(t) = \dot{\alpha}(t) = \dot{m}(t)$ 以及 $\gamma(t) = k$, 则有相应的变量变换为

$$x(t) = y(t)\mathrm{e}^{-\frac{1}{2}\int \frac{\beta(t)}{\alpha(t)}\mathrm{d}t} = y(t)\mathrm{e}^{-\frac{1}{2}\int \frac{\dot{m}(t)}{m(t)}\mathrm{d}t} = y(t)\mathrm{e}^{-\frac{1}{2}\ln m(t)} = \frac{y(t)}{\sqrt{m(t)}}.$$

2. 方程 (o27.2) 的解的形式

方程 (o27.2) 是一个二阶齐次微分方程, 故若 $x_1(t)$ 与 $x_2(t)$ 是相互独立的两个解, 则其它所有解可用这两个解线性表示出来. 解 $x_1(t)$ 与 $x_2(t)$ 是线性独立的, 系指它们满足 Wroński[1] 行列式 $\Delta(t)$ 不为零的条件, 即

$$\Delta(t) = \begin{vmatrix} x_1(t) & \dot{x}_1(t) \\ x_2(t) & \dot{x}_2(t) \end{vmatrix} \neq 0.$$

设 $x_1'(t)$ 与 $x_2'(t)$ 为方程 (o27.2) 的两个相互独立的解, 由于 $\omega(t+T) = \omega(t)$, 则有 $x_1'(t+T)$, $x_2'(t+T)$ 也是它的解, 且有

$$\begin{aligned} x_1'(t+T) &= \mu_{11}x_1'(t) + \mu_{12}x_2'(t), \\ x_2'(t+T) &= \mu_{21}x_1'(t) + \mu_{22}x_2'(t), \end{aligned}\tag{27.5}$$

---

[1] Józef Maria Hoene-Wroński, 1776—1853, 波兰数学家, 物理学家, 哲学家.

其中各系数 $\mu_{ij}(i, j = 1, 2)$ 是实数. $\mu = \begin{pmatrix} \mu_{11} & \mu_{12} \\ \mu_{21} & \mu_{22} \end{pmatrix}$ 是变换系数矩阵, 其特征方程为 $|\mu - \lambda E| = 0$ (这里 E 为 2×2 单位矩阵), 即有

$$\begin{vmatrix} \mu_{11} - \lambda & \mu_{12} \\ \mu_{21} & \mu_{22} - \lambda \end{vmatrix} = \lambda^2 - (\mu_{11} + \mu_{22})\lambda + (\mu_{11}\mu_{22} - \mu_{21}\mu_{12}) = 0. \quad (27.6)$$

特征方程 (27.6) 没有重根等价于下列条件

$$\Delta_1 = (\mu_{11} + \mu_{22})^2 - 4(\mu_{11}\mu_{22} - \mu_{21}\mu_{12}) = (\mu_{11} - \mu_{22})^2 + 4\mu_{21}\mu_{12} \neq 0. \quad (27.7)$$

方程 (27.6) 的本征值为

$$\lambda_{\pm} = \frac{1}{2}\left[(\mu_{11} + \mu_{22}) \pm \sqrt{\Delta_1}\right]. \quad (27.8)$$

再求本征值相应的本征矢量, 利用这些本征矢量以及前面的关系 (27.5) 可以得到方程 (o27.2) 的具有所要求的性质的解 (见方程 (27.10)), 下面我们按照另一种方式处理.

令

$$x_1(t) = \lambda_1 x_1'(t) + \lambda_2 x_2'(t), \quad x_2(t) = \lambda_1' x_1'(t) + \lambda_2' x_2'(t), \quad (27.9)$$

且要求它们具有性质

$$x_1(t + T) = \mu_1 x_1(t), \quad x_2(t + T) = \mu_2 x_2(t). \quad (27.10)$$

由此性质可确定各系数之间的关系. 这表明, 可以找到方程 (o27.2) 的具有特定性质 (27.10) 的解, 这个结论在文献中通常称为 Floquet 定理[①].

现在讨论系数之间的关系. 由式 (27.5), (27.9) 和 (27.10) 可知

$$\begin{aligned} x_1(t + T) &= \lambda_1 x_1'(t + T) + \lambda_2 x_2'(t + T) \\ &= (\lambda_1\mu_{11} + \lambda_2\mu_{21})x_1'(t) + (\lambda_1\mu_{12} + \lambda_2\mu_{22})x_2'(t) \\ &= \mu_1 x_1(t) = \mu_1\lambda_1 x_1'(t) + \mu_1\lambda_2 x_2'(t), \end{aligned}$$

则据解 x_1', x_2' 的相互独立性, 有

$$\frac{\lambda_1\mu_{11} + \lambda_2\mu_{21}}{\lambda_1} = \frac{\lambda_1\mu_{12} + \lambda_2\mu_{22}}{\lambda_2} = \mu_1,$$

即

$$\mu_{21}\left(\frac{\lambda_2}{\lambda_1}\right)^2 + (\mu_{11} - \mu_{22})\left(\frac{\lambda_2}{\lambda_1}\right) - \mu_{12} = 0. \quad (27.11)$$

[①] Achille Marie Gaston Floquet, 1847—1920, 法国数学家.

同理

$$x_2(t + T) = \lambda'_1 x'_1(t + T) + \lambda'_2 x'_2(t + T)$$
$$= (\lambda'_1 \mu_{11} + \lambda'_2 \mu_{21}) x'_1(t) + (\lambda'_1 \mu_{12} + \lambda'_2 \mu_{22}) x'_2(t)$$
$$= \mu_2 x_2(t) = \mu_2 \lambda'_1 x'_1(t) + \mu_2 \lambda'_2 x'_2(t),$$

故有

$$\frac{\lambda'_1 \mu_{11} + \lambda'_2 \mu_{21}}{\lambda'_1} = \frac{\lambda'_1 \mu_{12} + \lambda'_2 \mu_{22}}{\lambda'_2} = \mu_2,$$

即

$$\mu_{21} \left(\frac{\lambda'_2}{\lambda'_1} \right)^2 + (\mu_{11} - \mu_{22}) \left(\frac{\lambda'_2}{\lambda'_1} \right) - \mu_{12} = 0. \tag{27.12}$$

综合上面的讨论可见, λ_2/λ_1 与 λ'_2/λ'_1 是方程 $\mu_{21} x^2 + (\mu_{11} - \mu_{22}) x - \mu_{12} = 0$ 的两个解. 由于该方程的判别式 $\Delta_2 = (\mu_{11} - \mu_{22})^2 + 4\mu_{21}\mu_{12} = \Delta_1 \neq 0$ (它等同于前面线性变换系数矩阵的特征方程没有重根的条件 (27.7)), 所以 λ_2/λ_1 与 λ'_2/λ'_1 不同, 即存在线性无关的两个解 $x_1(t)$ 与 $x_2(t)$ 使得它们具有性质 (27.10). 不妨取方程 (27.11) 和 (27.12) 的下列解

$$\frac{\lambda_2}{\lambda_1} = \frac{(\mu_{22} - \mu_{11}) + \sqrt{\Delta_2}}{2\mu_{21}}, \quad \frac{\lambda'_2}{\lambda'_1} = \frac{(\mu_{22} - \mu_{11}) - \sqrt{\Delta_2}}{2\mu_{21}}. \tag{27.13}$$

这在下面讨论 μ_1 和 μ_2 的性质时用到.

3. 方程 (o27.6)

若 $\Delta_2 < 0$, 则 λ_2/λ_1 与 λ'_2/λ'_1 为复数, 方程 (27.13) 可以改写为

$$\frac{\lambda_2}{\lambda_1} = \frac{\mu_{22} - \mu_{11}}{2\mu_{21}} + \frac{\mathrm{i}\sqrt{|\Delta_2|}}{2\mu_{21}}, \qquad \frac{\lambda'_2}{\lambda'_1} = \frac{\mu_{22} - \mu_{11}}{2\mu_{21}} - \frac{\mathrm{i}\sqrt{|\Delta_2|}}{2\mu_{21}}.$$

又因为 μ_{11}, μ_{22} 和 μ_{21} 均为实数, 则有

$$\frac{\lambda_2}{\lambda_1} = \left(\frac{\lambda'_2}{\lambda'_1} \right)^*.$$

在前面的讨论中已给出关系

$$\mu_1 = \mu_{11} + \mu_{21} \left(\frac{\lambda_2}{\lambda_1} \right), \quad \mu_2 = \mu_{11} + \mu_{21} \left(\frac{\lambda'_2}{\lambda'_1} \right),$$

于是, 有

$$\mu_1 = \mu_2^*, \quad \mu_2 = \mu_1^*.$$

但因 $\mu_1 \mu_2 = 1$, 则有 $|\mu_1|^2 = |\mu_2|^2 = 1$.

若 $\Delta_2 > 0$, 则 λ_2/λ_1 与 λ_2'/λ_1' 均为实数,

$$\mu_1 = \mu_{11} + \mu_{21}\left(\frac{(\mu_{22} - \mu_{11}) + \sqrt{\Delta_2}}{2\mu_{21}}\right) = \frac{1}{2}\left(\mu_{22} + \mu_{11} + \sqrt{\Delta_2}\right),$$

$$\mu_2 = \mu_{11} + \mu_{21}\left(\frac{(\mu_{22} - \mu_{11}) - \sqrt{\Delta_2}}{2\mu_{21}}\right) = \frac{1}{2}\left(\mu_{22} + \mu_{11} - \sqrt{\Delta_2}\right),$$

故 μ_1, μ_2 都是实数. 这里的 μ_1, μ_2 也就是前面式 (27.8) 给出的变换系数矩阵的本征值 $\lambda_{\pm}$. 令 $\mu_1 = \mu$, 则据 $\mu_1\mu_2 = 1$ 有 $\mu_2 = \mu^{-1}$, 此时式 (o27.3) 变为

$$x_1(t) = \mu^{t/T}\Pi_1(t), \quad x_2(t) = \mu^{-t/T}\Pi_2(t),$$

此即式 (o27.6). 另外, 注意这里的条件 $\mu_1\mu_2 = 1$ 等同于 $\mu_{11}\mu_{22} - \mu_{12}\mu_{21} = 1$.

4. 方程 (o27.10)

当解的形式为 (o27.9), 即

$$x = a(t)\cos\left(\omega_0 + \frac{\varepsilon}{2}\right)t + b(t)\sin\left(\omega_0 + \frac{\varepsilon}{2}\right)t$$

时, 有

$$\dot{x} = \dot{a}\cos\left(\omega_0 + \frac{\varepsilon}{2}\right)t - a\left(\omega_0 + \frac{\varepsilon}{2}\right)\sin\left(\omega_0 + \frac{\varepsilon}{2}\right)t +$$
$$\dot{b}\sin\left(\omega_0 + \frac{\varepsilon}{2}\right)t + b\left(\omega_0 + \frac{\varepsilon}{2}\right)\cos\left(\omega_0 + \frac{\varepsilon}{2}\right)t,$$

$$\ddot{x} = \ddot{a}\cos\left(\omega_0 + \frac{\varepsilon}{2}\right)t - 2\dot{a}\left(\omega_0 + \frac{\varepsilon}{2}\right)\sin\left(\omega_0 + \frac{\varepsilon}{2}\right)t - a\left(\omega_0 + \frac{\varepsilon}{2}\right)^2\cos\left(\omega_0 + \frac{\varepsilon}{2}\right)t +$$
$$\ddot{b}\sin\left(\omega_0 + \frac{\varepsilon}{2}\right)t + 2\dot{b}\left(\omega_0 + \frac{\varepsilon}{2}\right)\cos\left(\omega_0 + \frac{\varepsilon}{2}\right)t - b\left(\omega_0 + \frac{\varepsilon}{2}\right)^2\sin\left(\omega_0 + \frac{\varepsilon}{2}\right)t.$$

因为假定 $a(t), b(t)$ 变化非常缓慢, 在保留到 ε 的一阶项的近似下, 可假定 $\dot{a}(t) \sim \varepsilon a, \dot{b}(t) \sim \varepsilon b$, 则 $\ddot{a}, \ddot{b}$ 是 ε 的二阶小量, 含有它们的项以及含 $\dot{a}\varepsilon, \dot{b}\varepsilon$ 的项均可忽略, 于是有,

$$\ddot{x} \approx -2\dot{a}\omega_0\sin\left(\omega_0 + \frac{\varepsilon}{2}\right)t - a\left(\omega_0^2 + \varepsilon\omega_0\right)\cos\left(\omega_0 + \frac{\varepsilon}{2}\right)t +$$
$$2\dot{b}\omega_0\cos\left(\omega_0 + \frac{\varepsilon}{2}\right)t - b\left(\omega_0^2 + \varepsilon\omega_0\right)\sin\left(\omega_0 + \frac{\varepsilon}{2}\right)t.$$

利用三角函数积化和差公式, 有

$$\cos(2\omega_0 + \varepsilon)t\cos\left(\omega_0 + \frac{\varepsilon}{2}\right)t = \frac{1}{2}\cos\left(3\omega_0 + \frac{3\varepsilon}{2}\right)t + \frac{1}{2}\cos\left(\omega_0 + \frac{\varepsilon}{2}\right)t,$$

$$\cos(2\omega_0 + \varepsilon)t\sin\left(\omega_0 + \frac{\varepsilon}{2}\right)t = \frac{1}{2}\sin\left(3\omega_0 + \frac{3\varepsilon}{2}\right)t - \frac{1}{2}\sin\left(\omega_0 + \frac{\varepsilon}{2}\right)t,$$

由此在忽略频率为 $3\left(\omega_0 + \dfrac{\varepsilon}{2}\right)$ 的项后, 可得

$$\omega^2(t)x(t) = a\omega_0^2 \cos\left(\omega_0 + \frac{\varepsilon}{2}\right)t + b\omega_0^2 \sin\left(\omega_0 + \frac{\varepsilon}{2}\right)t +$$

$$a\omega_0^2 h \cos(2\omega_0 + \varepsilon)t \cos\left(\omega_0 + \frac{\varepsilon}{2}\right)t +$$

$$b\omega_0^2 h \cos(2\omega_0 + \varepsilon)t \sin\left(\omega_0 + \frac{\varepsilon}{2}\right)t$$

$$\approx \left(a\omega_0^2 + \frac{1}{2}a\omega_0^2 h\right)\cos\left(\omega_0 + \frac{\varepsilon}{2}\right)t + \left(b\omega_0^2 - \frac{1}{2}b\omega_0^2 h\right)\sin\left(\omega_0 + \frac{\varepsilon}{2}\right)t.$$

于是, 在前述近似条件下方程 (o27.2) 变为

$$\ddot{x}(t) + \omega^2(t)x(t) \approx -\left(2\dot{a} + b\varepsilon + \frac{1}{2}b\omega_0 h\right)\omega_0 \sin\left(\omega_0 + \frac{\varepsilon}{2}\right)t +$$

$$\left(2\dot{b} - a\varepsilon + \frac{1}{2}a\omega_0 h\right)\omega_0 \cos\left(\omega_0 + \frac{\varepsilon}{2}\right)t$$

$$= 0.$$

该等式要成立, 则应有 cos 和 sin 前的系数分别等于零, 即有

$$2\dot{a} + b\varepsilon + \frac{1}{2}b\omega_0 h = 0, \quad 2\dot{b} - a\varepsilon + \frac{1}{2}a\omega_0 h = 0.$$

令 $a = a_0 \mathrm{e}^{st}, b = b_0 \mathrm{e}^{st}$ (这里 a_0, b_0 为常数), 代入上式, 有

$$\begin{cases} sa + \dfrac{1}{2}\left(\varepsilon + \dfrac{1}{2}\omega_0 h\right)b = 0, \\ sb - \dfrac{1}{2}\left(\varepsilon - \dfrac{1}{2}\omega_0 h\right)a = 0. \end{cases}$$

有不全为零解 a, b 的条件是上述方程组的系数行列式等于零, 即

$$s^2 = \frac{1}{4}\left[\left(\frac{h\omega_0}{2}\right)^2 - \varepsilon^2\right].$$

这就是条件 (o27.10).

5. 常数 μ 与 s 的关系

常数 μ 与解 (o27.9) 中的系数 $a(t), b(t)$ 随时间的变化关系 e^{st} 中的 s 是有联系的. 当作代换

$$t \to t + T = t + \frac{2\pi}{2\omega_0}, \tag{27.14}$$

时, 按照参变共振时解具有形式 (o27.6), 则解 (o27.9) 应具有性质

$$x(t+T) = \mu x(t), \quad \text{或} \quad x(t+T) = \frac{1}{\mu}x(t).$$

对解 (o27.9) 作代换 (27.14) 并考虑到 $a(t) = a_0 \mathrm{e}^{st}$, $b(t) = b_0 \mathrm{e}^{st}$, 这里 a_0, b_0 为常数, 则有

$$
\begin{aligned}
x(t+T) &= a_0 \mathrm{e}^{s\left(t+\frac{\pi}{\omega_0}\right)} \cos\left[\left(\omega_0 + \frac{\varepsilon}{2}\right)\left(t + \frac{\pi}{\omega_0}\right)\right] + \\
&\quad b_0 \mathrm{e}^{s\left(t+\frac{\pi}{\omega_0}\right)} \sin\left[\left(\omega_0 + \frac{\varepsilon}{2}\right)\left(t + \frac{\pi}{\omega_0}\right)\right] \\
&= a_0 \mathrm{e}^{s\left(t+\frac{\pi}{\omega_0}\right)} \cos\left[\left(\omega_0 + \frac{\varepsilon}{2}\right)t + \pi + \frac{\pi\varepsilon}{2\omega_0}\right] + \\
&\quad b_0 \mathrm{e}^{s\left(t+\frac{\pi}{\omega_0}\right)} \sin\left[\left(\omega_0 + \frac{\varepsilon}{2}\right)t + \pi + \frac{\pi\varepsilon}{2\omega_0}\right] \\
&\approx -a_0 \mathrm{e}^{s\left(t+\frac{\pi}{\omega_0}\right)} \cos\left(\omega_0 + \frac{\varepsilon}{2}\right)t - b_0 \mathrm{e}^{s\left(t+\frac{\pi}{\omega_0}\right)} \sin\left(\omega_0 + \frac{\varepsilon}{2}\right)t,
\end{aligned}
$$

其中忽略了 $\frac{\pi\varepsilon}{2\omega_0}$, 这是因为 $\varepsilon \ll \omega_0$. 于是当要求 $x(t+T) = \mu x(t)$ 时, 则有

$$
\mu = -\mathrm{e}^{s\pi/\omega_0}.
$$

当 $x(t+T) = \dfrac{1}{\mu} x(t)$ 时, 则有

$$
\mu = -\mathrm{e}^{-s\pi/\omega_0}.
$$

§27.3 习题解答

习题 1—3 (略)

§28 非简谐振动

§28.1 内容提要

在拉格朗日函数中保留到坐标、速度的三阶项或更高阶项后, 运动将是所谓的非简谐振动(或称为非线性振动).

对于保留到三阶项的情况, 在经过适当的变换后, 拉格朗日函数具有形式

$$
L = \frac{1}{2}\sum_{\alpha}(\dot{Q}_\alpha^2 - \omega_\alpha^2 Q_\alpha^2) + \frac{1}{2}\sum_{\alpha,\beta,\gamma}\lambda_{\alpha\beta\gamma}\dot{Q}_\alpha\dot{Q}_\beta Q_\gamma - \frac{1}{3}\sum_{\alpha,\beta,\gamma}\mu_{\alpha\beta\gamma}Q_\alpha Q_\beta Q_\gamma, \tag{o28.2}
$$

其中 $\lambda_{\alpha\beta\gamma}, \mu_{\alpha\beta\gamma}$ 是常参数, 相应的运动方程形式为

$$
\ddot{Q}_\alpha + \omega_\alpha^2 Q_\alpha = f_\alpha(Q, \dot{Q}, \ddot{Q}), \tag{o28.3}
$$

其中 f_α 是坐标 Q 及其对时间导数的二次齐次函数.

如果认为 f_α 是扰动引起的, 即弱非线性问题, 此时方程 (o28.3) 的求解可采用逐阶近似方法[1]. 一种是常规的逐阶近似方法, 即设

$$Q_\alpha = Q_\alpha^{(1)} + Q_\alpha^{(2)} + Q_\alpha^{(3)} + \cdots, \tag{28.1}$$

其中 $Q_\alpha^{(i)}$ 表示 Q_α 的第 i 阶近似. 将其代入式 (o28.3) 分别令方程两边相同阶的项相等可以得到关于各 $Q_\alpha^{(i)}$ 的微分方程. 先求解 $Q_\alpha^{(1)}$, 再迭代求其它高阶的 $Q_\alpha^{(i)}$. 在该方法中会出现所谓共振项[2]的问题.

另一种是改进的方法[3], 可以消除共振项的问题. 此时, 除了式 (28.1) 外, 对式 (o28.3) 的振动频率也作展开

$$\Omega_\alpha = \omega_\alpha + \omega_\alpha^{(1)} + \omega_\alpha^{(2)} + \cdots, \tag{28.2}$$

其中 $\omega_\alpha^{(i)}$ 表示 Ω_α 的第 i 阶近似. 将式 (28.1) 和 (28.2) 代入式 (o28.3), 分别令方程两边同阶的项相等可得一系列方程. 从一阶方程开始求解, 将其结果代入二阶方程中再求解, 这样得到的结果再代入三阶方程中求解, 如此进行下去. 从二阶方程开始, 会出现所谓的共振项, 令该项的系数等于零可以确定 $\omega_\alpha^{(i)}$.

在非简谐振动中会出现系统的固有频率的组合频率 (包括倍频, 零频), 如 $\omega_\alpha \pm \omega_\beta$, $2\omega_\alpha$ 等类型的振动.

§28.2　内容补充

1. 非简谐振动与近似

在处理振动问题时均涉及作近似的问题. 谈到近似, 在这里有两个方面的含义, 一是对拉格朗日函数的近似, 二是对运动方程求解的近似, 这是需要区分的.

在对拉格朗日函数作近似时, 如果仅保留到广义坐标和广义速度的二阶项, 我们常称其为线性近似. 这是因为, 在该类近似下, 相应的运动方程是线性的. 在 §21 和 §23 两节中讨论的就是线性近似下的振动问题. 当在拉格朗日函数的展开式中保留到广义坐标和广义速度的三阶项时, 运动方程中就出现非线性项, 运动就是非简谐的. 保留更高阶项时, 运动方程中将

---

[1] 也称为微扰方法或摄动方法.
[2] 文献中也将这样的项称为久期项 (secular term).
[3] 这种方法在文献中常称为 LP 方法, 系由 A. Lindstedt 于 1883 年提出, H. Poincare 在 1892 年证明了其合理性.

有更多的非线性项. 在非简谐振动的情况下, 会出现一些新的运动特征. 例如, 叠加原理的失效, 振动频率与振幅有关, 倍频现象, 等等.

线性近似下的问题, 一般可以解析求解相关的运动方程, §21 和 §23 两节中的讨论已表明这一点. 可以精确解析求解的问题现在通称为可积系统. 对于非线性问题, 虽然也存在可以解析求解的可积系统[①], 但是通常要用近似的方法或者更一般地用数值计算、数值模拟的方法求解运动方程.

如果非线性较弱时, 常采用逐阶近似的方法求解非线性方程. 例如, 对于保留到三阶项的 (o28.3), 先将其改写为

$$\frac{\omega_\alpha^2}{\Omega_\alpha^2}\ddot{Q}_\alpha + \omega_\alpha^2 Q_\alpha = f_\alpha(Q,\dot{Q},\ddot{Q}) + \left(\frac{\omega_\alpha^2}{\Omega_\alpha^2}-1\right)\ddot{Q}_\alpha. \tag{o28.3a}$$

按照 §28.1 所介绍的那样, 将式 (28.1) 和 (28.2) 代入式 (o28.3a), 同时考虑到 f_α 是二次齐次函数 (具体形式参见下文的方程 (28.5)), 并假定非线性项 f_α 是弱的, 即认为其中的系数 λ, μ 是一阶小量, 则分别列出前几阶的运动方程如下:

$$\ddot{Q}_\alpha^{(1)} + \Omega_\alpha^2 Q_\alpha^{(1)} = 0, \tag{28.3a}$$

$$\ddot{Q}_\alpha^{(2)} + \omega_\alpha^2 Q_\alpha^{(2)} = f_\alpha(Q^{(1)},\dot{Q}^{(1)},\ddot{Q}^{(1)}) + 2\omega_\alpha\omega_\alpha^{(1)}Q_\alpha^{(1)}, \tag{28.3b}$$

$$\ddot{Q}_\alpha^{(3)} + \omega_\alpha^2 Q_\alpha^{(3)} = g_\alpha(Q^{(1)},\dot{Q}^{(1)},\ddot{Q}^{(1)},Q^{(2)},\dot{Q}^{(2)},\ddot{Q}^{(2)}) - \left[3(\omega_\beta^{(1)})^2 - 2\omega_\alpha\omega_\alpha^{(2)}\right]Q_\alpha^{(1)}, \tag{28.3c}$$

$$\cdots\cdots\cdots,$$

其中

$$g_\alpha = -\frac{1}{2}\sum_{\beta,\gamma}(\lambda_{\alpha\beta\gamma}+\lambda_{\beta\alpha\gamma})\left(\ddot{Q}_\beta^{(1)}Q_\gamma^{(2)}+\ddot{Q}_\beta^{(2)}Q_\gamma^{(1)}+\dot{Q}_\beta^{(1)}\dot{Q}_\gamma^{(2)}+\dot{Q}_\beta^{(2)}\dot{Q}_\gamma^{(1)}\right)+$$

$$\frac{1}{2}\sum_{\beta,\gamma}\lambda_{\beta\gamma\alpha}\left(\dot{Q}_\beta^{(1)}\dot{Q}_\gamma^{(2)}+\dot{Q}_\beta^{(2)}\dot{Q}_\gamma^{(1)}\right)-$$

$$\frac{1}{3}\sum_{\beta,\gamma}(\mu_{\alpha\beta\gamma}+\mu_{\beta\alpha\gamma}+\mu_{\beta\gamma\alpha})\left(Q_\beta^{(1)}Q_\gamma^{(2)}+Q_\beta^{(2)}Q_\gamma^{(1)}\right).$$

式 (28.3a) 表示一阶解为

$$Q_\alpha^{(1)} = a_\alpha\cos(\Omega_\alpha t + \alpha_\alpha). \tag{28.4}$$

将其代入 (28.3b), (28.3c) 等方程中可以求出高阶近似.

[①] 可以参见 O. Babelon, D. Bernard, M. Talon, Introduction to classical integrable systems, Cambridge: Cambridge University Press, 2003; 北京: 世界图书出版公司,2009.

例：对于一个自由度的系统, 设在保留到三阶项时, 有拉格朗日函数为

$$L = \frac{1}{2}\dot{Q}^2 - \frac{1}{2}\omega_0^2 Q^2 - \frac{1}{3}\alpha Q^3,$$

其中 α 为小量. 将上述 L 与 (o28.2) 比较, 有 $\lambda = 0$, $\mu = \alpha$, 于是

$$f(Q, \dot{Q}, \ddot{Q}) = -\alpha Q^2.$$

由方程 (28.3) 可得直到第三阶的运动方程分别为

$$\ddot{Q}^{(1)} + \omega^2 Q^{(1)} = 0,$$

$$\ddot{Q}^{(2)} + \omega_0^2 Q^{(2)} = -\alpha (Q^{(1)})^2 + 2\omega_0\omega^{(1)} Q^{(1)},$$

$$\ddot{Q}^{(3)} + \omega_0^2 Q^{(3)} = -2\alpha Q^{(1)} Q^{(2)} - [3(\omega^{(1)})^2 - 2\omega_0\omega^{(2)}] Q^{(1)},$$

其中 $\omega = \omega_0 + \omega^{(1)} + \omega^{(2)} + \cdots$. 上列这几个运动方程实际就是第 §28 节中求解方程 (o28.9) 的过程中得到的那几个方程 (令 $\beta = 0$).

2. (o28.3) 中 f_α 的表示式

由拉格朗日函数 (o28.2) 可得

$$\frac{\partial L}{\partial \dot{Q}_\alpha} = \dot{Q}_\alpha + \frac{1}{2}\sum_{\beta,\gamma} (\lambda_{\alpha\beta\gamma} + \lambda_{\beta\alpha\gamma})\,\dot{Q}_\beta Q_\gamma,$$

$$\frac{\mathrm{d}}{\mathrm{d}t}\frac{\partial L}{\partial \dot{Q}_\alpha} = \ddot{Q}_\alpha + \frac{1}{2}\sum_{\beta,\gamma} (\lambda_{\alpha\beta\gamma} + \lambda_{\beta\alpha\gamma})\left(\ddot{Q}_\beta Q_\gamma + \dot{Q}_\beta \dot{Q}_\gamma\right),$$

以及

$$\frac{\partial L}{\partial Q_\alpha} = -\omega_\alpha^2 Q_\alpha + \frac{1}{2}\sum_{\beta,\gamma} \lambda_{\beta\gamma\alpha}\dot{Q}_\beta\dot{Q}_\gamma - \frac{1}{3}\sum_{\beta,\gamma} (\mu_{\alpha\beta\gamma} + \mu_{\beta\alpha\gamma} + \mu_{\beta\gamma\alpha})\,Q_\beta Q_\gamma,$$

这里均假定系数 $\lambda_{\alpha\beta\gamma}$, $\mu_{\alpha\beta\gamma}$ 是与时间无关的常数. 另外需要注意, 这里系数 $\lambda_{\alpha\beta\gamma}$, $\mu_{\alpha\beta\gamma}$ 关于下标一般没有对称性. 于是, 由拉格朗日方程可得

$$\ddot{Q}_\alpha + \omega_\alpha^2 Q_\alpha + \frac{1}{2}\sum_{\beta,\gamma} (\lambda_{\alpha\beta\gamma} + \lambda_{\beta\alpha\gamma})\left(\ddot{Q}_\beta Q_\gamma + \dot{Q}_\beta \dot{Q}_\gamma\right) -$$

$$\frac{1}{2}\sum_{\beta,\gamma} \lambda_{\beta\gamma\alpha}\dot{Q}_\beta\dot{Q}_\gamma + \frac{1}{3}\sum_{\beta,\gamma} (\mu_{\alpha\beta\gamma} + \mu_{\beta\alpha\gamma} + \mu_{\beta\gamma\alpha})\,Q_\beta Q_\gamma = 0,$$

即有

$$f_\alpha = -\frac{1}{2}\sum_{\beta,\gamma} (\lambda_{\alpha\beta\gamma} + \lambda_{\beta\alpha\gamma})\left(\ddot{Q}_\beta Q_\gamma + \dot{Q}_\beta \dot{Q}_\gamma\right) + \frac{1}{2}\sum_{\beta,\gamma} \lambda_{\beta\gamma\alpha}\dot{Q}_\beta\dot{Q}_\gamma -$$

$$\frac{1}{3}\sum_{\beta,\gamma} (\mu_{\alpha\beta\gamma} + \mu_{\beta\alpha\gamma} + \mu_{\beta\gamma\alpha})\,Q_\beta Q_\gamma. \tag{28.5}$$

它显然是关于 Q_α, $\dot{Q}_\alpha$ 和 $\ddot{Q}_\alpha$ 的二次齐次函数.

3. 方程 (o28.9) 到二级近似的解

将设定的解 $x = x^{(1)} + x^{(2)}$ 代入方程 (o28.11), 则其等号左边为

$$\frac{\omega_0^2}{\omega^2}(\ddot{x}^{(1)} + \omega^2 x^{(1)} + \ddot{x}^{(2)} + \omega^2 x^{(2)}) = \frac{\omega_0^2}{\omega^2}(\ddot{x}^{(2)} + \omega^2 x^{(2)}), \tag{28.6}$$

其中利用了关系 $\ddot{x}^{(1)} = -\omega^2 x^{(1)}$. 对于方程 (o28.11) 等号的右边, 在仅保留到二阶小量时, 可作近似

$$x^2 = (x^{(1)} + x^{(2)})^2 \approx (x^{(1)})^2, \quad x^3 \approx 0,$$

则有

$$-\alpha x^2 - \beta x^3 - \left(1 - \frac{\omega_0^2}{\omega^2}\right)\ddot{x} \approx -\alpha(x^{(1)})^2 - \left(1 - \frac{\omega_0^2}{\omega^2}\right)(\ddot{x}^{(1)} + \ddot{x}^{(2)}). \tag{28.7}$$

再利用 $\ddot{x}^{(1)} = -\omega^2 x^{(1)}$, 代入 $\omega = \omega_0 + \omega^{(1)}$ 并作近似, 有

$$\left(1 - \frac{\omega_0^2}{\omega^2}\right)\ddot{x}^{(1)} = -\omega^2 x^{(1)} + \omega_0^2 x^{(1)} = -(\omega_0 + \omega^{(1)})^2 x^{(1)} + \omega_0^2 x^{(1)} \approx -2\omega_0\omega^{(1)}x^{(1)}. \tag{28.8}$$

结合式 (28.6),(28.7) 和 (28.8), 则在二级近似下, 有运动方程

$$\ddot{x}^{(2)} + \omega_0^2 x^{(2)} = -\alpha x^{(1)2} + 2\omega_0\omega^{(1)}x^{(1)}. \tag{28.9}$$

将 $x^{(1)} = a\cos\omega t$ 代入方程 (28.9), 有

$$\ddot{x}^{(2)} + \omega_0^2 x^{(2)} = -\alpha a^2 \cos^2\omega t + 2\omega_0\omega^{(1)}a\cos\omega t$$
$$= -\frac{1}{2}\alpha a^2 - \frac{1}{2}\alpha a^2 \cos(2\omega t) + 2\omega_0\omega^{(1)}a\cos\omega t.$$

上式右边无共振项的条件是 $\cos\omega t$ 前的系数等于零, 这要求 $\omega^{(1)} = 0$, 于是余下的方程为

$$\ddot{x}^{(2)} + \omega_0^2 x^{(2)} = -\frac{1}{2}\alpha a^2 - \frac{1}{2}\alpha a^2 \cos(2\omega t). \tag{28.10}$$

这是二阶非齐次常系数微分方程, 只要求它的特解. 这里首先说明仅求特解的原因. 在求解二阶微分方程 (o28.9) 时, 需要规定初始条件, 这里取为 $x(0) = a$, $\dot{x}(0) = 0$. 与 $x^{(1)}$ 相关的运动方程为

$$\ddot{x}^{(1)} + \omega^2 x^{(1)} = 0.$$

在求解这个方程得到 (o28.10) 时, 实际使用了初始条件 $x^{(1)}(0) = a$, $\dot{x}^{(1)}(0) = 0$. 于是, 其它各阶方程的初始条件为 $x^{(i)}(0) = 0$, $\dot{x}^{(i)}(0) = 0$ $(i = 2, 3, \cdots)$. 对于这样的初始条件, 相应的方程的求解就等同于求其特解了.

设方程 (28.10) 的特解为

$$x^{(2)} = A + B\cos(2\omega t) + C\sin(2\omega t), \tag{28.11}$$

其中 A, B, C 为待定常数. 将上式代入 (28.10), 可得

$$\omega_0^2 A + (-4\omega^2 + \omega_0^2)B\cos(2\omega t) + (-4\omega^2 + \omega_0^2)C\sin(2\omega t) = -\frac{1}{2}\alpha a^2 - \frac{1}{2}\alpha a^2\cos(2\omega t).$$

上式中等号两边各对应项应相等, 有

$$\omega_0^2 A = -\frac{1}{2}\alpha a^2, \quad (-4\omega^2 + \omega_0^2)B = -\frac{1}{2}\alpha a^2, \quad (-4\omega^2 + \omega_0^2)C = 0.$$

由此解得

$$A = -\frac{1}{2\omega_0^2}\alpha a^2, \quad B = \frac{\alpha a^2}{2(4\omega^2 - \omega_0^2)} \approx \frac{\alpha a^2}{6\omega_0^2}, \quad C = 0.$$

将这些系数代回方程 (28.11), 可得

$$x^{(2)} = -\frac{\alpha a^2}{2\omega_0^2} + \frac{\alpha a^2}{6\omega_0^2}\cos(2\omega t). \tag{o28.12}$$

4. 方程 (o28.9) 到三级近似的解

在方程 (o28.11) 中代入 $x = x^{(1)} + x^{(2)} + x^{(3)}$, $\omega = \omega_0 + \omega^{(2)}$, 得到

$$\ddot{x}^{(2)} + \ddot{x}^{(3)} + \omega_0^2(x^{(2)} + x^{(3)}) = -\alpha\left(x^{(1)} + x^{(2)} + x^{(3)}\right)^2 -$$
$$\beta\left(x^{(1)} + x^{(2)} + x^{(3)}\right)^3 + \left(\omega^2 - \omega_0^2\right)x^{(1)}.$$

上式等号右端保留到 3 阶小量项, 得

$$\ddot{x}^{(2)} + \ddot{x}^{(3)} + \omega_0^2(x^{(2)} + x^{(3)}) = -\alpha\left(x^{(1)2} + 2x^{(1)}x^{(2)}\right) - \beta x^{(1)3} + 2\omega_0\omega^{(2)}x^{(1)}.$$

将方程 (28.9), 即 $\ddot{x}^{(2)} + \omega_0^2 x^{(2)} = -\alpha x^{(1)2}$ (这里注意到 $\omega^{(1)} = 0$) 代入上式, 可得

$$\ddot{x}^{(3)} + \omega_0^2 x^{(3)} = -2\alpha x^{(1)}x^{(2)} - \beta x^{(1)3} + 2\omega_0\omega^{(2)}x^{(1)}. \tag{28.12}$$

再将式 (o28.10) 和 (o28.12) 代入上式, 得

$$\ddot{x}^{(3)} + \omega_0^2 x^{(3)} = -2\alpha a\cos\omega t\left[\frac{\alpha a^2}{2\omega_0^2} + \frac{\alpha a^2}{6\omega_0^2}\cos(2\omega t)\right] - \beta a^3\cos^3\omega t + 2\omega_0\omega^{(2)}a\cos\omega t$$
$$= \left(\frac{\alpha^2 a^3}{\omega_0^2} + 2\omega_0\omega^{(2)}a\right)\cos\omega t - \frac{\alpha^2 a^3}{6\omega_0^2}\left[\cos(3\omega t) + \cos\omega t\right] -$$
$$\frac{1}{4}\beta a^3\left[\cos(3\omega t) + 3\cos\omega t\right]$$
$$= -a^3\left(\frac{\alpha^2}{6\omega_0^2} + \frac{\beta}{4}\right)\cos(3\omega t) + a\left(2\omega_0\omega^{(2)} + \frac{5\alpha^2 a^2}{6\omega_0^2} - \frac{3\beta a^2}{4}\right)\cos\omega t,$$
$$\tag{28.13}$$

其中用了 3 倍角公式

$$\cos 3\theta = 4\cos^3\theta - 3\cos\theta,$$

以及积化和差公式.

在无共振项的条件下, 方程 (28.13) 右边 $\cos\omega t$ 项前的系数应该等于零, 即

$$a\left(2\omega_0\omega^{(2)} + \frac{5\alpha^2 a^2}{6\omega_0^2} - \frac{3\beta a^2}{4}\right) = 0.$$

由此解得对频率 ω_0 的修正为

$$\omega^{(2)} = \left(\frac{3\beta}{8\omega_0} - \frac{5\alpha^2}{12\omega_0^3}\right)a^2. \tag{o28.13}$$

相应地, 方程 (28.13) 变为

$$\ddot{x}^{(3)} + \omega_0^2 x^{(3)} = -a^3\left(\frac{\beta}{4} + \frac{\alpha^2}{6\omega_0^2}\right)\cos(3\omega t). \tag{28.14}$$

这是非齐次的二阶常微分方程, 也只要求其特解. 设方程 (28.14) 的特解形式为

$$x^{(3)} = A\cos(3\omega t). \tag{28.15}$$

将其代入方程 (28.14), 可得

$$(9\omega^2 - \omega_0^2)A = a^3\left(\frac{\beta}{4} + \frac{\alpha^2}{6\omega_0^2}\right).$$

于是, 有

$$A = \frac{a^3}{2(9\omega^2 - \omega_0^2)}\left(\frac{\beta}{2} + \frac{\alpha^2}{3\omega_0^2}\right) \approx \frac{a^3}{16\omega_0^2}\left(\frac{\alpha^2}{3\omega_0^2} + \frac{\beta}{2}\right).$$

将上式代回式 (28.15) 即得式 (o28.14).

说明: 实际上, 在文献中对于方程 (o28.9) 的所谓 LP 方法是按下列方式进行的. 令

$$\tau = \omega t,$$

则有

$$\frac{\mathrm{d}}{\mathrm{d}t} = \frac{\mathrm{d}\tau}{\mathrm{d}t}\frac{\mathrm{d}}{\mathrm{d}\tau} = \omega\frac{\mathrm{d}}{\mathrm{d}\tau}, \quad \frac{\mathrm{d}^2}{\mathrm{d}t^2} = \omega^2\frac{\mathrm{d}^2}{\mathrm{d}\tau^2},$$

相应地方程 (o28.9) 可以改写为

$$\omega^2 x'' + \omega_0^2 x = -\alpha x^2 - \beta x^3, \tag{28.16}$$

其中 $x'' = \mathrm{d}^2x/\mathrm{d}\tau^2$. 与式 (28.1) 和 (28.2) 相同, 令

$$x = \sigma x_1 + \sigma^2 x_2 + \sigma^3 x_3 + \cdots, \quad \omega = \omega_0 + \sigma\omega_1 + \sigma^2\omega_2 + \cdots, \tag{28.17}$$

这里 σ 是小量, 其中的 $\sigma^i x_i$, $\sigma^i\omega_i$ 分别相当于前面的 $x^{(i)}$ 和 $\omega^{(i)}$. 将式 (28.17) 代入方程 (28.16) 并整理, 然后再令 σ 的各阶项系数分别等于零, 可得下列方程

$$
\begin{aligned}
&x_1'' + x_1 = 0,\\
&\omega_0^2(x_2'' + x_2) = -2\omega_0\omega_1 x_1'' - \alpha x_1^2,\\
&\omega_0^2(x_3'' + x_3) = -2\omega_0\omega_1 x_2'' - 2\alpha x_1 x_2 - (\omega_1^2 + 2\omega_0\omega_2)x_1'' - \beta x_1^3,\\
&\cdots\cdots,
\end{aligned}\tag{28.18}
$$

其中第一式也就是 $\ddot{x}_1 + \omega^2 x_1 = 0$, 它的解即为 (o28.10), 而第二、第三式是前面的方程 (28.9) 和 (28.12), 它们的解分别与式 (o28.12) 和 (o28.14) 等价. 这样的处理过程与《力学》中给出的相比, 前者更为统一.

另外一个变通的方法是不作变换 $\tau = \omega t$, 而是将式 (28.17) 的第二式改写为

$$\omega_0 = \omega - \sigma\omega_1 - \sigma^2\omega_2 - \cdots,$$

再将此式与式 (28.17) 的第一式代入式 (o28.9), 令 σ 各阶项的系数分别等于零可得

$$
\begin{aligned}
&\ddot{x}_1 + \omega^2 x_1 = 0,\\
&\ddot{x}_2 + \omega^2 x_2 = 2\omega\omega_1 x_1 - \alpha x_1^2,\\
&\ddot{x}_3 + \omega^2 x_3 = 2\omega\omega_1 x_2 - 2\alpha x_1 x_2 - (\omega_1^2 - 2\omega\omega_2)x_1 - \beta x_1^3.\\
&\cdots\cdots,
\end{aligned}\tag{28.19}
$$

由此可得与前面的方法相同的结果.

5. 方程 (o28.8) 和 (o28.9) 的性质

拉格朗日函数 (o28.8) 描述的是保守系统. 因为该 L 不显含时间, 同时动能部分是广义速度的二次齐次函数, 因此系统的能量 (也就是机械能) 守恒, 即有

$$E = \frac{1}{2}m\dot{x}^2 + \frac{1}{2}m\omega_0^2 x^2 + \frac{1}{3}m\alpha x^3 + \frac{1}{4}m\beta x^4.\tag{28.20}$$

系统的势能为

$$U = \frac{1}{2}m\omega_0^2 x^2 + \frac{1}{3}m\alpha x^3 + \frac{1}{4}m\beta x^4.\tag{28.21}$$

平衡点满足条件

$$\frac{\mathrm{d}U}{\mathrm{d}x} = 0 = mx(\omega_0^2 + \alpha x + \beta x^2),$$

即有

$$x_1 = 0, \quad x_{2,3} = \frac{-\alpha \pm \sqrt{\alpha^2 - 4\omega_0^2\beta}}{2\beta}. \tag{28.22}$$

注意, 对于 $x_{2,3}$ 要求 $\beta \neq 0$.

考虑两种特殊情况.

(a) 当 $\beta = 0$ 时, 相应的势称为立方势, 此时有

$$x_1 = 0, \quad x_2 = -\frac{\omega_0^2}{\alpha}. \tag{28.23}$$

(b) 如果 $\alpha = 0$, 而 $\beta \neq 0$, 相应的势称为四次方势, 则有

$$x_1 = 0, \quad x_{2,3} = \pm\frac{\omega_0}{\sqrt{-\beta}}. \tag{28.24}$$

如存在实的 $x_{2,3}$, 则要求 $\beta < 0$.

平衡点的稳定性需要通过 $U(x)$ 对 x 的二阶导数的符号确定. 因为

$$\frac{\mathrm{d}^2U}{\mathrm{d}x^2} = m(\omega_0^2 + 2\alpha x + 3\beta x^2),$$

则有

$$\left.\frac{\mathrm{d}^2U}{\mathrm{d}x^2}\right|_{x_1} = m\omega_0^2 > 0,$$

以及

$$\left.\frac{\mathrm{d}^2U}{\mathrm{d}x^2}\right|_{x_{2,3}} = \frac{m}{2\beta}\sqrt{\alpha^2 - 4\beta\omega_0^2}\left[\sqrt{\alpha^2 - 4\beta\omega_0^2} \mp \alpha\right].$$

可见, $x_1 = 0$ 处是势函数的极小值点, 在该点的平衡是稳定的. 事实上, 在 $x = 0$ 附近, 因为 x 较小, 势函数中的三次方和四次方项与二次方项相比很小, 故此系统的行为接近于简谐振子的行为. (i) 当 $\beta < 0$ 时, 均有 $\left.\frac{\mathrm{d}^2U}{\mathrm{d}x^2}\right|_{x_{2,3}} < 0$, 即在 $x_{2,3}$ 处 $U(x)$ 有极大值, 这两个点的平衡是不稳定的.

(ii) 当 $\beta > 0$ 时, 如果 $\alpha > 0$, 则有 $\left.\frac{\mathrm{d}^2U}{\mathrm{d}x^2}\right|_{x_2} < 0$, 故在 x_2 处 $U(x)$ 有极大值, 该点的平衡是不稳定的. 但是, $\left.\frac{\mathrm{d}^2U}{\mathrm{d}x^2}\right|_{x_3} > 0$, 故在 x_3 处 $U(x)$ 有极小值, 该点的平衡是稳定的. 另一方面, 当 $\beta > 0$ 时, 如果 $\alpha < 0$, 则有 $\left.\frac{\mathrm{d}^2U}{\mathrm{d}x^2}\right|_{x_2} > 0$, 于是在

x_2 处 $U(x)$ 有极小值, 该点的平衡是稳定的. 而 $\left.\dfrac{\mathrm{d}^2U}{\mathrm{d}x^2}\right|_{x_3} < 0$, 即在 x_3 处 $U(x)$ 有极大值, 故该点的平衡是不稳定的.

对于前面提到的两种特殊情况, 系统相应的性质可讨论如下.

(a) $\alpha \neq 0$, $\beta = 0$, 相应有

$$\left.\frac{\mathrm{d}^2U}{\mathrm{d}x^2}\right|_{x_1} = m\omega_0^2 > 0, \quad \left.\frac{\mathrm{d}^2U}{\mathrm{d}x^2}\right|_{x_2} = -m\omega_0^2 < 0,$$

即 x_1 处为极小值点, x_2 处为极大值点 (见图 5.1). 对于 (28.20) 中不同的 E, 分别作出 $x - \dot{x}$ 平面 (即所谓相空间) 中的相轨迹 (见图 5.2). 从图中可以看出, 在 $x_1 = 0$ 附近相轨迹接近于椭圆 (见图 5.2 左半部分. 在 α 也为零的情况下是严格的椭圆), 这样的平衡点通常称为椭圆点. 在 x_2 附近的相轨迹接近于双曲线 (见图 5.2 右半部分), 该平衡点称为双曲点. 通过双曲点的相轨迹称为分界线, 该相轨迹相应的能量为 $E_s = U(x_2)$ (在图 5.2 中 $E_s = 1.5$). 分界线是具有不同性质的两个区域的边界.

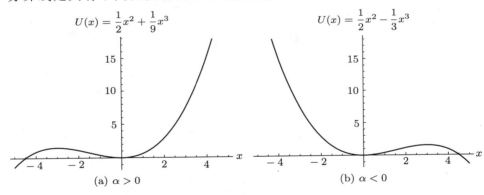

$$U(x) = \frac{1}{2}x^2 + \frac{1}{9}x^3 \qquad\qquad U(x) = \frac{1}{2}x^2 - \frac{1}{3}x^3$$

(a) $\alpha > 0$ (b) $\alpha < 0$

图 5.1 立方势

质点的运动形式与能量有关. 以 $\alpha < 0$ 的情况为例. (i) 如果 $E > E_s$ 且质点从 x_2 的右侧向左运动, 则它将被 x_2 处的势垒所减速, 越过该势垒在接近 x_1 时又被加速, 再被 x_1 左侧的势垒所反射向右运动. 这种运动是无界的, 运动轨迹是不封闭的. (ii) 如果 $E < E_s$, 运动分为两个部分: 一部分是位于 $x > x_2$ 的区间中, 质点从右侧向左运动, 在接近于 x_2 的过程中被反射, 运动轨迹是不封闭的. 另一部分是 x_1 附近的区间中运动, 这种运动是一种振动, 是有界运动, 轨迹是封闭的. 对于 $\alpha > 0$ 的情况可作类似的分析.

(b) $\alpha = 0$, $\beta \neq 0$, 有

$$\left.\frac{\mathrm{d}^2U}{\mathrm{d}x^2}\right|_{x_1} = m\omega_0^2 > 0, \quad \left.\frac{\mathrm{d}^2U}{\mathrm{d}x^2}\right|_{x_{2,3}} = -2m\omega_0^2 < 0,$$

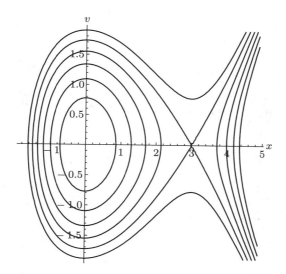

图 5.2　立方势的相图. 参数分别取值为 $m=1, \alpha=-1/3, \beta=0, \omega_0=1$, 能量分别为 $E=0.3, 0.6, 0.9, 1.2, 1.5, 1.8$, 其中 $E=1.5$ 的相轨迹是分界线

即 x_1 处为极小值点, $x_{2,3}$ 处为极大值点 (见图 5.3). 与情况 (a) 类似, 分别作出 (28.20) 的不同 E 的相轨迹 (见图 5.4). 从图中可以看出, $x_1=0$ 是椭圆点, 它附近的相轨迹接近于椭圆 (见图 5.4 的中间部分). 平衡点 x_2 和 x_3 是双曲点, 它们附近的相轨迹接近于双曲线 (见图 5.4 左右两侧). 该情况下也有分界线, 它通过两个双曲点. 分界线相应的能量为 $E_s=U(x_2)=U(x_3)$ (在图 5.4 中 $E_s=0.75$). 运动的形式取决于能量. 对于小于 E_s 的运动也分为两部分, 即位于 $x_1=0$ 附近的有界运动和在 x_2, x_3 附近的无界运动, 轨迹分别是封闭的和不封闭的.

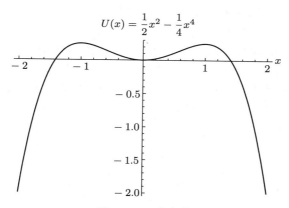

图 5.3　四次方势

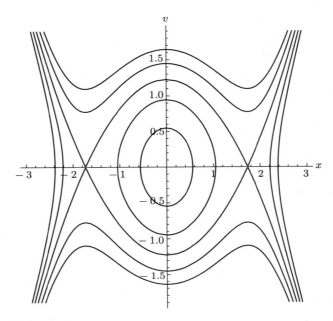

图 5.4　四次方势的相图. 参数分别取值为 $m = 1$, $\alpha = 0$, $\beta = -1/3$, $\omega_0 = 1$, 能量分别为 $E = 0.15, 0.45, 0.75, 1.05, 1.35$, 其中 $E = 0.75$ 的相轨迹是分界线

　　对于情况 (b) 另外再作一点说明. 在上面的讨论中, 势能表示式中 x^2 前的系数是正的, 因为 ω_0 是自由振动的频率. 但是文献中还讨论该系数为负的情况, 这也有具体的模型与其对应. 此时, 势函数是双势阱 (即将图 5.3 关于 x 轴反射所得的形式), 具有这种势的系统会有一些有趣的性质 (例如, 对称性破缺), 可参阅有关文献[①].

　　在 $\alpha \neq 0$, $\beta \neq 0$ 时, 系统的运动特征是上述两种特殊情况的综合体现. 图 5.5 和图 5.6 分别示出了 $\beta > 0$ 和 $\beta < 0$ 以及参数取特定值时的势函数与对应的几种能量下的相图, 它们与前面的分析是一致的.

---

　　① 例如, H. Haken. Cooperative phenomena in systems far from thermal equilibrium and in nonphysical systems. Rev. Mod. Phys., **47**(1975)67; M. A. Gomes, Wm. R. Savage and A. S. L. Gomes. Local stability: An elementary demonstration and discussion. Am. J. Phys., **51**(7)(1983)636.

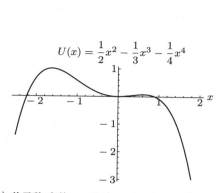

$$U(x) = \frac{1}{2}x^2 - \frac{1}{3}x^3 - \frac{1}{4}x^4$$

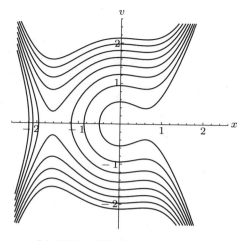

(a) 势函数,参数$m = 1, \omega_0 = 1, \alpha = -1, \beta = -1$

(b) 相图,与(a)的参数相同,但能量
$E = 0.15, 0.45, 0.75, 1.05, 1.35, 1.65, 1.95, 2.25$

图 5.5　势函数与相图,$\beta < 0$

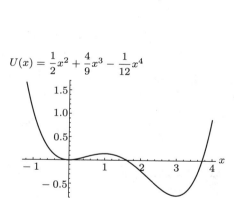

$$U(x) = \frac{1}{2}x^2 + \frac{4}{9}x^3 - \frac{1}{12}x^4$$

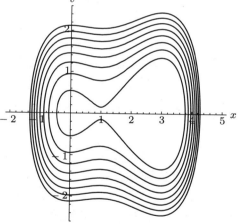

(a) 势函数,参数$m = 1, \omega_0 = 1, \alpha = -4/3, \beta = 1/3$

(b) 相图,与(a)的参数相同,但能量
$E = 0.15, 0.45, 0.75, 1.05, 1.35, 1.65, 1.95, 2.25$

图 5.6　势函数与相图,$\beta > 0$

§29　非线性振动中的共振

§29.1　内容提要

含有强迫力的非线性振动的典型方程为

$$\ddot{x} + 2\lambda\dot{x} + \omega_0^2 x = \frac{f}{m}\cos\gamma t - \alpha x^2 - \beta x^3. \tag{o29.1}$$

这个问题的振动中会出现多种共振, 下列几种情况下的外频均可激发频率接近 ω_0 的共振: (i) 接近于 ω_0; (ii) 接近于 ω_0 的分数倍以及 (iii) 接近于 ω_0 的整数倍. 第一种是通常类型的共振, 后两者是因为非线性导致了系统出现组合频率 (包括倍频或零频) 的振动①.

(i) 在考虑 ω_0 附近的共振时, 注意到强迫振动的振幅 b 与外力的幅值 f 和频率 γ 有关以及非简谐性会导致系统的固有频率与振幅有关这两个特性, 可以得到下列方程

$$b^2[(\varepsilon - \kappa b^2)^2 + \lambda^2] = \frac{f^2}{4m^2\omega_0^2}, \tag{o29.4}$$

其中 $\varepsilon = \gamma - \omega_0$ 是小量, 而 κ 是 α, β 等参数的一个确定的函数, 即式 (o28.13) 中 a^2 前的系数.

求式 (o29.4) 的解可以确定强迫振动的振幅 $b(\varepsilon)$. (1) 当 f 较小时, 方程 (o29.4) 有一个实根 b^2, 即式 (o29.2). (2) 当 $f > f_k$ 时, 方程 (o29.4) 在一定的频率范围内有三个实根 b^2, 中等值的根相应的振动是不稳定的. f_k 由下式给出

$$f_k^2 = \frac{32m^2\omega_0^2\lambda^3}{3\sqrt{3}\,|\kappa|}, \tag{o29.7}$$

而频率范围为 $\varepsilon_{\min} < \varepsilon < \varepsilon_{\max}$, 这里 $\varepsilon_{\min}, \varepsilon_{\max}$ 均为正的, 可由方程 (o29.4) 和 (o29.5) 联立解出.

(ii) 外频接近于 $\omega_0/2$ 的共振, 在二级近似下, 强迫振动的振幅 b 与其它参数的关系为

$$b^2\left[(2\varepsilon - \kappa b^2)^2 + \lambda^2\right] = \frac{16\alpha^2 f^4}{81m^4\omega_0^{10}}. \tag{o29.9}$$

与 (i) 相比这种共振的强度比较小.

(iii) 外频接近于 $2\omega_0$ 的共振, 在二级近似下, 包含有参变共振以及通常类型的共振, 相应地确定强迫振动的振幅 b 的方程为

$$b^2\left[\left(\frac{\varepsilon}{2} - \kappa b^2\right)^2 + \lambda^2\right] = \frac{\alpha^2 f^2 b^2}{36m^2\omega_0^6},$$

它有三个解, 即有三个可能的振幅,

$$b = 0, \tag{o29.12}$$

$$b^2 = \frac{1}{\kappa}\left[\frac{\varepsilon}{2} + \sqrt{\left(\frac{\alpha f}{6m\omega_0^3}\right)^2 - \lambda^2}\right], \tag{o29.13}$$

---

① 文献中常将这三类共振分别称为主共振 (principal resonance)、超谐波共振 (ultraharmonic resonance) 和亚谐波共振 (subharmonic resonance).

$$b^2 = \frac{1}{\kappa}\left[\frac{\varepsilon}{2} - \sqrt{\left(\frac{\alpha f}{6m\omega_0^3}\right)^2 - \lambda^2}\right]. \tag{o29.14}$$

这些振动是否稳定与 ε 的取值范围有关 (参见图 o33 以及相关的讨论).

§29.2 内容补充

1. 方程 (o29.1) 与 ω_0 附近的共振

在《力学》中讨论方程 (o29.1) 在 ω_0 附近的共振解时没有直接求解该方程本身, 而是分别利用 §26 和 §28 中的结果, 以此得到确定强迫振动的振幅 b 的方程 (o29.4). 也就是说, 在这种处理过程中将线性近似的结果与非线性引起的频率修正分别考虑. 但是, 从 §28 的讨论中我们知道, 非线性的引入除对振动频率有修正外, 对振动解的形式也有修正. 因而,《力学》中的处理方法的依据是什么呢?

按照文中的约定, 没有考虑强迫力幅值中的高阶项, 如果类似于 §28 中对方程 (o28.9) 的求解, 则现在问题中的线性近似也等同于求 $x^{(1)}$, 它满足的方程是 (o26.1), 此时 (o28.10) 相应地要用 (o26.5) 代替, 这样就会得到与 (o29.2) 完全相同形式的关系, 但是其中的 ω_0 类似于 §28 中那样应该为 ω. 接下来再考虑 $x^{(2)}, x^{(3)}$ 等计及非线性后对运动的影响以及对 ω 的影响. §28 中的求解过程表明, 对运动的影响的一个重要方面是出现组合频率的振动. 然而, 对于现在考虑外频在 ω_0 附近的共振, 这些组合频率的振动是无关紧要的, 因此只要关注对频率的修正. 可见, 线性近似和频率修正可以分别考虑. 但是, 在 $\frac{\omega_0}{2}, 2\omega_0$ 等频率附近的外频引起的共振就不能如此处理, 因为组合频率的出现对共振运动的振幅同时也有影响 (参见方程 (o29.9)), 因此需要类似于 §28 采用逐级近似的方法求解方程 (o29.1).

2. 方程 (o29.4) 和逐阶近似方法

关于逐阶近似方法, 这里首先需要作下列说明. 因为强迫力的存在, 问题的分析求解变得有些复杂. 对于所谓主共振、谐波共振等不同情况, 阻尼项、非线性项以及强迫力项的阶数需要按照物理的分析进行分别确定[①], 此后再采用级数展开形式的逐阶近似方法. 其中比较系统而计算又相对简单的方法是所谓的多标度方法 (method of multiple scales), 可见有

---

① 这方面的详细分析可参见有关著作, 例如 A. H. Nayfeh. Introduction to perturbation techniques. New York: John Wiley & Sons, 1981. 中译本: A. H. 奈弗. 摄动方法导引. 宋家骕编译. 上海: 上海翻译出版公司, 1990.

关文献[①]. 相比较而言,《力学》中本节采用的逐阶近似方法不是完全的级数展开法, 而 §28 中的处理方法本质上是级数展开法, 如同对该节的内容补充之 1 以及 4 的说明中所表明的.

下面按照 LP 方法求 ω_0 附近的共振. 为使阻尼项和强迫力同时出现在扰动的某一阶修正中, 可令 $\lambda = \sigma^2\mu, f = m\sigma^3 F$, 其中 σ 为小量, 这样在方程 (o29.1) 中阻尼项和强迫力项是同一个量级, 且仅出现在 σ 的三阶近似中. 再作 (28.17) 形式的展开, 代入 (o29.1), 令两边 σ 各次幂的系数分别相等可得下列方程

$$\ddot{x}_1 + \omega^2 x_1 = 0,$$
$$\ddot{x}_2 + \omega^2 x_2 = 2\omega\omega_1 x_1 - \alpha x_1^2,$$
$$\ddot{x}_3 + \omega^2 x_3 = F\cos\gamma t + 2\omega\omega_1 x_2 + (2\omega\omega_2 - \omega_1^2)x_1 - 2\mu\dot{x}_1 - 2\alpha x_1 x_2 - \beta x_1^3,$$
$$\cdots\cdots$$

$$(29.1)$$

上式中的第一式的解为

$$x_1 = a\cos\omega t. \tag{29.2}$$

将式 (29.2) 代入式 (29.1) 中的第二式, 有

$$\ddot{x}_2 + \omega^2 x_2 = 2\omega\omega_1 a\cos\omega t - \frac{1}{2}\alpha a^2(\cos 2\omega t + 1).$$

要消去共振项, 上式右边 $\cos\omega t$ 前的系数应等于零, 故有 $\omega_1 = 0$, 于是有

$$\ddot{x}_2 + \omega^2 x_2 = -\frac{1}{2}\alpha a^2(\cos 2\omega t + 1). \tag{29.3}$$

方程 (29.3) 的特解为

$$x_2 = -\frac{\alpha a^2}{2\omega^2} + \frac{\alpha a^2}{6\omega^2}\cos 2\omega t. \tag{29.4}$$

再将式 (29.4) 代入式 (29.1) 中的第三式, 同时注意到 $\omega_1 = 0$, 有

$$\ddot{x}_3 + \omega^2 x_3 = F\cos\gamma t + 2\omega\omega_2 a\cos\omega t + 2\mu a\omega\sin\omega t -$$
$$2\alpha a\cos\omega t\left[-\frac{\alpha a^2}{2\omega^2} + \frac{\alpha a^2}{6\omega^2}\cos 2\omega t\right] - \beta a^3\cos^3\omega t$$
$$= F\cos\gamma t + 2\mu a\omega\sin\omega t + \left[2\omega\omega_2 a + \frac{5\alpha^2 a^3}{6\omega^2} - \frac{3}{4}\beta a^3\right]\cos\omega t -$$
$$\left(\frac{\alpha^2 a^3}{6\omega^2} + \frac{1}{4}\beta a^3\right)\cos 3\omega t.$$

---

① 例如上面所引 A. H. Nayfeh 的著作以及 A. H. Nayfeh and D. T. Mook. Nonlinear oscillations. New York: John Wiley & Sons, 1979. 中译本: A. H. 奈弗, D. T. 穆克. 非线性振动 (上, 下册). 宋家骕等译. 北京: 高等教育出版社, 1990.

但是 $\gamma = \omega + \varepsilon$, 则有 $\cos\gamma t = \cos\omega t\cos\varepsilon t - \sin\omega t\sin\varepsilon t$, 上式可写为

$$\ddot{x}_3 + \omega^2 x_3 = (-F\sin\varepsilon t + 2\mu a\omega)\sin\omega t +$$
$$\left[F\cos\varepsilon t + 2\omega\omega_2 a + \frac{5\alpha^2 a^3}{6\omega^2} - \frac{3}{4}\beta a^3\right]\cos\omega t -$$
$$\left(\frac{\alpha^2 a^3}{6\omega^2} + \frac{1}{4}\beta a^3\right)\cos 3\omega t.$$

同样, 为消去共振项应有 $\sin\omega t$ 和 $\cos\omega t$ 前的系数均等于零, 即有

$$\begin{cases} -F\sin\varepsilon t + 2\mu a\omega = 0, \\ F\cos\varepsilon t + 2\omega\omega_2 a + \dfrac{5\alpha^2 a^3}{6\omega^2} - \dfrac{3}{4}\beta a^3 = 0. \end{cases} \tag{29.5}$$

由这两式消去含 ε 的项可得关系

$$F^2 = (2\mu a\omega)^2 + \left[2\omega\omega_2 a + \frac{5\alpha^2 a^3}{6\omega^2} - \frac{3}{4}\beta a^3\right]^2. \tag{29.6}$$

考虑到前面所作的代换, 则上式可改写为

$$\frac{f^2}{4m^2\omega^2} = (a\sigma)^2\left\{\lambda^2 + \left[\sigma^2\omega_2 - \left(\frac{3\beta}{8\omega} - \frac{5\alpha^2}{12\omega^3}\right)(a\sigma)^2\right]^2\right\}. \tag{29.7}$$

注意到这里的 σa, $\sigma^2\omega_2$ 以及 $\dfrac{3\beta}{8\omega} - \dfrac{5\alpha^2}{12\omega^3}$ 分别等同于《力学》中的 b, ε 和 κ, 则方程 (29.7) 就是方程 (o29.4).

3. 谐波共振, 方程 (o29.8) 与 (o29.11)

对外频接近于 $\omega_0/2$ 的情况, 在一阶线性近似下, 忽略非线性项, 同时认为阻尼是小量也不予以考虑, 则方程 (o29.1) 变为

$$\ddot{x}^{(1)} + \omega_0^2 x^{(1)} = \frac{f}{m}\cos\gamma t,$$

这与式 (o22.2) 是相同的. 在仅考虑共振时, 由 (o22.4) 可得

$$x^{(1)} = \frac{4f}{3m\omega_0^2}\cos\left(\frac{\omega_0}{2} + \varepsilon\right)t. \tag{29.8}$$

将 $x = x^{(1)} + x^{(2)}$ 代入式 (o29.1), 并利用式 (29.8) 可得

$$\ddot{x}^{(2)} + 2\lambda\dot{x}^{(2)} + \omega_0^2 x^{(2)} + \alpha x^{(2)2} + \beta x^{(2)3} = -\alpha x^{(1)2} - 2\alpha x^{(1)}x^{(2)} - 2\lambda\dot{x}^{(1)} -$$
$$\beta(x^{(1)3} + 3x^{(1)2}x^{(2)} + 3x^{(1)}x^{(2)2}).$$

注意到 $x^{(1)}$ 的形式 (29.8) 以及三角函数的积化和差公式, 上式等号右边从第二项开始的所有项与所考虑的共振没有关系, 可以略去, 即可以仅求解下列形式的方程

$$\ddot{x}^{(2)} + 2\lambda\dot{x}^{(2)} + \omega_0^2 x^{(2)} + \alpha x^{(2)2} + \beta x^{(2)3} = -\alpha x^{(1)2}.$$

将式 (29.8) 代入上式再一次仅保留共振项就可得 (o29.8).

对外频接近于 $2\omega_0$ 的情况可以进行完全类似地分析, 由此可以得到 (o29.11).

4. 方程 (o29.1) 的数值解与混沌

方程 (o29.1) 在文献中常称为 Duffing 方程, 表现出许多有趣的性质, 特别是所谓的倍周期性, 这是通向混沌的一条途径[①].

为讨论简单起见, 令 $\alpha = 0, m = \omega_0 = \beta = 1$, 这样方程 (o29.1) 变为

$$\ddot{x} + 2\lambda\dot{x} + x + x^3 = f\cos\gamma t. \tag{29.9}$$

此时方程 (29.9) 中有 3 个可调参数, 即 λ, f, γ, 每个参数的改变都可能引起解的类型和结构的变化, 也即运动特征的变化.

下面仅讨论阻尼系数 λ 和强迫力圆频率 γ 不变, 而改变强迫力振幅 f 的情况, 分别通过相图, Poincare 截面以及分叉图等几个方面来描述系统的性质.

如前面所说, 相图是系统在相空间 $x - \dot{x}$ 中的相轨迹. 在 f 较小时, 系统的运动有周期行为. 选取 $\lambda = 1/10, \gamma = 1.45$, 同时初始条件为 $x(0) = 0, \dot{x}(0) = 4.0$. 图 5.7(a) 是参数 $f = 20$ 情况下的相图, 表面看来似乎行为非常复杂, 但这种复杂性是由于暂态过程造成的. 如果考察一段时间之后的行为, 即排除暂态行为, 例如将观测时间取为 $t = 140$ 到 600, 则有图 5.7(b) 所示的封闭曲线, 表明是简单周期的运动, 周期为 $2\pi/\gamma$, 这里 γ 为强迫力的圆频率.

当增加 f 时可以看到所谓的倍周期行为, 即从出发点经过二倍于 $2\pi/\gamma$ 即 $4\pi/\gamma$ 的时间后回到出发点, 参见图 5.8, 其中参数为 $f = 22$, 图 5.8(b) 的时间间隔与图 5.7(a) 相同.

再增加 f, 周期进一步加倍, 最终在某一 f 系统将进入混沌的运动状态. 这就是所谓倍周期通向混沌的途径.

为清晰地显示这种倍周期性, 往往采用所谓的 Poincare 截面, 它是相空间中的一个二维截面. 不同于相轨迹本身, 它是连续的曲线, 而 Poincare

---

[①] 关于 Duffing 方程的系统研究可参见有关文献, 例如, I. Kovacic, M. J. Brennan eds, The Duffing equation: nonlinear oscillators and their behaviour, John Wiley & Sons, 2011.

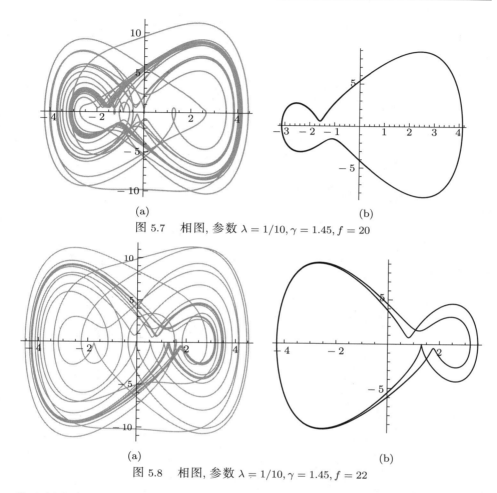

图 5.7 相图, 参数 $\lambda = 1/10, \gamma = 1.45, f = 20$

图 5.8 相图, 参数 $\lambda = 1/10, \gamma = 1.45, f = 22$

截面是相轨迹在相空间中某一二维曲面上的交点的离散集合. 在 Duffing 方程的情况中, Poincare 截面是在强迫力的各个周期即时刻 $t = 2\pi/\gamma, 4\pi/\gamma,$ $6\pi/\gamma, \cdots$ 的相点的集合. 显然, 当 Poincare 截面仅是一个点时, 运动是周期的, 是两个点时则是二倍周期的, 如此等等. 图 5.9 分别示出了 Duffing 方程 $f = 20, 22$ 的 Poincare 截面, 它反映的运动性质与前面的分析一致.

为看出倍周期达到混沌的过程, 可采用分叉图, 它给出一定范围内的 f 值相应的稳定值 x, 图 5.10 示出了 Duffing 方程 $f = 20$ 到 $f = 28$ 范围内的分叉图. 需要说明的是, 倍周期性是许多系统通向混沌的一个共同特征. 此外, 所谓混沌区域并不是完全无序的, 它也有丰富的结构, 混沌学中对此有详细的分析, 可参见有关著作[1], 不在此赘述.

——————————
① 例如前面引用的 I. Kovacic, M. J. Brennan 主编的著作.

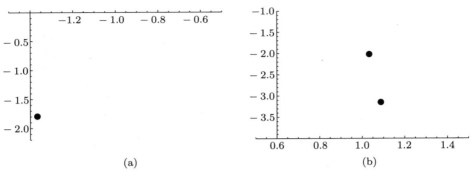

(a)　　　　　　　　　　　　　(b)

图 5.9　　Poincare 截面, 参数 $\lambda = 1/10, \gamma = 1.45$,(a) $f = 20$, (b) $f = 22$

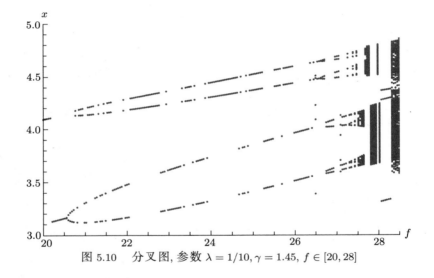

图 5.10　　分叉图, 参数 $\lambda = 1/10, \gamma = 1.45$, $f \in [20, 28]$

§29.3　习题解答

习题 试求在频率 $\gamma \approx 3\omega_0$ 上共振的函数关系 $b(\varepsilon)$.

解: 在一阶线性近似中, 不考虑非线性项, 同时认为阻尼是小量也予以忽略, 则方程 (o29.1) 变为

$$\ddot{x}^{(1)} + \omega_0^2 x^{(1)} = \frac{f}{m} \cos \gamma t. \tag{1}$$

这与式 (o22.2) 有相同的形式. 在外力的频率附近的共振由公式 (o22.4) 的第二项, 即

$$\frac{f}{m(\omega^2 - \gamma^2)} \cos(\gamma t + \beta),$$

描述. 于是, 在上式中代入 $\gamma = 3\omega_0 + \varepsilon$ 并略去二阶小量项可得方程 (1) 的解

$$x^{(1)} = -\frac{f}{8m\omega_0^2}\cos[(3\omega_0 + \varepsilon)t]. \tag{2}$$

现在考虑二阶近似 $x^{(2)}$. 将 $x = x^{(1)} + x^{(2)}$ 代入方程 (o29.1) 得到

$$(\ddot{x}^{(1)}+\ddot{x}^{(2)})+2\lambda(\dot{x}^{(1)}+\dot{x}^{(2)})+\omega_0^2(x^{(1)}+x^{(2)}) = \frac{f}{m}\cos\gamma t - \alpha(x^{(1)}+x^{(2)})^2 - \beta(x^{(1)}+x^{(2)})^3. \tag{3}$$

将式 (3) 减去式 (1) 并整理可得

$$\ddot{x}^{(2)}+2\lambda\dot{x}^{(2)}+\omega_0^2 x^{(2)}+\alpha x^{(2)2}+\beta x^{(2)3} = -\alpha(x^{(1)2}+2x^{(1)}x^{(2)})- \\ 2\lambda\dot{x}^{(1)}-\beta(x^{(1)3}+3x^{(1)2}x^{(2)}+3x^{(1)}x^{(2)2}).$$

根据式 (2) 以及三角函数积化和差公式可知, 当在上式等号右端仅保留所要考虑的共振项时, 有

$$\ddot{x}^{(2)} + 2\lambda\dot{x}^{(2)} + \omega_0^2 x^{(2)} + \alpha x^{(2)2} + \beta x^{(2)3} = -3\beta x^{(1)}x^{(2)2}. \tag{4}$$

假设方程 (4) 有下列形式的解

$$x^{(2)} = b\cos\left[\left(\omega_0 + \frac{\varepsilon}{3}\right)t + \delta\right],$$

则方程 (4) 的右边变为

$$\frac{3\beta b^2 f}{8m\omega_0^2}\cos[(3\omega_0 + \varepsilon)t]\cos^2\left[\left(\omega_0 + \frac{\varepsilon}{3}\right)t + \delta\right]$$
$$=\frac{3\beta b^2 f}{16m\omega_0^2}\cos[(3\omega_0 + \varepsilon)t]\left\{1 + \cos\left[2\left(\omega_0 + \frac{\varepsilon}{3}\right)t + 2\delta\right]\right\}.$$

对上式右边利用积化和差公式 $\cos\alpha\cos\beta = \frac{1}{2}[\cos(\alpha - \beta) + \cos(\alpha + \beta)]$ 并从中分出常规类型的共振项 (即在系统的固有频率 ω_0 附近的共振), 略去其它项, 则方程 (4) 的右端变为

$$\frac{3\beta b^2 f}{32m\omega_0^2}\cos\left[\left(\omega_0 + \frac{\varepsilon}{3}\right)t - 2\delta\right].$$

由此, 方程 (4) 可以改写为

$$\ddot{x}^{(2)} + 2\lambda\dot{x}^{(2)} + \omega_0^2 x^{(2)} + \alpha x^{(2)2} + \beta x^{(2)3} = \frac{3\beta b^2 f}{32m\omega_0^2}\cos\left[\left(\omega_0 + \frac{\varepsilon}{3}\right)t - 2\delta\right]. \tag{5}$$

将方程 (5) 与方程 (o29.1) 相比较, 这相当于外力幅值为 $3\beta b^2 f/(32m\omega_0^2)$ 且用 $\varepsilon/3$ 代替 ε 时的非线性振动. 于是, 在方程 (o29.4) 中用 $3\beta b^2 f/(32m\omega_0^2)$ 代替 f, 用 $\varepsilon/3$ 代替 ε, 可得 b 对 ε 的函数关系为

$$b^2\left[\left(\frac{\varepsilon}{3}-\kappa b^2\right)^2+\lambda^2\right]=\frac{9\beta^2 f^2}{2^{12}m^2\omega_0^6}b^4\equiv Ab^4, \tag{6}$$

其中

$$A=\frac{9\beta^2 f^2}{2^{12}m^2\omega_0^6}>0.$$

由式 (6) 可解得下列根: (i)$b=0$ 为二重根; (ii)$b\neq 0$, 则将式 (6) 两边消去 b^2 可得关于 b^2 的一元二次方程

$$\kappa^2 b^4-\left(\frac{2}{3}\varepsilon\kappa+A\right)b^2+\lambda^2+\frac{\varepsilon^2}{9}=0.$$

由此利用求根公式可得

$$b^2=\frac{\varepsilon}{3\kappa}+\frac{A}{2\kappa^2}\pm\frac{1}{\kappa}\sqrt{\frac{\varepsilon A}{3\kappa}+\frac{A^2}{4\kappa^2}-\lambda^2}. \tag{7}$$

将式 (7) 两边同时对 ε 求导, 得到

$$\frac{\mathrm{d}b^2}{\mathrm{d}\varepsilon}=\frac{1}{3\kappa}\pm\frac{A}{6\kappa^2\sqrt{\dfrac{\varepsilon A}{3\kappa}+\dfrac{A^2}{4\kappa^2}-\lambda^2}}.$$

当 $\dfrac{\mathrm{d}b^2}{\mathrm{d}\varepsilon}=\infty$ 时, 对应图 o34 中的 A 点, 此时有

$$\frac{\varepsilon A}{3\kappa}+\frac{A^2}{4\kappa^2}-\lambda^2=0.$$

故 A 点相应的 ε 值 (记为 ε_k) 为

$$\varepsilon_k=\frac{3(4\kappa^2\lambda^2-A^2)}{4\kappa A}. \tag{8}$$

将此值代入式 (7) 可得相应的外力幅值为

$$b_k^2=\frac{4\kappa^2\lambda^2+A^2}{4\kappa^2 A}.$$

只有在 $\varepsilon>\varepsilon_k$ 和 $b>b_k$ 情况下才存在振动. 注意到 ε_k 由方程 (8) 给出, 则由式 (6) 可以看出当 $\varepsilon>\varepsilon_k$ 时, 有

$$b^2>\frac{\varepsilon_k}{3\kappa}+\frac{A}{2\kappa^2}\pm\frac{1}{\kappa}\sqrt{\frac{\varepsilon_k A}{3\kappa}+\frac{A^2}{4\kappa^2}-\lambda^2}=\frac{\varepsilon_k}{3\kappa}+\frac{A}{2\kappa^2}$$

$$=\frac{1}{3\kappa}\left[\frac{3(4\kappa^2\lambda^2-A^2)}{4\kappa A}\right]+\frac{A}{2\kappa^2}=\frac{\lambda^2}{A}+\frac{A}{4\kappa^2}=b_k^2,$$

即由 $\varepsilon>\varepsilon_k$ 可以导出 $b>b_k$.

§30 快速振动场中的运动

§30.1 内容提要

快速振动场即高频场是指, 该场的频率 ω 远大于质点在其中作平稳运动 (即随时间的变化比较缓慢的运动) 的周期 T 的倒数 $\omega \gg \dfrac{2\pi}{T}$.

对于处于定常势场 U 中并受到频率为 ω 的变力 f 作用的质点, 其运动 x 可以分解为平稳运动 X 和围绕其所作的微振动 ξ (即频率为 ω 的快运动) 两者的叠加, 即 $x(t) = X(t) + \xi(t)$, 在保留到 ξ 一阶项时, 相应的动力学方程分别为[①]

$$m\ddot{\xi} = f(X, t), \tag{o30.5}$$

和

$$m\ddot{X} = -\frac{\mathrm{d}U}{\mathrm{d}X} - \xi\frac{\mathrm{d}^2U}{\mathrm{d}X^2} + \xi\frac{\partial f}{\partial X}. \tag{o30.5'}$$

在取

$$f = f_1\cos\omega t + f_2\sin\omega t, \tag{o30.1}$$

时, 如果对各量取时间的关于 ξ 的振动周期 T_0 (与 ω 相联系的周期) 的平均

$$\overline{g(t)} = \frac{1}{T_0}\int_0^{T_0} g(t)\mathrm{d}t,$$

则有 $\overline{\xi} = 0$, 且平稳运动由下列动力学方程描述

$$m\ddot{X} = -\frac{\mathrm{d}U_{\text{eff}}}{\mathrm{d}X}, \tag{o30.7}$$

其中有效势能 U_{eff} 为

$$U_{\text{eff}} = U + \frac{1}{2m\omega^2}\overline{f^2} = U + \frac{1}{4m\omega^2}(f_1^2 + f_2^2). \tag{o30.8}$$

取平均的目的是消去与微振动有关的快运动部分. 需要说明的是, 这种方法仅在高频条件下是一个高精度的近似方法.

本节讨论的也是一种受迫振动, 但其内容中有两个值得强调的重要方面: (i) 处理问题的方法. 通过消去与微振动有关的快运动 (与外场有相同的振动频率) 部分, 突出系统的平稳运动特征. 这个方法是一种平均化的方法, 在《力学》§35 的习题 3, §49 以及 §51 分别用于处理有关问题, 它在量

[①] 这个近似也相当于保留到 $\dfrac{1}{\omega^2}$ 阶项, 到更高阶项的近似可参见有关文献, 例如 S. Rahav, I. Gilary and S. Fishman. Effective Hamiltonians for periodically driven systems. Phys. Rev., **A68**(2003)013820.

子理论, 统计物理等领域的许多问题中也有重要的应用; (ii) 使系统处于高频外场中实际上提供了一个通过调节快速振动场的频率和振幅可以控制系统使其处于某一稳定的位形的一种方法. 这可以用来俘陷几个甚至单个离子以对它们进行操控进而研究其性质[1]. 在本节后面的例子中对此有所体现.

§30.2 内容补充

1. 方程 (o30.4)

利用方程 (o30.3), 将相关函数对 ξ 作 Taylor 展开. 因为 ξ 可视为小量, 各展开式可以仅保留到 ξ 的一阶项, 即有

$$U(x) = U(X+\xi) \approx U(X) + \xi \frac{\mathrm{d}U(X)}{\mathrm{d}X},$$

$$\frac{\mathrm{d}U(x)}{\mathrm{d}x} \approx \frac{\mathrm{d}U(X)}{\mathrm{d}X} + \xi \frac{\mathrm{d}^2 U(X)}{\mathrm{d}X^2},$$

$$f(x,t) = f(X+\xi, t) \approx f(X,t) + \xi \frac{\partial f}{\partial X}.$$

将这些表示式代入方程 (o30.2) 即可得到方程 (o30.4). 注意, 虽然 ξ 可以视为小量, 但是因它对时间的导数 $\ddot{\xi}$ 正比于高频力场 f 的频率的平方, 即 $\ddot{\xi} \propto \omega^2$, 因而 $\ddot{\xi}$ 是一个很大的量. 据此, 由方程 (o30.4) 中各项的性质可以得到方程 (o30.5) 和 (o30.5′), 它们分别描述质点的快运动和平稳运动.

2. 平均值 $\overline{f^2}$ 与 $\overline{\xi^2}$ 之间的关系

因为

$$f^2 = (f_1 \cos\omega t + f_2 \sin\omega t)^2 = f_1^2 \cos^2\omega t + f_2^2 \sin^2\omega t + 2f_1 f_2 \cos\omega t \sin\omega t$$

$$= \frac{1}{2}(f_1^2 + f_2^2) + \frac{1}{2}(f_1^2 - f_2^2)\cos 2\omega t + 2f_1 f_2 \cos\omega t \sin\omega t,$$

记 $T_0 = \dfrac{2\pi}{\omega}$, 则有 f^2 对周期 T_0 的平均为

$$\overline{f^2} = \frac{1}{T_0}\int_0^{T_0} f^2 \mathrm{d}t$$

$$= \frac{1}{2T_0}(f_1^2 + f_2^2)\int_0^{T_0} \mathrm{d}t + \frac{1}{2T_0}(f_1^2 - f_2^2)\int_0^{T_0} \cos 2\omega t \mathrm{d}t +$$

$$\qquad 2f_1 f_2 \frac{1}{T_0}\int_0^{T_0} \cos\omega t \sin\omega t \mathrm{d}t \qquad\qquad (30.1)$$

---

[1] Richard J. Cook, Donn G. Shankland, and Ann L. Wells. Quantum theory of particle motion in a rapidly oscillating field. Phys. Rev., **A31**(1985)564; D. Leibfried, R. Blatt, C. Monroe, and D. Wineland. Quantum dynamics of single trapped ions. Rev. Mod. Phys., **75** (2003)281.

$$= \frac{1}{2}(f_1^2 + f_2^2) + \frac{1}{2T_0}(f_1^2 - f_2^2)\frac{1}{2\omega}\sin 2\omega t\Big|_0^{T_0} + 2f_1 f_2 \frac{1}{2\omega T_0}\sin^2 \omega t\Big|_0^{T_0}$$

$$= \frac{1}{2}(f_1^2 + f_2^2).$$

另一方面, 由式 (o30.6) 可得

$$\dot{\xi} = \frac{1}{m\omega}(f_1 \sin \omega t - f_2 \cos \omega t),$$

于是

$$\dot{\xi}^2 = \frac{1}{m^2\omega^2}(f_1 \sin \omega t - f_2 \cos \omega t)^2$$

$$= \frac{1}{2m^2\omega^2}\left\{(f_1^2 + f_2^2) + (-f_1^2 + f_2^2)\cos 2\omega t - 4f_1 f_2 \sin \omega t \cos \omega t\right\}.$$

类似于前面对 f^2 求平均的计算, 可得

$$\overline{\dot{\xi}^2} = \frac{1}{2m^2\omega^2}(f_1^2 + f_2^2). \tag{30.2}$$

由式 (30.1) 和 (30.2) 可得到关系

$$\frac{1}{2}m\overline{\dot{\xi}^2} = \frac{1}{4m\omega^2}(f_1^2 + f_2^2).$$

这就是从式 (o30.8) 得到式 (o30.9) 所要用到的关系.

3. 一般形式的 f 与有效势能

《力学》中本节的讨论针对 f 具有形式 (o30.1) 的情况, 但是结论 (o30.7) 对于具有下列性质的外场 f 仍是成立的. 设 $f = -\dfrac{\partial V}{\partial x}$, 而 V 具有性质 $V(x, t + T_0) = V(x, t)$, 即它是周期函数, 这里的周期 $T_0 = \dfrac{2\pi}{\omega}$, 其中 ω 是外场的基频. 同样要求 ω 远大于平稳运动相应的频率. 此外, 还要求 V 对于周期 T_0 的时间平均等于零, 即

$$\overline{V(x, t)} = \frac{1}{T_0}\int_0^{T_0} V(x, t)\,\mathrm{d}t = 0. \tag{30.3}$$

对于周期函数, 可以作 Fourier 展开

$$V(x, t) = v_{01} + \sum_{k=1}^{\infty}\left[v_{k1}(x)\cos(k\omega t) + v_{k2}(x)\sin(k\omega t)\right], \tag{30.4}$$

其中

$$v_{k1}(x) = \frac{2}{T_0}\int_{-T_0/2}^{T_0/2} V(x, t)\cos(k\omega t)\mathrm{d}t, \quad (k = 0, 1, 2, \cdots)$$

$$v_{k2}(x) = \frac{2}{T_0}\int_{-T_0/2}^{T_0/2} V(x, t)\sin(k\omega t)\mathrm{d}t, \quad (k = 1, 2, \cdots) \tag{30.5}$$

故有

$$f = -\frac{\partial V}{\partial x} = f_0(x) + \sum_{k=1}^{\infty} \left[f_{k1}(x) \cos(k\omega t) + f_{k2}(x) \sin(k\omega t) \right], \tag{30.6}$$

其中

$$f_0 = -\frac{\partial v_{01}}{\partial x}, \quad f_{k1} = -\frac{\partial v_{k1}}{\partial x}, \quad f_{k2} = -\frac{\partial v_{k2}}{\partial x}.$$

可以将 v_{01} 部分归入 U 而不必考虑 f_0, 即力 f 具有下列形式

$$f(x,t) = \sum_{k=1}^{\infty} \left[f_{k1}(x) \cos(k\omega t) + f_{k2}(x) \sin(k\omega t) \right]. \tag{30.7}$$

将该 f 代入方程 (o30.5) 并对时间积分, 可得

$$\xi = -\frac{1}{m\omega^2} \sum_{k=1}^{\infty} \frac{1}{k^2} \left[f_{k1}(X) \cos(k\omega t) + f_{k2}(X) \sin(k\omega t) \right], \tag{30.8}$$

其中积分常数取为零. 注意到

$$\frac{\mathrm{d}f}{\mathrm{d}X} = \sum_{k=1}^{\infty} \left[f'_{k1} \cos(k\omega t) + f'_{k2} \sin(k\omega t) \right],$$

其中 $f'_{k1} = \mathrm{d}f_{k1}/\mathrm{d}X$, $f'_{k2} = \mathrm{d}f_{k2}/\mathrm{d}X$, 以及对 ξ 的运动周期 T_0 平均时, 有 $\overline{\xi} = 0$, 则有

$$\overline{\xi \frac{\mathrm{d}f}{\mathrm{d}X}} = -\frac{1}{m\omega^2} \sum_{k,j=1}^{\infty} \frac{1}{k^2} \left[f_{k1}f'_{j1}\overline{\cos(k\omega t)\cos(j\omega t)} + f_{k2}f'_{j1}\overline{\sin(k\omega t)\cos(j\omega t)} + \right.$$

$$\left. f_{k1}f'_{j2}\overline{\cos(k\omega t)\sin(j\omega t)} + f_{k2}f'_{j2}\overline{\sin(k\omega t)\sin(j\omega t)} \right].$$

因为

$$\overline{\sin k\omega t \cos j\omega t} = \overline{\cos k\omega t \sin j\omega t} = 0,$$

$$\overline{\cos k\omega t \cos j\omega t} = \overline{\sin k\omega t \sin j\omega t} = \frac{1}{2}\delta_{kj},$$

其中的 δ_{kj} 是 Kronecker δ 函数, 则有

$$\overline{\xi \frac{\mathrm{d}f}{\mathrm{d}X}} = -\frac{1}{4m\omega^2} \sum_{k=1}^{\infty} \frac{1}{k^2} \left(\frac{\mathrm{d}f_{k1}^2}{\mathrm{d}X} + \frac{\mathrm{d}f_{k2}^2}{\mathrm{d}X} \right) = -\frac{\mathrm{d}}{\mathrm{d}X} \left[\frac{1}{4m\omega^2} \sum_{k=1}^{\infty} \frac{1}{k^2} \left(f_{k1}^2 + f_{k2}^2 \right) \right].$$

将上式代入方程 (o30.5′) 对 ξ 的周期 T_0 取平均所得的结果, 即下列方程中

$$m\ddot{X} = -\frac{\mathrm{d}U}{\mathrm{d}X} + \overline{\xi \frac{\mathrm{d}f}{\mathrm{d}X}},$$

可以看出该情况下方程 (o30.7) 中的有效势能为

$$U_{\mathrm{eff}} = U + \frac{1}{4m\omega^2} \sum_{k=1}^{\infty} \frac{1}{k^2}(f_{k1}^2 + f_{k2}^2). \tag{30.9}$$

$k=1$ 时, 上式即变为式 (o30.8).

4. m 依赖于 x 时的有效势能

当 m 是 x 的函数时, 拉格朗日函数中的动能项为 $\frac{1}{2}m(x)\dot{x}^2$, 则方程 (o30.2) 应变为

$$\frac{\mathrm{d}}{\mathrm{d}t}[m(x)\dot{x}] - \frac{1}{2}\frac{\mathrm{d}m(x)}{\mathrm{d}x}\dot{x}^2 = -\frac{\mathrm{d}U}{\mathrm{d}x} + f, \tag{30.10}$$

即

$$\ddot{x} + \frac{1}{2m(x)}\frac{\mathrm{d}m(x)}{\mathrm{d}x}\dot{x}^2 = -\frac{1}{m(x)}\frac{\mathrm{d}U}{\mathrm{d}x} + \frac{f}{m(x)}.$$

相应于方程 (o30.4), 有

$$\ddot{X} + \ddot{\xi} + \frac{1}{2m(X)}\frac{\mathrm{d}m(X)}{\mathrm{d}X}\left(\dot{X} + \dot{\xi}\right)^2 + \frac{1}{2}\frac{\mathrm{d}}{\mathrm{d}X}\left(\frac{1}{m(X)}\frac{\mathrm{d}m(X)}{\mathrm{d}X}\right)\xi(\dot{X} + \dot{\xi})^2$$
$$= -\frac{1}{m(X)}\frac{\mathrm{d}U}{\mathrm{d}X} - \xi\frac{\mathrm{d}}{\mathrm{d}X}\left(\frac{1}{m(X)}\frac{\mathrm{d}U}{\mathrm{d}X}\right) + \frac{1}{m(X)}f(X,t) + \xi\frac{\partial}{\partial X}\left(\frac{f(X,t)}{m(X)}\right).$$

将振动项和平稳项分开, 有

$$m(X)\ddot{\xi} + \frac{\mathrm{d}m(X)}{\mathrm{d}X}\dot{X}\dot{\xi} = f(X,t), \tag{30.11}$$

$$\ddot{X} + \frac{1}{2m(X)}\frac{\mathrm{d}m(X)}{\mathrm{d}X}(\dot{X}^2 + \dot{\xi}^2) + \frac{1}{2}\frac{\mathrm{d}}{\mathrm{d}X}\left(\frac{1}{m(X)}\frac{\mathrm{d}m(X)}{\mathrm{d}X}\right)\xi(\dot{X} + \dot{\xi})^2$$
$$= -\frac{1}{m(X)}\frac{\mathrm{d}U}{\mathrm{d}X} - \xi\frac{\mathrm{d}}{\mathrm{d}X}\left(\frac{1}{m(X)}\frac{\mathrm{d}U}{\mathrm{d}X}\right) + \xi\frac{\partial}{\partial X}\left(\frac{f(X,t)}{m(X)}\right). \tag{30.12}$$

方程 (30.11) 等同于

$$\frac{\mathrm{d}}{\mathrm{d}t}\left[m(X)\dot{\xi}\right] = f(X,t). \tag{30.13}$$

如果 f 具有式 (o30.1) 的形式, 则对方程 (30.13) 积分, 可得

$$\xi(t) = -\frac{f(X,t)}{m(X)\omega^2}. \tag{30.14}$$

对方程 (30.12) 求周期 $T_0 = \dfrac{2\pi}{\omega}$ 的平均, 同样考虑到 ξ 的平均值等于零, 有①

$$\ddot{X} + \frac{1}{2m(X)}\frac{\mathrm{d}m(X)}{\mathrm{d}X}(\dot{X}^2 + \overline{\dot{\xi}^2}) = -\frac{1}{m(X)}\frac{\mathrm{d}U}{\mathrm{d}X} + \overline{\xi\frac{\partial}{\partial X}\left(\frac{f(X,t)}{m(X)}\right)}$$

$$= -\frac{1}{m(X)}\frac{\mathrm{d}U}{\mathrm{d}X} - \frac{1}{m(X)\omega^2}\overline{f\frac{\partial}{\partial X}\left(\frac{f}{m(X)}\right)}$$

$$= -\frac{1}{m(X)}\frac{\mathrm{d}U}{\mathrm{d}X} - \frac{1}{2\omega^2}\frac{\partial}{\partial X}\left(\frac{\overline{f^2}}{m(X)^2}\right)$$

$$= -\frac{1}{m(X)}\frac{\mathrm{d}U}{\mathrm{d}X} - \frac{1}{4\omega^2}\frac{\partial}{\partial X}\left(\frac{f_1^2 + f_2^2}{m(X)^2}\right).$$

$$(30.15)$$

类似于 m 与 x 无关的情况, 由方程 (30.13) 或关系 (30.14) 可以求出

$$\overline{\dot{\xi}^2} = \frac{1}{2m^2\omega^2}(f_1^2 + f_2^2),$$

由此, 方程 (30.15) 可以改写为

$$m(X)\ddot{X} + \frac{1}{2}\frac{\mathrm{d}m(X)}{\mathrm{d}X}\dot{X}^2 = -\frac{\mathrm{d}U}{\mathrm{d}X} - \frac{1}{2}\frac{\partial}{\partial X}[m(X)\overline{\dot{\xi}^2}],$$

即

$$m(X)\ddot{X} + \frac{1}{2}\frac{\mathrm{d}m(X)}{\mathrm{d}X}\dot{X}^2 = -\frac{\mathrm{d}U_{\text{eff}}}{\mathrm{d}X}, \tag{30.16}$$

其中有效势能为

$$U_{\text{eff}} = U + \frac{1}{2}m(X)\overline{\dot{\xi}^2}. \tag{30.17}$$

方程 (30.16) 是质量依赖于 x 情况下的动力学方程. 在 m 为与 x 无关的常数时, 方程 (30.16) 变为方程 (o30.7).

5. 多自由度情况的有效势能 (o30.10)

对于有多个自由度的完整非保守系统, 设拉格朗日函数为

$$L = \frac{1}{2}\sum_{i,k=1}^{s} a_{ik}(q)\dot{q}_i\dot{q}_k - U(q). \tag{30.18}$$

为简单起见, 设 a_{ik} 是与 q 无关的, 则式 (o30.2) 的推广形式为

$$\sum_{k=1}^{s} a_{ik}\ddot{q}_k = -\frac{\partial U}{\partial q_i} + f_i, \quad (i = 1, 2, \cdots, s) \tag{30.19}$$

---

① 式 (30.15) 中略去了 $\xi\dot{\xi}$ 以及 $\xi\dot{\xi}^2$ 项, 因为考虑到 (30.14) 以及 (o30.1) 可以证明 $\overline{\xi\dot{\xi}} = 0$, $\overline{\xi\dot{\xi}^2} = 0$.

这里取

$$f_i = f_{i1} \cos \omega t + f_{i2} \sin \omega t, \tag{30.20}$$

其中 f_{i1}, f_{i2} 可以是坐标 q 的函数. 要说明的是, 这里得到方程 (30.19) 是将 f_i 作为广义力, 而拉格朗日方程取下列形式

$$\frac{\mathrm{d}}{\mathrm{d}t}\left(\frac{\partial L}{\partial \dot{q}_i}\right) - \frac{\partial L}{\partial q_i} = Q_i, \tag{30.21}$$

其中 Q_i 表示非有势力部分相应的广义力. 在《力学》中主要讨论的是有势力 (或保守力) 的系统, 这样 f_i 与含时的势函数对应, 是后者对广义坐标的偏导数, 详见下面的式 (30.30). 这个限制对于将外场的作用归结到有效势能中是重要的, 从理论推导过程中可以看出这一点.

类似于单自由度情况, 令

$$q_k(t) = X_k(t) + \xi_k(t), \tag{30.22}$$

其中 $\xi_k(t)$ 是微振动, 它是小量, 而 $X_k(t)$ 表示平稳运动. 将上式代入方程 (30.19), 有

$$\sum_k a_{ik}(\ddot{X}_k + \ddot{\xi}_k) = -\frac{\partial U}{\partial X_i} - \sum_k \xi_k \frac{\partial^2 U}{\partial X_i \partial X_k} + f_i(X, t) + \sum_k \xi_k \frac{\partial f_i}{\partial X_k}. \tag{30.23}$$

同样注意到 $\ddot{\xi}_k$ 不一定是小量, 则从上式中分离出振动部分, 有

$$\sum_k a_{ik}\ddot{\xi}_k = f_i(X, t). \tag{30.24}$$

与平稳运动有关的方程为

$$\sum_k a_{ik}\ddot{X}_k = -\frac{\partial U}{\partial X_i} - \sum_k \xi_k \frac{\partial^2 U}{\partial X_i \partial X_k} + \sum_k \xi_k \frac{\partial f_i}{\partial X_k}. \tag{30.25}$$

对方程 (30.24) 积分, 有

$$\sum_k a_{ik}\xi_k = -\frac{1}{\omega^2} f_i(X, t). \tag{30.26}$$

写成矩阵形式, 则有

$$\boldsymbol{a}\boldsymbol{\xi} = -\frac{1}{\omega^2}\boldsymbol{f}, \tag{30.26'}$$

考虑到矩阵 $\boldsymbol{a}$ 是非奇异的, 由上式得

$$\boldsymbol{\xi} = -(\boldsymbol{a})^{-1}\frac{1}{\omega^2}\boldsymbol{f}, \tag{30.27}$$

即

$$\xi_i = -\frac{1}{\omega^2} \sum_k a_{ik}^{-1} f_k. \tag{30.28}$$

显见, 上式中的 $a_{ik}^{-1} = (\boldsymbol{a})_{ik}^{-1}$ 是矩阵 $\boldsymbol{a}$ 的逆矩阵 $\boldsymbol{a}^{-1}$ 的矩阵元.

对方程 (30.25) 求关于 ξ_k 的周期的平均, 注意到 $\overline{\xi_k} = 0, \overline{q_k} = X_k$, 则有

$$\begin{aligned}
\sum_k a_{ik} \ddot{X}_k &= -\frac{\partial U}{\partial X_i} + \sum_k \overline{\xi_k \frac{\partial f_i}{\partial X_k}} \\
&= -\frac{\partial U}{\partial X_i} - \frac{1}{\omega^2} \sum_{k,l} a_{kl}^{-1} \overline{f_l \frac{\partial f_i}{\partial X_k}},
\end{aligned} \tag{30.29}$$

其中第二个等号利用了式 (30.28). 如果 f_i 可以视为某一函数 V 对 q_i 的偏导数, 即 $f_i = -\partial V/\partial q_i$, 则上式中的 $\dfrac{\partial f_i}{\partial X_k} = -\dfrac{\partial}{\partial X_k} \dfrac{\partial V}{\partial X_i} = \dfrac{\partial f_k}{\partial X_i}$. 对于保守系统, 情况确实如此, 这样方程 (30.19) 是相应于下列拉格朗日函数的动力学方程

$$L = \frac{1}{2} \sum_{i,k=1}^s a_{ik}(q) \dot{q}_i \dot{q}_k - U(q) - V(q), \tag{30.30}$$

这里 $V(q) = u_1(q) \cos \omega t + u_2(q) \sin \omega t$, 而 $f_{i1} = -\partial u_1/\partial q_i, f_{i2} = -\partial u_2/\partial q_i$. 注意到 a_{ik} 关于脚标是对称的, 即 $a_{ik} = a_{ki}$, 则 a_{ik}^{-1} 对脚标的交换也是对称的, $a_{ik}^{-1} = a_{ki}^{-1}$, 于是方程 (30.29) 中最后一项的求和部分可以改写为

$$\begin{aligned}
\sum_{k,l} a_{kl}^{-1} \overline{f_l \frac{\partial f_i}{\partial X_k}} &= \sum_{k,l} a_{kl}^{-1} \overline{f_l \frac{\partial f_k}{\partial X_i}} = \frac{1}{2} \sum_{k,l} a_{kl}^{-1} \overline{\left[f_l \frac{\partial f_k}{\partial X_i} + f_k \frac{\partial f_l}{\partial X_i} \right]} \\
&= \frac{1}{2} \sum_{k,l} a_{kl}^{-1} \overline{\frac{\partial (f_l f_k)}{\partial X_i}} = \frac{1}{2} \frac{\partial}{\partial X_i} \left(\sum_{k,l} a_{kl}^{-1} \overline{f_l f_k} \right),
\end{aligned}$$

由此, 方程 (30.29) 变为

$$\sum_k a_{ik} \ddot{X}_k = -\frac{\partial U}{\partial X_i} - \frac{1}{2\omega^2} \frac{\partial}{\partial X_i} \left(\sum_{k,l} a_{kl}^{-1} \overline{f_l f_k} \right) = -\frac{\partial U_{\text{eff}}}{\partial X_i}, \tag{30.31}$$

其中有效势能为

$$U_{\text{eff}} = U + \frac{1}{2\omega^2} \sum_{k,l} a_{kl}^{-1} \overline{f_l f_k}. \tag{30.32}$$

这是式 (o30.10) 的第一个等号对应的关系.

由关系 (30.28) 可得

$$\dot{\xi}_i = -\frac{1}{\omega} \sum_k a_{ik}^{-1} \left(-f_{k1} \sin \omega t + f_{k2} \cos \omega t \right),$$

则有

$$\dot{\xi}_i \dot{\xi}_k = \frac{1}{\omega^2} \sum_{l,m} a_{il}^{-1} a_{km}^{-1} \cdot$$

$$\left[f_{l1} f_{m1} \sin^2 \omega t + f_{l2} f_{m2} \cos^2 \omega t - (f_{l1} f_{m2} + f_{l2} f_{m1}) \sin \omega t \cos \omega t \right].$$

上式对 ω 相应的周期取平均, 注意到

$$\overline{\sin \omega t \cos \omega t} = 0, \qquad \overline{\cos^2 \omega t} = \overline{\sin^2 \omega t} = \frac{1}{2},$$

故有

$$\overline{\dot{\xi}_i \dot{\xi}_k} = \frac{1}{2\omega^2} \sum_{l,m} a_{il}^{-1} a_{km}^{-1} \left[f_{l1} f_{m1} + f_{l2} f_{m2} \right] = \frac{1}{\omega^2} \sum_{l,m} a_{il}^{-1} a_{km}^{-1} \overline{f_l f_m},$$

以及

$$\sum_{i,k} a_{ik} \overline{\dot{\xi}_i \dot{\xi}_k} = \frac{1}{\omega^2} \sum_{i,k,l,m} a_{ik} a_{il}^{-1} a_{km}^{-1} \overline{f_l f_m}$$

$$= \frac{1}{\omega^2} \sum_{k,l,m} \delta_{kl} a_{km}^{-1} \overline{f_l f_m} = \frac{1}{\omega^2} \sum_{l,m} a_{lm}^{-1} \overline{f_l f_m}.$$

所以, 有效势能(30.32) 也可以表示为

$$U_{\text{eff}} = U + \frac{1}{2} \sum_{i,k} a_{ik} \overline{\dot{\xi}_i \dot{\xi}_k}. \tag{30.33}$$

这就是式 (o30.10).

§30.3 习题解答

习题 1 试求摆的稳定平衡位置, 假设悬挂点以高频 $\gamma(\gamma \gg \sqrt{g/l})$ 在竖直方向振动.

解: 由 §5 的习题 3 情况 c 知, 系统的拉格朗日函数为

$$L = \frac{1}{2} ml^2 \dot{\varphi}^2 + mla\gamma^2 \cos \gamma t \cos \varphi + mgl \cos \varphi,$$

这里 φ, ml^2 分别对应于式 (o30.2) 中的 x 和 m, 定常势场为

$$U = -mgl \cos \varphi.$$

式 (o30.2) 右边对应于所谓的拉格朗日力[①], 即

$$Q = \frac{\partial L}{\partial \varphi} = -mla\gamma^2 \cos \gamma t \sin \varphi - mgl \sin \varphi.$$

上式中第二项为重力所产生的回复力矩, 即式 (o30.2) 右边的 $-dU/d\varphi$, 第一项为驱动力 (实际上是力矩). 将 $f = -mla\gamma^2 \cos \gamma t \sin \varphi$ 与式 (o30.1) 比较, 有 $f_1 = -mla\gamma^2 \sin \varphi$, $f_2 = 0$. 于是据式 (o30.8), 有效势能为

$$U_{\text{eff}} = U + \frac{1}{4m\gamma^2 l^2}(f_1^2 + f_2^2) = -mgl \cos \varphi + \frac{1}{4m\gamma^2 l^2}\left(mla\gamma^2 \sin \varphi\right)^2$$
$$= mgl\left(-\cos \varphi + \frac{a^2\gamma^2}{4gl} \sin^2 \varphi\right).$$

在稳定平衡位置应该满足条件

$$\frac{\partial U_{\text{eff}}}{\partial \varphi} = 0, \quad \frac{\partial^2 U_{\text{eff}}}{\partial \varphi^2} > 0,$$

即

$$\begin{cases} \sin \varphi \left(1 + \frac{a^2\gamma^2}{2gl} \cos \varphi\right) = 0, \\ \cos \varphi + \frac{a^2\gamma^2}{2gl}\left(2\cos^2 \varphi - 1\right) > 0. \end{cases} \tag{1}$$

由上式中的第一式可得

$$\sin \varphi = 0,$$

或

$$\cos \varphi = -\frac{2gl}{a^2\gamma^2},$$

即

$$\varphi = 0, \pi, \tag{2}$$

或当 $\frac{2gl}{a^2\gamma^2} < 1$ 时

$$\varphi = \pi - \arccos \frac{2gl}{a^2\gamma^2}. \tag{3}$$

有两种情况可以满足方程 (1) 中第二式给出的条件: (i) $\varphi = 0$, 即竖直向下的位置是稳定平衡位置; (ii) 如果 $\frac{2gl}{a^2\gamma^2} < 1$, 则竖直向上的位置 $\varphi = \pi$ 也是稳定平衡位置. 而平衡位置 $\varphi = \pi - \arccos \frac{2gl}{a^2\gamma^2}$ 是不满足方程 (1) 中第

[①]《力学》中将其称为广义力, 见 §7 的相关讨论.

二式的, 故该平衡位置是不稳定的. 由这里的结果可以看到, 由于悬挂点作高频振动, 原来的不稳定平衡位置 $\varphi = \pi$ 现在变为稳定的了, 即平衡位置的性质发生了变化. 这是高频外场的一个重要作用.

习题 2 同上题, 但摆的悬挂点水平振动.

解: 由 §5 的习题 3 情况 b 知, 系统的拉格朗日函数为

$$L = \frac{1}{2} m l^2 \dot{\varphi}^2 + m l a \gamma^2 \cos \gamma t \sin \varphi + m g l \cos \varphi.$$

类似于习题 1 的讨论, 可得 $f = m l a \gamma^2 \cos \gamma t \cos \varphi$. 与式 (o30.1) 比较有 $f_1 = m l a \gamma^2 \cos \varphi$, $f_2 = 0$. 据式 (o30.8), 有效势能为

$$U_{\text{eff}} = U + \frac{1}{4 m \gamma^2 l^2} (f_1^2 + f_2^2) = m g l \left(-\cos \varphi + \frac{a^2 \gamma^2}{4 g l} \cos^2 \varphi \right).$$

稳定平衡时应该满足条件

$$\frac{\partial U_{\text{eff}}}{\partial \varphi} = 0, \qquad \frac{\partial^2 U_{\text{eff}}}{\partial \varphi^2} > 0,$$

即

$$\begin{cases} \sin \varphi \left(1 - \dfrac{a^2 \gamma^2}{2 g l} \cos \varphi \right) = 0, \\[2mm] \cos \varphi - \dfrac{a^2 \gamma^2}{2 g l} \left(2 \cos^2 \varphi - 1 \right) > 0. \end{cases}$$

由此可解得平衡位置为

$$\sin \varphi = 0,$$

或

$$\cos \varphi = \frac{2 g l}{a^2 \gamma^2},$$

即

$$\varphi = 0, \ \pi,$$

或当 $\dfrac{2 g l}{a^2 \gamma^2} < 1$ 时

$$\varphi = \arccos \frac{2 g l}{a^2 \gamma^2}.$$

因为

$$\cos \varphi - \frac{a^2 \gamma^2}{2 g l} \left(2 \cos^2 \varphi - 1 \right) = \begin{cases} 1 - \dfrac{a^2 \gamma^2}{2 g l}, & (\varphi = 0), \\[3mm] -\left(1 + \dfrac{a^2 \gamma^2}{2 g l} \right), & (\varphi = \pi), \\[3mm] \dfrac{2 g l}{a^2 \gamma^2} \left[\left(\dfrac{a^2 \gamma^2}{2 g l} \right)^2 - 1 \right], & (\varphi = \arccos \dfrac{2 g l}{a^2 \gamma^2}), \end{cases}$$

则据稳定条件有下列结论:

(i) 若 $\dfrac{a^2\gamma^2}{2gl} < 1$, 则 $\varphi = 0$ 是稳定平衡位置;

(ii) 若 $\dfrac{a^2\gamma^2}{2gl} > 1$, 则 $\varphi = \arccos \dfrac{2gl}{a^2\gamma^2}$ 也是稳定平衡位置;

而平衡位置 $\varphi = \pi$ 总是不稳定的.

在本题中, 因为悬挂点的高频振动, 原来不平衡的位置 $\varphi = \arccos \dfrac{2gl}{a^2\gamma^2}$ 现在不仅变为平衡位置, 而且还是稳定的. 高频外场产生了新的稳定平衡位置.

第六章

刚体的运动

本章讨论刚体运动学和动力学的一些基本问题, 内容涉及运动状态的描述, 动力学方程的建立和它们在定点运动、平衡和刚体接触等问题中的应用. 与刚体的状态及其变化相关的基本运动学量是欧拉角、角速度、速度等, 与动力学有关的物理量是转动惯量、角动量、动能等. 刚体动力学的基本方程是欧拉动力学方程, 它是角动量定理在刚体问题中的具体表现形式. 这些基本物理量的性质以及对它们的计算, 对称和非对称陀螺的自由转动, 对称重陀螺的定点运动等相关问题中动力学方程的求解和运动性质的分析是刚体力学的基本内容.

§31　角速度

§31.1　内容提要

刚体是特殊的质点系, 其中任意两个质点之间的距离在刚体运动中均保持不变或者变化很小可以忽略不计.

在描述刚体运动时常用到两类坐标系: 固定在惯性系中的固定坐标系 XYZ (也称为空间坐标系) 以及随刚体运动但与刚体固连的动坐标系 $O-x_1x_2x_3$ (也称为体坐标系). 对运动学问题, O 点的选取有任意性, 在处理动力学问题时常将 O 取在刚体的质心, 但对定点运动则选为固定点.

刚体的一般运动有 6 个自由度, 可以用 O 点相对于 XYZ 的原点的位矢 $\boldsymbol{R}$ 以及 $O-x_1x_2x_3$ 相对于 XYZ 的指向的角度 (后面常取为欧拉角) 来确定刚体的位形 (参见图 o35). 刚体的运动可以等效为 O 的平动以及相对

于 O 的转动的叠加[①], 即刚体上任一点 P 相对于坐标系 XYZ 的位矢 $\boldsymbol{\tau}$ 的变化可以表示为

$$\mathrm{d}\boldsymbol{\tau} = \mathrm{d}\boldsymbol{R} + \mathrm{d}\boldsymbol{\varphi} \times \boldsymbol{r},$$

其中 $\boldsymbol{r}$ 为点 P 相对于 $O-x_1x_2x_3$ 的位矢, $\mathrm{d}\boldsymbol{\varphi}$ 为刚体绕过原点 O 的某个轴转动的角位移. 相应地, 有

$$\boldsymbol{v} = \boldsymbol{V} + \boldsymbol{\Omega} \times \boldsymbol{r}, \tag{o31.2}$$

其中 $\boldsymbol{v} = \mathrm{d}\boldsymbol{\tau}/\mathrm{d}t$, $\boldsymbol{V} = \mathrm{d}\boldsymbol{R}/\mathrm{d}t$ 分别是 P 和 O 点相对于 XYZ 的速度, $\boldsymbol{V}$ 就是刚体的平动速度, $\boldsymbol{\Omega} = \mathrm{d}\boldsymbol{\varphi}/\mathrm{d}t$ 为刚体的转动角速度. 一个重要性质是, $\boldsymbol{\Omega}$ 与坐标系 $O-x_1x_2x_3$ 的选取无关.

§31.2　内容补充

1. $\boldsymbol{V} \cdot \boldsymbol{\Omega} = 0$ 与运动形态

当选取两个不同的动坐标系 $O-x_1x_2x_3$ 和 $O'-x_1'x_2'x_3'$ 时, 如果 $\overrightarrow{OO'} = \boldsymbol{a}$, 则 O 和 O' 的速度 $\boldsymbol{V}$ 和 $\boldsymbol{V}'$ 以及刚体相对于它们转动的角速度 $\boldsymbol{\Omega}$ 和 $\boldsymbol{\Omega}'$ 之间有关系

$$\boldsymbol{V}' = \boldsymbol{V} + \boldsymbol{\Omega} \times \boldsymbol{a}, \quad \boldsymbol{\Omega}' = \boldsymbol{\Omega}. \tag{o31.3}$$

利用上式, 则有

$$\boldsymbol{V}' \cdot \boldsymbol{\Omega}' = \boldsymbol{V} \cdot \boldsymbol{\Omega} + (\boldsymbol{\Omega} \times \boldsymbol{a}) \cdot \boldsymbol{\Omega} = \boldsymbol{V} \cdot \boldsymbol{\Omega} + \boldsymbol{a} \cdot (\boldsymbol{\Omega} \times \boldsymbol{\Omega}) = \boldsymbol{V} \cdot \boldsymbol{\Omega}.$$

可见, 如果 $\boldsymbol{V} \cdot \boldsymbol{\Omega} = 0$, 即 $\boldsymbol{V} \perp \boldsymbol{\Omega}$, 则有 $\boldsymbol{V}' \cdot \boldsymbol{\Omega}' = 0$, 即 $\boldsymbol{V}' \perp \boldsymbol{\Omega}$. 于是, 如果 $\boldsymbol{\Omega}$ 的方向不变, 则刚体的整体运动是与垂直于转轴的某一平面平行的运动, 这种运动称为刚体的平面平行运动. 如果 $\boldsymbol{\Omega}$ 的方向变化, 则刚体的运动可以是定点运动, 例如第 §32 节习题 7 中圆锥体的运动.

在 $\boldsymbol{V} \cdot \boldsymbol{\Omega} = 0$ 的情况下, 总可以找到 O' 点使 $\boldsymbol{V}' = 0$, 这样的点 O' 称为瞬时转动中心, 简称为瞬心.

2. $\boldsymbol{V} \cdot \boldsymbol{\Omega} \neq 0$ 与运动描述的简化

如果 $\boldsymbol{V}$ 与 $\boldsymbol{\Omega}$ 不垂直, 设 $\boldsymbol{V}$ 沿平行和垂直于 $\boldsymbol{\Omega}$ 方向的分量分别为 $\boldsymbol{V}_\parallel$ 和 $\boldsymbol{V}_\perp$, 即 $\boldsymbol{V} = \boldsymbol{V}_\parallel + \boldsymbol{V}_\perp$. 此时, 对 O' 点有

$$\boldsymbol{V}' = \boldsymbol{V} + \boldsymbol{\Omega} \times \boldsymbol{a} = \boldsymbol{V}_\parallel + (\boldsymbol{V}_\perp + \boldsymbol{\Omega} \times \boldsymbol{a}).$$

可以选取 O' 点, 使得

$$\boldsymbol{V}_\perp + \boldsymbol{\Omega} \times \boldsymbol{a} = 0,$$

---

① 文献中常称之为 Chasles 定理. M. Chasles, 1793—1830, 法国数学家.

这总是可以做到的. 对上式两边叉乘 $\boldsymbol{\Omega}$, 有

$$\boldsymbol{\Omega} \times \boldsymbol{V}_\perp + \boldsymbol{\Omega} \times (\boldsymbol{\Omega} \times \boldsymbol{a}) = \boldsymbol{\Omega} \times \boldsymbol{V}_\perp + \boldsymbol{\Omega}(\boldsymbol{\Omega} \cdot \boldsymbol{a}) - \boldsymbol{a}(\boldsymbol{\Omega} \cdot \boldsymbol{\Omega}) = 0.$$

如果使 $\boldsymbol{a}$ 垂直于 $\boldsymbol{\Omega}$, 即 $\boldsymbol{\Omega} \cdot \boldsymbol{a} = 0$, 也就是 O 和 O' 位于垂直于 $\boldsymbol{\Omega}$ 的同一平面内, 则上式将给出关系

$$\boldsymbol{a} = \frac{1}{\Omega^2}(\boldsymbol{\Omega} \times \boldsymbol{V}_\perp).$$

由此可确定 O' 点的位置. 以这样的 O' 点为坐标原点, 则有 $\boldsymbol{V}' = \boldsymbol{V}_\parallel$, 即 O' 的运动方向平行于 $\boldsymbol{\Omega}$. 在如此选取 O' 后, 刚体的运动等效于绕某个轴的转动与沿轴的平动的叠加.

§32 惯量张量

§32.1 内容提要

刚体的动能等于刚体随其质心平动的动能与刚体以角速度 $\boldsymbol{\Omega}$ 绕质心转动的动能之和[1], 即

$$T = \frac{1}{2}\mu V^2 + \frac{1}{2}\sum m(\boldsymbol{\Omega} \times \boldsymbol{r})^2 = \frac{1}{2}\mu V^2 + \frac{1}{2}\sum m\left[\Omega^2 r^2 - (\boldsymbol{\Omega} \cdot \boldsymbol{r})^2\right], \quad (\text{o}32.1)$$

其中 $\mu = \sum_a m_a$ 是刚体的质量. 用惯量张量 I_{ik}, 动能可以表示为

$$T = \frac{1}{2}\mu V^2 + \frac{1}{2}\sum_{i,k} I_{ik}\Omega_i\Omega_k, \quad (\text{o}32.3)$$

其中

$$I_{ik} = \sum m\left(x_l^2\delta_{ik} - x_ix_k\right), \quad (\text{o}32.2)$$

或者写为显式

$$I_{ik} = \begin{pmatrix} \sum m(y^2+z^2) & -\sum mxy & -\sum mxz \\ -\sum myx & \sum m(x^2+z^2) & -\sum myz \\ -\sum mzx & -\sum mzy & \sum m(x^2+y^2) \end{pmatrix}. \quad (\text{o}32.6)$$

惯量张量具有性质: (i) 对称的, $I_{ik} = I_{ki}$. (ii) 可加性, 即刚体的转动惯量等于其各部分转动惯量之和. (iii) 可以选取 x_1, x_2, x_3 各轴的方向, 使得惯量张量化为对角的形式, 这样的坐标轴称为惯量主轴, 相应的惯量张量的对角

---

[1] 这个结论文献中通常称为柯尼希 (Konig) 定理. 有关讨论也参见 §8 的内容补充部分.

分量称为主转动惯量, 分别记为 I_1, I_2, I_3, 此时刚体相对于质心的转动动能可表示为

$$T_{\text{rot}} = \frac{1}{2}(I_1\Omega_1^2 + I_2\Omega_2^2 + I_3\Omega_3^2). \tag{o32.8}$$

根据 I_1, I_2, I_3 之间的关系, 将刚体分为非对称陀螺 ($I_1 \neq I_2 \neq I_3$), 对称陀螺 ($I_1 = I_2 \neq I_3$), 球陀螺 ($I_1 = I_2 = I_3$) 和转子 ($I_1 = I_2, I_3 = 0$). 对于匀质刚体, 如果其有对称性, 可以方便地确定惯量主轴. (iv) 相对于质心 O 的惯量张量 I_{ik} 与相对于另一点 O' (其对于 O 的位矢为 $\overrightarrow{OO'} = \boldsymbol{a}$) 的惯量张量 I'_{ik} 之间的关系为

$$I'_{ik} = I_{ik} + \mu(a_l^2\delta_{ik} - a_i a_k). \tag{o32.12}$$

§32.2 内容补充

1. 惯量主轴与本征问题

从矩阵论的角度确定惯量主轴和主转动惯量, 就是求惯量张量[1]的本征问题, 即求方程 $\boldsymbol{Ix} = \lambda\boldsymbol{x}$ 的本征值 λ 和本征矢量 $\boldsymbol{x} = \begin{pmatrix} x_1 \\ x_2 \\ x_3 \end{pmatrix}$. 这是因为惯量张量相应矩阵的对角化是可以通过线性变换实现的, 而这样的变换可由本征矢量得到, 且对应的本征值就是对角化的矩阵的对角元. 本征值由特征方程 (或称久期方程)

$$\det(\boldsymbol{I} - \lambda\boldsymbol{E}) = \begin{vmatrix} I_{xx} - \lambda & -I_{xy} & -I_{xz} \\ -I_{yx} & I_{yy} - \lambda & -I_{yz} \\ -I_{zx} & -I_{zy} & I_{zz} - \lambda \end{vmatrix} = 0, \tag{32.1}$$

确定, 其中 $\boldsymbol{E}$ 为单位矩阵. 特征方程是关于 λ 的三次方程, 由此可解出 3 个根, 它们就是 3 个主转动惯量 I_1, I_2, I_3. 将它们再代入 $\boldsymbol{Ix} = \lambda\boldsymbol{x}$ 可求出相应于各 λ_i 的本征矢量

$$\boldsymbol{x} = \begin{pmatrix} x_{1i} \\ x_{2i} \\ x_{3i} \end{pmatrix},$$

其中 x_{1i}, x_{2i}, x_{3i} 是相对于原坐标系而言惯量主轴上一点的坐标, 即本征矢量确定惯量主轴的方向.

---

[1] 因为惯量张量的显式是用矩阵表示的, 按照习惯下文将这样的矩阵形式用黑体字符 $\boldsymbol{I}$ 表示.

2. 对称轴的阶

所谓对称轴的阶 (order) 是指, 如果刚体绕该轴转动 $\frac{2\pi}{n}$ 以及它的整数倍后回复原状, 则该轴的阶为 n, 也称为 n 重对称轴. 刚体可以有多个对称轴, 不同轴的阶数一般并不相同. 例如, 正方形平面刚体有阶数均为 2 的沿对角线以及通过对边中点连线的四条对称轴, 阶数为 4 的垂直于刚体平面并通过中心的对称轴. 转动是一种对称操作, 还有其它许多类型的对称操作, 如空间反射等.

这里要区分两类对称轴:动力学对称轴和几何对称轴. 谈到阶数的对称轴是几何对称轴, 反映的是刚体的几何对称性. 动力学对称轴是与主转动惯量相联系的. 如果刚体的主转动惯量中至少有两个是相等的, 则称该刚体有动力学对称轴. 前面所说的对称陀螺, 球陀螺和转子等刚体中的对称均是动力学意义上的对称. 刚体可以没有几何对称轴, 但可以有动力学对称轴. 当然, 如果刚体是匀质的, 则其几何对称轴一定是动力学对称轴.

3. 惯量张量的变换关系 (o32.12)

相对于 $O - x_1x_2x_3$ 和 $O' - x_1'x_2'x_3'$ 的惯量张量分别记为 I_{ik} 和 I_{ik}', 而两组坐标之间的关系为 $x_i = x_i' + a_i$, 这里 a_i 为 $\boldsymbol{a} = \overrightarrow{OO'}$ 的分量. 将坐标之间的关系代入 I_{ik}' 的表示式中, 有

$$
\begin{aligned}
I_{ik}' &= \sum m(x_l'^2\delta_{ik} - x_i'x_k') = \sum m[(x_l - a_l)^2\delta_{ik} - (x_i - a_i)(x_k - a_k)] \\
&= \sum m(x_l^2\delta_{ik} - x_ix_k) + \sum m[-2a_lx_l\delta_{ik} + a_l^2\delta_{ik} + x_ia_k + a_ix_k - a_ia_k] \\
&= I_{ik} + \mu(a_l^2\delta_{ik} - a_ia_k),
\end{aligned}
$$

其中最后一个等式是考虑到下列事实的结果, 在 O' 选定后, $\boldsymbol{a}$ 的三个分量就是确定的, 与求和无关, 于是利用质心位于 O 的事实, 即 $\sum m\boldsymbol{r} = 0$ 或其分量形式 $\sum mx_i = 0$ (完整地写出来即是 $\sum_a m_ax_{ai} = 0$, 这里指标 a 表示第 a 个质点), 有

$$
\sum mx_la_l = a_l\sum mx_l = \boldsymbol{a}\cdot\sum m\boldsymbol{r} = 0,
$$

$$
\sum mx_ia_k = a_k\sum mx_i = 0.
$$

关系 (o32.12) 的一个特殊情况是所谓的平行轴定理, 即

$$
I_{xx}' = I_{xx} + \mu(a_y^2 + a_z^2),
$$

$$
I_{yy}' = I_{yy} + \mu(a_x^2 + a_z^2),
$$

$$
I_{zz}' = I_{zz} + \mu(a_x^2 + a_y^2).
$$

上述关系表明, 如果刚体对通过其质心 O 的某轴的转动惯量为 I, 而对与过质心轴平行的另一轴的转动惯量为 I', 两轴之间的距离为 a, 则有关系

$$I' = I + \mu a^2, \tag{32.2}$$

这是平行轴定理的常规形式.

关系 (o32.12) 的另一个推论是: 如果过刚体质心 O 的各轴是惯量主轴, 即有 $I_{xx} = I_1, I_{yy} = I_2, I_{zz} = I_3, I_{xy} = I_{yz} = I_{xz} = 0$, 而 O' 位于与 O 相关联的惯量主轴之一 (例如 x_1 轴) 上, 且过 O' 的三根轴与过 O 的各轴平行, 则因为 $a_1 = a, a_2 = a_3 = 0$, 关系 (o32.12) 将给出下列结果

$$I'_{xx} = I_{xx} + \mu a^2, \quad I'_{yy} = I_{yy} = I_2, \quad I'_{zz} = I_{zz} = I_3,$$
$$I'_{xy} = I'_{yz} = I'_{xz} = 0.$$

这些结果表明过 O' 的那些轴也是惯量主轴, 其中第一个关系是式 (32.2) 的一个特例.

§32.3 习题解答

说明: a) 下面习题中所有主转动惯量均是对通过质心的惯量主轴而言的; b) 求动能的习题均使用关系 (o32.1).

习题 1 将分子看作质点之间距离不变的系统, 在下列情况下, 试求分子的主转动惯量.

a) 分子由位于一条直线上的原子构成.

b) 形状为等腰三角形的 3 原子分子.

c) 4 原子分子, 原子位于正三棱锥的顶点.

解: a) 设各原子所在直线为 x_3 轴, 与之相互垂直并通过分子质心的两个轴分别为 x_1 轴和 x_2 轴, 则显然有 $I_1 = I_2, I_3 = 0$. 又设各原子在 x_3 轴上的坐标为 $x_{a3}(a = 1, 2, \cdots)$, 则分子的质心坐标为

$$Z_c = \frac{\sum\limits_a m_a x_{a3}}{\sum\limits_a m_a} = \frac{\sum\limits_a m_a x_{a3}}{\mu}.$$

于是各原子相对于质心的坐标为

$$x_{b3} - Z_c = x_{b3} - \frac{\sum\limits_a m_a x_{a3}}{\mu} = \frac{1}{\mu}\left(x_{b3}\mu - \sum_a m_a x_{a3}\right).$$

相对于 x_1, x_2 各轴的转动惯量为

$$
\begin{aligned}
I_1 = I_2 &= \sum_b m_b (x_{b3} - Z_c)^2 = \frac{1}{\mu^2} \sum_b m_b \left(x_{b3}\mu - \sum_a m_a x_{a3} \right)^2 \\
&= \frac{1}{\mu^2} \sum_b m_b \left[x_{b3}^2 \mu^2 - 2\mu x_{b3} \sum_a m_a x_{a3} + \left(\sum_a m_a x_{a3} \right)^2 \right] \\
&= \sum_b m_b x_{b3}^2 - \frac{2}{\mu} \left(\sum_b m_b x_{b3} \right) \left(\sum_a m_a x_{a3} \right) + \frac{1}{\mu} \left(\sum_a m_a x_{a3} \right)^2 \\
&= \sum_b m_b x_{b3}^2 - \frac{1}{\mu} \left(\sum_a m_a x_{a3} \right)^2 \\
&= \frac{1}{\mu} \left[\left(\sum_b m_b^2 x_{b3}^2 + \sum_{a \neq b} m_a m_b x_{b3}^2 \right) - \left(\sum_a m_a^2 x_{a3}^2 + \sum_{a \neq b} m_a m_b x_{a3} x_{b3} \right) \right] \\
&= \frac{1}{\mu} \left[\sum_{a \neq b} m_a m_b x_{b3}^2 - \sum_{a \neq b} m_a m_b x_{a3} x_{b3} \right].
\end{aligned}
$$

将最后一个等号中的求和分为 $a > b$ 和 $a < b$ 两部分, 同时对 $a < b$ 的求和交换指标 a 和 b, 则有

$$
\begin{aligned}
I_1 = I_2 &= \frac{1}{\mu} \left[\sum_{a>b} m_a m_b x_{b3}^2 - \sum_{a>b} m_a m_b x_{a3} x_{b3} \right] + \\
&\quad \frac{1}{\mu} \left[\sum_{a<b} m_a m_b x_{b3}^2 - \sum_{a<b} m_a m_b x_{a3} x_{b3} \right] \\
&= \frac{1}{\mu} \sum_{a>b} m_a m_b x_{b3}(x_{b3} - x_{a3}) + \frac{1}{\mu} \sum_{a>b} m_a m_b x_{a3}(x_{a3} - x_{b3}) \\
&= \frac{1}{\mu} \sum_{a>b} m_a m_b (x_{b3} - x_{a3})^2 = \frac{1}{\mu} \sum_{a>b} m_a m_b l_{ab}^2,
\end{aligned}
$$

这里 $l_{ab} = |x_{b3} - x_{a3}|$ 即为原子 a 和 b 之间的距离, 其中的 $a > b$ 可保证求和对任意原子对的贡献仅计算一次.

对于双原子分子, 在上式中令 $a = 1, b = 2$ 以及 $l_{12} = l$, 则有

$$
I_1 = I_2 = \frac{m_1 m_2}{m_1 + m_2} l^2.
$$

b) 在三角形所在平面内取 x_2 轴沿它的对称轴, x_1 轴通过三角形的质心并平行于底边 (见图 o36), x_3 轴通过质心垂直于三角形平面. 设三角形

在对称轴方向的高为 h, 底边长为 a, 则根据转动惯量的定义有

$$I_2 = 2 \times m_1 \left(\frac{a}{2}\right)^2 = \frac{1}{2} m_1 a^2.$$

据质心定义, 质心在对称轴上距底边的距离为

$$X_2 = \frac{m_2 h}{\mu},$$

这里 $\mu = 2m_1 + m_2$ 为分子的总质量. 由此, 有

$$I_1 = 2m_1 X_2^2 + m_2(h - X_2)^2 = 2m_1 \left(\frac{m_2 h}{\mu}\right)^2 + m_2 \left(h - \frac{m_2 h}{\mu}\right)^2$$

$$= \frac{2m_1 m_2}{\mu} h^2.$$

关于 x_3 轴的转动惯量可利用 (o32.10) 得到,

$$I_3 = I_1 + I_2 = \frac{2m_1 m_2}{\mu} h^2 + \frac{m_1}{2} a^2.$$

c) 将三棱锥的对称轴取为 x_3 轴, 则质心位于该轴上. 设正三棱锥的高为 h, 则质心距该锥底面的距离为

$$X_3 = \frac{m_2 h}{\mu},$$

这里 $\mu = 3m_1 + m_2$ 是分子的总质量. 又设底面等边三角形的边长为 a, 则其中心与各顶点的距离为 $a/\sqrt{3}$. 于是, 分子对 x_3 轴的转动惯量为

$$I_3 = 3m_1 \left(\frac{a}{\sqrt{3}}\right)^2 = m_1 a^2.$$

又取 x_1, x_2 轴通过质心, 其方向使得它们在底面内的投影分别与等边三角形的同一条边垂直和平行 (见图 6.1). 底面三个原子与 x_1 轴的距离分别为

$$\sqrt{\left(\frac{a}{2}\right)^2 + X_3^2} = \sqrt{\left(\frac{a}{2}\right)^2 + \left(\frac{m_2 h}{\mu}\right)^2}, \quad \sqrt{\left(\frac{a}{2}\right)^2 + \left(\frac{m_2 h}{\mu}\right)^2}, \quad 和 X_3 = \frac{m_2 h}{\mu}.$$

而 m_2 到 x_1, x_2 轴的距离均为 $h - X_3 = \frac{3m_1}{\mu} h$. 于是, 有

$$I_1 = 2m_1 \left(\sqrt{\left(\frac{a}{2}\right)^2 + \left(\frac{m_2 h}{\mu}\right)^2}\right)^2 + m_1 \left(\frac{m_2 h}{\mu}\right)^2 + m_2 \left(\frac{3m_1}{\mu} h\right)^2$$

$$= \frac{3m_1 m_2}{\mu} h^2 + \frac{m_1}{2} a^2.$$

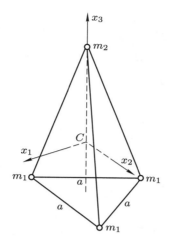

图 6.1 三棱锥

又底面三个原子与 x_2 轴的距离分别为

$$\sqrt{\left(\frac{a}{2\sqrt{3}}\right)^2 + X_3^2} = \sqrt{\left(\frac{a}{2\sqrt{3}}\right)^2 + \left(\frac{m_2 h}{\mu}\right)^2}, \quad \sqrt{\left(\frac{a}{2\sqrt{3}}\right)^2 + \left(\frac{m_2 h}{\mu}\right)^2},$$

和

$$\sqrt{\left(\frac{a}{\sqrt{3}}\right)^2 + X_3^2} = \sqrt{\left(\frac{a}{\sqrt{3}}\right)^2 + \left(\frac{m_2 h}{\mu}\right)^2},$$

则有

$$I_2 = 2m_1 \left(\sqrt{\left(\frac{a}{2\sqrt{3}}\right)^2 + \left(\frac{m_2 h}{\mu}\right)^2}\right)^2 + m_1 \left(\sqrt{\left(\frac{a}{\sqrt{3}}\right)^2 + \left(\frac{m_2 h}{\mu}\right)^2}\right)^2 +$$

$$m_2 \left(\frac{3m_1}{\mu} h\right)^2$$

$$= \frac{3m_1 m_2}{\mu} h^2 + \frac{m_1}{2} a^2 = I_1.$$

当 $m_1 = m_2$, $h = a\sqrt{2/3}$ 时, 这是正四面体分子. 此时, $\mu = 4m_1$. 将相关参数代入前面的表示式, 有转动惯量为

$$I_1 = I_2 = I_3 = m_1 a^2.$$

习题 2 试求下列均匀连续体的主转动惯量.

a) 长为 l 的细长杆.

b) 半径为 R 的球体.

c) 半径为 R 高为 h 的圆柱体.

d) 棱边为 a, b, c 的长方体.

e) 高为 h 底面半径为 R 的圆锥体.

f) 半轴为 a, b, c 的三轴椭球体.

解: a)(略)

b) 因为球体具有关于其球心的球对称性, 则过球心的任意三根相互垂直的轴均是惯量主轴. 根据定义, 有

$$I_1 = \int (y^2 + z^2)\mathrm{d}m = \int (y^2 + z^2)\rho\mathrm{d}V,$$

$$I_2 = \int (z^2 + x^2)\mathrm{d}m = \int (z^2 + x^2)\rho\mathrm{d}V,$$

$$I_3 = \int (x^2 + y^2)\mathrm{d}m = \int (x^2 + y^2)\rho\mathrm{d}V,$$

则有

$$I_1 + I_2 + I_3 = 2\int (x^2 + y^2 + z^2)\rho\mathrm{d}V = 2\rho\int r^2\mathrm{d}V$$

$$= 2\rho\int_0^{2\pi}\mathrm{d}\varphi\int_0^\pi \sin\theta\mathrm{d}\theta\int_0^R r^4\mathrm{d}r = \frac{8\pi}{5}\rho R^5$$

$$= \frac{6}{5}\rho R^2\left(\frac{4}{3}\pi R^3\right) = \frac{6}{5}\rho R^2 V = \frac{6}{5}\mu R^2.$$

但是 $I_1 = I_2 = I_3$, 于是有

$$I_1 = I_2 = I_3 = \frac{2}{5}\mu R^2.$$

c) 将圆柱体的对称轴取为 x_3 轴, 与其垂直并通过圆柱体质心的两任意相互垂直的轴取为 x_1, x_2 轴 (见图 6.2), 则有 $I_1 = I_2$.

先计算 I_3. 取围绕 x_3 轴半径为 $r \to r + \mathrm{d}r$ 的薄圆筒, 其质量为 $\mathrm{d}m = \rho\mathrm{d}V = \rho 2\pi h r\mathrm{d}r$, 这里 h 为圆柱体的高. 薄圆筒相对于 x_3 轴的转动惯量为 $\mathrm{d}I_3 = r^2\mathrm{d}m = \rho 2\pi h r^3\mathrm{d}r$. 于是有

$$I_3 = \int_0^R \rho 2\pi h r^3\mathrm{d}r = \frac{1}{4}\rho 2\pi h R^4 = \frac{1}{2}\rho R^2 V = \frac{1}{2}\mu R^2.$$

在 x_3 轴方向上距 $x_1 x_2$ 平面 z 处取厚度为 $\mathrm{d}z$ 的薄圆片, 其质量为 $\mathrm{d}m = \rho\pi R^2\mathrm{d}z$. 利用关系 (32.2), 薄圆片相对于 x_1 轴的转动惯量为

$$\mathrm{d}I_1 = \frac{1}{4}R^2\mathrm{d}m + z^2\mathrm{d}m = \left(\frac{1}{4}R^2 + z^2\right)\rho\pi R^2\mathrm{d}z.$$

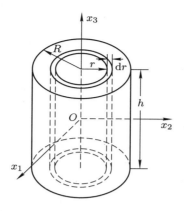

图 6.2　圆柱体

于是有

$$I_1 = I_2 = \int_{-h/2}^{h/2} \left(\frac{1}{4}R^2 + z^2\right) \rho\pi R^2 \mathrm{d}z = \frac{1}{4}R^4\rho\pi h + \frac{1}{12}\rho\pi R^2 h^3$$

$$= \frac{1}{4}\mu R^2 + \frac{1}{12}\mu h^2 = \frac{1}{4}\mu\left(R^2 + \frac{1}{3}h^2\right).$$

d) 建立图 6.3 所示的坐标系 $O - x_1 x_2 x_3$, 坐标原点位于长方体的质心. 取位于 (x, y, z) 的体积元 $\mathrm{d}V = \mathrm{d}x\mathrm{d}y\mathrm{d}z$, 则有 $\mathrm{d}m = \rho\mathrm{d}V = \rho\mathrm{d}x\mathrm{d}y\mathrm{d}z$, 它对 x_1 轴的转动惯量为

$$\mathrm{d}I_1 = \mathrm{d}m(y^2 + z^2) = \rho\mathrm{d}x\mathrm{d}y\mathrm{d}z(y^2 + z^2).$$

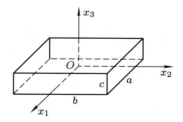

图 6.3　长方体

由此进行积分可得

$$I_1 = \rho\int_{-a/2}^{a/2}\mathrm{d}x\int_{-b/2}^{b/2}\mathrm{d}y\int_{-c/2}^{c/2}\mathrm{d}z(y^2 + z^2) = a\rho\int_{-b/2}^{b/2}\mathrm{d}y\left.\left(y^2 z + \frac{1}{3}z^3\right)\right|_{-c/2}^{c/2}$$

$$= a\rho \int_{-b/2}^{b/2} \mathrm{d}y \left(cy^2 + \frac{1}{12}c^3 \right) = a\rho \left(\frac{1}{3}cy^3 + \frac{1}{12}c^3 y \right) \bigg|_{-b/2}^{b/2}$$

$$= \frac{1}{12}a\rho \left(cb^3 + c^3 b \right) = \frac{1}{12}abc\rho (b^2 + c^2) = \frac{1}{12}\mu(b^2 + c^2).$$

类似地, 有

$$I_2 = \rho \int_{-a/2}^{a/2} \mathrm{d}x \int_{-b/2}^{b/2} \mathrm{d}y \int_{-c/2}^{c/2} \mathrm{d}z(x^2 + z^2) = b\rho \int_{-a/2}^{a/2} \mathrm{d}x \left(x^2 c + \frac{1}{12}c^3 \right)$$

$$= \frac{1}{12}b\rho \left(a^3 c + c^3 a \right) = \frac{1}{12}abc\rho(a^2 + c^2) = \frac{1}{12}\mu(a^2 + c^2).$$

以及

$$I_3 = \rho \int_{-a/2}^{a/2} \mathrm{d}x \int_{-b/2}^{b/2} \mathrm{d}y \int_{-c/2}^{c/2} \mathrm{d}z(x^2 + y^2) = c\rho \int_{-a/2}^{a/2} \mathrm{d}x \left(bx^2 + \frac{1}{12}b^3 \right)$$

$$= \frac{1}{12}c\rho \left(ba^3 + b^3 a \right) = \frac{1}{12}abc\rho(a^2 + b^2) = \frac{1}{12}\mu(a^2 + b^2).$$

e) 首先以圆锥顶点为坐标轴原点 (图 o38), 计算 I'_{ik}. 将圆锥体的对称轴取为 x'_3 轴 (也是 x_3 轴), 与其垂直并通过坐标轴原点的两任意相互垂直的轴为 x'_1, x'_2 轴, 则有 $I'_1 = I'_2$.

先计算 I_3. 在 x_3 轴方向上距 $x'_1 x'_2$ 平面 z 处取厚度为 $\mathrm{d}z$ 的薄圆片. 采用柱坐标系, 薄圆片的半径为 r, 则其质量为 $\mathrm{d}m = \rho \pi r^2 \mathrm{d}z$, 它相对于 x_3 轴的转动惯量为

$$\mathrm{d}I_3 = \frac{1}{2}r^2 \mathrm{d}m = \frac{1}{2}\rho \pi r^4 \mathrm{d}z.$$

但是存在关系 $\dfrac{R}{h} = \dfrac{r}{z}$, 即 $z = \dfrac{r}{R}h$, 于是有

$$I_3 = \int_0^h \frac{1}{2}\rho \pi r^4 \mathrm{d}z = \int_0^R \frac{1}{2R}\rho \pi h r^4 \mathrm{d}r = \frac{1}{10}\rho \pi h R^4$$

$$= \frac{3}{10}\rho R^2 V = \frac{3}{10}\mu R^2.$$

上述薄圆片对于 x'_1 或 x'_2 轴的转动惯量为

$$\mathrm{d}I'_1 = \mathrm{d}I'_2 = \frac{1}{4}r^2 \mathrm{d}m + z^2 \mathrm{d}m = \left(\frac{1}{4}r^2 + z^2 \right)\rho \pi r^2 \mathrm{d}z = \rho \pi \frac{h}{R}\left(\frac{1}{4} + \frac{h^2}{R^2} \right)r^4 \mathrm{d}r.$$

故有

$$I'_1 = I'_2 = \int_0^R \rho \pi \frac{h}{R}\left(\frac{1}{4} + \frac{h^2}{R^2} \right)r^4 \mathrm{d}r = \frac{1}{5}\rho \pi h \left(\frac{1}{4} + \frac{h^2}{R^2} \right)R^4 = \frac{3}{5}\mu \left(\frac{1}{4}R^2 + h^2 \right).$$

根据圆锥体对于 x_3 轴的旋转对称性可知, 质心位于圆锥轴上. 在上述以圆锥顶点为坐标轴原点的坐标系中, 质心的 x_3 坐标为

$$x_{3c} = \frac{\int z \mathrm{d}m}{\mu} = \frac{1}{\mu} \int_0^h \rho \pi z r^2 \mathrm{d}z = \frac{h^2}{\mu R^2} \int_0^R \rho \pi r^3 \mathrm{d}r = \frac{1}{4} \frac{\rho \pi h^2 R^2}{\mu} = \frac{3}{4} h,$$

即质心距离顶点 $a = \dfrac{3}{4} h$. 根据公式 (o32.12) 可得:

$$I_1 = I_2 = I_1' - \mu a^2 = \frac{3}{20} \left(R^2 + \frac{h^2}{4} \right).$$

f) 对原求解中涉及的积分可处理如下. 将 ξ, η, ζ 用球坐标表示如下

$$\xi = r \sin\theta \cos\varphi, \quad \eta = r \sin\theta \sin\varphi, \quad \zeta = r \cos\theta,$$

其中 $0 \leqslant r \leqslant 1, 0 \leqslant \theta \leqslant \pi, 0 \leqslant \varphi \leqslant 2\pi$, 于是有

$$
\begin{aligned}
\iiint (b^2 \eta^2 + c^2 \zeta^2) \mathrm{d}\xi \mathrm{d}\eta \mathrm{d}\zeta &= \int_0^1 r^4 \mathrm{d}r \int_0^\pi \sin^3 \theta \mathrm{d}\theta \int_0^{2\pi} \mathrm{d}\varphi (b^2 \sin^2 \varphi + c^2 \cos^2 \varphi) \\
&= \frac{1}{5} \int_{-1}^1 (1 - \cos^2 \theta) \mathrm{d}(\cos\theta) \int_0^{2\pi} \mathrm{d}\varphi \frac{1}{2} [b^2 + c^2 - (b^2 - c^2) \cos 2\varphi] \\
&= \frac{1}{5} \times \frac{4}{3} \pi (b^2 + c^2).
\end{aligned}
$$

考虑到本题 b) 的结论, 单位半径球对过质心轴的转动惯量为

$$I' = \frac{2}{5} \mu = \frac{2}{5} \frac{4}{3} \pi \rho = \frac{8}{15} \rho \pi,$$

于是有

$$I_1 = \rho abc \iiint (b^2 \eta^2 + c^2 \zeta^2) \mathrm{d}\xi \mathrm{d}\eta \mathrm{d}\zeta = \frac{4}{15} \pi \rho abc (b^2 + c^2) = \frac{1}{2} abc I' (b^2 + c^2).$$

习题 3 (略)

习题 4 试求图 o39 所示系统的动能, 其中 OA 和 AB 是长为 l 的均质细杆, 铰接于 A 点. 杆 OA 绕 O 点 (在图示平面内) 转动, 杆 AB 的端点 B 沿着 Ox 轴滑动.

解: 杆 OA 绕 O 点作定轴转动, 转动角速度为 $\dot\varphi$, 其中 φ 为角 AOB. 杆 OA 的质心位于杆中心, 故其速度为 $\dfrac{1}{2} l \dot\varphi$, 这里 l 为杆 OA 的长度. 根据 (o32.1), 即所谓的柯尼希定理, 杆 OA 的动能等于其质心的动能加上相对于质心的转动动能, 即

$$T_1 = \frac{1}{2} \mu \left(\frac{1}{2} l \dot\varphi \right)^2 + \frac{I}{2} \dot\varphi^2 = \frac{1}{8} \mu l^2 \dot\varphi^2 + \frac{I}{2} \dot\varphi^2 = \frac{1}{6} \mu l^2 \dot\varphi^2,$$

其中 μ 是一根杆的质量, I 为杆 OA 绕过其质心且垂直于杆的轴的转动惯量 $I = \dfrac{1}{12}\mu l^2$.

实际上也可直接按定轴转动求杆 OA 的动能

$$T_1 = \frac{1}{2}I_0\dot{\varphi}^2 = \frac{1}{6}\mu l^2 \dot{\varphi}^2,$$

其中 I_0 为杆 OA 绕过 O 点并垂直于杆的轴的转动惯量. 按照 (o32.12) 或者 (32.2), 有

$$I_0 = I + \mu\left(\frac{1}{2}l\right)^2 = \frac{1}{12}\mu l^2 + \mu\left(\frac{1}{2}l\right)^2 = \frac{1}{3}\mu l^2.$$

杆 AB 的质心的笛卡儿坐标为

$$X = \frac{3l}{2}\cos\varphi, \quad Y = \frac{l}{2}\sin\varphi,$$

则它的质心速度的分量为

$$\dot{X} = -\frac{3l}{2}\dot{\varphi}\sin\varphi, \quad \dot{Y} = \frac{l}{2}\dot{\varphi}\cos\varphi.$$

同样这根杆的转动角速度也是 $\dot{\varphi}$, 因为 OA 与 AB 两杆等长, 且 B 仅沿 Ox 轴运动. 根据 (o32.1), 杆 AB 的动能为

$$T_2 = \frac{\mu}{2}(\dot{X}^2 + \dot{Y}^2) + \frac{I}{2}\dot{\varphi}^2 = \frac{\mu l^2}{8}(1 + 8\sin^2\varphi)\dot{\varphi}^2 + \frac{I}{2}\dot{\varphi}^2 = \frac{\mu l^2}{6}(1 + 6\sin^2\varphi)\dot{\varphi}^2.$$

系统的总动能等于

$$T = T_1 + T_2 = \frac{\mu l^2}{3}(1 + 3\sin^2\varphi)\dot{\varphi}^2.$$

讨论: 如果 OA 和 AB 的长度和质量均不相等, 令杆 OA 的长度为 l_1, 质量为 μ_1, 杆 AB 的长度为 l_2, 质量为 μ_2, $\angle AOB = \varphi$, $\angle ABO = \psi$. 因为两杆铰接, 则有关系

$$l_1 \sin\varphi = l_2 \sin\psi. \tag{1}$$

杆 OA 的动能类似于前面的计算, 有

$$T_1' = \frac{1}{6}\mu_1 l_1^2 \dot{\varphi}^2. \tag{2}$$

对于杆 AB, 质心坐标为

$$X' = l_1\cos\varphi + \frac{1}{2}l_2\cos\psi, \quad Y' = \frac{1}{2}l_2\sin\psi.$$

现在杆 AB 的角速度为 $\dot{\psi}$, 它与 $\dot{\varphi}$ 的关系由式 (1) 对时间求导数得到, 即

$$\dot{\psi} = \frac{l_1 \cos\varphi}{l_2 \cos\psi}\dot{\varphi}. \tag{3}$$

利用这个关系, 杆 AB 的动能可以表示为

$$\begin{aligned}
T_2' &= \frac{1}{2}\mu_2(\dot{X}'^2 + \dot{Y}'^2) + \frac{1}{2}I_2\dot{\psi}^2 \\
&= \frac{1}{2}\mu_2\left[l_1^2\dot{\varphi}^2\sin^2\varphi + l_1 l_2\dot{\varphi}\dot{\psi}\sin\varphi\sin\psi + \frac{1}{4}l_2^2\dot{\psi}^2\right] + \frac{1}{24}\mu_2 l_2^2\dot{\psi}^2 \\
&= \frac{\mu_2 l_1^2\dot{\varphi}^2}{6\cos^2\psi}\left[3\sin\varphi\cos\psi\sin(\varphi+\psi) + \cos^2\varphi\right],
\end{aligned}$$

其中 $I_2 = \dfrac{1}{12}\mu_2 l_2^2$. 系统的总动能为

$$T = T_1' + T_2' = \frac{1}{6}\mu_1 l_1^2\dot{\varphi}^2 + \frac{\mu_2 l_1^2\dot{\varphi}^2}{6\cos^2\psi}\left[3\sin\varphi\cos\psi\sin(\varphi+\psi) + \cos^2\varphi\right].$$

在 $l_1 = l_2 = l$, $\mu_1 = \mu_2 = \mu$, 且 $\psi = \varphi$ 的特殊情况下, 上式退回到前面的结果.

习题 5 (略)

习题 6 半径为 a 的均质圆柱在半径为 R 的圆柱形曲面内滚动, 试求圆柱的动能 (图 6.4(a)).

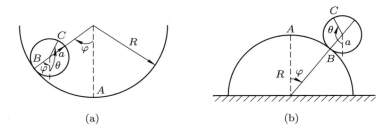

(a)　　　　　　　　(b)

图 6.4

解: 该问题中, 圆柱体作平面平行运动, 且是纯滚动. 原解是用纯滚动的速度条件求出圆柱体的转动角速度的. 因为角速度的大小等于转动角度对时间的导数, 那么圆柱体的转动角度如何确定?

设当圆柱体位于圆柱形曲面的最低点即 $\varphi = 0$ 时两者之间的接触点为 A. 当圆柱体中心与圆柱形曲面中心的连线与竖直方向夹角为 φ 时, 接触点则为 B, 而原来的 A 点变为 C 点 (见图 6.4(a)). 现在上述的问题就是, 在此过程中圆柱体的转动角度是 $\varphi + \theta$, 还是 θ? 当圆柱体作纯滚动时, 有条件 $\overgroup{AB} = \overgroup{BC}$, 即

$$R\varphi = a(\varphi + \theta). \tag{1}$$

如果转角为 $\varphi+\theta$, 则根据式 (1) 可得圆柱体转动角速度应为 $\dfrac{\mathrm{d}(\varphi+\theta)}{\mathrm{d}t}=\dfrac{R}{a}\dot{\varphi}$. 而这与原解给出的结果是不相同的. 但是, 如果转角为 θ, 则由式 (1) 可得

$$\theta=\frac{R-a}{a}\varphi. \tag{2}$$

由此, 圆柱体转动角速度为

$$\Omega=\frac{\mathrm{d}\theta}{\mathrm{d}t}=\frac{R-a}{a}\dot{\varphi}.$$

这与原解给出的结果是相同的. 问题何在? 原来, 当圆柱体滚动时, 圆柱体中心与圆柱形曲面中心的连线的方向也在变化, 以这样的方向来量度圆柱体的转动角度时实际上多计算了一部分角度, 即 φ. 而以竖直方向作为参考方向时不存在这样的问题, θ 正确地量度了圆柱体的转动角度.

类似的问题存在于圆柱体在圆柱形曲面外运动的情况 (见图 6.4(b)). 按照纯滚动条件, 圆柱体质心的速度为

$$V=(R+a)\dot{\varphi},$$

圆柱体滚动的角速度为

$$\Omega=\frac{V}{a}=\frac{R+a}{a}\dot{\varphi}. \tag{3}$$

另一方面, 圆柱体转动的角度为图 6.4(b) 所示的 θ, 而不是圆弧 $\overset{\frown}{BC}$ 对应的圆心角, 它是 $\theta-\varphi$. 纯滚动条件为 $\overset{\frown}{AB}=\overset{\frown}{BC}$, 即

$$R\varphi=a(\theta-\varphi). \tag{4}$$

由式 (4) 可得

$$\Omega=\frac{\mathrm{d}\theta}{\mathrm{d}t}=\frac{R+a}{a}\dot{\varphi}.$$

这与结果式 (3) 是一致的. 在该情况下, 圆柱体的动能为

$$T=\frac{1}{2}\mu(R+a)^2\dot{\varphi}^2+\frac{1}{2}I_3\frac{(R+a)^2}{a^2}\dot{\varphi}^2=\frac{3}{4}\mu(R+a)^2\dot{\varphi}^2.$$

习题 **7–10** (略)

§33 刚体角动量

§33.1 内容提要

刚体对其质心的角动量用惯量张量表示时为

$$M_i=\sum_k I_{ik}\Omega_k. \tag{o33.1}$$

在动坐标系的各轴为惯量主轴时, 角动量的分量形式为

$$M_1 = I_1\Omega_1, \quad M_2 = I_2\Omega_2, \quad M_3 = I_3\Omega_3. \tag{o33.2}$$

利用角动量守恒定律可以分析对称陀螺的自由转动, 它是绕自身对称轴 (取为 x_3 轴) 的匀速转动与绕角动量 M 的规则进动两种运动的叠加, 前者的转动角速度为

$$\Omega_3 = \frac{M}{I_3}\cos\theta, \tag{o33.4}$$

进动角速度为

$$\Omega_{\mathrm{pr}} = \frac{M}{I_1}, \tag{o33.5}$$

其中 θ 为 M 的正方向与 x_3 轴之间的夹角 (参见图 o46).

§33.2 内容补充

1. 惯量主轴, M 和 Ω 方向之间的关系

一般情况下角动量 M 和角速度 Ω 并不共线, Ω 和 M 共线的充要条件是 Ω 沿主轴方向.

先证必要性. 不失一般性, 设 x_1 轴为惯量主轴, 且 Ω 沿该主轴, 证明 M 也沿同一主轴.

记 x_1, x_2, x_3 轴方向的单位矢量分别为 n_1, n_2, n_3. 由题设 $\Omega = \Omega n_1$, $\Omega_2 = \Omega_3 = 0$. 因为 x_1 轴为惯量主轴, 所以有 $I_{xy} = 0, I_{xz} = 0$. 由角动量的分量表示式 (o33.1) 可得

$$M_1 = I_{xx}\Omega, \quad M_2 = 0, \quad M_3 = 0.$$

所以

$$M = I_{xx}\Omega,$$

即角动量 M 沿 x_1 轴方向并与 Ω 共线.

再证充分性. 设 M 与 Ω 共线, 即 $M \times \Omega = 0$, 则证 Ω 必沿惯量主轴.

以惯量主轴为坐标轴, 则据式 (o33.2) 可得

$$M \times \Omega = \begin{vmatrix} n_1 & n_2 & n_3 \\ I_1\Omega_1 & I_2\Omega_2 & I_3\Omega_3 \\ \Omega_1 & \Omega_2 & \Omega_3 \end{vmatrix} = 0.$$

上式写成分量形式即为

$$(I_2 - I_3)\Omega_2\Omega_3 = 0, \quad (I_3 - I_1)\Omega_3\Omega_1 = 0, \quad (I_1 - I_2)\Omega_1\Omega_2 = 0.$$

(a) 如果 $I_1 \neq I_2 \neq I_3$, 则由上面的方程必有

$$\Omega_2\Omega_3 = 0, \quad \Omega_3\Omega_1 = 0, \quad \Omega_1\Omega_2 = 0.$$

只要 $\boldsymbol{\Omega} \neq 0$, 就必须有它的两个分量等于零, 也就是说, $\boldsymbol{\Omega}$ 必沿一坐标轴即惯量主轴. 这样就证明了 $\boldsymbol{\Omega}$ 和 $\boldsymbol{M}$ 如共线就必沿惯量主轴.

(b) 如果有两个主转动惯量相等, 即对称陀螺, 例如 $I_1 = I_2 \neq I_3$, 在此情况下则有

$$\Omega_2\Omega_3 = 0, \quad \Omega_1\Omega_3 = 0.$$

这就要求 $\Omega_3 = 0$, 或者 $\Omega_1 = \Omega_2 = 0$. 前一种情况说明 $\boldsymbol{\Omega}$ 在 x_1x_2 平面内. 但是因为在 x_1x_2 平面内过原点的任何轴都是惯量主轴, 所以 $\boldsymbol{\Omega}, \boldsymbol{M}$ 在惯量主轴方向共线. 后一种情况表明 $\boldsymbol{\Omega}$ 沿 x_3 轴, 也证明了 $\boldsymbol{\Omega}, \boldsymbol{M}$ 都沿惯量主轴.

(c) 如 $I_1 = I_2 = I_3$, 相应于球陀螺, 故 $\boldsymbol{\Omega}$ 沿任何方向都是沿惯量主轴的.

综合 (a)(b)(c) 三种情况, 充分性得到了证明, 即 $\boldsymbol{\Omega}$ 与 $\boldsymbol{M}$ 如共线则必沿惯量主轴.

2. 对称刚体自由转动时 M, Ω 与 x_3 轴三者共面

对于对称刚体, 不妨设 $I_1 = I_2 \neq I_3$. 取动坐标系各轴为惯量主轴, 则根据式 (o33.2), 角动量 $\boldsymbol{M}$ 在动坐标系的分量形式为

$$\boldsymbol{M} = I_1\Omega_1\boldsymbol{n}_1 + I_2\Omega_2\boldsymbol{n}_2 + I_3\Omega_3\boldsymbol{n}_3 = I_1(\Omega_1\boldsymbol{n}_1 + \Omega_2\boldsymbol{n}_2) + I_3\Omega_3\boldsymbol{n}_3.$$

刚体的转动角速度的分量形式为

$$\boldsymbol{\Omega} = \Omega_1\boldsymbol{n}_1 + \Omega_2\boldsymbol{n}_2 + \Omega_3\boldsymbol{n}_3.$$

由这些分量形式, 有

$$(\boldsymbol{M} \times \boldsymbol{\Omega}) \cdot \boldsymbol{n}_3 = ([I_1(\Omega_1\boldsymbol{n}_1 + \Omega_2\boldsymbol{n}_2) + I_3\Omega_3\boldsymbol{n}_3] \times [(\Omega_1\boldsymbol{n}_1 + \Omega_2\boldsymbol{n}_2) + \Omega_3\boldsymbol{n}_3]) \cdot \boldsymbol{n}_3$$
$$= [I_1(\Omega_1\boldsymbol{n}_1 + \Omega_2\boldsymbol{n}_2) \times \Omega_3\boldsymbol{n}_3 + I_3\Omega_3\boldsymbol{n}_3 \times (\Omega_1\boldsymbol{n}_1 + \Omega_2\boldsymbol{n}_2)] \cdot \boldsymbol{n}_3 = 0.$$

因为 $\boldsymbol{M}, \boldsymbol{\Omega}$ 均不为零, 它们也不相互平行, 则上式表示 $\boldsymbol{n}_3$ 与 $\boldsymbol{M} \times \boldsymbol{\Omega}$ 垂直. 但是, $\boldsymbol{M} \times \boldsymbol{\Omega}$ 与 $\boldsymbol{M}$ 和 $\boldsymbol{\Omega}$ 均垂直, 故 $\boldsymbol{M}, \boldsymbol{\Omega}, \boldsymbol{n}_3$ 三者共面.

另外, 从 $\boldsymbol{M}$ 和 $\boldsymbol{\Omega}$ 的分量形式来看, 二者均位于由矢量 $\Omega_1\boldsymbol{n}_1 + \Omega_2\boldsymbol{n}_2$ 和 $\Omega_3\boldsymbol{n}_3$ 确定的平面内, 因而也有 $\boldsymbol{M}, \boldsymbol{\Omega}, \boldsymbol{n}_3$ 三者共面的结论.

3. 规则进动

规则进动是指刚体运动过程中图 o46 中的 θ 角 (通常称为章动角, 是欧拉角之一) 保持不变, 刚体的对称轴 x_3 围绕 $\boldsymbol{M}$ 作角速度 Ω_{pr} 的匀速转

动. θ 的这个不变性可以按两种方式确定: 一是因为在每一瞬时 $\Omega_2 = 0$, 即刚体没有绕 x_2 轴的转动, 因此 θ 不变. 另一种方法是通过求解自由转动情况下的欧拉方程予以确定, 见第 §35 节.

可以证明下列结论: 一个起点位于刚体质心的矢量 $\boldsymbol{P}$ 绕 $\boldsymbol{M}$ 以匀角速度 $\boldsymbol{\Omega}_{\mathrm{pr}}$ 作规则进动的充要条件是, $|\boldsymbol{P}|$ 为常数即它的大小不变且

$$\frac{\mathrm{d}\boldsymbol{P}}{\mathrm{d}t} = \boldsymbol{\Omega}_{\mathrm{pr}} \times \boldsymbol{P}. \tag{33.1}$$

先证必要性. 当 $\boldsymbol{P}$ 的大小不变且它与 $\boldsymbol{M}$ 之间的夹角 (记为 θ) 也不变时, $\boldsymbol{P}$ 的端点绕 $\boldsymbol{M}$ 作半径为 $|\boldsymbol{P}|\sin\theta$, 角速度为 $\boldsymbol{\Omega}_{\mathrm{pr}}$ 的圆周运动, 则根据第 §9 节的讨论, 有

$$\mathrm{d}\boldsymbol{P} = \mathrm{d}\boldsymbol{\varphi} \times \boldsymbol{P}.$$

但是现在 $\mathrm{d}\boldsymbol{\varphi}/\mathrm{d}t = \boldsymbol{\Omega}_{\mathrm{pr}}$, 于是式 (33.1) 成立.

再证充分性. 将式 (33.1) 两边同时对 $\boldsymbol{P}$ 作标量积并利用矢量运算的性质, 则有

$$\boldsymbol{P} \cdot \frac{\mathrm{d}\boldsymbol{P}}{\mathrm{d}t} = \frac{1}{2}\frac{\mathrm{d}(\boldsymbol{P} \cdot \boldsymbol{P})}{\mathrm{d}t} = \boldsymbol{P} \cdot (\boldsymbol{\Omega}_{\mathrm{pr}} \times \boldsymbol{P}) = \boldsymbol{\Omega}_{\mathrm{pr}} \cdot (\boldsymbol{P} \times \boldsymbol{P}) = 0,$$

即要求 $\boldsymbol{P} \cdot \boldsymbol{P} = |\boldsymbol{P}|^2 =$ 常数, 表明 $\boldsymbol{P}$ 的大小是恒定不变的. 再将式 (33.1) 两边同时对 $\boldsymbol{\Omega}_{\mathrm{pr}}$ 作标量积, 则有

$$\boldsymbol{\Omega}_{\mathrm{pr}} \cdot \frac{\mathrm{d}\boldsymbol{P}}{\mathrm{d}t} = \boldsymbol{\Omega}_{\mathrm{pr}} \cdot (\boldsymbol{\Omega}_{\mathrm{pr}} \times \boldsymbol{P}) = \boldsymbol{P} \cdot (\boldsymbol{\Omega}_{\mathrm{pr}} \times \boldsymbol{\Omega}_{\mathrm{pr}}) = 0.$$

因为条件中给定 $\dfrac{\mathrm{d}\boldsymbol{\Omega}_{\mathrm{pr}}}{\mathrm{d}t} = 0$, 则上式表示

$$\boldsymbol{\Omega}_{\mathrm{pr}} \cdot \frac{\mathrm{d}\boldsymbol{P}}{\mathrm{d}t} = \frac{\mathrm{d}}{\mathrm{d}t}(\boldsymbol{\Omega}_{\mathrm{pr}} \cdot \boldsymbol{P}) = 0,$$

即

$$\boldsymbol{\Omega}_{\mathrm{pr}} \cdot \boldsymbol{P} = \Omega_{\mathrm{pr}}|\boldsymbol{P}|\cos\theta = 常数.$$

因为 $\boldsymbol{P}$ 的大小和 Ω_{pr} 均是恒定的, 则 θ 也不变.

§34 刚体运动方程

§34.1 内容提要

一般情况下刚体有 6 个自由度, 需要 6 个独立的方程确定其运动, 它们可以分别是质心运动定理和相对于质心的角动量定理, 也可以用能量关

系代替其中的任何一个分量方程. 这些运动定理可以按照矢量力学的方法或拉格朗日方法导出.

质心运动定理为

$$\frac{\mathrm{d}\boldsymbol{P}}{\mathrm{d}t} = \boldsymbol{F}, \tag{o34.1}$$

其中 $\boldsymbol{P}$ 是刚体的动量, $\boldsymbol{F}$ 是刚体所受外力的矢量之和. 相对于质心的角动量定理为

$$\frac{\mathrm{d}\boldsymbol{M}}{\mathrm{d}t} = \boldsymbol{K}, \tag{o34.3}$$

其中 $\boldsymbol{M}$ 是刚体相对于其质心的角动量,

$$\boldsymbol{K} = \sum_a \boldsymbol{r}_a \times \boldsymbol{f}_a, \tag{o34.4}$$

是刚体所受外力对质心的力矩的矢量之和.

力矩与参考点有关, 如果 $\overrightarrow{OO'} = \boldsymbol{a}$, 则有 $\boldsymbol{r} = \boldsymbol{r}' + \boldsymbol{a}$, 对 O 和 O' 点的力矩之间的关系为

$$\boldsymbol{K} = \boldsymbol{K}' + \boldsymbol{a} \times \boldsymbol{F}. \tag{o34.5}$$

在 $\boldsymbol{F} \perp \boldsymbol{K}$ 的情况下, 总可以选取 $\boldsymbol{a}$ 使得 $\boldsymbol{K}' = 0$, 所有作用力的效果可以归结为沿着给定直线作用的一个力 $\boldsymbol{F}$ 的效果.

§34.2   内容补充

1. 力, 力矩和内力的功

《力学》中的表述"总力"和"总力矩"等概念, 严格说来应该分别称为"力的矢量和","力矩的矢量和", 或者称为主矢和主矩. 所谓的总力 (或称合力) 是指一个单一的力, 它所产生的力学效果应等同于其分力作用效果的总和. 对于多个力, 即力系作用于一个物体的问题, 如果必须考虑物体的大小的影响, 则通常是没有合力概念的. 例如, 我们知道一对力偶的力矢量和是等于零的, 而该力偶有一确定的力矩, 它的大小与参考点无关, 并且力偶所作用的刚体是要转动的. 找不到这样一个所谓的合力, 其作用的效果与力偶的相同. 另外, 对于力系作用于刚体的问题是可以讨论所谓力系简化的, 这里有一个基本的结论: 任何一组力系总可以等效为力的矢量和以及对可任意选定的简化中心的力矩矢量和这两个要素. 这个结论也表明, 一般情况下是不存在合力的. 至于存在合力的条件参见下面第 2 点的讨论.

作用在刚体中第 a 个质点上的力 $\boldsymbol{f}_a$ 可以分为刚体外部其它物体作用于该质点的所谓外力 $\boldsymbol{f}_a^{(\mathrm{e})}$ 以及内力 $\boldsymbol{f}_a^{(\mathrm{in})}$ 两个部分, 即 $\boldsymbol{f}_a = \boldsymbol{f}_a^{(\mathrm{e})} + \boldsymbol{f}_a^{(\mathrm{in})}$.

而内力是刚体内部所有其它质点 b 作用于质点 a 的力 $\boldsymbol{f}_{ab}$ 的矢量和, 即 $\boldsymbol{f}_a^{(\mathrm{in})} = \sum\limits_{b(b \neq a)} \boldsymbol{f}_{ab}$. 内力是成对的, 且满足牛顿第三定律, 即 $\boldsymbol{f}_{ab} = -\boldsymbol{f}_{ba}$. 于是, 有

$$\boldsymbol{F} = \sum_a \boldsymbol{f}_a = \sum_a (\boldsymbol{f}_a^{(\mathrm{e})} + \boldsymbol{f}_a^{(\mathrm{in})}) = \sum_a \left(\boldsymbol{f}_a^{(\mathrm{e})} + \sum_{b(b \neq a)} \boldsymbol{f}_{ab} \right)$$
$$= \sum_a \boldsymbol{f}_a^{(\mathrm{e})} + \sum_{a,b(a \neq b)} \boldsymbol{f}_{ab} = \sum_a \boldsymbol{f}_a^{(\mathrm{e})},$$

其中最后一个等式利用了上述内力的性质.

同样, 如果设 $\boldsymbol{r}_a$ 为第 a 个质点对质心的位矢, 则所有力对该点的力矩矢量和为

$$\boldsymbol{M} = \sum_a \boldsymbol{r}_a \times \boldsymbol{f}_a = \sum_a \boldsymbol{r}_a \times \left(\boldsymbol{f}_a^{(\mathrm{e})} + \sum_{b(b \neq a)} \boldsymbol{f}_{ab} \right)$$
$$= \sum_a \boldsymbol{r}_a \times \boldsymbol{f}_a^{(\mathrm{e})} + \sum_a \boldsymbol{r}_a \times \sum_{b(b \neq a)} \boldsymbol{f}_{ab} = \sum_a \boldsymbol{r}_a \times \boldsymbol{f}_a^{(\mathrm{e})} + \frac{1}{2} \sum_{a,b(a \neq b)} (\boldsymbol{r}_a - \boldsymbol{r}_b) \times \boldsymbol{f}_{ab}$$
$$= \sum_a \boldsymbol{r}_a \times \boldsymbol{f}_a^{(\mathrm{e})},$$

其中最后一个等式注意到 $\boldsymbol{r}_a - \boldsymbol{r}_b = \boldsymbol{r}_{ab}$ 为质点 a 相对于质点 b 的相对位矢, 它沿两质点之间的连线方向, 而根据牛顿第三定律, $\boldsymbol{f}_{ab}$ 也沿两质点之间的连线方向, 故一对内力对质心的力矩之和等于零. 同样因为内力是成对的, 故所有内力的力矩的矢量和也等于零. 也要注意, 内力力矩的这个特点实际是对任何点均有的, 而不是仅对质心, 因为相对位矢是与计算力矩所选的参考点位于质心还是其它点无关的.

内力的功为

$$A = \sum_a \boldsymbol{f}_a^{(\mathrm{in})} \cdot \mathrm{d}\boldsymbol{r}_a = \sum_{a,b(a \neq b)} \boldsymbol{f}_{ab} \cdot \mathrm{d}\boldsymbol{r}_a = \frac{1}{2} \sum_{a,b(a \neq b)} \boldsymbol{f}_{ab} \cdot \mathrm{d}(\boldsymbol{r}_a - \boldsymbol{r}_b).$$

对于刚体, 任意两个质点之间的距离是保持不变的, 即

$$|\boldsymbol{r}_a - \boldsymbol{r}_b|^2 = (\boldsymbol{r}_a - \boldsymbol{r}_b) \cdot (\boldsymbol{r}_a - \boldsymbol{r}_b) = \text{常数}. \tag{34.1}$$

对上式微分, 则有

$$(\boldsymbol{r}_a - \boldsymbol{r}_b) \cdot \mathrm{d}(\boldsymbol{r}_a - \boldsymbol{r}_b) = 0,$$

即刚体中任意两个质点之间的相对位移是垂直于它们之间的连线方向的. 因为 $\boldsymbol{f}_{ab} \parallel (\boldsymbol{r}_a - \boldsymbol{r}_b)$, 则利用上面的关系可得一对内力做功的代数之和为

$$\boldsymbol{f}_{ab} \cdot \mathrm{d}\boldsymbol{r}_a + \boldsymbol{f}_{ba} \cdot \mathrm{d}\boldsymbol{r}_b = \boldsymbol{f}_{ab} \cdot \mathrm{d}(\boldsymbol{r}_a - \boldsymbol{r}_b) = 0.$$

因此刚体内力的功 $A = 0$. 这是附加约束条件 (34.1) 的结果, 而对于通常的质点系因为没有这个条件, 内力功并不等于零.

2. $F \perp K$ 时力系的简化

当 F 与 K 相互垂直时, $F \cdot K = 0$, 但 $F \times K \neq 0$. 用 F 左叉乘 (o34.7), 有

$$F \times K = F \times (a \times F) = a(F \cdot F) - F(a \cdot F).$$

如果选取 a, 使得 $a \cdot F = 0$, 则上式给出 a 的表示式

$$a = \frac{F \times K}{F \cdot F} = \frac{F \times K}{F^2}. \tag{34.2}$$

将这样选取的 a 代入 (o34.5) 可以证明有 $K' = 0$,

$$K' = K - a \times F = K - \left(\frac{F \times K}{F^2}\right) \times F$$

$$= K + \frac{1}{F^2}[F(F \cdot K) - K(F \cdot F)] = K - \frac{1}{F^2}K(F \cdot F) = 0.$$

于是对于给定点 O, 将其在沿 $F \times K$ 的方向上平移 a 到达点 O', 则力系对 O 点的力矩等于将所有力平移到 O' 点后的力的矢量和 F 对 O 点的力矩. 这表明在该情况下存在合力 F, 它的作用效果等同于原有力系的作用效果. 《力学》中列举的均匀力场 (如均匀重力场, 均匀电场等) 是平行力系, 该种形式的力系 (除力偶外) 一般存在合力.

a 不是唯一确定的, 它可以附加平行于 F 的矢量而不改变上述力系简化的结果. 这个性质表明, 在刚体力学中力是一种滑移矢量, 即沿力的作用线方向平移力的作用点不会改变力的作用效果. 刚体力学中力的这个性质是力系可以简化的重要条件之一.

§35 欧拉角

§35.1 内容提要

欧拉角是可以确定刚体方位的一组参数或广义坐标, 分别是进动角 φ, 章动角 θ 和自转角 ψ, 取值范围分别为 $0 \leqslant \varphi \leqslant 2\pi, 0 \leqslant \psi \leqslant 2\pi, 0 \leqslant \theta \leqslant \pi$.

刚体转动的角速度 Ω 在动坐标系 $O - x_1 x_2 x_3$ 各轴上的分量可以用欧拉角以及它们对时间的导数表示为

$$\begin{aligned} \Omega_1 &= \dot{\varphi}\sin\theta\sin\psi + \dot{\theta}\cos\psi, \\ \Omega_2 &= \dot{\varphi}\sin\theta\cos\psi - \dot{\theta}\sin\psi, \\ \Omega_3 &= \dot{\varphi}\cos\theta + \dot{\psi}. \end{aligned} \tag{o35.1}$$

这常称之为欧拉运动学方程.

对于对称陀螺 $I_1 = I_2 \neq I_3$, 其相对于质心的转动动能用欧拉角可表示为

$$T_{\text{rot}} = \frac{I_1}{2}(\dot{\varphi}^2 \sin^2\theta + \dot{\theta}^2) + \frac{I_3}{2}(\dot{\varphi}\cos\theta + \dot{\psi})^2. \tag{o35.2}$$

§35.2 内容补充

1. 欧拉角

因为有限转动相应的所谓角位移不是矢量, 从刚体的一个特定位形出发通过转动所能到达的终态位形将是与转动的次序密切相关的, 即相同大小的转动角度但不同的转动次序将给出不同的终态位形, 故此欧拉角的定义实际上是有次序的.《力学》中采用的次序是 (参见图 o47): (i) 先绕 OZ 轴转动 φ;(ii) 再绕节线 ON 转动 θ; (iii) 最后绕 x_3 轴转动 ψ. 所有的转动均以逆时针方向为正方向.

要注意的是, 这样定义的欧拉角有一定的奇异性. 当 $\theta = 0$ 时, 仅有 $\varphi + \psi$ 是唯一定义的, 而 φ 和 ψ 本身并不具有唯一确定性. 同样, 当 $\theta = \pi$ 时, 仅有 $\varphi - \psi$ 是可唯一定义的.

欧拉角还有其它形式的定义, 在力学教材或著作中, 大多采用这里给出的定义. 另外, 还可以用其它形式的参数描述刚体的取向, 可参见有关著作[①].

2. 动能与欧拉角

利用方程 (o35.1) 以及 (o32.8), 刚体的转动动能在用欧拉角表示时为

$$\begin{aligned}
T_{\text{rot}} &= \frac{1}{2}I_1\Omega_1^2 + \frac{1}{2}I_2\Omega_2^2 + \frac{1}{2}I_3\Omega_3^2 \\
&= \frac{1}{2}I_1\left(\dot{\varphi}\sin\theta\sin\psi + \dot{\theta}\cos\psi\right)^2 + \frac{1}{2}I_2\left(\dot{\varphi}\sin\theta\cos\psi - \dot{\theta}\sin\psi\right)^2 + \\
&\quad \frac{1}{2}I_3\left(\dot{\varphi}\cos\theta + \dot{\psi}\right)^2 \\
&= \frac{1}{2}(I_1 - I_2)\left(\dot{\varphi}\sin\theta\sin\psi + \dot{\theta}\cos\psi\right)^2 + \frac{1}{2}I_2\left(\dot{\varphi}^2\sin^2\theta + \dot{\theta}^2\right) + \frac{1}{2}I_3\left(\dot{\varphi}\cos\theta + \dot{\psi}\right)^2.
\end{aligned} \tag{35.1}$$

当刚体是对称陀螺时, $I_1 = I_2 \neq I_3$, 上式即退化为式 (o35.2).

需要说明的是, 方程 (o32.8), (o35.2) 以及上面的式 (35.1) 是刚体相对质心的转动动能的表示式. 但是, 它们实际上也适用于有一个固定点即作定

---

① 例如,H. Goldstein, C. Poole, J. Safko, Classical Mechanics, 3rd ed, Addison Wesley, 2002.

点运动的刚体, 此时将固定点取为动坐标系的原点, 而各方程中的 I_1, I_2, I_3 是关于过固定点的惯量主轴的主转动惯量 (参见本节习题 1).

§35.3   习题解答

习题 1   试将下端点固定的对称重陀螺的运动问题约化为积分问题.

解: 本题讨论的是刚体的定点运动. 如果设对称重陀螺对通过其质心的惯量主轴的主转动惯量分别为 I_1, I_2, I_3, 则据式 (o32.12) 以及前面的讨论, 将式 (o35.2) 中的 I_1, I_2, I_3 作代换

$$I_1 = I_2 \to I_1' = I_1 + \mu l^2, \quad I_3 \to I_3,$$

其中 μ 为陀螺的质量, l 是质心到固定点的距离, 代换后的主转动惯量就是重陀螺关于通过固定点的惯量主轴 (它们与过质心的各对应惯量主轴相互平行) 的主转动惯量, 由此可得到重陀螺定点运动的动能表示式为

$$T = \frac{1}{2}I_1'(\dot{\theta}^2 + \dot{\varphi}^2 \sin^2\theta) + \frac{1}{2}I_3(\dot{\psi} + \dot{\varphi}\cos\theta)^2.$$

以固定点所在位置为重力势能零点, 则重力场中陀螺的拉格朗日函数为

$$L = \frac{1}{2}I_1'(\dot{\theta}^2 + \dot{\varphi}^2 \sin^2\theta) + \frac{I_3}{2}(\dot{\psi} + \dot{\varphi}\cos\theta)^2 - \mu gl\cos\theta.$$

显然 L 中不显含 φ 和 ψ, 所以广义坐标 φ 和 ψ 是循环坐标, 相应的广义动量守恒, 即有两个运动积分分别为

$$p_\psi = \frac{\partial L}{\partial \dot{\psi}} = I_3(\dot{\psi} + \dot{\varphi}\cos\theta) = \text{const} \equiv M_3, \tag{1}$$

$$
\begin{aligned}
p_\varphi = \frac{\partial L}{\partial \dot{\varphi}} &= (I_1'\sin^2\theta + I_3\cos^2\theta)\dot{\varphi} + I_3\dot{\psi}\cos\theta \\
&= I_1'\sin^2\theta\dot{\varphi} + M_3\cos\theta = \text{const} \equiv M_Z.
\end{aligned}
\tag{2}
$$

因为广义坐标 φ 和 ψ 都是角度, 相应的广义动量实际上是对固定点 O 的角动量的某个分量. 具体而言, p_φ 和 p_ψ 分别是刚体相对于固定坐标系 Z 轴的角动量 M_Z 和刚体对称轴 (即动坐标系的 x_3 轴) 的角动量 M_3, 也即 M_3 和 M_Z 分别是角动量 $\boldsymbol{M}$ 在 x_3 轴和 Z 轴上的投影. 从另一个角度来看, 因为重力对固定点的力矩沿 Z 轴和 x_3 轴的投影均为零, 故由角动量定理可知角动量沿这些轴的分量将是守恒的.

另外由于 L 不显含时间 t, 则有广义能量积分, 这里就是陀螺的机械能 E 守恒

$$E = T + V = \frac{I_1'}{2}(\dot{\theta}^2 + \dot{\varphi}^2 \sin^2\theta) + \frac{I_3}{2}(\dot{\psi} + \dot{\varphi}\cos\theta)^2 + \mu gl\cos\theta. \tag{3}$$

由方程 (1) 和 (2) 可求得

$$\dot{\varphi} = \frac{M_Z - M_3 \cos\theta}{I_1' \sin^2\theta},$$ (4)

$$\dot{\psi} = \frac{M_3}{I_3} - \cos\theta \frac{M_Z - M_3 \cos\theta}{I_1' \sin^2\theta}.$$ (5)

利用等式 (4) 和 (5) 从能量方程 (3) 中消去 $\dot{\psi}$ 和 $\dot{\varphi}$, 得

$$E = \frac{I_1'}{2}\dot{\theta}^2 + \frac{I_1'}{2}\sin^2\theta \left(\frac{M_Z - M_3\cos\theta}{I_1'\sin^2\theta}\right)^2 + \frac{I_3}{2}\left(\frac{M_3}{I_3}\right)^2 + \mu gl\cos\theta$$

$$= \frac{I_1'}{2}\dot{\theta}^2 + \frac{(M_Z - M_3\cos\theta)^2}{2I_1'\sin^2\theta} + \frac{M_3^2}{2I_3} + \mu gl\cos\theta.$$

将上式改写为

$$E - \frac{M_3^2}{2I_3} - \mu gl = \frac{I_1'}{2}\dot{\theta}^2 + \frac{(M_Z - M_3\cos\theta)^2}{2I_1'\sin^2\theta} - \mu gl(1 - \cos\theta).$$

定义

$$E' = E - \frac{M_3^2}{2I_3} - \mu gl, \quad U_{\text{eff}}(\theta) = \frac{(M_Z - M_3\cos\theta)^2}{2I_1'\sin^2\theta} - \mu gl(1 - \cos\theta),$$ (6)

这里 E' 也是常数, 于是

$$E' = \frac{I_1'}{2}\dot{\theta}^2 + U_{\text{eff}}(\theta).$$ (6')

将上式改写为

$$\dot{\theta} = \sqrt{\frac{2[E' - U_{\text{eff}}(\theta)]}{I_1'}}.$$

由此

$$t = \int \mathrm{d}t = \int \frac{\mathrm{d}t}{\mathrm{d}\theta}\mathrm{d}\theta = \int \frac{\mathrm{d}\theta}{\dot{\theta}} = \int \frac{\mathrm{d}\theta}{\sqrt{2[E' - U_{\text{eff}}(\theta)]/I_1'}}.$$ (7)

令

$$u = \cos\theta, \quad a = \frac{M_3}{I_1'}, \quad b = \frac{M_Z}{I_1'}, \quad \alpha = \frac{2E - \dfrac{M_3^2}{I_3}}{I_1'}, \quad \beta = \frac{2\mu gl}{I_1'},$$

则有

$$\frac{2}{I_1'}(E' - U_{\text{eff}}) = \frac{1}{1-u^2}[(1-u^2)(\alpha - \beta u) - (b - au)^2],$$

相应地, 方程 (7) 可以改写为

$$t = \int \frac{\mathrm{d}u}{\sqrt{(1-u^2)(\alpha - \beta u) - (b - au)^2}}.$$ (8)

上式中根号内的部分是关于 u 的三次多项式. 设 $(1-u^2)(\alpha-\beta u)-(b-au)^2=0$ 有三个根, 分别为 u_1, u_2, u_3, 且设 $u_1 < u_2 < u_3$, 则有 $(1-u^2)(\alpha-\beta u)-(b-au)^2=\beta(u-u_1)(u-u_2)(u-u_3)$. 再作代换

$$u = u_1 + (u_2-u_1)\xi^2, \quad \kappa^2 = \frac{u_2-u_1}{u_3-u_1},$$

则方程 (8) 变为

$$t = \frac{2}{\sqrt{\beta(u_3-u_1)}} \int \frac{\mathrm{d}\xi}{\sqrt{(1-\xi^2)(1-\kappa^2\xi^2)}}. \tag{9}$$

上式中的积分是椭圆积分. 原则上由上式可以求出 θ 与时间 t 的关系, 即 $\theta = \theta(t)$, 再利用方程 (4) 和 (5) 将 ψ 和 φ 写成 θ 的函数形式, 由此也就可以求出 ψ 和 φ 与时间的关系, 即运动情况可以完全求出. 然而实际上是无法求出这些量的解析表示式的, 需要借助数值计算的方法.

通常可以利用有效势能的性质定性地确定对称重陀螺运动的几何图像. 在运动过程中, 角 θ 允许的变化范围由条件 $E' \geqslant U_{\text{eff}}(\theta)$ 确定. 当 $\theta \to 0, \pi$ 时, $\cos\theta \to \pm 1, \sin\theta \to 0$, 则有

$$U_{\text{eff}}(\theta) \to \lim_{\theta \to 0, \pi} \frac{(M_Z \mp M_3)^2}{2I'_1 \sin^2\theta} - \mu g l(1 \mp 1).$$

如果 $M_Z \neq M_3$, 则 $U_{\text{eff}}(\theta) \to +\infty$. 有效势能 U_{eff} 的曲线有如图 6.5 所示的形式. 当 θ 在 $[0,\pi]$ 之间变化时, 有效势能有一个极小值 $(U_{\text{eff}})_{\min}$. 如果 $E' = (U_{\text{eff}})_{\min}$ (如图 6.5 中的 E'_2), 则 $\theta = \theta_0$, 式 (4) 表明 $\dot\varphi$ 将是常数, 故陀螺仅有与竖直方向夹角为 θ_0 的规则进动. 当 $E' > (U_{\text{eff}})_{\min}$ 时, 方程 $E' = U_{\text{eff}}(\theta)$ 在区间 $[0,\pi]$ 中有两个根 (如图 6.5 中的 E'_1), 它们确定陀螺轴偏离竖直方向的两个极限值 θ_1 和 θ_2, 陀螺将既有在 $[\theta_1, \theta_2]$ 区间中的章动, 又有围绕竖直轴的进动, 具体的图像由图 o49 给出.

说明: 对称重陀螺的定点运动有三个自由度, 但是也有三个运动积分, 即 M_Z, M_3 和 E, 它们是相互独立的. 系统的自由度数等于运动积分的个数, 这样的系统是所谓的可积系统[①].

习题 2 试求陀螺轴绕竖直方向转动稳定的条件.

解: 当 $\theta = 0$ 时, Z 轴和 x_3 轴重合, 因此 $M_3 = M_Z, E' = 0$. 为确定稳定性, 考虑在 $\theta = 0$ 附近有效势能的行为. 此时可以认为习题 1 表示式 (6) 中

---

① 详情参见上一章第 §28 节脚注中所引 Babelon 等的著作.

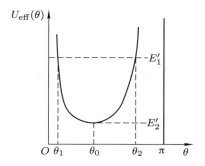

图 6.5 对称重陀螺的有效势能曲线

的 θ 为小量, 关于 θ 作 Taylor 展开并仅保留到它的二阶小量, 有

$$
\begin{aligned}
U_{\text{eff}}(\theta) &= \frac{(M_Z - M_3\cos\theta)^2}{2I_1'\sin^2\theta} - \mu gl(1-\cos\theta) \\
&\approx \frac{M_3^2(1-\cos\theta)^2}{2I_1'\sin^2\theta} - \mu gl(1-\cos\theta) = \frac{M_3^2}{2I_1'}\tan^2\frac{\theta}{2} - \mu gl(1-\cos\theta) \\
&\approx \frac{M_3^2}{2I_1'}\left(\frac{\theta}{2}\right)^2 - \frac{1}{2}\mu gl\theta^2 = \left(\frac{M_3^2}{8I_1'} - \frac{1}{2}\mu gl\right)\theta^2.
\end{aligned}
$$

如果 $\theta = 0$ 是 $U_{\text{eff}}(\theta)$ 的极小值所在位置, 则陀螺转动稳定. 由上述 $U_{\text{eff}}(\theta)$ 的表示式可得

$$
U_{\text{eff}}'(\theta) = \left(\frac{M_3^2}{4I_1'} - \mu gl\right)\theta, \quad U_{\text{eff}}''(\theta) = \frac{M_3^2}{4I_1'} - \mu gl.
$$

当 $U_{\text{eff}}''(\theta) > 0$ 时, $U_{\text{eff}}(\theta)$ 有极小值, 于是可得稳定条件为 $M_3^2 > 4I_1'\mu gl$, 即

$$
\Omega_3^2 > \frac{4I_1'\mu gl}{I_3^2}.
$$

该条件对陀螺的几何特征附加了限制, 比如质量 μ 和 l 不能太大, 或者陀螺沿对称轴方向不能细长 (即 I_3 不应该很小), 否则上述条件难以满足.

习题 3 试求自转动能远大于重力势能情况下陀螺的运动 (称为快陀螺).

解: 在忽略重力场的一阶近似下, 陀螺相对于固定点无外力矩, 因此它的角动量 $\boldsymbol{M}$ 是守恒量 (当然如果考虑重力场, 角动量 $\boldsymbol{M}$ 不是守恒量, 对陀螺运动的相应影响在二级近似中就会体现出来). 此时由前面第 §33 节或本节中的讨论可知, 陀螺对称轴绕着角动量 $\boldsymbol{M}$ 的方向自由进动. 根据式 (o33.5), 进动角速度为

$$
\boldsymbol{\Omega}_{\text{nut}} = \frac{\boldsymbol{M}}{I_1'}, \tag{1}
$$

这里的 I_1' 与习题 1 有相同的含义. 需要注意的是, 作一阶近似时我们并没有认为 M 是沿着竖直方向的. 实际上, 即使初始时 M 沿着竖直方向, 在重力作用下它的方向也会改变. 因此, 不失一般性, M 的方向与竖直方向有一定的夹角. 这样, 陀螺轴绕 M 进动的过程中轴的方向有上下方向的运动, 这就是章动.

在下一阶近似中, 考虑到重力对固定点有重力矩, 该力矩会使得 M 有绕竖直方向的慢速进动 (图 o50). 为了求进动角速度, 我们对精确的运动方程 (o34.3), 即

$$\frac{\mathrm{d}M}{\mathrm{d}t} = K,$$

按章动周期 (即式 (1) 对应的周期) 取平均. 作用在陀螺上的重力矩等于 $K = \mu l n_3 \times g$, 其中 n_3 是沿陀螺对称轴方向的单位矢量. 很明显, 由于对称性, K 按 "章动锥"(即 n_3 围绕 M 描出的圆锥) 的平均等效为将矢量 n_3 用其在 M 方向的投影 $\cos\alpha M/M$ (α 是 M 与陀螺轴之间的夹角) 代替. 于是得方程

$$\frac{\overline{\mathrm{d}M}}{\mathrm{d}t} = -\cos\alpha \frac{\mu l}{M} g \times M.$$

这表明, 矢量 M 以比 Ω_{nut} 小得多的平均角速度

$$\bar{\Omega}_{\mathrm{pt}} = -\frac{\mu l \cos\alpha}{M} g \tag{2}$$

绕 g (竖直方向) 进动. 因为对快陀螺其转动动能非常大, 因而 M 的大小也会很大. 但由式 (1) 和式 (2) 可见, 前者正比于 M, 而后者反比于 M, 所以 $\Omega_{\mathrm{nut}} \gg \bar{\Omega}_{\mathrm{pt}}$. 注意, 这里采用的方法在思想上类似于 §33 中的方法, M 绕竖直方向的慢速进动相应于那里的平稳运动, 而章动则对应于微振动, 是快运动. 上述平均是对微振动这样的快运动进行的, 这与题目中的条件有关.

在我们所进行的近似中, 公式 (1) 和 (2) 中的 M 和 $\cos\alpha$ 都是常数. 但严格地说, 它们不是运动积分. 它们与严格的守恒量 E 和 M_3 (即习题 1 中的式 (3) 和式 (1) 表示的运动积分) 之间的关系分别按如下方式求出. 对角动量 M, 将其投影到陀螺的对称轴上, 有

$$M_3 = M\cos\alpha.$$

对于能量 E, 在重力势能远小于转动动能时, 有 $E \approx T$, 这里的 T 为转动动能. 根据式 (o32.8) 以及式 (o33.2), 有

$$E \approx T = \frac{1}{2I_1'} M_1^2 + \frac{1}{2I_2'} M_2^2 + \frac{1}{2I_3} M_3^2$$

$$= \frac{1}{2I_1'}(M_1^2 + M_2^2) + \frac{1}{2I_3} M_3^2 = \frac{M^2}{2}\left(\frac{\cos^2\alpha}{I_3} + \frac{\sin^2\alpha}{I_1'}\right),$$

其中利用了 M 与 M_1, M_2, M_3 的关系. M 在垂直于陀螺的对称轴方向的投影的大小即为 $\sqrt{M_1^2 + M_2^2}$.

也可以从有效势能的角度进行讨论. 当重力势能远小于转动动能时, 由习题 1 的式 (6) 可知, 此时有效势能可以表示为

$$U_{\text{eff}}(\theta) \approx \frac{(M_Z - M_3 \cos\theta)^2}{2I_1' \sin^2\theta}.$$

这个非负函数在满足 $M_Z - M_3 \cos\theta_0 = 0$ 的位置 θ_0 有极小值 0. 该 θ_0 对应于陀螺的稳定平衡位置. 如果角 θ 对 θ_0 有小的偏离, 则 θ 将在 θ_0 附近作微振动 (即章动). 将有效势能在 θ_0 附近作 Taylor 展开并仅保留到 $\theta - \theta_0 = \xi$ 的二阶小量, 因为

$$M_Z - M_3 \cos\theta = M_Z - M_3 \cos(\theta_0 + \xi) \approx M_Z - M_3 (\cos\theta_0 - \xi\sin\theta_0) = M_3 \xi \sin\theta_0,$$

则分母中 $\sin^2\theta$ 只要保留到零阶项即可. 用 $\sin^2\theta_0$ 代替 $\sin^2\theta$, 于是有

$$U_{\text{eff}}(\theta) \approx \frac{(M_Z - M_3\cos\theta)^2}{2I_1'\sin^2\theta} \approx \frac{(M_3\xi\sin\theta_0)^2}{2I_1'\sin^2\theta_0} = \frac{M_3^2}{2I_1'}\xi^2.$$

上式代入习题 1 的式 (6′), 有

$$E' = \frac{I_1'}{2}\dot\xi^2 + \frac{M_3^2}{2I_1'}\xi^2.$$

对上式求时间的微分可得

$$I_1'\ddot\xi + \frac{M_3^2}{I_1'}\xi = 0.$$

这是振动频率为 $\omega = M_3/I_1'$ 的小振动, 即章动的频率. 这与前面的式 (1) 有一点小的差别. 但是在快陀螺情形下, M_3 是远大于 M_1, M_2 的, 因此作近似 $M \approx M_3$ 引起的误差不大.

习题 4 [补充] 将人造地球卫星视为刚体, 在其质心作轨道运动 (这是在固定轨道平面内的运动) 时, 它还有相对于质心的运动, 这种相对运动就是卫星的姿态运动. 试建立描述这种姿态运动的动力学方程.

解: 为讨论方便起见, 将地球视为均匀球体. 人造卫星在地球引力的作用下其质心沿椭圆轨道运动. 设 R 为卫星质心与地球中心的距离, 质心的轨道方程为 (参见方程 (o15.5))

$$R = \frac{p}{1 + e\cos\phi}, \tag{1}$$

这里 ϕ 为从轨道近地点与地心连线作为起始位置计量的角度坐标, 正焦弦 p 和偏心率 e 的表示式由 (o15.4) 给出. 轨道运动的角速度 $\dot{\phi}$ 由 (o14.2) 即角动量守恒以及轨道方程 (1) 可得

$$\dot{\phi} = \frac{M}{mR^2} = \frac{M}{mp^2}(1 + e\cos\phi)^2 = \sqrt{\frac{\alpha}{mp^3}}(1 + e\cos\phi)^2, \tag{2}$$

其中 m 为卫星的质量, M 为卫星作轨道运动时相对于地心的角动量.

卫星的姿态运动可以等效地通过它的三根惯量主轴相对于空间中固定方向的变化来描述. 设卫星动坐标系为 $O - xyz$, 取其为惯量主轴坐标系, 这里 O 是卫星的质心. 又设轨道坐标系为 $O - X'Y'Z'$, 其 OX' 方向取为沿地球中心 O_e 指向卫星质心 O 的矢径方向, OZ' 方向沿轨道平面的法线方向 (参见图 6.6).

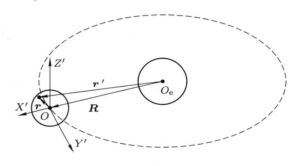

图 6.6 卫星的姿态运动

在卫星上取质元 $\mathrm{d}m$, 其相对于卫星质心 O 的位矢为 $\boldsymbol{r}$, 体积为 $\mathrm{d}V$, 此处密度为 $\rho(r)$, 质元的质量为 $\mathrm{d}m = \rho(r)\mathrm{d}V$. 又设卫星质心 O 相对于地球中心的位矢为 $\boldsymbol{R}$, 则质元相对于地球中心的位矢为 $\boldsymbol{r}'$, 且有 (参见图 6.6)

$$\boldsymbol{r}' = \boldsymbol{R} + \boldsymbol{r}.$$

卫星在地球的万有引力场中的引力势能为[①]

$$U = -\frac{\alpha}{m} \iiint \frac{\rho(r)\mathrm{d}V}{|\boldsymbol{r}'|}.$$

因为 $|\boldsymbol{r}| = r \ll |\boldsymbol{R}|$, 则可以作 Taylor 展开, 保留到 r 的二阶项, 有

$$\frac{1}{|\boldsymbol{r}'|} = \frac{1}{|\boldsymbol{R} + \boldsymbol{r}|} = \frac{1}{R} \frac{1}{\sqrt{1 + \left(\dfrac{r}{R}\right)^2 + 2\dfrac{\boldsymbol{r} \cdot \boldsymbol{R}}{R^2}}}$$

$$\approx \frac{1}{R} - \frac{1}{R^3}(\boldsymbol{r} \cdot \boldsymbol{R}) + \frac{1}{2R^5}\left[3(\boldsymbol{r} \cdot \boldsymbol{R})^2 - r^2 R^2\right].$$

① 这里的 α 与 §15 中的一致, 故有另外的因子 $1/m$.

设 r 在卫星动坐标系 $O-xyz$ 中的分量为 x,y,z, 而 $\boldsymbol{R}$ 相对于同一坐标系的分量为 R_x, R_y, R_z, 即

$$\boldsymbol{r} = x\boldsymbol{n_1} + y\boldsymbol{n_2} + z\boldsymbol{n_3}, \quad \boldsymbol{R} = R_x\boldsymbol{n_1} + R_y\boldsymbol{n_2} + R_z\boldsymbol{n_3},$$

其中 $\boldsymbol{n_1}, \boldsymbol{n_2}, \boldsymbol{n_3}$ 分别为沿卫星动坐标系各轴的单位矢量. 由此, 有

$$\begin{aligned}
3(\boldsymbol{r} \cdot \boldsymbol{R})^2 - r^2 R^2 &= (3R_x^2 - R^2)x^2 + (3R_y^2 - R^2)y^2 + (3R_z^2 - R^2)z^2 + \\
&\quad 6R_xR_yxy + 6R_yR_zyz + 6R_xR_zxz \\
&= (R^2 - 3R_x^2)(y^2 + z^2) + (R^2 - 3R_y^2)(x^2 + z^2) + \\
&\quad (R^2 - 3R_z^2)(x^2 + y^2) + 6(R_xR_yxy + R_yR_zyz + R_xR_zxz).
\end{aligned}$$

注意到

$$\iiint \rho(r)\mathrm{d}V = m, \quad \iiint x\rho(r)\mathrm{d}V = mx_c,$$

$$\iiint y\rho(r)\mathrm{d}V = my_c, \quad \iiint z\rho(r)\mathrm{d}V = mz_c,$$

其中 x_c, y_c, z_c 分别为卫星相对于卫星动坐标系的质心坐标. 因为卫星动坐标系的坐标原点选在卫星的质心处, 则 $x_c = y_c = z_c = 0$. 另外, 因为卫星动坐标系是惯量主轴坐标系, 则有

$$\iiint xy\rho(r)\mathrm{d}V = 0, \quad \iiint yz\rho(r)\mathrm{d}V = 0, \quad \iiint xz\rho(r)\mathrm{d}V = 0,$$

以及

$$I_1 = \iiint (y^2 + z^2)\rho(r)\mathrm{d}V, \quad I_2 = \iiint (x^2 + z^2)\rho(r)\mathrm{d}V, \quad I_3 = \iiint (x^2 + y^2)\rho(r)\mathrm{d}V,$$

I_1, I_2, I_3 分别为卫星相对于惯量主轴的主转动惯量. 于是, 有

$$\begin{aligned}
\iiint \frac{\rho(r)\mathrm{d}V}{|\boldsymbol{r'}|} &\approx \frac{m}{R} + \frac{1}{2R^5} \iiint \left[3(\boldsymbol{r} \cdot \boldsymbol{R})^2 - r^2R^2\right]\rho(r)\,\mathrm{d}V \\
&= \frac{m}{R} + \frac{1}{2R^5}\left[(R^2 - 3R_x^2)I_1 + (R^2 - 3R_y^2)I_2 + (R^2 - 3R_z^2)I_3\right].
\end{aligned}$$

综合上面计算的结果, 有

$$U = -\frac{\alpha}{R} - \frac{\alpha}{2mR^5}\left[(R^2 - 3R_x^2)I_1 + (R^2 - 3R_y^2)I_2 + (R^2 - 3R_z^2)I_3\right], \quad (3)$$

其中的 R_x, R_y, R_z 可以用欧拉角 (φ, θ, ψ) 表示出来. 因为 $\boldsymbol{R}$ 位于轨道平面

内且沿 OX' 方向, 则有[①]

$$R_x = R(\cos\psi\cos\varphi - \cos\theta\sin\varphi\sin\psi),$$
$$R_y = R(-\sin\psi\cos\varphi - \cos\theta\sin\varphi\cos\psi),$$
$$R_z = R\sin\theta\sin\varphi,$$

由此 $U = U(\varphi, \theta, \psi)$.

　　卫星的动能等于其质心的动能与相对于质心的动能之和. 刚体的角速度 $\boldsymbol{\omega}$ 等于卫星在轨道坐标系中的相对角速度 $\boldsymbol{\Omega}$ 与轨道坐标系相对于空间坐标系的角速度 $\boldsymbol{\omega}' = \dot{\phi}\boldsymbol{k}'$ (这里 $\boldsymbol{k}'$ 为沿 OZ' 方向的单位矢量) 之和, 即

$$\boldsymbol{\omega} = \boldsymbol{\Omega} + \boldsymbol{\omega}',$$

它们可以用欧拉角 (φ, θ, ψ) 表示出来. 设角速度在卫星动坐标系中的分量形式为

$$\omega_x = \Omega_x + \omega_x', \quad \omega_y = \Omega_y + \omega_y', \quad \omega_z = \Omega_z + \omega_z',$$

其中 $\boldsymbol{\Omega}$ 的分量表示参见式 (o35.1), 而

$$\omega_x' = \dot{\phi}\sin\theta\sin\psi \quad \omega_y' = \dot{\phi}\sin\theta\cos\psi, \quad \omega_z' = \dot{\phi}\cos\theta.$$

于是卫星的动能为

$$
\begin{aligned}
T &= \frac{1}{2}m(\dot{R}^2 + R^2\dot{\phi}^2) + \frac{1}{2}\left(I_1\omega_x^2 + I_2\omega_y^2 + I_3\omega_z^2\right) \\
&= \frac{1}{2}m(\dot{R}^2 + R^2\dot{\phi}^2) + \frac{1}{2}\left(I_1\Omega_x^2 + I_2\Omega_y^2 + I_3\Omega_z^2\right) + \frac{1}{2}\left(I_1\omega_x'^2 + I_2\omega_y'^2 + I_3\omega_z'^2\right) + \\
&\quad I_1\Omega_x\omega_x' + I_2\Omega_y\omega_y' + I_3\Omega_z\omega_z' \\
&= \frac{1}{2}m(\dot{R}^2 + R^2\dot{\phi}^2) + \frac{1}{2}I_1\left(\dot{\theta}^2 + \dot{\varphi}^2\sin^2\theta\right) + \frac{1}{2}I_3\left(\dot{\psi} + \dot{\varphi}\cos\theta\right)^2 + \\
&\quad \frac{1}{2}(I_2 - I_1)(\dot{\varphi}\sin\theta\cos\psi - \dot{\theta}\sin\psi)^2 + \frac{1}{2}\left(I_1\omega_x'^2 + I_2\omega_y'^2 + I_3\omega_z'^2\right) + \\
&\quad I_1\Omega_x\omega_x' + I_2\Omega_y\omega_y' + I_3\Omega_z\omega_z'. \quad (4)
\end{aligned}
$$

卫星系统的拉格朗日函数为

$$
\begin{aligned}
L = T - U &= \frac{1}{2}m(\dot{R}^2 + R^2\dot{\phi}^2) + \frac{1}{2}I_1\left(\dot{\theta}^2 + \dot{\varphi}^2\sin^2\theta\right) + \frac{1}{2}I_3\left(\dot{\psi} + \dot{\varphi}\cos\theta\right)^2 + \\
&\quad \frac{1}{2}(I_2 - I_1)(\dot{\varphi}\sin\theta\cos\psi - \dot{\theta}\sin\psi)^2 + \frac{1}{2}\left(I_1\omega_x'^2 + I_2\omega_y'^2 + I_3\omega_z'^2\right) + \\
&\quad I_1\Omega_x\omega_x' + I_2\Omega_y\omega_y' + I_3\Omega_z\omega_z' - U(\varphi, \theta, \psi). \quad (5)
\end{aligned}
$$

[①] 可参考前引 H. Goldstein 等的著作第 §4.4 节.

为了简化计算,考虑卫星的一种特殊的姿态运动. 假定卫星没有自转,仅可在其质心所在轨道平面内摆动, 即 OZ' 方向与 Oz 方向重合, 而 Oxy 平面相对于 $OX'Y'$ 平面旋转. 在现在的情况下, 有 $\theta = \dot{\theta} = 0$, $\psi = \dot{\psi} = 0$. 设 Ox 与 OX' 之间的夹角为 φ. 于是, 势能 (3) 可以简化为

$$U = -\frac{\alpha}{R} - \frac{\alpha}{2mR^3}\left[(1 - 3\cos^2\varphi)I_1 + (1 - 3\sin^2\varphi)I_2 + I_3\right]. \tag{6}$$

该势函数相应于引力对卫星施加力矩

$$-\frac{\partial U}{\partial \varphi} = \frac{3\alpha}{2mR^3}(I_1 - I_2)\sin(2\varphi).$$

该力矩是引力梯度造成的 (见 §36 习题中的讨论). 当卫星具有关于 Oz 轴的动力学旋转对称性, 即有 $I_1 = I_2$, 此时该力矩等于零.

对于现在的问题, 动能 (4) 简化为

$$T = \frac{1}{2}m(\dot{R}^2 + R^2\dot{\phi}^2) + \frac{1}{2}I_3(\dot{\varphi}^2 + \dot{\phi}^2 + 2\dot{\phi}\dot{\varphi}). \tag{7}$$

于是, 拉格朗日函数 (5) 变为

$$L = \frac{1}{2}m(\dot{R}^2 + R^2\dot{\phi}^2) + \frac{1}{2}I_3(\dot{\varphi}^2 + \dot{\phi}^2 + 2\dot{\phi}\dot{\varphi}) +$$
$$\frac{\alpha}{R} + \frac{\alpha}{2mR^3}\left[(1 - 3\cos^2\varphi)I_1 + (1 - 3\sin^2\varphi)I_2 + I_3\right]. \tag{8}$$

由该拉格朗日函数可得

$$\frac{\partial L}{\partial \dot{\varphi}} = I_3(\dot{\varphi} + \dot{\phi}),$$

$$\frac{\partial L}{\partial \varphi} = \frac{3\alpha}{2mR^3}(I_1 - I_2)\sin(2\varphi).$$

根据拉格朗日方程, 得动力学微分方程为

$$I_3(\ddot{\varphi} + \ddot{\phi}) + \frac{3\alpha}{2mR^3}(I_2 - I_1)\sin(2\varphi) = 0. \tag{9}$$

但是, $\dot{\varphi}$ 的变化远大于 $\dot{\phi}$ 的变化, 即有 $\ddot{\varphi} \gg \ddot{\phi}$ (如果卫星作圆轨道运动, 则 $\dot{\phi}$ 是常数), 可以将后者忽略, 即有

$$I_3\ddot{\varphi} + \frac{3\alpha}{2mR^3}(I_2 - I_1)\sin(2\varphi) = 0. \tag{10}$$

对于小的偏角 φ 以及小的偏心率 e, 当仅保留到 φ 和 e 的一阶项时, 由式 (1) 可得

$$\frac{1}{R^3} = \frac{1}{p^3}(1 + e\cos\phi)^3 \approx \frac{1}{p^3}(1 + 3e\cos\phi),$$

再将此代入式 (10) 中并作近似, 可得形如 (o27.8) 的方程

$$\ddot{\varphi} + \omega_0^2(1 + h\cos\widetilde{\omega}t)\varphi = 0, \tag{11}$$

其中

$$\omega_0^2 = \frac{3\alpha(I_2 - I_1)}{I_3 mp^3}, \quad h = 3e, \quad \widetilde{\omega} \approx \sqrt{\frac{\alpha}{mp^3}}. \tag{12}$$

根据 §27 的讨论, 方程 (11) 表明, 卫星的姿态运动是一种参变振动. 如果不满足共振条件 (o27.11), 即 $|\varepsilon| < \dfrac{h\omega_0}{2} = \dfrac{3e}{2}\sqrt{\dfrac{3\alpha(I_2 - I_1)}{I_3 mp^3}}$ 时, 则卫星的平衡位形是稳定的, 即卫星沿轨道运动时, 其面向地球的部分总是可以保持如此. 另外, 为保证 $\omega_0^2 > 0$, 要求 $I_2 > I_1$.

§36 欧拉方程

§36.1 内容提要

任何一个矢量 $\boldsymbol{A}$, 它有两种变化率, 即相对于固定坐标系的变化率 (记为 $\mathrm{d}\boldsymbol{A}/\mathrm{d}t$) 和相对于动坐标系的变化率 (记为 $\mathrm{d}'\boldsymbol{A}/\mathrm{d}t$), 两者之间的关系为

$$\frac{\mathrm{d}\boldsymbol{A}}{\mathrm{d}t} = \frac{\mathrm{d}'\boldsymbol{A}}{\mathrm{d}t} + \boldsymbol{\Omega} \times \boldsymbol{A}, \tag{o36.1}$$

其中 $\boldsymbol{\Omega}$ 为动坐标系相对于固定坐标系转动的角速度.

欧拉方程是角动量定理 (o34.3) 对惯量主轴坐标系 $O - x_1 x_2 x_3$ 的分量形式,

$$\begin{aligned}
I_1 \frac{\mathrm{d}\Omega_1}{\mathrm{d}t} + (I_3 - I_2)\Omega_2\Omega_3 &= K_1, \\
I_2 \frac{\mathrm{d}\Omega_2}{\mathrm{d}t} + (I_1 - I_3)\Omega_3\Omega_1 &= K_2, \\
I_3 \frac{\mathrm{d}\Omega_3}{\mathrm{d}t} + (I_2 - I_1)\Omega_1\Omega_2 &= K_3.
\end{aligned} \tag{o36.4}$$

这是求解刚体动力学问题的基本方程, 通常也称为欧拉动力学方程. 需要将欧拉运动学方程与动力学方程联立来求解刚体的运动情况. 但是, 这是关于欧拉角的非线性方程组, 一般情况下是无法得到解析解的.

§36.2 内容补充

• 对称陀螺自由转动求解的两点补充说明

(i) 求解自由转动情况下的欧拉方程 (o36.5) 中的前两个方程等同于求解方程

$$\frac{\mathrm{d}}{\mathrm{d}t}(\Omega_1 + \mathrm{i}\Omega_2) = \mathrm{i}\omega(\Omega_1 + \mathrm{i}\Omega_2),$$

其解具有形式

$$\Omega_1 + \mathrm{i}\Omega_2 = A\mathrm{e}^{\mathrm{i}\omega t}.$$

如果令常数 $A = a\mathrm{e}^{\mathrm{i}\beta}$, 其中 a 和 β 均为实数, 则有

$$\Omega_1 + i\Omega_2 = a\mathrm{e}^{\mathrm{i}(\omega t + \beta)}.$$

如果取时间起始点为 $t_0 = -\beta/\omega$, 则 β 将不出现在解的表示式中, 这等同于将 A 取为实数.

(ii) 由第 §35 节的脚注可知, Z 轴相对于动坐标系 $O - x_1 x_2 x_3$ 的方位角为 $\dfrac{\pi}{2} - \psi$, 因此相应的角速度为

$$\frac{\mathrm{d}}{\mathrm{d}t}\left(\frac{\pi}{2} - \psi\right) = -\dot{\psi}.$$

在自由转动情况下, $\boldsymbol{M}$ 是守恒量, 同时将其取为沿 Z 方向, 于是它相对于动坐标系 $O - x_1 x_2 x_3$ 的进动角速度就是上述方位角变化相应的角速度, 即 $-\dot{\psi}$.

§36.3 补充习题

习题 求 §35 习题 4 人造卫星所受地球引力对卫星质心的力矩, 再由欧拉方程求卫星的姿态运动满足的方程.

解: 地球对卫星质元的引力为

$$\mathrm{d}\boldsymbol{F} = -\frac{\alpha\,\mathrm{d}m}{m|\boldsymbol{r}'|^2}\frac{\boldsymbol{r}'}{|\boldsymbol{r}'|},$$

该力相对于卫星质心的力矩为

$$\mathrm{d}\boldsymbol{K} = \boldsymbol{r} \times \mathrm{d}\boldsymbol{F} = -\alpha\frac{\mathrm{d}m}{m}\frac{\boldsymbol{r} \times \boldsymbol{r}'}{|\boldsymbol{r}'|^3} = -\alpha\frac{\rho(r)\mathrm{d}V}{m}\frac{\boldsymbol{r} \times \boldsymbol{R}}{|\boldsymbol{r}'|^3}.$$

作下列近似, 仅保留到 $\boldsymbol{r}$ 的一次方项 (相应于在 $\boldsymbol{K}$ 中保留到 $\boldsymbol{r}$ 的二次方项),

$$\frac{1}{|\boldsymbol{r}'|^3} = \frac{1}{R^3}\frac{1}{\sqrt{\left(1 + \dfrac{r^2}{R^2} + 2\dfrac{\boldsymbol{r} \cdot \boldsymbol{R}}{R^2}\right)^3}} \approx \frac{1}{R^3}\left[1 - \frac{3\boldsymbol{r} \cdot \boldsymbol{R}}{R^2}\right].$$

于是, 有

$$\begin{aligned}
\boldsymbol{K} &= -\frac{\alpha}{m}\iiint \mathrm{d}m\frac{\boldsymbol{r} \times \boldsymbol{R}}{|\boldsymbol{r}'|^3} \\
&= -\frac{\alpha}{m}\iiint \rho(r)\mathrm{d}V\frac{\boldsymbol{r} \times \boldsymbol{R}}{R^3} + \frac{3\alpha}{mR^5}\iiint \rho(r)\mathrm{d}V(\boldsymbol{r} \times \boldsymbol{R})(\boldsymbol{r} \cdot \boldsymbol{R}) \\
&= \frac{3\alpha}{mR^5}\iiint \rho(r)\mathrm{d}V(\boldsymbol{r} \times \boldsymbol{R})(\boldsymbol{r} \cdot \boldsymbol{R}),
\end{aligned} \tag{1}$$

其中第二个等号后的第一项等于零是因为动坐标系的原点位于卫星的质心所在处. 又因为

$$
\begin{aligned}
(\boldsymbol{r} \times \boldsymbol{R})(\boldsymbol{r} \cdot \boldsymbol{R}) = {} & [(yR_z - zR_y)\boldsymbol{n}_1 + (zR_x - xR_z)\boldsymbol{n}_2 + \\
& (xR_y - yR_x)\boldsymbol{n}_3](xR_x + yR_y + zR_z) \\
= {} & [(y^2 - z^2)R_yR_z + yz(R_z^2 - R_y^2) + xyR_xR_z - xzR_xR_y]\boldsymbol{n}_1 + \\
& [(z^2 - x^2)R_xR_z + xz(R_x^2 - R_z^2) + yzR_xR_y - xyR_yR_z]\boldsymbol{n}_2 + \\
& [(x^2 - y^2)R_xR_y + xy(R_y^2 - R_x^2) + xzR_yR_z - yzR_xR_z]\boldsymbol{n}_3,
\end{aligned}
$$

而动坐标系是惯量主轴坐标系, 则上式中 xy, yz, xz 各项对 $\mathrm{d}m = \rho \mathrm{d}V$ 的积分为零, 故有

$$
\boldsymbol{K} = \frac{3\alpha}{mR^5} \iiint \rho(r)\mathrm{d}V[(y^2 - z^2)R_yR_z\boldsymbol{n}_1 + (z^2 - x^2)R_xR_z\boldsymbol{n}_2 + (x^2 - y^2)R_xR_y\boldsymbol{n}_3].
$$

但是

$$
\begin{aligned}
I_2 - I_1 &= \iiint \rho(r)\mathrm{d}V(x^2 - y^2), \\
I_1 - I_3 &= \iiint \rho(r)\mathrm{d}V(z^2 - x^2), \\
I_3 - I_2 &= \iiint \rho(r)\mathrm{d}V(y^2 - z^2),
\end{aligned}
$$

则有

$$
\boldsymbol{K} = \frac{3\alpha}{mR^5}\left[(I_3 - I_2)R_yR_z\boldsymbol{n}_1 + (I_1 - I_3)R_xR_z\boldsymbol{n}_2 + (I_2 - I_1)R_xR_y\boldsymbol{n}_3\right]. \qquad (2)
$$

此即地球引力所产生的对卫星质心的力矩在动坐标系中的分量形式.

对于 §35 习题 4 中考虑的卫星的特殊姿态运动, 有

$$
R_x = R\cos\varphi, \quad R_y = -R\sin\varphi, \quad R_z = 0,
$$

相应地, 有

$$
\boldsymbol{K} = -\frac{3\alpha}{2mR^3}(I_2 - I_1)\sin(2\varphi)\boldsymbol{n}_3.
$$

这与 §35 习题 4 中的 $-\dfrac{\partial U}{\partial \varphi}$ 给出的结果相同. 又因为 $\omega_x = \omega_y = 0$, $\omega_z = \dot{\varphi} + \dot{\phi}$, 则将这些表示式代入欧拉方程 (o36.4) 的第三式, 有

$$
I_3(\ddot{\varphi} + \ddot{\phi}) + \frac{3\alpha}{2mR^3}(I_2 - I_1)\sin(2\varphi) = 0.
$$

这也与 §35 习题 4 中的结果 (9) 相同.

§37 非对称陀螺

§37.1 内容提要

对非对称陀螺的自由转动,通过能量守恒定律和角动量守恒定律并结合几何图像可以确定其运动的一些特性: M 相对陀螺的运动是周期运动,周期由式 (o37.12) 给出. 陀螺绕主转动惯量最大和最小的主轴的转动是稳定的, 而绕主转动惯量取中间值的主轴的转动是不稳定的.

假定 $I_3 > I_2 > I_1$, 且有 $2EI_1 < M^2 < 2EI_3$ (式 (o37.5)) 以及 $M^2 > 2EI_2$ 条件成立, 则解析求解欧拉方程, 可得刚体转动角速度的表示式为

$$
\begin{aligned}
\Omega_1 &= \sqrt{\frac{2EI_3 - M^2}{I_1(I_3 - I_1)}}\,\mathrm{cn}\,\tau, \\
\Omega_2 &= \sqrt{\frac{2EI_3 - M^2}{I_2(I_3 - I_2)}}\,\mathrm{sn}\,\tau, \\
\Omega_3 &= \sqrt{\frac{M^2 - 2EI_1}{I_3(I_3 - I_1)}}\,\mathrm{dn}\,\tau,
\end{aligned}
\tag{o37.10}
$$

其中 sn, cn, dn 为 Jacobi 椭圆函数.

进一步结合欧拉运动学方程可以求出非对称陀螺相对于固定坐标系的运动情况, 即 $\varphi = \varphi(t)$, $\psi = \psi(t)$, $\theta = \theta(t)$, 它们分别由方程 (o37.15) 和 (o37.17) 给出. 结果表明相对于固定坐标系, 陀螺的运动不是周期性的.

§37.2 内容补充

1. 公式 (o37.17), (o37.18) 和 (o37.20)[①]

将式 (o37.10) 代入式 (o37.16) 并利用关系 $\mathrm{cn}^2\tau = 1 - \mathrm{sn}^2\tau$, 有

$$
\begin{aligned}
\frac{\mathrm{d}\varphi}{\mathrm{d}t} &= M\frac{(I_3 - I_2)\mathrm{cn}^2\tau + (I_3 - I_1)\mathrm{sn}^2\tau}{I_1(I_3 - I_2)\mathrm{cn}^2\tau + I_2(I_3 - I_1)\mathrm{sn}^2\tau} = M\frac{(I_3 - I_2) + (I_2 - I_1)\mathrm{sn}^2\tau}{I_1(I_3 - I_2) + I_3(I_2 - I_1)\mathrm{sn}^2\tau} \\
&= \frac{M}{I_1} + M\left(\frac{1}{I_2} - \frac{1}{I_1}\right)\frac{\dfrac{I_2(I_3 - I_1)}{I_1(I_3 - I_2)}\mathrm{sn}^2\tau}{1 + \dfrac{I_3(I_2 - I_1)}{I_1(I_3 - I_2)}\mathrm{sn}^2\tau}.
\end{aligned}
$$

[①] E. T. Whittaker, A treatise on the analytical dynamics of particles and rigid bodies, 2nd ed., Cambridge University Press, 1917, pp144-152.

由式 (o37.15) 的第二式可知上式中第二项的最后一个因子就是 $\cos^2\psi$, 即

$$\cos^2\psi = \frac{\dfrac{I_2(I_3 - I_1)}{I_1(I_3 - I_2)}\mathrm{sn}^2\tau}{1 + \dfrac{I_3(I_2 - I_1)}{I_1(I_3 - I_2)}\mathrm{sn}^2\tau}. \tag{37.1}$$

由此,

$$\frac{\mathrm{d}\varphi}{\mathrm{d}t} = \frac{M}{I_1} + M\left(\frac{1}{I_2} - \frac{1}{I_1}\right)\cos^2\psi. \tag{37.2}$$

利用定义 (o37.9), 即

$$k^2 = \frac{(I_2 - I_1)(2EI_3 - M^2)}{(I_3 - I_2)(M^2 - 2EI_1)}, \tag{o37.9}$$

以及式 (o37.19), 即

$$\mathrm{sn}\,(2\alpha\mathrm{i}K) = \mathrm{i}\sqrt{\frac{I_3(M^2 - 2EI_1)}{I_1(2EI_3 - M^2)}}, \tag{o37.19}$$

则有

$$k^2\mathrm{sn}^2(2\alpha\mathrm{i}K) = -\frac{I_3(I_2 - I_1)}{I_1(I_3 - I_2)}. \tag{37.3}$$

再由关系 $\mathrm{dn}^2u = 1 - k^2\mathrm{sn}^2u$ 可得

$$\mathrm{dn}^2(2\alpha\mathrm{i}K) = \frac{I_2(I_3 - I_1)}{I_1(I_3 - I_2)}. \tag{37.4}$$

由关系 (37.3) 和 (37.4), 式 (37.1) 可以改写为

$$\cos^2\psi = \frac{\mathrm{dn}^2(\mathrm{i}2\alpha K)\mathrm{sn}^2\tau}{1 - k^2\mathrm{sn}^2(\mathrm{i}2\alpha K)\mathrm{sn}^2\tau}. \tag{37.5}$$

上式当 τ 等于零时而为零, 因为 $\mathrm{sn}\,0 = 0$. 此外, 当分母为零时有极点, 即

$$\mathrm{sn}\,\tau = \pm\frac{1}{k\,\mathrm{sn}\,(\mathrm{i}2\alpha K)} = \pm\mathrm{sn}\,(\mathrm{i}2\alpha K \pm \mathrm{i}K'),$$

其中 K' 是将式 (o37.11) 中的 k 换为余模数 $k' = \sqrt{1 - k^2}$ 而得到的椭圆积分. 于是, 在复平面上由 $0, 2K, 2\mathrm{i}K'$ 和 $2K + 2\mathrm{i}K'$ 四点构成的所谓基本周期平行四边形中, $\cos^2\psi$ 有极点为

$$\tau_p = \mathrm{i}2\alpha K + \mathrm{i}K', \quad \tau_p = -\mathrm{i}2\alpha K + \mathrm{i}K'.$$

将第一个极点附近的点记为

$$\tau = \mathrm{i}2\alpha K + \mathrm{i}K' + \varepsilon,$$

其中 ε 是小量, 将其代入 $\cos\psi$ 的表示式 (37.5) 中并仅保留到 ε 的最低幂次项, 有

$$\cos^2\psi = \frac{\mathrm{dn}^2(\mathrm{i}2\alpha K)\mathrm{sn}^2(\mathrm{i}2\alpha K + \mathrm{i}K' + \varepsilon)}{1 - k^2\mathrm{sn}^2(\mathrm{i}2\alpha K)\mathrm{sn}^2(\mathrm{i}2\alpha K + \mathrm{i}K' + \varepsilon)}$$

$$= \frac{\dfrac{\mathrm{dn}^2(\mathrm{i}2\alpha K)}{k^2\mathrm{sn}^2(\mathrm{i}2\alpha K + \varepsilon)}}{1 - \dfrac{\mathrm{sn}^2(\mathrm{i}2\alpha K)}{\mathrm{sn}^2(\mathrm{i}2\alpha K + \varepsilon)}} \approx \frac{\mathrm{dn}(\mathrm{i}2\alpha K)}{2\varepsilon k^2\mathrm{sn}(\mathrm{i}2\alpha K)\mathrm{cn}(\mathrm{i}2\alpha K)},$$

于是 $\cos^2\psi$ 作为 τ 的函数在该极点的留数 (residue) 为

$$\frac{\mathrm{dn}(\mathrm{i}2\alpha K)}{2k^2\mathrm{sn}(\mathrm{i}2\alpha K)\mathrm{cn}(\mathrm{i}2\alpha K)} = \frac{1}{2\mathrm{i}M(I_2 - I_1)}\sqrt{\frac{1}{I_3}I_1 I_2(I_3 - I_2)(M^2 - 2EI_1)}.$$

相应地, 式 (37.2) 右边第二项的留数为[1]

$$-\frac{1}{2\mathrm{i}}\sqrt{\frac{1}{I_1 I_2 I_3}(I_3 - I_2)(M^2 - 2EI_1)} = -\frac{1}{2\mathrm{i}}\frac{4K}{T} = \frac{2\mathrm{i}K}{T},$$

其中利用了式 (o37.12). 对另一个极点作类似的处理, 相关的留数与上面的结果差一个符号.

椭圆函数是双周期复变函数, 且它在有限复平面中的奇点仅包含极点. 双周期函数完全由其在复平面上基本周期平行四边形内的取值所确定. 此外, 可以证明椭圆函数在相差一个可加常数时完全由其在周期平行四边形内的奇点所确定. 对于椭圆函数 $f(\tau)$, 设其周期分别为 T_e 和 T_e', 即 $f(\tau + T_e) = f(\tau + T_e') = f(\tau)$, 如果其在基本周期平行四边形内有 n 个一阶极点, 它们位于 $\tau_p^{(j)}(j = 1, \cdots, n)$, 且留数分别为 r_j, 则有[2]

$$f(\tau) = a + \sum_{j=1}^{n} r_j \frac{\mathrm{d}}{\mathrm{d}\tau}\ln\vartheta_{11}\left(\frac{1}{T_e}(\tau - \tau_p^{(j)})\right), \tag{37.6}$$

其中 a 为常数, ϑ_{11} 是所谓的 Θ 函数, 它定义为

$$\vartheta_{11}(\nu) = 2q^{1/4}\sin(\pi\nu)\prod_{n=1}^{\infty}\left(1 - q^{2n}\right)\left[1 - 2\cos(2\pi\nu)q^{2n} + q^{4n}\right], \tag{37.7}$$

---

[1] 所得留数与前引 Whittaker 著作中讨论的 $I_3 < I_2 < I_1$ 情况下的结果相差一个符号, 由此下文所有表示式中含 Θ 函数的项前均差一个符号.《力学》中的结果与 Whittaker 著作中一致, 似有错误.

[2] E. T. Whittaker, G. N. Watson, A course of modern analysis, 4th ed., Cambridge University Press, 1927; 北京: 世界图书出版公司, 2008, §21.5. 下文与椭圆函数有关的性质均参考该著作.

其中 $q = \exp(-\pi K'/K)$ 是参数.

因为椭圆函数的有理函数仍是椭圆函数, 故式 (37.2) 右边的第二项是椭圆函数, 由此式 (37.6) 对该项是适用的. 注意到出现在式 (37.2) 中的是 $\mathrm{sn}^2\tau$, 则其第二项的两个周期是 $2K$ 和 $2\mathrm{i}K'$, 即有 $T_e = 2K, T_e' = 2\mathrm{i}K'$. 注意, 函数 $\mathrm{sn}\,\tau$ 的周期分别是 $4K$ 和 $2\mathrm{i}K'$. 前面已经知道式 (37.2) 右边第二项的极点以及相应的留数, 则据式 (37.6), 该项可以写为

$$a+\frac{\mathrm{i}2K}{T}\left\{\frac{\mathrm{d}}{\mathrm{d}\tau}\ln\vartheta_{11}\left(\frac{1}{2K}(\tau-\mathrm{i}2\alpha K-\mathrm{i}K')\right)-\frac{\mathrm{d}}{\mathrm{d}\tau}\ln\vartheta_{11}\left(\frac{1}{2K}(\tau+\mathrm{i}2\alpha K-\mathrm{i}K')\right)\right\}$$

$$=a+\frac{\mathrm{i}2K}{T}\left\{\frac{\mathrm{d}}{\mathrm{d}\tau}\ln\vartheta_{01}\left(\frac{\tau}{2K}-\mathrm{i}\alpha\right)-\frac{\mathrm{d}}{\mathrm{d}\tau}\ln\vartheta_{01}\left(\frac{\tau}{2K}+\mathrm{i}\alpha\right)\right\}$$

$$=a+\frac{\mathrm{i}}{T}\left[\frac{\vartheta_{01}'\left(\dfrac{\tau}{2K}-\mathrm{i}\alpha\right)}{\vartheta_{01}\left(\dfrac{\tau}{2K}-\mathrm{i}\alpha\right)}-\frac{\vartheta_{01}'\left(\dfrac{\tau}{2K}+\mathrm{i}\alpha\right)}{\vartheta_{01}\left(\dfrac{\tau}{2K}+\mathrm{i}\alpha\right)}\right],$$

其中

$$\vartheta_{01}(\nu) = \prod_{n=1}^{\infty}(1-q^{2n})\left[1-2q^{2n-1}\cos(2\pi\nu)+q^{4n-2}\right], \tag{37.8}$$

并且利用了关系

$$\vartheta_{01}(\nu) = -\mathrm{i}q^{1/4}\mathrm{e}^{\mathrm{i}\pi\nu}\vartheta_{11}\left(\nu+\frac{\mathrm{i}K'}{2K}\right). \tag{37.9}$$

再注意到 $\tau/(2K) = 2t/T$, 则式 (37.2) 可以改写为

$$\frac{\mathrm{d}\varphi}{\mathrm{d}t} = \frac{M}{I_1} + a + \frac{\mathrm{i}}{T}\left[\frac{\vartheta_{01}'\left(\dfrac{2t}{T}-\mathrm{i}\alpha\right)}{\vartheta_{01}\left(\dfrac{2t}{T}-\mathrm{i}\alpha\right)}-\frac{\vartheta_{01}'\left(\dfrac{2t}{T}+\mathrm{i}\alpha\right)}{\vartheta_{01}\left(\dfrac{2t}{T}+\mathrm{i}\alpha\right)}\right]. \tag{37.10}$$

现在确定上式中的常数 a. 由式 (o37.10) 和 (o37.16), 在 $t = 0$ 时有

$$\frac{\mathrm{d}\varphi}{\mathrm{d}t}\bigg|_{t=0} = \frac{M}{I_1}. \tag{37.11}$$

而由式 (37.10) 可得

$$\frac{\mathrm{d}\varphi}{\mathrm{d}t}\bigg|_{t=0} = \frac{M}{I_1} + a - \frac{2\mathrm{i}}{T}\frac{\vartheta_{01}'(\mathrm{i}\alpha)}{\vartheta_{01}(\mathrm{i}\alpha)}, \tag{37.12}$$

其中利用了性质 $\vartheta_{01}(-\nu) = \vartheta_{01}(\nu)$, $\vartheta_{01}'(-\nu) = -\vartheta_{01}'(\nu)$. 比较 (37.11) 和 (37.12) 两式, 可得

$$a = \frac{2\mathrm{i}}{T}\frac{\vartheta_{01}'(\mathrm{i}\alpha)}{\vartheta_{01}(\mathrm{i}\alpha)}. \tag{37.13}$$

将 a 代入式 (37.10), 则有

$$\frac{\mathrm{d}\varphi}{\mathrm{d}t} = \frac{M}{I_1} + \frac{2\mathrm{i}}{T}\frac{\vartheta'_{01}(\mathrm{i}\alpha)}{\vartheta_{01}(\mathrm{i}\alpha)} + \frac{\mathrm{i}}{T}\left\{\frac{\vartheta'_{01}\left(\dfrac{2t}{T}-\mathrm{i}\alpha\right)}{\vartheta_{01}\left(\dfrac{2t}{T}-\mathrm{i}\alpha\right)} - \frac{\vartheta'_{01}\left(\dfrac{2t}{T}+\mathrm{i}\alpha\right)}{\vartheta_{01}\left(\dfrac{2t}{T}+\mathrm{i}\alpha\right)}\right\}. \tag{37.14}$$

对上式积分, 有

$$\varphi = \frac{M}{I_1}t + \frac{2\mathrm{i}}{T}\frac{\vartheta'_{01}(\mathrm{i}\alpha)}{\vartheta_{01}(\mathrm{i}\alpha)}t + \frac{\mathrm{i}}{2}\ln\frac{\vartheta_{01}\left(\dfrac{2t}{T}-\mathrm{i}\alpha\right)}{\vartheta_{01}\left(\dfrac{2t}{T}+\mathrm{i}\alpha\right)} = 2\pi\frac{t}{T'} + \frac{\mathrm{i}}{2}\ln\frac{\vartheta_{01}\left(\dfrac{2t}{T}-\mathrm{i}\alpha\right)}{\vartheta_{01}\left(\dfrac{2t}{T}+\mathrm{i}\alpha\right)}, \tag{37.15}$$

其中 T' 为

$$\frac{1}{T'} = \frac{M}{2\pi I_1} + \frac{\mathrm{i}}{\pi T}\frac{\vartheta'_{01}(\mathrm{i}\alpha)}{\vartheta_{01}(\mathrm{i}\alpha)}. \tag{37.16}$$

2. 刚体运动的几何描述与几何特性

关于陀螺的自由转动, 除了本节介绍的解析处理方法外, 还可以通过所谓的 Poinsot[1] 方法给出非常直观的运动图像[2].

另外有一个有趣的问题[3]. 对自由转动的刚体, 其相对于刚体质心的角动量 M 是一个守恒量, 它在固定坐标系中的方向和大小是固定不变的. 但是从动坐标系来看, 刚体的角动量的大小不变而方向是变化的. 这种变化是周期性的, 周期为 T, 它由方程 (o37.12) 给出. 现在的问题是, 在周期 T 时间内, 从固定坐标系来看, 刚体围绕角动量矢量转动的角度 $\triangle\Theta$ 是多大? 这个问题的答案为

$$\triangle\Theta = \frac{2E_k T}{M} - o_0, \tag{37.17}$$

其中 E_k 是刚体的动能[4], o_0 为从动坐标系来看角动量矢量扫出的立体角. 这里重要的一点是, $\triangle\Theta$ 分为两部分, 其中第一部分是与动力学有关的, 而第二部分纯粹是几何性的, 与动力学无关, 因此分别称为动力学位相 (dynamical phase) 和几何位相 (geometric phase), 后者也常称为 Hannay 角. 对于这方面的内容, 在后面第七章 §52 将进行一些补充讨论.

---

① L. Poinsot, 1777—1859, 法国数学家和力学家.

② 例如, 可参考前引 H. Goldstein 等的著作.

③ R. Montgomery. How much does the rigid body rotate? A Berry's phase from the 18th century. Am. J. Phys. **59**(1991)394-398.

④ 这里为与周期 T 相区分, 动能用了与正文中其它地方不相同的符号.

§37.3 习题解答

习题 1 试求陀螺绕惯量主轴 x_3 (或 x_1) 附近轴的自由转动.

解: 这个问题可以视为求对绕惯量主轴 x_3 (或 x_1) 的转动进行扰动引起的相应运动, 由此也可以判断原来运动的稳定性. 求解的方法是微扰法, 求解过程中假设 $I_1 < I_2 < I_3$.

设 x_3 轴靠近 $\boldsymbol{M}$ 的方向, 那么分量 M_1 和 M_2 是小量. 在精确到一阶小量的情况下, 有 $M_3 \approx M$. 在相同的精度下, 欧拉方程 (o36.5) 的前两个方程可改写为

$$\frac{\mathrm{d}M_1}{\mathrm{d}t} = \left(1 - \frac{I_3}{I_2}\right)\Omega_0 M_2, \quad \frac{\mathrm{d}M_2}{\mathrm{d}t} = \left(\frac{I_3}{I_1} - 1\right)\Omega_0 M_1, \tag{a}$$

其中 $\Omega_0 = M/I_3$. 我们来求 M_1, M_2 的正比于 $\mathrm{e}^{\mathrm{i}\omega t}$ 的解, 即考虑围绕惯量主轴 x_3 (或 x_1) 的微振动, 设

$$M_1 = A_1 \mathrm{e}^{\mathrm{i}\omega t}, \quad M_2 = A_2 \mathrm{e}^{\mathrm{i}\omega t}, \tag{b}$$

代入前面的两式可得

$$\begin{aligned} \mathrm{i}\omega A_1 - \left(1 - \frac{I_3}{I_2}\right)\Omega_0 A_2 &= 0, \\ \left(\frac{I_3}{I_1} - 1\right)\Omega_0 A_1 - \mathrm{i}\omega A_2 &= 0. \end{aligned} \tag{c}$$

要求有不全为零的 A_1 和 A_2, 则上述方程 (c) 的系数行列式应该等于零, 即

$$\begin{vmatrix} \mathrm{i}\omega & -\left(1 - \dfrac{I_3}{I_2}\right)\Omega_0 \\ \left(\dfrac{I_3}{I_1} - 1\right)\Omega_0 & -\mathrm{i}\omega \end{vmatrix} = \omega^2 + \left(1 - \frac{I_3}{I_2}\right)\left(\frac{I_3}{I_1} - 1\right)\Omega_0^2 = 0,$$

由此可得频率 ω 为

$$\omega = \Omega_0 \sqrt{\left(\frac{I_3}{I_1} - 1\right)\left(\frac{I_3}{I_2} - 1\right)}. \tag{1}$$

在前述条件下, 它是实的. 将式 (1) 代回式 (c) 可得

$$A_2 = -\frac{\mathrm{i}I_2\omega}{(I_3 - I_2)\,\Omega_0} A_1 = \mathrm{e}^{-\mathrm{i}\frac{\pi}{2}} A_1 \sqrt{\left(\frac{I_3}{I_1} - 1\right) \bigg/ \left(\frac{I_3}{I_2} - 1\right)}.$$

不失一般性, 可设 A_1 是实数. 再令 $A_1 = Ma\sqrt{\dfrac{I_3}{I_2} - 1}$ 并取式 (b) 中的实部作为 M_1 和 M_2 的解, 则有

$$M_1 = Ma\sqrt{\frac{I_3}{I_2} - 1}\cos\omega t, \quad M_2 = Ma\sqrt{\frac{I_3}{I_1} - 1}\sin\omega t, \tag{2}$$

其中 a 是任意的小常数, 这是因为 M_1 和 M_2 均是小量. 上式表明, 在垂直于 x_3 轴的平面上, 矢量 $\boldsymbol{M}$ 的端点以频率 ω 相对于陀螺的运动描出半长轴和半短轴分别为 $Ma\sqrt{I_3/I_1-1}$ 和 $Ma\sqrt{I_3/I_2-1}$ 的小椭圆. 这些结果表明, 围绕 x_3 轴的自由转动是稳定的.

也可以这样求 M_1, M_2. 对式 (a) 中的第一式求时间的导数, 则有

$$\frac{\mathrm{d}^2 M_1}{\mathrm{d}t^2} = \left(1 - \frac{I_3}{I_2}\right)\Omega_0 \frac{\mathrm{d}M_2}{\mathrm{d}t}.$$

再将式 (a) 中的第二式代入上式, 有

$$\frac{\mathrm{d}^2 M_1}{\mathrm{d}t^2} = \left(1 - \frac{I_3}{I_2}\right)\left(\frac{I_3}{I_1} - 1\right)\Omega_0^2 M_1,$$

即

$$\frac{\mathrm{d}^2 M_1}{\mathrm{d}t^2} + \omega^2 M_1 = 0,$$

其中的 ω 由式 (1) 给出, 由此可得 $M_1 = A_1\cos\omega t$. 再将其代回式 (a) 可求出 M_2 的表示式.

为了确定陀螺在空间中的绝对运动, 我们来求其欧拉角的表示式. 在现在的情况下, x_3 轴和 Z 轴 (沿 $\boldsymbol{M}$ 的方向) 之间的夹角 θ 是小量. 根据公式 (o37.14), 有

$$\tan\psi = \frac{I_1\Omega_1}{I_2\Omega_2} = \frac{M_1}{M_2}, \quad \theta^2 \approx 2(1-\cos\theta) = 2\left(1 - \frac{M_3}{M}\right).$$

注意到 $M_3 \approx M$, 则有[1]

$$2\left(1 - \frac{M_3}{M}\right) = \frac{2M(M-M_3)}{M^2} \approx \frac{(M+M_3)(M-M_3)}{M^2}$$
$$= \frac{M^2 - M_3^2}{M^2} = \frac{M_1^2 + M_2^2}{M^2},$$

因而有

$$\theta^2 \approx \frac{M_1^2 + M_2^2}{M^2}. \tag{d}$$

[1] 也可以这样计算

$$2\left(1 - \frac{M_3}{M}\right) = \frac{2}{M}(M - M_3) = \frac{2M_3}{M}\left(\sqrt{1 + \frac{M_1^2 + M_2^2}{M_3^3}} - 1\right)$$
$$\approx \frac{2M_3}{M}\frac{1}{2}\frac{M_1^2 + M_2^2}{M_3^3} \approx \frac{M_1^2 + M_2^2}{M^2},$$

其中注意到 M_1, M_2 远小于 M_3.

利用式 (2), 可得

$$
\tan\psi = \sqrt{\frac{I_1(I_3-I_2)}{I_2(I_3-I_1)}}\cot\omega t,
$$
$$
\theta^2 = a^2\left[\left(\frac{I_3}{I_2}-1\right)\cos^2\omega t + \left(\frac{I_3}{I_1}-1\right)\sin^2\omega t\right]. \tag{3}
$$

为了计算角 φ, 我们注意到, 根据式 (o35.1) 中的第 3 个方程, 当 θ 很小时, 有

$$
\Omega_0 \approx \Omega_3 \approx \dot\psi + \dot\varphi.
$$

对上式积分可得

$$
\varphi = \Omega_0 t - \psi,
$$

这里略去了任意积分常数.

　　如果直接观察陀螺 3 个惯性主轴方向的变化 (设沿着这些轴的单位矢量为 n_1, n_2, n_3), 可以获得陀螺运动性质的更清晰的理解. 根据图 o47 以及第 §35 节脚注中所指出的矢量 n_3 相对于 X, Y, Z 轴的极角和方位角分别等于 θ 和 $\varphi - \pi/2$, 可得矢量 n_1, n_2, n_3 在 XYZ 坐标系的分量形式分别为

$$
n_1 = (\cos\psi\cos\varphi - \sin\psi\sin\varphi\cos\theta, \cos\psi\sin\varphi + \sin\psi\cos\varphi\cos\theta, \sin\psi\sin\theta),
$$
$$
n_2 = (-\sin\psi\cos\varphi - \cos\psi\sin\varphi\cos\theta, -\sin\psi\sin\varphi + \cos\psi\cos\varphi\cos\theta, \cos\psi\sin\theta),
$$
$$
n_3 = \left(\sin\theta\cos\left(\varphi-\frac{\pi}{2}\right), \sin\theta\sin\left(\varphi-\frac{\pi}{2}\right), \cos\theta\right) = (\sin\theta\sin\varphi, -\sin\theta\cos\varphi, \cos\theta). \tag{4}
$$

n_1 在 XY 平面内的分量 $(\cos\psi\cos\varphi - \sin\psi\sin\varphi\cos\theta, \cos\psi\sin\varphi + \sin\psi\cos\varphi\cos\theta)$ 可以视为分量为 $(\cos\psi, \sin\psi\cos\theta)$ 的一个矢量在 XY 平面绕 Z 轴逆时针转动 φ 所得坐标系 $X'Y'$ 中的分量. 但是 $\varphi = \Omega_0 t - \psi$, 故矢量 n_1 在平面 XY 内以频率 Ω_0 匀速转动. 同样, n_2 在 XY 平面内的分量 $(-\sin\psi\cos\varphi - \cos\psi\sin\varphi\cos\theta, -\sin\psi\sin\varphi + \cos\psi\cos\varphi\cos\theta)$ 可以视为分量为 $(-\sin\psi, \cos\psi\cos\theta)$ 的一个矢量在 XY 平面绕 Z 轴逆时针转动 φ 所得坐标系 $X'Y'$ 中的分量, 因此矢量 n_2 在平面 XY 内也以频率 Ω_0 匀速转动. n_1 和 n_2 在 XY 平面内的分量大小分别为

$$
\sqrt{n_{1X}^2 + n_{1Y}^2} = \{(\cos\psi\cos\varphi - \sin\psi\sin\varphi\cos\theta)^2 +
$$
$$
(\cos\psi\sin\varphi + \sin\psi\cos\varphi\cos\theta)^2\}^{1/2}
$$
$$
= \cos\psi(1 + \tan^2\psi\cos^2\theta)^{1/2},
$$

$$\sqrt{n_{2X}^2 + n_{2Y}^2} = \{(-\sin\psi\cos\varphi - \cos\psi\sin\varphi\cos\theta)^2 + $$
$$(-\sin\psi\sin\varphi + \cos\psi\cos\varphi\cos\theta)^2\}^{1/2}$$
$$= \cos\psi(\tan^2\psi + \cos^2\theta)^{1/2}.$$

这些大小与 φ 无关, 也间接表明它们在 XY 平面内是转动的, 旋转角由 φ 确定. 另外, 在 θ 是小量时, $\sqrt{n_{1X}^2 + n_{1Y}^2} \approx 1$, $\sqrt{n_{2X}^2 + n_{2Y}^2} \approx 1$.

n_1 和 n_2 还有横向振动, 这些横向振动由这两个单位矢量的 Z 方向分量确定. 由式 (4) 并利用式 (2) 和式 (d), 对这些分量有

$$n_{1Z} = \sin\psi\sin\theta = \sqrt{\frac{\tan^2\psi}{1 + \tan^2\psi}}\sin\theta \approx \frac{M_1}{\sqrt{M_1^2 + M_2^2}}\theta \approx \frac{M_1}{M} = a\sqrt{\frac{I_3}{I_2} - 1}\cos\omega t,$$
$$n_{2Z} = \cos\psi\sin\theta \approx \frac{1}{\sqrt{1 + \tan^2\psi}}\theta = \frac{M_2}{\sqrt{M_1^2 + M_2^2}}\theta \approx \frac{M_2}{M} = a\sqrt{\frac{I_3}{I_2} - 1}\sin\omega t.$$

对于矢量 n_3, 在保留到 θ 的一阶近似下 (即与前面有相同的精度), 则有

$$n_{3X} = \sin\theta\cos(\varphi - \pi/2) \approx \theta\sin\varphi,$$
$$n_{3Y} = \sin\theta\sin(\varphi - \pi/2) \approx -\theta\cos\varphi,$$
$$n_{3Z} = \cos\theta \approx 1.$$

再利用公式 (o37.13), 有

$$n_{3X} = \theta\sin(\Omega_0 t - \psi) = \theta\sin\Omega_0 t\cos\psi - \theta\cos\Omega_0 t\sin\psi$$
$$= \frac{M_2}{M}\sin\Omega_0 t - \frac{M_1}{M}\cos\Omega_0 t$$
$$= a\sqrt{\frac{I_3}{I_1} - 1}\sin\Omega_0 t\sin\omega t - a\sqrt{\frac{I_3}{I_2} - 1}\cos\Omega_0 t\cos\omega t,$$

即

$$n_{3X} = -\frac{a}{2}\left[\sqrt{\frac{I_3}{I_1} - 1} + \sqrt{\frac{I_3}{I_2} - 1}\right]\cos[(\Omega_0 + \omega)t] +$$
$$\frac{a}{2}\left[\sqrt{\frac{I_3}{I_1} - 1} - \sqrt{\frac{I_3}{I_2} - 1}\right]\cos[(\Omega_0 - \omega)t].$$

类似地,

$$
\begin{aligned}
n_{3Y} &= -\theta\cos(\Omega_0 t - \psi) = -\theta\cos\Omega_0 t\cos\psi - \theta\sin\Omega_0 t\sin\psi \\
&= -\frac{M_2}{M}\cos\Omega_0 t - \frac{M_1}{M}\sin\Omega_0 t \\
&= -a\sqrt{\frac{I_3}{I_1}-1}\cos\Omega_0 t\sin\omega t - a\sqrt{\frac{I_3}{I_2}-1}\sin\Omega_0 t\cos\omega t, \\
&= -\frac{a}{2}\left[\sqrt{\frac{I_3}{I_1}-1}+\sqrt{\frac{I_3}{I_2}-1}\right]\sin\left[(\Omega_0+\omega)t\right] + \\
&\quad \frac{a}{2}\left[\sqrt{\frac{I_3}{I_1}-1}-\sqrt{\frac{I_3}{I_2}-1}\right]\sin\left[(\Omega_0-\omega)t\right].
\end{aligned}
$$

由此可知, 矢量 $\boldsymbol{n}_3$ 的运动是以频率 $(\Omega_0\pm\omega)$ 绕 Z 轴的两个转动的叠加.

对于 x_1 附近轴的自由转动可以完全相同的方式进行讨论, 结果也与上面的类似.

习题 2 (略)

§38　刚体的接触

§38.1　内容提要

刚体的静平衡条件是

$$
\boldsymbol{F} = \sum_a \boldsymbol{f}_a = 0, \quad \boldsymbol{K} = \sum_a \boldsymbol{r}_a \times \boldsymbol{f}_a = 0, \tag{o38.1}
$$

其中求和是对作用在刚体上的所有外力, 而 $\boldsymbol{r}$ 为力的作用点的径矢, 定义力矩的点可以任意选择.

接触的刚体有两种可能的相对运动: 滑动和滚动. 有相对运动时通常需要考虑反作用力[1]和摩擦力. 纯滚动是刚体接触点没有相对运动的一类特殊的滚动.

刚体的接触使系统的自由度比自由运动时有所减少, 此时往往存在一类与速度有关的非完整约束. 线性非完整约束的形式为

$$
\sum_i c_{\alpha i}\dot{q}_i = 0, \tag{o38.2}
$$

其中 $c_{\alpha i}$ 只是坐标的函数, 下标 α 是约束方程的编号. 方程 (o38.2) 可积的情况归结于完整约束.

----
[1] 在文献中也常称为约束反力, 简称约束力.

存在形式为 (o38.2) 约束时系统的动力学方程可以用拉格朗日未定乘子法求出,

$$\frac{\mathrm{d}}{\mathrm{d}t}\frac{\partial L}{\partial \dot{q}_i} - \frac{\partial L}{\partial q_i} = \sum_{\alpha} \lambda_{\alpha} c_{\alpha i}, \tag{o38.5}$$

其中 λ_{α} 为未定乘子. 运动情况的完全确定是要联立求解方程 (o38.2) 和 (o38.5).

如果需明确求反作用力, 采用所谓的达朗贝尔原理, 对每个刚体写出动力学方程

$$\frac{\mathrm{d}\boldsymbol{P}}{\mathrm{d}t} = \sum_{a} \boldsymbol{f}_a, \quad \frac{\mathrm{d}\boldsymbol{M}}{\mathrm{d}t} = \sum_{a} \boldsymbol{r}_a \times \boldsymbol{f}_a, \tag{o38.6}$$

其中 $\boldsymbol{f}$ 中包括了反作用力.

§38.2 内容补充

1. 非完整约束与可积条件

线性非完整约束方程一般可以表示为下列形式

$$\sum_{i} c_{\alpha i}\mathrm{d}q_i + c_{\alpha 0}\mathrm{d}t = 0, \tag{38.1}$$

其中 $c_{\alpha i} = c_{\alpha i}(q,t)$, $c_{\alpha 0} = c_{\alpha 0}(q,t)$. 这里线性是指约束方程对 $\dot{q}_i$ 或 $\mathrm{d}q_i$ 的依赖关系是线性关系.

所谓方程 (38.1) 可积, 是指它们可以分别变为某些函数全微分的形式, 再经过积分得到仅是坐标之间关系的方程. 方程 (38.1) 的可积性可以分两种情况: (i) 式 (38.1) 左边是全微分的充要条件为

$$\frac{\partial c_{\alpha i}}{\partial q_j} = \frac{\partial c_{\alpha j}}{\partial q_i}, \quad \frac{\partial c_{\alpha i}}{\partial t} = \frac{\partial c_{\alpha 0}}{\partial q_i}. \tag{38.2}$$

对于形为

$$A(x,y,z)\mathrm{d}x + B(x,y,z)\mathrm{d}y + C(x,y,z)\mathrm{d}z = 0 \tag{38.3}$$

的特殊情况, 可积条件 (38.2) 变为

$$\frac{\partial A}{\partial y} = \frac{\partial B}{\partial x}, \quad \frac{\partial A}{\partial z} = \frac{\partial C}{\partial x}, \quad \frac{\partial B}{\partial z} = \frac{\partial C}{\partial y}. \tag{38.4}$$

(ii) 式 (38.1) 左边乘一个积分因子后是全微分的充要条件为

$$\Delta_{ij0} = \begin{vmatrix} -c_{\alpha i} & -c_{\alpha j} & -c_{\alpha 0} \\ \dfrac{\partial}{\partial q_i} & \dfrac{\partial}{\partial q_j} & \dfrac{\partial}{\partial t} \\ c_{\alpha i} & c_{\alpha j} & c_{\alpha 0} \end{vmatrix}$$

$$= c_{\alpha i}\left(\frac{\partial c_{\alpha j}}{\partial t} - \frac{\partial c_{\alpha 0}}{\partial q_j}\right) + c_{\alpha j}\left(\frac{\partial c_{\alpha 0}}{\partial q_i} - \frac{\partial c_{\alpha i}}{\partial t}\right) + c_{\alpha 0}\left(\frac{\partial c_{\alpha i}}{\partial q_j} - \frac{\partial c_{\alpha j}}{\partial q_i}\right) = 0, \quad (38.5)$$

$$\Delta_{ijk} = \begin{vmatrix} -c_{\alpha i} & -c_{\alpha j} & -c_{\alpha k} \\ \dfrac{\partial}{\partial q_i} & \dfrac{\partial}{\partial q_j} & \dfrac{\partial}{\partial q_k} \\ c_{\alpha i} & c_{\alpha j} & c_{\alpha k} \end{vmatrix}$$

$$= c_{\alpha i}\left(\frac{\partial c_{\alpha j}}{\partial q_k} - \frac{\partial c_{\alpha k}}{\partial q_j}\right) + c_{\alpha j}\left(\frac{\partial c_{\alpha k}}{\partial q_i} - \frac{\partial c_{\alpha i}}{\partial q_k}\right) + c_{\alpha k}\left(\frac{\partial c_{\alpha i}}{\partial q_j} - \frac{\partial c_{\alpha j}}{\partial q_i}\right) = 0,$$

其中重复指标不求和. 此时式 (38.2) 仅是约束条件 (38.1) 可积的充分条件.

对于形为式 (38.3) 的特殊情况, 可积条件 (38.5) 变为

$$A\left(\frac{\partial B}{\partial z} - \frac{\partial C}{\partial y}\right) + B\left(\frac{\partial C}{\partial x} - \frac{\partial A}{\partial z}\right) + C\left(\frac{\partial A}{\partial y} - \frac{\partial B}{\partial x}\right) = 0. \qquad (38.6)$$

下面仅对式 (38.6) 进行推导证明, 多变量的情况类似. 设存在积分因子 $f(x,y,z)$ 和函数 $g(x,y,z)$, 使得

$$\mathrm{d}g(x,y,z) = f(x,y,z)A(x,y,z)\,\mathrm{d}x + f(x,y,z)B(x,y,z)\,\mathrm{d}y +$$
$$f(x,y,z)C(x,y,z)\,\mathrm{d}z = 0,$$

则有

$$f(x,y,z)A(x,y,z) = \frac{\partial g}{\partial x}, \quad f(x,y,z)B(x,y,z) = \frac{\partial g}{\partial y}, \quad f(x,y,z)C(x,y,z) = \frac{\partial g}{\partial z}.$$

但是只要 g 是二阶连续可微的, 它的二阶偏导数可以交换次序, 即有

$$\frac{\partial^2 g}{\partial x \partial y} = \frac{\partial^2 g}{\partial y \partial x}, \quad \frac{\partial^2 g}{\partial y \partial z} = \frac{\partial^2 g}{\partial z \partial y}, \quad \frac{\partial^2 g}{\partial x \partial z} = \frac{\partial^2 g}{\partial z \partial x}.$$

于是, 有

$$\frac{\partial}{\partial y}(fA) = \frac{\partial}{\partial x}(fB),$$
$$\frac{\partial}{\partial z}(fA) = \frac{\partial}{\partial x}(fC),$$
$$\frac{\partial}{\partial z}(fB) = \frac{\partial}{\partial y}(fC),$$

即

$$\frac{\partial f}{\partial y}A - \frac{\partial f}{\partial x}B = f\left(\frac{\partial B}{\partial x} - \frac{\partial A}{\partial y}\right),$$

$$\frac{\partial f}{\partial z}A - \frac{\partial f}{\partial x}C = f\left(\frac{\partial C}{\partial x} - \frac{\partial A}{\partial z}\right),$$

$$\frac{\partial f}{\partial y}C - \frac{\partial f}{\partial z}B = f\left(\frac{\partial B}{\partial z} - \frac{\partial C}{\partial y}\right).$$

将上式中第三式乘以 A 与第二式乘以 B 相加, 再减去第一式与 C 的乘积即可以得到式 (38.6).

可积的非完整约束通常归为完整约束之列, 而谈到非完整约束一般是指不可积的约束.

例 证明下列形式的约束是可积的,

$$yz(y + z)\mathrm{d}x + zx(z + x)\mathrm{d}y + xy(x + y)\mathrm{d}z = 0.$$

证: 对于所给约束方程, 有

$$A = yz(y + z), \quad B = zx(z + x), \quad C = xy(x + y),$$

则有

$$\frac{\partial A}{\partial y} = z(y + z) + yz, \quad \frac{\partial A}{\partial z} = y(y + z) + yz,$$

$$\frac{\partial B}{\partial x} = z(z + x) + zx, \quad \frac{\partial B}{\partial z} = x(z + x) + zx,$$

$$\frac{\partial C}{\partial x} = y(x + y) + xy, \quad \frac{\partial C}{\partial y} = x(x + y) + xy.$$

显然不满足条件 (38.4), 但是满足条件 (38.6), 即约束条件在乘以积分因子后可以变为某个函数的全微分, 因此约束是可积的.

可以验证积分因子为 $\dfrac{1}{(x + y + z)^2}$. 事实上, 因为

$$yz(y + z)\mathrm{d}x + zx(z + x)\mathrm{d}y + xy(x + y)\mathrm{d}z = x^2\mathrm{d}(yz) + y^2\mathrm{d}(xz) + z^2\mathrm{d}(xy)$$

$$= (x + y + z)\mathrm{d}(xyz) - xyz\,\mathrm{d}(x + y + z),$$

则乘上因子 $\dfrac{1}{(x + y + z)^2}$ 后, 就有

$$\frac{1}{(x + y + z)^2}\left[(x + y + z)\mathrm{d}(xyz) - xyz\,\mathrm{d}(x + y + z)\right] = \mathrm{d}\left(\frac{xyz}{x + y + z}\right),$$

为全微分.

2. 关于自由度的补充说明

在《力学》§1 中就定义了自由度的概念, 它是唯一确定系统位置 (或位形) 所需的独立变量的数目. 在存在非完整约束时, 本节的讨论表明描述系统的位形需要使用的坐标数 (或变量数) 多于系统的自由度. 非完整约束并不直接在坐标之间施加限制条件, 即不会减少独立的坐标数, 然而它使坐标的变化 (或者速度) 不是相互独立的, 约束方程 (o38.2) 明显地反映这一点. 从这种意义上来说, 前后关于自由度的内涵似乎有所区别, 需要再进一步作出说明.

考虑到这样的事实, 即使是完整约束, 也对坐标的变化之间附加限制条件 (参见下文 (38.8)). 也就是说, 不论约束是完整的还是非完整的, 每一个约束条件均使得独立的坐标变化的个数减少一个. 鉴于不同类型约束之间的区别, 有两种关于自由度的定义: 有限运动中的自由度和无限小运动中的自由度.《力学》§1 中定义的自由度常称为有限运动中的自由度, 而将独立的坐标变化的个数称为无限小运动中的自由度. 纵观《力学》中 §1 和本节的讨论, 实际采用的是后一种定义. 在仅有完整约束时, 两种定义的结果是相等的; 在有非完整约束时, 前者大于后者. 因为我们通常是从无限小的变化中寻求系统的动力学方程, 因此谈到自由度一般是指无限小运动中的自由度.

3. 拉格朗日方程 (o38.5), 完整约束与反作用力

方程 (o38.5) 是针对线性非完整约束导出的, 但是实际上也适用于完整约束的情况. 因为完整约束方程具有形式

$$f_\alpha(q_i, t) = 0, \tag{38.7}$$

则对 δq_i 相应有限制条件

$$\sum_i \frac{\partial f_\alpha}{\partial q_i} \delta q_i = 0, \tag{38.8}$$

即完整约束也限制坐标的变化. 要强调的是, 在现在的情况下, 各 q_i 不是相互独立的, 否则所谓的约束方程 (38.7) 将是恒等式. 也就是说, 现在选取的广义坐标 q_i 的个数多于系统的实际自由度. 这样, 将 $\frac{\partial f_\alpha}{\partial q_i}$ 视为式 (o38.2) 中的 $c_{\alpha i}$, 则式 (38.8) 就与式 (o38.2) 形式完全相同. 按照同样的思路就可以导出拉格朗日方程 (o38.5).

应该说明的是, 方程 (o38.5) 中的拉格朗日未定乘子 λ_α 是与反作用力 (或称约束力) 相联系的, $\lambda_\alpha \frac{\partial f_\alpha}{\partial q_i} = \lambda_\alpha c_{\alpha i}$ 是与坐标 q_i 相应的第 α 个约束的反作用力. 具体实例参见下文习题 6.

§38.3 习题解答

习题 1 (略)

习题 2 重为 P 长为 l 的均质杆 BD 靠在墙上, 如图 o52 所示, 其下端 B 用绳 AB 固定. 试求支撑点的反作用力和绳的张力.

解: 以水平方向为 x 轴, 竖直方向为 y 轴. 杆受到竖直向下方向的重力 P, 竖直向上的反作用力 R_B, 垂直于杆方向的反作用力 R_C 以及绳的张力 T 等四个力的作用. 张力 T 的方向是从 B 指向 A. 将力平衡条件 $\sum \boldsymbol{F} = 0$ 写成分量形式, 得

$$\sum F_x = R_C \cos\alpha - T = 0, \tag{1}$$

$$\sum F_y = R_C \sin\alpha + R_B - P = 0, \tag{2}$$

其中 $\alpha = \angle ACB$. BC 长为 $h/\cos\alpha$.

再考虑力矩平衡条件. 因为计算力矩的参考点可以任意选取, 如以 B 点为参考点, 则有

$$\frac{h}{\cos\alpha} R_C - P \frac{l \sin\alpha}{2} = 0,$$

即

$$R_C = \frac{Pl \sin\alpha \cos\alpha}{2h} = \frac{Pl \sin 2\alpha}{4h}. \tag{3}$$

由式 (1), (2) 和 (3) 可解得

$$R_B = P - R_C \sin\alpha = P - Pl \frac{\sin 2\alpha \sin\alpha}{4h} = P\left(1 - \frac{l}{2h} \sin^2\alpha \cos\alpha\right),$$

$$T = R_C \cos\alpha = \frac{Pl}{2h} \sin\alpha \cos^2\alpha.$$

习题 3 重为 P 的杆 AB 以两个端点分别靠在水平面和竖直面上, 并用两条水平绳 AD 和 BC 拉着固定在适当的位置上, 绳 BC 与杆 AB 位于同一个竖直面内 (图 o53). 试求支撑点的反作用力和绳的张力.

解: 杆受到重力 P, 绳的张力 T_A, T_B 以及反作用力 R_A, R_B 等力的作用, 其中 T_A, T_B 的方向分别从 A 指向 D 和从 B 指向 C, 而 R_A, R_B 分别垂直相应的平面. 以竖直向上为 z 轴方向, 以平行于两平面交线指向左的方向为 x 轴方向, y 轴方向沿垂直于竖直面的方向, 则力平衡条件沿各坐标轴的分量形式为

$$\begin{aligned} R_B - P &= 0, \\ T_A - T_B \cos\beta &= 0, \\ R_A - T_B \sin\beta &= 0. \end{aligned} \tag{1}$$

再利用力矩平衡条件. 以 A 为参考点, 作用杆上的 P, R_A, R_B, T_A, T_B 等各力对 A 点的力矩之矢量和为零, 即

$$\boldsymbol{r}_p \times \boldsymbol{P} + \boldsymbol{r}_A \times \boldsymbol{T_A} + \boldsymbol{r}_B \times \boldsymbol{T}_B + \boldsymbol{r}_A \times \boldsymbol{R_A} + \boldsymbol{r}_B \times \boldsymbol{R}_B = 0.$$

在以 A 为原点的上述坐标系下, 各矢量的分量式分别为

$$\boldsymbol{r}_p = \frac{l}{2}(-\cos\alpha\cos\beta\boldsymbol{i} + \cos\alpha\sin\beta\boldsymbol{j} - \sin\alpha\boldsymbol{k}),$$

$$\boldsymbol{r}_B = l(-\cos\alpha\cos\beta\boldsymbol{i} + \cos\alpha\sin\beta\boldsymbol{j} - \sin\alpha\boldsymbol{k}),$$

$$\boldsymbol{r}_A = 0, \quad \boldsymbol{P} = -P\boldsymbol{k},$$

$$\boldsymbol{T}_B = T_B(\cos\beta\boldsymbol{i} - \sin\beta\boldsymbol{j}), \quad \boldsymbol{R}_B = R_B\boldsymbol{k},$$

将它们代入前面的式子, 可得

$$-P\frac{l}{2}\cos\alpha + R_B l\cos\alpha - T_B l\sin\alpha = 0. \tag{2}$$

将 (1) 中的第一式代入上式, 可得

$$T_B = \frac{P}{2}\cot\alpha. \tag{3}$$

将式 (3) 再代入 (1) 的后两式, 可得

$$T_A = T_B\cos\beta = \frac{P}{2}\cot\alpha\cos\beta,$$

$$R_A = T_B\sin\beta = \frac{P}{2}\cot\alpha\sin\beta.$$

如果以 B 为原点, 则作用于杆上的 P, R_A, R_B, T_A, T_B 等各力对 B 点的力矩之矢量和为零, 即

$$\boldsymbol{r}_p \times \boldsymbol{P} + \boldsymbol{r}_A \times \boldsymbol{T_A} + \boldsymbol{r}_B \times \boldsymbol{T}_B + \boldsymbol{r}_A \times \boldsymbol{R_A} + \boldsymbol{r}_B \times \boldsymbol{R}_B = 0.$$

在以 B 为坐标原点的坐标系下, 各量的分量式分别为

$$\boldsymbol{r}_p = \frac{l}{2}(\cos\alpha\cos\beta\boldsymbol{i} - \cos\alpha\sin\beta\boldsymbol{j} + \sin\alpha\boldsymbol{k}),$$

$$\boldsymbol{r}_A = l(\cos\alpha\cos\beta\boldsymbol{i} - \cos\alpha\sin\beta\boldsymbol{j} + \sin\alpha\boldsymbol{k}),$$

$$\boldsymbol{r}_B = 0, \quad \boldsymbol{P} = -P\boldsymbol{k},$$

$$\boldsymbol{T}_A = -T_A\boldsymbol{i}, \quad \boldsymbol{R}_A = R_A\boldsymbol{j},$$

则有

$$P\frac{l}{2}\sin\beta\cos\alpha - R_A l\sin\alpha = 0,$$

$$-P\frac{l}{2}\cos\alpha\cos\beta + T_A l\sin\alpha = 0,$$

$$-T_A\sin\beta + R_A\cos\beta = 0.$$

由上式中前两式直接可得

$$R_A = \frac{P}{2}\cot\alpha\sin\beta, \quad T_A = \frac{P}{2}\cot\alpha\cos\beta.$$

这与前面所得结果相同.

习题 4 两根长为 l 重量可以忽略的杆上面以铰链相连, 下面用绳连接 (图 o54). 杆立于一平面上, 在一根杆的中点作用一个力 F. 试求反作用力.

解: AC 杆受到力 R_A, T, F, R_C 的作用, 而 BC 杆受到力 $R_B, T, -R_C$ 的作用. 根据力矩平衡条件, 作用在 BC 杆上的力 $R_B, T, -R_C$ 的力矩之和等于零. 如果以 B 点为参考点, 显然可以看出矢量 R_C 的方向必定沿着 BC.

对杆 AC, 将力平衡条件写为沿水平方向和竖直方向的分量形式, 有

$$T - R_C\cos\alpha = 0,$$
$$R_A - F + R_C\sin\alpha = 0. \tag{1}$$

根据力矩平衡条件, 以 A 为支点, 作用在 AC 上各力的力矩之和为零, 有

$$F\frac{l}{2}\cos\alpha - R_C l\sin(\pi - 2\alpha) = 0. \tag{2}$$

以 C 为参考点, 作用在 BC 上各力的力矩之和等于零,

$$Tl\sin\alpha - R_B l\cos\alpha = 0. \tag{3}$$

有 R_A, R_B, R_C 和 T 四个未知量, 而上述式 (1), (2) 和 (3) 共计也有 4 个方程, 因而可以求出这些未知量. 由式 (2) 可解得

$$R_C = F\frac{\cos\alpha}{2\sin(\pi - 2\alpha)} = \frac{F}{4\sin\alpha}.$$

上式代入式 (1), 有

$$T = R_C\cos\alpha = \frac{F\cos\alpha}{4\sin\alpha} = \frac{F}{4}\cot\alpha,$$
$$R_A = F - R_C\sin\alpha = \frac{3}{4}F.$$

由式 (3) 可得

$$R_B = T \tan \alpha = \frac{F}{4}.$$

另解: 将两杆以及细绳作为系统, 则仅有的外力为 R_A, F, R_B. 系统平衡时, 力平衡条件为

$$R_A + R_B - F = 0.$$

如以 A 点为参考点, 则力矩平衡条件为

$$R_B 2l \cos \alpha - F \frac{l}{2} \cos \alpha = 0.$$

上式立即给出结果 $R_B = \dfrac{F}{4}$. 再代入前一表示式, 可得 $R_A = \dfrac{3F}{4}$. 这比前面的求解过程简单了. 但是这种方法无法求出 T 和 R_c, 因为它们属于系统的内力.

习题 5 [补充] 在水平的 xy 平面上作纯滚动的车轮. 描述车轮运动的坐标可以取轮心的坐标 (x, y), 轮子绕轴转过的角度 ψ 以及轮轴与某固定轴 (例如 y 轴) 的夹角 φ. 设车轮面与地面始终保持铅直, 如图 6.7 所示. (i) 写出约束条件; (ii) 求车轮的运动情况.

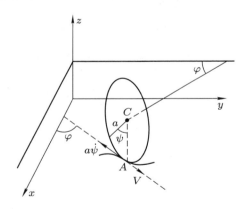

图 6.7　车轮的纯滚动

解: (i) 以车轮中心为参考点, 则其与水平面的接触点 A 的速度为

$$\boldsymbol{v}_A = \boldsymbol{V} + \boldsymbol{\omega} \times \overrightarrow{CA},$$

其中 $\boldsymbol{V}$ 为车轮中心运动的速度, $\boldsymbol{\omega}$ 为转动的角速度. 将上式写为沿车轮运动方向的分量式, 则有

$$v_A = V - \dot{\psi} a,$$

其中 a 为轮子的半径. 当车轮作纯滚动时, 应有 $v_A = 0$, 即

$$V = a\dot{\psi}. \tag{1}$$

车轮中心速度的方向垂直于轮轴, 其沿 x, y 轴的分量为

$$V_x = \dot{x} = V\cos\varphi,$$
$$V_y = \dot{y} = V\sin\varphi.$$

由此可得出下列形式的约束方程

$$\dot{x} - a\dot{\psi}\cos\varphi = 0,$$
$$\dot{y} - a\dot{\psi}\sin\varphi = 0, \tag{2}$$

或者

$$\mathrm{d}x - a\cos\varphi\mathrm{d}\psi = 0,$$
$$\mathrm{d}y - a\sin\varphi\mathrm{d}\psi = 0. \tag{2'}$$

该约束方程是不能积分的, 因此是非完整约束. 但是如果车轮沿水平直线 (例如 y 轴方向) 作无滑滚动, 此时有 $\varphi = \dfrac{\pi}{2}$, 于是上述约束方程变为

$$\mathrm{d}x = 0, \quad \mathrm{d}y - a\mathrm{d}\psi = 0.$$

分别积分得

$$x = 0, \quad y - a\psi = \text{常数}.$$

它退化为完整约束.

　　(ii) 因为一般情况下, 约束是非完整的, 则描述车轮的运动需要 4 个广义坐标, 即 x, y, φ, ψ. 车轮的动能为

$$T = \frac{1}{2}m(\dot{x}^2 + \dot{y}^2) + \frac{1}{2}I_3\dot{\psi}^2 + \frac{1}{2}I_1\dot{\varphi}^2,$$

其中 I_3 为车轮绕通过其中心并垂直于车轮面的轴的转动惯量, $I_3 = \dfrac{1}{2}ma^2$, 而 I_1 则是绕通过车轮中心沿竖直方向的轴的转动惯量, $I_1 = \dfrac{1}{4}ma^2$ (假定车轮可视为薄圆盘). 在车轮保持竖直的情况下, 其重力势能没有变化, 可以令 $U = 0$. 于是, 系统的拉格朗日函数为

$$L = T = \frac{1}{2}m(\dot{x}^2 + \dot{y}^2) + \frac{1}{2}I_3\dot{\psi}^2 + \frac{1}{2}I_1\dot{\varphi}^2. \tag{3}$$

按照方程 (o38.5) 以及约束方程 (2), 可得下列方程

$$\begin{cases} m\ddot{x} = \lambda_1, \\ m\ddot{y} = \lambda_2, \\ I_3\ddot{\psi} = -a\lambda_1\cos\varphi - a\lambda_2\sin\varphi, \\ I_1\ddot{\varphi} = 0. \end{cases} \tag{4}$$

现在求解方程组 (4) 和 (2), 计 6 个方程, 共 6 个未知量 $x, y, \varphi, \psi, \lambda_1, \lambda_2$. 由式 (4) 中第四式积分可得

$$\varphi = \omega t + \varphi_0, \tag{5}$$

其中 ω, φ_0 是积分常数, 由初始条件确定. 将式 (4) 中的第一式和第二式代入第三式, 得

$$I_3\ddot{\psi} = -ma(\ddot{x}\cos\varphi + \ddot{y}\sin\varphi). \tag{6}$$

又由约束方程 (2), 可得

$$\dot{x}\cos\varphi + \dot{y}\sin\varphi = a\dot{\psi}, \quad \dot{x}\sin\varphi - \dot{y}\cos\varphi = 0. \tag{7}$$

将上式中第一式对时间求导数, 可得

$$\ddot{x}\cos\varphi + \ddot{y}\sin\varphi - \dot{\varphi}(\dot{x}\sin\varphi - \dot{y}\cos\varphi) = a\ddot{\psi}.$$

再利用式 (7) 中的第二式, 则上式化为

$$\ddot{x}\cos\varphi + \ddot{y}\sin\varphi = a\ddot{\psi}. \tag{8}$$

将式 (8) 代入式 (6), 可得

$$(I_3 + ma^2)\ddot{\psi} = 0,$$

即

$$\ddot{\psi} = 0. \tag{9}$$

方程 (9) 的解为

$$\psi = \Omega t + \psi_0, \tag{10}$$

其中 Ω, ψ_0 为积分常数.

将式 (5) 和 (10) 代入式 (2), 有

$$\dot{x} = a\Omega\cos(\omega t + \varphi_0),$$
$$\dot{y} = a\Omega\sin(\omega t + \varphi_0).$$

对上式积分可得

$$x = x_0 + \frac{a\Omega}{\omega} \sin(\omega t + \varphi_0),$$
$$y = y_0 - \frac{a\Omega}{\omega} \cos(\omega t + \varphi_0), \tag{11}$$

其中 x_0, y_0 为积分常数. 将式 (11) 再代入式 (4) 的前两式, 可得

$$\lambda_1 = -ma\Omega\omega \sin(\omega t + \varphi_0), \quad \lambda_2 = -ma\Omega\omega \cos(\omega t + \varphi_0). \tag{12}$$

习题 6 [补充] 质点无初速地从光滑的静止大球顶端滑下. 问滑到何处, 质点就会脱离球面飞出?

解: 取质点为系统, 当它在大球上运动时, 它受到完整、理想定常约束, 故系统只有一个自由度. 但因要求约束力, 用以确定质点飞离大球的位置, 则可取 θ, r 为广义坐标, 其中 θ 为任一时刻质点所在位置和大球的连心线与竖直方向的夹角 (见图 6.8), 而此时 r 满足约束方程

$$f(r, \theta) = r - R = 0. \tag{1}$$

图 6.8

系统的拉格朗日函数为

$$L = T - V = \frac{1}{2}m(\dot{r}^2 + r^2\dot{\theta}^2) - mgr \cos\theta. \tag{2}$$

将 L 代入拉格朗日方程 (o38.5) 并考虑到

$$\lambda \frac{\partial f}{\partial r} = \lambda, \text{(相应于广义坐标 } r \text{ 的约束力, 即球面对质点的约束力)}$$
$$\lambda \frac{\partial f}{\partial \theta} = 0,$$

则得动力学微分方程分别为

$$m\ddot{r} - mr\dot{\theta}^2 + mg \cos\theta = \lambda, \quad m\frac{\mathrm{d}}{\mathrm{d}t}(r^2\dot{\theta}) - mgr \sin\theta = 0. \tag{3}$$

因 $r = R$, 式 (3) 变为

$$\lambda = -mR\dot{\theta}^2 + mg \cos\theta, \quad R\ddot{\theta} = g \sin\theta. \tag{4}$$

又因 $\ddot{\theta} = \dot{\theta}\dfrac{\mathrm{d}\dot{\theta}}{\mathrm{d}\theta}$, 再考虑到 $t=0$ 时 $\theta=0, \dot{\theta}=0$, 对式 (4) 中的第二式进行积分可得

$$\dot{\theta}^2 = \frac{2g}{R}(1-\cos\theta).$$

将上式代入式 (4) 中的第一式可求出

$$\lambda = -2mg + 3mg\cos\theta. \tag{5}$$

此即球面对质点的约束力.

质点离开球面时, 有 $\lambda=0$, 则由式 (5) 可解得

$$\theta = \arccos\frac{2}{3}.$$

§39 非惯性参考系中的运动

§39.1 内容提要

设非惯性参考系 K 相对于惯性参考系 K_0 以速度 $\boldsymbol{V}(t)$ 平动且以角速度 $\boldsymbol{\Omega}$ 转动. 如果质点相对于 K 系以速度 $\boldsymbol{v}$ 运动, 其位矢为 $\boldsymbol{r}$, 则从相对于 K_0 系的拉格朗日函数 (o39.1) 出发, 在略去对时间全导数项后可得相对于 K 系的拉格朗日函数为

$$L = \frac{mv^2}{2} + m\boldsymbol{v}\cdot(\boldsymbol{\Omega}\times\boldsymbol{r}) + \frac{m}{2}(\boldsymbol{\Omega}\times\boldsymbol{r})^2 - m\boldsymbol{W}\cdot\boldsymbol{r} - U, \tag{o39.6}$$

其中 $\boldsymbol{W} = \dfrac{\mathrm{d}\boldsymbol{V}}{\mathrm{d}t}$ 是参考系 K 相对于 K_0 的平动加速度. 将 L 代入拉格朗日方程可得质点相对于 K 系的动力学方程为

$$m\frac{\mathrm{d}\boldsymbol{v}}{\mathrm{d}t} = -\frac{\partial U}{\partial \boldsymbol{r}} - m\boldsymbol{W} + m\left(\boldsymbol{r}\times\dot{\boldsymbol{\Omega}}\right) + 2m\left(\boldsymbol{v}\times\boldsymbol{\Omega}\right) + m\left[\boldsymbol{\Omega}\times(\boldsymbol{r}\times\boldsymbol{\Omega})\right], \tag{o39.7}$$

其中 $2m(\boldsymbol{v}\times\boldsymbol{\Omega})$ 称为科里奥利力, $m[\boldsymbol{\Omega}\times(\boldsymbol{r}\times\boldsymbol{\Omega})]$ 称为离心力.

如果 K 相对于 K_0 没有平动 (即 $\boldsymbol{V}=0$) 且转动是匀速的 (即 $\dot{\boldsymbol{\Omega}}=0$), 则在参考系 K 中质点的能量中会出现附加的离心势能 $-\dfrac{m}{2}(\boldsymbol{\Omega}\times\boldsymbol{r})^2$. 两个参考系中质点的动量和相对于坐标原点 ($K$ 和 K_0 的共同原点) 的角动量均分别相等, 但能量之间的关系为[1]

$$E = E_0 - \boldsymbol{M}\cdot\boldsymbol{\Omega}, \tag{o39.13}$$

其中 $\boldsymbol{M}$ 是相对于坐标原点的角动量.

---

[1] 该关系在研究量子系统的性质时也是成立的, 参见 L. D. 朗道, E. M. 栗弗席兹. 统计物理 I (第五版), §26, §34. 束仁贵, 束莼译. 北京: 高等教育出版社, 2011.

§39.2 内容补充

● 拉格朗日函数与能量积分

拉格朗日函数 (o39.6) 中因为含有 $\boldsymbol{W}$, 它可能是显含时间的, 因此通常没有对应的能量积分 (如前面第二章中所说, 这种积分一般也称为广义能量积分或 Jacobi 积分). 但是, 在 K 相对于 K_0 没有平动且转动是匀速的情况下, 拉格朗日函数为

$$L = \frac{mv^2}{2} + m\boldsymbol{v} \cdot (\boldsymbol{\Omega} \times \boldsymbol{r}) + \frac{m}{2}(\boldsymbol{\Omega} \times \boldsymbol{r})^2 - U. \tag{o39.8}$$

此时, 只要 U 不显含时间, 则 L 也不显含时间, 相应地将有能量积分. 因为 L 中包含有速度的一次方项和零次方项, 即 $T^{(1)} = m\boldsymbol{v} \cdot (\boldsymbol{\Omega} \times \boldsymbol{r})$, $T^{(0)} = \frac{m}{2}(\boldsymbol{\Omega} \times \boldsymbol{r})^2$, 该能量积分不表示系统的机械能守恒,

$$E = T^{(2)} - T^{(0)} + U = \frac{mv^2}{2} - \frac{m}{2}(\boldsymbol{\Omega} \times \boldsymbol{r})^2 + U.$$

这就是式 (o39.11). 从 L 和 E 的表示式均可以看出, 可将 $-\frac{m}{2}(\boldsymbol{\Omega} \times \boldsymbol{r})^2$ 视为势能的一部分, 即定义有效势能

$$U_{\text{eff}} = -\frac{m}{2}(\boldsymbol{\Omega} \times \boldsymbol{r})^2 + U.$$

类似于有心力和刚体定点运动中引入有效势能可以方便地分析运动的性质, 对于许多与转动有关的问题, 上述有效势能同样如此, 参见本节的习题 4.

§39.3 习题解答

习题 1 试求地球自转 (转动角速度很小) 引起自由落体对竖直方向的偏移.

解: 将地球转动角速度 $\boldsymbol{\Omega}$ 视为小量, 在一级近似下可以在公式 (o39.9) 中忽略包含 $\boldsymbol{\Omega}$ 的平方的离心力, 可得运动方程

$$\dot{\boldsymbol{v}} = 2\boldsymbol{v} \times \boldsymbol{\Omega} + \boldsymbol{g}. \tag{1}$$

可用逐阶近似法求解这个方程, 即先求上式的零级近似解. 此时, 忽略上式中右边第一项, 在下面将这样的解记为 $\boldsymbol{v}_1$; 然后再令 $\boldsymbol{v} = \boldsymbol{v}_1 + \boldsymbol{v}_2$, 其中 $\boldsymbol{v}_2$ 相应于一级修正, 代入 (1) 可求出一级近似解. 以这样的方式递推下去可以得到高阶解. $\boldsymbol{v}_1$ 满足方程

$$\dot{\boldsymbol{v}}_1 = \boldsymbol{g}.$$

积分可得解为

$$v_1 = gt + v_0,$$

其中 v_0 是初始速度. 再令 $v = v_1 + v_2$ 代入式 (1), 有

$$\dot{v}_1 + \dot{v}_2 = 2v_1 \times \Omega + 2v_2 \times \Omega + g.$$

利用 $\dot{v}_1 = g$, 上式可变为

$$\dot{v}_2 = 2v_1 \times \Omega + 2v_2 \times \Omega.$$

如前所说, v_2 是一级修正, 则 $v_2 \times \Omega$ 是二级小量, 与作为一级小量的 $v_1 \times \Omega$ 项相比该项可以忽略. 于是可得 v_2 的方程为

$$\dot{v}_2 = 2v_1 \times \Omega = 2t(g \times \Omega) + 2v_0 \times \Omega,$$

这里右边的矢量均是常矢量, 于是积分可得

$$v_2 = v_{20} + t^2(g \times \Omega) + 2tv_0 \times \Omega,$$

其中 v_{20} 为积分常数, 故有

$$v = v_1 + v_2 = gt + v_0 + t^2(g \times \Omega) + 2t(v_0 \times \Omega).$$

再积分一次, 得

$$r = h + v_0 t + \frac{1}{2}gt^2 + \frac{1}{3}t^3(g \times \Omega) + t^2(v_0 \times \Omega), \tag{2}$$

其中 h 是质点的初始位置矢量.

取 z 轴竖直向上, x 轴沿着经线指向北极点, y 轴沿着纬线指向西, 则有

$$g_x = g_y = 0, \quad g_z = -g, \quad \Omega_x = \Omega \cos\lambda, \quad \Omega_y = 0, \quad \Omega_z = \Omega \sin\lambda,$$

其中 λ 是纬度, 这里为明确起见取为北纬 (如果为南半球, 坐标轴的取法与上面的相同, λ 是南纬度, 则 $\Omega_x = \Omega \cos\lambda$, $\Omega_y = 0$, $\Omega_z = -\Omega \sin\lambda$). 在式 (2) 中令 $v_0 = 0$, 且设 $h_z = h$, 即初始时位于离坐标原点正上方高度 h 处无初速地释放质点, 即自由落体. 在前述坐标系以及初始条件下, 式 (2) 的分量形式为

$$x = 0, \quad y = -\frac{t^3}{3}g\Omega\cos\lambda, \quad z = h - \frac{1}{2}gt^2.$$

由上式第三式可得下落时间为 $t \approx \sqrt{2h/g}$, 最后得

$$x = 0, \quad y = -\frac{1}{3}\left(\frac{2h}{g}\right)^{3/2} g\Omega \cos\lambda,$$

y 中的负号表示向东偏移.

说明: 本问题实际上是可以解析求解的. 在上面所选坐标系下, 方程 (1) 的分量形式为

$$\begin{aligned}
\ddot{x} &= 2\Omega\dot{y}\sin\lambda, \\
\ddot{y} &= 2\Omega(\dot{z}\cos\lambda - \dot{x}\sin\lambda), \\
\ddot{z} &= -g - 2\Omega\dot{y}\cos\lambda.
\end{aligned} \tag{3}$$

将上式中的第一式乘以 $\sin\lambda$, 第三式乘以 $\cos\lambda$ 并相减可得

$$\ddot{x}\sin\lambda - \ddot{z}\cos\lambda = g\cos\lambda + 2\Omega\dot{y}. \tag{4}$$

令

$$\xi = \dot{x}\sin\lambda - \dot{z}\cos\lambda, \quad \eta = \dot{y}, \tag{5}$$

则式 (4) 以及式 (3) 的第二式可以分别改写为

$$\dot{\xi} = g\cos\lambda + 2\Omega\eta, \quad \dot{\eta} = -2\Omega\xi. \tag{6}$$

由方程 (6) 中两式消去 η 可得

$$\ddot{\xi} + 4\Omega^2\xi = 0. \tag{7}$$

方程 (7) 的通解为

$$\xi = A\cos(2\Omega t) + B\sin(2\Omega t), \tag{8}$$

其中 A, B 为积分常数. 将上式代入式 (6) 的第一式可得

$$\eta = -\frac{g}{2\Omega}\cos\lambda - A\sin(2\Omega t) + B\cos(2\Omega t). \tag{9}$$

由题给初始条件, $t = 0$ 时, $x = y = 0$, $z = h$, $\dot{x} = \dot{y} = \dot{z} = 0$, 即 $\xi = 0, \eta = 0$. 将初始条件代入式 (8) 和 (9) 可求得

$$\begin{cases}
\xi = \dfrac{g}{2\Omega}\cos\lambda\sin(2\Omega t), \\
\eta = \dot{y} = -\dfrac{g}{2\Omega}\cos\lambda[1 - \cos(2\Omega t)].
\end{cases} \tag{10}$$

将式 (10) 中第二式代入式 (3) 中的第一式以及第三式并利用初始条件积分, 可得

$$\begin{cases} \dot{x} = -g\cos\lambda\sin\lambda\left[t - \dfrac{1}{2\Omega}\sin(2\Omega t)\right], \\ \dot{z} = -gt + g\cos^2\lambda\left[t - \dfrac{1}{2\Omega}\sin(2\Omega t)\right]. \end{cases} \tag{11}$$

对式 (10) 的第二式以及式 (11) 再积分一次并利用初始条件可得

$$\begin{cases} x = -g\sin\lambda\cos\lambda\left\{\dfrac{1}{2}t^2 + \dfrac{1}{4\Omega^2}\left[\cos(2\Omega t) - 1\right]\right\}, \\ y = -\dfrac{g}{4\Omega^2}\cos\lambda[2\Omega t - \sin(2\Omega t)], \\ z = h - \dfrac{1}{2}gt^2\sin^2\lambda + \dfrac{g}{4\Omega^2}\cos^2\lambda\left[\cos(2\Omega t) - 1\right]. \end{cases} \tag{12}$$

解 (12) 就是方程组 (1)(也即 (3)) 在给定初始条件下的一般解, 它是精确的. 在式 (12) 的第三式中令 $z = 0$ 可求出落体到达地面的时间, 再将该时间代入其中的第一和第二式可以求出相应的 x, y. 注意, 这里关于时间的关系是含有三角函数的超越方程. 如果将 (12) 中的 Ω 视为小量进行 Taylor 展开并且仅保留到 Ω 的一阶项, 则有

$$\begin{cases} x \approx -g\sin\lambda\cos\lambda\left\{\dfrac{1}{2}t^2 + \dfrac{1}{4\Omega^2}\left[1 - \dfrac{1}{2}(2\Omega t)^2 - 1\right]\right\} = 0, \\ y \approx -\dfrac{g}{4\Omega^2}\cos\lambda\left\{2\Omega t - \left[(2\Omega t) - \dfrac{1}{3!}(2\Omega t)^3\right]\right\} = -\dfrac{1}{3}g\Omega t^3\cos\lambda, \\ z \approx h - \dfrac{1}{2}gt^2\sin^2\lambda + \dfrac{g}{4\Omega^2}\cos^2\lambda\left\{\left[1 - \dfrac{1}{2}(2\Omega t)^2\right] - 1\right\} = h - \dfrac{1}{2}gt^2. \end{cases} \tag{13}$$

这与前面逐阶近似方法给出的结果相同.

习题 2 试求以初速度 v_0 从地球表面向上抛出的质点的轨迹对平面的偏移.

解: 这里讨论的是抛体运动. 如果不考虑地球的转动, 则抛体运动中质点的轨迹位于竖直方向与初始速度方向确定的平面内. 当考虑地球转动时, 质点的轨迹不再位于前面所说的平面内. 设初始速度 v_0 位于 xz 平面内, 即速度有分量 v_{0x}, v_{0z}, 这里 x, z 轴与习题 1 的取法相同. 对平面的偏移就是求 y 与时间的关系. 初始高度 $h = 0$. 由习题 1 的方程 (2) 可得 y 分量表示式为

$$y = -\frac{t^3}{3}g\Omega_x + t^2(\Omega_x v_{0z} - \Omega_z v_{0x}).$$

习题 1 的方程 (2) 的 z 分量表示式为

$$z = v_{0z}t - \frac{1}{2}gt^2,$$

则有飞行时间约为 $t \approx 2v_{0z}/g$. 将此结果代入前面的表示式可得偏移约为

$$y = \frac{4v_{0z}^2}{g^2}\left(\frac{1}{3}v_{0z}\Omega_x - v_{0x}\Omega_z\right).$$

说明: 本问题也可以类似于习题 1 那样进行解析求解, 此时习题 1 中的方程 (3)–(9) 均成立, 但是现在初始条件为 $t=0$ 时, $x=y=z=0$, $\dot{x}=v_{0x},\dot{y}=0,\dot{z}=v_{0z}$. 其余过程类同, 所得表示式稍微复杂一些, 不再列出.

习题 3 试确定地球转动对单摆微振动的影响 (傅科[①]摆问题).

解: 对于傅科摆, 通常认为其摆线很长, 则摆在竖直方向的位移与此相比为小量. 竖直方向的位移 $z=l(1-\cos\theta)\approx\frac{1}{2}l\theta^2$, 这里 l 为摆线的长度, θ 为摆线与竖直方向之间的夹角, 它是一个小量. 于是, 可忽略摆的竖直方向位移这个二阶小量, 即认为摆锤近似在 xy 平面内运动. 由式 (o39.9), 即

$$m\frac{\mathrm{d}\boldsymbol{v}}{\mathrm{d}t} = -\frac{\partial U}{\partial \boldsymbol{r}} + 2m(\boldsymbol{v}\times\boldsymbol{\Omega}) + m[\boldsymbol{\Omega}\times(\boldsymbol{r}\times\boldsymbol{\Omega})],$$

略去二阶小量项 $m[\boldsymbol{\Omega}\times(\boldsymbol{r}\times\boldsymbol{\Omega})]$, 可得

$$\frac{\mathrm{d}\boldsymbol{v}}{\mathrm{d}t} = -\frac{\partial U}{\partial \boldsymbol{r}}\frac{1}{m} + 2(\boldsymbol{v}\times\boldsymbol{\Omega}),$$

写成分量形式, 有

$$\ddot{x} = -\frac{\partial U}{\partial x}\frac{1}{m} + 2\Omega_z\dot{y}, \quad \ddot{y} = -\frac{\partial U}{\partial y}\frac{1}{m} - 2\Omega_z\dot{x}. \tag{1}$$

由于

$$U = mgz = mgl(1-\cos\theta) \approx \frac{1}{2}mgl\theta^2 \approx \frac{1}{2}mgl\sin^2\theta$$
$$= \frac{1}{2}mgl\frac{x^2+y^2}{l^2} = \frac{1}{2}m\omega^2(x^2+y^2),$$

其中 $\omega=\sqrt{g/l}$ 为不考虑地球转动时的摆动频率, 于是有

$$\frac{\partial U}{\partial x} = m\omega^2 x, \quad \frac{\partial U}{\partial y} = m\omega^2 y,$$

故有运动方程为

$$\ddot{x} + \omega^2 x = 2\Omega_z\dot{y},$$
$$\ddot{y} + \omega^2 y = -2\Omega_x\dot{x}. \tag{2}$$

[①] Léon Foucault, 1819—1868, 法国物理学家.

将上式中第二个方程乘以 i 加上第一个方程, 并令 $\xi = x + iy$ 则有

$$\ddot{\xi} + 2i\Omega_z \dot{\xi} + \omega^2 \xi = 0. \tag{3}$$

先考虑方程 (3) 的试探解: $\xi = ae^{bt} + c$. 将试探解代入方程 (3) 中可得

$$ab^2 e^{bt} + abe^{bt} \cdot 2i\Omega_z + \omega^2 (ae^{bt} + c) = 0,$$

则有

$$c = 0, \quad b^2 + b2i\Omega_z + \omega^2 = 0.$$

解之得

$$b = -i\Omega_z \pm i\sqrt{\Omega_z^2 + \omega^2}.$$

作近似 $\sqrt{\Omega_z^2 + \omega^2} \approx \omega$, 则得到微分方程 (3) 的解为

$$\xi = e^{-i\Omega_z t}(A_1 e^{i\omega t} + A_2 e^{-i\omega t}),$$

或者

$$x + iy = e^{-i\Omega_z t}(A_1 e^{i\omega t} + A_2 e^{-i\omega t}) = e^{-i\Omega_z t} \left. (x + iy) \right|_{\Omega = 0} = e^{-i\Omega_z t}(x_0 + iy_0),$$

其中函数 $x_0(t), y_0(t)$ 是不考虑地球转动时单摆的轨迹. 因此, 考虑地球转动的影响时轨迹将绕竖直方向以角速度 Ω_z 转动, 也即单摆的摆动平面不是固定的, 也以角速度 Ω_z 绕竖直方向旋转.

说明: 关于傅科摆也有 §37 补充内容中提到的几何位相, 参见有关文献[①]以及第七章 §52 相关部分的讨论.

习题 4 [补充] 轴为竖直而顶点在下的抛物线形金属丝, 以匀角速度 ω 绕轴转动. 一质量为 m 的光滑小环套在此金属丝上并可沿着金属丝滑动. (i) 试求出小环的运动微分方程. (ii) 确定系统在平衡点附近的行为. 抛物线的方程为 $x^2 = 4ay$, 其中 a 为常数.

解: 取质点为系统, 只有一个自由度. 取质点的位置坐标 x 为广义坐标, 则系统的动能为

$$T = \frac{1}{2}m(\dot{x}^2 + \dot{y}^2) + \frac{1}{2}m\omega^2 x^2.$$

取抛物线顶点所在水平位置为重力势能零势面, 则系统的势能为

$$U = mgy.$$

① 例如, A. Khein, D. F. Nelson, Hannay angle study of the Foucault pendulum in action-angle variables, Am. J. Phys., **61**(1993)170.

系统的拉格朗日函数为

$$L = T - U = \frac{1}{2}m(\dot{x}^2 + \dot{y}^2) + \frac{1}{2}m\omega^2 x^2 - mgy. \tag{1}$$

由抛物线方程也即约束方程 $y = \dfrac{x^2}{4a}$ 可得 $\dot{y} = \dfrac{x}{2a}\dot{x}$. 将这个关系代入式 (1),
则系统的拉格朗日函数可表示为

$$L = \frac{1}{2}m\left[\dot{x}^2\left(1 + \frac{x^2}{4a^2}\right) + \omega^2 x^2\right] - mg\frac{x^2}{4a}. \tag{2}$$

由拉格朗日方程可得系统的运动微分方程为

$$m\left(1 + \frac{x^2}{4a^2}\right)\ddot{x} + \frac{m}{4a^2}x\dot{x}^2 - m\omega^2 x + \frac{mg}{2a}x = 0. \tag{3}$$

下面从有效势能的角度讨论平衡点的稳定性. 根据前面的说明, 系统
的有效势能为

$$U_{\text{eff}} = -\frac{1}{2}m\omega^2 x^2 + mg\frac{x^2}{4a}. \tag{4}$$

平衡点 (x_0, y_0) 为满足下列条件的点,

$$\left.\frac{\mathrm{d}U_{\text{eff}}}{\mathrm{d}x}\right|_{x=x_0, y=y_0} = -m\omega^2 x_0 + mg\frac{x_0}{2a} = 0, \tag{5}$$

即有 $x_0 = 0$, 相应 $y_0 = 0$. 而

$$\frac{\mathrm{d}^2 U_{\text{eff}}}{\mathrm{d}x^2} = -m\omega^2 + mg\frac{1}{2a}.$$

(a) 当 $0 < \omega^2 < \dfrac{g}{2a}$ 时, 有

$$\left.\frac{\mathrm{d}^2 U_{\text{eff}}}{\mathrm{d}x^2}\right|_{x=x_0, y=y_0} > 0,$$

即 $(0,0)$ 是稳定平衡点;

(b) 当 $\dfrac{g}{2a} < \omega^2$ 时,

$$\left.\frac{\mathrm{d}^2 U_{\text{eff}}}{\mathrm{d}x^2}\right|_{x=x_0, y=y_0} < 0,$$

故 $(0,0)$ 是不稳定平衡点.

如果令 $\xi = x - x_0$, 将 ξ 视为小量, 代入方程 (3) 并仅保留到 ξ 的一阶
项, 则有

$$m\ddot{\xi} + m\left(\frac{g}{2a} - \omega^2\right)\xi = 0. \tag{6}$$

由该方程可见, 当 $0 < \omega^2 < \dfrac{g}{2a}$ 时, 它是关于 ξ 的简谐振动方程, 即在 x_0 附近作小幅的周期运动, 因而 $(0,0)$ 是稳定平衡点; 当 $\dfrac{g}{2a} < \omega^2$ 时, 方程 (6) 的解是指数形式的, 即随着时间的增加, 质点将越来越偏离其平衡位置, 故 $(0,0)$ 是不稳定平衡点. 这与上面通过有效势能分析得到的结果一致.

说明: 上面的讨论表明, 在改变参数 ω 的取值时, 系统的性质会发生变化. 在这里最重要的一点就是, 在增加 ω 时, 平衡点由稳定的变为不稳定的. 在非线性动力学问题中, 这种变化是一种分叉. 在统计物理中, 这种变化相应于系统发生相变. 力学中有一些系统具有这种性质, 相关讨论可参见有关文献[1].

---

[1] 例如, J. Sivardiére. A simple mechanical model exhibiting a spontaneous symmetry breaking. Am. J. Phys., **51**(1983)1016; J. R. Drugowich de Felicio and Oscar Hipólito. Spontaneous symmetry breaking in a simple mechanical model. Am. J. Phys., **53**(1985)690; R. V. Mancuso. A working mechanical model for first- and second-order phase transitions and the cusp catastrophe. Am. J. Phys., **68**(2000)271 及其所引文献.

第七章

正则方程

本章讨论了分析力学的另一种描述方法 – 哈密顿动力学, 给出了与拉格朗日方程等价的哈密顿方程 (也称为哈密顿正则方程). 正则变换是求解哈密顿方程即系统的运动情况的一种普遍方法. 寻找正则变换的一种方法归结为求解哈密顿 – 雅可比方程. 可以解析求解哈密顿 – 雅可比方程的一类所谓可积系统是可以进行变量分离的系统. 是否可以分离变量还取决于正则变量 (主要是广义坐标) 的选取, 这里一类非常特殊而又重要的正则变量是角变量和作用变量. 使用角变量和作用变量可以讨论浸渐不变量, 条件周期运动等问题, 以更好地了解系统的运动特征和性质.

§40 哈密顿方程

§40.1 内容提要

用变量 p 和 q 描述系统的状态时, 对于自由度为 s 的完整保守系统, 其动力学方程为

$$\dot{q}_i = \frac{\partial H}{\partial p_i}, \quad \dot{p}_i = -\frac{\partial H}{\partial q_i}, \quad (i = 1, 2, \cdots, s) \tag{o40.4}$$

称为哈密顿方程[1], 它们构成 $2s$ 个未知函数的 $2s$ 个一阶微分方程组. H 称为哈密顿函数, 它有一个特别的性质

$$\frac{\mathrm{d}H}{\mathrm{d}t} = \frac{\partial H}{\partial t}. \tag{o40.5}$$

---

① 在文献中通常将满足哈密顿方程的系统称为哈密顿系统.

哈密顿函数 H 与拉格朗日函数 L 之间的关系是勒让德变换

$$H(p, q, t) = \sum_i p_i \dot{q}_i - L. \tag{o40.2}$$

但是, H 是 p, q 和 t 的函数, 而 L 是 $\dot{q}$, q 和 t 的函数. 勒让德变换表明, 拉格朗日函数和哈密顿函数对参数 λ 的偏导数之间存在关系

$$\left(\frac{\partial H}{\partial \lambda}\right)_{p,q} = -\left(\frac{\partial L}{\partial \lambda}\right)_{\dot{q},q}. \tag{o40.6}$$

一个特例是, 对参数时间 t 有

$$\left(\frac{\partial H}{\partial t}\right)_{p,q} = -\left(\frac{\partial L}{\partial t}\right)_{\dot{q},q}. \tag{o40.8}$$

§40.2　内容补充

1. 勒让德变换与几何含义

勒让德变换建立两组变量以及对应的函数之间的变换关系, 这两组变量和函数同等地描述系统的性质. 我们以单个变量的情况来讨论勒让德变换的几何含义. 设变量为 x, 相应有函数 $f(x)$. 通常要求函数 $f(x)$ 具有性质: (i) 是严格的凸 (或凹) 函数, 即它的二阶导数总是正 (或负) 的; (ii) 是光滑的, 即可以连续求导. 这样在 x 和 $y(x) = \mathrm{d}f(x)/\mathrm{d}x$ 之间有一一对应关系, 由此可以将 y 作为新变量代替 x, 而 f 被下式定义的函数 g 代替

$$g(y) = x(y)y - f(x(y)).$$

这种从 $(x, f(x))$ 到 $(y, g(y))$ 的变换就是勒让德变换. 通常也称 x, y 是一对共轭变量. 从图形上看, y 对应于 $f(x)$ 在 x 处的切线的斜率, 而 $g(y)$ 则为切线在坐标轴上的截距的负值 (见图 7.1). 也就是说, 在变换前用坐标 $(x, f(x))$ 描述曲线, 曲线是一系列这样的坐标点的集合. 变换后用切线的斜率 y 和在纵轴上的截距 g 描述曲线, 曲线是各种斜率的切线的包络线. 这两种表述是等价的, 包含了相同的信息. 然而, 从物理角度来看, 尽管两种表述是等价的, 但在对问题处理的简洁性, 系统的代数结构的分析, 到其它物理问题的推广等多个方面, 拉格朗日表述和哈密顿表述之间的差别还是显著的. 例如, 在后面讨论正则变换时两种表述的差别就可以充分体现出来.

对于多个变量或者多自由度的问题, 任何一对共轭变量之间均可进行类似的分析. 具体到拉格朗日描述 $q_i, \dot{q}_i, L$ 到哈密顿描述 q_i, p_i, H 之间的勒让德变换, 由 $\frac{\partial^2 L}{\partial \dot{q}_i \partial \dot{q}_j} = a_{ij}$ (参见公式 (o5.5)) 构成 $s \times s$ 阶矩阵 (记为 (a_{ij}), s

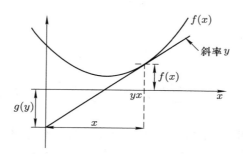

图 7.1 勒让德变换的几何含义

为自由度), 当 L 是 $q_i, \dot{q}_i$ 的连续可微函数时, 这个矩阵 (a_{ij}) 是实对称矩阵, 因此其本征值是实的. 而函数的凸性要求上述矩阵 (a_{ij}) 的本征值是正的 (或负的), 这与单变量情形相同用以保证变换 $\dot{q}_i \to p_i$ 是一一对应的. 凸性 也保证矩阵 (a_{ij}) 的行列式 $\det|a_{ij}|$ 不等于零, 也即矩阵是非奇异的, 因此 可以求它的逆矩阵. 相应于 L 的矩阵 (a_{ij}) 的本征值总是正的, 因为该矩阵 是正定的.

2. 哈密顿函数的不唯一性

在 §2 中已讨论了拉格朗日函数的不唯一性, 那么在哈密顿方法中的 表现如何呢? 对哈密顿函数和由哈密顿正则方程导出运动微分方程又有 什么影响呢?

因为

$$\frac{\mathrm{d}}{\mathrm{d}t} f(q, t) = \sum_{k=1}^{s} \frac{\partial f}{\partial q_k} \dot{q}_k + \frac{\partial f}{\partial t},$$

则按照定义, 广义动量为

$$p_k' = \frac{\partial L'}{\partial \dot{q}_k} = \frac{\partial L}{\partial \dot{q}_k} + \frac{\partial}{\partial \dot{q}_k} \left(\frac{\mathrm{d}}{\mathrm{d}t} f(q, t) \right) = p_k + \frac{\partial f}{\partial q_k}, \tag{40.1}$$

相应的哈密顿函数为

$$H' = \sum_{k=1}^{s} p_k' \dot{q}_k - L' = \left(\sum_{k=1}^{s} p_k \dot{q}_k - L \right) + \sum_{k=1}^{s} \frac{\partial f}{\partial q_k} \dot{q}_k - \frac{\mathrm{d}}{\mathrm{d}t} f(q, t)$$

$$= H \left(q, p' - \frac{\partial f}{\partial q} \right) - \frac{\partial f}{\partial t}. \tag{40.2}$$

因为 f 是广义坐标和时间的函数, 上面的结果表明 H 也相差一个时间和 广义坐标的函数.

相应于 H' 的正则方程为

$$\dot{q}_k = \left(\frac{\partial H'}{\partial p'_k}\right)_q = \left(\frac{\partial H}{\partial p'_k}\right)_q = \frac{\partial H}{\partial p_k}, \tag{40.3}$$

$$\dot{p}'_k = -\left(\frac{\partial H'}{\partial q_k}\right)_{p'} = -\left(\frac{\partial H}{\partial q_k}\right)_{p'} + \frac{\partial^2 f}{\partial q_k \partial t}, \tag{40.4}$$

这里加下标表明求偏导数是针对变换后的广义坐标和广义动量的. 式 (40.3) 表明用新旧变量表示时方程不变, 而式 (40.4) 则表明变量变换前后方程形式有所改变.

因为

$$\dot{p}'_k = \dot{p}_k + \frac{\mathrm{d}}{\mathrm{d}t}\left(\frac{\partial f}{\partial q_k}\right) = \dot{p}_k + \frac{\partial^2 f}{\partial t \partial q_k} + \sum_{j=1}^{s} \frac{\partial^2 f}{\partial q_j \partial q_k}\dot{q}_j,$$

$$\left(\frac{\partial H}{\partial q_k}\right)_{p'} = \left(\frac{\partial H}{\partial q_k}\right)_p + \sum_{j=1}^{s}\left(\frac{\partial H}{\partial\left(p'_j - \frac{\partial f}{\partial q_j}\right)}\right)_q \left(\frac{\partial\left(p'_j - \frac{\partial f}{\partial q_j}\right)}{\partial q_k}\right)_{p'}$$

$$= \left(\frac{\partial H}{\partial q_k}\right)_p - \sum_{j=1}^{s}\left(\frac{\partial H}{\partial p_j}\right)_q \frac{\partial^2 f}{\partial q_j \partial q_k}$$

$$= \left(\frac{\partial H}{\partial q_k}\right)_p - \sum_{j=1}^{s}\dot{q}_j \frac{\partial^2 f}{\partial q_j \partial q_k},$$

将它们代入前面的式 (40.4), 可得用变量 q, p 表示的方程

$$\dot{p}_k = -\frac{\partial H}{\partial q_k},$$

即上式与 (40.4) 是等价的.

3. 勒让德变换与哈密顿函数的结构

从拉格朗日函数到哈密顿函数的变换是勒让德变换, 这种变换是否会改变结构? 这里所谈结构是指 L 或 H 与广义速度或广义动量的依赖关系. 设势函数是与广义速度和时间无关的, 则一个系统的拉格朗日函数的一般形式为

$$L = T - U(q) = \sum_{i,j=1}^{s} \frac{1}{2}m_{ij}(q,t)\dot{q}_i\dot{q}_j + \sum_{i=1}^{s}a_i(q,t)\dot{q}_i + \gamma(q,t) - U(q).$$

注意, 这里所谓一般形式是指在拉格朗日函数和动能分别具有形式 $L = T - U$, $T = \sum\limits_{\alpha} \frac{p_\alpha^2}{2m_\alpha}$ 的前提下通过坐标变换关系将它们用广义坐标和广

义速度表示后所得到的形式, 此时动能部分是广义速度的二次齐次式, 一次齐次式和零次齐次式之和, 这是拉格朗日力学中动能的结构特征. 与广义坐标 q_i 相应的广义动量为

$$p_i = \frac{\partial L}{\partial \dot{q}_i} = \sum_{j=1}^{s} m_{ij}(q,t)\dot{q}_j + a_i(q,t), \quad (i=1,2,\cdots,s)$$

为方便处理, 用矩阵形式表示上式

$$\boldsymbol{p} = \boldsymbol{M}\dot{\boldsymbol{q}} + \boldsymbol{a}.$$

因为 $\boldsymbol{M}$ 是非奇异的, 可以反解上式, 有

$$\dot{\boldsymbol{q}} = \boldsymbol{M}^{-1}(\boldsymbol{p} - \boldsymbol{a}).$$

按照哈密顿函数的定义, 有

$$
\begin{aligned}
H &= \sum_{i=1}^{s} \dot{q}_i p_i - L = \dot{\boldsymbol{q}}^{\mathrm{T}}\boldsymbol{p} - \left[\frac{1}{2}\dot{\boldsymbol{q}}^{\mathrm{T}}\boldsymbol{M}\dot{\boldsymbol{q}} + \boldsymbol{a}^{\mathrm{T}}\dot{\boldsymbol{q}} + \gamma - U(q)\right] \\
&= (\boldsymbol{p}^{\mathrm{T}} - \boldsymbol{a}^{\mathrm{T}})\boldsymbol{M}^{-1}\boldsymbol{p} - \left[\frac{1}{2}(\boldsymbol{p}^{\mathrm{T}} - \boldsymbol{a}^{\mathrm{T}})\boldsymbol{M}^{-1}(\boldsymbol{p} - \boldsymbol{a}) + \boldsymbol{a}^{\mathrm{T}}\boldsymbol{M}^{-1}(\boldsymbol{p} - \boldsymbol{a}) + \gamma - U(q)\right] \\
&= \frac{1}{2}(\boldsymbol{p}^{\mathrm{T}} - \boldsymbol{a}^{\mathrm{T}})\boldsymbol{M}^{-1}(\boldsymbol{p} - \boldsymbol{a}) - \gamma + U(q),
\end{aligned}
$$

即 H 中与广义动量相关的项是它的二次齐次式和一次齐次式. 如果系统的动能仅是广义速度的二次齐次式, 即有 $a_i = 0, \gamma = 0$, 则在此情况下, H 中的动能部分也仅是广义动量的二次齐次函数. 上述结果表明勒让德变换不改变结构.

4. 运动积分

关系 (o40.8) 表明, 当拉格朗日函数不显含时间时, 相应地哈密顿函数也不显含时间. 再据 (o40.5) 可知此时有能量守恒. 当 L 中有循环坐标时, (o40.6) 则表明它们也是 H 的循环坐标. 根据正则方程 (o40.4) 可知, 循环坐标对应的广义动量是运动积分.

但是, 需要注意的是, 在拉格朗日描述和哈密顿描述中循环坐标的性质存在重要的差别.

因为拉格朗日函数是广义坐标、广义速度和时间的函数, 于是在拉格朗日描述中, 广义动量是运动积分说明由广义坐标、广义速度和时间表示的广义动量函数的函数值在时间过程中保持不变. 在哈密顿正则方程中, 广义动量是和广义坐标地位平等的独立变量, 广义动量是运动积分本质上就是一个独立的变量的值在时间过程中保持不变.

由于上述差别, 在处理带有循环坐标的问题时两种描述中方法上也有所不同. 在拉格朗日方法中, 拉格朗日函数中虽然不显含 q_i ($i = s - m + 1, \cdots, s$) (这里设有 m 个循环坐标), 但一定含有相应的广义速度 $\dot{q}_i$, 即

$$L = L(q_1, \cdots, q_{s-m}, \dot{q}_1, \cdots, \dot{q}_{s-m}, \dot{q}_{s-m+1}, \cdots, \dot{q}_s, t). \tag{40.5}$$

于是处理的仍是有 s 个自由度系统的拉格朗日函数, 即不允许从广义动量积分

$$p_i(q_1, \cdots, q_{s-m}, \dot{q}_1, \cdots, \dot{q}_s, t) = \beta_i, \quad (i = s - m + 1, \cdots, s)$$

反解出 $\dot{q}_i$ 作为 $q_1, \cdots, q_{s-m}, \dot{q}_1, \cdots, \dot{q}_{s-m}$ 和 t 的函数, 并以此代入上述拉格朗日函数 (40.5) 消去 $\dot{q}_i$, 然后将得到的结果看成 $s - m$ 个自由度的拉格朗日函数. 这是因为在进行上述代换的过程中, 相当于引入了各广义坐标 q_k 和广义速度 $\dot{q}_k$ 以及时间 t 之间必须满足的另外一些关系, 因而违反了拉格朗日方法的要求.

对于哈密顿正则方程, 情况完全不同. 因为广义动量本身是独立的变量, 先将广义动量的积分常数值代入哈密顿函数 H 以减少哈密顿函数中独立变量的数目, 即减少自由度, 然后再将结果代入哈密顿正则方程, 这并不违反哈密顿方法的要求, 因而是完全正确的. 具体地说, 设有 m 个循环坐标 $q_i(i = s - m + 1, \cdots, s)$, 则对应的广义动量为

$$p_i = \beta_i \, (\text{常量}).$$

将这些广义动量用常数值代入 H 中, 即有

$$H = H(q_k, p_k, \beta_i, t), \quad (k = 1, 2, \cdots, s - m, \quad i = s - m + 1, \cdots, s)$$

此时非循环坐标满足正则方程

$$\begin{cases} \dot{q}_k = \dfrac{\partial H}{\partial p_k}, \\ \dot{p}_k = -\dfrac{\partial H}{\partial q_k}. \end{cases} \quad (k = 1, 2, \cdots, s - m) \tag{40.6}$$

由此可解出 $2(s - m)$ 个 q_k 和 p_k. 将其再代入 H 中, 并通过对 $\dot{q}_i = \dfrac{\partial H}{\partial p_i}$ 积分得

$$q_i = \int \frac{\partial H}{\partial p_i} \mathrm{d}t$$

可求出循环坐标. 由上述讨论可知, 在哈密顿方法中, 与循环坐标有关的自由度是完全可以分离的. 从而对有 m 个循环坐标的情况可化为自由度为 $s - m$ 的情况, 简化问题的求解.

§40.3　习题解答

习题 1–3 (略)

习题 4 [补充] §5 习题 2.

系统的拉格朗日函数为

$$L = \frac{1}{2}(m_1 + m_2)\dot{x}^2 + \frac{1}{2}m_2(l^2\dot{\varphi}^2 + 2l\dot{x}\dot{\varphi}\cos\varphi) + m_2 gl\cos\varphi.$$

相应于 x 的广义动量为

$$p_x = \frac{\partial L}{\partial \dot{x}} = (m_1 + m_2)\dot{x} + m_2 l\dot{\varphi}\cos\varphi,$$

相应于 φ 的广义动量为

$$p_\varphi = \frac{\partial L}{\partial \dot{\varphi}} = m_2(l^2\dot{\varphi} + l\dot{x}\cos\varphi).$$

由上面两个关系可得广义速度用广义动量表示的形式为

$$\dot{x} = \frac{lp_x - \cos\varphi\, p_\varphi}{l(m_1 + m_2\sin^2\varphi)},$$

$$\dot{\varphi} = \frac{(m_1 + m_2)p_\varphi - m_2 l p_x\cos\varphi}{m_2 l^2(m_1 + m_2\sin^2\varphi)}.$$

根据定义, 系统的哈密顿函数为

$$H = \dot{x}p_x + \dot{\varphi}p_\varphi - L = \frac{1}{2}(m_1 + m_2)\dot{x}^2 + \frac{1}{2}m_2(l^2\dot{\varphi}^2 + 2l\dot{x}\dot{\varphi}\cos\varphi) - m_2 gl\cos\varphi$$

$$= \frac{1}{2(m_1 + m_2\sin^2\varphi)}\left\{p_x^2 + \frac{m_1 + m_2}{m_2 l^2}p_\varphi^2 - \frac{2}{l}p_x p_\varphi\cos\varphi\right\} - m_2 gl\cos\varphi.$$

说明: 对于多自由度问题, 求哈密顿函数 H 涉及的计算量是比较大的, 而 H 的形式以及运动方程的求解通常也是比较复杂的. 但是, 哈密顿描述对于采用更为一般的方法求解系统的运动情况和分析其运动性质, 讨论系统的对称性结构, 向近代物理过渡等等方面具有非常大的优越性, 是拉格朗日描述难以企及的.

§41　罗斯函数

§41.1　内容提要

仅对部分广义速度用广义动量代替. 设进行从 $q_i, \xi_j, \dot{q}_i, \dot{\xi}_j$ 到 $q_i, \xi_j, p_i, \dot{\xi}_j$ 的变换, 其中 p_i 为相应于广义坐标 q_i 的广义动量, 定义罗斯[①]函数为

$$R(q, p, \xi, \dot{\xi}) = \sum_i p_i\dot{q}_i - L, \tag{o41.1}$$

[①] Edward John Routh, 1831—1907, 英国数学家.

则有

$$\dot{q}_i = \frac{\partial R}{\partial p_i}, \quad \dot{p}_i = -\frac{\partial R}{\partial q_i}, \tag{o41.3}$$

$$\frac{\partial L}{\partial \xi_j} = -\frac{\partial R}{\partial \xi_j}, \quad \frac{\partial L}{\partial \dot{\xi}_j} = -\frac{\partial R}{\partial \dot{\xi}_j}, \tag{o41.4}$$

以及

$$\frac{\mathrm{d}}{\mathrm{d}t}\frac{\partial R}{\partial \dot{\xi}_j} = \frac{\partial R}{\partial \xi_j}. \tag{o41.5}$$

罗斯函数对于坐标 q 是哈密顿函数 (方程 (o41.3)), 对于坐标 ξ 是拉格朗日函数 (方程 (o41.5)).

当有循环坐标时, 用罗斯函数将会对问题的求解带来很大的方便.

§41.2　习题解答

习题 1 [补充] 对于质点在有心力场中的运动, 其拉格朗日函数为 (见公式 (o14.1))

$$L = \frac{1}{2}m(\dot{r}^2 + r^2\dot{\varphi}^2) - U(r).$$

φ 是循环坐标, 相应的广义动量为

$$p_\varphi = \frac{\partial L}{\partial \dot{\varphi}} = mr^2\dot{\varphi},$$

它是常数, 即

$$p_\varphi = mr^2\dot{\varphi} = \text{ 常数}. \tag{1}$$

罗斯函数为

$$R = p_\varphi\dot{\varphi} - L = \frac{p_\varphi^2}{2mr^2} - \frac{1}{2}m\dot{r}^2 + U(r).$$

于是, 有

$$\frac{\partial R}{\partial \dot{r}} = -m\dot{r},$$

$$\frac{\partial R}{\partial r} = -\frac{p_\varphi^2}{mr^3} + \frac{\mathrm{d}U(r)}{\mathrm{d}r}.$$

将它们代入 $\dfrac{\mathrm{d}}{\mathrm{d}t}\left(\dfrac{\partial R}{\partial \dot{r}}\right) - \dfrac{\partial R}{\partial r} = 0$ 可得关于 r 的微分方程为

$$m\ddot{r} - \frac{p_\varphi^2}{mr^3} + \frac{\mathrm{d}U(r)}{\mathrm{d}r} = 0. \tag{2}$$

方程 (1) 和 (2) 就是有心力问题的基本方程, 与直接由 L 导出的方程是相同的.

习题 2 [补充] 对于 §35 习题 1 的对称重陀螺, 有拉格朗日函数为

$$L = \frac{1}{2}I_1'\left(\dot{\theta}^2 + \dot{\varphi}^2\sin^2\theta\right) + \frac{1}{2}I_3\left(\dot{\psi} + \dot{\varphi}\cos\theta\right)^2 - \mu gl\cos\theta.$$

φ, ψ 是循环坐标, 相应的广义动量均为常数, 它们分别为

$$p_\psi = \frac{\partial L}{\partial \dot{\psi}} = I_3\left(\dot{\psi} + \dot{\varphi}\cos\theta\right) = M_3,$$

$$p_\varphi = \frac{\partial L}{\partial \dot{\varphi}} = I_1'\dot{\varphi}\sin^2\theta + I_3\cos\theta(\dot{\psi} + \dot{\varphi}\cos\theta) = M_Z.$$

罗斯函数为

$$R = \dot{\psi}p_\psi + \dot{\varphi}p_\varphi - L$$
$$= -\frac{1}{2}I_1'\dot{\theta}^2 + \frac{1}{2I_3}M_3^2 + \frac{1}{2I_1'\sin^2\theta}\left(M_Z - M_3\cos\theta\right)^2 + \mu gl\cos\theta.$$

由上式可得

$$\frac{\partial R}{\partial \dot{\theta}} = -I_1'\dot{\theta},$$

$$\frac{\partial R}{\partial \theta} = -\mu gl\sin\theta - \frac{1}{I_1'\sin^3\theta}\left(M_Z - M_3\cos\theta\right)\left(M_Z\cos\theta - M_3\right).$$

于是, 由 (o41.5) 可得相应于 θ 的微分方程为

$$I_1'\ddot{\theta} - \mu gl\sin\theta - \frac{1}{I_1'\sin^3\theta}\left(M_Z - M_3\cos\theta\right)\left(M_Z\cos\theta - M_3\right) = 0.$$

容易验证, §35 习题 1 中消去 $\dot{\varphi}, \dot{\psi}$ 的能量方程是上述方程的一次积分.

§42 泊松括号

§42.1 内容提要

任意一对变量 f, g, 它们是 q, p, t 的函数, 泊松①括号定义为②

$$\{f, g\} = \sum_k\left(\frac{\partial f}{\partial p_k}\frac{\partial g}{\partial q_k} - \frac{\partial f}{\partial q_k}\frac{\partial g}{\partial p_k}\right). \tag{o42.5}$$

---

① Siméon Denis Poisson, 1781—1840, 法国数学家和物理学家.
② 注意,《力学》这里给出的定义与常规的形式有一个符号的差别, 常用的定义为

$$\{f, g\} = \sum_k\left(\frac{\partial f}{\partial q_k}\frac{\partial g}{\partial p_k} - \frac{\partial f}{\partial p_k}\frac{\partial g}{\partial q_k}\right).$$

泊松括号有一系列基本性质:

$$\{f, g\} = -\{g, f\}, \text{ (反对称性)} \tag{o42.6}$$

$$\{f, c\} = 0, \quad (c \text{ 为常数}) \tag{o42.7}$$

$$\{f_1 + f_2, g\} = \{f_1, g\} + \{f_2, g\}, \text{ (分配律)} \tag{o42.8}$$

$$\{f_1 f_2, g\} = f_1\{f_2, g\} + f_2\{f_1, g\}, \text{ (乘积法则)} \tag{o42.9}$$

$$\frac{\partial}{\partial t}\{f, g\} = \left\{\frac{\partial f}{\partial t}, g\right\} + \left\{f, \frac{\partial g}{\partial t}\right\}, \text{ (微分法则)} \tag{o42.10}$$

$$\{f, \{g, h\}\} + \{g, \{h, f\}\} + \{h, \{f, g\}\} = 0. \text{ (雅可比恒等式)} \tag{o42.14}$$

对于正则变量, 则有

$$\{f, q_k\} = \frac{\partial f}{\partial p_k}, \tag{o42.11}$$

$$\{f, p_k\} = -\frac{\partial f}{\partial q_k}, \tag{o42.12}$$

以及

$$\{q_i, q_k\} = 0, \quad \{p_i, p_k\} = 0, \quad \{p_i, q_k\} = \delta_{ik}. \tag{o42.13}$$

采用泊松括号, 函数 $f(p, q, t)$ 对时间的全微分可表示为

$$\frac{\mathrm{d}f}{\mathrm{d}t} = \frac{\partial f}{\partial t} + \{H, f\}, \tag{o42.1}$$

哈密顿方程可表示为

$$\dot{q}_i = \{H, q_i\}, \quad \dot{p}_i = \{H, p_i\}, \tag{42.1}$$

其中的 H 为系统的哈密顿函数.

f 是运动积分 (即 $\mathrm{d}f/\mathrm{d}t = 0$ 或 $f = \text{const}$) 的充要条件为 f 满足方程

$$\frac{\partial f}{\partial t} + \{H, f\} = 0. \tag{o42.3}$$

如果 f 和 g 是两个运动积分, 则它们构成的泊松括号也是运动积分

$$\{f, g\} = \text{const}, \tag{o42.15}$$

这称为泊松定理.

§42.2 内容补充

1. (o42.9) 的证明

按定义, 对 (o42.9) 的左边展开, 有

$$
\begin{aligned}
\{f_1 f_2, g\} &= \sum_k \left[\frac{\partial(f_1 f_2)}{\partial p_k} \frac{\partial g}{\partial q_k} - \frac{\partial(f_1 f_2)}{\partial q_k} \frac{\partial g}{\partial p_k} \right] \\
&= \sum_k \left[f_1 \left(\frac{\partial f_2}{\partial p_k} \frac{\partial g}{\partial q_k} - \frac{\partial f_2}{\partial q_k} \frac{\partial g}{\partial p_k} \right) + f_2 \left(\frac{\partial f_1}{\partial p_k} \frac{\partial g}{\partial q_k} - \frac{\partial f_1}{\partial q_k} \frac{\partial g}{\partial p_k} \right) \right] \\
&= f_1 \sum_k \left(\frac{\partial f_2}{\partial p_k} \frac{\partial g}{\partial q_k} - \frac{\partial f_2}{\partial q_k} \frac{\partial g}{\partial p_k} \right) + f_2 \sum_k \left(\frac{\partial f_1}{\partial p_k} \frac{\partial g}{\partial q_k} - \frac{\partial f_1}{\partial q_k} \frac{\partial g}{\partial p_k} \right) \\
&= f_1 \{f_2, g\} + f_2 \{f_1, g\}.
\end{aligned}
$$

此即所要证明的结果.

2. 雅可比恒等式 (o42.14) 的证明

《力学》在证明雅可比恒等式的过程中得到了关系

$$
\{g, \{h, f\}\} + \{h, \{f, g\}\} = \sum_{k,l} \left(\xi_k \frac{\partial \eta_l}{\partial x_k} - \eta_k \frac{\partial \xi_l}{\partial x_k} \right) \frac{\partial f}{\partial x_l},
$$

然后利用这个结果通过说明的方式指出有雅可比恒等式成立. 实际上, 可以进行具体计算导出所需要证明的结果.

注意到, 对于现在考虑的问题, 有

$$
x_k = \begin{cases} q_k, & (k = 1, 2, \cdots, s), \\ p_{k-s}, & (k = s+1, s+2, \cdots, 2s), \end{cases}
$$

于是, 有

$$
\{g, \{h, f\}\} + \{h, \{f, g\}\} = \sum_{k,l} \left(\xi_k \frac{\partial \eta_l}{\partial x_k} - \eta_k \frac{\partial \xi_l}{\partial x_k} \right) \frac{\partial f}{\partial x_l} = \sum_k \left(A_k \frac{\partial f}{\partial q_k} + B_k \frac{\partial f}{\partial p_k} \right).
$$

这里 A_k 和 B_k 是 g 和 h 的函数, 但不是 f 的函数, 所以如果令 $f = p_i$, 则不会影响 A_k 和 B_k. 再利用 (o42.12), 有

$$
\{g, \{h, p_i\}\} + \{h, \{p_i, g\}\} = \left\{ g, -\frac{\partial h}{\partial q_i} \right\} + \left\{ h, \frac{\partial g}{\partial q_i} \right\} = -\frac{\partial}{\partial q_i} \{g, h\} = B_i.
$$

同理, 令 $f = q_i$ 并利用 (o42.11), 有

$$
\{g, \{h, q_i\}\} + \{h, \{q_i, g\}\} = \left\{ g, \frac{\partial h}{\partial p_i} \right\} + \left\{ h, -\frac{\partial g}{\partial p_i} \right\} = \frac{\partial}{\partial p_i} \{g, h\} = A_i.
$$

由此, 有

$$\{g,\{h,f\}\} + \{h,\{f,g\}\} = \sum_k \left(-\frac{\partial}{\partial q_k}\{g,h\}\frac{\partial f}{\partial p_k} + \frac{\partial}{\partial p_k}\{g,h\}\frac{\partial f}{\partial q_k} \right)$$
$$= \{\{g,h\},f\} = -\{f,\{g,h\}\},$$

即 (o42.14) 的后两项的和等于第一项的负值, 因此 (o42.14) 成立.

　　注意, 从代数结构的角度来看, 泊松括号是定义所谓 Lie[①] 代数的一种基本运算, 而不同函数之间的泊松括号给出的关系以及雅可比恒等式是 Lie 代数的基本定义关系. 例如, 习题 2 中的角动量各分量满足的关系可以统一写为

$$\{M_i, M_j\} = -\sum_k \varepsilon_{ijk} M_k,$$

在这种情况下雅可比恒等式是自动满足的. 这些关系定义了所谓的 Lie 代数 $su(2)$. 代数结构对于研究系统的性质是非常重要的[②].

3. 泊松定理与可积性

　　泊松定理表明, 有可能通过已有的运动积分构造新的运动积分. 更多的运动积分有助于解析地描述系统的运动情况.

　　对于有 s 个自由度的力学系统, 如果可以找到 s 个相互独立的运动积分 $\phi_1, \phi_2, \cdots, \phi_s$, 且满足

$$\{\phi_i, \phi_j\} = 0, \quad (i,j = 1, 2, \cdots, s).$$

这样的系统称为可积系统, 此时称 $\phi_1, \phi_2, \cdots, \phi_s$ 是相互对合的. 这个结论是由刘维尔首先证明的, 故也称为刘维尔定理, 相应地上述可积性称为刘维尔可积性[③]. 系统可积时, 其哈密顿函数属于运动积分之一或者可用它们表示出来, 而系统的运动方程可以通过积分的方法求解.

　　例如, 对于对称重刚体的定点运动, 有三个自由度, 而 §35 习题 1 的讨论表明该系统有三个运动积分, 它们确是相互独立的, 因此这是刘维尔可积系统. 事实上, 我们通过积分求出了重刚体定点运动的情况.

---

　　① Sophus Lie, 1842—1899, 挪威数学家.
　　② 经典力学中这方面的讨论可以参见有关著作, 例如 E. J. Saletan, A. H. Cromer. Theoretical Mechanics. John Wiley & Sons Inc, 1971; 中译本: 理论力学. 卢邦正, 姜存志译. 北京: 高等教育出版社, 1989.
　　③ 刘维尔定理的证明可参见有关文献, 例如, V. I. Arnold, Mathematical Method of Classical Mechanics, 2nd ed., Springer-Verlag, 1989, Chap.10. 中译本: 阿诺尔德著. 经典力学的数学方法, 第二版. 齐民友译. 北京: 高等教育出版社, 2006; 第五章所引 O. Babelon, D. Bernard and M. Talon 的著作.

再如, 对各向同性有心力作用下的质点, 有三个自由度. 如取质点的坐标 x, y, z 为广义坐标, 则哈密顿函数为

$$H = \frac{1}{2m}(p_x^2 + p_y^2 + p_z^2) + U(r), \tag{42.2}$$

其中 p_x, p_y, p_z 分别为与 x, y, z 共轭的广义动量, $r = \sqrt{x^2 + y^2 + z^2}$. 可证 $M_x = yp_z - zp_y$, $M_y = zp_x - xp_z$, $M_z = xp_y - yp_x$ 为运动积分, 但是 M_x, M_y, M_z 并不相互对合 (见本节习题 2). 相互对合并相互独立的三个运动积分可取为 $H, M_z, M^2(= M_x^2 + M_y^2 + M_z^2)$, 于是该系统是刘维尔可积的.

除了刘维尔可积性外, 还存在其它类型的可积性. 例如, 对一个系统, 如果可以构造两个矩阵 $\boldsymbol{A} = (a_{ij})$ 和 $\boldsymbol{B} = (b_{ij})$, 使得它们满足关系

$$\frac{\mathrm{d}\boldsymbol{A}}{\mathrm{d}t} = \boldsymbol{A}\boldsymbol{B} - \boldsymbol{B}\boldsymbol{A} = [\boldsymbol{A}, \boldsymbol{B}], \tag{42.3}$$

同时上述关系完全等同于系统的动力学方程, 则该系统也是可积的. 这里的矩阵 $\boldsymbol{A}$ 和 $\boldsymbol{B}$ 称为 Lax 对 (pair), 而上述关系 (42.3) 则称为 Lax 方程.

利用 $\boldsymbol{A}$ 可以构造运动积分. 先计算 $\mathrm{d}\boldsymbol{A}^n/\mathrm{d}t$,

$$\begin{aligned}
\frac{\mathrm{d}\boldsymbol{A}^n}{\mathrm{d}t} &= \sum_{k=0}^{n} \boldsymbol{A}^k \frac{\mathrm{d}\boldsymbol{A}}{\mathrm{d}t} \boldsymbol{A}^{n-1-k} = \sum_{k=0}^{n} \boldsymbol{A}^k [\boldsymbol{A}, \boldsymbol{B}] \boldsymbol{A}^{n-1-k} \\
&= \sum_{k=0}^{n} (\boldsymbol{A}^{k+1} \boldsymbol{B} \boldsymbol{A}^{n-1-k} - \boldsymbol{A}^k \boldsymbol{B} \boldsymbol{A}^{n-k}).
\end{aligned}$$

考虑到对矩阵求迹的性质 $\mathrm{tr}(\boldsymbol{A}\boldsymbol{B}) = \mathrm{tr}(\boldsymbol{B}\boldsymbol{A})$, 则有

$$\frac{\mathrm{dtr}(\boldsymbol{A}^n)}{\mathrm{d}t} = \sum_{k=0}^{n} \mathrm{tr}(\boldsymbol{A}^{k+1} \boldsymbol{B} \boldsymbol{A}^{n-1-k} - \boldsymbol{A}^k \boldsymbol{B} \boldsymbol{A}^{n-k}) = \sum_{k=0}^{n} [\mathrm{tr}(\boldsymbol{B}\boldsymbol{A}^n) - \mathrm{tr}(\boldsymbol{B}\boldsymbol{A}^n)] = 0,$$

故 $\mathrm{tr}\boldsymbol{A}^n$ 是系统的运动积分.

例如, 对于一维谐振子系统, 其拉格朗日函数为

$$L = \frac{1}{2}m\dot{x}^2 - \frac{1}{2}m\omega^2 x^2.$$

可以构造矩阵

$$\boldsymbol{A} = \sqrt{m} \begin{pmatrix} \dot{x} & \omega x \\ \omega x & -\dot{x} \end{pmatrix}, \quad \boldsymbol{B} = \begin{pmatrix} 0 & \dfrac{\omega}{2} \\ -\dfrac{\omega}{2} & 0 \end{pmatrix}.$$

这里的 $\boldsymbol{A}$ 具有性质 $\boldsymbol{A}^2 = 2E$, E 为谐振子系统的机械能, $E = \frac{1}{2}m\dot{x}^2 + \frac{1}{2}m\omega^2 x^2$, 相应有

$$\mathrm{tr}(\boldsymbol{A}^{2n+1}) = 0, \quad \mathrm{tr}(\boldsymbol{A}^{2n}) = 2(2E)^n.$$

由此也可见仅有机械能是系统的运动积分. 一个自由度的系统有一个运动积分, 一维谐振子系统是可积系统.

需要说明的是, 对于多体问题, 可积的系统是非常少的, 而绝大多数是不可积的. 最具代表性的例子是所谓的三体问题, 仅当施加较强的限制时才可以精确求解. 通常必须借助于数值计算确定多体系统的运动行为以及相关的性质. 可积性问题的研究是数学物理中的一个重要研究课题, 在数学和物理学的众多领域之中有非常重要的应用.

§42.3　习题解答

习题 1 试求质点的动量 p 和角动量 $M = r \times p$ 的笛卡儿坐标分量组成的泊松括号.

解: 这里考虑的系统是质点. 在直角坐标系下, 角动量的分量分别为

$$M_x = yp_z - zp_y, \quad M_y = zp_x - xp_z, \quad M_z = xp_y - yp_x.$$

根据公式 (o42.12), 即 $\{f, p_k\} = -\partial f / \partial q_k$, 则有

$$\{M_x, p_x\} = -\frac{\partial M_x}{\partial x} = 0,$$

$$\{M_x, p_y\} = -\frac{\partial M_x}{\partial y} = -\frac{\partial}{\partial y}(yp_z - zp_y) = -p_z,$$

$$\{M_x, p_z\} = -\frac{\partial M_x}{\partial z} = -\frac{\partial}{\partial z}(yp_z - zp_y) = p_y.$$

其它的泊松括号可以通过下标 x, y, z 的循环置换得到, 即

$$\{M_y, p_z\} = -p_x, \quad \{M_y, p_y\} = 0, \quad \{M_y, p_x\} = p_z,$$

$$\{M_z, p_x\} = -p_y, \quad \{M_z, p_z\} = 0, \quad \{M_z, p_y\} = p_x.$$

这些结果可以统一地写为

$$\{M_i, p_j\} = -\sum_k \varepsilon_{ijk} p_k,$$

其中 $i, j, k = x, y, z$, 而 ε_{ijk} 为Levi-Civita 张量, 其定义为

$$\varepsilon_{ijk} = \begin{cases} 1, & \text{当 } ijk \text{ 为 } xyz, yzx, zxy, \text{ 即 } xyz \text{ 的偶置换时}, \\ -1, & \text{当 } ijk \text{ 为 } xzy, yxz, zyx, \text{ 即 } xyz \text{ 的奇置换时}, \\ 0, & \text{其它}. \end{cases}$$

习题 2 试求角动量 $\boldsymbol{M}$ 的分量组成的泊松括号.

解: 直接由公式 (o42.5) 计算可得

$$\{M_x, M_y\} = \frac{\partial M_x}{\partial p_x}\frac{\partial M_y}{\partial x} - \frac{\partial M_x}{\partial x}\frac{\partial M_y}{\partial p_x} +$$
$$\frac{\partial M_x}{\partial p_y}\frac{\partial M_y}{\partial y} - \frac{\partial M_x}{\partial y}\frac{\partial M_y}{\partial p_y} +$$
$$\frac{\partial M_x}{\partial p_z}\frac{\partial M_y}{\partial z} - \frac{\partial M_x}{\partial z}\frac{\partial M_y}{\partial p_z}$$
$$= 0 + yp_x - (-p_y)(-x) = -(xp_y - yp_x) = -M_z,$$

类似地, 有

$$\{M_y, M_z\} = -M_x, \quad \{M_z, M_x\} = -M_y.$$

这些关系可以统一写为

$$\{M_i, M_j\} = -\sum_k \varepsilon_{ijk} M_k,$$

其中 $i, j, k = x, y, z$. 满足上述关系的 M_x, M_y, M_z 生成 Lie 代数 $su(2)$.

　　由上述关系以及泊松定理可知, 如果 M_x, M_y, M_z 三个分量中有两个分量是系统的运动积分, 则第三个分量一定也是运动积分. 各向同性有心力场中运动的质点系统具有这样的代数结构以及这样的运动积分.

习题 3 试证

$$\{\varphi, M_z\} = 0,$$

其中 φ 是质点坐标和动量的任意标量函数.

证: $\boldsymbol{r}$ 和 $\boldsymbol{p}$ 组成的标量函数有三种基本形式:$r^2 = \boldsymbol{r} \cdot \boldsymbol{r}$, $p^2 = \boldsymbol{p} \cdot \boldsymbol{p}$ 以及 $\boldsymbol{r} \cdot \boldsymbol{p}$. 于是标量函数 φ 只能通过它们依赖于矢量 $\boldsymbol{r}$ 和 $\boldsymbol{p}$ 的分量, 即

$$\varphi = \varphi(r^2, p^2, \boldsymbol{r} \cdot \boldsymbol{p}),$$

所以

$$\frac{\partial \varphi}{\partial \boldsymbol{r}} = \frac{\partial \varphi}{\partial (r^2)}\frac{\partial (\boldsymbol{r} \cdot \boldsymbol{r})}{\partial \boldsymbol{r}} + \frac{\partial \varphi}{\partial (\boldsymbol{p} \cdot \boldsymbol{r})}\frac{\partial (\boldsymbol{p} \cdot \boldsymbol{r})}{\partial \boldsymbol{r}} = 2\frac{\partial \varphi}{\partial (r^2)}\boldsymbol{r} + \frac{\partial \varphi}{\partial (\boldsymbol{p} \cdot \boldsymbol{r})}\boldsymbol{p}.$$

对 $\partial \varphi / \partial \boldsymbol{p}$, 相应有

$$\frac{\partial \varphi}{\partial \boldsymbol{p}} = \frac{\partial \varphi}{\partial (p^2)}\frac{\partial (\boldsymbol{p} \cdot \boldsymbol{p})}{\partial \boldsymbol{p}} + \frac{\partial \varphi}{\partial (\boldsymbol{p} \cdot \boldsymbol{r})}\frac{\partial (\boldsymbol{p} \cdot \boldsymbol{r})}{\partial \boldsymbol{p}} = 2\frac{\partial \varphi}{\partial (p^2)}\boldsymbol{p} + \frac{\partial \varphi}{\partial (\boldsymbol{p} \cdot \boldsymbol{r})}\boldsymbol{r}.$$

利用这些偏微分公式并按公式 (o42.5), 则有

$$\{\varphi, M_z\} = \sum_k \left(\frac{\partial \varphi}{\partial \boldsymbol{p}_k} \cdot \frac{\partial M_z}{\partial \boldsymbol{r}_k} - \frac{\partial \varphi}{\partial \boldsymbol{r}_k} \cdot \frac{\partial M_z}{\partial \boldsymbol{p}_k} \right)$$

$$= \sum_k \left[\left(2 \frac{\partial \varphi}{\partial (p_k^2)} \boldsymbol{p}_k + \frac{\partial \varphi}{\partial (\boldsymbol{p}_k \cdot \boldsymbol{r}_k)} \boldsymbol{r}_k \right) \cdot \frac{\partial M_z}{\partial \boldsymbol{r}_k} - \right.$$

$$\left. \left(2 \frac{\partial \varphi}{\partial (r_k^2)} \boldsymbol{r}_k + \frac{\partial \varphi}{\partial (\boldsymbol{p}_k \cdot \boldsymbol{r}_k)} \boldsymbol{p}_k \right) \cdot \frac{\partial M_z}{\partial \boldsymbol{p}_k} \right]$$

$$= -2 \sum_k \frac{\partial \varphi}{\partial (r_k^2)} \boldsymbol{r}_k \cdot \frac{\partial M_z}{\partial \boldsymbol{p}_k} + 2 \sum_k \frac{\partial \phi}{\partial (p_k^2)} \boldsymbol{p}_k \cdot \frac{\partial M_z}{\partial \boldsymbol{r}_k} -$$

$$\sum_k \frac{\partial \varphi}{\partial (\boldsymbol{p}_k \cdot \boldsymbol{r}_k)} \left[\boldsymbol{p}_k \cdot \frac{\partial M_z}{\partial \boldsymbol{p}_k} - \boldsymbol{r}_k \cdot \frac{\partial M_z}{\partial \boldsymbol{r}_k} \right].$$

但是, 因为

$$\boldsymbol{r}_k = (x_k, y_k, z_k), \quad \boldsymbol{p}_k = (p_{x_k}, p_{y_k}, p_{z_k}),$$

$$M_z = \sum_k (x_k p_{y_k} - y_k p_{x_k}),$$

则有

$$\frac{\partial M_z}{\partial x_i} = p_{y_i}, \quad \frac{\partial M_z}{\partial y_i} = -p_{x_i}, \quad \frac{\partial M_z}{\partial z_i} = 0,$$

$$\frac{\partial M_z}{\partial p_{x_i}} = -y_i, \quad \frac{\partial M_z}{\partial p_{y_i}} = x_i, \quad \frac{\partial M_z}{\partial p_{z_i}} = 0,$$

于是有

$$\boldsymbol{r}_k \cdot \frac{\partial M_z}{\partial \boldsymbol{p}_k} = x_k \frac{\partial M_z}{\partial p_{x_k}} + y_k \frac{\partial M_z}{\partial p_{y_k}} + z_k \frac{\partial M_z}{\partial p_{z_k}} = 0,$$

$$\boldsymbol{p}_k \cdot \frac{\partial M_z}{\partial \boldsymbol{r}_k} = p_{x_k} \frac{\partial M_z}{\partial x_k} + p_{y_k} \frac{\partial M_z}{\partial y_k} + p_{z_k} \frac{\partial M_z}{\partial z_k} = 0,$$

$$\boldsymbol{p}_k \cdot \frac{\partial M_z}{\partial \boldsymbol{p}_k} - \boldsymbol{r}_k \cdot \frac{\partial M_z}{\partial \boldsymbol{r}_k} = p_{x_k} \frac{\partial M_z}{\partial p_{x_k}} + p_{y_k} \frac{\partial M_z}{\partial p_{y_k}} + p_{z_k} \frac{\partial M_z}{\partial p_{z_k}} -$$

$$\left(x_k \frac{\partial M_z}{\partial x_k} + y_k \frac{\partial M_z}{\partial y_k} + z_k \frac{\partial M_z}{\partial z_k} \right)$$

$$= p_{x_k}(-y_k) + p_{y_k} x_k - [x_k p_{y_i} + y_k (-p_{x_k})] = 0.$$

所以, $\{\varphi, M_z\} = 0$.

习题 4 试证

$$\{\boldsymbol{f}, M_z\} = \boldsymbol{f} \times \boldsymbol{n},$$

其中 $\boldsymbol{f}$ 是质点坐标和动量的矢量函数, 而 $\boldsymbol{n}$ 是沿着 z 方向的单位矢量.

证: 任意矢量 $\boldsymbol{f}(\boldsymbol{r}, \boldsymbol{p})$ 可以写成

$$\boldsymbol{f} = \boldsymbol{r}\varphi_1 + \boldsymbol{p}\varphi_2 + (\boldsymbol{r} \times \boldsymbol{p})\varphi_3,$$

其中 $\varphi_1, \varphi_2, \varphi_3$ 是标量函数. 注意, 因为

$$\boldsymbol{r} \times (\boldsymbol{r} \times \boldsymbol{p}) = \boldsymbol{r}(\boldsymbol{r} \cdot \boldsymbol{p}) - \boldsymbol{p}(\boldsymbol{r} \cdot \boldsymbol{r}), \quad \boldsymbol{p} \times (\boldsymbol{r} \times \boldsymbol{p}) = \boldsymbol{r}(\boldsymbol{p} \cdot \boldsymbol{p}) - \boldsymbol{p}(\boldsymbol{r} \cdot \boldsymbol{p}),$$

$$(\boldsymbol{r} \times \boldsymbol{p}) \times (\boldsymbol{r} \times \boldsymbol{p}) = 0,$$

即用 $\boldsymbol{r}, \boldsymbol{p}$ 以及 $\boldsymbol{r} \times \boldsymbol{p}$ 构造的矢量必能用它们表示出来, 所以任意矢量 $\boldsymbol{f}(\boldsymbol{r}, \boldsymbol{p})$ 具有上述一般形式.

由习题 3 可知

$$\{\varphi_1, M_z\} = \{\varphi_2, M_z\} = \{\varphi_3, M_z\} = 0,$$

则根据 (o42.9), 有

$$\{\boldsymbol{f}, M_z\} = \{(\boldsymbol{r}\varphi_1 + \boldsymbol{p}\varphi_2 + (\boldsymbol{r} \times \boldsymbol{p})\varphi_3), M_z\}$$
$$= \{\boldsymbol{r}, M_z\}\varphi_1 + \{\boldsymbol{p}, M_z\}\varphi_2 + \{(\boldsymbol{r} \times \boldsymbol{p}), M_z\}\varphi_3.$$

考虑到 $\boldsymbol{r} = x\boldsymbol{e}_x + y\boldsymbol{e}_y + z\boldsymbol{e}_z$, $\boldsymbol{p} = p_x\boldsymbol{e}_x + p_y\boldsymbol{e}_y + p_z\boldsymbol{e}_z$, 则有

$$\{\boldsymbol{r}, M_z\} = -\left(\frac{\partial \boldsymbol{r}}{\partial x}\frac{\partial M_z}{\partial p_x} + \frac{\partial \boldsymbol{r}}{\partial y}\frac{\partial M_z}{\partial p_y} + \frac{\partial \boldsymbol{r}}{\partial z}\frac{\partial M_z}{\partial p_z}\right) = y\boldsymbol{e}_x - x\boldsymbol{e}_y.$$

由习题 1, 有

$$\{\boldsymbol{p}, M_z\} = p_y\boldsymbol{e}_x - p_x\boldsymbol{e}_y, \quad \{(\boldsymbol{r} \times \boldsymbol{p}), M_z\} = \{\boldsymbol{M}, M_z\} = M_y\boldsymbol{e}_x - M_x\boldsymbol{e}_y.$$

于是

$$\{\boldsymbol{f}, M_z\} = (y\boldsymbol{e}_x - x\boldsymbol{e}_y)\varphi_1 + (p_y\boldsymbol{e}_x - p_x\boldsymbol{e}_y)\varphi_2 + (M_y\boldsymbol{e}_x - M_x\boldsymbol{e}_y)\varphi_3.$$

但是, 因为

$$\boldsymbol{f} \times \boldsymbol{n} = (\boldsymbol{r} \times \boldsymbol{e}_z)\varphi_1 + (\boldsymbol{p} \times \boldsymbol{e}_z)\varphi_2 + [(\boldsymbol{r} \times \boldsymbol{p}) \times \boldsymbol{e}_z]\varphi_3$$
$$= (y\boldsymbol{e}_x - x\boldsymbol{e}_y)\varphi_1 + (p_y\boldsymbol{e}_x - p_x\boldsymbol{e}_y)\varphi_2 + [M_y\boldsymbol{e}_x - M_x\boldsymbol{e}_y]\varphi_3,$$

这与前面的表示式相同, 由此待证的结论得证.

§43　作为坐标函数的作用量

§43.1　内容提要

当将哈密顿作用量

$$S = \int_{t_1}^{t_2} L \mathrm{d}t \qquad (o43.1)$$

中的积分看作是沿着实际运动轨道的积分, 则 S 是积分上下限中坐标值的函数, 相应有

$$\mathrm{d}S = \sum_i p_i^{(2)} \mathrm{d}q_i^{(2)} - H^{(2)} \mathrm{d}t^{(2)} - \sum_i p_i^{(1)} \mathrm{d}q_i^{(1)} + H^{(1)} \mathrm{d}t^{(1)} . \qquad (o43.7)$$

这个关系对系统的可能运动的范围施加了一定的限制.

如果将坐标和动量视为可以独立变分的变量, 则可以由最小作用量原理从下列形式的作用量推导出哈密顿方程 (o40.4)

$$S = \int \left(\sum_i p_i \mathrm{d}q_i - H \mathrm{d}t \right) . \qquad (o43.8)$$

§43.2　内容补充

1. 作用量 (o43.1) 的变分

对作用量 (o43.1) 即 $S = \int_{t_1}^{t_2} L(t, q, \dot{q}) \mathrm{d}t$ 进行变分, 有

$$\delta S = \int_{t_1}^{t_2} \left(\frac{\partial L}{\partial q} \delta q + \frac{\partial L}{\partial \dot{q}} \delta \dot{q} \right) \mathrm{d}t.$$

这里需要注意两点, 一是考虑的是等时变分, 二是针对完整系统的, 这样变分运算和积分运算可交换次序, 即对积分的变分可以直接化为对被积函数进行变分. 注意到变分和微分可以交换次序 $\delta \dot{q} = \dfrac{\mathrm{d}}{\mathrm{d}t} \delta q$, 则有 $\dfrac{\partial L}{\partial \dot{q}} \delta \dot{q} = \dfrac{\mathrm{d}}{\mathrm{d}t} \left(\dfrac{\partial L}{\partial \dot{q}} \delta q \right) - \dfrac{\mathrm{d}}{\mathrm{d}t} \left(\dfrac{\partial L}{\partial \dot{q}} \right) \delta q$, 将上式中的第二项分部积分可得

$$\delta S = \frac{\partial L}{\partial \dot{q}} \delta q \bigg|_{t_1}^{t_2} + \int_{t_1}^{t_2} \left(\frac{\partial L}{\partial q} - \frac{\mathrm{d}}{\mathrm{d}t} \frac{\partial L}{\partial \dot{q}} \right) \delta q \, \mathrm{d}t = p \delta q \bigg|_{t_1}^{t_2} + \int_{t_1}^{t_2} \left(\frac{\partial L}{\partial q} - \frac{\mathrm{d}}{\mathrm{d}t} \frac{\partial L}{\partial \dot{q}} \right) \delta q \, \mathrm{d}t.$$

对于多自由度的情况, 类似地处理, 有

$$\delta S = \sum_i \frac{\partial L}{\partial \dot{q}_i}\delta q_i \bigg|_{t_1}^{t_2} + \sum_i \int_{t_1}^{t_2}\left(\frac{\partial L}{\partial q_i} - \frac{\mathrm{d}}{\mathrm{d}t}\frac{\partial L}{\partial \dot{q}_i}\right)\delta q_i \mathrm{d}t$$

$$= \sum_i p_i \delta q_i \bigg|_{t_1}^{t_2} + \sum_i \int_{t_1}^{t_2}\left(\frac{\partial L}{\partial q_i} - \frac{\mathrm{d}}{\mathrm{d}t}\frac{\partial L}{\partial \dot{q}_i}\right)\delta q_i \mathrm{d}t.$$

对于实际运动, 上式变为

$$\delta S = \sum_i p_i \delta q_i \bigg|_{t_1}^{t_2}. \tag{43.1}$$

2. 公式 (o43.7)

如果不附加导出 (o43.2) 的条件 $\delta q_i(t_1) = 0$, 则由 (43.1) 得

$$\delta S = \sum_i p_i^{(2)}\delta q_i^{(2)} - \sum_i p_i^{(1)}\delta q_i^{(1)}.$$

由此式可知

$$\frac{\partial S}{\partial q_i^{(2)}} = p_i^{(2)}, \quad \frac{\partial S}{\partial q_i^{(1)}} = -p_i^{(1)}.$$

如果将 S 看成坐标和时间的函数, $S = S(t^{(1)}, q_i^{(1)}, t^{(2)}, q_i^{(2)})$, 则有

$$\frac{\mathrm{d}S}{\mathrm{d}t^{(2)}} = \frac{\partial S}{\partial t^{(2)}} + \sum_i \frac{\partial S}{\partial q_i^{(2)}}\dot{q}_i^{(2)} = \frac{\partial S}{\partial t^{(2)}} + \sum_i p_i^{(2)}\dot{q}_i^{(2)},$$

$$\frac{\mathrm{d}S}{\mathrm{d}t^{(1)}} = \frac{\partial S}{\partial t^{(1)}} + \sum_i \frac{\partial S}{\partial q_i^{(1)}}\dot{q}_i^{(1)} = \frac{\partial S}{\partial t^{(1)}} - \sum_i p_i^{(1)}\dot{q}_i^{(1)}.$$

但是

$$\frac{\mathrm{d}S}{\mathrm{d}t^{(2)}} = L^{(2)}, \quad \frac{\mathrm{d}S}{\mathrm{d}t^{(1)}} = -L^{(1)}.$$

所以

$$\frac{\partial S}{\partial t^{(2)}} = L^{(2)} - \sum_i p_i^{(2)}\dot{q}_i^{(2)} = -H^{(2)}, \quad \frac{\partial S}{\partial t^{(1)}} = \sum_i p_i^{(1)}\dot{q}_i^{(1)} - L^{(1)} = H^{(1)},$$

从而有

$$\frac{\mathrm{d}S}{\mathrm{d}t^{(2)}} = -H^{(2)} + \sum_i p_i^{(2)}\dot{q}_i^{(2)}, \quad \frac{\mathrm{d}S}{\mathrm{d}t^{(1)}} = H^{(1)} - \sum_i p_i^{(1)}\dot{q}_i^{(1)}.$$

又因为

$$\mathrm{d}S = \left[\frac{\mathrm{d}S}{\mathrm{d}t^{(2)}}\right]\mathrm{d}t^{(2)} + \left[\frac{\mathrm{d}S}{\mathrm{d}t^{(1)}}\right]\mathrm{d}t^{(1)},$$

代入 $\dfrac{\mathrm{d}S}{\mathrm{d}t^{(2)}}$ 和 $\dfrac{\mathrm{d}S}{\mathrm{d}t^{(1)}}$ 的表示式, 可得

$$\mathrm{d}S = \sum_i p_i^{(2)}\mathrm{d}q_i^{(2)} - H^{(2)}\mathrm{d}t^{(2)} - \sum_i p_i^{(1)}\mathrm{d}q_i^{(1)} + H^{(1)}\mathrm{d}t^{(1)}.$$

这就是 (o43.7).

3. 正则方程变分原理推导中 δp_k 的独立性问题

假定所考虑的系统是完整系统, 则变分和积分可交换次序. 对作用量 (o43.8) 进行变分运算并据最小作用量原理可得

$$\int_{t_1}^{t_2} \sum_k \left(p_k\delta\dot{q}_k + \dot{q}_k\delta p_k - \frac{\partial H}{\partial p_k}\delta p_k - \frac{\partial H}{\partial q_k}\delta q_k \right)\mathrm{d}t = 0.$$

对上式第一项应用分部积分, 则得

$$\int_{t_1}^{t_2} \sum_k \left[\left(\dot{q}_k - \frac{\partial H}{\partial p_k} \right)\delta p_k - \left(\dot{p}_k + \frac{\partial H}{\partial q_k} \right)\delta q_k \right]\mathrm{d}t + \sum_k p_k\delta q_k \Big|_{t_1}^{t_2} = 0.$$

取固定边界条件 $\delta q_k(t_1) = \delta q_k(t_2) = 0$, 则上式可写为如下形式

$$\int_{t_1}^{t_2} \sum_k \left[\left(\dot{q}_k - \frac{\partial H}{\partial p_k} \right)\delta p_k - \left(\dot{p}_k + \frac{\partial H}{\partial q_k} \right)\delta q_k \right]\mathrm{d}t = 0. \tag{43.2}$$

注意到, 在将作用量 (o43.1) 改写为 (o43.8) 时已经应用了勒让德变换, 而变换要求

$$\dot{q}_k = \frac{\partial H}{\partial p_k}, \quad (k = 1, 2, \cdots, s) \tag{43.3}$$

由 (43.3) 式得出

$$\dot{q}_k - \frac{\partial H}{\partial p_k} = 0, \quad (k = 1, 2, \cdots, s)$$

代入 (43.2) 式得出 δp_k 的系数为零. 而 (43.2) 式中 δq_k 是任意的, 故其系数为零. 这样我们就得出了另外 s 个正则方程

$$\dot{p}_k = -\frac{\partial H}{\partial q_k}, \quad (k = 1, 2, \cdots, s) \tag{43.4}$$

上面通过最小作用量原理导出哈密顿正则方程的过程与《力学》中给出的过程有点小的区别, 这里没有直接认为 q, p 的变分是相互独立的. 对此以及其它相关的问题是需要作进一步说明的.

(i) 正则方程 (43.3) 是与广义动量的定义 $p_k = \dfrac{\partial L}{\partial \dot{q}_k}$ 相关的. 由哈密顿函数的定义

$$H = \sum_k \dot{q}_k p_k - L$$

及 L 通过 $\dot{q}_k$ 与 p_k 关联, 即 $\dot{q}_k = \dot{q}_k(q, p, t)$, 则

$$\frac{\partial H}{\partial p_k} = \dot{q}_k + \sum_j p_j \frac{\partial \dot{q}_j}{\partial p_k} - \sum_j \frac{\partial L}{\partial \dot{q}_j} \frac{\partial \dot{q}_j}{\partial p_k},$$

代入 p_k 的定义 $p_k = \dfrac{\partial L}{\partial \dot{q}_k}$, 则得

$$\frac{\partial H}{\partial p_k} = \dot{q}_k,$$

即正则方程的另一部分是由 $p_k = \dfrac{\partial L}{\partial \dot{q}_k}$ 导出的.

(ii) 如果同 q_k 一样将 p_k 也作为独立变量, 则必须同时将 $p_k = \dfrac{\partial L}{\partial \dot{q}_k}$ 或者它的逆变换 (43.3) 作为运动方程, 而不是作为定义对待. 所以系统的运动规律应由 (43.3) 式和 (43.4) 式联立表示.

上述这两点说明表示, 如将正则方程 $\dfrac{\partial H}{\partial p_k} = \dot{q}_k$ 作为运动方程, 则将 $p_k = \dfrac{\partial L}{\partial \dot{q}_k}$ 视为运动方程就是自然的, 于是在拉格朗日动力学理论中, $\dot{q}_k = \dfrac{\mathrm{d}}{\mathrm{d}t}(q_k)$ 也就可以作为运动方程了.

(iii) 在哈密顿力学中 δq_k 是任意的, 但 δp_k 则不是任意的, 尽管 q_k 和 p_k 均是独立变量[①]. 原因在于, 一旦选定了 δq_k, 则系统在规定的时间内必须到达变分路径上的某一特定位置, 而在实际路径上也有一确定的位置与其对应 (参见图 7.2), 因而 $\dot{q}_k$ 的值随之确定. 因 p_k 与 $\dot{q}_k$ 有关系, 当 $\dot{q}_k$ 确定, 则 p_k 也将确定, 由此 δp_k 将不能任意取值.

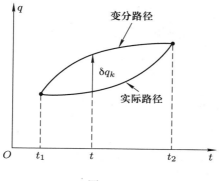

图 7.2

---

① 参见, 吴大猷. 古典动力学. 科学出版社, 1983 年, p200–204; 2010 年简体字版, p143–146.

(iv) 在两端点处 δq_k 等于零, 但 δp_k 在两端点处不一定等于零[1]. 因为对等时变分问题,

$$\delta\dot{q}_k = \frac{\mathrm{d}}{\mathrm{d}t}\delta q_k, \quad (k = 1, 2, \cdots, s)$$

上式右边表示尽管在端点 t_1 或 t_2 处 $\delta q_k(t)|_{t=t_1} = \delta q_k(t)|_{t=t_2} = 0$, 但 $\delta q_k(t + \triangle t)$ (其中 $t = t_1$ 或 $t = t_2$) 一般不等于零, 因而 $\frac{\mathrm{d}}{\mathrm{d}t}\delta q_k = \lim_{\triangle t \to 0} \frac{\delta q_k(t + \triangle t) - \delta q_k(t)}{\triangle t}$ 在两端点处也不一定等于零. 而 p_k 通过 $p_k = \frac{\partial L}{\partial \dot{q}_k}$ 与各 $\dot{q}_k$ 联系, 由此可知在两端点处 δp_k 不一定等于零.

§44　莫培督原理

§44.1　内容提要

对于所有满足能量守恒定律且在任意时刻通过终点的轨道, 下述简约作用量有极小值,

$$S_0 = \int \sum_i p_i \mathrm{d}q_i, \tag{o44.4}$$

即由 $\delta S_0 = 0$ 可确定系统的运动轨道. 当将上式中的 p_i 用 $q_i, \mathrm{d}q_i$ 以及参数 E 表示时, 这样的变分原理 $\delta S_0 = 0$ 称为 莫培督原理[2].

当拉格朗日函数具有 (o5.5) 的形式时, 简约作用量为

$$S_0 = \int \sqrt{2(E - U) \sum_{i,k} a_{ik}\mathrm{d}q_i\mathrm{d}q_k}. \tag{o44.9}$$

相应地确定单个质点系统轨道的变分原理为[3]

$$\delta \int \sqrt{2m(E - U)}\mathrm{d}l = 0, \tag{o44.10}$$

其中积分是沿空间中两个给定点之间路径的积分. 确定运动随时间变化的方程为

$$\int \sqrt{\frac{\sum a_{ik}\mathrm{d}q_i\mathrm{d}q_k}{2(E - U)}} = t - t_0. \tag{o44.12}$$

---

[1] 参见, D. T. 格林伍德. 经典动力学. 孙国锟译. 科学出版社, 1982, p211.
[2] Pierre-Louis Moreau de Maupertuis, 1698—1759, 法国数学家, 物理学家和哲学家.
[3] 这个变分原理也称为雅可比最小作用量原理.

§44.2 内容补充

1. 等时变分和全变分

在得到关系 (o44.1) 时已经假定 t 有变分 $\delta t \neq 0$, 因而由此出发得到的莫培督原理所涉及的变分就不是等时变分, 这与最小作用量原理也即哈密顿原理中的变分是不相同的. 后者中的变分是等时变分, 即 $\delta t = 0$. 在文献中, 通常将莫培督原理中的变分称为全变分, 一般用 Δ 表示相应的变分运算, 而《力学》中则采用了与等时变分相同的符号 δ 表示这样的变分. 在 §2 节的内容补充中我们给出了两者之间的关系.

2. 莫培督原理和拉格朗日方程

在变分原理 (o44.10) 中, $\mathrm{d}l$ 表示轨道的微元. 但是即使轨道的端点是固定的, 变分轨道与实际轨道的总长度是不相同的, 于是积分限是不确定的. 因此在使用这个变分原理时, 实际上往往用另外一个在端点有确定值的参数 (例如选取广义坐标之一) 来表示 $\mathrm{d}l$ 以及各广义坐标, 这样就可将变分原理 (o44.10) 变为通常的变分问题, 相应的轨道方程就是通常变分问题中的欧拉 – 拉格朗日方程, 参见本节习题 2 的说明.

§44.3 习题解答

习题 1 试由变分原理 (o44.10) 推导出轨道的微分方程.

解: 对 (o44.10) 中的积分 $\int \sqrt{2(E-U)}\mathrm{d}l$ 进行变分, 有

$$\delta \int \sqrt{2(E-U)}\mathrm{d}l = \int \left[\mathrm{d}l\, \delta\sqrt{2(E-U)} + (\delta \mathrm{d}l)\sqrt{2(E-U)} \right].$$

因为 $\mathrm{d}l$ 是轨道上的微元, 其值等于 $\mathrm{d}\boldsymbol{r}$ 的大小, 即 $\mathrm{d}l = |\mathrm{d}\boldsymbol{r}|$, 或者 $(\mathrm{d}l)^2 = |\mathrm{d}\boldsymbol{r}|^2 = \mathrm{d}\boldsymbol{r} \cdot \mathrm{d}\boldsymbol{r}$. 由此可得

$$\mathrm{d}l\, \mathrm{d}(\delta l) = \mathrm{d}\boldsymbol{r} \cdot \mathrm{d}(\delta\boldsymbol{r}), \quad \mathrm{d}\delta l = \frac{\mathrm{d}\boldsymbol{r} \cdot \mathrm{d}(\delta\boldsymbol{r})}{\mathrm{d}l}.$$

又因 E 为常量, 则 $\delta\sqrt{2(E-U)}$ 只需对其中的 U 求变分, 于是

$$\delta \int \sqrt{2(E-U)}\mathrm{d}l = -\int \left(\frac{\partial U}{\partial \boldsymbol{r}} \cdot \frac{\delta\boldsymbol{r}}{2\sqrt{E-U}}\mathrm{d}l - \sqrt{E-U}\frac{\mathrm{d}\boldsymbol{r}}{\mathrm{d}l} \cdot \mathrm{d}(\delta\boldsymbol{r}) \right).$$

但是

$$\sqrt{E-U}\frac{\mathrm{d}\boldsymbol{r}}{\mathrm{d}l} \cdot \mathrm{d}(\delta\boldsymbol{r}) = \mathrm{d}\left[\sqrt{E-U}\frac{\mathrm{d}\boldsymbol{r}}{\mathrm{d}l} \cdot \delta\boldsymbol{r} \right] - \mathrm{d}\left(\sqrt{E-U}\frac{\mathrm{d}\boldsymbol{r}}{\mathrm{d}l} \right) \cdot \delta\boldsymbol{r},$$

则分部积分后, 有

$$\delta \int \sqrt{2(E-U)}\mathrm{d}l = \left[\sqrt{E-U}\frac{\mathrm{d}\boldsymbol{r}}{\mathrm{d}l} \cdot \delta\boldsymbol{r} \right] - \int \left(\frac{\partial U}{\partial \boldsymbol{r}} \cdot \frac{\delta\boldsymbol{r}}{2\sqrt{E-U}}\mathrm{d}l + \mathrm{d}\left(\sqrt{E-U}\frac{\mathrm{d}\boldsymbol{r}}{\mathrm{d}l} \right) \cdot \delta\boldsymbol{r} \right).$$

已积出的部分是边界项, 等于零. 令剩余部分的被积函数中 δr 的系数等于零, 可得运动方程

$$2\sqrt{E-U}\frac{\mathrm{d}}{\mathrm{d}l}\left(\sqrt{E-U}\frac{\mathrm{d}r}{\mathrm{d}l}\right)=-\frac{\partial U}{\partial r}.$$

计算上式中左边的微分, 有

$$2\sqrt{E-U}\left[\left(\frac{\mathrm{d}}{\mathrm{d}l}\sqrt{E-U}\right)\frac{\mathrm{d}r}{\mathrm{d}l}+\sqrt{E-U}\frac{\mathrm{d}^2r}{\mathrm{d}l^2}\right]=\boldsymbol{F},$$

即

$$-\left(\frac{\partial U}{\partial r}\cdot\frac{\mathrm{d}r}{\mathrm{d}l}\right)\frac{\mathrm{d}r}{\mathrm{d}l}+2(E-U)\frac{\mathrm{d}^2r}{\mathrm{d}l^2}=\boldsymbol{F},$$

也即

$$\left(\boldsymbol{F}\cdot\frac{\mathrm{d}r}{\mathrm{d}l}\right)\frac{\mathrm{d}r}{\mathrm{d}l}+2(E-U)\frac{\mathrm{d}^2r}{\mathrm{d}l^2}=\boldsymbol{F}.$$

对上式整理, 可得

$$\frac{\mathrm{d}^2r}{\mathrm{d}l^2}=\frac{\boldsymbol{F}-(\boldsymbol{F}\cdot\boldsymbol{t})\boldsymbol{t}}{2(E-U)},$$

其中 $\boldsymbol{t}=\mathrm{d}r/\mathrm{d}l$. 前面已经说过 $\mathrm{d}l=|\mathrm{d}r|$, 则 $\boldsymbol{t}$ 就是轨道切线方向的单位矢量. 因为 $\mathrm{d}^2r/\mathrm{d}l^2=\mathrm{d}\boldsymbol{t}/\mathrm{d}l=\boldsymbol{n}/R$, 这里 R 为轨道的曲率半径, $\boldsymbol{n}$ 是轨道主法线方向的单位矢量, $\boldsymbol{F}-(\boldsymbol{F}\cdot\boldsymbol{t})\boldsymbol{t}$ 是力在轨道主法线方向的分量 $\boldsymbol{F}_n$. 将 $E-U$ 换为 $mv^2/2$, 则由上式可得

$$\boldsymbol{n}\frac{mv^2}{R}=\boldsymbol{F}_n.$$

这正是曲线运动中动力学方程沿法线方向的分量式.

习题 2 [补充] 根据莫培督原理求质量为 m 的质点在万有引力作用下的运动轨道.

解: 取质点为系统, 引力中心为坐标原点. 在有心力作用下, 质点作平面运动, 有两个自由度. 取平面极坐标 r, φ 为广义坐标, 则系统的动能为

$$T=\frac{1}{2}m(\dot{r}^2+r^2\dot{\varphi}^2).\tag{1}$$

由 (1) 可知, 轨道的微元为

$$(\mathrm{d}l)^2=(\mathrm{d}r)^2+r^2(\mathrm{d}\varphi)^2=(r'^2+r^2)(\mathrm{d}\varphi)^2,\tag{2}$$

其中 $r'=\dfrac{\mathrm{d}r}{\mathrm{d}\varphi}$. 系统的势能为

$$U=-\frac{\alpha}{r},\tag{3}$$

这里 $\alpha = GmM$, M 是对质点有万有引力的物体的质量.

由莫培督原理, 有

$$\delta \int \sqrt{2(E-U)}\mathrm{d}l = \delta \int \sqrt{2\left(E+\frac{\alpha}{r}\right)}\sqrt{(r'^2+r^2)}\mathrm{d}\varphi = 0, \tag{4}$$

即

$$\delta \int \sqrt{2\left(E+\frac{\alpha}{r}\right)}\sqrt{(r'^2+r^2)}\mathrm{d}\varphi = \int \left\{ \frac{-\alpha/r^2}{\sqrt{2\left(E+\frac{\alpha}{r}\right)}}\sqrt{(r'^2+r^2)}\delta r+ \right.$$

$$\left. \sqrt{2\left(E+\frac{\alpha}{r}\right)}\frac{r'\delta r'+r\delta r}{\sqrt{(r'^2+r^2)}} \right\} \mathrm{d}\varphi$$

$$= \int \left\{ \frac{-\alpha/r^2}{\sqrt{2\left(E+\frac{\alpha}{r}\right)}}\sqrt{(r'^2+r^2)}+r\sqrt{\frac{2\left(E+\frac{\alpha}{r}\right)}{r'^2+r^2}}- \right.$$

$$\left. \frac{\mathrm{d}}{\mathrm{d}\varphi}\left[r'\sqrt{\frac{2\left(E+\frac{\alpha}{r}\right)}{r'^2+r^2}} \right] \right\} \delta r \, \mathrm{d}\varphi + r'\sqrt{\frac{2\left(E+\frac{\alpha}{r}\right)}{r'^2+r^2}}\delta r \Bigg|$$

$$= 0.$$

上式中对含 $\delta r'$ 的部分进行了分部积分. 考虑到在边界上有 $\delta r = 0$, 则上式中积出的部分等于零. 因为积分中的 δr 是任意的, 则其前面的系数应等于零, 由此可得运动微分方程为

$$\frac{\mathrm{d}}{\mathrm{d}\varphi}\left[r'\sqrt{\frac{2\left(E+\frac{\alpha}{r}\right)}{r'^2+r^2}} \right] - \frac{-\alpha/r^2}{\sqrt{2\left(E+\frac{\alpha}{r}\right)}}\sqrt{(r'^2+r^2)} - r\sqrt{\frac{2\left(E+\frac{\alpha}{r}\right)}{r'^2+r^2}} = 0. \tag{5}$$

将式 (5) 中各项同时乘以 r' 后再加减 $r'r''\sqrt{\dfrac{2\left(E+\frac{\alpha}{r}\right)}{r'^2+r^2}}$, 则有

$$r'\frac{\mathrm{d}}{\mathrm{d}\varphi}\left[r'\sqrt{\frac{2\left(E+\frac{\alpha}{r}\right)}{r'^2+r^2}} \right] + r'r''\sqrt{\frac{2\left(E+\frac{\alpha}{r}\right)}{r'^2+r^2}}-$$

$$\frac{(-\alpha/r^2)\,r'}{\sqrt{2\left(E+\frac{\alpha}{r}\right)}}\sqrt{(r'^2+r^2)} - (rr'+r'r'')\sqrt{\frac{2\left(E+\frac{\alpha}{r}\right)}{r'^2+r^2}}=0,$$

即

$$\frac{\mathrm{d}}{\mathrm{d}\varphi}\left[r'^2\sqrt{\frac{2\left(E+\frac{\alpha}{r}\right)}{r'^2+r^2}}-\sqrt{2\left(E+\frac{\alpha}{r}\right)(r'^2+r^2)}\right]=0.$$

对上式积分可得

$$r'^2\sqrt{\frac{2\left(E+\frac{\alpha}{r}\right)}{r'^2+r^2}}-\sqrt{2\left(E+\frac{\alpha}{r}\right)(r'^2+r^2)}=C,\tag{6}$$

其中 C 是积分常数.

由式 (6) 整理可得

$$\left(\frac{\mathrm{d}r}{\mathrm{d}\varphi}\right)^2=\frac{2r^2}{C^2}\left[\left(E+\frac{\alpha}{r}\right)r^2-\frac{C^2}{2}\right].\tag{7}$$

如果选取质点运动过程中 r 取最小值时所在位置 (即近心点) 与力心的连线为 φ 的基准方向, 即极轴方向, 也即 $t=0$ 时, $\varphi=0$, $r=r_{\min}=r_0$, 则对式 (7) 积分可得

$$\varphi=\frac{C}{\sqrt{2}}\int_{r_0}^r\frac{\mathrm{d}r}{r\sqrt{Er^2+\alpha r-\frac{C^2}{2}}}=\arcsin\left(\frac{\alpha r-C^2}{r\sqrt{\alpha^2+2EC^2}}\right)-C',\tag{8}$$

其中 C' 为另一个积分常数.

现在确定积分常数. 注意到在 r_0 处 $\dot{r}=0$, 此时也有 $r'=\frac{\mathrm{d}r}{\mathrm{d}\varphi}=0$, 代入式 (6) 可得

$$C^2=2\left(E+\frac{\alpha}{r_0}\right)r_0^2.$$

再将 $\varphi=0$ 时 $r=r_0$ 代入式 (8), 可得 $C'=\frac{3\pi}{2}$. 如果用初始条件表示 E, 有 $E=\frac{1}{2}mr_0^2\dot{\varphi}_0^2-\frac{\alpha}{r_0}$, 由此可知 C 的大小为

$$|C|=\frac{1}{\sqrt{m}}(mr_0^2\dot{\varphi}_0)=\frac{M}{\sqrt{m}},$$

其中 M 是质点相对于力心的角动量的大小.

将 C 和 C' 的表示式代入式 (8) 可得轨道方程为

$$r=\frac{M^2/(\alpha m)}{1+\sqrt{1+2EM^2/(\alpha^2m)}\cos\varphi}.\tag{9}$$

这是圆锥曲线方程, 与第三章的结果 (o15.5) 相同.

在现在的情况下, 方程 (o44.12) 为

$$\int \sqrt{\frac{m[(\mathrm{d}r)^2 + (r\,\mathrm{d}\varphi)^2]}{2\left(E + \frac{\alpha}{r}\right)}} = \int \sqrt{\frac{m\left[1 + \left(r\,\frac{\mathrm{d}\varphi}{\mathrm{d}r}\right)^2\right]}{2\left(E + \frac{\alpha}{r}\right)}}\,\mathrm{d}r = t - t_0.$$

将式 (9) (也即式 (o15.5)) 代入上式并经整理就可化为 (o14.6) 的形式, 它确定 r 与时间 t 的关系.

说明: 当将变分原理写为 (4) 的形式时 (这里将广义坐标 φ 取为参数), 可以将其视为求泛函 F 为

$$F = \sqrt{2\left(E + \frac{\alpha}{r}\right)}\sqrt{r'^2 + r^2}, \tag{10}$$

的积分的变分问题, 相应地欧拉 – 拉格朗日方程为

$$\frac{\mathrm{d}}{\mathrm{d}\varphi}\left(\frac{\partial F}{\partial r'}\right) - \frac{\partial F}{\partial r} = 0.$$

由该方程可得到与式 (5) 相同的方程.

§45 正则变换

§45.1 内容提要

从 $2s$ 个独立变量 p 和 q 变换到新变量 P 和 Q, 即有

$$Q_i = Q_i(p, q, t), \quad P_i = P_i(p, q, t), \tag{o45.2}$$

且要求新变量 P, Q 满足下列正则方程

$$\dot{Q}_i = \frac{\partial H'}{\partial P_i}, \quad \dot{P}_i = -\frac{\partial H'}{\partial Q_i}, \tag{o45.3}$$

其中 $H'(P, Q)$ 是新的哈密顿函数, 这样的变换称为正则变换.

一个变换是正则的充分条件为

$$\mathrm{d}F = \sum_i p_i\,\mathrm{d}q_i - \sum_i P_i\,\mathrm{d}Q_i + (H' - H)\mathrm{d}t, \tag{o45.6}$$

其中 F 称为母函数[①].

---

① 也常称为生成函数.

第一类母函数为 $F = F(q, Q, t)$, 即是广义坐标 $q_i, Q_i(i = 1, 2, \cdots, s)$ 和时间 t 的函数, 相应的微分式为 (o45.6), 而变换关系为

$$p_i = \frac{\partial F}{\partial q_i}, \quad P_i = -\frac{\partial F}{\partial Q_i}, \quad H' = H + \frac{\partial F}{\partial t}. \tag{o45.7}$$

第二类母函数为 $\Phi = \Phi(q, P, t)$, 即是广义坐标 $q_i(i = 1, 2, \cdots, s)$, 广义动量 $P_i(i = 1, 2, \cdots, s)$ 和时间 t 的函数, 相应的微分式为

$$\mathrm{d}\Phi = \sum_i p_i \,\mathrm{d}q_i + \sum_i Q_i \,\mathrm{d}P_i + (H' - H)\mathrm{d}t. \tag{45.1}$$

变换关系为

$$p_i = \frac{\partial \Phi}{\partial q_i}, \quad Q_i = \frac{\partial \Phi}{\partial P_i}, \quad H' = H + \frac{\partial \Phi}{\partial t}. \tag{o45.8}$$

正则变换的基本特性之一是保泊松括号不变性. 设 $\{f, g\}_{p,q}$ 是相对于变量 p, q 进行微分运算的 f 和 g 的泊松括号, 而 $\{f, g\}_{P,Q}$ 是相对于变量 P, Q 进行微分运算的 f 和 g 的泊松括号, 则有

$$\{f, g\}_{p,q} = \{f, g\}_{P,Q}. \tag{o45.9}$$

另一个重要的性质是, 系统的运动, 即变量 p, q 随时间的变化也是一个正则变换, 其母函数为 $-S$. 这样, 正则变换下不变的量也就是不随时间变化的量.

$p, q \to P, Q$ 的变换是正则变换的条件也可以用泊松括号表示为

$$\{Q_i, Q_k\}_{p,q} = 0, \quad \{P_i, P_k\}_{p,q} = 0, \quad \{P_i, Q_k\}_{p,q} = \delta_{ik}. \tag{o45.10}$$

§45.2 内容补充

1. 四类母函数

《力学》中给出了两类母函数, 即 $F = F(q, Q, t)$ 以及 $\Phi = \Phi(q, P, t)$. 实际上还有另外两类母函数, 即 $G = G(p, Q, t)$ 以及 $\Psi = \Psi(p, P, t)$, 它们之间可以通过勒让德变换联系起来.

母函数 $G(p, Q, t)$ 可以由 F 作下列勒让德变换得到

$$G = F - \sum_i q_i p_i, \tag{45.2}$$

它的微分式为

$$\mathrm{d}G = -\sum_i q_i \,\mathrm{d}p_i - \sum_i P_i \mathrm{d}Q_i + (H' - H)\mathrm{d}t. \tag{45.3}$$

变换关系为

$$q_i = -\frac{\partial G}{\partial p_i}, \quad P_i = -\frac{\partial G}{\partial Q_i}, \quad H' = H + \frac{\partial G}{\partial t}. \tag{45.4}$$

母函数 $\Psi(p, P, t)$ 可以由 Φ 作勒让德变换得到, 即

$$\Psi = \Phi - \sum_i q_i p_i, \tag{45.5}$$

相应的微分式为

$$\mathrm{d}\Psi = -\sum_i q_i \mathrm{d}p_i + \sum_i Q_i \mathrm{d}P_i + (H' - H)\mathrm{d}t. \tag{45.6}$$

变换关系为

$$q_i = -\frac{\partial \Psi}{\partial p_i}, \quad Q_i = \frac{\partial \Psi}{\partial P_i}, \quad H' = H + \frac{\partial \Psi}{\partial t}. \tag{45.7}$$

注意, Ψ 也可由 F 作变换得到,

$$\Psi = F + \sum_i Q_i P_i - \sum_i q_i p_i. \tag{45.8}$$

注意, 出现在微分关系 (o45.6), (45.1), (45.3) 和 (45.6) 右边微分符号 d 后面的变量, 即 $(q_i, Q_i), (q_i, P_i), (p_i, Q_i), (p_i, P_i)$ 在热力学中称之为自然变量. 由这些微分关系导出的变换关系在力学中就是所要求的正则变换, 而在热力学中则可以导出热力学变量 (如压强, 体积) 与热力学函数 (即这里的母函数) 之间的关系以及麦克斯韦关系[1]. 但是从确定系统状态的角度看, 也可以选取其它独立变量组合, 例如 $(q_i, p_i), (Q_i, P_i)$, 这样也可以得到一些有用的关系. 在热力学中这一点是非常重要的, 例如由此可建立热力学函数与可测量量之间的关系.

2. 无穷小正则变换与运动积分

无穷小正则变换是指, 在该变换下正则变量变换前后的差别是无穷小量. 选取母函数 $\Phi(q, P)$, 由 (o45.8) 可知形式为 $\sum_i q_i P_i$ 的母函数产生的变换是恒等变换, 即有 $Q_i = q_i, P_i = p_i$. 为考虑无穷小变换, 设

$$\Phi = \sum_{i=1}^s q_i P_i + \varepsilon \phi(q, P), \tag{45.9}$$

式中 ε 是某个无限小参数. 由 (o45.8) 可知, 上述母函数给出变换公式

$$\begin{cases} p_i = \dfrac{\partial \Phi}{\partial q_i} = P_i + \varepsilon \dfrac{\partial \phi}{\partial q_i}, \\ Q_i = \dfrac{\partial \Phi}{\partial P_i} = q_i + \varepsilon \dfrac{\partial \phi}{\partial P_i}, \end{cases} (i = 1, 2, \cdots, s),$$

---

[1] 可参见热力学统计物理教材的相关部分, 例如, 朗道, 栗弗席兹. 统计物理学 I (第五版). 束仁贵, 束纯译. 高等教育出版社, 2011.

即

$$\begin{cases} P_i = p_i - \varepsilon \dfrac{\partial \phi}{\partial q_i}, \\[2mm] Q_i = q_i + \varepsilon \dfrac{\partial \phi}{\partial P_i}, \end{cases} \quad (i = 1, 2, \cdots, s). \tag{45.10}$$

可见, 母函数 (45.9) 产生的变换能确保变换前后的正则变量只相差数量级为 ε 的小量.

在 (45.10) 的后一式中, 可将右边第二项里的 $\partial/\partial P_i$ 改为 $\partial/\partial p_i$, 由此引起该项有数量级为 ε^2 的误差, 这个误差和其它各项的量级相比完全可以忽略不计. 因此, 可以将变换公式 (45.10) 改写为

$$\begin{cases} P_i = p_i - \varepsilon \dfrac{\partial \phi}{\partial q_i}, \\[2mm] Q_i = q_i + \varepsilon \dfrac{\partial \phi}{\partial p_i}, \end{cases} \quad (i = 1, 2, \cdots, s), \tag{45.11}$$

这里 $\phi = \phi(q, p)$. 通常也将 $\phi(q, p)$ 称为无限小正则变换 (45.11) 的母函数[①]. 变换公式 (45.11) 也可以写成

$$\begin{cases} \mathrm{d}q_i = Q_i - q_i = \varepsilon \dfrac{\partial \phi}{\partial p_i}, \\[2mm] \mathrm{d}p_i = P_i - p_i = -\varepsilon \dfrac{\partial \phi}{\partial q_i}, \end{cases} \quad (i = 1, 2, \cdots, s). \tag{45.12}$$

如果取母函数为系统的哈密顿函数 $\phi = H(q, p, t)$, 且 $\varepsilon = \mathrm{d}t$, 则按式 (45.12) 有无限小正则变换为

$$\begin{cases} \mathrm{d}q_i = \mathrm{d}t \dfrac{\partial H}{\partial p_i}, \\[2mm] \mathrm{d}p_i = -\mathrm{d}t \dfrac{\partial H}{\partial q_i}, \end{cases} \quad (i = 1, 2, \cdots, s),$$

即

$$\begin{cases} \dot{p}_i = -\dfrac{\partial H}{\partial q_i}, \\[2mm] \dot{q}_i = \dfrac{\partial H}{\partial p_i}, \end{cases} \quad (i = 1, 2, \cdots, s). \tag{45.13}$$

这正是哈密顿方程. 上述结果表明, 以哈密顿函数 $H(p, q, t)$ 为母函数, 以 $\mathrm{d}t$ 为参数的无限小正则变换描述了力学系统在 $\mathrm{d}t$ 时间里的运动, 故系统的运动的求解等同于找到合适的正则变换.

---

① 从变换的代数结构的角度来看, 这里的 ϕ 实际上在文献中一般称为 生成元 (generator).

因为无限小正则变换表示力学系统的运动, 相应地任何一个力学量 f 的值也将发生变化. 如果 f 不显含时间, 则有

$$\mathrm{d}f = \sum_{i=1}^{s} \left(\frac{\partial f}{\partial q_i} \mathrm{d}q_i + \frac{\partial f}{\partial p_i} \mathrm{d}p_i \right).$$

将变换公式 (45.12) 代入上式,

$$\mathrm{d}f = \varepsilon \sum_{i=1}^{s} \left(\frac{\partial f}{\partial q_i} \frac{\partial \phi}{\partial p_i} - \frac{\partial f}{\partial p_i} \frac{\partial \phi}{\partial q_i} \right). \tag{45.14}$$

按照泊松括号的定义, (45.14) 的右边正是 $\varepsilon\{\phi, f\}$, 所以力学量 f 的变化为

$$\mathrm{d}f = \varepsilon \left\{ \phi, f \right\}. \tag{45.15}$$

如取 $f = H$, 则有

$$\mathrm{d}H = \varepsilon \left\{ \phi, H \right\}. \tag{45.16}$$

设 ϕ 是系统的某个运动积分, 且不显含时间 t, 则由 (o42.3) 可知 $\{H, \phi\} = 0$. 将此代入 (45.16) 得 $\mathrm{d}H = 0$, 即在以 ϕ 为母函数的无限小正则变换下, 哈密顿函数 H 不变. 这个结果表示, 如果以 ϕ 为母函数的无限小正则变换使 H 保持不变, 则 ϕ 是系统的运动积分. 这样的 ϕ 是与系统对称性相关联的对称操作的生成元, 于是系统的运动积分就与系统的对称性联系起来了. 这是一个非常重要的结果, 它将确定系统的运动积分归结为分析系统的哈密顿函数的对称性质, 即确定哈密顿函数在哪些变换下不变, 这些对称变换的母函数就是系统的运动积分.

3. 线性正则变换与哈密顿函数的结构

前面已经知道, 勒让德变换不改变结构. 但是, 正则变换一般会改变哈密顿函数的结构, 这正是采用正则变换的目的之一, 以便通过这种变换可以简化问题的求解. 一个明显的例子是, 在以作用量 (文献中通常称为哈密顿特性函数) $S(q, Q, t)$ 作为母函数时, 变换后的哈密顿函数为 $H' = 0$ (相关讨论参见 §43 和 §47), 这与变换前的哈密顿函数 H 的结构是完全不同的. 其它的实例见本节的补充习题部分.

也正是因为正则变换改变哈密顿函数的结构, 因此一般情况下, 变换后的哈密顿函数 H' 不存在对应的拉格朗日函数 L', 即 $L'(Q, \dot{Q}, t) = \sum_{i=1}^{s} P_i \dot{Q}_i - H'(Q, P, t)$ 是没有意义的.

正则变换改变哈密顿函数的结构的原因在于, 通常情况下正则变换是非线性变换. 如果正则变换是线性的, 是否会保结构呢? 下面具体考虑这样

的变换, 先讨论其为正则变换的条件. 设线性正则变换为

$$\begin{cases} Q_i = \sum_{j=1}^{s} (a_{ij}q_j + b_{ij}p_j), \\ P_i = \sum_{j=1}^{s} (c_{ij}q_j + d_{ij}p_j), \end{cases} \tag{45.17}$$

其中 $a_{ij}, b_{ij}, c_{ij}, d_{ij}$ 可以是时间 t 的函数, 但均与 q, p 无关. 当要求上述变换是正则的, 则 a, b, c, d 之间有限制条件, 它们可以用多种方法求出, 下面通过正则变换是保泊松括号的性质找出这种条件. 利用变换 (45.17), 三组泊松括号分别为

$$\{P_i, Q_j\} = \sum_{k=1}^{s} \left(\frac{\partial P_i}{\partial p_k}\frac{\partial Q_j}{\partial q_k} - \frac{\partial P_i}{\partial q_k}\frac{\partial Q_j}{\partial p_k} \right)$$

$$= \sum_{k=1}^{s} (a_{jk}d_{ik} - b_{jk}c_{ik}) = \delta_{ij},$$

$$\{Q_i, Q_j\} = \sum_{k=1}^{s} \left(\frac{\partial Q_i}{\partial p_k}\frac{\partial Q_j}{\partial q_k} - \frac{\partial Q_i}{\partial q_k}\frac{\partial Q_j}{\partial p_k} \right)$$

$$= \sum_{k=1}^{s} (b_{ik}a_{jk} - a_{ik}b_{jk}) = 0,$$

$$\{P_i, P_j\} = \sum_{k=1}^{s} \left(\frac{\partial P_i}{\partial p_k}\frac{\partial P_j}{\partial q_k} - \frac{\partial P_i}{\partial q_k}\frac{\partial P_j}{\partial p_k} \right)$$

$$= \sum_{k=1}^{s} (d_{ik}c_{jk} - c_{ik}d_{jk}) = 0,$$

其中每式最后一个等号是 Q_i, P_j 为共轭正则变量的要求. 上述条件用矩阵形式表示时即为

$$\boldsymbol{A}\boldsymbol{D}^T - \boldsymbol{B}\boldsymbol{C}^T = \boldsymbol{I}, \quad \boldsymbol{A}\boldsymbol{B}^T - \boldsymbol{B}\boldsymbol{A}^T = 0, \quad \boldsymbol{C}\boldsymbol{D}^T - \boldsymbol{D}\boldsymbol{C}^T = 0, \tag{45.18}$$

其中 $\boldsymbol{A} = (a_{ij}), \boldsymbol{B} = (b_{ij}), \boldsymbol{C} = (c_{ij}), \boldsymbol{D} = (d_{ij})$ 均为 $n \times n$ 矩阵, $\boldsymbol{I}$ 为 $n \times n$ 的单位矩阵, 上标 T 表示矩阵的转置.

将线性变换 (45.17) 用矩阵表示为

$$\begin{pmatrix} \boldsymbol{Q} \\ \boldsymbol{P} \end{pmatrix} = \begin{pmatrix} \boldsymbol{A} & \boldsymbol{B} \\ \boldsymbol{C} & \boldsymbol{D} \end{pmatrix} \begin{pmatrix} \boldsymbol{q} \\ \boldsymbol{p} \end{pmatrix}.$$

如记

$$\boldsymbol{M} = \begin{pmatrix} \boldsymbol{A} & \boldsymbol{B} \\ \boldsymbol{C} & \boldsymbol{D} \end{pmatrix},$$

利用条件 (45.18), 可证矩阵 $\boldsymbol{M}$ 的逆为

$$\boldsymbol{M}^{-1} = \begin{pmatrix} \boldsymbol{D}^T & -\boldsymbol{B}^T \\ -\boldsymbol{C}^T & \boldsymbol{A}^T \end{pmatrix}.$$

由此, 变换 (45.17) 的逆为

$$\begin{pmatrix} \boldsymbol{q} \\ \boldsymbol{p} \end{pmatrix} = \begin{pmatrix} \boldsymbol{D}^T & -\boldsymbol{B}^T \\ -\boldsymbol{C}^T & \boldsymbol{A}^T \end{pmatrix} \begin{pmatrix} \boldsymbol{Q} \\ \boldsymbol{P} \end{pmatrix},$$

即

$$\begin{cases} q_i = \sum_{j=1}^{s} (d_{ji}Q_j - b_{ji}P_j), \\ p_i = \sum_{j=1}^{s} (-c_{ji}Q_j + a_{ji}P_j). \end{cases}$$

如变换前哈密顿函数具有 §40 补充内容 3 中所述的形式

$$H = \frac{1}{2}(\boldsymbol{p}^{\mathrm{T}} - \boldsymbol{a}^{\mathrm{T}})\boldsymbol{M}^{-1}(\boldsymbol{p} - \boldsymbol{a}) - \gamma + U(q),$$

且变换 (45.17) 不显含时间 t, 则 H 在线性正则变换后的形式为

$$\begin{aligned} H' &= H + \frac{\partial S}{\partial t} = H \\ &= \frac{1}{2}(-\boldsymbol{Q}^{\mathrm{T}}\boldsymbol{C} + \boldsymbol{P}^T\boldsymbol{A} - \boldsymbol{a}^{\mathrm{T}})\boldsymbol{M}^{-1}(-\boldsymbol{C}^T\boldsymbol{Q} + \boldsymbol{A}^T\boldsymbol{P} - \boldsymbol{a}) - \gamma + U(Q, P). \end{aligned}$$

变换后的哈密顿函数仍然包含广义动量的二次齐次式, 一次齐次式和零次齐次式. 但是因为势函数部分在变换后也会与广义动量有关, 而势函数与 q 的关系一般是比较复杂的, 由此变换后哈密顿函数的结构将与变换前不同, 即结构发生变化.

为明确起见, 考虑一个自由度的情况, 此时变换 (45.17) 退化为

$$\begin{cases} Q = aq + bp, \\ P = cq + \mathrm{d}p, \end{cases}$$

而条件 (45.18) 变为

$$ad - bc = 1.$$

在此条件下, 变换可改写为

$$\begin{cases} q = dQ - bP, \\ p = -cQ + aP. \end{cases}$$

变换相应的母函数 $F(q,Q)$ 为

$$F(q,Q) = -bcqp - \frac{1}{2}acq^2 - \frac{1}{2}bdp^2 = -\frac{a}{2b}q^2 + \frac{1}{b}qQ - \frac{d}{2b}Q^2.$$

如原来的哈密顿函数为

$$H = \frac{1}{2m}(p - a_0)^2 - \gamma + U(q),$$

且设 $U(q) = k/q$ (k 为常数), 则变换后, 有

$$H' = \frac{1}{2m}(-cQ + aP - a_0)^2 - \gamma + \frac{k}{dQ - bP}.$$

如果将上式中最后一项用级数表示, 则含有广义动量 P 的任意次幂项. 可见, 变换前后哈密顿函数关于广义动量依赖关系的结构改变了.

§45.3 补充习题

习题 1 证明

$$q_i' = q_i, \quad p_i' = p_i + \frac{\partial f(q,t)}{\partial q_i}$$

是正则变换.

证明: 为证明变换是正则的, 需要证明正则变量 (p_i', q_i') 满足方程 (o45.10). 因为 $\dfrac{\partial q_i'}{\partial p_j} = 0$, 则有

$$\{q_i',\ q_k'\}_{q,p} = \sum_j \left[\frac{\partial q_i'}{\partial p_j}\frac{\partial q_k'}{\partial q_j} - \frac{\partial q_i'}{\partial q_j}\frac{\partial q_k'}{\partial p_j}\right] = 0,$$

$$\{p_i',\ p_k'\}_{q,p} = \sum_j \left[\frac{\partial p_i'}{\partial p_j}\frac{\partial p_k'}{\partial q_j} - \frac{\partial p_i'}{\partial q_j}\frac{\partial p_k'}{\partial p_j}\right]$$

$$= \sum_j \left[\delta_{ij}\frac{\partial^2 f}{\partial q_j \partial q_k} - \frac{\partial^2 f}{\partial q_j \partial q_i}\delta_{jk}\right]$$

$$= \frac{\partial^2 f}{\partial q_i \partial q_k} - \frac{\partial^2 f}{\partial q_k \partial q_i} = 0,$$

以及

$$\{p_i',\ q_k'\}_{q,p} = \sum_j \left[\frac{\partial p_i'}{\partial p_j}\frac{\partial q_k'}{\partial q_j} - \frac{\partial p_i'}{\partial q_j}\frac{\partial q_k'}{\partial p_j}\right] = \sum_j \delta_{ij}\delta_{jk} = \delta_{ik}.$$

可见与变换前的变量满足相同形式的基本关系, 即变换是正则变换.

习题 2 给定下列变换

$$Q = \frac{p}{\tan q}, \quad P = \ln\frac{\sin q}{p}.$$

(i) 证明上述变换是正则变换; (ii) 求出变换的母函数 $F(q,Q)$; (iii) 求母函数 $\Phi(q,P)$.

解: (i) 只要计算泊松括号

$$
\begin{aligned}
\{P,Q\}_{q,p} &= \frac{\partial P}{\partial p}\frac{\partial Q}{\partial q} - \frac{\partial P}{\partial q}\frac{\partial Q}{\partial p} \\
&= \left(-\frac{1}{p}\right)\left(-\frac{p}{\sin^2 q}\right) - \cot q \frac{1}{\tan q} \\
&= \frac{1}{\sin^2 q} - \frac{1}{\tan^2 q} = 1,
\end{aligned}
$$

故变换是正则变换.

(ii) 对变换关系 (o45.7) 的第一式积分, 有

$$
\begin{aligned}
F(q,Q) &= \int p(q,Q)\,\mathrm{d}q + f(Q) = \int Q\tan q\,\mathrm{d}q + f(Q) \\
&= -Q\ln\cos q + f(Q),
\end{aligned} \tag{1}
$$

其中 $f(Q)$ 为待定函数, 可由 (o45.7) 的第二式确定到相差一个任意常数. 将该 $F(q,Q)$ 代入 (o45.7) 的第二式, 有

$$
P = -\frac{\partial F}{\partial Q} = \ln\cos q - \frac{\mathrm{d}f}{\mathrm{d}Q}. \tag{2}
$$

又由题给变换可得

$$
P = \ln\frac{\cos q}{Q}. \tag{3}
$$

将式 (3) 代入式 (2) 可得

$$
\frac{\mathrm{d}f}{\mathrm{d}Q} = \ln Q.
$$

对上式积分, 可得

$$
f(Q) = Q(\ln Q - 1), \tag{4}
$$

其中略去了无关紧要的积分常数. 将式 (4) 代回式 (1) 可得母函数为

$$
F(q,Q) = -Q\ln\cos q + Q(\ln Q - 1) = Q\left(\ln\frac{Q}{\cos q} - 1\right). \tag{5}
$$

(iii) 由题给变换消去 p 可得关系

$$
Q = \mathrm{e}^{-P}\cos q. \tag{6}
$$

由勒让德变换并利用式 (6), 可得

$$
\Phi(q,P) = F + QP = Q\left(\ln\frac{Q}{\cos q} - 1 + P\right) = -\mathrm{e}^{-P}\cos q. \tag{7}
$$

习题 3 设系统的哈密顿函数为

$$H = \frac{1}{2m}(p_x^2 + p_y^2 + p_z^2) + mgz.$$

取母函数为

$$\phi(x, y, z, p_x, p_y, p_z) = p_z,$$

根据 (45.12) 可知该母函数产生变换

$$\mathrm{d}x = \mathrm{d}y = 0, \quad \mathrm{d}z = \varepsilon, \quad \mathrm{d}p_x = \mathrm{d}p_y = \mathrm{d}p_z = 0,$$

即有沿 z 方向的平移. 因为

$$\{\phi, H\} = \{p_z, H\} = \frac{\partial p_z}{\partial p_z}\frac{\partial H}{\partial z} - \frac{\partial p_z}{\partial z}\frac{\partial H}{\partial p_z} = mg \neq 0,$$

则上述母函数产生的变换改变哈密顿函数 H.

当取母函数为

$$\phi(x, y, z, p_x, p_y, p_z) = p_x,$$

则该母函数产生变换为

$$\mathrm{d}x = \varepsilon, \quad \mathrm{d}y = \mathrm{d}z = 0, \quad \mathrm{d}p_x = \mathrm{d}p_y = \mathrm{d}p_z = 0,$$

这相应于在 x 方向有平移. 因为

$$\{\phi, H\} = \{p_x, H\} = \frac{\partial p_x}{\partial p_x}\frac{\partial H}{\partial x} - \frac{\partial p_x}{\partial x}\frac{\partial H}{\partial p_x} = 0,$$

故上述母函数产生的变换不改变 H. 类似地可证明, 如取 $\phi = p_y$, 它将产生 y 方向的平移并且也不改变 H.

如果取母函数为

$$\phi = M_z = xp_y - yp_x,$$

此时由 (45.12) 可知相应的变换为

$$\mathrm{d}x = \varepsilon\frac{\partial\phi}{\partial p_x} = \varepsilon\frac{\partial M_z}{\partial p_x} = -\varepsilon y,$$

$$\mathrm{d}y = \varepsilon\frac{\partial\phi}{\partial p_y} = \varepsilon\frac{\partial M_z}{\partial p_y} = \varepsilon x,$$

$$\mathrm{d}z = \varepsilon\frac{\partial\phi}{\partial p_z} = \varepsilon\frac{\partial M_z}{\partial p_z} = 0,$$

$$\mathrm{d}p_x = -\varepsilon\frac{\partial\phi}{\partial x} = -\varepsilon\frac{\partial M_z}{\partial x} = -\varepsilon p_y,$$

$$\mathrm{d}p_y = -\varepsilon\frac{\partial\phi}{\partial y} = -\varepsilon\frac{\partial M_z}{\partial y} = \varepsilon p_x,$$

$$\mathrm{d}p_z = -\varepsilon\frac{\partial\phi}{\partial z} = -\varepsilon\frac{\partial M_z}{\partial z} = 0,$$

它产生绕 z 轴的顺时针转动, ε 为转动角度. 注意到 ε 是小量, 所以可作近似 $\sin\varepsilon \approx \varepsilon$, $\cos\varepsilon \approx 1$. 在这种情况下, 有

$$\{\phi, H\} = \{M_z, H\} = \frac{\partial M_z}{\partial p_x}\frac{\partial H}{\partial x} - \frac{\partial M_z}{\partial x}\frac{\partial H}{\partial p_x} +$$

$$\frac{\partial M_z}{\partial p_y}\frac{\partial H}{\partial y} - \frac{\partial M_z}{\partial y}\frac{\partial H}{\partial p_y} + \frac{\partial M_z}{\partial p_z}\frac{\partial H}{\partial z} - \frac{\partial M_z}{\partial z}\frac{\partial H}{\partial p_z}$$

$$= 0 - p_y\frac{p_x}{m} - (-p_x)\frac{p_y}{m} = 0,$$

即由 M_z 作为母函数产生的变换也不改变 H. 如果分别取 M_x, M_y 作为母函数, 它们对应的变换要改变 H.

综上可见, p_x, p_y, M_z 是系统的运动积分.

习题 4 对于二维简谐振子系统, 其哈密顿函数为

$$H = \frac{1}{2m}(p_1^2 + p_2^2) + \frac{1}{2}m(\omega_1^2 q_1^2 + \omega_2^2 q_2^2).$$

取母函数为

$$F(q, Q) = \frac{1}{2}m(\omega_1 q_1^2 \cot Q_1 + \omega_2 q_2^2 \cot Q_2),$$

则有变换为

$$\begin{cases} p_1 = \dfrac{\partial F}{\partial q_1} = m\omega_1 q_1 \cot Q_1, \\[2mm] p_2 = \dfrac{\partial F}{\partial q_2} = m\omega_2 q_2 \cot Q_2, \\[2mm] P_1 = -\dfrac{\partial F}{\partial Q_1} = \dfrac{m\omega_1 q_1^2}{2\sin^2 Q_1}, \\[2mm] P_2 = -\dfrac{\partial F}{\partial Q_2} = \dfrac{m\omega_2 q_2^2}{2\sin^2 Q_2}, \end{cases}$$

即

$$\begin{cases} Q_1 = \cot^{-1}\dfrac{p_1}{m\omega_1 q_1}, \\[2mm] Q_2 = \cot^{-1}\dfrac{p_2}{m\omega_2 q_2}, \\[2mm] P_1 = \dfrac{p_1^2}{2m\omega_1} + \dfrac{1}{2}m\omega_1 q_1^2, \\[2mm] P_2 = \dfrac{p_2^2}{2m\omega_2} + \dfrac{1}{2}m\omega_2 q_2^2. \end{cases}$$

在上述变换下, 变换后的哈密顿函数为

$$H' = \omega_1 P_1 + \omega_2 P_2.$$

原来的 H 与 p_1 和 p_2 的二次方成正比, 但 H' 正比于 P_1 和 P_2 的一次方. 变换前后, 哈密顿函数的结构有变化, 这是变换为非线性的结果.

§46 刘维尔定理

§46.1 内容提要

相空间是由广义坐标 $q_1, \cdots, q_s$ 和与其共轭的广义动量 $p_1, \cdots, p_s$ 张成的 $2s$ 维超空间. 相空间中的点与系统的状态有一一对应关系.

对于完整保守系统, 相空间的体积元

$$\mathrm{d}\Gamma = \mathrm{d}q_1 \cdots \mathrm{d}q_s \mathrm{d}p_1 \cdots \mathrm{d}p_s,$$

以及该体积元对相空间某个区域的积分 $\int \mathrm{d}\Gamma$ 在正则变换下均是不变的, 或者说是与时间无关的, 即

$$\mathrm{d}\Gamma = \text{const.}, \quad \int \mathrm{d}\Gamma = \text{const.} \tag{o46.6}$$

这称为刘维尔定理.

此外, 下面的积分

$$\begin{aligned} J_1 &= \iint \sum_i \mathrm{d}q_i \mathrm{d}p_i, \\ J_2 &= \iiiint \sum_{i \neq k} \mathrm{d}q_i \mathrm{d}p_i \mathrm{d}q_k \mathrm{d}p_k, \\ &\cdots\cdots\cdots\cdots, \end{aligned} \tag{46.1}$$

在正则变换下也是不变的, 在文献中它们常称为Poincare积分不变量[1], 其中积分是对相空间的给定二维流形、四维流形等等进行的.

§46.2 内容补充

1. 刘维尔定理

除了 (o46.6) 形式的刘维尔定理外, 有时还采用其它的表示形式. 特别是, 对于自由度很大的系统, 通常无法准确指定系统的初始状态 (即相空间中的一个确定点), 这时转而考虑系统处于相空间中各个区域的概率. 令 $\rho(q_0, p_0, t_0)\mathrm{d}\Gamma_0$ 表示在 t_0 时刻系统处于 (q_0, p_0) 附近体元 $\mathrm{d}\Gamma_0$ 中的概率, $\rho(q_0, p_0, t_0)$ 称为概率密度. 当系统按照哈密顿正则方程运动时, 设在 t 时刻, (q_0, p_0) 运动到 (q, p), 而体积元 $\mathrm{d}\Gamma_0$ 变为包围 (q, p) 的 $\mathrm{d}\Gamma$. 对于保守完整系统, 因为相空间中不同点的相轨道不会相交, 没有系统点可以进入或离开

---

[1] Jules Henri Poincare, 1854—1912, 法国数学家, 理论物理学家.

运动的体积元, 因此系统处于 $\mathrm{d}\Gamma_0$ 和 $\mathrm{d}\Gamma$ 中的概率是相同的, 即

$$\rho(q_0,p_0,t_0)\mathrm{d}\Gamma_0 = \rho(q,p,t)\mathrm{d}\Gamma.$$

但是按照刘维尔定理 (o46.6), $\mathrm{d}\Gamma_0 = \mathrm{d}\Gamma$, 故有

$$\rho(q_0,p_0,t_0) = \rho(q,p,t),$$

即

$$\frac{\mathrm{d}\rho}{\mathrm{d}t} = \frac{\partial\rho}{\partial t} + [\rho,H] = 0. \tag{46.2}$$

这也称为刘维尔定理.

上述形式的刘维尔定理往往又以另一种方式出现. 考虑系统的大量的复制品. 原则上, 复制品的数目应大于系统可能具有的总状态数. 这些复制品应具有与原系统相同的结构和性质, 但是它们之间相互独立并具有不同的初始条件 (这些初始条件均应属于原系统的所有可能的初始条件之列). 具有如上这些特点的复制系统的集合称为系综, 在特定时刻它们的状态对应于相空间中的一些点, 此时 $\rho(q_0,p_0,t_0)\mathrm{d}\Gamma_0$ 在差一个常数因子 (系综中总的系统数的倒数) 下表示在 t_0 时刻体元 $\mathrm{d}\Gamma_0$ 中的系统数. 这种形式的处理方法在平衡统计物理中是非常重要的, 它等同于将系统的时间演化行为转化为用在某一时刻系综中处于某一态的系统数, 进而归结为概率密度来描述. 由此, 确定平衡系统的性质归结为确定概率密度 $\rho(q,p,t)$ (统计物理学中通常称为分布函数), 它满足方程 (46.2), 这是系综理论的重要基础.

2. Poincare 积分不变量 (46.1)

这里, 我们对 Poincare 积分不变量 (46.1) 进行证明. 先考虑 J_1 的不变性的证明. 设正则变换是由母函数 $\Phi(q,P,t)$ 产生的, 即有

$$\sum_i p_i\delta q_i + \sum_i Q_i\delta P_i = \delta\Phi(q,P,t),$$

因此有变换关系为

$$p_i = \frac{\partial\Phi}{\partial q_i}, \quad Q_i = \frac{\partial\Phi}{\partial P_i}. \tag{o45.8}$$

对于二维流形上的点, 可以用两个参数唯一地指定其位置. 设这两个参数为 u,v, 同时假设 p_i,q_i 为 u,v 的函数, 则有

$$J_1 = \iint\sum_i \mathrm{d}q_i\mathrm{d}p_i = \iint\sum_i \begin{vmatrix} \frac{\partial q_i}{\partial u} & \frac{\partial p_i}{\partial u} \\ \frac{\partial q_i}{\partial v} & \frac{\partial p_i}{\partial v} \end{vmatrix}\mathrm{d}u\,\mathrm{d}v = \iint\sum_i \frac{\partial(q_i,p_i)}{\partial(u,v)}\mathrm{d}u\,\mathrm{d}v.$$

利用变换关系 (o45.8), 有

$$\frac{\partial p_i}{\partial u} = \sum_j \left(\frac{\partial p_i}{\partial P_j}\frac{\partial P_j}{\partial u} + \frac{\partial p_i}{\partial q_j}\frac{\partial q_j}{\partial u} \right) = \sum_j \left(\frac{\partial^2 \Phi}{\partial q_i \partial P_j}\frac{\partial P_j}{\partial u} + \frac{\partial^2 \Phi}{\partial q_i \partial q_j}\frac{\partial q_j}{\partial u} \right),$$

$$\frac{\partial p_i}{\partial v} = \sum_j \left(\frac{\partial p_i}{\partial P_j}\frac{\partial P_j}{\partial v} + \frac{\partial p_i}{\partial q_j}\frac{\partial q_j}{\partial v} \right) = \sum_j \left(\frac{\partial^2 \Phi}{\partial q_i \partial P_j}\frac{\partial P_j}{\partial v} + \frac{\partial^2 \Phi}{\partial q_i \partial q_j}\frac{\partial q_j}{\partial v} \right),$$

由此,

$$\sum_i \frac{\partial(q_i, p_i)}{\partial(u,v)} = \sum_i \begin{vmatrix} \dfrac{\partial q_i}{\partial u} & \sum_j \left(\dfrac{\partial^2 \Phi}{\partial q_i \partial P_j}\dfrac{\partial P_j}{\partial u} + \dfrac{\partial^2 \Phi}{\partial q_i \partial q_j}\dfrac{\partial q_j}{\partial u} \right) \\[2ex] \dfrac{\partial q_i}{\partial v} & \sum_j \left(\dfrac{\partial^2 \Phi}{\partial q_i \partial P_j}\dfrac{\partial P_j}{\partial v} + \dfrac{\partial^2 \Phi}{\partial q_i \partial q_j}\dfrac{\partial q_j}{\partial v} \right) \end{vmatrix}$$

$$= \sum_{i,j} \frac{\partial^2 \Phi}{\partial q_i \partial P_j} \begin{vmatrix} \dfrac{\partial q_i}{\partial u} & \dfrac{\partial P_j}{\partial u} \\[2ex] \dfrac{\partial q_i}{\partial v} & \dfrac{\partial P_j}{\partial v} \end{vmatrix} + \sum_{i,j} \frac{\partial^2 \Phi}{\partial q_i \partial q_j} \begin{vmatrix} \dfrac{\partial q_i}{\partial u} & \dfrac{\partial q_j}{\partial u} \\[2ex] \dfrac{\partial q_i}{\partial v} & \dfrac{\partial q_j}{\partial v} \end{vmatrix}$$

$$= \sum_{i,j} \frac{\partial^2 \Phi}{\partial q_i \partial P_j}\frac{\partial(q_i, P_j)}{\partial(u,v)} + \sum_{i,j} \frac{\partial^2 \Phi}{\partial q_i \partial q_j}\frac{\partial(q_i, q_j)}{\partial(u,v)}.$$

在交换求和指标 i 和 j 时, 上式中等号右边第二项前面的系数不变, 但是行列式改变符号. 而求和是与 i 和 j 的次序无关的, 故第二项等于零, 于是有

$$\sum_i \frac{\partial(q_i, p_i)}{\partial(u,v)} = \sum_{i,j} \frac{\partial^2 \Phi}{\partial q_i \partial P_j}\frac{\partial(q_i, P_j)}{\partial(u,v)} = \sum_i \begin{vmatrix} \sum_j \dfrac{\partial^2 \Phi}{\partial q_j \partial P_i}\dfrac{\partial q_j}{\partial u} & \dfrac{\partial P_i}{\partial u} \\[2ex] \sum_j \dfrac{\partial^2 \Phi}{\partial q_j \partial P_i}\dfrac{\partial q_j}{\partial v} & \dfrac{\partial P_i}{\partial v} \end{vmatrix}$$

$$= \sum_i \begin{vmatrix} \sum_j \left(\dfrac{\partial^2 \Phi}{\partial q_j \partial P_i}\dfrac{\partial q_j}{\partial u} + \dfrac{\partial^2 \Phi}{\partial P_j \partial P_i}\dfrac{\partial P_j}{\partial u} \right) & \dfrac{\partial P_i}{\partial u} \\[2ex] \sum_j \left(\dfrac{\partial^2 \Phi}{\partial q_j \partial P_i}\dfrac{\partial q_j}{\partial v} + \dfrac{\partial^2 \Phi}{\partial P_j \partial P_i}\dfrac{\partial P_j}{\partial v} \right) & \dfrac{\partial P_i}{\partial v} \end{vmatrix}$$

$$= \sum_i \begin{vmatrix} \dfrac{\partial Q_i}{\partial u} & \dfrac{\partial P_i}{\partial u} \\[2ex] \dfrac{\partial Q_i}{\partial v} & \dfrac{\partial P_i}{\partial v} \end{vmatrix} = \sum_i \frac{\partial(Q_i, P_i)}{\partial(u,v)},$$

其中第三个等号中同样交换了求和指标 i 和 j 并添加了等于零的一个行

列式. 综合起来, 有

$$J_1 = \iint \sum_i \mathrm{d}q_i \mathrm{d}p_i = \iint \sum_i \frac{\partial(q_i, p_i)}{\partial(u, v)} \mathrm{d}u\, \mathrm{d}v$$

$$= \iint \sum_i \frac{\partial(Q_i, P_i)}{\partial(u, v)} \mathrm{d}u\, \mathrm{d}v = \iint \sum_i \mathrm{d}Q_i \mathrm{d}P_i,$$

即 J_1 对正则变换是不变的.

再考虑 J_2 的不变性的证明. 此时可用四个参数 $u_\alpha(\alpha = 1, 2, 3, 4)$ 唯一指定四维流形上的一个点. 于是, 有

$$J_2 = \iiiint \sum_{i \neq k} \mathrm{d}q_i \mathrm{d}p_i \mathrm{d}q_k \mathrm{d}p_k = \iiiint \sum_{i,k} \frac{\partial(q_i, p_i, q_k, p_k)}{\partial(u_1, u_2, u_3, u_4)} \mathrm{d}u_1 \mathrm{d}u_2 \mathrm{d}u_3 \mathrm{d}u_4.$$

注意, 上式右边用行列式表示时, $i \neq k$ 的条件自动可以保证, 否则行列式等于零. 但是根据正则变换 (o45.8), 有

$$\frac{\partial p_i}{\partial u_\alpha} = \sum_j \left(\frac{\partial p_i}{\partial P_j} \frac{\partial P_j}{\partial u_\alpha} + \frac{\partial p_i}{\partial q_j} \frac{\partial q_j}{\partial u_\alpha} \right) = \sum_j \left(\frac{\partial^2 \Phi}{\partial q_i \partial P_j} \frac{\partial P_j}{\partial u_\alpha} + \frac{\partial^2 \Phi}{\partial q_i \partial q_j} \frac{\partial q_j}{\partial u_\alpha} \right),$$

则有

$$\sum_{i,k} \frac{\partial(q_i, p_i, q_k, p_k)}{\partial(u_1, u_2, u_3, u_4)} = \sum_{i,k} \sum_{j,m} \left[\frac{\partial^2 \Phi}{\partial q_i \partial q_j} \frac{\partial^2 \Phi}{\partial q_k \partial q_m} \frac{\partial(q_i, q_k, q_j, q_m)}{\partial(u_1, u_2, u_3, u_4)} + \right.$$

$$\frac{\partial^2 \Phi}{\partial q_i \partial q_j} \frac{\partial^2 \Phi}{\partial q_k \partial P_m} \frac{\partial(q_i, q_k, q_j, P_m)}{\partial(u_1, u_2, u_3, u_4)} +$$

$$\frac{\partial^2 \Phi}{\partial q_i \partial P_j} \frac{\partial^2 \Phi}{\partial q_k \partial q_m} \frac{\partial(q_i, q_k, P_j, q_m)}{\partial(u_1, u_2, u_3, u_4)} +$$

$$\left. \frac{\partial^2 \Phi}{\partial q_i \partial P_j} \frac{\partial^2 \Phi}{\partial q_k \partial P_m} \frac{\partial(q_i, q_k, P_j, P_m)}{\partial(u_1, u_2, u_3, u_4)} \right].$$

上式右边第一、二项关于指标 i, j 的交换其中系数是对称的, 但行列式是反对称的, 而求和实际上与 i, j 是无关的, 故它们应该等于零. 同样, 第三项关于指标 k, m 的交换系数是对称的, 行列式是反对称的, 而求和与 k, m 无关, 故它也应该等于零, 于是只剩下第四项. 类似于前面关于 J_1 的证明, 添

加等于零的因子, 即将上式右边改写为

$$\sum_{i,k} \frac{\partial(q_i, p_i, q_k, p_k)}{\partial(u_1, u_2, u_3, u_4)} = \sum_{i,k} \sum_{j,m} \left[\frac{\partial^2 \Phi}{\partial P_i \partial P_j} \frac{\partial^2 \Phi}{\partial P_k \partial P_m} \frac{\partial(P_i, P_k, P_j, P_m)}{\partial(u_1, u_2, u_3, u_4)} + \right.$$
$$\frac{\partial^2 \Phi}{\partial q_i \partial P_j} \frac{\partial^2 \Phi}{\partial P_k \partial P_m} \frac{\partial(q_i, P_k, P_j, P_m)}{\partial(u_1, u_2, u_3, u_4)} +$$
$$\frac{\partial^2 \Phi}{\partial P_i \partial P_j} \frac{\partial^2 \Phi}{\partial q_k \partial P_m} \frac{\partial(P_i, q_k, P_j, P_m)}{\partial(u_1, u_2, u_3, u_4)} +$$
$$\left. \frac{\partial^2 \Phi}{\partial q_i \partial P_j} \frac{\partial^2 \Phi}{\partial q_k \partial P_m} \frac{\partial(q_i, q_k, P_j, P_m)}{\partial(u_1, u_2, u_3, u_4)} \right].$$

利用关系

$$\frac{\partial Q_i}{\partial u_\alpha} = \sum_j \left(\frac{\partial Q_i}{\partial P_j} \frac{\partial P_j}{\partial u_\alpha} + \frac{\partial Q_i}{\partial q_j} \frac{\partial q_j}{\partial u_\alpha} \right) = \sum_j \left(\frac{\partial^2 \Phi}{\partial P_i \partial P_j} \frac{\partial P_j}{\partial u_\alpha} + \frac{\partial^2 \Phi}{\partial P_i \partial q_j} \frac{\partial q_j}{\partial u_\alpha} \right),$$

上式右边第一项和第三项可以合起来改写为

$$\sum_i \sum_{j,m} \frac{\partial^2 \Phi}{\partial P_i \partial P_j} \frac{\partial(P_i, Q_m, P_j, P_m)}{\partial(u_1, u_2, u_3, u_4)}.$$

同样, 上式右边第二项和第四项可以改写为

$$\sum_i \sum_{j,m} \frac{\partial^2 \Phi}{\partial q_i \partial P_j} \frac{\partial(q_i, Q_m, P_j, P_m)}{\partial(u_1, u_2, u_3, u_4)}.$$

故有

$$\sum_{i,k} \frac{\partial(q_i, p_i, q_k, p_k)}{\partial(u_1, u_2, u_3, u_4)} = \sum_i \sum_{j,m} \left[\frac{\partial^2 \Phi}{\partial P_i \partial P_j} \frac{\partial(P_i, Q_m, P_j, P_m)}{\partial(u_1, u_2, u_3, u_4)} \right.$$
$$\left. + \frac{\partial^2 \Phi}{\partial q_i \partial P_j} \frac{\partial(q_i, Q_m, P_j, P_m)}{\partial(u_1, u_2, u_3, u_4)} \right]$$
$$= \sum_{j,m} \frac{\partial(Q_j, Q_m, P_j, P_m)}{\partial(u_1, u_2, u_3, u_4)}.$$

利用这个结果, 有

$$J_2 = \iiiint \sum_{i,k} \frac{\partial(q_i, p_i, q_k, p_k)}{\partial(u_1, u_2, u_3, u_4)} \mathrm{d}u_1 \, \mathrm{d}u_2 \, \mathrm{d}u_3 \, \mathrm{d}u_4$$
$$= \iiiint \sum_{j,m} \frac{\partial(Q_j, Q_m, P_j, P_m)}{\partial(u_1, u_2, u_3, u_4)} \mathrm{d}u_1 \, \mathrm{d}u_2 \, \mathrm{d}u_3 \, \mathrm{d}u_4$$
$$= \iiiint \sum_{j \neq m} \mathrm{d}Q_j \, \mathrm{d}Q_m \, \mathrm{d}P_j \, \mathrm{d}P_m,$$

即 J_2 关于正则变换是不变的.

其它更高级的积分不变量可以类似地予以证明, 只是计算更复杂而已.

下面我们再作几点说明. 第一, 上面我们采用的是母函数 $\Phi(q, P, t)$, 对其它母函数可作类似的讨论, 有相同的结果, 即不变性与母函数的类型无关. 第二, 式 (46.1) 各不变量中的积分区域是任意的, 在文献中将这样的不变量也称为绝对积分不变量 (absolute integral invariant). 与此相对应, 如果要求选定的区域是封闭的, 对应的积分不变量称为相对积分不变量 (relative integral invariant). 这些积分不变量也称为普适积分不变量 (universal integral invariant). 例如, 对完整保守系统, 下列所谓 Poincare 一阶线性积分不变量是相对积分不变量[①]

$$I_1 = \oint \sum_{i=1}^{s} p_i \, \delta q_i,$$

其中积分是关于同一时刻系统的状态所组成的闭合回路. 中国数学家李华宗于 1947 年证明了这些积分不变量的唯一性[②].

§47 哈密顿 – 雅可比方程

§47.1 内容提要

作用量 $S(q, t)$ 满足的一阶微分方程

$$\frac{\partial S}{\partial t} + H\left(q_1, \cdots, q_s; \frac{\partial S}{\partial q_1}, \cdots, \frac{\partial S}{\partial q_s}; t\right) = 0, \tag{o47.1}$$

称为哈密顿 – 雅可比方程[③], 它的全积分形式为

$$S = f(t, q_1, \cdots, q_s; \alpha_1, \cdots, \alpha_s) + A, \tag{o47.2}$$

[①] 证明可参见 F. Gantmacher, Lectures in Analytical Mechanics, Mir Publishers, 1970, p119–124. 中译本: 甘特马赫. 分析力学讲义. 钟奉俄, 薛问西译. 人民教育出版社, 1963, 第 114-120 页.

[②] Hwa-Chung Lee, The universal integral invariants of Hamiltonian systems and application to the theory of canonical transformations, Proc. Roy Soc. of Edinburgh. Sect. **A 62**, No.3, 237-246 (1947). 关于李华宗先生的传略可参见,《科学家传记大辞典》编辑组, 中国现代科学家传记 (第 6 集), 科学出版社, 1994 年, 第 60–71 页; 或者程民德主编, 中国现代数学家传 (第 2 卷), 江苏教育出版社, 1995, 第 206–218 页.

[③] 文献中也将这里的 S 称为哈密顿主函数, 方程 (o47.1) 则称为哈密顿主函数的哈密顿 – 雅可比方程.

其中 $\alpha_1, \cdots, \alpha_s$ 和 A 是任意常数. 系统的运动情况由 S 通过下列关系 (即变换关系 (o45.8)) 给出

$$\frac{\partial S}{\partial \alpha_i} = \beta_i, \quad p_i = \frac{\partial S}{\partial q_i}, \tag{o47.4}$$

其中 β_i 为常数. 上式中第一式给出 q 作为时间和 $2s$ 个常数 $\alpha_i, \beta_i (i = 1, 2, \cdots, s)$ 的函数; 代入第二式将给出动量与 $2s$ 个常数和时间的关系.

在 H 不显含时间的情况下, 可以将作用量写为 (o47.5) 的形式, 即 $S = S_0(q) - Et$, 其中 E 就是系统的能量, 此时哈密顿 – 雅可比方程 (o47.1) 可简化为[①]

$$H\left(q_1, \cdots, q_s; \frac{\partial S_0}{\partial q_1}, \cdots, \frac{\partial S_0}{\partial q_s}\right) = E. \tag{o47.6}$$

§47.2　内容补充

1. 正则变换与哈密顿 – 雅可比方程 (o47.1)

引入哈密顿 – 雅可比方程之后, 寻求母函数的问题就归结为求解该方程了. 从本质上来说, 这并没有改变求解原有问题的难度.

哈密顿 – 雅可比方程 (o47.1) 实际上是正则变换后的哈密顿函数等于零的母函数所满足的方程. 每一种正则变换, 相应地有一个哈密顿 – 雅可比方程. 例如, (o47.1) 是相应于正则变换 (o45.8) 的哈密顿 – 雅可比方程. 再如, 与变换 (45.4) 相应的哈密顿 – 雅可比方程为

$$\frac{\partial S}{\partial t} + H\left(-\frac{\partial S}{\partial p_1}, \cdots, -\frac{\partial S}{\partial p_s}; p_1, \cdots, p_s; t\right) = 0. \tag{47.1}$$

最常用的哈密顿 – 雅可比方程还是 (o47.1). 这是因为, 系统的哈密顿函数一般是广义动量的二次函数, 这样用 $\frac{\partial S}{\partial q_i}$ 代替广义动量得到的是关于 $\frac{\partial S}{\partial q_i}$ 一阶二次偏微分方程. 但是, 哈密顿函数通常是关于坐标的复杂函数, 这样如方程 (47.1) 中那样用变换 $-\frac{\partial S}{\partial p_i}$ 代替广义坐标得到的是关于 $-\frac{\partial S}{\partial p_i}$ 的非常复杂的偏微分方程. 显然, 后者是更难以求解的.

2. 正则变换与哈密顿 – 雅可比方程 (o47.6)

从变换的角度, 如果将 (o47.5) 中的 S_0 (注意, 它是 q_i, α_i 的函数) 视为正则变换的母函数, 它使得变换后的坐标和动量 (分别记为 β_i 和 α_i) 全为常数. 不同于 S, 现在要求变换后的哈密顿函数等于一个常数 E. 因为 S_0

[①] 在文献中, 这里的 $S_0(q)$ 常称为哈密顿特性函数, 方程 (o47.6) 则称为哈密顿特性函数的哈密顿 – 雅可比方程.

不显含时间, 则据 (o45.8), 有变换后的哈密顿函数与变换前的哈密顿函数相同, 即

$$H' = H = E. \tag{47.2}$$

另一方面, 据 (o45.8) 有

$$p_i = \frac{\partial S_0}{\partial q_i}, \quad \beta_i = \frac{\partial S_0}{\partial \alpha_i}.$$

将该变换关系代入 (47.2) 即得哈密顿 – 雅可比方程 (o47.6). 考虑到哈密顿 – 雅可比方程的全积分仅有 s 个非可加的常数 $\alpha_i (i = 1, 2, \cdots, s)$, 则 E 不是独立的常数, 必为其中之一, 通常取 $E = \alpha_1$.

§47.3 补充习题

习题 设系统的哈密顿函数为

$$H(q, p) = \frac{p^2}{2} + U(q), \quad U(q) = \frac{1}{q^2},$$

试求母函数 $S(q, t)$ 以及运动方程的解.

解: 因为 H 不显含时间, 则有关系

$$S = S_0 - Et.$$

S_0 满足的哈密顿 – 雅可比方程为

$$\frac{1}{2}\left(\frac{\partial S_0}{\partial q}\right)^2 + \frac{1}{q^2} = E.$$

由上式可得

$$S_0 = \int \frac{1}{q}\sqrt{2(Eq^2 - 1)}\mathrm{d}q = \int \sqrt{2}\left[\frac{Eq}{\sqrt{Eq^2 - 1}} - \frac{1}{q\sqrt{Eq^2 - 1}}\right]\mathrm{d}q,$$

这里略去了可加常数. 对上式中第二个等号右边第二项作代换 $\xi = \sqrt{Eq^2 - 1}$, 则有

$$\int \frac{1}{q\sqrt{Eq^2 - 1}}\mathrm{d}q = \int \frac{1}{1 + (Eq^2 - 1)}\mathrm{d}(\sqrt{Eq^2 - 1})$$

$$= \int \frac{1}{1 + \xi^2}\mathrm{d}\xi = \arctan\xi = \arctan\sqrt{Eq^2 - 1}.$$

所以有

$$S_0 = \sqrt{2(Eq^2 - 1)} - \sqrt{2}\arctan\sqrt{Eq^2 - 1},$$

以及

$$S = -Et + \sqrt{2(Eq^2 - 1)} - \sqrt{2}\arctan\sqrt{Eq^2 - 1}.$$

这是该问题下哈密顿 – 雅可比方程的所谓全积分.

根据 (o47.4), 有

$$\beta = \frac{\partial S}{\partial E} = -t - \frac{\sqrt{Eq^2 - 1}}{\sqrt{2}E},$$

即

$$q = \pm\left[2E(t + \beta)^2 + \frac{1}{E}\right]^{1/2},$$

其中 β 是常数, 这是运动方程的通解[①]. 又据 (o47.4) 可得动量与时间的关系为

$$p = \frac{\partial S}{\partial q} = \frac{\partial S_0}{\partial q} = \frac{1}{q}\sqrt{2(Eq^2 - 1)} = \mp 2E\left[2E(t + \beta)^2 + \frac{1}{E}\right]^{-1/2}(t + \beta).$$

说明: §15 习题 2 求解了质点在与本问题有相同形式势场 (但为吸引力场) 中的运动, 这类势函数是所谓的奇异势, 相应的量子力学问题有一些独特的性质, 相关讨论可参见有关文献[②].

§48　分离变量

§48.1　内容提要

变量可分离 (设该变量为 q_1), 是指在哈密顿 – 雅可比方程中它与其相应的导数 (即 $\partial S/\partial q_1$) 只以某种组合的方式 $\varphi\left(q_1, \dfrac{\partial S}{\partial q_1}\right)$ 出现, 该组合中不包含其它坐标, 时间及其导数, 也即哈密顿 – 雅可比方程可以改写为

$$\Phi\left\{q_i, t, \frac{\partial S}{\partial q_i}, \varphi\left(q_1, \frac{\partial S}{\partial q_1}\right)\right\} = 0, \tag{o48.1}$$

[①]《力学》中称为运动方程的通积分. 注意, 这里的通积分的含义与文中哈密顿 – 雅可比方程的通积分有所不同. 关于一阶偏微分方程 (这里即是哈密顿 – 雅可比方程) 的通积分和全积分的有关讨论可参见 A. D. Polyanin, V. F. Zaitsev, and A. Moussiaux. Handbook of first order partial differential equations. Taylor & Francis, London, 2002, Chap. 14.

[②] 例如, K. M. Case, Singular potentials, Phys. Rev., 80(1950)797; A. Bastai, L. Bertocchi, S. Fubini, G. Furlan, M. Tonin, On the treatment of singular Bethe-Salpeter equations, Nuovo Cim., **30** (1963) 1512-1531; V. de Alfaro, S. Fubini, G. Furlan, Conformal invariance in quantum mechanics, IL Nuovo Cim., **A34** (1976) 569-612.

其中 q_i 表示除 q_1 之外的其余所有坐标. 这样母函数具有形式

$$S = S'(q_i, t) + S_1(q_1), \tag{o48.2}$$

可分离性要求

$$\varphi\left(q_1, \frac{\mathrm{d}S_1}{\mathrm{d}q_1}\right) = \alpha_1, \tag{o48.4}$$

其中 α_1 为任意常数. $S_1(q_1)$ 可以通过求解方程 (o48.4) 得到. 如果 q_1 是循环坐标, 则有 $S_1(q_1) = \alpha_1 q_1$, 这里常数 α_1 是相应于循环坐标 q_1 的广义动量. 所有变量均可分离的系统称为完全可分离系统.

§48.2 内容补充

• 可分离性与可分离系统

分离变量法是求解哈密顿 – 雅可比方程的方法之一, 仅对一些特定的系统可以采用此方法. 是否可以分离变量是与多种因素有关的, 除了势能函数的形式外, 还取决于所选取的广义坐标. 同一个系统, 在一组广义坐标下可以分离分量, 而采用另一组广义坐标就不一定如此. Eisenhart 详细地讨论了 11 种可以用来对三维系统进行分离变量的坐标系[1].

完全可分离系统是一类特殊的可积系统. 例如球面摆 (见 §14 习题 1), 开普勒问题 (§15), 对称重陀螺 (见 §35 习题 1) 等均是这类系统.

除了上面所说的以及下一小节中将讨论的可以分离变量的例子外, 文献中还常讨论其它比较一般的可分离变量的系统. 例如, 刘维尔系统是完全可分离系统, 其动能函数为各广义动量平方和的形式, 不含有不同广义动量交叉项, 即有下列形式的哈密顿函数

$$H = \frac{1}{2}\left[\sum_{i=1}^{s} f_i(q_i)\right]^{-1} \sum_{i=1}^{s} R_i(q_i)p_i^2 + \left[\sum_{i=1}^{s} f_i(q_i)\right]^{-1} \sum_{i=1}^{s} v_i(q_i), \tag{48.1}$$

其中 f_i, R_i, v_i 均只是 q_i 的函数, 且 $\sum_{i=1}^{s} f_i(q_i) > 0$, $R_i(q_i) > 0$. 因为 H 不显含时间, 则相应的哈密顿 – 雅可比方程为 (参见 (o47.6))

$$\sum_{i=1}^{s}\left[\frac{1}{2}R_i\left(\frac{\partial S_0}{\partial q_i}\right)^2 + v_i\right] = E\sum_{i=1}^{s} f_i. \tag{48.2}$$

可以令

$$S_0 = \sum_{i=1}^{s} S_i(q_i), \tag{48.3}$$

---

[1] L. P. Eisenhart. Separable systems of Stäckel. Ann. Math., **35**(1934)284–305; 也可参见 M. Morse and H. Feshbach. Methods of theoretical physics. McGraw Hill, New York, 1953, pp494–523.

代入 (48.2), 得到

$$\frac{1}{2} R_i \left(\frac{\mathrm{d}S_i}{\mathrm{d}q_i}\right)^2 + v_i - E f_i = \alpha_i, \quad (i = 1, \cdots, s) \tag{48.4}$$

其中 α_i 是常数, 且有

$$\alpha_1 + \alpha_2 + \cdots + \alpha_s = 0.$$

方程 (48.4) 是关于 q_i 的微分方程, 可以积分求解, 由此可以得到 S_0.

　　对于一个特定的问题, 如果存在多组广义坐标能进行分离变量法求解, 这种系统一般具有多于 s 个的运动积分, 这往往与系统存在更高的对称性 (文献中有时称之为偶然对称性或隐含对称性)、有简并性 (参见 §52) 等相关. 例如, 开普勒问题相应的哈密顿 – 雅可比方程可以在球坐标和抛物线坐标下分离变量 (见下一小节), 其中的更高对称性与 Runge-Lenz 矢量这个运动积分相联系.

　　分离变量方法的一些深入讨论, 特别是所谓的 $r-$ 矩阵方法, 与量子可积问题的关系等可参见有关文献[①].

§48.3　不同坐标系下的分离变量, 例题

　　《力学》中这部分给出了三种坐标系下几类可以进行分离变量的势函数的实例, 它们一定程度上可以反映进行分离变量求解哈密顿 – 雅可比方程的困难所在.

　　例题 1　球坐标与可分离变量的势函数.

　　(i) 球坐标下的哈密顿函数

　　对于质点系统, 用笛卡儿直角坐标表示时, 拉格朗日函数为

$$L = \frac{m}{2}(\dot{x}^2 + \dot{y}^2 + \dot{z}^2) - U(x, y, z).$$

球坐标和直角坐标之间的变换关系为

$$x = r \sin\theta\cos\varphi, \quad y = r\sin\theta\sin\varphi, \quad z = r\cos\theta.$$

它们对时间的导数分别为

$$\dot{x} = \dot{r}\sin\theta\cos\varphi + r\dot{\theta}\cos\theta\cos\varphi - r\dot{\varphi}\sin\theta\sin\varphi,$$
$$\dot{y} = \dot{r}\sin\theta\sin\varphi + r\dot{\theta}\cos\theta\sin\varphi + r\dot{\varphi}\sin\theta\cos\varphi,$$
$$\dot{z} = \dot{r}\cos\theta - r\dot{\theta}\sin\theta.$$

---

　　① 例如 E. K. Sklyanin. Separation of variables—new trends. Prog. Theor. Phys. Supp., **118** (1995)35–60.

将这些变换关系代入到前面拉格朗日函数的表达式中, 经过整理可得

$$L = \frac{m}{2}(\dot{r}^2 + r^2\dot{\theta}^2 + r^2\dot{\varphi}^2\sin^2\theta) - U(r,\theta,\varphi).$$

各广义坐标相应的广义动量分别为

$$p_r = \frac{\partial L}{\partial \dot{r}} = m\dot{r},$$

$$p_\theta = \frac{\partial L}{\partial \dot{\theta}} = mr^2\dot{\theta},$$

$$p_\varphi = \frac{\partial L}{\partial \dot{\varphi}} = mr^2\dot{\varphi}\sin^2\theta.$$

按照哈密顿函数的定义, 并用广义坐标和广义动量表示, 可得所要求的哈密顿函数为

$$H = \dot{r}p_r + \dot{\theta}p_\theta + \dot{\varphi}p_\varphi - L = T + U = \frac{1}{2m}\left(p_r^2 + \frac{p_\theta^2}{r^2} + \frac{p_\varphi^2}{r^2\sin^2\theta}\right) + U(r,\theta,\varphi),$$

其中第二个等号是因为动能 T 是广义速度 $\dot{r}, \dot{\theta}$ 和 $\dot{\varphi}$ 的二次齐次函数.

(ii) 球坐标下哈密顿 – 雅可比方程的分离变量

在球坐标下, 哈密顿 – 雅可比方程为

$$\frac{1}{2m}\left(\frac{\partial S_0}{\partial r}\right)^2 + \frac{1}{2mr^2}\left(\frac{\partial S_0}{\partial \theta}\right)^2 + \frac{1}{2mr^2\sin^2\theta}\left(\frac{\partial S_0}{\partial \varphi}\right)^2 + U(r,\theta,\varphi) = E.$$

如果势函数为

$$U = a(r) + \frac{b(\theta)}{r^2}, \tag{o48.8}$$

则有哈密顿 – 雅可比方程为

$$\frac{1}{2m}\left(\frac{\partial S_0}{\partial r}\right)^2 + a(r) + \frac{1}{2mr^2}\left[\left(\frac{\partial S_0}{\partial \theta}\right)^2 + 2mb(\theta)\right] + \frac{1}{2mr^2\sin^2\theta}\left(\frac{\partial S_0}{\partial \varphi}\right)^2 = E.$$

它不含坐标 φ, 故它是循环坐标.

由于 φ 是循环变量, 可将 $\frac{\partial S_0}{\partial \varphi}$ 设为一常数并记为 p_φ, 再对 r 和 θ 进行变量分离. 将哈密顿 – 雅可比方程两边同时乘以 $2mr^2$, 有

$$\left(\frac{\partial S_0}{\partial \theta}\right)^2 + 2mb(\theta) + \frac{p_\varphi^2}{\sin^2\theta} = 2mr^2\left\{E - \frac{1}{2m}\left(\frac{\partial S_0}{\partial r}\right)^2 - a(r)\right\},$$

则可以令 $S_0 = p_\varphi\varphi + S_1(r) + S_2(\theta)$, 代入上式, 有

$$\left(\frac{\mathrm{d}S_2}{\mathrm{d}\theta}\right)^2 + 2mb(\theta) + \frac{p_\varphi^2}{\sin^2\theta} = 2mr^2\left\{E - \frac{1}{2m}\left(\frac{\mathrm{d}S_1}{\mathrm{d}r}\right)^2 - a(r)\right\}.$$

上式两边分别为 θ 和 r 的函数, 于是有

$$\left(\frac{\mathrm{d}S_2}{\mathrm{d}\theta}\right)^2 + 2mb(\theta) + \frac{p_\varphi^2}{\sin^2\theta} = \beta,$$

以及

$$\frac{1}{2m}\left(\frac{\mathrm{d}S_1}{dr}\right)^2 + a(r) + \frac{\beta}{2mr^2} = E,$$

其中 β 是分离常数. 由以上两式可得

$$S_1 = \int \sqrt{2m\left[E - a(r) - \frac{\beta}{2mr^2}\right]}\,\mathrm{d}r,$$

$$S_2 = \int \sqrt{\beta - 2mb(\theta) - \frac{p_\varphi^2}{\sin^2\theta}}\,\mathrm{d}\theta.$$

由此并利用 (o47.5) 就可以得到 (o48.9).

例题 2 抛物线坐标与可分离变量的势函数.

(i) 从柱坐标到抛物线坐标

从直角坐标 (用 x, y, z 表示) 到抛物线坐标 (用 ξ, η, φ 表示) 的变换关系为

$$\eta = -z + \sqrt{x^2 + y^2 + z^2}, \quad \xi = z + \sqrt{x^2 + y^2 + z^2}, \quad \varphi = \arctan\frac{y}{x}. \tag{1}$$

由关系 (1) 可得

$$2z = \frac{x^2 + y^2}{\eta} - \eta, \tag{2}$$

$$2z = -\frac{x^2 + y^2}{\xi} + \xi. \tag{3}$$

当 $\eta = \eta_0 > 0$ 为常数时, 方程 (2) 是由一开口向上, 焦点在坐标原点的抛物线绕 z 轴旋转所得的曲面, 即对称轴为 z 轴的旋转抛物曲面. 当 $\eta = \eta_0 < 0$ 为常数时, 开口反向, 焦点仍位于坐标原点. 同理, 当 $\xi = \xi_0 > 0$ 为常数时, 方程 (3) 是由一开口向下, 焦点同样位于坐标原点的关于 z 轴的旋转抛物曲面. 由于焦点与 ξ_0, η_0 无关, 不同的 ξ_0, η_0 将给出一组同焦点的旋转抛物曲面族.

联立方程 (2) 与 (3) 可得关系

$$x^2 + y^2 = \xi\eta, \quad z = \frac{1}{2}(\xi - \eta),$$

则柱坐标 (用 ρ, φ, z 表示) 与抛物线坐标之间的变换关系为

$$z = \frac{1}{2}(\xi - \eta), \quad \rho = \sqrt{x^2 + y^2} = \sqrt{\xi\eta}. \tag{o48.10}$$

将式 (o48.10) 对时间求导得

$$\dot{z} = \frac{1}{2}\left(\dot{\xi} - \dot{\eta}\right), \quad \dot{\rho} = \frac{1}{2}\sqrt{\frac{\eta}{\xi}}\dot{\xi} + \frac{1}{2}\sqrt{\frac{\xi}{\eta}}\dot{\eta}. \tag{4}$$

将式 (4) 代入用柱坐标表示的拉格朗日函数, 有

$$
\begin{aligned}
L &= \frac{1}{2}m\left(\dot{\rho}^2 + \rho^2\dot{\varphi}^2 + \dot{z}^2\right) - U\left(\rho, \varphi, z\right) \\
&= \frac{1}{2}m\left[\frac{1}{4}\left(\xi^{-1}\eta\dot{\xi}^2 + 2\dot{\xi}\dot{\eta} + \eta^{-1}\xi\dot{\eta}^2\right) + \xi\eta\dot{\varphi}^2 + \frac{1}{4}\left(\dot{\xi}^2 - 2\dot{\xi}\dot{\eta} + \dot{\eta}^2\right)\right] - U\left(\xi, \eta, \varphi\right) \\
&= \frac{1}{8}m\left(\xi + \eta\right)\left(\frac{\dot{\xi}^2}{\xi} + \frac{\dot{\eta}^2}{\eta}\right) + \frac{1}{2}m\xi\eta\dot{\varphi}^2 - U\left(\xi, \eta, \varphi\right).
\end{aligned}
$$

$$\text{(o48.13)}$$

广义动量为

$$p_\xi = \frac{\partial L}{\partial \dot{\xi}} = \frac{1}{4}m\left(\xi + \eta\right)\frac{\dot{\xi}}{\xi}, \quad p_\eta = \frac{\partial L}{\partial \dot{\eta}} = \frac{1}{4}m\left(\xi + \eta\right)\frac{\dot{\eta}}{\eta}, \quad p_\varphi = \frac{\partial L}{\partial \dot{\varphi}} = m\xi\eta\dot{\varphi}. \tag{5}$$

由式 (5) 可得

$$\dot{\xi} = \frac{4\xi p_\xi}{m(\xi + \eta)}, \quad \dot{\eta} = \frac{4\eta p_\eta}{m(\xi + \eta)}, \quad \dot{\varphi} = \frac{p_\varphi}{m\xi\eta}. \tag{6}$$

按照哈密顿函数的定义, 由拉格朗日函数 (o48.13) 以及式 (6) 可得到用抛物线坐标以及相应的广义动量表示的哈密顿函数为

$$H = T + U = \frac{2}{m}\frac{\xi p_\xi^2 + \eta p_\eta^2}{\xi + \eta} + \frac{p_\varphi^2}{2m\xi\eta} + U\left(\xi, \eta, \varphi\right), \tag{o48.14}$$

其中第一个等号是因为动能 T 是广义速度 $\dot{\xi}, \dot{\eta}$ 和 $\dot{\varphi}$ 的二次齐次函数.

(ii) 抛物线坐标系中哈密顿 – 雅可比方程的变量分离

如果势函数为

$$U = \frac{a(\xi) + b(\eta)}{\xi + \eta} = \frac{a(r + z) + b(r - z)}{2r}, \tag{o48.15}$$

其中 $r = \sqrt{z^2 + \rho^2} = \sqrt{x^2 + y^2 + z^2}$ 是球坐标, H 不显含时间, 与简约作用量 $S_0(q)$ 相应的哈密顿 – 雅可比方程为

$$\frac{2}{m(\xi + \eta)}\left[\xi\left(\frac{\partial S_0}{\partial \xi}\right)^2 + \eta\left(\frac{\partial S_0}{\partial \eta}\right)^2\right] + \frac{1}{2m\xi\eta}\left(\frac{\partial S_0}{\partial \varphi}\right)^2 + \frac{a(\xi) + b(\eta)}{\xi + \eta} = E.$$

这里所考虑的势函数与 φ 无关, 则可以看出 φ 为循环坐标, 可知 $\dfrac{\partial S_0}{\partial \varphi} = p_\varphi$

是常数. 将以上哈密顿 – 雅可比方程两边同乘 $m(\xi + \eta)$ 并重新组合各项, 可得

$$\left[2\xi\left(\frac{\partial S_0}{\partial \xi}\right)^2 + ma\,(\xi) - mE\xi + \frac{p_\varphi^2}{2\xi}\right] + \left[2\eta\left(\frac{\partial S_0}{\partial \eta}\right)^2 + mb\,(\eta) - mE\eta + \frac{p_\varphi^2}{2\eta}\right] = 0.$$
$$\tag{7}$$

假设作用量可以表示为以下形式

$$S_0 = \varphi p_\varphi + S_1(\xi) + S_2(\eta),$$

代入哈密顿 – 雅可比方程 (7), 有

$$\left[2\xi\left(\frac{\mathrm{d}S_1}{\mathrm{d}\xi}\right)^2 + ma(\xi) - mE\xi + \frac{p_\varphi^2}{2\xi}\right] + \left[2\eta\left(\frac{\mathrm{d}S_2}{\mathrm{d}\eta}\right)^2 + mb(\eta) - mE\eta + \frac{p_\varphi^2}{2\eta}\right] = 0.$$

因为 E, p_φ 为常数, 上式表明 ξ 和 η 已被完全分离, 由此可得到两个方程

$$2\xi\left(\frac{\mathrm{d}S_1}{\mathrm{d}\xi}\right)^2 + ma\,(\xi) - mE\xi + \frac{p_\varphi^2}{2\xi} = \beta,$$
$$2\eta\left(\frac{\mathrm{d}S_2}{\mathrm{d}\eta}\right)^2 + mb\,(\eta) - mE\eta + \frac{p_\varphi^2}{2\eta} = -\beta,$$

其中 β 为任意常数. 于是, 有

$$\mathrm{d}S_1 = \sqrt{\frac{mE}{2} + \frac{\beta - ma(\xi)}{2\xi} - \frac{p_\varphi^2}{4\xi^2}}\,\mathrm{d}\xi,$$
$$\mathrm{d}S_2 = \sqrt{\frac{mE}{2} - \frac{\beta + mb(\eta)}{2\eta} - \frac{p_\varphi^2}{4\eta^2}}\,\mathrm{d}\eta.$$

对上面两式积分并考虑到 (o47.5) 即可得到 (o48.16).

例题 3 椭圆坐标与可分离变量的势函数.

(i) 椭圆坐标下的哈密顿函数

椭圆坐标取为 ξ, η, φ, 它与柱坐标 ρ, φ, z 的关系为

$$\rho = \sigma\sqrt{(\xi^2 - 1)(1 - \eta^2)}, \quad z = \sigma\xi\eta, \tag{o48.17}$$

两种坐标系下的 φ 是相同的. 坐标 ξ 的取值范围为 $[1, +\infty)$, η 的取值范围为 $[-1, 1]$. 由 (o48.17) 可以得到

$$\frac{z^2}{\sigma^2\xi^2} + \frac{\rho^2}{\sigma^2(\xi^2 - 1)} = 1, \quad \frac{z^2}{\sigma^2\eta^2} - \frac{\rho^2}{\sigma^2(1 - \eta^2)} = 1.$$

当 $\xi = \xi_0$ 为常数时，上式中第一式表明它是绕 z 轴的旋转椭球面，其中心位于坐标原点，长、短半轴分别为 $\sigma\xi_0$ 和 $\sigma\sqrt{\xi_0^2-1}$，焦点分别位于 z 轴上 $z = -\sigma$ 和 $z = \sigma$ 处. 当 $\eta = \eta_0$ 是常数时，上式中第二式表明它是绕 z 轴的旋转双曲面，长、短半轴分别为 $\sigma\eta_0$ 和 $\sigma\sqrt{1-\eta_0^2}$，焦点也分别位于 z 轴上 $z = -\sigma$ 和 $z = \sigma$ 处. 注意到焦点的位置与 ξ_0, η_0 无关，当 ξ_0, η_0 取不同值时，实际上可以得到共焦点的一组旋转椭球面族和旋转双曲面族.

由 (o48.17) 可得

$$\dot{\rho} = \frac{\sigma\left[(1-\eta^2)\xi\dot{\xi} - (\xi^2-1)\eta\dot{\eta}\right]}{\sqrt{(\xi^2-1)(1-\eta^2)}},$$
$$\dot{z} = \sigma\left(\xi\dot{\eta} + \dot{\xi}\eta\right), \quad \dot{\varphi} = \dot{\varphi}.$$

将上述关系代入柱坐标表示的拉格朗日函数

$$L = \frac{1}{2}m(\dot{\rho}^2 + \rho^2\dot{\varphi}^2 + \dot{z}^2) - U(\rho,\varphi,z),$$

有

$$L = \frac{1}{2}m\left\{\frac{\sigma^2\left[(1-\eta^2)\xi\dot{\xi} - (\xi^2-1)\eta\dot{\eta}\right]^2}{(\xi^2-1)(1-\eta^2)} + \sigma^2(\xi^2-1)(1-\eta^2)\dot{\varphi}^2 + \right.$$
$$\left. \sigma^2\left(\xi\dot{\eta} + \dot{\xi}\eta\right)^2\right\} - U(\xi,\eta,\varphi)$$
$$= \frac{1}{2}m\sigma^2(\xi^2-\eta^2)\left[\frac{\dot{\xi}^2}{\xi^2-1} + \frac{\dot{\eta}^2}{1-\eta^2}\right] + \frac{1}{2}m\sigma^2(\xi^2-1)(1-\eta^2)\dot{\varphi}^2 - U(\xi,\eta,\varphi).$$

$$(o48.19)$$

按照广义动量的定义，则有

$$p_\xi = \frac{\partial L}{\partial \dot{\xi}} = m\sigma^2(\xi^2-\eta^2)\frac{\dot{\xi}}{\xi^2-1},$$
$$p_\eta = \frac{\partial L}{\partial \dot{\eta}} = m\sigma^2(\xi^2-\eta^2)\frac{\dot{\eta}}{1-\eta^2},$$
$$p_\varphi = \frac{\partial L}{\partial \dot{\varphi}} = m\sigma^2(\xi^2-1)(1-\eta^2)\dot{\varphi}.$$

反解上列各式可得用广义坐标和广义动量表示的广义速度分别为

$$\dot{\xi} = \frac{(\xi^2-1)p_\xi}{m\sigma^2(\xi^2-\eta^2)}, \quad \dot{\eta} = \frac{(1-\eta^2)p_\eta}{m\sigma^2(\xi^2-\eta^2)}, \quad \dot{\varphi} = \frac{p_\varphi}{m\sigma^2(\xi^2-1)(1-\eta^2)}.$$

相应地, 动能函数可以表示为

$$
\begin{aligned}
T =& \frac{1}{2}m\sigma^2(\xi^2-\eta^2)\left\{\frac{(\xi^2-1)\,p_\xi^2}{[m\sigma^2(\xi^2-\eta^2)]^2}+\frac{(1-\eta^2)\,p_\eta^2}{[m\sigma^2(\xi^2-\eta^2)]^2}\right\}+\\
& \frac{1}{2}m\sigma^2(\xi^2-1)(1-\eta^2)\left[\frac{p_\varphi}{m\sigma^2(\xi^2-1)(1-\eta^2)}\right]^2\\
=& \frac{1}{2m\sigma^2(\xi^2-\eta^2)}\left[(\xi^2-1)\,p_\xi^2+(1-\eta^2)\,p_\eta^2\right]+\frac{p_\varphi^2}{2m\sigma^2(\xi^2-1)(1-\eta^2)},
\end{aligned}
$$

即

$$
T=\frac{1}{2m\sigma^2(\xi^2-\eta^2)}\left[(\xi^2-1)p_\xi^2+(1-\eta^2)p_\eta^2+\left(\frac{1}{\xi^2-1}+\frac{1}{1-\eta^2}\right)p_\varphi^2\right].
$$

于是, 椭圆坐标系下的哈密顿函数为

$$
H=\frac{1}{2m\sigma^2(\xi^2-\eta^2)}\left[(\xi^2-1)p_\xi^2+(1-\eta^2)p_\eta^2+\left(\frac{1}{\xi^2-1}+\frac{1}{1-\eta^2}\right)p_\varphi^2\right]+U(\xi,\eta,\varphi).
$$

$$(o48.20)$$

(ii) 哈密顿 – 雅可比方程的变量分离

考虑势函数

$$
U=\frac{a(\xi)+b(\eta)}{\xi^2-\eta^2},
\tag{o48.21}
$$

则 H 不显含时间, 由变换

$$
p_\xi=\frac{\partial S_0}{\partial\xi},\quad p_\eta=\frac{\partial S_0}{\partial\eta},\quad p_\varphi=\frac{\partial S_0}{\partial\varphi},
$$

可以得到哈密顿 – 雅可比方程为

$$
\begin{aligned}
&\frac{1}{2m\sigma^2(\xi^2-\eta^2)}\left[(\xi^2-1)\left(\frac{\partial S_0}{\partial\xi}\right)^2+(1-\eta^2)\left(\frac{\partial S_0}{\partial\eta}\right)^2+\right.\\
&\left.\left(\frac{1}{\xi^2-1}+\frac{1}{1-\eta^2}\right)\left(\frac{\partial S_0}{\partial\varphi}\right)^2\right]+\\
&\frac{a(\xi)+b(\eta)}{\xi^2-\eta^2}=E.
\end{aligned}
$$

将上述方程乘以 $2m\sigma^2(\xi^2-\eta^2)$, 即得

$$
\begin{aligned}
&(\xi^2-1)\left(\frac{\partial S_0}{\partial\xi}\right)^2+(1-\eta^2)\left(\frac{\partial S_0}{\partial\eta}\right)^2+\left(\frac{1}{\xi^2-1}+\frac{1}{1-\eta^2}\right)\left(\frac{\partial S_0}{\partial\varphi}\right)^2+\\
&2m\sigma^2\left[a(\xi)+b(\eta)\right]-2m\sigma^2(\xi^2-1+1-\eta^2)E=0.
\end{aligned}
$$

循环坐标 φ 可以 $p_\varphi \varphi$ 的形式分离出来, 这里 p_φ 为常数, 于是有

$$(\xi^2-1)\left(\frac{\partial S_0}{\partial \xi}\right)^2 + 2m\sigma^2 a(\xi) - 2m\sigma^2(\xi^2-1)E + \frac{p_\varphi^2}{\xi^2-1} +$$
$$(1-\eta^2)\left(\frac{\partial S_0}{\partial \eta}\right)^2 + 2m\sigma^2 b(\eta) - 2m\sigma^2(1-\eta^2)E + \frac{p_\varphi^2}{1-\eta^2} = 0.$$

令 $S_0 = p_\varphi \varphi + S_1(\xi) + S_2(\eta)$, 代入上式, 则有

$$(\xi^2-1)\left(\frac{\mathrm{d}S_1}{\mathrm{d}\xi}\right)^2 + 2m\sigma^2 a(\xi) - 2m\sigma^2(\xi^2-1)E + \frac{p_\varphi^2}{\xi^2-1} =$$
$$-(1-\eta^2)\left(\frac{\mathrm{d}S_2}{\mathrm{d}\eta}\right)^2 - 2m\sigma^2 b(\eta) + 2m\sigma^2(1-\eta^2)E - \frac{p_\varphi^2}{1-\eta^2}.$$

方程左右两边分别是关于 ξ 和 η 的函数, 于是必有

$$(\xi^2-1)\left(\frac{\mathrm{d}S_1}{\mathrm{d}\xi}\right)^2 + 2m\sigma^2 a(\xi) - 2m\sigma^2(\xi^2-1)E + \frac{p_\varphi^2}{\xi^2-1} = \beta,$$
$$(1-\eta^2)\left(\frac{\mathrm{d}S_2}{\mathrm{d}\eta}\right)^2 + 2m\sigma^2 b(\eta) - 2m\sigma^2(1-\eta^2)E + \frac{p_\varphi^2}{1-\eta^2} = -\beta,$$

这里 β 是任意常数. 由这两个方程, 可得

$$\mathrm{d}S_1 = \sqrt{2m\sigma^2 E + \frac{\beta - 2m\sigma^2 a(\xi)}{\xi^2-1} - \frac{p_\varphi^2}{(\xi^2-1)^2}}\,\mathrm{d}\xi,$$
$$\mathrm{d}S_2 = \sqrt{2m\sigma^2 E - \frac{\beta + 2m\sigma^2 b(\eta)}{1-\eta^2} - \frac{p_\varphi^2}{(1-\eta^2)^2}}\,\mathrm{d}\eta.$$

对上两式积分并利用 (o47.5) 可以得到 (o48.22).

说明: 上述几种势函数相应的量子力学的 Schrödinger 方程也可以用分离变量方法求解, 可参见有关文献[1].

§48.4　习题解答

习题 1 设质点在场

$$U = \frac{a}{r} - Fz$$

(库仑场和均匀场的复合) 中运动, 试求哈密顿 – 雅可比方程的全积分, 并求这个运动特有的作为坐标和动量函数的守恒量.

[1] 例如, K. Helfrich, Constants of motion for separable one-particle problems with cylinder symmetry, Theoret. Chim. Acta., **24**(1972)271-282.

解: 对于场

$$U = \frac{\alpha - Frz}{r},$$

用抛物线坐标表示时, 有

$$U = \frac{\alpha - Frz}{r} = \frac{\alpha - F\frac{1}{2}(\xi + \eta)\frac{1}{2}(\xi - \eta)}{\frac{1}{2}(\xi + \eta)} = \frac{2\alpha - \frac{1}{2}F(\xi^2 - \eta^2)}{\xi + \eta}.$$

与 (o48.15) 比较, 有

$$a(\xi) = \alpha - \frac{F}{2}\xi^2, \quad b(\eta) = \alpha + \frac{F}{2}\eta^2.$$

将上式代入 (o48.16), 可得作用量为

$$S = -Et + p_\varphi\varphi + \int \sqrt{\frac{mE}{2} - \frac{m\alpha - \beta}{2\xi} - \frac{p_\varphi^2}{4\xi^2} + \frac{mF\xi}{4}}\,\mathrm{d}\xi +$$

$$\int \sqrt{\frac{mE}{2} - \frac{m\alpha + \beta}{2\eta} - \frac{p_\varphi^2}{4\eta^2} - \frac{mF\eta}{4}}\,\mathrm{d}\eta.$$

分离常数 β 的含义可以按如下方式看出. 在分离变量时, 有

$$2\xi\left(\frac{\mathrm{d}S_1}{\mathrm{d}\xi}\right)^2 + ma(\xi) - mE\xi + \frac{p_\varphi^2}{2\xi} = \beta,$$

$$2\eta\left(\frac{\mathrm{d}S_2}{\mathrm{d}\eta}\right)^2 + ma(\eta) - mE\eta + \frac{p_\varphi^2}{2\eta} = -\beta,$$

即

$$2\xi p_\xi^2 + ma(\xi) - mE\xi + \frac{p_\varphi^2}{2\xi} = \beta, \quad 2\eta p_\eta^2 + ma(\eta) - mE\eta + \frac{p_\varphi^2}{2\eta} = -\beta.$$

将上式中的第一式乘以 η, 第二式乘以 ξ 再相减即消去含 E 的项, 有

$$\beta(\eta + \xi) = 2\xi\eta\left(p_\xi^2 - p_\eta^2\right) + m[\eta a(\xi) - \xi b(\eta)] + \frac{p_\varphi^2}{2}\left(\frac{\eta}{\xi} - \frac{\xi}{\eta}\right),$$

即

$$\begin{aligned}
\beta &= \frac{2\xi\eta}{\eta + \xi}\left(p_\xi^2 - p_\eta^2\right) + \frac{1}{\eta + \xi}m[\eta a(\xi) - \xi b(\eta)] + \frac{p_\varphi^2}{2\xi\eta}(\eta - \xi) \\
&= \frac{\rho^2}{r}\left(p_\xi^2 - p_\eta^2\right) + \frac{1}{2r}m\left[\eta\left(\alpha - \frac{1}{2}F\xi^2\right) - \xi\left(\alpha + \frac{1}{2}F\eta^2\right)\right] - \frac{zp_\varphi^2}{\rho^2} \\
&= \frac{\rho^2}{r}\left(p_\xi^2 - p_\eta^2\right) - \frac{m\alpha z}{r} - \frac{mF}{4r}\xi\eta(\xi + \eta) - \frac{zp_\varphi^2}{\rho^2} \\
&= \frac{\rho^2}{r}\left(p_\xi^2 - p_\eta^2\right) - \frac{m\alpha z}{r} - \frac{1}{2}mF\rho^2 - \frac{zp_\varphi^2}{\rho^2},
\end{aligned}$$

其中利用了柱坐标和抛物线坐标之间的关系

$$r = \sqrt{x^2 + y^2 + z^2} = \sqrt{z^2 + \rho^2} = \frac{1}{2}(\xi + \eta), \quad \rho = \sqrt{\xi\eta}, \quad z = \frac{1}{2}(\xi - \eta).$$

由上述关系, 可得

$$\xi = r + z, \quad \eta = r - z,$$

$$\dot{r} = \frac{z\dot{z} + \rho\dot{\rho}}{\sqrt{z^2 + \rho^2}} = \frac{1}{mr}(zp_z + \rho p_\rho),$$

其中 p_z, p_ρ 是柱坐标系下的广义动量. 再利用这些关系以及前面给出的用抛物线坐标表示的广义动量的表示式, 可得到不同坐标相应的广义动量之间的关系分别为

$$p_\xi = \frac{1}{4}m(\xi + \eta)\frac{\dot{\xi}}{\xi} = \frac{mr}{2}\frac{\dot{r} + \dot{z}}{r + z} = \frac{mr}{2(r+z)}\frac{1}{m}\left[\left(1 + \frac{z}{r}\right)p_z + \frac{\rho}{r}p_\rho\right]$$

$$= \frac{1}{2}\left[p_z + \frac{\rho}{r+z}p_\rho\right] = \frac{1}{2}\left[p_z + \frac{r-z}{\rho}p_\rho\right],$$

$$p_\eta = \frac{1}{4}m(\xi + \eta)\frac{\dot{\eta}}{\eta} = \frac{mr}{2}\frac{\dot{r} - \dot{z}}{r - z} = \frac{mr}{2(r-z)}\frac{1}{m}\left[-\left(1 - \frac{z}{r}\right)p_z + \frac{\rho}{r}p_\rho\right]$$

$$= \frac{1}{2}\left[-p_z + \frac{\rho}{r-z}p_\rho\right] = \frac{1}{2}\left[-p_z + \frac{r+z}{\rho}p_\rho\right].$$

或者用下列方法求两者之间的关系

$$p_\xi = \frac{\partial S}{\partial \xi} = \frac{\partial S}{\partial \rho}\frac{\partial \rho}{\partial \xi} + \frac{\partial S}{\partial z}\frac{\partial z}{\partial \xi} = p_\rho\frac{\partial \rho}{\partial \xi} + p_z\frac{\partial z}{\partial \xi} = \frac{1}{2}p_\rho\frac{\eta}{\sqrt{\xi\eta}} + \frac{1}{2}p_z$$

$$= \frac{1}{2}\left(p_z + \frac{r-z}{\rho}p_\rho\right),$$

$$p_\eta = \frac{\partial S}{\partial \eta} = \frac{\partial S}{\partial \rho}\frac{\partial \rho}{\partial \eta} + \frac{\partial S}{\partial z}\frac{\partial z}{\partial \eta} = p_\rho\frac{\partial \rho}{\partial \eta} + p_z\frac{\partial z}{\partial \eta} = \frac{1}{2}p_\rho\frac{\xi}{\sqrt{\xi\eta}} - \frac{1}{2}p_z$$

$$= \frac{1}{2}\left(-p_z + \frac{r+z}{\rho}p_\rho\right).$$

将上列关系代入前面 β 的表示式, 经过整理有

$$\beta = -m\left[\frac{\alpha z}{r} + \frac{p_\rho}{m}(zp_\rho - \rho p_z) + \frac{p_\varphi^2}{m\rho^2}z\right] - \frac{m}{2}F\rho^2.$$

方括号中的部分是 Runge-Lenz 矢量的 z 分量, 所以 β 对应于一个运动积分. 如果 $\alpha = 0$, 则 β 表示在均匀场中运动的质点也有一个运动积分.

习题 2 同上题, 但外场为

$$U = \frac{\alpha_1}{r_1} + \frac{\alpha_2}{r_2}$$

(两个相距为 2σ 的固定点的库仑场).

解: 对于题中给定的势场, 注意到其中的 r_1, r_2 是空间任一点 (x, y, z) 到 z 轴上坐标为 $(0, 0, \sigma)$ 和 $(0, 0, -\sigma)$ 两点之间的距离, 即

$$r_1 = \sqrt{x^2 + y^2 + (z - \sigma)^2}, \quad r_2 = \sqrt{x^2 + y^2 + (z + \sigma)^2},$$

用椭圆坐标表示时, 利用 (o48.18), 即

$$r_1 = \sigma(\xi - \eta), \quad r_2 = \sigma(\xi + \eta), \quad \xi = \frac{r_1 + r_2}{2\sigma}, \quad \eta = \frac{r_2 - r_1}{2\sigma}, \tag{o48.18}$$

则有

$$\begin{aligned}
U &= \frac{\alpha_1}{r_1} + \frac{\alpha_2}{r_2} = \frac{(\alpha_1 + \alpha_2)(r_1 + r_2) + (\alpha_1 - \alpha_2)(r_2 - r_1)}{2r_1 r_2} \\
&= \frac{\sigma^2}{r_1 r_2} \left[\frac{\alpha_1 + \alpha_2}{\sigma} \frac{r_1 + r_2}{2\sigma} + \frac{\alpha_1 - \alpha_2}{\sigma} \frac{r_2 - r_1}{2\sigma} \right] \\
&= \frac{1}{\xi^2 - \eta^2} \left(\frac{\alpha_1 + \alpha_2}{\sigma} \xi + \frac{\alpha_1 - \alpha_2}{\sigma} \eta \right).
\end{aligned}$$

上式与 (o48.21) 相比较, 有

$$a(\xi) = \frac{\alpha_1 + \alpha_2}{\sigma} \xi, \quad b(\eta) = \frac{\alpha_1 - \alpha_2}{\sigma} \eta.$$

将它们代入式 (o48.22), 则有相应的作用量为

$$\begin{aligned}
S = &\int \sqrt{2m\sigma^2 E + \frac{\beta - 2m\sigma\xi(\alpha_1 + \alpha_2)}{\xi^2 - 1} - \frac{p_\varphi^2}{(\xi^2 - 1)^2}} \, \mathrm{d}\xi + \\
&\int \sqrt{2m\sigma^2 E - \frac{\beta + 2m\sigma\eta(\alpha_1 - \alpha_2)}{1 - \eta^2} - \frac{p_\varphi^2}{(1 - \eta^2)^2}} \, \mathrm{d}\eta - Et + p_\varphi \varphi.
\end{aligned}$$

下面考虑变量分离中涉及的守恒量 β. 前面的讨论表明, 在椭圆坐标下变量分离时, 有

$$(\xi^2 - 1) \left(\frac{\mathrm{d}S_1}{\mathrm{d}\xi} \right)^2 + 2m\sigma^2 a(\xi) - 2m\sigma^2 (\xi^2 - 1)E + \frac{p_\varphi^2}{\xi^2 - 1} = \beta,$$

$$(1 - \eta^2) \left(\frac{\mathrm{d}S_2}{\mathrm{d}\eta} \right)^2 + 2m\sigma^2 b(\eta) - 2m\sigma^2 (1 - \eta^2)E + \frac{p_\varphi^2}{1 - \eta^2} = -\beta.$$

将上式中第一式乘以 $1 - \eta^2$, 第二式乘以 $\xi^2 - 1$ 再相减, 即消去含 E 的项, 有

$$\begin{aligned}
\beta(\xi^2 - \eta^2) = &(\xi^2 - 1)(1 - \eta^2)(p_\xi^2 - p_\eta^2) + 2m\sigma^2 \left[(1 - \eta^2)a(\xi) - (\xi^2 - 1)b(\eta) \right] + \\
&p_\varphi^2 \left(\frac{1 - \eta^2}{\xi^2 - 1} - \frac{\xi^2 - 1}{1 - \eta^2} \right),
\end{aligned}$$

即

$$\beta = \frac{(\xi^2 - 1)(1 - \eta^2)}{\xi^2 - \eta^2} \left(p_\xi^2 - p_\eta^2 \right) + \frac{2m\sigma^2}{\xi^2 - \eta^2} \left[(1 - \eta^2)a(\xi) - (\xi^2 - 1)b(\eta) \right] -$$
$$p_\varphi^2 \frac{\xi^2 + \eta^2 - 2}{(\xi^2 - 1)(1 - \eta^2)}. \tag{1}$$

注意到柱坐标和椭圆坐标的关系为 (见 (o48.17) 式)

$$\rho = \sigma\sqrt{(\xi^2 - 1)(1 - \eta^2)}, \quad z = \sigma\xi\eta,$$

则可用柱坐标系下的广义动量 $p_\varphi = \partial S/\partial \rho$ 和 $p_z = \partial S/\partial z$ 表示椭圆坐标下的广义动量 $p_\xi = \partial S/\partial \xi$ 和 $p_\eta = \partial S/\partial \eta$, 有

$$p_\xi = \frac{\partial S}{\partial \xi} = \frac{\partial S}{\partial \rho}\frac{\partial \rho}{\partial \xi} + \frac{\partial S}{\partial z}\frac{\partial z}{\partial \xi} = \sigma\xi\sqrt{\frac{1 - \eta^2}{\xi^2 - 1}}p_\rho + \sigma\eta p_z,$$

$$p_\eta = \frac{\partial S}{\partial \eta} = \frac{\partial S}{\partial \rho}\frac{\partial \rho}{\partial \eta} + \frac{\partial S}{\partial z}\frac{\partial z}{\partial \eta} = -\sigma\eta\sqrt{\frac{\xi^2 - 1}{1 - \eta^2}}p_\rho + \sigma\xi p_z.$$

应用以上关系以及 (o48.18), 可得

$$\frac{(\xi^2 - 1)(1 - \eta^2)}{\xi^2 - \eta^2} \quad \left(p_\xi^2 - p_\eta^2 \right) = \frac{(\xi^2 - 1)(1 - \eta^2)}{\xi^2 - \eta^2} \left\{ \left(\sigma\xi\sqrt{\frac{1 - \eta^2}{\xi^2 - 1}}p_\rho + \sigma\eta p_z \right)^2 - \right.$$
$$\left. \left(-\sigma\eta\sqrt{\frac{\xi^2 - 1}{1 - \eta^2}}p_\rho + \sigma\xi p_z \right)^2 \right\}$$
$$= -\sigma^2(\xi^2 - 1)(1 - \eta^2)p_z^2 + \sigma^2(1 - \xi^2\eta^2)p_\rho^2 +$$
$$2\sigma^2\xi\eta\sqrt{(\xi^2 - 1)(1 - \eta^2)}p_z p_\rho$$
$$= -\rho^2 p_z^2 + (\sigma^2 - z^2)p_\rho^2 + 2\rho z p_z p_\rho, \tag{2}$$

$$\frac{2m\sigma^2}{\xi^2 - \eta^2} \quad \left[(1 - \eta^2)a(\xi) - (\xi^2 - 1)b(\eta) \right]$$
$$= \frac{2m\sigma^2}{\xi^2 - \eta^2} \left[(1 - \eta^2)\left(\frac{\alpha_1 + \alpha_2}{\sigma}\xi \right) - (\xi^2 - 1)\left(\frac{\alpha_1 - \alpha_2}{\sigma}\eta \right) \right]$$
$$= 2m\sigma \left[\frac{1 - \xi\eta}{\xi - \eta}\alpha_1 + \frac{1 + \xi\eta}{\xi + \eta}\alpha_2 \right]$$
$$= 2m\sigma \left[\frac{4\sigma^2 + r_1^2 - r_2^2}{4\sigma r_1}\alpha_1 + \frac{4\sigma^2 + r_2^2 - r_1^2}{4\sigma r_2}\alpha_2 \right]$$
$$= 2m\sigma \left(\alpha_1 \cos\theta_1 + \alpha_2 \cos\theta_2 \right), \tag{3}$$

$$\frac{\xi^2 + \eta^2 - 2}{(\xi^2 - 1)(1 - \eta^2)} = \frac{\sigma^2(\xi^2 + \eta^2) - 2\sigma^2}{\sigma^2(\xi^2 - 1)(1 - \eta^2)} = \frac{\rho^2 + z^2 - \sigma^2}{\rho^2} = \frac{r^2 - \sigma^2}{\rho^2}, \tag{4}$$

其中 $r = \sqrt{\rho^2 + z^2}$ 为球坐标系中的径向坐标. 式 (3) 最后一个等号中的 θ_1, θ_2 是如图 o55 所示的角度. 据图 o55, 由余弦定理有

$$r_1^2 = r_2^2 + (2\sigma)^2 - 4r_2\sigma\cos\theta_2, \quad r_2^2 = r_1^2 + (2\sigma)^2 - 4r_1\sigma\cos\theta_1,$$

则有

$$\cos\theta_1 = \frac{r_1^2 + 4\sigma^2 - r_2^2}{4\sigma r_1}, \quad \cos\theta_2 = \frac{r_2^2 + 4\sigma^2 - r_1^2}{4\sigma r_2}.$$

将 (2)、(3)、(4) 各式代入 (1) 式可得

$$\beta = \left(\sigma^2 - z^2\right)p_\rho^2 - \rho^2 p_z^2 + (\sigma^2 - r^2)\frac{p_\varphi^2}{\rho^2} + 2z\rho p_z p_\rho + 2m\sigma(\alpha_1\cos\theta_1 + \alpha_2\cos\theta_2).$$

该 β 的表示式可以改写为

$$\beta = \sigma^2\left(p_\rho^2 + \frac{p_\varphi^2}{\rho^2}\right) - M^2 + 2m\sigma(a_1\cos\theta_1 + a_2\cos\theta_2),$$

其中

$$M^2 = (\boldsymbol{r} \times \boldsymbol{p})^2 = p_\rho^2 z^2 + p_z^2 \rho^2 + \frac{r^2 p_\varphi^2}{\rho^2} - 2z\rho p_z p_\rho$$

是质点相对于两个场中心连线中点 (这里即是坐标原点) 的角动量的平方.

注意到在柱坐标系中, 有

$$\boldsymbol{r} = \rho\boldsymbol{\rho}^0 + z\boldsymbol{e}_z, \quad \boldsymbol{p} = m(\dot{\rho}\boldsymbol{\rho}^0 + \rho\dot{\varphi}\boldsymbol{\varphi}^0 + \dot{z}\boldsymbol{e}_z) = p_\rho\boldsymbol{\rho}^0 + \frac{p_\varphi}{\rho}\boldsymbol{\varphi}^0 + p_z\boldsymbol{e}_z,$$

其中 $\boldsymbol{\rho}^0, \boldsymbol{\varphi}^0, \boldsymbol{e}_z$ 分别是柱坐标系中各坐标轴方向的单位矢量, 于是

$$\boldsymbol{M} = \boldsymbol{r} \times \boldsymbol{p} = -\frac{z}{\rho}p_\varphi\boldsymbol{\rho}^0 + (zp_\rho - \rho p_z)\boldsymbol{\varphi}^0 + p_\varphi\boldsymbol{e}_z.$$

由此有

$$\begin{aligned}
M^2 &= \left(-\frac{z}{\rho}p_\varphi\right)^2 + (zp_\rho - \rho p_z)^2 + p_\varphi^2 \\
&= p_\rho^2 z^2 + p_z^2 \rho^2 + \frac{(\rho^2 + z^2)p_\varphi^2}{\rho^2} - 2z\rho p_z p_\rho \\
&= p_\rho^2 z^2 + p_z^2 \rho^2 + \frac{r^2 p_\varphi^2}{\rho^2} - 2z\rho p_z p_\rho.
\end{aligned}$$

此即前面给出的角动量的表示式.

§49　浸渐不变量

§49.1　内容提要

设表征系统运动的参数 λ 在某个外因影响下随时间缓慢 (浸渐地) 变化, 即在系统的一个运动周期 T 时间内 λ 的变化很小,

$$T\frac{\mathrm{d}\lambda}{\mathrm{d}t} \ll \lambda, \tag{o49.1}$$

在这种变化下保持不变的量称为浸渐不变量.

一个重要的浸渐不变量是沿着 E 和 λ 给定的运动轨道的下列积分

$$I = \frac{1}{2\pi} \oint p\,\mathrm{d}q. \tag{o49.7}$$

I 称为作用变量, 它是系统的能量 E 和参数 λ 的函数. I 对能量的偏导数确定系统运动的周期, 即

$$T = 2\pi\frac{\partial I}{\partial E}, \tag{o49.8}$$

或者

$$\frac{\partial E}{\partial I} = \omega, \tag{o49.9}$$

其中 $\omega = 2\pi/T$ 是系统的振动频率.

§49.2　内容补充

• 作用变量与周期运动

对于单自由度情况, 作用变量是针对作周期运动的系统的. 这种周期运动分为两类: 天平动和转动, 它们是按照系统的相空间中的相轨道的特征进行分类的.

设系统的广义坐标为 q, 系统的哈密顿函数不显含时间, 则有

$$H(p,q) = E. \tag{49.1}$$

方程 (49.1) 表示二维相空间 $q-p$ 中的一条相轨道. 如果相轨道具有下述两条特性之一, 则该系统通常称为周期系统.

(i) 相轨道是闭合的. 此时, 系统的坐标限制在 $q_{\min} = a$ 和 $q_{\max} = b$ 之间变化, 即系统的运动是有界的, q 和 p 都是时间的周期函数, 并具有相同的频率. a 和 b 是运动的转折点. 系统的这种运动常称为天平动 (libration), 这借用了天文学中的名词, 实际上该类运动是振动. 例如, 谐振子系统就是这样的周期系统.

(ii) 相轨道不闭合, 但是广义动量 p 是广义坐标 q 的某个周期函数, 设其周期为 q_0, 即有 $p(q + q_0, E) = p(q, E)$. 此时, 系统的广义坐标不是有限的, 而是可以无限地增加. 由于在这类运动中的广义坐标总是角坐标, 因此, 通常将这类运动称为转动 (rotation). 在这种情况下, 如果用一个柱面代替相平面, 并将线 $q = q_1$ 和 $q = q_2$ (这里 $q_2 - q_1 = q_0$) 粘合起来, 则相轨道也是闭合的.

例如, 单摆的相轨道包含上述两类轨道. 当摆的初始运动不足以使摆锤通过悬挂点向上的竖直位置, 则随后的运动是天平动, 即振动; 而如果初始运动可使摆锤通过悬挂点向上的竖直位置, 则产生围绕悬挂点的转动. 因为系统是保守系统, 在后一种情况中, 在两个相差 2π 整数倍的给定角度, 系统的动量相同. 因而, 尽管在相空间这两个位置表示不同的点, 但物理上它们表示相同的位形.

作用变量 (o49.7) 中的积分是对天平动或转动的完整一周进行的, 故它有明确的几何含义, 即相轨道包围的面积.

对于多自由度情况, 有关讨论见 §52, 这里首先要求系统是完全可分离的.

§49.3　补充习题

习题 1 试证, 如单摆振幅不大, 则单摆的能量 $E = I\omega$, 这里 ω 为摆振动的频率.

如果单摆在摆动过程中, 摆长缓慢缩短 (缩短的速率远远小于摆动频率), 试证 $I = E/\omega$ 保持为常数.

解: (i) 当单摆振幅不大时, 它的运动是简谐振动. 取任一时刻, 摆线与竖直方向的夹角 θ 为广义坐标, 则系统的哈密顿函数为

$$H = \frac{1}{2}ml^2\dot{\theta}^2 + mgl(1 - \cos\theta) = \frac{p^2}{2ml^2} + \frac{1}{2}mgl\theta^2, \tag{1}$$

其中第二个等号作了小角近似. H 不显含时间, 则它是运动积分, 即 $H = E$. 由此, 得

$$p = \sqrt{m^2gl^3}\sqrt{\frac{2E}{mgl} - \theta^2}.$$

作用变量为

$$I = \frac{1}{2\pi} \oint p \, \mathrm{d}\theta = \frac{\sqrt{m^2 g l^3}}{2\pi} \oint \sqrt{\frac{2E}{mgl} - \theta^2} \, \mathrm{d}\theta = \frac{\sqrt{m^2 g l^3}}{\pi} \int_{-\sqrt{\frac{2E}{mgl}}}^{\sqrt{\frac{2E}{mgl}}} \sqrt{\frac{2E}{mgl} - \theta^2} \, \mathrm{d}\theta$$

$$= \frac{\sqrt{m^2 g l^3}}{\pi} \left[\frac{\theta}{2} \sqrt{\frac{2E}{mgl} - \theta^2} + \frac{E}{mgl} \arcsin \frac{\theta}{\sqrt{\frac{2E}{mgl}}} \right]_{-\sqrt{\frac{2E}{mgl}}}^{\sqrt{\frac{2E}{mgl}}} = E\sqrt{\frac{l}{g}},$$

即

$$E = \sqrt{\frac{g}{l}} I. \tag{2}$$

考虑到单摆谐振动的频率为 $\omega = \dfrac{\partial E}{\partial I} = \sqrt{\dfrac{g}{l}}$, 则有

$$E = I\omega. \tag{3}$$

(ii) 由于单摆系统是保守系统, 上述哈密顿量描述系统的周期运动, 且不显含时间 t, 于是当摆长缓慢缩短时, 系统经历的过程是浸渐过程, 从而有浸渐不变量

$$I = \frac{1}{2\pi} \oint p \, \mathrm{d}\theta = \frac{E}{\omega},$$

其中第二个等号利用了 (i) 中的结果. 所以 $I = \dfrac{E}{\omega}$ 是不变量. 由此表明, 当摆长缓慢地变短时, 摆的能量 E 与频率 ω 成正比.

说明: 对于单摆这个系统, 也可以不利用作用变量的浸渐不变性而直接证明 $\dfrac{E}{\omega}$ 是浸渐不变量.

在摆动过程中, 摆线中的张力为

$$F = mg\cos\theta + ml\dot{\theta}^2,$$

其中 l 为摆长. 当从悬挂点缓慢拉摆线缩短其长度时, 注意到 $\mathrm{d}l < 0$, 则需做的功为

$$\mathrm{d}W = -F \, \mathrm{d}l = -(mg\cos\theta + ml\dot{\theta}^2)\mathrm{d}l.$$

如设摆作小幅摆动, 即 θ 为小量, 可作近似 $\cos\theta \approx 1 - \dfrac{1}{2}\theta^2$, 则有

$$\mathrm{d}W \approx -mg \, \mathrm{d}l + m\left(\frac{1}{2}g\theta^2 - l\dot{\theta}^2\right)\mathrm{d}l.$$

又因为摆长变化 $\mathrm{d}l$ 的过程非常缓慢, 期间摆经历多次振动, $\mathrm{d}W$ 实际应该对振动周期进行平均, 即

$$\overline{\mathrm{d}W} = -mg\,\mathrm{d}l + m\left(\frac{1}{2}g\overline{\theta^2} - l\overline{\dot{\theta}^2}\right)\mathrm{d}l, \tag{4}$$

其中

$$\overline{\theta^2} = \frac{1}{T}\int_0^T \theta^2\mathrm{d}t, \quad \overline{\dot{\theta}^2} = \frac{1}{T}\int_0^T \dot{\theta}^2\,\mathrm{d}t.$$

因为 θ 近似为简谐振动, 即

$$\theta \approx \theta_0\cos(\omega t + \alpha),$$

其中 θ_0 是摆幅, $\omega = \sqrt{g/l}$, 则有

$$\overline{\theta^2} = \frac{1}{T}\int_0^T \theta_0^2\cos^2(\omega t + \alpha)\mathrm{d}t = \frac{\theta_0^2}{T}\int_0^T \frac{1}{2}\left[1 + \cos 2(\omega t + \alpha)\right]\mathrm{d}t = \frac{1}{2}\theta_0^2,$$

$$\overline{\dot{\theta}^2} = \frac{1}{T}\int_0^T \theta_0^2\omega^2\sin^2(\omega t + \alpha)\mathrm{d}t = \frac{\theta_0^2\omega^2}{T}\int_0^T \frac{1}{2}\left[1 - \cos 2(\omega t + \alpha)\right]\mathrm{d}t = \frac{1}{2}\theta_0^2\omega^2.$$

将它们代入式 (4), 有

$$\overline{\mathrm{d}W} = -mg\,\mathrm{d}l - \frac{1}{4}mg\theta_0^2\,\mathrm{d}l.$$

因为 $-mg\,\mathrm{d}l$ 相应于摆的整体势能的变化, 则上述功的第二部分是对摆的振动能量的贡献, 记为 $\mathrm{d}E$, 即

$$\mathrm{d}E = -\frac{1}{4}mg\theta_0^2\,\mathrm{d}l. \tag{5}$$

对于单摆, 动能和势能分别为 $\frac{1}{2}ml^2\dot{\theta}^2$ 和 $-mgl\cos\theta \approx -mgl + \frac{1}{2}mgl\theta^2$, 对它们取周期平均, 同时略去 $-mgl$, 则可得与振动有关的能量为

$$E = \frac{1}{2}ml^2\overline{\dot{\theta}^2} + \frac{1}{2}mgl\overline{\theta^2} = \frac{1}{2}mgl\theta_0^2. \tag{6}$$

由式 (5) 和 (6) 可得

$$\frac{\mathrm{d}E}{E} + \frac{\mathrm{d}l}{2l} = 0.$$

对上式积分可得

$$E\sqrt{l} = \text{常数},$$

即 $E\sqrt{l}$ 是浸渐不变量. 考虑到 $\omega = \sqrt{g/l}$, 则上式可写为

$$\frac{E}{\omega} = \text{常数},$$

即 $\dfrac{E}{\omega}$ 是浸渐不变量, 这与前面的结果一致.

此外, 也需要说明的是, 这种处理方法也可用于其它类型的系统, 详细讨论可参阅有关文献[①].

附注: 历史上, 瑞利勋爵[②]于 1902 年最先注意到这个问题. 爱因斯坦在 1911 年的第一届 Solvay 会议期间求解过这个问题的量子情形, 而问题是由会议主席洛伦兹所提出的.

习题 2 设质量为 m 电荷为 $e\,(e>0)$ 的带电粒子局限在二维平面 Oxy 内运动, 垂直于该平面施加磁场强度为 $\boldsymbol{B}$ 的均匀磁场, 求作用变量并确定磁场缓慢变化时系统的性质.

解: 带电粒子作平面运动, 自由度为 2, 可取平面极坐标 r,φ 为广义坐标, 系统的拉格朗日函数为

$$L = \frac{1}{2}mv^2 + e\boldsymbol{v}\cdot\boldsymbol{A} = \frac{1}{2}m(\dot{r}^2 + r^2\dot{\varphi}^2) + e(\dot{r}A_r + r\dot{\varphi}A_\varphi), \tag{1}$$

其中 $\boldsymbol{A}$ 为矢势, 且 $\boldsymbol{A} = \nabla\times\boldsymbol{B}$. 选取规范使得矢势可以表示为

$$\boldsymbol{A} = \frac{1}{2}\boldsymbol{B}\times\boldsymbol{r},$$

即在直角坐标系下, 有

$$\boldsymbol{A} = (A_x, A_y, A_z) = \left(-\frac{1}{2}yB, \frac{1}{2}xB, 0\right),$$

在柱坐标系下, 有

$$\boldsymbol{A} = (A_r, A_\varphi, A_z) = \left(0, \frac{1}{2}Br, 0\right).$$

在所选的这种规范下, 式 (1) 变为

$$L = \frac{1}{2}m(\dot{r}^2 + r^2\dot{\varphi}^2) + er\dot{\varphi}A_\varphi. \tag{2}$$

广义动量为

$$p_r = \frac{\partial L}{\partial\dot{r}} = m\dot{r},$$

$$p_\varphi = \frac{\partial L}{\partial\dot{\varphi}} = mr^2\dot{\varphi} + erA_\varphi.$$

[①] 例如,F. S. Crawford, Elementary examples of adiabatic invariance, Am. J. Phys., **58**(1990)337-344.

[②] John William Strutt Rayleigh, 1842—1919, 英国物理学家, 1904 年诺贝尔物理学奖获得者.

哈密顿函数为

$$H = p_r \dot{r} + p_\varphi \dot{\varphi} - L = \frac{1}{2m}\left[p_r^2 + \left(\frac{p_\varphi}{r} - eA_\varphi\right)^2 \right] = \frac{1}{2m}\left[p_r^2 + \left(\frac{p_\varphi}{r} - \frac{1}{2}erB\right)^2 \right].$$
(3)

由 H 的表示式可见, φ 是循环坐标, 则 p_φ 是运动积分, 即 $p_\varphi =$ 常数. 由哈密顿方程, 可得

$$\dot{r} = \frac{\partial H}{\partial p_r} = \frac{p_r}{m},$$
(4)

$$\dot{p}_r = -\frac{\partial H}{\partial r} = \frac{1}{mr^3}\left(p_\varphi - \frac{eB}{2}r^2\right)\left(p_\varphi + \frac{eB}{2}r^2\right),$$
(5)

$$\dot{\varphi} = \frac{\partial H}{\partial p_\varphi} = \frac{1}{mr^2}\left(p_\varphi - \frac{eB}{2}r^2\right).$$
(6)

考虑圆轨道运动, 此时 $p_r = 0, \dot{p}_r = 0$, 式 (5) 将给出两类运动:

(a) $p_\varphi = \dfrac{eB}{2}r^2$, 代入式 (6), 有 $\dot{\varphi} = 0$. 再考虑到 $\dot{r} = 0$, 可知该类运动是平凡的.

(b) $p_\varphi = -\dfrac{eB}{2}r^2$. 对于 $eB > 0$, 则有 $p_\varphi < 0$. 将 p_φ 代入式 (6), 有

$$\dot{\varphi} = -\frac{eB}{m} = -\omega_\text{c},$$

这里 ω_c 称为回旋频率,

$$\omega_\text{c} = \frac{eB}{m}.$$
(7)

上述结果表示带电粒子作匀速圆周运动.

下面仅考虑 $p_\varphi < 0$ 的情况. 因为 p_φ 是运动积分, 而式 (6) 表明 $\dot{\varphi} < 0$, 则相应的作用变量为

$$I_\varphi = \frac{1}{2\pi}\oint p_\varphi\,\mathrm{d}\varphi = -p_\varphi = |p_\varphi|.$$

当粒子作半径为 r 的圆轨道运动时, 有

$$I_\varphi = \frac{eB}{2}r^2 = \frac{e}{2\pi}\Phi_B,$$
(8)

其中 Φ_B 是通过半径为 r 的圆周的磁通量. 如果磁场缓慢变化, 则因为作用变量 I_φ 是浸渐不变量, 磁通量 Φ_B 也是浸渐不变量.

利用 ω_c 可将 H 改写为

$$H = \frac{1}{2m}\left[p_r^2 + \left(\frac{p_\varphi}{r} - \frac{m}{2}\omega_\text{c}r\right)^2 \right].$$
(9)

因为 H 不显含时间, 它是运动积分, 即有 $H = E$(常数). 由式 (9) 反解出 p_r, 有

$$p_r = \sqrt{2mE - \left(\frac{p_\varphi}{r} - \frac{m}{2}\omega_\mathrm{c} r\right)^2},$$

相应的作用变量为

$$I_r = \frac{1}{2\pi}\oint p_r\,\mathrm{d}r = \frac{1}{2\pi}\oint \sqrt{2mE - \left(\frac{p_\varphi}{r} - \frac{m}{2}\omega_\mathrm{c} r\right)^2}\,\mathrm{d}r$$

$$= \frac{m\omega_\mathrm{c}}{4\pi}\oint \frac{1}{r}\sqrt{\frac{2mE + m\omega_\mathrm{c} p_\varphi}{(m\omega_\mathrm{c}/2)^2}r^2 - \frac{p_\varphi^2}{(m\omega_\mathrm{c}/2)^2} - r^4}\,\mathrm{d}r.$$

令

$$\xi = r^2, \quad a = \frac{p_\varphi^2}{(m\omega_\mathrm{c}/2)^2}, \quad b = \frac{mE + (m\omega_\mathrm{c}/2)p_\varphi}{(m\omega_\mathrm{c}/2)^2},$$

则有

$$I_r = \frac{m\omega_\mathrm{c}}{8\pi}\oint \frac{\mathrm{d}\xi}{\xi}\sqrt{-a + 2b\xi - \xi^2} = \frac{m\omega_\mathrm{c}}{4\pi}\int_{\xi_{\min}}^{\xi_{\max}} \frac{\mathrm{d}\xi}{\xi}\sqrt{-a + 2b\xi - \xi^2},$$

其中 $\xi_{\min}$ 和 $\xi_{\max}$ 分别为 $-a + 2b\xi - \xi^2 = 0$ 的最小根和最大根, 它表示有界轨道的转折点, 即 $\dot{\xi} = 0$ 也即 $\dot{r} = 0$ 的点,

$$\xi_{\min} = b - \sqrt{b^2 - a}, \quad \xi_{\max} = b + \sqrt{b^2 - a}.$$

利用积分公式

$$\int \frac{1}{x}\sqrt{-a + 2bx - x^2}\,\mathrm{d}x = \sqrt{-a + 2bx - x^2} - \sqrt{a}\arcsin\frac{-a + bx}{x\sqrt{b^2 - a}} -$$

$$b\arcsin\frac{-x + b}{\sqrt{b^2 - a}}, \tag{10}$$

可得

$$\int_{\xi_{\min}}^{\xi_{\max}} \frac{1}{\xi}\sqrt{-a + 2b\xi - \xi^2}\,\mathrm{d}\xi = \pi(b - \sqrt{a}).$$

注意, 这里按习惯取 $\arcsin(-1) = -\dfrac{\pi}{2}$. 如果取 $\arcsin(-1) = \dfrac{3\pi}{2}$, 则上述积分有一个整体的符号差别. 由积分的结果可知作用变量 I_r 的表示式为

$$I_r = \frac{1}{4}m\omega_\mathrm{c}(b - \sqrt{a}). \tag{11}$$

注意到 $p_\varphi < 0$, 则有

$$\sqrt{a} = \frac{2|p_\varphi|}{m\omega_\mathrm{c}} = \frac{2I_\varphi}{m\omega_\mathrm{c}}, \quad b = \frac{4E}{m\omega_\mathrm{c}^2} - \frac{2|p_\varphi|}{m\omega_\mathrm{c}} = \frac{4E}{m\omega_\mathrm{c}^2} - \frac{2I_\varphi}{m\omega_\mathrm{c}},$$

代入式 (11), 得

$$I_r + I_\varphi = \frac{E}{\omega_{\mathrm{c}}}. \tag{12}$$

当磁场缓慢变化时, 由于作用变量是浸渐不变量, 上式表示系统的能量 E 与带电粒子的回转频率成正比, 这类似于一维谐振子的情况 (见式 (o49.12)).

 说明: 在文献中, 拉格朗日函数 L 中的第二项 $e\boldsymbol{v} \cdot \boldsymbol{A}$ 在前述规范下也常用另外一种形式表示

$$e\boldsymbol{v} \cdot \boldsymbol{A} = e\boldsymbol{v} \cdot \left(\frac{1}{2}\boldsymbol{B} \times \boldsymbol{r} \right) = \frac{1}{2}e\boldsymbol{B} \cdot (\boldsymbol{r} \times \boldsymbol{v}) = \frac{1}{2m}e\boldsymbol{B} \cdot \boldsymbol{M} = \boldsymbol{\mu} \cdot \boldsymbol{B},$$

其中

$$\boldsymbol{\mu} = \frac{e}{2m}\boldsymbol{M},$$

称为轨道磁矩.

§50　正则变量

§50.1　内容提要

 对于封闭系统, 简约作用量 S_0 是 q, I 以及参数 λ 的函数, 即 $S_0 = S_0(q, I, \lambda)$,

$$S_0(q, I, \lambda) = \int p(q, I, \lambda)\mathrm{d}q. \tag{o50.1}$$

在该情况下, 参数 λ 不随时间变化, S_0 不显含时间. 取作用量 S_0 为母函数, 由它通过下式确定的 w 称为角变量

$$w = \frac{\partial S_0(q, I; \lambda)}{\partial I}. \tag{o50.3}$$

w 是与作用变量 I 共轭的变量. I, w 称为正则变量. S_0 生成 q, p 到 w, I 的正则变换. 据哈密顿方程, 有

$$I = \mathrm{const}, \quad w = \omega(I)t + \mathrm{const}. \tag{o50.5}$$

相应地, 用正则变量 I, w 表示的任何单值函数 $F(q, p)$ 是 w 的周期为 2π 的周期函数.

 对于参数 λ 随时间变化的非封闭系统, 运动方程也可以用正则变量 I, w 表示, 哈密顿方程为

$$\dot{I} = -\left(\frac{\partial \Lambda}{\partial w} \right)_{I, \lambda} \dot{\lambda}, \tag{o50.10}$$

$$\dot{w} = \omega(I; \lambda) + \left(\frac{\partial \Lambda}{\partial I}\right)_{w,\lambda} \dot{\lambda}, \tag{o50.11}$$

其中 $\omega = (\partial E/\partial I)_\lambda$ 是振动频率, 而 Λ 定义为

$$\Lambda = \left(\frac{\partial S_0}{\partial \lambda}\right)_{q,I}. \tag{o50.9}$$

注意, Λ 在对 λ 求导数后应表示为 I, w 的函数.

§50.2 内容补充

1. 封闭系统的哈密顿函数与作用变量的关系

对于封闭系统, 其哈密顿函数不显含时间 t, 此时它是运动积分, 将其记为 E, 即

$$H(p,q) = E.$$

由上式反解出 p, 即

$$p = p(q, E).$$

将其代入作用变量 I 的定义式 (o49.7) 对 q 进行积分, 由此可得 $I = I(E)$, 即 I 只能是能量 E 的函数. 在具体问题中的相关计算可参见下一小节的习题.

2. 正则变量与运动方程的求解

从通常的共轭变量 q, p 到正则变量 w, I 之间的变换是正则变换, 该变换可由简约作用量 S_0 作为母函数生成. 对于封闭系统, 正则变量满足的方程 (o50.4) 非常易于求解, 其结果就是 $I = \text{const}$ 以及 (o50.5). 此时再据 S_0 生成的变换的逆变换就可以求出 q, p 与时间 t 及其参量之间的关系, 即原问题得到求解. 考虑到 S_0 是 q, I 的函数, 实际上可由 (o50.3) 先求出 w 与 q, I 的关系, 再反解可得关系 $q = q(w, I)$. 将其中的 w 用 (o50.5) 的结果代入即得到 q 与时间 t 及参数的关系, 即运动方程的解. 相关求解的实例可参见下一小节习题.

对于非封闭系统, 原则上可类似地进行处理, 即先解方程 (o50.10) 和 (o50.11), 再通过正则变换的逆变换求出 q, p 的表示式. 但是, 在这种情况下, 解析求解方程 (o50.10) 和 (o50.11) 可能是困难的 (参见下一小节习题 1).

§50.3 习题解答

习题 1 对频率依赖于时间的简谐振子 (哈密顿函数为 (o49.11)) 写出用正则变量 I, w 表示的运动方程.

解: 先考虑 λ (在现在的情况下 λ 取为频率 ω) 是常数的情况. 由 (o49.11), 即

$$H = \frac{1}{2m}p^2 + \frac{1}{2}m\omega^2 q^2, \tag{1}$$

可得相应的正则方程为

$$\dot{q} = \frac{\partial H}{\partial p} = \frac{p}{m}, \quad \dot{p} = -\frac{\partial H}{\partial q} = -m\omega^2 q.$$

消去 p, 有

$$\ddot{q} + \omega q = 0,$$

故有解为

$$q = A\sin\omega t, \quad p = m\omega A\cos\omega t,$$

这里已将初位相取为零. 考虑到能量是守恒的, 将上述结果代入 $H = E$ 的表示式可得

$$A = \sqrt{\frac{2E}{m\omega^2}}.$$

于是有

$$q = \sqrt{\frac{2E}{m\omega^2}}\sin\omega t, \quad p = \sqrt{2mE}\cos\omega t. \tag{2}$$

由 (o49.12) 知, 用正则变量 I, w 表示时

$$H = E = I\omega.$$

相应于角变量 w 的正则方程为

$$\dot{w} = \frac{\partial H}{\partial I} = \omega.$$

故有

$$w = \omega t,$$

这里已将积分常数取为 0.

综合上面的讨论可以看出, 用正则变量 I, w 表示 q, p 时, 有

$$q = \sqrt{\frac{2I}{m\omega}}\sin w, \quad p = \sqrt{2I\omega m}\cos w. \tag{3}$$

现在考虑 λ 随时间变化的情况. 因为在 (o50.1)–(o50.3) 中的所有运算都是对常数 λ (即不变的 ω) 进行的, 因此 q, p 与 I 和 w 之间的关系和频

率不变时有相同的形式 (3). 但是, 现在 w 与 ω 的关系是 (o50.11), 不再是 $w = \omega t$. 利用式 (3) 并根据 (o50.1), 有

$$S_0 = \int p\mathrm{d}q = \int p\left(\frac{\partial q}{\partial w}\right)_{I,\omega}\mathrm{d}w = 2I\int\cos^2 w\mathrm{d}w. \tag{4}$$

又由式 (o50.9), 以及 S_0 通过 w 与 ω 有关 (见 (4) 式), 则有

$$\Lambda = \left(\frac{\partial S_0}{\partial \omega}\right)_{q,I} = \left(\frac{\partial S_0}{\partial w}\right)_I\left(\frac{\partial w}{\partial \omega}\right)_q. \tag{5}$$

再利用式 (3) 的第一式, 有

$$\left(\frac{\partial q}{\partial \omega}\right)_q = 0 = \sqrt{\frac{2I}{m}}\left(-\frac{1}{2}\omega^{-3/2}\right)\sin w + \sqrt{\frac{2I}{m\omega}}\left(\frac{\partial w}{\partial \omega}\right)_q\cos w.$$

由此可得

$$\left(\frac{\partial w}{\partial \omega}\right)_q = \frac{1}{2\omega}\tan w.$$

代入前面的表示式 (5), 有

$$\Lambda = (2I\cos^2 w)\times\frac{1}{2\omega}\tan w = \frac{I}{2\omega}\sin 2w. \tag{6}$$

将式 (6) 代入式 (o50.10), 有

$$\dot{I} = -\left(\frac{\partial\Lambda}{\partial w}\right)_{I,\omega}\dot{\omega} = -\left(\frac{I}{2\omega}2\cos 2w\right)\dot{\omega} = -I\frac{\dot{\omega}}{\omega}\cos 2w. \tag{7}$$

再将式 (6) 代入式 (o50.11) 有

$$\dot{w} = \omega + \left(\frac{\partial\Lambda}{\partial I}\right)_{w,\omega}\dot{\omega} = \omega + \frac{\dot{\omega}}{2\omega}\sin 2w. \tag{8}$$

式 (7) 和 (8) 就是所要求的运动方程.

习题 2 [补充] 质量为 m 的质点在重力场中沿竖直放置的摆线运动, 摆线的参数方程为

$$x = a(\theta + \sin\theta),\quad y = a(1-\cos\theta),\quad (-\pi\leqslant\theta\leqslant\pi)$$

试求该质点系统的作用变量和角变量.

解: 系统有一个自由度, 取 θ 为广义坐标. 摆线弧长微元的平方 $(\mathrm{d}l)^2$ 为

$$(\mathrm{d}l)^2 = (\mathrm{d}x)^2 + (\mathrm{d}y)^2 = a^2[(1+\cos\theta)^2 + \sin^2\theta](\mathrm{d}\theta)^2 = 2a^2(1+\cos\theta)(\mathrm{d}\theta)^2$$
$$= 4a^2\cos^2\frac{\theta}{2}(\mathrm{d}\theta)^2 = \left[4a\,\mathrm{d}\left(\sin\frac{\theta}{2}\right)\right]^2. \tag{1}$$

系统的动能为

$$T = \frac{1}{2}m(\dot{x}^2 + \dot{y}^2) = \frac{1}{2}m\left(\frac{\mathrm{d}l}{\mathrm{d}t}\right)^2 = ma^2(1 + \cos\theta)\dot{\theta}^2.$$

取 x 轴所在水平面为重力势能零势面, 则系统的势能为

$$U = mgy = mga(1 - \cos\theta).$$

系统的拉格朗日函数为

$$L = T - U = ma^2(1 + \cos\theta)\dot{\theta}^2 - mga(1 - \cos\theta).$$

由 L 根据定义可得广义动量为

$$p_\theta = \frac{\partial L}{\partial \dot{\theta}} = 2ma^2(1 + \cos\theta)\dot{\theta}. \tag{2}$$

据此, 系统的哈密顿函数为

$$H = \dot{\theta}p_\theta - L = T + U = \frac{1}{4ma^2}\frac{p_\theta^2}{1 + \cos\theta} + mga(1 - \cos\theta), \tag{3}$$

其中第二个等号是因为动能是广义速度 $\dot{\theta}$ 的二次齐次形式. 因为 H 不显含时间 t, 它是运动积分, 即

$$H = E(\text{常数}).$$

这样由式 (3) 反解出用 E 表示的 p_θ 可以用来求作用变量. 不过, 这里为计算方便起见, 先通过特定状态将 E 用其它参数表示. 考虑到 $\theta = \pi$ 时, $p_\theta = 0$, 则 E 可以表示为

$$E = 2mga.$$

将上式代入式 (3) 可得

$$p_\theta^2 = 4m^2a^3g(1 + \cos\theta)^2. \tag{4}$$

根据定义, 利用式 (4) 可得作用变量为

$$I = \frac{1}{2\pi}\oint p_\theta\,\mathrm{d}\theta = \frac{1}{2\pi}2ma\sqrt{ag}\left[2\int_{-\pi}^{\pi}(1 + \cos\theta)\mathrm{d}\theta\right] = 4ma\sqrt{ag} = 2E\sqrt{\frac{a}{g}}.$$

故有

$$H = E = \sqrt{\frac{g}{4a}}I. \tag{5}$$

据 (o49.9), 可知振动频率为

$$\omega = \frac{\partial E}{\partial I} = \sqrt{\frac{g}{4a}}. \tag{6}$$

将式 (6) 代入式 (5), 有

$$H = I\omega. \tag{7}$$

根据式 (o50.2) 并利用式 (3) 和 (7), 则有简约作用量为

$$S_0(\theta, I) = \int_0^\theta p_\theta \, \mathrm{d}\theta = 2a\sqrt{m} \int_0^\theta \sqrt{(1+\cos\theta)[H - mga(1-\cos\theta)]} \, \mathrm{d}\theta$$

$$= 2a\sqrt{m} \int_0^\theta \sqrt{(1+\cos\theta)[\omega I - mga(1-\cos\theta)]} \, \mathrm{d}\theta.$$

令 $\xi = \sin\dfrac{\theta}{2}$, 则上式可改写为

$$S_0(\theta, I) = 8ma\sqrt{ga} \int_0^\xi \sqrt{\xi_0^2 - \xi^2} \, \mathrm{d}\xi = 4ma\sqrt{ga} \left[\xi\sqrt{\xi_0^2 - \xi^2} + \xi_0^2 \arcsin\frac{\xi}{\xi_0} \right], \tag{8}$$

其中

$$\xi_0 = \sqrt{\frac{\omega I}{2mga}},$$

它是 $S_0(\theta, I)$ 的被积函数用 ξ 表示时的根.

由关系 (o50.3) 知, 角变量为

$$w = \frac{\partial S_0(\theta, I)}{\partial I} = a\sqrt{m}\,\omega \int_0^\theta \sqrt{\frac{1+\cos\theta}{\omega I - mga(1-\cos\theta)}} \, \mathrm{d}\theta$$

$$= a\omega\sqrt{2m} \int_0^\theta \frac{\cos\dfrac{\theta}{2}}{\sqrt{\omega I - 2mga\sin^2\dfrac{\theta}{2}}} \, \mathrm{d}\theta = 2a\omega\sqrt{2m} \int_0^\xi \frac{1}{\sqrt{\omega I - 2mga\xi^2}} \, \mathrm{d}\xi$$

$$= 2\omega\sqrt{\frac{a}{g}} \int_0^\xi \frac{1}{\sqrt{\xi_0^2 - \xi^2}} \, \mathrm{d}\xi = \arcsin\frac{\xi}{\xi_0}. \tag{9}$$

注意, 也可以对前面 $S_0(\theta, I)$ 的表示式 (8) 直接求 I 的导数得到 w. 这里的计算说明, 可以不用先求出 $S_0(\theta, I)$ 的具体表示式也可以求角变量 w, 有时这样的计算过程可能更简单.

根据 (o50.4), 则有

$$\dot{w} = \frac{\mathrm{d}E(I)}{\mathrm{d}I} = \sqrt{\frac{g}{4a}} = \omega,$$

对上式积分, 得角变量为

$$w = \omega t + w_0, \tag{10}$$

其中 w_0 是积分常数. 结合式 (9) 和式 (10) 可得

$$\xi = \xi_0 \sin w = \xi_0 \sin(\omega t + w_0).$$

但是由式 (1) 可知, ξ 是正比于摆线的弧长 l 的, 于是上式表示质点的运动是简谐振动, 这种简谐性与振幅无关, 振动频率均是 ω, 这与 §21 习题 6 的结果一致.

§51　浸渐不变量守恒的准确度

§51.1　内容提要

作用变量 I 是浸渐不变量. 在浸渐近似下, 设当 $t \to -\infty$ 和 $t \to +\infty$ 时, 参数 $\lambda(t)$ 分别趋向于定常极限值 λ_- 和 λ_+, 相应的浸渐不变量分别为 I_- 和 I_+, 则 $\Delta I = I_+ - I_-$ 的大小衡量浸渐不变量守恒的准确度.

在参数 λ 变化非常缓慢, 即 $\dot{\lambda}$ 足够小时, 有

$$\Delta I = -\int_{-\infty}^{+\infty} \frac{\partial \Lambda}{\partial w} \frac{\mathrm{d}\lambda}{\mathrm{d}t} \frac{\mathrm{d}t}{\mathrm{d}w} \mathrm{d}w. \tag{o51.5}$$

假设式 (o51.5) 的被积函数在实轴上没有奇点, 设 w_0 是最接近实轴的奇点且在对 Λ 的 Fourier 展开式 (o51.3) 中仅保留负指数有最小值的项 (一般情况为 $l = 1$ 的项), 则有

$$\Delta I \sim \exp(-\mathrm{Im}\, w_0). \tag{o51.6}$$

在浸渐变化的假设下, 由上式可得出结论: ΔI 将随系统参数的变化率减小而指数衰减.

如果 τ 是参数变化的特征时间, T 是系统的振动周期, 在 T/τ 的一阶近似下, 有

$$w_0 = \int^{t_0} \omega(I, \lambda(t))\mathrm{d}t, \tag{o51.9}$$

以及

$$\Delta I \sim \mathrm{Re} \int \mathrm{i}\mathrm{e}^{\mathrm{i}w} \frac{\dot{\lambda}\,\mathrm{d}w}{\omega(I, \lambda)}. \tag{o51.10}$$

最接近实轴需要考虑的奇点是函数 $\dot{\lambda}$ 和 $1/\omega(t)$ 的奇点.

§51.2 内容补充

1. 式 (o51.4) 和 (o51.6)

将式 (o51.4) 第一个等号后的求和分为两部分并利用系数所满足的关系 $\Lambda_{-l} = \Lambda_l^*$, 有

$$
\begin{aligned}
\frac{\partial \Lambda}{\partial w} &= \sum_{l=-\infty}^{\infty} \mathrm{i}l\mathrm{e}^{\mathrm{i}lw}\Lambda_l = \sum_{l=1}^{\infty} \mathrm{i}l\mathrm{e}^{\mathrm{i}lw}\Lambda_l + \sum_{l=-1}^{-\infty} \mathrm{i}l\mathrm{e}^{\mathrm{i}lw}\Lambda_l \\
&= \sum_{l=1}^{\infty} \mathrm{i}l\mathrm{e}^{\mathrm{i}lw}\Lambda_l + \sum_{l=1}^{\infty} (-\mathrm{i}l)\mathrm{e}^{-\mathrm{i}lw}\Lambda_{-l} = \sum_{l=1}^{\infty} \mathrm{i}l\mathrm{e}^{\mathrm{i}lw}\Lambda_l + \sum_{l=1}^{\infty} (-\mathrm{i}l)\mathrm{e}^{-\mathrm{i}lw}\Lambda_l^* \\
&= \sum_{l=1}^{\infty} \mathrm{i}l\mathrm{e}^{\mathrm{i}lw}\Lambda_l + \left(\sum_{l=1}^{\infty} \mathrm{i}l\mathrm{e}^{\mathrm{i}lw}\Lambda_l\right)^* \\
&= 2\mathrm{Re}\left(\sum_{l=1}^{\infty} \mathrm{i}l\mathrm{e}^{\mathrm{i}lw}\Lambda_l\right).
\end{aligned}
$$

将上式代入 (o51.5), 有

$$
\Delta I = -2\mathrm{Re}\sum_{l=1}^{\infty} \left(\mathrm{i}l\Lambda_l \int_{-\infty}^{+\infty} \mathrm{e}^{\mathrm{i}lw}\frac{\dot{\lambda}}{\dot{w}}\mathrm{d}w\right), \tag{51.1}
$$

其中 $\dot{w}$ 由 (o50.11) 给出. 在仅考虑 $l = 1$ 项的贡献, 且作 (o51.8) 的近似时, 上式就变为 (o51.10).

设 w_0 是最接近实轴的一阶极点, 又仅考虑 (51.1) 中 $l = 1$ 的项, 则根据复变函数理论有

$$
\begin{aligned}
\Delta I &\approx -2\mathrm{Re}\left(\mathrm{i}\Lambda_1 \int_{-\infty}^{+\infty} \mathrm{e}^{\mathrm{i}w}\frac{\dot{\lambda}}{\dot{w}}\mathrm{d}w\right) = -2\mathrm{Re}\left[\mathrm{i}\Lambda_1 \lim_{w\to w_0}\left(2\pi\mathrm{i}(w-w_0)\mathrm{e}^{\mathrm{i}w}\frac{\dot{\lambda}}{\dot{w}}\right)\right] \\
&= 4\pi\exp(-\mathrm{Im}\,w_0)\mathrm{Re}\left[\Lambda_1 \lim_{w\to w_0}\left((w-w_0)\exp(\mathrm{i}\mathrm{Re}\,w)\frac{\dot{\lambda}}{\dot{w}}\right)\right],
\end{aligned}
$$

$$\tag{51.2}$$

其中因子 $\exp(-\mathrm{Im}\,w_0)$ 即是 (o51.6) 给出的可反映 ΔI 主要特征的结果, 而其余因子是与被积函数的留数相关的. 对于其它 l 以及高阶极点等情况可作类似的讨论.

应该说明的是, 上面给出的式 (51.2) 是形式上的. 在针对具体问题的计算中, 因为往往有多个极点或者支点, 需要考虑各个极点相应的 w_0, 然后从中找出有最小虚部 (即离实轴最近) 的那个 w_0. 这个过程并不简单, 本节习题 1 可以体现这一点.

2. 浸渐不变量的证明

浸渐不变量通常指的是在给定的有限时间间隔内近似保持为常数的函数 $F(q, p, \lambda)$, 但并不表示在任意的足够长的时间间隔内总是如此.

作用变量是一个浸渐不变量, 这个性质可以用多种方式进行证明. 在 §49 中讨论的是一个自由度的系统, 借助于用广义坐标和广义动量表示的哈密顿方程以及参数缓慢变化的性质证明了作用变量是浸渐不变量. 在本节中则以用作用变量和角变量表示的哈密顿方程 (o50.10) 为出发点, 考虑到母函数对参数的导数 (即式 (o50.9)) 是关于角变量的周期函数, 经过对该函数取周期平均的简单计算即可得出作用变量是浸渐不变量的结论. 后一种方法很容易推广到多自由度的系统, 在 §52 对此有所讨论. 应该指出的是, 这里采用的对系统运动的周期取平均的方法在思想上与 §30 的处理方法是一致的, 是消去快速变化的部分而保留平缓变化的部分, 这是所谓的平均化方法, 是处理时变系统、受到含时扰动 (或称摄动) 的问题等的一种常规方法.

文献中往往也采用数学分析的方法证明作用变量的浸渐不变性[1], 它也是利用由作用变量和角变量表示的哈密顿方程 (o50.10) 和 (o50.11), 但所证明的是在某一足够大的时间间隔内作用变量 $I(t)$ 与其初始值 I_0 的差总是一个小量, 由此表明在这个时间间隔内作用变量是近似不变的.

§51.3 习题解答

习题 1 设简谐振子的频率按规律

$$\omega^2 = \omega_0^2 \frac{1 + ae^{\alpha t}}{1 + e^{\alpha t}}$$

从 $t \to -\infty$ 时的值 $\omega_- = \omega_0$ 到 $t \to \infty$ 时的值 $\omega_+ = \sqrt{a}\omega_0 (a > 0, \alpha \ll \omega_0)$ 缓慢变化, 试估算 ΔI 的量级.

解: 将频率 ω 自身取为参数 λ. 将题中给出的频率表示式取对数, 有

$$2\ln\omega = \ln\omega_0^2 + \ln(1 + ae^{\alpha t}) - \ln(1 + e^{\alpha t}).$$

---

① 例如, 参见 V. I. Arnold. Mathematical methods of classical mechanics, 2nd ed. Springer-Verlag, 1989, 第 52 节; B. 阿诺尔德. 经典力学的数学方法 (第 4 版). 齐民友译. 北京: 高等教育出版社, 2006; I. Percival and D. Richards. Introduction to dynamics. Cambridge University Press, 1982, pp149–153. 新近对《力学》所引 A. Slutskin 方法的改进可参阅, A. I. Neishtadt. On the accuracy of persistence of adiabatic invariant in single-frequency systems. Regular and chaotic dynamics, **5**(2)(2000)213.

对上式求时间的导数, 则有

$$\frac{\dot{\omega}}{\omega} = \frac{1}{2}\left[\frac{a\alpha e^{\alpha t}}{1 + ae^{\alpha t}} - \frac{\alpha e^{\alpha t}}{1 + e^{\alpha t}}\right],$$

即

$$\frac{\dot{\lambda}}{\omega} = \frac{\alpha}{2}\left(\frac{a}{e^{-\alpha t} + a} - \frac{1}{e^{-\alpha t} + 1}\right). \tag{1}$$

当 $e^{-\alpha t} = -1$ 和 $e^{-\alpha t} = -a$ 时, 式 (1) 右边的函数有极点. 为确定最小正的虚部 $\mathrm{Im}\, w_0$, 考虑到 $w_0 = \displaystyle\int^{t_0} \omega \mathrm{d}t$, 先计算积分 $\displaystyle\int \omega \mathrm{d}t$,

$$\begin{aligned}
\int \omega \mathrm{d}t &= \int \omega_0 \sqrt{\frac{1 + ae^{\alpha t}}{1 + e^{\alpha t}}}\, \mathrm{d}t \\
&= \omega_0 \left[t - \frac{2}{\alpha}\ln\left(\sqrt{1 + e^{\alpha t}} + \sqrt{1 + ae^{\alpha t}}\right) + \right. \\
&\left. \qquad \frac{2\sqrt{a}}{\alpha}\ln\left(\sqrt{a(1 + e^{\alpha t})} + \sqrt{1 + ae^{\alpha t}}\right)\right].
\end{aligned} \tag{2}$$

现在相关的函数 (1) 有两个极点, 则对应两个 t_0. 下面分别讨论以找出满足要求的 t_0 以及 $\mathrm{Im}\, w_0$ 之值.

(i) 对于 $e^{-\alpha t} = -1$ 相应的极点, 有 $\alpha t_0 = -\ln(-1)$. 利用式 (51.3), 有

$$w_0 = \int^{t_0} \omega \mathrm{d}t = \omega_0\left[-\frac{1}{\alpha}\ln(-1) - \frac{2}{\alpha}\ln\left(\sqrt{1-a}\right) + \frac{2\sqrt{a}}{\alpha}\ln\left(\sqrt{1-a}\right)\right].$$

如果 $a < 1$, 上式右边仅有第一项中含有虚部. 为了使虚部是正的, 则取 $-1 = e^{-i\pi}$, 相应有

$$\mathrm{Im}\, w_0 = \frac{\omega_0\pi}{\alpha}, \quad (a < 1). \tag{3a}$$

如果 $a > 1$, 则有

$$w_0 = \omega_0\left[i\frac{\pi}{\alpha} - \frac{2}{\alpha}\ln\left(e^{i\pi/2}\sqrt{|1-a|}\right) + \frac{2\sqrt{a}}{\alpha}\ln\left(e^{i\pi/2}\sqrt{|1-a|}\right)\right].$$

于是有

$$\mathrm{Im}\, w_0 = \frac{\omega_0\pi\sqrt{a}}{\alpha}, \quad (a > 1). \tag{3b}$$

(ii) 对于 $e^{-\alpha t} = -a$ 相应的极点, 有 $\alpha t_0 = -\ln(-a)$. 利用式 (51.3), 有

$$w_0 = \int^{t_0} \omega \mathrm{d}t = \omega_0\left[-\frac{1}{\alpha}\ln(-a) - \frac{2}{\alpha}\ln\left(\sqrt{1-\frac{1}{a}}\right) + \frac{2\sqrt{a}}{\alpha}\ln\left(\sqrt{a-1}\right)\right].$$

因为 $a > 0$, 如果 $a > 1$, 则上式右边仅有第一项中含有虚部. 为了使该虚部是正的, 则取 $-a = \mathrm{e}^{-\mathrm{i}\pi}a$, 由此

$$\operatorname{Im} w_0 = \frac{\omega_0 \pi}{\alpha}, \quad (a > 1). \tag{4a}$$

如果 $a < 1$, 则有

$$w_0 = \omega_0 \left[\mathrm{i}\frac{\pi}{\alpha} - \frac{1}{\alpha}\ln a - \frac{2}{\alpha}\ln\left(\mathrm{e}^{\mathrm{i}\pi/2}\sqrt{\left|1 - \frac{1}{a}\right|}\right) + \frac{2\sqrt{a}}{\alpha}\ln\left(\mathrm{e}^{\mathrm{i}\pi/2}\sqrt{|a - 1|}\right) \right].$$

故有

$$\operatorname{Im} w_0 = \frac{\omega_0 \pi \sqrt{a}}{\alpha}, \quad (a < 1). \tag{4b}$$

将 (3a) 与 (4b) 以及 (3b) 与 (4a) 分别比较可以看出, 极点 $\alpha t_0 = -\ln(-a)$ 相应的 $\operatorname{Im} w_0$ 有最小值, 即该极点离实轴最近. 综合前面的结果, 与极点 $\alpha t_0 = -\ln(-a)$ 对应的 $\operatorname{Im} w_0$ 为

$$\operatorname{Im} w_0 = \begin{cases} \omega_0 \pi/\alpha, & (a > 1), \\ \omega_0 \pi \sqrt{a}/\alpha, & (a < 1). \end{cases}$$

据 §50 的习题 1 可知, 对于简谐振子, $\Lambda \sim \sin 2w \sim \mathrm{e}^{\mathrm{i}2lw} - \mathrm{e}^{-\mathrm{i}2lw}$ (见式 (6)), 所以级数 (o51.3) 化为两项和的形式, 且 $l = \pm 2$. 因此, 根据前面的讨论以及有关结果, 有

$$\Delta I \sim \exp(-2\operatorname{Im} w_0) \sim \begin{cases} \exp(-2\omega_0\pi/\alpha), & (a > 1), \\ \exp(-2\omega_0\pi\sqrt{a}/\alpha), & (a < 1). \end{cases}$$

习题 2 (略)

§52 条件周期运动

§52.1 内容提要

1. 条件周期运动

对于完全可分离封闭系统的有限运动, 每个坐标 q_i 在一定范围内运动, 相应有作用变量

$$I_i = \oint p_i \, \mathrm{d}q_i, \tag{o52.4}$$

以及角变量

$$w_i = \frac{\partial S_0(q, I)}{\partial I_i} = \sum_k \frac{\partial S_k(q_k, I)}{\partial I_i}, \tag{o52.5}$$

其中母函数是表示为坐标 q_i 和作用变量 I_i 的函数形式的作用量. 这些正则变量的运动方程为

$$I_i = \text{const}, \quad w_i = \frac{\partial E(I)}{\partial I_i} t + \text{const}. \tag{o52.6, o52.7}$$

在相空间中沿着任意封闭曲线绕行一周, w_i 可能改变 2π 的整数 (或者零) 倍. 由此系统状态的任何单值函数 $F(q, p)$ 可以表示为下列形式的展开式

$$F = \sum_{l_1=-\infty}^{\infty} \cdots \sum_{l_s=-\infty}^{\infty} A_{l_1 l_2 \cdots l_s} \exp\left\{ \text{it} (l_1\omega_1 + l_2\omega_2 + \cdots + l_s\omega_s) \right\}, \tag{o52.9}$$

其中 $l_1, l_2, \cdots, l_s$ 为整数, 每一项是频率为 $l_1\omega_1 + l_2\omega_2 + \cdots + l_s\omega_s$ 的周期运动, 而 $\omega_i = \partial E/\partial I_i$ 是基频. 一般而言, 所有项的频率不是某一频率的整数 (或有理数) 倍, 即这些频率之间无公度, 上式描述的运动不是严格的周期运动. 如果系统某时刻经过某个状态, 在足够长的时间内系统会无限接近这个状态, 系统的这种运动称为条件周期运动.

2. 简并性及其性质

如果基频 ω_i 中有两个 (或更多个) 在 I_i 取任意值的情况下是可公度的, 即它们之比是整数或有理分数时, 这种情况称为简并. 如果所有 s 个频率可公度, 则系统的运动称为完全简并的 (更具体的讨论见本节内容补充部分). 在完全简并情况下, 运动是严格单一周期的, 所有质点的轨道都是封闭的.

简并运动的几个性质:

(i) 能量 E 所依赖的独立变量 I_i 的数目减少, 即 E 可能是某些 I_i 的线性组合的函数 (参见本节习题以及内容补充部分的相关讨论);

(ii) 单值的运动积分的数目多于有相同自由度的非简并系统的运动积分数目, 即有附加的运动积分[①].

(iii) 简并允许系统在多种坐标系下进行变量分离.

3. 浸渐不变量和 Hannay 角

对完全可分离的多自由度系统, 在浸渐过程中, 作用变量 I_i 是浸渐不变量, 相应角变量的变化 (称为 Hannay 角) 是一个几何性质的量. 关于 Hannay 角的一些讨论参见内容补充部分以及所引参考文献.

[①] 在文献中常将这些多出的运动积分归因于所谓的偶然对称性, 动力学对称性 (或称为隐含对称性), 即系统具有更高的对称性. 参见, N. Mukunda. Dynamical symmetries and classical mechanics. Phys. Rev., **155**(1967)1383–1386; P. Stehle, M. Y. Han. Symmetry and degeneracy in classical mechanics. Phys. Rev., **159**(1967)1076–1082.

§52.2 内容补充

1. 角变量的变化 (o52.8)

对于可分离变量的多自由度系统, 由式 (o52.5) 可知

$$\Delta w_i = \Delta \left(\frac{\partial S_0(q, I)}{\partial I_i} \right) = \Delta \left(\sum_k \frac{\partial S_k(q_k, I)}{\partial I_i} \right)$$
$$= \sum_k \frac{\partial (\Delta S_k(q_k, I))}{\partial I_i} = \sum_k \frac{\partial (2\pi I_k)}{\partial I_i} = 2\pi,$$

其中利用了式 (o52.3) 以及 $\partial I_k / \partial I_i = \delta_{ki}$. 这个结果表明角变量 $w_i(q, I)$ 是坐标的多值函数.

2. 简并条件 (o52.12)

当 $E = E(n_2 I_1 + n_1 I_2)$ 时, 显然有

$$\frac{\partial E}{\partial I_1} = \frac{\partial E(n_2 I_1 + n_1 I_2)}{\partial (n_2 I_1 + n_1 I_2)} \frac{\partial (n_2 I_1 + n_1 I_2)}{\partial I_1} = n_2 \frac{\partial E(n_2 I_1 + n_1 I_2)}{\partial (n_2 I_1 + n_1 I_2)},$$

$$\frac{\partial E}{\partial I_2} = \frac{\partial E(n_2 I_1 + n_1 I_2)}{\partial (n_2 I_1 + n_1 I_2)} \frac{\partial (n_2 I_1 + n_1 I_2)}{\partial I_2} = n_1 \frac{\partial E(n_2 I_1 + n_1 I_2)}{\partial (n_2 I_1 + n_1 I_2)}.$$

由此, (o52.12) 成立, 也即有 $n_1 \omega_1 = n_2 \omega_2$. 因为 n_1, n_2 是整数, 则 (o52.12) 表示两个频率是可公度的. 对于具有这样特点的两个自由度的系统, 相空间中的轨道是封闭的, 即运动是周期的. 一个典型的问题是二维简谐振子, 其轨道是所谓的 Lissajous[1]图形. 如果两个相互垂直方向的分运动的频率是可公度的, 则 Lissajous 图形是封闭的.

3. 可分离性、对称性与简并的关系[2]

在经典力学中, 简并性是按下列方式定义的. 对于有 s 个自由度的多周期有界系统, 设基频分别为 $\omega_1, \omega_2, \cdots, \omega_s$, 其中 $\omega_i = \partial H / \partial I_i$. 如果这些频率是无公度的, 即频率之比不是有理分数, 则称该系统是非简并的. 如果在频率之间存在 f 个下列形式的关系

$$\sum_{i=1}^{s} l_i^{(k)} \omega_i = 0, \quad (k = 1, 2, \cdots, f) \tag{52.1}$$

其中 $l_i^{(k)}$ 为整数, 则称系统是 f 重简并的. 当 $f = s - 1$ 时, 称系统是完全简并的, 此时所有频率之比是有理分数, 系统的运动是单周期的.

---

[1] Jules Antoine Lissajous, 1822—1880, 法国数学家.
[2] 前面脚注中 P. Stehle, M. Y. Han 的文章.

对于哈密顿系统, 如果用作用变量和角变量表示时, 系统的哈密顿函数 (这里也即系统的能量) 仅是作用变量的整系数线性组合的函数, 则该系统是简并的. 例如, 对于有球对称性的系统, 哈密顿函数仅通过组合 $I_\theta + I_\varphi$ 与 I_θ 和 I_φ 有关 (参见本节习题 1), 则有 $\omega_\theta = \omega_\varphi$, 即系统简并.

我们通过具体的例子讨论可分离性与简并的关系. 对于有心力问题, 在球坐标下相应的哈密顿 – 雅可比方程是可以分离变量的 (参见 §48 例题 1). 有心力场中系统的哈密顿函数为

$$H = \frac{1}{2m}\left[p_r^2 + \frac{p_\theta^2}{r^2} + \frac{p_\varphi^2}{r^2 \sin^2\theta}\right] + U(r). \tag{52.2}$$

相应地, 哈密顿 – 雅可比方程为

$$\frac{1}{2m}\left(\frac{\partial S_0}{\partial r}\right)^2 + \frac{1}{2mr^2}\left(\frac{\partial S_0}{\partial \theta}\right)^2 + \frac{1}{2mr^2\sin^2\theta}\left(\frac{\partial S_0}{\partial \varphi}\right)^2 + U(r) = E. \tag{52.3}$$

因为 φ 是可遗坐标, 则可将 $\dfrac{\partial S_0}{\partial \varphi}$ 设为一常数, 记为 p_φ, 同时可令

$$S_0 = p_\varphi \varphi + S_1(r) + S_2(\theta),$$

代入 (52.3) 可得

$$\left(\frac{\mathrm{d}S_2}{\mathrm{d}\theta}\right)^2 + \frac{p_\varphi^2}{\sin^2\theta} = 2mr^2[E - U(r)] - r^2\left(\frac{\mathrm{d}S_1}{\mathrm{d}r}\right)^2. \tag{52.4}$$

于是, 有

$$p_\theta^2 + \frac{p_\varphi^2}{\sin^2\theta} = 2mr^2\left[E - U(r) - \frac{1}{2m}p_r^2\right] = \alpha^2, \tag{52.5}$$

其中 α 是分离常数, $\alpha > 0$.

下面求作用变量. 由上面的讨论可知,

$$I_\varphi = \frac{1}{2\pi}\oint p_\varphi\,\mathrm{d}\varphi = p_\varphi. \tag{52.6}$$

又由 (52.5) 可得

$$p_\theta = \sqrt{\alpha^2 - \frac{p_\varphi^2}{\sin^2\theta}}, \tag{52.7}$$

$$p_r = \sqrt{2m(E - U) - \frac{\alpha^2}{r^2}}. \tag{52.8}$$

因为要求 p_θ 是实的, 则有条件

$$|\sin\theta| \geqslant \frac{p_\varphi}{\alpha}.$$

根据定义, 有

$$I_\theta = \frac{1}{2\pi} \oint p_\theta \, \mathrm{d}\theta = \frac{1}{2\pi} \oint \sqrt{\alpha^2 - \frac{p_\varphi^2}{\sin^2\theta}} \, \mathrm{d}\theta = \frac{1}{2\pi} \oint \frac{\alpha^2 - \dfrac{p_\varphi^2}{\sin^2\theta}}{\sqrt{\alpha^2 - \dfrac{p_\varphi^2}{\sin^2\theta}}} \, \mathrm{d}\theta$$

$$= \frac{1}{2\pi} \left[\alpha \oint \frac{1}{\sqrt{1 - \dfrac{p_\varphi^2}{\alpha^2 \sin^2\theta}}} \, \mathrm{d}\theta - p_\varphi \oint \frac{p_\varphi}{\alpha \sin^2\theta \sqrt{1 - \dfrac{p_\varphi^2}{\alpha^2 \sin^2\theta}}} \, \mathrm{d}\theta \right].$$

考虑到前面的条件, 令 $\dfrac{p_\varphi}{\alpha} = \cos\gamma$, 则有

$$I_\theta = \frac{1}{2\pi} \left[\alpha \oint \frac{1}{\sqrt{1 - \dfrac{\cos^2\gamma}{\sin^2\theta}}} \, \mathrm{d}\theta - p_\varphi \oint \frac{\cos\gamma}{\sin^2\theta \sqrt{1 - \dfrac{\cos^2\gamma}{\sin^2\theta}}} \, \mathrm{d}\theta \right].$$

对上式右边第一项和第二项的积分分别作下列形式的变量代换

$$\sin\overline{\theta} = \frac{\cos\theta}{\sin\gamma}, \quad \sin\overline{\varphi} = \cot\gamma \cot\theta,$$

则前面的表示式可改写为

$$I_\theta = \frac{1}{2\pi} \left[\alpha \oint \mathrm{d}\overline{\theta} - p_\varphi \oint \mathrm{d}\overline{\varphi} \right] = \alpha - p_\varphi. \tag{52.9}$$

对于 p_r 相应的作用变量, 需要给定 $U(r)$ 的形式才有可能求出. 如果外场是平方反比有心力, 求解过程和结果见本节习题 1.

由 (52.6) 和 (52.9) 可得到分离常数与作用变量之间有关系

$$\alpha = I_\theta + I_\varphi, \tag{52.10}$$

它显示存在前面所说的简并性.

现在考虑球对称性与简并性之间的关系. 令系统用笛卡儿坐标系 C 描述, 从该坐标系变换到球坐标系 P, 其原点位于力心. 在新坐标系中, 哈密顿 – 雅可比方程是可以分离变量的. 现在考虑 $I_\theta^{(P)} = 0$ 的轨道. 系统的任意变量 (例如 C 的笛卡儿坐标之一 x) 对时间的依赖关系可以表示为一多重 Fourier 级数, 它仅包含径向运动频率 ω_r 和角向运动频率 ω_φ,

$$x = \sum_{l_1, l_2 = -\infty}^{\infty} A_{l_1 l_2} \exp[\mathrm{i}(l_1 \omega_r + l_2 \omega_\varphi)t], \tag{52.11}$$

这是因为对该轨道 θ 是常数, 其中 l_1, l_2 是整数.

这同一轨道也可以用另一球坐标系 P' 来描述, P' 是 P 通过转动 R 得到的. 在新坐标系 P' 中, 哈密顿 – 雅可比方程如同在 P 中一样是可以分离变量的, 因为哈密顿函数对转动 R 是不变的, 即它具有转动不变性. 但是, 上面所考虑的 $I_\theta^{(P)} = 0$ 的轨道现在相应于 $I_\theta^{(P')} \neq 0$ 的轨道. 于是坐标 x 现在可表示为包含三个频率的多重 Fourier 级数

$$x = \sum_{l_1, l_2, l_3 = -\infty}^{\infty} A_{l_1 l_2 l_3} \exp[\mathrm{i}(l_1 \omega_r + l_2 \omega_\varphi + l_3 \omega_\theta)t], \tag{52.12}$$

x 对坐标 r 的依赖关系不变, 则级数 (52.12) 中通过 r 与时间 t 的关系来描述 x 与时间 t 的关系的那些项没有改变. 而 x 对时间 t 总的依赖关系也不变, 于是, 在 P' 中对角变量的依赖关系与在 P 中一样必定包含相同的频率, 这意味着有 $\omega_\theta = n\omega_\varphi$, 这里 n 为整数. 这是下列事实的一个结论: 在 P 中 φ 完整地变化一周相应于在 P' 中 φ' 和 θ' 完整变化一周, 因为从 P 到 P' 的变换是单值的. 类似地推理, 从 $I_\varphi = 0$ 的轨道出发可以导出 $\omega_\varphi = n'\omega_\theta$, 因此 n 和 n' 都是 1, 即 $\omega_\theta = \omega_\varphi$.

因为转动 R 是有限转动, 则关系 $\omega_\theta = \omega_\varphi$ 对所有轨道均成立, 而不是仅对 $I_\theta = 0$ 附近的那些轨道. 于是考虑到系统的哈密顿函数 (也即系统的能量) 与频率之间的关系, 则哈密顿函数仅通过线性组合

$$I_\Omega = I_\theta + I_\varphi$$

与 I_θ 和 I_φ 有关. 这表明了哈密顿函数在转动下的不变性 (即系统有转动对称性) 导致简并的出现. 注意, 与 φ 和 θ 相关的运动之间的简并是所有有心力场作用的系统的共同性质.

4. Hannay 角

在《力学》§51 和本节中证明了作用变量 I_i 是浸渐不变量, 那么与其共轭的角变量在浸渐过程中的行为如何呢? 这个问题在英国物理学家 Berry[1]于 1984 年发现了量子力学的所谓Berry 相后[2], 才由 Hannay[3]进行

---

[1] Michael Victor Berry, 1941—, 英国布里斯托尔 (Bristol) 大学物理系教授, 1998 年沃尔夫 (Wolf) 物理学奖得主.

[2] M. Berry. Quantal phase factors accompanying adiabatic changes. Proc. R. Soc. Lond., **A392** (1984) 45–57. 关于量子系统中 Berry 相的详细讨论和应用可参见 A. Bohm, A. Mostafazadeh, H. Koizumi, Q. Niu(牛谦) and J. Zwanziger. The geometric phase in quantum systems. Springer-Verlag,2003; 北京: 科学出版社, 2009.

[3] John Hannay, 1951—, 英国布里斯托尔大学物理系教授.

了研究①. 结果表明, 在经典情况下有 Berry 相的对应量, 现在称为 Hannay 角.

假定参数的数目 $n > 1$, 记为 $\boldsymbol{\lambda} = (\lambda_1, \lambda_2, \cdots, \lambda_n)$. 又设所有参数是时间 t 的周期函数, 且这些周期是可公度的, 则存在周期 τ, 使得对所有参数有 $\boldsymbol{\lambda}(\tau) = \boldsymbol{\lambda}(0)$, 同时 $H(q, p, \boldsymbol{\lambda}(\tau)) = H(q, p, \boldsymbol{\lambda}(0))$. 参数的变化在参数空间形成一闭合的回路. 由 (o50.11) 的多参数推广形式可知, 角变量在周期 τ 内的变化为

$$\Delta w = \int_0^\tau \frac{\partial E(I, \boldsymbol{\lambda}(t))}{\partial I} \mathrm{d}t + \int_{\boldsymbol{\lambda}(0)}^{\boldsymbol{\lambda}(\tau)} \frac{\partial}{\partial I} \boldsymbol{\Lambda}(I, w, \boldsymbol{\lambda}) \cdot \mathrm{d}\boldsymbol{\lambda}, \tag{52.13}$$

其中 $\boldsymbol{\Lambda}$ 是 (o50.9) 的多参数推广, 即 $\boldsymbol{\Lambda} = \left(\frac{\partial S_0}{\partial \boldsymbol{\lambda}}\right)_{q,I} = \left(\left(\frac{\partial S_0}{\partial \lambda_1}\right)_{q,I}, \left(\frac{\partial S_0}{\partial \lambda_2}\right)_{q,I},\right.$
$\left.\cdots, \left(\frac{\partial S_0}{\partial \lambda_n}\right)_{q,I}\right)$. 式 (52.13) 中的第一项是角变量的动力学变化, 它在参数不变时就出现的. 但第二项的性质则完全不同, 它取决于参数空间的路径而与时间无关. 考虑到 I 为浸渐不变量, 再将 (52.13) 对系统的运动周期取平均, 并将其中的第二项记为 $\triangle w_{\mathrm{H}}$, 即

$$\triangle w_{\mathrm{H}} = \frac{\partial}{\partial I} \int_{\boldsymbol{\lambda}(0)}^{\boldsymbol{\lambda}(\tau)} \overline{\boldsymbol{\Lambda}}(I, \boldsymbol{\lambda}) \cdot \mathrm{d}\boldsymbol{\lambda}, \tag{52.14}$$

其中

$$\overline{\boldsymbol{\Lambda}}(I, \boldsymbol{\lambda}) = \frac{1}{2\pi} \int_0^{2\pi} \boldsymbol{\Lambda}(I, w, \boldsymbol{\lambda}) \, \mathrm{d}w,$$

它不依赖于 w. 对于参数空间的一个闭合回路, $\boldsymbol{\lambda}(\tau) = \boldsymbol{\lambda}(0)$, 则有

$$\triangle w_{\mathrm{H}} = \frac{\partial}{\partial I} \oint \overline{\boldsymbol{\Lambda}}(I, \boldsymbol{\lambda}) \cdot \mathrm{d}\boldsymbol{\lambda} \neq 0. \tag{52.15}$$

这个 $\triangle w_{\mathrm{H}}$ 称作 Hannay 角.

现在将 (52.15) 的右边改为另外一种形式. 注意到母函数 (即简约作用量) $S_0 = S_0(q(I, w, \boldsymbol{\lambda}), I, \boldsymbol{\lambda})$, 则有

$$\left(\frac{\partial S_0}{\partial \boldsymbol{\lambda}}\right)_{w,I} = \left(\frac{\partial S_0}{\partial \boldsymbol{\lambda}}\right)_{q,I} + \left(\frac{\partial S_0}{\partial q}\right)_{I,\boldsymbol{\lambda}} \left(\frac{\partial q}{\partial \boldsymbol{\lambda}}\right)_{w,I} = \left(\frac{\partial S_0}{\partial \boldsymbol{\lambda}}\right)_{q,I} + p\left(\frac{\partial q}{\partial \boldsymbol{\lambda}}\right)_{w,I},$$

于是,

$$\boldsymbol{\Lambda} = \left(\frac{\partial S_0}{\partial \boldsymbol{\lambda}}\right)_{q,I} = \left(\frac{\partial S_0}{\partial \boldsymbol{\lambda}}\right)_{w,I} - p\left(\frac{\partial q}{\partial \boldsymbol{\lambda}}\right)_{w,I}. \tag{52.16}$$

---

① J. Hannay. Angle variable holonomy in adiabatic excursion of an integrable Hamiltonian. J. Phys., **A18** (1985)221–230; M. Berry. Classical adiabatic angles and quantal adiabatic phase. J. Phys., **A18** (1985)15–27.

将式 (52.16) 代入式 (52.15), 同时考虑到 Λ 中第一项对 $\triangle w_{\mathrm{H}}$ 的贡献是一个梯度的积分, 它等于零, 于是可得

$$\triangle w_{\mathrm{H}} = -\frac{\partial}{\partial I} \oint \overline{p \left(\frac{\partial q}{\partial \boldsymbol{\lambda}}\right)_{w,I}} \cdot \mathrm{d}\boldsymbol{\lambda} = -\frac{\partial}{\partial I} \oint \overline{p \, \mathrm{d}q(\boldsymbol{\lambda})}. \tag{52.17}$$

应该强调指出的是, 上式中的积分路径是参数空间中的而不是相空间中的, $\mathrm{d}q(\boldsymbol{\lambda})$ 是由于参数 $\boldsymbol{\lambda}$ 的改变所引起的变量 q 的变化. 尽管参数 $\boldsymbol{\lambda}$ 的变化是与时间有关的, 但 (52.17) 的求和却是只针对 $\boldsymbol{\lambda}$ 的取值而不明显地涉及时间, 故 $\triangle w_{\mathrm{H}}$ 的性质不是由动力学规律决定的, 它完全是一种几何效应.

Hannay 角在许多问题中出现, 可参见下一小节的习题 2 以及有关文献[①].

5. KAM 定理

在《力学》本节最后一段所提到的性质实际上是KAM 定理的一部分内容. KAM 定理是以数学家 Kolmogorov[②], Arnold[③] 以及 Moser[④] 的名字命名的.

完全可分离的系统是一种可积系统, 相应的 s 个作用变量 I_i 是常数, 它们对系统的运动给出限制, 运动轨道将位于相空间的 s 维子空间上, 该子空间是一个 s 维的环面. 环面上可以有几何性质完全不同的 s 个环路. 通常用作用变量 $(I_1, \cdots, I_s)$ 标记环路, 而在一给定环路上的各点由角变量 $(w_1, w_2, \cdots, w_s)$ 描述. 例如, 对于一个自由度的系统, 环面是 "$H(q, p) = $ 常数" 的闭曲线 (见图 7.3(a)). 对于两个自由度的可分离系统, 环面是二维曲面, 等同于轮胎的表面. 该情况下, 环面有两个环路, 分别对应于大圆和小圆 (见图 7.3(b)). 与完全可分离系统的哈密顿函数相差一个小量的哈密顿函数描述的系统是所谓的近可积系统.

KAM 定理涉及近可积哈密顿系统的运动特征, 它的数学证明比较复杂, 但其结论以及相关的物理图像是比较清晰的, 可以表述如下.

---

① 例如, R. Montgomery. How much does the rigid body rotate? A Berry's phase from the 18th century. Am. J. Phys. **59**(1991) 394–398; M. V. Berry and M. A. Morgan. Geometric angle for rotated rotators, and the Hannay angle of the world. Nonlinearity **9**(1996)787–799; J. Hamilton. Aharonov-Bohm and other cyclic phenomena. Springer-Verlag, 1997; 本书作者所编写的《理论力学学习指导与习题解析 (理科用)》(科学出版社, 2008) 第 9 章的部分习题以及所引参考文献.

② Andrey Nikolaevich Kolmogorov, 1903—1987, 苏联数学家, 1980 年获沃尔夫数学奖.

③ Vladimir Igorevich Arnold, 1937—2010, 苏联/俄罗斯数学家, 1982 年获首届 Crafoord 奖, 2001 年获沃尔夫数学奖.

④ Jürgen Moser, 1928—1999, 美籍德裔数学家, 1995 年获沃尔夫数学奖.

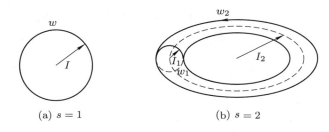

(a) $s = 1$ 　　　　　　　(b) $s = 2$

图 7.3　完全可分离系统的相空间环面

KAM 定理: 设不可积系统的哈密顿函数可以写为下列形式

$$H = H_0(I_i) + \epsilon H_1(I_i, w_i), \tag{52.18}$$

其中 ϵ 是小参量, H_0 是可积的, H_0 相应的运动限制在 s 维环面上. 如果 (i) H 中导致不可积的扰动 ϵH_1 很小 (此时称该系统为近可积系统); (ii) 可积的 H_0 对应的频率满足无公度 (或称非共振) 条件

$$\frac{\partial(\omega_1, \omega_2, \cdots, \omega_s)}{\partial(I_1, I_2, \cdots, I_s)} \neq 0, \tag{52.19}$$

则哈密顿函数 H 的绝大多数解相应的运动仍然限制在 s 维环面上. 这些环面的形状与 $\epsilon H_1 = 0$ 时的相比仅略有变形, 但运动的定性图像与未扰动的可积系统相同.

　　KAM 定理是近可积哈密顿系统运动稳定性的判据. 它表明, 当扰动很弱时, 系统的运动轨道是稳定的, 运动仍然限制在 s 维环面上. 由此可见, 不可积系统要出现随机的运动, 需要破坏 KAM 定理成立的两个条件.

　　最后另外作一点说明.《力学》将与 KAM 定理有关的内容以概要的形式作为结尾是值得玩味的, 这表明书中主要讨论了 KAM 定理之前也就是 20 世纪 60 年代以前的力学中的核心基础和一些重要的成果. 但是, 我们知道, 与 KAM 定理相关的此后发展是与非线性、混沌、分形等密切相关的, 它们深化了对于力学基本原理的理解, 更重要的是认识到力学系统中有内在随机性, 确定性描述和概率性描述之间存在深刻的联系, 而不存在不可逾越的鸿沟. 相关讨论可参考非线性物理方面的著作[1].

§52.3　习题解答

　　习题 1　试求势场 $U = -\alpha/r$ 中椭圆运动的作用变量.

---

　　[1] 例如, A. J. Lichtenberg, M. A. Lieberman. Regular and chaotic dynamics, 2nd ed. Springer-Verlag, 1992.

解： 在运动平面内采用平面极坐标系. 以极坐标 r, φ 为广义坐标, 则系统的哈密顿函数为

$$H = \frac{1}{2m}\left(p_r^2 + \frac{1}{r^2}p_\varphi^2\right) - \frac{\alpha}{r}.$$

它不显含时间 t, 则有相应的哈密顿-雅可比方程为

$$\frac{1}{2m}\left(\frac{\partial S_0}{\partial r}\right)^2 - \frac{\alpha}{r} + \frac{1}{2mr^2}\left(\frac{\partial S_0}{\partial \varphi}\right)^2 = E.$$

因为 φ 是循环坐标, 则可令

$$S_0 = M\varphi + S_1(r),$$

其中 M 是常数. 将其代入上式, 则有

$$\left(\frac{\partial S_0}{\partial r}\right)^2 = \left(\frac{\mathrm{d}S_1}{\mathrm{d}r}\right)^2 = 2m\left[E + \frac{\alpha}{r} - \frac{M^2}{2mr^2}\right],$$

即有

$$p_\varphi = \frac{\partial S_0}{\partial \varphi} = M,$$

$$p_r = \frac{\partial S_0}{\partial r} = \frac{\mathrm{d}S_1}{\mathrm{d}r} = \sqrt{2m\left[E + \frac{\alpha}{r} - \frac{M^2}{2mr^2}\right]}.$$

根据作用变量的定义, 有

$$I_\varphi = \frac{1}{2\pi}\int_0^{2\pi} p_\varphi \mathrm{d}\varphi = \frac{1}{2\pi}\int_0^{2\pi} M\,\mathrm{d}\varphi = M,$$

$$I_r = \frac{1}{2\pi}\oint p_r \mathrm{d}r = \frac{1}{2\pi}\oint \sqrt{\left[2m\left(E + \frac{\alpha}{r}\right) - \frac{M^2}{r^2}\right]}\mathrm{d}r.$$

对于椭圆运动, $E < 0$. 同时有 $r_{\min} < r < r_{\max}$, 其中 $r_{\min}, r_{\max}$ 分别是方程 $2mEr^2 + 2m\alpha r - M^2 = 0$ 的最小根和最大根, 即

$$r_{\min} = \frac{\alpha}{2|E|} - \frac{\sqrt{\alpha^2 - 2|E|M^2/m}}{2|E|},$$

$$r_{\max} = \frac{\alpha}{2|E|} + \frac{\sqrt{\alpha^2 - 2|E|M^2/m}}{2|E|}.$$

于是有

$$
\begin{aligned}
I_r =& 2\frac{1}{2\pi}\int_{r_{\min}}^{r_{\max}}\sqrt{\left[2m\left(E+\frac{\alpha}{r}\right)-\frac{M^2}{r^2}\right]}\mathrm{d}r\\
=&\frac{1}{\pi}\int_{r_{\min}}^{r_{\max}}\frac{1}{r}\sqrt{2mEr^2+2m\alpha r-M^2}\mathrm{d}r\\
=&\frac{1}{\pi}\left[\sqrt{2mEr^2+2m\alpha r-M^2}+\frac{m\alpha}{\sqrt{2m|E|}}\arcsin\left(\frac{2|E|r-\alpha}{\sqrt{\alpha^2-2|E|M^2/m}}\right)-\right.\\
&\left. M\arcsin\left(\frac{\alpha r-M^2/m}{r\sqrt{\alpha^2-2|E|M^2/m}}\right)\right]_{r_{\max}}^{r_{\min}}\\
=&\frac{1}{\pi}\left[0+\frac{m\alpha}{\sqrt{2m|E|}}\pi-M\pi\right]=-M+\alpha\sqrt{\frac{m}{2|E|}}.
\end{aligned}
$$

由这两个作用变量的表示式可得能量用它们表示的形式为

$$
E=-\frac{m\alpha^2}{2(I_r+I_\varphi)^2}.
$$

由此可得 r,φ 变化的频率分别为

$$
\omega_r=\frac{\partial E}{\partial I_r}=\frac{m\alpha^2}{(I_r+I_\varphi)^3},
$$

$$
\omega_\varphi=\frac{\partial E}{\partial I_\varphi}=\frac{m\alpha^2}{(I_r+I_\varphi)^3}.
$$

这两个频率是相等的, 反映了椭圆轨道运动是简并的.

习题 2 [补充] Hannay 环[①]

质量为 m 的小珠子在一个形状任意的平面刚性封闭环路上无摩擦地滑行 (如图 7.4). 设环的周长为 l, 面积为 A. 如使整个环路绕垂直于环面且过 O 点的转轴缓慢地转动, 求相应的 Hannay 角.

解: 以小珠子为系统, 它的运动有一个自由度. 取小珠子相对于环路上某一固定点 C 的弧长 s 为系统的广义坐标 (见图 7.4). 任一时刻, 设珠子的位矢为 $\boldsymbol{r}=\boldsymbol{r}(s)$, 其相对于固定参考系的速度为

$$
\boldsymbol{v}=\dot{s}\boldsymbol{e}_\tau+\boldsymbol{\omega}\times\boldsymbol{r},
$$

其中 $\boldsymbol{e}_\tau$ 为沿环的切线方向的单位矢量, $\boldsymbol{\omega}$ 为环转动的角速度, $\omega=\dot{\theta}$, θ 是环路转动的角度, 选它为参数. 考虑到 $\boldsymbol{\omega}$ 与 $\boldsymbol{r}$ 垂直, 则 $\boldsymbol{r}\times\boldsymbol{e}_\tau$ 的方向与 $\boldsymbol{\omega}$

① 参见前面所引 J. H. Hannay, M. V. Berry 的文章以及 S. Golin. Existence of the Hannay angle for single-frequency systems. J. Phys., **A 21**(1988)4535–4547.

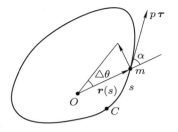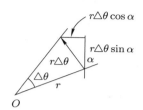

图 7.4

的方向平行, 于是有

$$\boldsymbol{v}^2 = (\dot{s}\boldsymbol{e}_\tau + \boldsymbol{\omega} \times \boldsymbol{r})^2 = \dot{s}^2 + (\boldsymbol{\omega} \times \boldsymbol{r})^2 + 2\dot{s}\boldsymbol{e}_\tau \cdot (\boldsymbol{\omega} \times \boldsymbol{r})$$

$$= \dot{s}^2 + r^2\dot{\theta}^2 + 2\dot{s}\boldsymbol{\omega} \cdot (\boldsymbol{r} \times \boldsymbol{e}_\tau) = \dot{s}^2 + r^2\dot{\theta}^2 + 2\dot{s}\dot{\theta}|\boldsymbol{r} \times \boldsymbol{e}_\tau|.$$

系统的动能为

$$T = \frac{1}{2}m\boldsymbol{v}^2 = \frac{1}{2}m\left[\dot{s}^2 + r(s)^2\dot{\theta}^2 + 2|\boldsymbol{r}(s) \times \boldsymbol{e}_\tau|\dot{s}\dot{\theta}\right]. \tag{1}$$

设环路位于水平面内, 则在小珠子运动过程中其重力势能没有变化, 可取为零, 即 $U = 0$, 则系统的拉格朗日函数为 $L = T - U = T$.

可以利用几何关系将式 (1) 右边最后一项改写为方便使用的形式. 当 s 变为 $s + \mathrm{d}s$ 时, 位矢 $\boldsymbol{r}(s)$ 将变为 $\boldsymbol{r}(s+\mathrm{d}s) \approx \boldsymbol{r}(s) + \mathrm{d}\boldsymbol{r}(s)$, 该过程中位矢扫过的面积为

$$\mathrm{d}A(s) = \frac{1}{2}|\boldsymbol{r}(s) \times \boldsymbol{r}(s+\mathrm{d}s)| = \frac{1}{2}|\boldsymbol{r}(s) \times \mathrm{d}\boldsymbol{r}(s)|,$$

相应地,

$$\frac{\mathrm{d}A}{\mathrm{d}s} = A'(s) = \frac{1}{2}\left|\boldsymbol{r}(s) \times \frac{\mathrm{d}\boldsymbol{r}(s)}{\mathrm{d}s}\right| = \frac{1}{2}|\boldsymbol{r}(s) \times \boldsymbol{e}_\tau|. \tag{2}$$

将上式代入前面的表示式, 有

$$L = T = \frac{1}{2}m\left[\dot{s}^2 + r(s)^2\dot{\theta}^2 + 4\dot{s}\dot{\theta}A'(s)\right]. \tag{3}$$

相应地, 广义动量为

$$p = \frac{\partial L}{\partial \dot{s}} = m\left[\dot{s} + 2\dot{\theta}A'(s)\right]. \tag{4}$$

哈密顿函数为

$$H = p\dot{s} - L = \frac{1}{2m}\left[p - 2m\dot{\theta}A'(s)\right]^2 - \frac{1}{2}mr(s)^2\dot{\theta}^2. \tag{5}$$

在固定参数 (这里是 θ) 以及能量 E 时, 作用变量为

$$I = \frac{1}{2\pi} \oint p\, \mathrm{d}s = \frac{1}{2\pi} \oint \sqrt{2mE}\mathrm{d}s = \frac{1}{2\pi} \sqrt{2mE}l, \tag{6}$$

母函数则为

$$S_0(s, I, \theta) = \int_0^s p\, \mathrm{d}s' = \int_0^s \sqrt{2mE(I)}\mathrm{d}s' = \sqrt{2mE(I)}s = \frac{2\pi I s}{l}. \tag{7}$$

根据式 (o50.2), 广义动量为

$$p = \frac{\partial S_0(s, I, \theta)}{\partial s} = \frac{2\pi I}{l}. \tag{8}$$

根据式 (o50.3), 与 I 共轭的角变量为

$$w = \frac{\partial S_0(s, I, \theta)}{\partial I} = \frac{2\pi s}{l}. \tag{9}$$

当环路缓慢地旋转时, 参数 θ 随时间 t 变化, w, s 等均与参数 θ 有关, 也随时间变化. 在环路旋转一周时, 由 (52.17) 可得角变量的变化, 即 Hannay 角为

$$\Delta w_\mathrm{H} = -\frac{\partial}{\partial I} \int_0^{2\pi} \mathrm{d}\theta \left[\frac{1}{2\pi} \int_0^{2\pi} \mathrm{d}w\, p(I, w, \theta) \frac{\partial}{\partial \theta} s(I, w, \theta) \right].$$

将式 (8) 代入上式, 再利用式 (9) 将上式中对 w 的积分改为对 s 的积分, 有

$$\Delta w_\mathrm{H} = -\frac{2\pi}{l^2} \int_0^{2\pi} \mathrm{d}\theta \int_0^l \mathrm{d}s \frac{\partial}{\partial \theta} s(I, w, \theta). \tag{10}$$

现在考虑环路的转动引起的 s 的变化. 令环路绕过 O 点垂直于环路平面的转轴缓慢地转动一个 $\triangle\theta$ 角. 设在某一瞬时, 小珠子位于距转轴 r 处长度为 $\mathrm{d}s$ 的一部分环路上, 设该部分与 r 正方向的夹角为 α, 此即前文中 $\boldsymbol{r}(s)$ 与 $\boldsymbol{e}_\tau$ 之间的夹角. 当环路转动 $\triangle\theta$ 后, 这部分环路在垂直于 r 的方向上移动了 $r\triangle\theta$. 该部分位移又可分为沿环路的分量 $r\triangle\theta\sin\alpha$ 和垂直于环路的部分 $r\triangle\theta\cos\alpha$ (参见图 7.4). 可见, 由于环路的转动所引起的 s 的变化为

$$\triangle s = r\triangle\theta\sin\alpha = \triangle\theta\, |\boldsymbol{r}(s) \times \boldsymbol{e}_\tau| = 2\triangle\theta \frac{\mathrm{d}A(s)}{\mathrm{d}s},$$

其中最后一个等式利用了式 (2). 由上式可得

$$\frac{\partial s}{\partial \theta} = 2\frac{\mathrm{d}A(s)}{\mathrm{d}s}. \tag{11}$$

将式 (11) 代入式 (10), 同时注意到 $A(l) = A$ (环路的面积), $A(0) = 0$, 有

$$\triangle w_\mathrm{H} = -\frac{2\pi}{l^2} \int_0^{2\pi} \mathrm{d}\theta \int_0^l \mathrm{d}s \left[2\frac{\mathrm{d}A(s)}{\mathrm{d}s} \right] = -\frac{4\pi}{l^2} \int_0^{2\pi} \mathrm{d}\theta A = -\frac{8\pi^2}{l^2}A. \tag{12}$$

当环路是半径为 a 的圆环时, $l = 2\pi a$, $A = \pi a^2$, 此时有 $\triangle w_{\mathrm{H}} = -2\pi$, 这表示圆环的转动不影响小珠子的运动[①]. 对任意形状的环路, 可将 $\triangle w_{\mathrm{H}}$ 写为

$$\triangle w_{\mathrm{H}} = -2\pi + 2\pi \left(1 - \frac{4\pi A}{l^2} \right),$$

其中第一项反映角变量的参考线转了完整的一圈, 而第二项即括号中的部分根据等周不等式可知总是正的, 它反映了系统中所包含的几何特征.

说明: 一个简单的解法是直接求解从拉格朗日函数 (或哈密顿函数) 得到的动力学方程. 由式 (3) 可得

$$\frac{\partial L}{\partial \dot{s}} = m\dot{s} + 2m\dot{\theta}A'(s),$$

$$\frac{\partial L}{\partial s} = \frac{1}{2}m\frac{\mathrm{d}r(s)^2}{\mathrm{d}s}\dot{\theta}^2 + 2m\dot{s}\dot{\theta}A''(s).$$

将它们代入拉格朗日方程, 整理可得

$$\ddot{s} = \frac{1}{2}\frac{\mathrm{d}r(s)^2}{\mathrm{d}s}\dot{\theta}^2 - 2\ddot{\theta}A'(s).$$

对上式积分两次, 可得

$$s(t) = s_0 + \dot{s}_0 t + \int_0^t \mathrm{d}t'(t-t')\left[\frac{1}{2}\frac{\mathrm{d}r(s(t'))^2}{\mathrm{d}s}\dot{\theta}(t')^2 - 2\ddot{\theta}(t')A'(s(t'))\right], \quad (13)$$

其中 $s_0, \dot{s}_0$ 是初始时的弧坐标以及初始速度.

因为 $\dot{\theta}$ 以及 $\ddot{\theta}$ 是小量, 当环路转动一周 (设周期为 τ) 时, 珠子可能在环路上已走过许多来回, 则可将式 (13) 用对珠子绕环路运动的周期进行平均. 式 (13) 中方括号中的部分的平均为

$$\overline{\frac{1}{2}\frac{\mathrm{d}r(s(t'))^2}{\mathrm{d}s}\dot{\theta}(t')^2 - 2\ddot{\theta}(t')A'(s(t'))} = \frac{1}{l}\int_0^l \mathrm{d}s\left[\frac{1}{2}\frac{\mathrm{d}r(s(t'))^2}{\mathrm{d}s}\dot{\theta}(t')^2 - 2\ddot{\theta}(t')A'(s(t'))\right]$$

$$= -2\ddot{\theta}(t')\frac{A}{l},$$

其中考虑到了 $r(l) = r(0)$, $A(l) = A$, $A(0) = 0$. 代入前面的式子可得

$$\overline{s(\tau)} = s_0 + \dot{s}_0\tau - \frac{2A}{l}\int_0^\tau \mathrm{d}t(\tau - t)\ddot{\theta}(t).$$

[①] 出现这个平凡结果是与系统存在与参数无关的平移对称性有关的, 详细讨论可参见 S. Golin and S. Marmi. Symmetries, Hannay angles, and precession of orbits. Europhys. Lett., **8**(1989)399–404.

对上式右边的积分进行分部积分并注意到 $\dot{\theta}(0) = 0$, 有

$$\int_0^\tau \mathrm{d}t(\tau - t)\ddot{\theta}(t) = (\tau - t)\dot{\theta}\Big|_0^\tau + \int_0^\tau \dot{\theta}\mathrm{d}t = 2\pi.$$

于是可得

$$\overline{s(\tau)} = s_0 + \dot{s}_0\tau - \frac{4\pi A}{l},$$

其中前两项与环路运动无关, 故因环路运动引起的坐标变化为

$$\overline{\Delta s(\tau)} = \overline{s(\tau)} - (s_0 + \dot{s}_0\tau) = -\frac{4\pi A}{l},$$

于是有

$$\Delta w_{\mathrm{H}} = \frac{2\pi}{l}\overline{\Delta s(\tau)} = -\frac{8\pi^2 A}{l^2}.$$

这与前面的结果相同.

索　引